21世纪高等理工科重点课程辅导教材

高等数学学习指导

第三版

陈晓龙　施庆生　主编

化学工业出版社

·北京·

本书是根据原国家教委制定的《工科高等数学课程教学基本要求》和《全国硕士研究生入学统一考试数学考试大纲》编写的，全书共分十二章，每章内容包含基本要求、内容提要、本章学习注意点、典型方法与例题分析、同步练习题和自我测试题六大部分．它是一本将《高等数学学习指导》和《高等数学习题课指导》融为一体的教学用书，可以帮助学生深刻理解高等数学的基本概念和理论，准确地抓住解题关键，提高分析问题和解决问题的能力．

　　本书可供工科院校学生、报考硕士研究生的考生及自学高等数学的读者学习参考，还可供从事工科高等数学教学的教师作为高等数学课程的教学参考书．

图书在版编目（CIP）数据

高等数学学习指导/陈晓龙，施庆生主编. —3版. —北京：化学工业出版社，2016.8（2024.9重印）
（21世纪高等理工科重点课程辅导教材）
ISBN 978-7-122-27441-0

Ⅰ.①高…　Ⅱ.①陈…②施…　Ⅲ.①高等数学-高等学校-教学用书　Ⅳ.①O13

中国版本图书馆 CIP 数据核字（2016）第 143319 号

责任编辑：唐旭华　郝英华　　　　　装帧设计：张　辉
责任校对：吴　静

出版发行：化学工业出版社（北京市东城区青年湖南街 13 号　邮政编码 100011）
印　　装：河北延风印务有限公司
787mm×1092mm　1/16　印张 17¾　字数 473 千字　　2024 年 9 月北京第 3 版第 9 次印刷

购书咨询：010-64518888　　　　　　售后服务：010-64518899
网　　址：http://www.cip.com.cn
凡购买本书，如有缺损质量问题，本社销售中心负责调换。

定　　价：33.00 元　　　　　　　　　　　　　　　　　版权所有　违者必究

第三版前言

本书第三版是在第二版的基础上，根据我们多年的教学改革实践，按照新形势下教材改革的精神，进行全面修订而成的。本次修订，我们保留了原教材的系统和风格及其结构严谨、逻辑清晰、概念准确、语言通俗易懂、叙述详细、例题较多、便于自学等优点，对第二版中个别错误这次一并作了更正，并补充了少量新内容，对其中的例题和习题也作了适量的补充和调整，使其更适合目前的教学和自学要求，在选材和叙述上尽量做到理论联系实际，同时注意吸收当前教学改革中一些成功的改革举措，使得本书适应面较广，是一本适应时代要求、符合改革精神又继承传统优点的教材。

这次修订工作，我系广大教师提出了许多宝贵意见和建议，谨在此表示诚挚的谢意。

本次修订工作，主要由陈晓龙、施庆生、马树建、焦军彩完成。由于我们水平有限，书中难免存在不妥之处，欢迎广大专家、同行和读者批评指正。

编者
2016 年 5 月

第二版前言

　　高等数学是高等工科院校最主要的基础理论课之一，同时也是硕士研究生入学考试的一门必考科目，掌握好高等数学的基本知识、基本理论、基本运算和分析方法，不仅仅是学生学习后续课程和将来从事理论研究或实际工作的必要基础，而且对学生理性思维的训练以及对他们今后的提高和发展都有深远的影响.

　　要学好高等数学，总离不开解题，通过解题加深对所学课程内容的理解，灵活地掌握运算方法和提高自己的解题技巧，培养分析问题、解决问题的能力. 因此如何帮助学生提高解题能力是当前高等数学课程教学改革的一项重要任务. 为了帮助正在学习高等数学的学生和有志报考硕士研究生的考生，我们组织部分多年从事高等数学教学且有丰富教学经验的老师共同编写了这本《高等数学学习指导》. 本书依据《工科高等数学课程教学基本要求》和《全国硕士研究生入学统一考试数学考试大纲》编写，它可以帮助学生更深刻地理解高等数学的基本概念和基本理论，准确地抓住解题关键，清晰地辨明解题思路，不断提高分析问题和解决问题的能力.

　　本书在内容安排上紧扣"基本要求"和"大纲"，在章节编排上与教材同步，每章内容包含基本要求、内容提要、本章学习注意点、典型方法与例题分析、同步练习题和自我测试题六大部分. 每章基本要求、内容提要和本章学习注意点列出了该章主要概念和重要定理、公式等，起到了提纲挈领的作用；典型方法与例题分析是本书的重点内容，例题和练习题内容丰富、典型性强，覆盖面广，且有层次，既有基本题，也有综合提高题，其中许多例题是历届硕士研究生入学考试试题，有些例题还给出了一题多解，以帮助读者扩大视野、开阔思路，许多例题在解题前进行了必要的分析，题后进行解题方法总结，以深化对高等数学概念和理论的理解，提高解题和证题的能力，掌握思考问题和处理问题的方法和技巧，做到举一反三. 每章练习题分两部分，一是同步练习题，通过练习可以帮助读者对本章内容和例题起到复习和巩固作用，有些题是对例题的一种补充；二是自我测试题，仿照平时考试，题型齐全，可以作为模拟训练用，其中 A 套题较易，面对所有学生，B 套题较难，供对数学要求较高或准备考研、参加竞赛者选用. 书后附有练习题和测试题的答案或提示.

　　全书思路清晰、逻辑严谨、概念准确、叙述详细，便于自学. 本书自 2006 年出版以来，各方反映良好. 由于初版成书时间紧迫，匆忙之中难免有疏漏之处. 这次修订是在第一版的基础上，根据我们多年的教学改革实践，进行全面修订而成的，对初版中的一些错误进行了修正，并对第一版的某些章节的体系进行了调整，使其更适合目前的教学和自学要求.

　　这次修订中，我系教师提出了许多宝贵意见和建议，并邀请金炳陶教授仔细审阅了本书，谨在此表示诚挚的谢意.

　　本书由陈晓龙、施庆生主编，由陈晓龙、施庆生、朱耀亮、刘彬、许志成、汤家凤编写，其中第一、二章由许志成编写，第三章由汤家凤编写，第四、五、六章由朱耀亮编写，第八、九、十章由陈晓龙编写，第十一章由施庆生编写，第七、十二章由刘彬编写. 最后由陈晓龙负责全书的统稿.

　　限于编者水平，书中难免存在不妥之处，恳请同行专家和广大读者批评指正.

编者

2010 年 5 月

目　　录

第一章　函数与极限

第一节　基本要求

① 理解函数（反函数、复合函数、初等函数、分段函数等）的概念；了解函数的四种基本特性，掌握五个基本初等函数及其图形特征.

② 掌握极限的定义及其相关性质，掌握判断极限存在的"夹逼准则"和"单调有界准则"，并能熟练地运用极限运算法则计算数列和函数的极限.

③ 了解无穷小与无穷大的概念及其性质，掌握无穷小的运算法则.

④ 掌握函数连续性概念和连续函数的运算性质，了解函数的间断点及其类型，掌握闭区间上连续函数的性质.

第二节　内容提要

1. 函数

设有两个变量 x 和 y，D 是一个确定的数集，如果对于每一个给定数 $x \in D$，变量 y 按照一定法则总有确定的数值和它对应，则称 y 是 x 的函数，记作 $y = f(x)$，数集 D 叫作这个函数的定义域，x 叫作自变量，y 叫作因变量. 当 x 取值 $x_0 \in D$ 时，与 x_0 对应的 y 的数值称为函数 $y = f(x)$ 在点 x_0 处的函数值，记作 $y|_{x=x_0}$ 或 $f(x_0)$，当 x 遍历 D 的每个数值时，对应的函数值全体组成的数集：$W = \{y \,|\, y = f(x), x \in D\}$ 称为函数的值域. 集合 $C = \{(x, y) \,|\, y = f(x), x \in D\}$ 称为函数 $y = f(x)$ 的图形.

2. 函数特性

① 有界性　设函数 $y = f(x)$ 的定义域为 D，$X (\subset D)$ 非空. 若存在 $M > 0$，对任意的 $x \in X$，都有 $|f(x)| \leqslant M$，则称函数 $f(x)$ 在 X 上有界；否则，称函数 $f(x)$ 在 X 上无界，即对任意的 $M > 0$，总存在 $x_0 \in X$ 使 $|f(x_0)| > M$.

② 单调性　设函数 $f(x)$ 的定义域为 D，区间 $I \subset D$，如果对任意的 $x_1, x_2 \in I$，$x_1 < x_2$ 恒有 $f(x_1) < f(x_2)$，则称函数 $f(x)$ 在区间 I 上是单调增加的；如果对任意 $x_1, x_2 \in I$，$x_1 < x_2$ 恒有 $f(x_1) > f(x_2)$，则称函数 $f(x)$ 在区间 I 上是单调减少的. 单调增加和单调减少的函数统称为单调函数.

③ 奇偶性　设函数 $f(x)$ 的定义域 D 关于原点对称（即若 $x \in D$，则 $-x \in D$），如果对 $\forall x \in D$ 恒有 $f(-x) = f(x)$，则称 $f(x)$ 为偶函数；如果 $\forall x \in D$ 恒有 $f(-x) = -f(x)$，则称 $f(x)$ 为奇函数. 偶函数的图形关于 y 轴对称，奇函数的图形关于原点对称.

④ 周期性　设函数 $f(x)$ 的定义域为 D，如果存在常数 $l > 0$，使得 $\forall x \in D$ 有 $x \pm l \in D$ 且 $f(x + l) = f(x)$ 恒成立，则称 $f(x)$ 为周期函数，l 称为 $f(x)$ 的周期. 通常我们说周期函数的周期是指最小正周期.

3. 反函数

设函数 $y = f(x)$ 的定义域为 D，值域为 W，如果对 $\forall y \in W$，有确定的 $x \in D$，使 $f(x) = y$，则在 W 上确定了一个函数，这个函数称为 f 的反函数，记作 f^{-1}，即 $x = f^{-1}(y)$. 相对于反函数 $x = f^{-1}(y)$ 来说，函数 $y = f(x)$ 称为直接函数.

4. 基本初等函数

幂函数、指数函数、对数函数、三角函数及反三角函数称为基本初等函数.

5. 复合函数

若函数 $y = f(u)$ 的定义域为 D_f，函数 $u = \varphi(x)$ 的定义域为 D_φ，值域为 W_φ，且 $W_\varphi \subset D_f$，

则对任意的 $x\in D_f$，都存在确定的 $u\in W_\varphi$，因而也存在确定的 y 与之对应，因此可确定 y 是 x 的函数，这个函数称为由 $y=f(u)$，$u=\varphi(x)$ 复合而成的复合函数，记作 $y=f[\varphi(x)]$，它的定义域为 D_φ，变量 u 称为中间变量.

6. 数列极限

① 数列　数列是一无穷有序数组：$x_1,x_2,\cdots x_n,\cdots$，其第 n 项 x_n 称为一般项（或称通项），在数列 $\{x_n\}$ 中取无穷项且保持其原有次序而构成的数列称为数列 $\{x_n\}$ 的子数列.

② 数列极限　对于数列 $\{x_n\}$，若存在数 a 满足：$\forall\varepsilon>0$，$\exists N>0$（其中 N 为整数），当 $n>N$ 时，有 $|x_n-a|<\varepsilon$，则称数列 $\{x_n\}$ 极限存在（收敛），并将 a 称为数列 $\{x_n\}$ 的极限，记作 $\lim\limits_{n\to\infty}x_n=a$，或 $x_n\to a$（当 $n\to\infty$）.若数列 $\{x_n\}$ 极限不存在，则称其发散.

7. 函数极限

① 设函数 $y=f(x)$ 在 x_0 的某去心邻域内有定义，若对常数 A，满足 $\forall\varepsilon>0$，$\exists\delta>0$，$0<|x-x_0|<\delta$ 时，恒有 $|f(x)-A|<\varepsilon$，则称 A 是函数 $y=f(x)$ 当 $x\to x_0$ 时的极限，记作 $\lim\limits_{x\to x_0}f(x)=A$，或 $f(x)\to A$（当 $x\to x_0$）.

单侧极限　设函数 $y=f(x)$，若存在常数 A，满足 $\forall\varepsilon>0$，$\exists\delta>0$，当 $0<x_0-x<\delta$（$0<x-x_0<\delta$）时，恒有 $|f(x)-A|<\varepsilon$，则称 A 为函数 $y=f(x)$ 在 x_0 点的左极限（右极限），记为

$$\lim_{x\to x_0^-}f(x)=f(x_0-0)=A \qquad [\lim_{x\to x_0^+}f(x)=f(x_0+0)=A],$$
$$\lim_{x\to x_0}f(x)=A\Leftrightarrow\lim_{x\to x_0^-}f(x)=\lim_{x\to x_0^+}f(x)=A.$$

② 设函数 $y=f(x)$ 在 $|x|>X_0$（其中 $X_0>0$）内有定义，若存在常数 A，满足 $\forall\varepsilon>0$，$\exists X>0$，当 $|x|>X(X>X_0)$ 时，恒有 $|f(x)-A|<\varepsilon$，则称 A 为函数 $y=f(x)$ 当 $x\to\infty$ 时的极限，记为 $\lim\limits_{x\to\infty}f(x)=A$.

设函数 $y=f(x)$ 在 $x>X_0$（$x<-X_0$）（其中 $X_0>0$）内有定义，若存在常数 A，满足 $\forall\varepsilon>0$，$\exists X>0(X>X_0)$，当 $x>X(x<-X)$ 时，恒有 $|f(x)-A|<\varepsilon$，则称 A 为 $y=f(x)$ 当 $x\to+\infty(x\to-\infty)$ 时的极限，记为 $\lim\limits_{x\to+\infty}f(x)=A[\lim\limits_{x\to-\infty}f(x)=A]$.

注：由于数列 $\{x_n\}$ 可视作定义在自然数集 N 上的函数 $x_n=f(n)$，故而以下极限性质对函数极限和数列极限均成立.

8. 极限性质

① 唯一性　若极限存在，则极限必唯一.

② 有界性　若极限存在，则有界（对函数来说是局部有界，所谓函数的局部有界，是指在自变量的某个变化过程中的某邻域内或某无穷区间内有界）.

③ 保号性　若 $\lim\limits_{x\to x_0}f(x)=A$，且 $A>0$（或 $A<0$），则存在 x_0 的某去心邻域，在此邻域内，有 $f(x)>0$ [或 $f(x)<0$]；若在 x_0 某去心邻域内 $f(x)\geqslant0$ [或 $f(x)\leqslant0$]，且 $\lim\limits_{x\to x_0}f(x)=A$，则 $A\geqslant0$（或 $A\leqslant0$）.

④ 若 $\lim\limits_{x\to x_0}f(x)=A$，则对任一数列 $\{x_n\}$：若 $\lim\limits_{n\to\infty}x_n=x_0$，有 $\lim\limits_{n\to\infty}f(x_n)=A$.

9. 极限运算法则

在①～③中假设在同一极限过程中 $\lim f(x)$、$\lim g(x)$ 均存在，则：

① $\lim[f(x)\pm g(x)]=\lim f(x)\pm\lim g(x)$；

② $\lim[f(x)g(x)]=\lim f(x)\cdot\lim g(x)$；

③ $\lim\dfrac{f(x)}{g(x)}=\dfrac{\lim f(x)}{\lim g(x)}$ [其中 $\lim g(x)\neq0$]；

④ $\lim f(x)=0$，$g(x)$ 有界，则 $\lim f(x)\cdot g(x)=0$；

⑤ 若 $\lim\limits_{x\to x_0}\varphi(x)=a$，且在 x_0 的某去心邻域内 $\varphi(x)\neq a$，令 $u=\varphi(x)$，$\lim\limits_{u\to a}f(u)=A$，则

$$\lim\limits_{x\to x_0}f[\varphi(x)]=A.$$

10. 无穷小与无穷大

① 若 $\lim f(x)=0$，则称在此极限过程中 $f(x)$ 为无穷小；若 $\lim f(x)=\infty$，则称在此极限过程中 $f(x)$ 为无穷大.

② 无穷小与无穷大的关系　在同一极限过程中，若 $f(x)$ 是无穷小，且 $f(x)\neq 0$，则 $\dfrac{1}{f(x)}$ 为无穷大；若 $f(x)$ 是无穷大，则 $\dfrac{1}{f(x)}$ 为无穷小.

③ 无穷小与函数极限的关系　在某极限过程中，$\lim f(x)=A\Leftrightarrow f(x)=A+\alpha$，其中 α 是同一极限过程中的无穷小.

④ 无穷小的比较　设在同一极限过程中 α,β 均为无穷小：

若 $\lim\dfrac{\beta}{\alpha}=0$ $(\alpha\neq 0)$ 或 $\lim\dfrac{\alpha}{\beta}=\infty$ $(\beta\neq 0)$，则称 β 是 α 的高阶无穷小，记为 $\beta=o(\alpha)$；

若 $\lim\dfrac{\beta}{\alpha}=c\neq 0$，则称 β 和 α 是同阶无穷小，特别当 $c=1$ 时，称 β 与 α 是等价无穷小，记为 $\beta\sim\alpha$；

若 $\lim\dfrac{\beta}{\alpha^k}=c\neq 0$ $(k>0)$，则称 β 是 α 的 k 阶无穷小.

⑤ 无穷小运算法则　在同一极限过程中，有限多个无穷小的和与积仍为无穷小；有界量与无穷小的乘积仍为无穷小.

⑥ 等价无穷小的替代定理　设在同一极限过程中 α 与 β 均为无穷小，且 $\alpha\sim\alpha'$，$\beta\sim\beta'$，$\lim\dfrac{\beta'}{\alpha'}(\alpha\neq 0,\ \alpha'\neq 0)$ 存在，则 $\lim\dfrac{\beta}{\alpha}=\lim\dfrac{\beta'}{\alpha'}$.

11. 极限存在准则和两个重要极限

（1）两个存在准则

准则 I　如果数列 $\{x_n\},\{y_n\}$ 及 $\{z_n\}$ 满足：① $y_n\leqslant x_n\leqslant z_n$ $(n=1,2,3,\cdots)$；

② $\lim\limits_{n\to\infty}y_n=a$，$\lim\limits_{n\to\infty}z_n=a$，则 $\lim\limits_{n\to\infty}x_n=a$.

准则 I$'$　如果：① 当 $x\in\mathring{U}(x_0,\delta)$（或 $|x|>M$）时有 $g(x)\leqslant f(x)\leqslant h(x)$；

② $\lim\limits_{\substack{x\to x_0\\(x\to\infty)}}g(x)=a$，$\lim\limits_{\substack{x\to x_0\\(x\to\infty)}}h(x)=a$，则 $\lim\limits_{\substack{x\to x_0\\(x\to\infty)}}f(x)=a$.

（2）两个重要极限

① $\lim\limits_{x\to 0}\dfrac{\sin x}{x}=1$；　　② $\lim\limits_{x\to\infty}\left(1+\dfrac{1}{x}\right)^x=\mathrm{e}$ 或 $\lim\limits_{x\to 0}(1+x)^{\frac{1}{x}}=\mathrm{e}$.

（3）常见的等价无穷小　当 $x\to 0$ 时，$\sin x\sim x$，$\tan x\sim x$，$\arcsin x\sim x$，$\arctan x\sim x$，$\ln(1+x)\sim x$，$\mathrm{e}^x-1\sim x$，$1-\cos x\sim\dfrac{x^2}{2}$，$(1+x)^\alpha-1\sim\alpha x$，$a^x-1\sim x\ln a\,(a>0,\ a\neq 1)$.

12. 函数的连续性

① 函数在 x_0 点连续的定义　设函数 $f(x)$ 在 x_0 点某邻域内有定义，则 $f(x)$ 在 x_0 点连续是指：

$$\lim\limits_{x\to x_0}f(x)=f(x_0)\Leftrightarrow\lim\limits_{\Delta x\to 0}\Delta y=\lim\limits_{\Delta x\to 0}[f(x_0+\Delta x)-f(x_0)]=0$$
$$\Leftrightarrow\lim\limits_{x\to x_0^-}f(x)=\lim\limits_{x\to x_0^+}f(x)=f(x_0)$$
$$\Leftrightarrow\forall\varepsilon>0,\exists\delta>0,\text{当}|x-x_0|<\delta\text{ 时，恒有}|f(x)-f(x_0)|<\varepsilon.$$

② 若函数 $f(x)$ 在点 x_0 处不连续，则称 x_0 是函数的间断点．如果函数 $f(x)$ 在 x_0 点的左极限和右极限均存在，则称 x_0 为函数的第一类间断点；特别地，当在 x_0 点的左极限和右极限相等时，称 x_0 为函数的可去间断点，左极限和右极限不相等时，称 x_0 为函数的跳跃间断点．不属于第一类的间断点称为第二类间断点．

13. 连续函数的运算

① 若函数 $f(x)$、$g(x)$ 均在点 x_0 处连续，则函数 $f(x) \pm g(x)$，$f(x)g(x)$ 均在点 x_0 处连续，且当 $g(x_0) \neq 0$ 时，$\dfrac{f(x)}{g(x)}$ 也在点 x_0 处连续．

② 函数 $y = f(x)$ 在区间 I_x 上单调增加（或单调减少）且连续，则其反函数 $x = f^{-1}(y)$ 也在区间 $I_y = \{y \,|\, y = f(x), x \in I_x\}$ 上单调增加（或单调减少）且连续．

③ 函数 $y = f(u)$ 在点 $u = u_0$ 处连续，函数 $u = \varphi(x)$ 在点 $x = x_0$ 处连续，且 $u_0 = \varphi(x_0)$，则复合函数 $y = f[\varphi(x)]$ 在点 $x = x_0$ 处连续．

④ 所有初等函数（即由常数函数和基本初等函数经过有限次四则运算和有限次复合运算，并能用一个式子表示的函数）均在其定义区间内连续．

14. 闭区间上连续函数的性质

① 最大值最小值定理　闭区间上连续函数在该区间上一定存在最大值和最小值．具体地说，如果函数 $f(x)$ 在闭区间 $[a,b]$ 上连续，则 $\exists \xi_1 \in [a,b]$，使 $f(\xi_1)$ 是 $f(x)$ 在 $[a,b]$ 上的最大值；又 $\exists \xi_2 \in [a,b]$，使 $f(\xi_2)$ 是 $f(x)$ 在 $[a,b]$ 最小值．

② 有界性定理　闭区间上连续函数在该区间上有界．

③ 零点定理和介值定理　设函数 $f(x)$ 在 $[a,b]$ 上连续，（ⅰ）若 $f(a)f(b) < 0$ 时，则在开区间 (a,b) 内至少存在一点 ξ，使 $f(\xi) = 0$（零点定理）；（ⅱ）若 $f(a) \neq f(b)$，则对介于 $f(a)$ 和 $f(b)$ 之间的任何值 C，在开区间 (a,b) 内都存在点 ξ，使 $f(\xi) = C$（介值定理）．

推论　设函数 $f(x)$ 在 $[a,b]$ 上连续，且不恒为常数，则对 $f(x)$ 在 $[a,b]$ 上的最小值 m 和最大者 M 之间的任一个数 C，都存在 $\xi \in [a,b]$ 使 $f(\xi) = C$．

第三节　本章学习注意点

在本章的学习中应当注意以下几个问题．

1. 函数的定义域和对应规律

学习函数概念要把握其核心，即函数的定义域和对应规律，将其称为函数的两个要素．对于函数的定义域，主要是会求用解析式表示的函数的定义域；对于函数的对应规律，主要是能正确理解函数符号并能熟练运用．应该特别注意，对于两个用不同表达式表示的函数而言，只要其定义域和对应规律相同，就是同一个函数．

2. 求函数值和定义域

求函数值和定义域是函数计算的主要问题，非常重要，它要求对函数的概念有清晰的认识，特别是在求分段函数的函数值时，必须搞清楚什么时候该用什么表达式求值．而求函数的定义域通常可以归结为求解不等式或不等式组，在求由实际问题所确定的函数的定义域时，还需要考虑自变量的实际意义．

求用解析式表示的函数的定义域应注意以下几点．

① 函数的值域不能超出实数域．例如，对数的真数必须大于零；偶数次根式内的数必须非负．

② 使函数值不存在或无法确定的点不属于函数的定义域．例如，分式函数的分母不能为零；正切函数 $y = \tan x$ 在 $x = k\pi + \dfrac{\pi}{2}(k = 0, \pm 1, \pm 2, \cdots)$ 处没有意义；反余弦函数 $y =$

$\arccos x$ 必须满足 $|x| \leqslant 1$ 等.

③ 由有限个函数进行四则运算后构成的新函数的定义域是每个参加运算函数定义域的公共部分.

④ 单调函数之反函数的定义域是该函数的值域.

⑤ 分段函数的定义域是自变量在每一段取值集合的并集.

3. 极限的定义

对于函数极限应该着重理解为什么"当 x 无限趋近于 x_0（或 x 趋近于无穷大）时，对应的函数值 $f(x)$ 无限趋近于常数 A"这一事实. 至于用定义来证明函数的极限，只要求能证明一些简单的极限. 尽管如此，学习中还是应该正确书写出用定义证明极限的过程.

用极限定义证明数列极限 $\lim\limits_{n \to \infty} x_n = a$ 的关键是：对任意给定的无论多么小的正数 ε，由不等式 $|x_n - a| < \varepsilon$ 去找到满足条件 $n > N$ 的正整数 N.

用极限定义证明函数极限 $\lim\limits_{x \to x_0} f(x) = A$ 的关键是：对任意给定的无论多么小的正数 ε，由不等式 $|f(x) - A| < \varepsilon$ 去找到满足条件 $|x - x_0| < \delta$ 的小正数 δ.

用极限定义证明函数极限 $\lim\limits_{x \to \infty} f(x) = A$ 的关键是：对任意给定的无论多么小的正数 ε，由不等式 $|f(x) - A| < \varepsilon$ 去找到满足条件 $|x| > X$ 的正实数 X.

4. 求极限的基本方法

（1）利用极限定义证明极限　对于一些抽象形式的极限（比如一些用递推式给出的数列极限），当其极限的存在性不是很显然时，可以假设其极限存在先形式地求出极限，然后再运用极限定义进行验证.

（2）利用极限的两个存在准则求极限　极限存在准则不仅可以证明数列和函数极限的存在性，同时也是求极限的有效方法.

① 利用夹逼准则求极限，关键在于对所求极限的函数或数列的通项进行放大和缩小为两个形式尽量简单的函数或数列，从两侧无限逼近相同的极限值. 这种方法常用于求"n 项和式极限"和"n 项乘积极限".

② 利用单调有界准则求极限，通常用于求由递推式给出的数列极限. 关键在于证明数列的单调性和有界性. 在证明中常常还需要运用数学归纳法.

（3）利用极限运算法则和函数的连续性求确定型极限　对于一些比较简单的确定型极限式，可以利用极限的四则运算法则直接计算极限，但是必须注意法则运算的前提条件，即参加运算的函数或数列的极限必须存在. 而连续函数在其连续点处的极限值就是它在该点处的函数值.

（4）利用变量代换求极限　在求一些比较复杂的函数极限时，常常可以通过变量代换使极限运算简化. 例如，为求复合函数的极限 $\lim\limits_{x \to x_0} f[\varphi(x)]$，可令 $u = \varphi(x)$，若 $\lim\limits_{x \to x_0} \varphi(x) = a$，则有 $\lim\limits_{x \to x_0} f[\varphi(x)] = \lim\limits_{u \to a} f(u)$.

（5）利用等价无穷小的替代性质求极限　在求"$\dfrac{0}{0}$ 不定型"极限时，如能灵活应用等价无穷小替换可简化其极限运算，因而记住一些常用的等价无穷小是极为有用的. 但是应该注意，对乘除运算，可尽量用表达式简单的等价无穷小替代复杂函数；对加减运算时，不能轻易用等价无穷小替代（此时情况比较复杂）.

（6）利用两个重要极限公式求极限　公式 $\lim\limits_{x \to 0} \dfrac{\sin x}{x} = 1$ 的运算特征是：$\lim \dfrac{\sin(*)}{(*)} = 1$，运算中只要两个括号中变量形式相同，且在同一极限过程中均为无穷小则结论成立. 通常含有三角函数或反三角函数的 $\dfrac{0}{0}$ 型极限式，可以考虑用这个极限公式.

公式 $\lim\limits_{x\to\infty}\left(1+\dfrac{1}{r}\right)^x=\mathrm{e}$ 的运算特征是

$$\lim[1+\frac{1}{(\ast)}]^{(\ast)}=\mathrm{e}\ ,$$

运算中只要两个括号中变量形式相同且在同一极限过程中趋向 ∞ 则结论成立. 通常对 1^∞ 型的幂指函数极限式, 可以考虑用这个极限公式.

5. 函数的连续性

函数的连续性概念包括函数在一点处的连续性和区间上的连续性, 而后者是以前者为基础. 应准确理解定义中的极限式 $\lim\limits_{x\to x_0}f(x)=f(x_0)$ 包含了三层含义, 即①函数 $f(x)$ 在 x_0 点有定义; ②极限 $\lim\limits_{x\to x_0}f(x)$ 存在; ③函数在 x_0 点的极限值等于其函数值 $\lim\limits_{x\to x_0}f(x)=f(x_0)$. 上述是函数在一点连续的三个要素, 如果三者之一不成立, 则函数在 x_0 点间断. 同时, 对于讨论分段函数在分界点处的连续性时, 应分别讨论分段函数在分界点处的左连续和右连续.

在闭区间上连续的函数有一些很好的性质, 在讨论方程的根和函数最值的存在性等理论证明题中有着重要的应用, 必须正确理解每个定理的条件和结论.

6. 函数的间断点

如果函数 $f(x)$ 在 x_0 点连续的三个要素之一不成立则 x_0 为函数的间断点. 当 $f(x_0-0)$ 和 $f(x_0+0)$ 都存在时, 称 x_0 为 $f(x)$ 的第一类间断点; 不是第一类的间断点称为函数 $f(x)$ 的第二类间断点, 此时 $f(x_0-0)$ 和 $f(x_0+0)$ 至少有一个不存在.

当 x_0 是第一类间断点时, 如果 $f(x_0-0)=f(x_0+0)$, 则称 x_0 为 $f(x)$ 的可去间断点; 如果 $f(x_0-0)\neq f(x_0+0)$, 则称 x_0 为跳跃间断点.

当 x_0 是函数的第二类间断点时, 如果 $f(x_0-0)$ 和 $f(x_0+0)$ 中至少有一个是无穷大, 则称 x_0 是函数的无穷间断点.

第四节　典型方法与例题分析

一、函数及其运算

【例1】 求下列函数的定义域

(1) $y=\dfrac{x-1}{\ln(x-1)}+\sqrt{3x-4}$;　　　　(2) $y=\begin{cases}\dfrac{1}{x-2}, & x>2, \\ \ln x, & x\leqslant 2.\end{cases}$

【解】 (1) 要使函数有意义, 则需且只需

$$\begin{cases}x-1>0, \\ \ln(x-1)\neq 0, \\ 3x-4\geqslant 0,\end{cases} \quad \text{解得} \quad \begin{cases}x>1, \\ x\neq 2, \\ x\geqslant \dfrac{4}{3},\end{cases}$$

即函数的定义域是 $x\geqslant\dfrac{4}{3}$, 且 $x\neq 2$.

(2) 分段函数的定义域是所有定义区间的并集, 此分段函数的定义域是 $x>2$ 及 $x\leqslant 2$, 但 $\ln x$ 的定义域是 $x>0$, 故综合起来可知所求函数的定义域是 $x>0$.

【例2】 设函数 $f(x)=\arccos(2x-3)+\ln(1+x)$, 求: (1) $f(x)$ 的定义域; (2) $f(x+k)$ 的定义域; (3) $f(x^2)$ 的定义域.

分析: 求复合函数 $f(x+k)$ 和 $f(x^2)$ 的定义域需要利用函数 $f(x)$ 的定义域, 如果函

数 $f(x)$ 的定义域为 $a{\leqslant}x{\leqslant}b$，则 $f(x+k)$ 和 $f(x^2)$ 的定义域可以通过解不等式 $a{\leqslant}x+k{\leqslant}b$ 和不等式 $a{\leqslant}x^2{\leqslant}b$ 来确定.

【解】（1）欲使函数 $f(x)$ 有意义，可由下列不等式

$$\begin{cases}|2x-3|{\leqslant}1,\\1+x>0,\end{cases}\quad 解得\quad\begin{cases}1{\leqslant}x{\leqslant}2,\\x>-1,\end{cases}$$

即 $1{\leqslant}x{\leqslant}2$，故函数 $f(x)$ 的定义域为 $[1,2]$.

（2）由 $1{\leqslant}x+k{\leqslant}2$，解得 $1-k{\leqslant}x{\leqslant}2-k$，故函数 $f(x+k)$ 的定义域为 $[1-k,2-k]$.

（3）由 $1{\leqslant}x^2{\leqslant}2$，可解得 $\begin{cases}x{\leqslant}-1,\ x{\geqslant}1,\\-\sqrt{2}{\leqslant}x{\leqslant}\sqrt{2},\end{cases}$ 故函数 $f(x^2)$ 的定义域为 $[-\sqrt{2},-1]\cup[1,\sqrt{2}]$.

【例3】 设 $f(\ln x)=x^3\ln(a+\sqrt{a+x^2})\ (a>0)$，求 $f(x)$ 及 $f(\cos x)$.

分析：对已知 $f[\varphi(x)]$ 求 $f(x)$ 及 $f[\psi(x)]$ 的题型，通常采用两种方法：①凑变量法，这种方法适合于一些简单问题；②变量代换法，即令 $u=\varphi(x)$，解出 $x=\varphi^{-1}(u)$ 代入求得 $f(u)$ 的表达式，然后再将 u 改写为 x 得到所求 $f(x)$ 的表达式. 至于求 $f[\psi(x)]$ 则比较简单，只要把 $f(x)$ 中的 x 换为 $\psi(x)$ 即得.

【解】 解法一 凑变量法.

因为 $f(\ln x)=e^{3\ln x}\ln(a+\sqrt{a+e^{2\ln x}})$，可得

$$f(x)=e^{3x}\ln(a+\sqrt{a+e^{2x}}),$$

则

$$f(\cos x)=e^{3\cos x}\ln(a+\sqrt{a+e^{2\cos x}}).$$

解法二 变量代换法.

令 $u=\ln x$，则 $x=e^u$，代入得

$$f(u)=e^{3u}\ln(a+\sqrt{a+e^{2u}}),$$

从而 $f(x)=e^{3x}\ln(a+\sqrt{a+e^{3x}})$，则

$$f(\cos x)=e^{3\cos x}\ln(a+\sqrt{a+e^{3\cos x}}).$$

【例4】 设 $f(x)=\begin{cases}\dfrac{1}{k-1},&1<x<k,\\0,&其他,\end{cases}$ $g(x)=3x-2$，求 $f[g(x)]$ 和 $g[f(x)]$.

分析：分段函数进行复合运算，应该根据中间变量的取值来确定自变量在不同范围内的函数表达式.

【解】 由复合函数的概念有

$$f[g(x)]=\begin{cases}\dfrac{1}{k-1},&1<g(x)<k,\\0,&其他,\end{cases}$$

由于 $g(x)=3x-2$，则由 $1<3x-2<k$，可解得 $1<x<\dfrac{k+2}{3}$，从而得

$$f[g(x)]=\begin{cases}\dfrac{1}{k-1},&1<x<\dfrac{k+2}{3},\\0,&其他.\end{cases}$$

同理可得 $g[f(x)]=\begin{cases}\dfrac{3}{k-1}-2,&1<x<k,\\-2,&其他.\end{cases}$

【例5】 证明定义在对称区间 $(-l,l)$ 上的任意函数 $f(x)$，可以表示为一个偶函数与一个奇函数之和.

分析：据题意不妨假定 $f(x)$ 可以表示为偶函数 $g(x)$ 与奇函数 $h(x)$ 之和，即

$$f(x) = g(x) + h(x),$$

则 $f(-x) = g(-x) + h(-x) = g(x) - h(x)$，联立两式可解得

$$g(x) = \frac{f(x) + f(-x)}{2}, \quad h(x) = \frac{f(x) - f(-x)}{2}.$$

由此启发下面证明.

【证明】 由题设，令

$$g(x) = \frac{f(x) + f(-x)}{2}, \quad h(x) = \frac{f(x) - f(-x)}{2}$$

不难验证 $\qquad g(-x) = g(x), \quad h(-x) = -h(x),$

即 $g(x)$ 是偶函数，$h(x)$ 是奇函数，且满足 $f(x) = g(x) + h(x)$，结论成立.

【例6】 求 $y = \dfrac{ax+b}{cx+d}$ 的反函数（其中 $ad - bc \neq 0$），并讨论 a, b, c, d 满足什么条件时，该反函数与直接函数相同.

分析：由函数表达式可知 c 和 d 不能同时为零，不妨设 $c \neq 0$，且由条件又知 $ad \neq bc$，故有

$$y = \frac{ax+b}{cx+d} = \frac{acx+bc}{c^2 x + cd} \neq \frac{acx+ad}{c^2 x + cd} = \frac{a}{c}.$$

上式表明 $y \neq \dfrac{a}{c}$，这也是 y 有反函数的条件之一.

【证明】 由 $y = \dfrac{ax+b}{cx+d}$，变形为 $(cy - a)x = b - dy$，分析中已知 $y \neq \dfrac{a}{c}$，故由上式解得

$$x = \frac{b - dy}{cy - a},$$

从而得到所求反函数为 $\qquad y = \dfrac{b - dx}{cx - a}.$

据题意反函数与直接函数相同，则有

$$\frac{ax+b}{cx+d} \equiv \frac{b - dx}{cx - a},$$

变形为 $\qquad c(a+d)x^2 + (d^2 - a^2)x - b(a+d) \equiv 0,$

从而欲使直接函数与反函数相同，必须 $\begin{cases} c(a+d) = 0, \\ (a-d)(a+d) = 0, \\ b(a+d) = 0. \end{cases}$

即 $\qquad a + d = 0 \quad$ 或 $\quad \begin{cases} b = c = 0, \\ a = d \neq 0. \end{cases}$

【例7】 设 $f(0) = 0$ 且 $x \neq 0$ 时有 $af(x) + bf\left(\dfrac{1}{x}\right) = \dfrac{c}{x}$，其中 a, b, c 为常数，且 $|a| \neq |b|$，证明 $f(x)$ 为奇函数.

分析：要判定函数的奇偶性，必须知道 $f(x)$ 的表达式. 本例中函数 $f(x)$ 的表达式为未知，但是，如果注意到只要互换式中的变量 x 和 $\dfrac{1}{x}$ 的位置，就可以得到以 $f(x)$ 和 $f\left(\dfrac{1}{x}\right)$ 为未知量的二元一次代数方程组，从而可以解得函数 $f(x)$.

【证明】 先求函数 $f(x)$，在已知表达式中将变量 x 换作 $\dfrac{1}{x}$，得

$$af\left(\frac{1}{x}\right) + bf(x) = cx,$$

与原有等式联立

$$\begin{cases} af(x)+bf\left(\dfrac{1}{x}\right)=\dfrac{c}{x}, \\ af\left(\dfrac{1}{x}\right)+bf(x)=cx, \end{cases}$$

从中消去 $f\left(\dfrac{1}{x}\right)$，解得函数

$$f(x)=\frac{c}{b^2-a^2}\left(bx-\frac{a}{x}\right)\quad(x\neq0),$$

据条件知 $f(0)=0$，且由上式不难验证 $f(-x)=-f(x)$，所以 $f(x)$ 为奇函数.

【例 8】 设函数 $f(x)=\dfrac{1}{x}\sin\dfrac{1}{x}$，证明：(1) 对于任意实数 k（$0<k<1$），函数 $f(x)$ 在 $[k,1]$ 上有界；(2) 函数 $f(x)$ 在 $(0,1)$ 上无界.

分析：通常证明函数 $f(x)$ 在某区间 I 上有界，只要能找到某个正数 M，使对 $\forall x\in I$，恒有 $|f(x)|\leqslant M$；或者找到两个数 M_1，M_2，使对 $\forall x\in I$，恒有 $M_1\leqslant f(x)\leqslant M_2$ 即可. 而证明函数 $f(x)$ 在某区间 I 上无界，则与上述方法相反，即对无论多么大的正数 M，总有属于区间 I 的点 x_k，使得 $|f(x_k)|>M$.

【证明】 (1) 据题意任取 k（$0<k<1$），当 $x\in[k,1]$ 时，有

$$|f(x)|=\left|\frac{1}{x}\sin\frac{1}{x}\right|\leqslant\left|\frac{1}{x}\right|\leqslant\frac{1}{k},$$

若取 $M=\dfrac{1}{k}$，则对 $\forall x\in[k,1]$，恒有 $|f(x)|\leqslant M$，故函数 $f(x)$ 在 $[k,1]$ 上有界.

(2) 对任意正数 M，取正整数 $K=\left[\dfrac{M}{2\pi}\right]+1$，则 $x_K=\dfrac{1}{2K\pi+\dfrac{\pi}{2}}\in(0,1)$，有

$$|f(x_K)|=\left|\left(2K\pi+\frac{\pi}{2}\right)\sin\left(2K\pi+\frac{\pi}{2}\right)\right|=2K\pi+\frac{\pi}{2}>M+\frac{\pi}{2}>M.$$

所以 $f(x)$ 在 $(0,1)$ 无界.

二、极限的运算

【例 9】 用极限定义证明：$\lim\limits_{n\to\infty}\dfrac{\sqrt{n^2+4}}{n}=1$.

分析：用定义验证极限 $\lim\limits_{n\to\infty}x_n=a$，就是对 $\forall\varepsilon>0$，通过分析不等式 $|x_n-a|<\varepsilon$，找出正整数 N.

【证明】 令 $x_n=\dfrac{\sqrt{n^2+4}}{n}$，则 $\forall\varepsilon>0$，由于 $0\leqslant x_n-1=\dfrac{4}{n(\sqrt{n^2+4}+n)}<\dfrac{4}{n}$，故欲使

$$\left|\frac{\sqrt{n^2+4}}{n}-1\right|<\varepsilon,$$

只要 $\dfrac{4}{n}<\varepsilon$，即 $n>\dfrac{4}{\varepsilon}$，因此，可取 $N=\left[\dfrac{4}{\varepsilon}\right]$，则当 $n>N$ 时，恒有 $\left|\dfrac{\sqrt{n^2+4}}{n}-1\right|<\varepsilon$，

所以

$$\lim_{n\to\infty}\frac{\sqrt{n^2+4}}{n}=1.$$

【例 10】 用极限定义证明：$\lim\limits_{x\to3}\dfrac{x^3-3x^2}{x^2-9}=\dfrac{3}{2}$.

分析：本例方法与前例类似，即 $\forall\varepsilon>0$，通过分析不等式 $\left|\dfrac{x^3-3x^2}{x^2-9}-\dfrac{3}{2}\right|<\varepsilon$，去找满

足条件 $|x-3|<\delta$ 的正数 δ.

【证明】 $\forall \varepsilon>0$，欲使

$$\left|\frac{x^3-3x^2}{x^2-9}-\frac{3}{2}\right|=\left|\frac{2x^2-3x-9}{2(x+3)}\right|=\left|\frac{2x+3}{2(x+3)}\right||x-3|,$$

由于当 $x \to 3$ 时，不妨设 $|x-3|<1$，即 $2<x<4$，则 $\left|\dfrac{2x+3}{2(x+3)}\right|<\dfrac{11}{10}$，此时，只要 $\dfrac{11}{10}$

$|x-3|<\varepsilon$ 就有 $\left|\dfrac{x^3-3x^2}{x^2-9}-\dfrac{3}{2}\right|<\varepsilon$，即 $|x-3|<\dfrac{10}{11}\varepsilon$，故只要取 $\delta=\min\left\{1,\dfrac{10}{11}\varepsilon\right\}>0$，则当

$0<|x-3|<\delta$ 时，就恒有

$$\left|\frac{x^3-3x^2}{x^2-9}-\frac{3}{2}\right|<\varepsilon,$$

所以
$$\lim_{x \to 3}\frac{x^3-3x^2}{x^2-9}=\frac{3}{2}.$$

【例 11】 证明对于数列 $\{x_n\}$，若 $\lim\limits_{k \to \infty}x_{2k-1}=a$ 及 $\lim\limits_{k \to \infty}x_{2k}=a$ 同时成立，则 $\lim\limits_{n \to \infty}x_n=a$.

【证明】 据题设条件，$\forall \varepsilon>0$，由 $\lim\limits_{k \to \infty}x_{2k-1}=a$，存在正整数 K_1，当 $k>K_1$ 时，有 $|x_{2k-1}-a|<\varepsilon$；又由 $\lim\limits_{k \to \infty}x_{2k}=a$，存在正整数 K_2，当 $k>K_2$ 时，有 $|x_{2k}-a|<\varepsilon$，取 $N=\max\{2K_1-1,2K_2\}>0$. 此时，若 n 为奇数，设 $n=2k-1$，当 $2k-1>N \geqslant 2K_1-1$ 时，则 $k>K_1$，有 $|x_{2k-1}-a|<\varepsilon$；若 n 为偶数，设 $n=2k$，当 $2k>N \geqslant 2K_2$ 时，则 $k>K_2$，有 $|x_{2k}-a|<\varepsilon$，从而，当 $n>N$ 时，恒有
$$|x_n-a|<\varepsilon, \quad 即 \quad \lim_{n \to \infty}x_n=a.$$

注：事实上，$\lim\limits_{k \to \infty}x_{2k-1}=a$ 及 $\lim\limits_{k \to \infty}x_{2k}=a$ 同时成立是 $\lim\limits_{n \to \infty}x_n=a$ 成立的充要条件，请读者自行证明.

【例 12】 求下列极限

(1) $\lim\limits_{x \to +\infty}(\sin\sqrt{x+1}-\sin\sqrt{x})$；(2) $\lim\limits_{n \to \infty}\left(1+\dfrac{1}{2}+\dfrac{1}{2^2}+\cdots+\dfrac{1}{2^n}\right)$；(3) $\lim\limits_{x \to 1}\left(\dfrac{1}{1-x}-\dfrac{3}{1-x^3}\right)$；

(4) $\lim\limits_{x \to 1}\dfrac{(1-\sqrt{x})(1-\sqrt[3]{x})}{(1-x)^2}$；(5) $\lim\limits_{x \to 0}\tan x \sin\dfrac{1}{x^2}$；(6) $\lim\limits_{x \to +\infty}x(\sqrt{x^2+1}-x)$.

【解】 (1) $\lim\limits_{x \to +\infty}(\sin\sqrt{x+1}-\sin\sqrt{x})=\lim\limits_{x \to +\infty}2\sin\dfrac{\sqrt{x+1}-\sqrt{x}}{2}\cos\dfrac{\sqrt{x+1}+\sqrt{x}}{2}$

$$=2\lim_{x \to +\infty}\sin\frac{1}{2(\sqrt{x+1}+\sqrt{x})}\cos\frac{\sqrt{x+1}+\sqrt{x}}{2}=0;$$

(2) $\lim\limits_{n \to \infty}\left(1+\dfrac{1}{2}+\dfrac{1}{2^2}+\cdots+\dfrac{1}{2^n}\right)=\lim\limits_{n \to \infty}\dfrac{1-\dfrac{1}{2^{n+1}}}{1-\dfrac{1}{2}}=2;$

(3) $\lim\limits_{x \to 1}\left(\dfrac{1}{1-x}-\dfrac{3}{1-x^3}\right)=\lim\limits_{x \to 1}\dfrac{1+x+x^2-3}{(1-x)(1+x+x^2)}=\lim\limits_{x \to 1}\dfrac{(x-1)(x+2)}{(1-x)(1+x+x^2)}$

$$=\lim_{x \to 1}\frac{-(x+2)}{1+x+x^2}=-1;$$

(4) $\lim\limits_{x \to 1}\dfrac{(1-\sqrt{x})(1-\sqrt[3]{x})}{(1-x)^2}=\lim\limits_{x \to 1}\dfrac{(1-x)(1-x)}{(1-x)^2(1+\sqrt{x})(1+\sqrt[3]{x}+\sqrt[3]{x^2})}$

$$=\lim_{x \to 1}\frac{1}{(1+\sqrt{x})(1+\sqrt[3]{x}+\sqrt[3]{x^2})}$$

$$=\frac{1}{6};$$

（5）由于 $\lim\limits_{x\to 0}\tan x=0$，而 $\left|\sin\dfrac{1}{x^2}\right|\leqslant 1$，故 $\lim\limits_{x\to 0}\tan x\sin\dfrac{1}{x^2}=0$；

（6）$\lim\limits_{x\to+\infty}x(\sqrt{x^2+1}-x)=\lim\limits_{x\to+\infty}\dfrac{x}{\sqrt{x^2+1}+x}=\lim\limits_{x\to+\infty}\dfrac{1}{\sqrt{1+\dfrac{1}{x^2}}+1}=\dfrac{1}{2}.$

【例 13】 求下列极限

（1）$\lim\limits_{x\to 0}\dfrac{1-\cos 3x}{x\sin x}$； 　　（2）$\lim\limits_{x\to 0}\dfrac{\tan x-\sin x}{x\sin^2 x}$； 　　（3）$\lim\limits_{x\to 0}\dfrac{\sqrt{1+x\arctan 3x}-1}{\sin(1-\cos x)}$；

（4）$\lim\limits_{x\to\infty}\left(\dfrac{2x+3}{2x+1}\right)^{x+1}$； 　　（5）$\lim\limits_{n\to\infty}n^2(2^{\frac{1}{n}}-2^{\frac{1}{n+1}})$； 　　（6）$\lim\limits_{n\to\infty}\tan^n\left(\dfrac{\pi}{4}+\dfrac{2}{n}\right).$

【解】 （1）$\lim\limits_{x\to 0}\dfrac{1-\cos 3x}{x\sin x}=\lim\limits_{x\to 0}\dfrac{\dfrac{(3x)^2}{2}}{x^2}=\dfrac{9}{2}$；

（2）$\lim\limits_{x\to 0}\dfrac{\tan x-\sin x}{x\sin^2 x}=\lim\limits_{x\to 0}\dfrac{\sin x(1-\cos x)}{x\sin^2 x\cos x}=\lim\limits_{x\to 0}\dfrac{1-\cos x}{x\sin x}=\lim\limits_{x\to 0}\dfrac{\dfrac{x^2}{2}}{x\cdot x}=\dfrac{1}{2}$；

（3）$\lim\limits_{x\to 0}\dfrac{\sqrt{1+x\arctan 3x}-1}{\sin(1-\cos x)}=\lim\limits_{x\to 0}\dfrac{\dfrac{x\arctan 3x}{2}}{1-\cos x}=\dfrac{1}{2}\lim\limits_{x\to 0}\dfrac{x\cdot 3x}{\dfrac{x^2}{2}}=3$；

（4）$\lim\limits_{x\to\infty}\left(\dfrac{2x+3}{2x+1}\right)^{x+1}=\lim\limits_{x\to\infty}\left[\left(1+\dfrac{2}{2x+1}\right)^{\frac{2x+1}{2}}\right]^{\frac{2}{2x+1}\cdot(x+1)}$，

由于 $\lim\limits_{x\to\infty}\dfrac{2(x+1)}{2x+1}=1$，从而

$$\lim\limits_{x\to\infty}\left(\dfrac{2x+3}{2x+1}\right)^{x+1}=\mathrm{e}\,;$$

（5）$\lim\limits_{n\to\infty}n^2(2^{\frac{1}{n}}-2^{\frac{1}{n+1}})=\lim\limits_{n\to\infty}n^2 2^{\frac{1}{n+1}}[2^{\frac{1}{n(n+1)}}-1]=\lim\limits_{n\to\infty}2^{\frac{1}{n+1}}\cdot\lim\limits_{n\to\infty}n^2[\mathrm{e}^{\frac{1}{n(n+1)}\ln 2}-1]$

$=\lim\limits_{n\to\infty}\dfrac{\mathrm{e}^{\frac{1}{n(n+1)}\ln 2}-1}{\dfrac{1}{n^2}}=\lim\limits_{n\to\infty}\dfrac{\dfrac{\ln 2}{n(n+1)}}{\dfrac{1}{n^2}}=\ln 2\lim\limits_{n\to\infty}\dfrac{n^2}{n(n+1)}=\ln 2$；

（6）由于 $\tan\left(\dfrac{\pi}{4}+\dfrac{2}{n}\right)=\dfrac{1+\tan\dfrac{2}{n}}{1-\tan\dfrac{2}{n}}$，且

$$\lim\limits_{n\to\infty}\dfrac{\tan\dfrac{2}{n}}{\dfrac{2}{n}}=1\ \text{及}\ \lim\limits_{n\to\infty}\dfrac{1}{1-\tan\dfrac{2}{n}}=1,$$

故而 $\lim\limits_{n\to\infty}\tan^n\left(\dfrac{\pi}{4}+\dfrac{2}{n}\right)=\lim\limits_{n\to\infty}\left[\dfrac{1+\tan\dfrac{2}{n}}{1-\tan\dfrac{2}{n}}\right]^n=\lim\limits_{n\to\infty}\left[1+\dfrac{2\tan\dfrac{2}{n}}{1-\tan\dfrac{2}{n}}\right]^n$

$=\lim\limits_{n\to\infty}\left[1+\dfrac{2\tan\dfrac{2}{n}}{1-\tan\dfrac{2}{n}}\right]^{\left[(1-\tan\frac{2}{n})/2\tan\frac{2}{n}\right]\left(4\tan\frac{2}{n}/\frac{2}{n}\right)\left[1/(1-\tan\frac{2}{n})\right]}$

$=\mathrm{e}^4.$

【例 14】 证明数列 $\sqrt{2}$，$\sqrt{2+\sqrt{2}}$，$\sqrt{2+\sqrt{2+\sqrt{2}}}$，… 极限存在，并求极限．

分析： 如果令 $x_1=\sqrt{2}$，则不难看出数列满足递推式 $x_n=\sqrt{2+x_{n-1}}$，欲求递推式的极限，首先必须证明其极限存在，再令 $\lim\limits_{n\to\infty}x_n=A$，代入递推式得 $A=\sqrt{2+A}$，并解出 A．

【证明】 令 $x_1=\sqrt{2}$，$x_n=\sqrt{2+x_{n-1}}$（$n=2,3,\cdots$）．

先证明数列 $\{x_n\}$ 单调增加，即证明 $x_{n+1}\geqslant x_n$（$n=1,2,3,\cdots$）．利用数学归纳法，显然 $x_2=\sqrt{2+\sqrt{2}}>\sqrt{2}=x_1$，假设 $x_n>x_{n-1}$ 成立，则 $x_{n+1}=\sqrt{2+x_n}>\sqrt{2+x_{n-1}}=x_n$ 也成立，故可推知 $x_{n+1}>x_n$ 对一切自然数 n 都成立，即数列 $\{x_n\}$ 单调增加．

其次证明数列 $\{x_n\}$ 有界，显然，$x_n>0$，又 $x_1=\sqrt{2}<2$，$x_2=\sqrt{2+x_1}=\sqrt{2+\sqrt{2}}<\sqrt{2+2}=2$，假设 $x_n<2$ 则 $x_{n+1}=\sqrt{2+x_n}<\sqrt{2+2}=2$ 也成立，故 $x_n<2$ 对一切自然数都成立，故数列 $\{x_n\}$ 有界．

根据单调有界准则知数列 $\{x_n\}$ 的极限存在，记 $\lim\limits_{n\to\infty}x_n=a$．在递推式 $x_n=\sqrt{2+x_{n-1}}$ 的两边令 $n\to\infty$，得 $a=\sqrt{2+a}$，即 $a^2-a-2=0$，故 $a=-1$ 或 $a=2$．又 $x_n>0$，故 $a=2$．即
$$\lim_{n\to\infty}x_n=2.$$

【例 15】 利用极限存在准则求下列极限

(1) $\lim\limits_{n\to\infty}n\left(\dfrac{1}{n^2+a}+\dfrac{1}{n^2+2a}+\cdots+\dfrac{1}{n^2+na}\right)$（$a>0$）；   (2) $\lim\limits_{x\to+\infty}(1+2^x+3^x)^{\frac{1}{x}}$；

(3) 设 $x_{n+1}=\dfrac{1}{2}\left(x_n+\dfrac{3}{x_n}\right)$（$n=1,2,3,\cdots$），$x_1>0$，求 $\lim\limits_{n\to\infty}x_n$．

【解】 (1) 令 $x_n=n\left(\dfrac{1}{n^2+a}+\dfrac{1}{n^2+2a}+\cdots+\dfrac{1}{n^2+na}\right)$，

由于 $\dfrac{n}{n+a}=n\cdot\dfrac{n}{n^2+na}\leqslant x_n\leqslant n\cdot\dfrac{n}{n^2+a}=\dfrac{n^2}{n^2+a}$，

且 $\lim\limits_{n\to\infty}\dfrac{n}{n+a}=\lim\limits_{n\to\infty}\dfrac{n^2}{n^2+a}=1$，则由夹逼准则可知

$$\lim_{n\to\infty}n\left(\dfrac{1}{n^2+a}+\dfrac{1}{n^2+2a}+\cdots+\dfrac{1}{n^2+na}\right)=1.$$

(2) 令 $f(x)=(1+2^x+3^x)^{\frac{1}{x}}$，变形为

$$f(x)=3\left[\left(\dfrac{1}{3}\right)^x+\left(\dfrac{2}{3}\right)^x+1\right]^{\frac{1}{x}},$$

由于 $3<f(x)<3\cdot3^{\frac{1}{x}}$，且 $\lim\limits_{x\to+\infty}3^{\frac{1}{x}}=1$，由夹逼准则可知

$$\lim_{x\to+\infty}(1+2^x+3^x)^{\frac{1}{x}}=3.$$

(3) 由于 $x_{n+1}=\dfrac{1}{2}\left(x_n+\dfrac{3}{x_n}\right)\geqslant\sqrt{x_n}\cdot\sqrt{\dfrac{3}{x_n}}=\sqrt{3}$，

从而 $\dfrac{x_{n+1}}{x_n}=\dfrac{1}{2}\left(1+\dfrac{3}{x_n^2}\right)\leqslant\dfrac{1}{2}\left(1+\dfrac{3}{(\sqrt{3})^2}\right)=1$，即 $x_n\geqslant x_{n+1}$，

故数列 $\{x_n\}$ 单调递减且有下界，则由极限存在准则可知 $\lim\limits_{n\to\infty}x_n$ 存在，不妨设 $\lim\limits_{n\to\infty}x_n=a$．

在递推式 $x_{n+1}=\dfrac{1}{2}\left(x_n+\dfrac{3}{x_n}\right)$ 两边让 $n\to\infty$，得

$$a=\dfrac{1}{2}\left(a+\dfrac{3}{a}\right),$$

解得 $a=\pm\sqrt{3}$，因为 $x_1>0$，所以所有 $x_n>0$，故

$$\lim_{n\to\infty}x_n=\sqrt{3}.$$

【例 16】 已知极限 $\lim\limits_{x\to\infty}(\sqrt[3]{1-x^3}-ax-b)=0$，试确定常数 a，b 的值．

分析：解决这类待定极限表达式中常数的问题的一般方法是，根据极限存在的条件列出常数应该满足的方程或方程组，然后解方程定出所求常数．本例可通过倒数代换 $x=\dfrac{1}{t}$，把 $x\to\infty$ 的极限问题转化为 $t\to0$ 的极限，以方便讨论．

【解】 令 $x=\dfrac{1}{t}$，当 $x\to\infty$ 时 $t\to0$，原极限式变形为

$$0=\lim_{x\to\infty}(\sqrt[3]{1-x^3}-ax-b)=\lim_{t\to0}\frac{\sqrt[3]{t^3-1}-a-bt}{t},$$

欲使上式成立，必有 $\lim\limits_{t\to0}(\sqrt[3]{t^3-1}-a-bt)=0$，即有 $-1-a=0$，得 $a=-1$，将其代入上式求极限，有

$$0=\lim_{t\to0}\frac{\sqrt[3]{t^3-1}+1-bt}{t}=\lim_{t\to0}\left[\frac{\sqrt[3]{t^3-1}+1}{t}-b\right]=\lim_{t\to0}\left[\frac{t^2}{(t^3-1)^{\frac{2}{3}}-(t^3-1)^{\frac{1}{3}}+1}-b\right]=-b,$$

所以 $b=0$.

三、函数的连续性与间断

【例 17】 指出下列函数的间断点及其类型，若是可去间断点，请补充或改变函数定义使其连续．

(1) $f(x)=\dfrac{x^3}{\tan x}$；　　　　(2) $f(x)=\begin{cases}\cos\dfrac{\pi x}{2}, & |x|\leqslant1,\\ |x-1|, & |x|>1.\end{cases}$

【解】 (1) 由于 $\tan x$ 在 $x=k\pi+\dfrac{\pi}{2}$（k 为整数）处没有定义，且在 $x=k\pi$（k 为整数）处有 $\tan x=0$，可见函数 $f(x)=\dfrac{x^3}{\tan x}$ 的间断点为

$$\left\{k\pi+\frac{\pi}{2}\,\Big|\,k\in Z\right\}\cup\{k\pi\,|\,k\in Z\}=\left\{\frac{k\pi}{2}\,\Big|\,k\in Z\right\}$$

中所有点．由于 $\lim\limits_{x\to k\pi+\frac{\pi}{2}}\tan x=\infty$，故 $\lim\limits_{x\to k\pi+\frac{\pi}{2}}\dfrac{x^3}{\tan x}=0$，所以 $x=k\pi+\dfrac{\pi}{2}$ 为函数 $f(x)$ 的可去间断点；又由于 $\lim\limits_{x\to k\pi}\dfrac{x^3}{\tan x}=\infty$（$k\neq0$），故 $x=k\pi$（$k\neq0,k\in Z$）为函数 $f(x)$ 的无穷间断点；而 $\lim\limits_{x\to0}\dfrac{x^3}{\tan x}=0$，故 $x=0$ 为函数 $f(x)$ 的可去间断点．

综上所述，只要重新定义函数

$$f(x)=\begin{cases}\dfrac{x^3}{\tan x}, & x\neq k\pi+\dfrac{\pi}{2},\\ 0, & x=0 \text{ 及 } x=k\pi+\dfrac{\pi}{2}\end{cases}\quad(k\in Z).$$

则函数 $f(x)$ 在除了 $x=k\pi$（$k=\pm1,\pm2,\pm3,\cdots$）点外处处连续．

(2) 由题设可得 $f(x)=\begin{cases}1-x, & x<-1,\\ \cos\dfrac{\pi x}{2}, & -1\leqslant x\leqslant1,\\ x-1, & x>1.\end{cases}$

根据初等函数的连续性可知，函数 $f(x)$ 在区间 $(-\infty,-1)$，$(-1,1)$，$(1,+\infty)$ 内都连续.

当 $x=-1$ 时，$f(-1-0)=\lim\limits_{x\to-1-0}f(x)=\lim\limits_{x\to-1-0}(1-x)=2$，

$$f(-1+0)=\lim\limits_{x\to-1+0}f(x)=\lim\limits_{x\to-1+0}\cos\frac{\pi x}{2}=0,$$

故 $x=-1$ 为函数 $f(x)$ 的跳跃间断点.

当 $x=1$ 时，$f(1-0)=\lim\limits_{x\to1-0}f(x)=\lim\limits_{x\to1-0}\cos\frac{\pi x}{2}=0$，

$$f(1+0)=\lim\limits_{x\to1+0}f(x)=\lim\limits_{x\to1+0}(x-1)=0,\ \text{且}\ f(1)=\cos\frac{\pi}{2}=0,$$

故函数 $f(x)$ 在 $x=1$ 点处连续.

【例 18】 求函数 $f(x)=\lim\limits_{n\to\infty}\dfrac{x+x^2e^{nx}}{1+e^{nx}}$ 的连续区域，若有间断点，则指出其类型.

分析：本例是一道综合题，应该首先通过求极限来确定函数 $f(x)$，再讨论其连续性.

【解】 当 $x>0$ 时，$\lim\limits_{n\to\infty}e^{nx}=+\infty$，故

$$f(x)=\lim\limits_{n\to\infty}\frac{x+x^2e^{nx}}{1+e^{nx}}=\lim\limits_{n\to\infty}\frac{xe^{-nx}+x^2}{e^{-nx}+1}=x^2,$$

当 $x<0$ 时，$\lim\limits_{n\to\infty}e^{nx}=0$，故 $f(x)=\lim\limits_{n\to\infty}\dfrac{x+x^2e^{nx}}{1+e^{nx}}=x$，当 $x=0$ 时，$f(0)=0$，所以函数为

$$f(x)=\begin{cases}x,&x\leqslant0,\\x^2,&x>0.\end{cases}$$

不难验证函数 $f(x)$ 的连续区间为 $(-\infty,+\infty)$.

【例 19】 设函数 $f(x)=\begin{cases}x,&x<1,\\a,&x\geqslant1,\end{cases}$ $g(x)=\begin{cases}b,&x<0,\\x+2,&x\geqslant0,\end{cases}$ 试确定常数 a,b，使函数 $f(x)+g(x)$ 在 $(-\infty,+\infty)$ 内连续.

【解】 由题设条件，先将两个函数叠加得

$$F(x)=f(x)+g(x)=\begin{cases}x+b,&x<0,\\2x+2,&0\leqslant x<1,\\x+a+2,&x\geqslant1,\end{cases}$$

此时，不难求得 $F(0-0)=b$，$F(0+0)=2$，$F(0)=2$，据题意应有 $b=2$；又因为 $F(1-0)=4$，$F(1+0)=a+3$，$F(1)=a+3$，据题意应有 $a+3=4$，故 $a=1$.

根据初等函数的连续性可知，函数 $F(x)$ 在区间 $(-\infty,0)$，$(0,1)$，$(1,+\infty)$ 内均连续，所以只要取 $a=1$，$b=2$，则函数 $F(x)$ 在 $(-\infty,+\infty)$ 内连续.

【例 20】 设 $f(x)$ 在 $(-\infty,+\infty)$ 有定义，对任意实数 x_1 及 x_2 有 $f(x_1+x_2)=f(x_1)+f(x_2)$.

若已知 $f(x)$ 在 $x=0$ 点处连续，试证明 $f(x)$ 在 $(-\infty,+\infty)$ 内连续.

分析：由条件知对 $\forall x\in(-\infty,+\infty)$，总有 $f(x+\Delta x)=f(x)+f(\Delta x)$，故根据连续定义，只要证明 $\lim\limits_{\Delta x\to0}[f(x+\Delta x)-f(x)]=0$ 即可.

【证明】 $\forall x\in(-\infty,+\infty)$，据题意应有

$$\Delta y=f(x+\Delta x)-f(x)=f(x)+f(\Delta x)-f(x)=f(\Delta x),$$

由于函数 $f(x)$ 在 $x=0$ 点连续，故 $\lim\limits_{\Delta x\to0}f(\Delta x)=f(0)$，又 $f(0)=f(0+0)=2f(0)$，故必有 $f(0)=0$，从而

$$\lim\limits_{\Delta x\to0}\Delta y=\lim\limits_{\Delta x\to0}f(\Delta x)=f(0)=0,$$

由 x 的任意性可知函数 $f(x)$ 在 $(-\infty,+\infty)$ 内连续.

【例 21】 设非负函数 $f(x)$ 在 $[0,+\infty)$ 上连续，且 $\lim\limits_{x\to+\infty}f(x)=0$. 试证 $f(x)$ 在

$[0,+\infty)$ 上必能取到最大值.

分析：由于 $[0,+\infty)$ 不是闭区间，因此不能直接用最值定理，而由 $\lim\limits_{x\to+\infty}f(x)=0$ 可知，当 x 充分大后，$f(x)$ 非常接近于零，且由于 $f(x)\geqslant0$ 且连续，故可推知，必存在一个充分大的正数 X，使函数 $f(x)$ 的最大值在闭区间 $[0,X]$ 上达到.

【证明】 ① 当在 $[0,+\infty)$ 上 $f(x)\equiv0$ 时，结论显然成立.

② 当在 $[0,+\infty)$ 上 $f(x)\not\equiv0$ 时，必存在 $x_0\in[0,+\infty)$，使 $f(x_0)>0$. 由 $\lim\limits_{x\to+\infty}f(x)=0$，对 $\varepsilon=f(x_0)>0$，$\exists X>0$，当 $x>X$ 时，恒有

$$f(x)=|f(x)-0|<\varepsilon=f(x_0),$$

因为函数 $f(x)$ 在 $[0,X]$ 上连续，则由最值定理可知，$\exists x_1\in[0,X]$，使 $f(x_1)=\max\limits_{0\leqslant x\leqslant X}f(x)$，只要取 $M=\max\{f(x_0),f(x_1)\}$，则对 $\forall x\in[0,+\infty)$，恒有 $|f(x)|\leqslant M$，显然 $x_0,x_1\in[0,+\infty)$. 综合①、②可知 $f(x)$ 在 $[0,+\infty)$ 上必能取到最大值.

【例 22】 证明方程 $\sin x+x+1=0$ 在开区间 $\left(-\dfrac{\pi}{2},\dfrac{\pi}{2}\right)$ 内至少有一个正根.

【证明】 令 $f(x)=\sin x+x+1$，则 $f(x)$ 在闭区间 $\left[-\dfrac{\pi}{2},\dfrac{\pi}{2}\right]$ 上连续，且

$$f\left(-\frac{\pi}{2}\right)=-\frac{\pi}{2}<0,\ \ 及\ f\left(\frac{\pi}{2}\right)=\frac{\pi}{2}+2>0,$$

则由闭区间上连续函数的零点定理可知，至少存在一点 $\xi\in\left(-\dfrac{\pi}{2},\dfrac{\pi}{2}\right)$，使得 $f(\xi)=0$.

【例 23】 已知方程

$$\frac{1}{x-a_1}+\frac{1}{x-a_2}+\cdots+\frac{1}{x-a_n}=0$$

证明：当 $a_1<a_2<\cdots<a_n$ 时，该方程有 $n-1$ 个实根，且在每个区间 (a_k,a_{k+1}) $(k=1,2,\cdots,n-1)$ 内方程有且只有一个实根.

分析：对方程通分去分母可以导出一个 $n-1$ 次代数方程，且当 $x\neq a_k(k=1,2,\cdots,n)$ 时，该方程与原方程同解. 利用零点定理可以证明结论.

【证明】 将原方程去分母可得一个 $n-1$ 次代数方程

$$f(x)=(x-a_2)(x-a_3)\cdots(x-a_n)+(x-a_1)(x-a_3)\cdots(x-a_n)$$
$$+\cdots+(x-a_1)(x-a_2)\cdots(x-a_{n-1})=0,$$

显然，该方程当 $x\neq a_k$ $(k=1,2,\cdots,n)$ 时，与原方程同解. 对任意一个 k $(1\leqslant k\leqslant n)$，函数 $f(x)$ 在区间 $[a_k,a_{k+1}]$ 上连续，且

$$f(a_k)f(a_{k+1})=(a_k-a_1)\cdots(a_k-a_{k-1})[(a_k-a_{k+1})\cdots(a_k-a_n)]\cdot$$
$$(a_{k+1}-a_1)\cdots(a_{k+1}-a_k)[(a_{k+1}-a_{k+2})\cdots(a_{k+1}-a_n)].$$

由条件 $a_1<a_2<\cdots<a_n$ 知，上式中方括号中每项因式均小于零，共有 $(n-k)+[n-(k+1)]=2(n-k)-1$ 奇数项，所以

$$f(a_k)f(a_{k+1})<0.$$

由闭区间上连续函数的零点定理可知，方程 $f(x)=0$ 在每个 (a_k,a_{k+1}) 内至少有一个实根，再由 k 的任意性可知方程 $f(x)=0$ 至少有 $n-1$ 个实根，由于 $n-1$ 次代数方程至多有 $n-1$ 个根，故而方程恰好有 $n-1$ 个实根，且在每个区间 $(a_k,a_{k+1})(k=1,2,\cdots,n-1)$ 内，方程有且只有一个实根.

第五节　同步练习题

1. 已知 $f(x)=\mathrm{e}^{x^2}$，$f[\varphi(x)]=1-x$，且 $\varphi(x)\geqslant0$，求 $\varphi(x)$ 及其定义域.

2. 设 $f(x)=\begin{cases}3x, & x\leqslant 0,\\ 0, & x>0,\end{cases}$ $\varphi(x)=x^2-1$，求 $f[\varphi(x)]$．

3. 求下列函数的反函数：

(1) $y=\log_a(x+\sqrt{x^2+1})$；

(2) $y=\begin{cases}x, & -\infty<x<1,\\ x^2, & 1\leqslant x\leqslant 4,\\ 2^x, & 4<x<+\infty.\end{cases}$

4. 已知 $f(x)=\begin{cases}x-3, & x\geqslant 8,\\ f[f(x+5)], & x<8,\end{cases}$ 求 $f(5)$．

5. 设 $f(x)=\begin{cases}2-x, & x\leqslant 0,\\ x+2, & x>0,\end{cases}$ $g(x)=\begin{cases}x^2, & x<0,\\ -x, & x\geqslant 0,\end{cases}$ 求 $f[g(x)]$．

6. 设 $f(x-2)=x^2-2x+3$，求 $f(x)$ 及 $f(x^2)$．

7. 设 $f(x)$ 为奇函数，$f(1)=k$ 且 $f(x+2)-f(x)=f(2)$．(1) 试用 k 表示 $f(2)$ 及 $f(5)$；(2) 当 k 取何值时，$f(x)$ 以 2 为周期．

8. 计算下列极限

(1) $\lim\limits_{n\to\infty}(\sqrt{n^2+2n}-n)$；

(2) $\lim\limits_{x\to 1}\dfrac{\sqrt{3-x}-\sqrt{1+x}}{x^2-1}$；

(3) $\lim\limits_{t\to 0}\left(\dfrac{1}{t\sqrt{1+t}}-\dfrac{1}{t}\right)$；

(4) $\lim\limits_{x\to 1}\dfrac{1-x^2}{\sin\pi x}$；

(5) $\lim\limits_{x\to +\infty}(\sqrt[5]{x^5+7x^4+2}-x)$；

(6) $\lim\limits_{x\to 2}\dfrac{x-\sqrt{3x-2}}{x^2-4}$；

(7) $\lim\limits_{x\to 0}\dfrac{\sqrt{1+\tan x}-\sqrt{1+\sin x}}{x^2(e^x-1)}$；

(8) $\lim\limits_{x\to\frac{\pi}{2}}(\sin x)^{3\tan x}$；

(9) $\lim\limits_{x\to 0^+}(\cos\sqrt{x})^{\frac{1}{x}}$；

(10) $\lim\limits_{x\to +\infty}\dfrac{\ln(1+2^x)}{\ln(1+3^x)}$；

(11) $\lim\limits_{x\to 0}\dfrac{\sqrt{1+x\sin x}-1}{(e^x-1)\tan x}$；

(12) $\lim\limits_{x\to 0}\dfrac{\cos(xe^x)-\cos(xe^{-x})}{x^2\arctan x}$；

(13) $\lim\limits_{n\to\infty}(1+x)(1+x^2)(1+x^4)\cdots(1+x^{2^n})$，$|x|<1$．

9. 已知 $\lim\limits_{x\to\infty}\left(\dfrac{x^2+x+1}{2x+1}-ax-b\right)=0$，试确定常数 a,b．

10. 已知 $\lim\limits_{x\to +\infty}(\sqrt{2x^2+x+3}-ax-b)=0$，试确定常数 a,b 之值，并计算极限 $\lim\limits_{x\to +\infty}x(\sqrt{2x^2+x+3}-ax-b)$．

11. 设 $f(x)=\begin{cases}3e^{\frac{2}{x}}, & x<0,\\ 2x+a, & x\geqslant 0,\end{cases}$ 试确定常数 a 使函数 $f(x)$ 在 $(-\infty,+\infty)$ 内连续．

12. 已知函数 $f(x)=\dfrac{e^x-a}{x(x-1)}$ 有无穷间断点 $x=0$ 和可去间断点 $x=1$，试确定常数 a 的值．

13. 讨论函数 $f(x)=\lim\limits_{n\to\infty}\dfrac{x^{2n+1}+x}{x^{2n+1}-x^{n-1}+1}$ 的连续性，如果有间断点请指出其类型．

14. 已知函数 $f(x),g(x)$ 均连续，试证明 $F(x)=\max\{f(x),g(x)\}$ 也连续．

15. 证明方程 $16x^2+x\tan x-x-1=0$ 在 $\left(-\dfrac{\pi}{2},\dfrac{\pi}{2}\right)$ 内至少存在一个实根．

16. 若函数 $f(x)$ 在 $[a,b]$ 上连续，且满足 $f(a)<a, f(b)>b$，则至少存在一个 $\xi\in(a,b)$ 使得 $f(\xi)=\xi$．

17. 设数列 $\{x_n\}$，已知 $x_n>0$，且 $\lim\limits_{n\to\infty}\dfrac{x_{n+1}}{x_n}=0$，证明 $\lim\limits_{n\to\infty}x_n$ 存在，并求极限.

18. 若函数 $f(x)$ 在 $[0,2a]$ 上连续，且 $f(0)=f(2a)$，试证明至少存在一个 $\xi\in[0,a]$，使得 $f(\xi)=f(\xi+a)$.

第六节　自我测试题

一、测试题 A

1. 单项选择题

(1) 设 $\alpha(x)=\dfrac{1-x}{1+x}$，$\beta(x)=3-3\sqrt[3]{x}$，则当 $x\to1$ 时（　　）.

　(A) $\alpha(x)$ 与 $\beta(x)$ 是同阶无穷小，但不是等价无穷小；

　(B) $\alpha(x)$ 与 $\beta(x)$ 是等价无穷小；

　(C) $\alpha(x)$ 是比 $\beta(x)$ 高阶的无穷小；

　(D) $\beta(x)$ 是比 $\alpha(x)$ 高阶的无穷小.

(2) 当 $x\to1$ 时，$f(x)=\dfrac{x^2-1}{x-1}\mathrm{e}^{\frac{1}{x-1}}$ 的极限（　　）.

　(A) 等于 2；　　(B) 等于 0；　　(C) 为 ∞；　　(D) 不存在但不是无穷大.

2. 填空题

(1) $\lim\limits_{n\to\infty}\left(\sqrt{1+2+\cdots+n}-\sqrt{1+2+\cdots+(n+1)}\right)=$ _____.

(2) 设 $f(x)=\begin{cases}\dfrac{\mathrm{e}^{\sin2x}-\mathrm{e}^{\sin x}}{x}, & x\neq0,\\ a, & x=0,\end{cases}$ 在 $x=0$ 处连续，则 $a=$ _____.

3. 解答题

(1) 设 $f(x)=\dfrac{1}{x+1}$，$\varphi(x)=\dfrac{x^2+1}{x^2-1}$，求 $f[\varphi(x)]$ 及其定义域（其中 $x\neq0$）.

(2) 计算数列极限 $\lim\limits_{n\to\infty}\left[\tan\left(\dfrac{\pi}{4}+\dfrac{1}{n}\right)\right]^n$.

4. 综合题

设 $2f(x)+x^2f\left(\dfrac{1}{x}\right)=\dfrac{x^2+2x}{x+1}$，求 $f(x)$.

5. 证明题

若连续函数 $f(x)$ 的定义域和值域均为 $[0,1]$，试证明在 $[0,1]$ 上至少存在一点 ξ，使 $f(\xi)=\xi$.

二、测试题 B

1. 单项选择题

(1) 下列函数中为非奇函数的是（　　）.

　(A) $y=\dfrac{2^x-1}{2^x+1}$；　　　　　　(B) $y=\lg(x+\sqrt{1+x^2})$；

　(C) $y=x\arcsin\dfrac{x}{1+x^2}$；　　　(D) $y=\sqrt{x^2+3x+7}-\sqrt{x^2-3x+7}$.

(2) $\lim\limits_{x\to0}\dfrac{\sqrt{2(1-\cos2x)}}{x}=$（　　）.

(A) 2;   (B) -2;   (C) 不存在;   (D) 0.

(3) $f(x)=\begin{cases}\cos x, & \text{当 } 0\leqslant x<x_0,\\ \sin x, & \text{当 } x_0\leqslant x\leqslant\dfrac{\pi}{2},\end{cases}$ 在 $\left[0,\dfrac{\pi}{2}\right]$ 上连续，则 $x_0($ $)$.

     (A) 等于 $\dfrac{1}{\sqrt{2}}$;   (B) 等于 $\dfrac{\pi}{4}$;   (C) 等于 $\dfrac{1}{2}$;   (D) 不存在.

(4) $\lim\limits_{n\to\infty}\sqrt[n]{e^{\frac{1}{n}}e^{\frac{2}{n}}\cdots e^{\frac{n-1}{n}}e}=($ $)$.

     (A) 1;   (B) $\sqrt{e}$;   (C) e;   (D) e^2.

2. 填空题

(1) $\lim\limits_{x\to 0}\dfrac{\sin x+x^3\sin\dfrac{2}{x}}{(1+\cos x)\ln(1+x)}=$ _____ .

(2) $f(x)=\dfrac{\sin[\sin(\sin x)]}{\sqrt{1+x\sqrt{1+x}}-1}$ $(x\neq 0)$ 为使 $f(x)$ 在 $x=0$ 处连续，应补充定义 $f(0)=$

_____ .

3. 解答题

(1) 求极限 $\lim\limits_{x\to\frac{\pi}{3}}\dfrac{\tan^3 x-3\tan x}{\cos\left(x+\dfrac{\pi}{6}\right)}$.

(2) 设 $f(x)=\lg\dfrac{x+5}{x-5}$，①确定 $f(x)$ 的定义域；②若 $f[g(x)]=\lg x$，求 $g(2)$ 的值.

4. 综合题

(1) 设 $f(x)=\begin{cases}-e^x, & x\leqslant 0,\\ x & x>0,\end{cases}$ $\varphi(x)=\begin{cases}0, & x\leqslant 0,\\ -x^2, & x>0,\end{cases}$ 求 $f(x)$ 的反函数 $g(x)$ 及 $f[\varphi(x)]$.

(2) $f(x)=\begin{cases}\dfrac{\ln(2x^2+e^{2x})-2x}{\ln(\sin^2 x+e^x)-x}, & x\neq 0,\\ a, & x=0,\end{cases}$ 求 a 值，使 $f(x)$ 在 $x=0$ 处连续.

5. 证明题

(1) 设函数 $f(x)$ 在 $(-\infty,+\infty)$ 内连续，且满足 $f[f(x)]=x$，证明：在 $(-\infty,+\infty)$ 内至少存在一点 ξ，使得 $f(\xi)=\xi$.

(2) 已知数列 $\{x_n\}$ 满足：$x_1=0$，$x_n=\dfrac{x_{n-1}+3}{4}$ $(n=2,3,4,\cdots)$，证明：数列 $\{x_n\}$ 收敛，并求其极限值.

第七节　同步练习题答案

1. $\sqrt{\ln(1-x)}$，$(-\infty,0]$;   **2.** $f[\varphi(x)]=\begin{cases}3(x^2-1), & |x|\leqslant 1,\\ 0, & |x|>1;\end{cases}$

3. (1) $y=\dfrac{a^x-a^{-x}}{2}$ $(x\in R)$; (2) $y=\begin{cases}x, & -\infty<x<1,\\ \sqrt{x}, & 1\leqslant x\leqslant 16,\\ \log_2 x, & 16<x<+\infty;\end{cases}$ **4.** $f(5)=6$;

5. $f[g(x)]=\begin{cases}2+x^2, & x<0,\\ 2+x, & x\geqslant 0;\end{cases}$ **6.** $f(x)=x^2+2x+3$, $f(x^2)=x^4+2x^2+3$;

7. (1) $f(2)=2k$, $f(5)=5k$, (2) $k=0$;

8. (1) 1, (2) $-\dfrac{\sqrt{2}}{4}$, (3) $-\dfrac{1}{2}$, (4) $\dfrac{2}{\pi}$, (5) $\dfrac{7}{5}$, (6) $\dfrac{1}{16}$, (7) $\dfrac{1}{4}$, (8) 1, (9) $\mathrm{e}^{-\frac{1}{2}}$,

(10) $\dfrac{\ln 2}{\ln 3}$, (11) $\dfrac{1}{2}$, (12) -2, (13) $\dfrac{1}{1-x}$; **9.** $a=\dfrac{1}{2}$, $b=\dfrac{1}{4}$; **10.** $a=\sqrt{2}$, $b=\dfrac{\sqrt{2}}{4}$, $\dfrac{23\sqrt{2}}{32}$;

11. $a=0$; **12.** $a=\mathrm{e}$; **13.** 提示，先求极限确定函数：$f(x)=\begin{cases}|x|, & |x|<1,\\ 1, & |x|>1,\\ 2, & x=1,\\ 不存在, & x=-1;\end{cases}$ 连续

域 $(-\infty,-1)\bigcup(-1,1)\bigcup(1,+\infty)$，$x=-1$ 是跳跃间断点，$x=1$ 是可去间断点；

14. 提示，$\max\{f(x),g(x)\}=\dfrac{|f(x)-g(x)|}{2}+\dfrac{f(x)+g(x)}{2}$；

15. 略； **16.** 提示，令 $F(x)=f(x)-x$ 利用零点定理； **17.** 提示，由 $\lim\limits_{n\to\infty}\dfrac{x_{n+1}}{x_n}=0$，

对 $\varepsilon=1$，$\exists N>0$，当 $n>N$ 时有 $\dfrac{x_{n+1}}{x_n}=\left|\dfrac{x_{n+1}}{x_n}\right|<\varepsilon=1$，从而 $0<x_{n+1}<x_n$，$\lim\limits_{n\to\infty}x_n$ 存在；

18. 提示，令 $F(x)=f(x)-f(x+a)$ 在 $[0,a]$ 上利用零点定理论证.

第八节 自我测试题答案

一、测试题 A 答案

1. (1) (A); (2) (D).

2. (1) $-\dfrac{\sqrt{2}}{2}$; (2) $a=1$.

3. (1) $f[\varphi(x)]=\dfrac{x^2-1}{2x^2}$，定义域为 $(-\infty,-1)\bigcup(-1,0)\bigcup(0,1)\bigcup(1,+\infty)$; (2) e^2.

4. $f(x)=\dfrac{x}{x+1}$.

5. 提示：$\varphi(x)=\dfrac{1}{2}[f(x)+c-|f(x)-c|]$.

二、测试题 B 答案

1. (1) (C); (2) (C); (3) (B); (4) (B).

2. (1) $\dfrac{1}{2}$; (2) 2.

3. (1) -24; (2) $g(2)=15$.

4. (1) $f[\varphi(x)]=\begin{cases}-1, & x\leqslant 0,\\ -\mathrm{e}^{-x^2}, & x>0,\end{cases}$ (2) 2.

5. (1) 提示：利用反证法. (2) (略).

第二章　导数与微分

第一节　基本要求

① 掌握导数与微分的概念，了解导数与微分的几何意义和物理意义，掌握函数的连续、可导、可微三者之间的关系.

② 熟练掌握导数的运算法则，包括导数的四则运算法则与反函数、复合函数、隐函数及由参数方程确定的函数的求导法则，并熟记基本初等函数与常见的初等函数的导数公式.

③ 了解高阶导数定义和高阶导数的运算法则，包括求高阶导数的莱布尼茨公式.

④ 理解函数微分的定义、可微的条件并了解微分的意义.

⑤ 掌握微分基本公式以及微分运算法则.

⑥ 会用一次函数近似表示初等函数，了解绝对误差和相对误差的概念.

第二节　内 容 提 要

1. 导数的概念

设函数 $y=f(x)$ 在 x_0 的某邻域内有定义，当自变量 x 在 x_0 处取得增量 Δx（这时 $x+\Delta x$ 仍在该邻域内），相应地函数 y 取得增量 $\Delta y=f(x_0+\Delta x)-f(x_0)$. 若极限

$$\lim_{\Delta x \to 0} \frac{f(x_0+\Delta x)-f(x_0)}{\Delta x}$$

存在，则称函数 $y=f(x)$ 在 x_0 可导，并称这个极限为 $f(x)$ 在点 x_0 处的导数，记作

$$y'\big|_{x=x_0} \quad \text{或} \quad \frac{\mathrm{d}y}{\mathrm{d}x}\Big|_{x=x_0} \quad \text{或} \quad f'(x_0) \quad \text{或} \quad \frac{\mathrm{d}f(x)}{\mathrm{d}x}\Big|_{x=x_0},$$

即

$$f'(x_0)=\lim_{\Delta x \to 0} \frac{f(x_0+\Delta x)-f(x_0)}{\Delta x} \quad \text{或} \quad f'(x_0)=\lim_{x \to x_0} \frac{f(x)-f(x_0)}{x-x_0}.$$

如果函数 $y=f(x)$ 在开区间 I 内每一点都可导，则称 $y=f(x)$ 在开区间 I 内可导，这样就构成了一个新的函数，称为导函数（简称导数），记作 $y',\dfrac{\mathrm{d}y}{\mathrm{d}x},f'(x)$ 或 $\dfrac{\mathrm{d}f(x)}{\mathrm{d}x}$. 这样

$$f'(x_0)=f'(x)\big|_{x=x_0}.$$

若 $\lim\limits_{\Delta x \to 0^-} \dfrac{f(x_0+\Delta x)-f(x)}{\Delta x}$ 及 $\lim\limits_{\Delta x \to 0^+} \dfrac{f(x_0+\Delta x)-f(x)}{\Delta x}$ 存在，则分别称此极限为 $f(x)$ 在 x_0 处的左、右导数，记作 $f'_-(x_0)$ 及 $f'_+(x_0)$，即

$$f'_-(x_0)=\lim_{\Delta x \to 0^-} \frac{f(x_0+\Delta x)-f(x_0)}{\Delta x}, \quad f'_+(x_0)=\lim_{\Delta x \to 0^+} \frac{f(x_0+\Delta x)-f(x_0)}{\Delta x}.$$

显然，$f'(x_0)$ 存在 $\Leftrightarrow f'_-(x_0)$、$f'_+(x_0)$ 均存在且相等；$f'(x_0)$ 存在 $\Rightarrow f(x)$ 在点 x_0 处连续.

2. 微分的概念

设函数 $y=f(x)$ 在某区间内有定义，x_0 与 $x_0+\Delta x$ 在这区间内，若有

$$\Delta y=f(x_0+\Delta x)-f(x_0)=A\Delta x+o(\Delta x),$$

其中 A 是不依赖于 Δx 的常数，则称函数 $y=f(x)$ 在点 x_0 处可微，而 $A\Delta x$ 叫作函数 $y=f(x)$ 在点 x_0 的微分，记作 $\mathrm{d}y$，即 $\mathrm{d}y=A\Delta x$.

若函数 $y=f(x)$ 在点 x_0 可微，则 $y=f(x)$ 在点 x_0 必可导，且 $A=f'(x_0)$，即 $\mathrm{d}y=f'(x_0)\Delta x$，或写成 $\mathrm{d}y=f'(x_0)\mathrm{d}x$；反之，若函数 $y=f(x)$ 在点 x_0 处可导，则 $y=f(x)$ 在点 x_0 必可微.

3. 导数与微分的几何意义

导数 $f'(x_0)$ 几何意义为曲线 $y=f(x)$ 上位于点 $[x_0,f(x_0)]$ 处的切线的斜率；微分 $\mathrm{d}y$ 表示函数 $y=f(x)$ 在 x_0 点处的切线对应 Δx 之纵坐标的增量.

4. 导数与微分运算法则

(1) 四则运算 设函数 $u=u(x)$，$v=v(x)$ 在 x 处均可微，则

$$(\alpha u \pm \beta v)'=\alpha u' \pm \beta v', \qquad\qquad \mathrm{d}(\alpha u \pm \beta v)=\alpha \mathrm{d}u \pm \beta \mathrm{d}v;$$

$$(uv)'=u'v+uv', \qquad\qquad \mathrm{d}(uv)=v\mathrm{d}u+u\mathrm{d}v;$$

$$\left(\frac{u}{v}\right)'=\frac{u'v-uv'}{v^2}(v\neq 0), \qquad\qquad \mathrm{d}\left(\frac{u}{v}\right)=\frac{v\mathrm{d}u-u\mathrm{d}v}{v^2}(v\neq 0).$$

(2) 反函数求导法则 如果函数 $x=\varphi(y)$ 在某区间 I_y 内单调、可导，且 $\varphi'(y)\neq 0$，则其反函数 $y=f(x)$ 在对应区间 I_x 内也可导，且 $f'(x)=\dfrac{1}{\varphi'(y)}$.

(3) 复合函数求导法则 如果 $u=\varphi(x)$ 在点 x 可导，而 $y=f(u)$ 在点 $u=\varphi(x)$ 可导，则复合函数 $y=f[\varphi(x)]$ 在点 x 可导，且

$$\frac{\mathrm{d}y}{\mathrm{d}x}=\frac{\mathrm{d}y}{\mathrm{d}u}\frac{\mathrm{d}u}{\mathrm{d}x}=f'(u)\varphi'(x).$$

复合函数微分法则（微分形式不变性） 如果 $u=\varphi(x)$ 在点 x 可微，而 $y=f(u)$ 在点 $u=\varphi(x)$ 可微，则复合函数 $y=f[\varphi(x)]$在点 x 可微，且

$$\mathrm{d}y=f'(u)\mathrm{d}u=f'[\varphi(x)]\varphi'(x)\mathrm{d}x.$$

(4) 隐函数求导法则 方程 $F(x,y)=0$ 在一定条件下确定一个可导的隐函数 $y=f(x)$，故而可在方程两边对 x 求导 [必须注意，方程中的 y 是 x 的函数 $y(x)$]，并经整理后解出 y'.

(5) 由参数方程确定的函数的求导法则 设参数方程为 $\begin{cases} x=\varphi(t), \\ y=\psi(t), \end{cases}$ 其中 $\varphi(t),\psi(t)$ 均可导，且 $\varphi'(t)\neq 0$，则

$$\frac{\mathrm{d}y}{\mathrm{d}x}=\frac{\psi'(t)}{\varphi'(t)}.$$

5. 高阶导数（二阶或二阶以上的导数） 函数的 n 阶导数是其 $n-1$ 阶导数的导数，即

$$\frac{\mathrm{d}^n y}{\mathrm{d}x^n}=\frac{\mathrm{d}}{\mathrm{d}x}\left(\frac{\mathrm{d}^{n-1}y}{\mathrm{d}x^{n-1}}\right) \text{ 或 } y^{(n)}=(y^{(n-1)})'.$$

若 $u=u(x),v=v(x)$ 均有 n 阶导数，则：

① $(\alpha u \pm \beta v)^{(n)}=\alpha u^{(n)} \pm \beta v^{(n)}$ $(\alpha,\beta \in R)$；

② $(uv)^{(n)}=\sum\limits_{k=0}^{n} C_n^k u^{(n-k)} v^{(k)}$（莱布尼茨公式）.

常见函数的 n 阶导数：

$$(x^\mu)^{(n)}=\mu(\mu-1)(\mu-2)\cdots(\mu-n+1)x^{\mu-n}; \qquad \left(\frac{1}{x}\right)^{(n)}=\frac{(-1)^n n!}{x^{n+1}};$$

$$(a^x)^{(n)}=(\ln a)^n a^x; \qquad (\mathrm{e}^x)^{(n)}=\mathrm{e}^x;$$

$$(\sin x)^{(n)}=\sin\left(x+n\cdot\frac{\pi}{2}\right); \qquad (\cos x)^{(n)}=\cos\left(x+n\cdot\frac{\pi}{2}\right);$$

$$(\ln x)^{(n)}=\frac{(-1)^{n-1}(n-1)!}{x^n}.$$

6. 基本初等函数的导数与微分公式

    导数公式   微分公式

$(x^{\mu})'=\mu x^{\mu-1}$, $\qquad$ $\mathrm{d}(x^{\mu})=\mu x^{\mu-1}\mathrm{d}x$;

$(\sin x)'=\cos x$, $\qquad$ $\mathrm{d}(\sin x)=\cos x\,\mathrm{d}x$;

$(\cos x)'=-\sin x$, $\qquad$ $\mathrm{d}(\cos x)=-\sin x\,\mathrm{d}x$;

$(\tan x)'=\sec^2 x$, $\qquad$ $\mathrm{d}(\tan x)=\sec^2 x\,\mathrm{d}x$;

$(\cot x)'=-\csc^2 x$, $\qquad$ $\mathrm{d}(\cot x)=-\csc^2 x\,\mathrm{d}x$;

$(\sec x)'=\sec x\tan x$, $\qquad$ $\mathrm{d}(\sec x)=\sec x\tan x\,\mathrm{d}x$;

$(\csc x)'=-\csc x\cot x$, $\qquad$ $\mathrm{d}(\csc x)=-\csc x\cot x\,\mathrm{d}x$;

$(a^x)'=a^x\ln a$, $\qquad$ $\mathrm{d}(a^x)=a^x\ln a\,\mathrm{d}x$;

$(\mathrm{e}^x)'=\mathrm{e}^x$, $\qquad$ $\mathrm{d}(\mathrm{e}^x)=\mathrm{e}^x\,\mathrm{d}x$;

$(\log_a x)'=\dfrac{1}{x\ln a}$, $\qquad$ $\mathrm{d}(\log_a x)=\dfrac{1}{x\ln a}\mathrm{d}x$;

$(\ln|x|)'=\dfrac{1}{x}$, $\qquad$ $\mathrm{d}(\ln|x|)=\dfrac{1}{x}\mathrm{d}x$;

$(\arcsin x)'=\dfrac{1}{\sqrt{1-x^2}}$, $\qquad$ $\mathrm{d}(\arcsin x)=\dfrac{1}{\sqrt{1-x^2}}\mathrm{d}x$;

$(\arccos x)'=-\dfrac{1}{\sqrt{1-x^2}}$, $\qquad$ $\mathrm{d}(\arccos x)=-\dfrac{1}{\sqrt{1-x^2}}\mathrm{d}x$;

$(\arctan x)'=\dfrac{1}{1+x^2}$, $\qquad$ $\mathrm{d}(\arctan x)=\dfrac{1}{1+x^2}\mathrm{d}x$;

$(\mathrm{arccot}x)'=-\dfrac{1}{1+x^2}$, $\qquad$ $\mathrm{d}(\mathrm{arccot}x)=-\dfrac{1}{1+x^2}\mathrm{d}x$.

7. 微分的近似计算

当 $|x|$ 充分小时，$\qquad$ $f(x)\approx f(0)+f'(0)x$；

当 $|x-x_0|$ 充分小时，$\qquad$ $f(x)\approx f(x_0)+f'(x_0)(x-x_0)$.

第三节　本章学习注意点

本章是一元函数微分学的基础，学习过程中应该注意以下几点．

① 导数是实际问题的变化率在数学上的反映，反过来又应用于实际问题的变化率问题，这是学习导数首先必须明白的．

② 函数 $y=f(x)$ 在 x_0 可导的几何意义是曲线 $y=f(x)$ 在点 $[x_0,f(x_0)]$ 的切线存在，其斜率为 $f'(x_0)$；反之不真，即曲线 $y=f(x)$ 在点 $[x_0,f(x_0)]$ 有切线并不能保证函数 $y=f(x)$ 在 x_0 可导，因为曲线 $y=f(x)$ 在点 $[x_0,f(x_0)]$ 有可能存在垂直切线．

③ 求函数 $y=f(x)$ 的导数的方法一般可分为两大类：一是用导数定义，二是用求导法则．这时要分清何时用导数定义，何时用求导法则．用导数定义求导数，一般常用于分段函数、带绝对值的函数与一些抽象函数的导数情况．在求导法则中，复合函数是重点，也是难点．复合函数求导应遵循"从外往里，一层一层求导"的求导法则，不能遗漏．当然，对于 $y=f(x)$ 是和、差、积、商等形式，应首先用四则运算法则，再用复合函数求导法则（如果是复合函数）．

④ 导数与微分既有区别又有联系．对一元函数 $y=f(x)$ 来说，其在点 x_0 可导与可微是等价的，且 $\mathrm{d}y=f'(x_0)\Delta x=f'(x_0)\mathrm{d}x$. 尽管如此，导数与微分是完全不同的两个概念，导数 $f'(x_0)$ 是函数增量与自变量增量比的极限，是仅与 x_0 有关的一个确定的数值；而微分 $\mathrm{d}y=f'(x_0)\Delta x$ 是自变量增量 Δx 的线性函数，是函数增量 Δy 的近似值，它既依赖于 x_0，又依赖于 Δx. 在几何上，$f'(x_0)$ 表示曲线 $y=f(x)$ 在点 $[x_0,f(x_0)]$ 处切线的斜率，

而 dy 是曲线 $y=f(x)$ 在点 $[x_0, f(x_0)]$ 处切线上纵坐标的增量.

⑤ 函数 $y=f(x)$ 在 x_0 的微分 $dy=f'(x_0)\Delta x=f'(x_0)dx$. 当 $f'(x_0)\neq0$ 时，$dy=f'(x_0)\Delta x$ 又称为 Δy 的线性主部，这时 $\lim\limits_{\Delta x\to0}\dfrac{\Delta y}{dy}=1\Leftrightarrow\lim\limits_{\Delta x\to0}\dfrac{\Delta y-dy}{\Delta x}=0$，这是利用微分做近似计算的理论基础.

第四节　典型方法与例题分析

一、导数定义的运用

【例1】 已知 $f'(x_0)$ 存在，求下列极限：

(1) $\lim\limits_{n\to\infty}n\left[f\left(x_0+\dfrac{1}{n}\right)-f(x_0)\right]$ $(n\in N)$;

(2) $\lim\limits_{h\to0}\dfrac{f(x_0+\alpha h)-f(x_0-\beta h)}{h}$ $(\alpha\neq-\beta;\ \alpha,\beta\neq0)$.

分析：据题示条件 $f'(x_0)$ 存在，即给出了下列运算 $f'(x_0)=\lim\dfrac{f[x_0+(\quad)]-f(x_0)}{(\quad)}$，利用导数定义求极限，就是在极限过程中将上述运算式中的两个括号内的表达式凑成一致.

【解】 (1) $\lim\limits_{n\to\infty}n\left[f\left(x_0+\dfrac{1}{n}\right)-f(x_0)\right]=\lim\limits_{n\to\infty}\dfrac{f\left(x_0+\dfrac{1}{n}\right)-f(x_0)}{\dfrac{1}{n}}=f'(x_0)$;

(2) $\lim\limits_{h\to0}\dfrac{f(x_0+\alpha h)-f(x_0-\beta h)}{h}=\lim\limits_{h\to0}\dfrac{1}{h}\{[f(x_0+\alpha h)-f(x_0)]-[f(x_0-\beta h)-f(x_0)]\}$

$\qquad=\lim\limits_{h\to0}\left[\alpha\dfrac{f(x_0+\alpha h)-f(x_0)}{\alpha h}+\beta\dfrac{f(x_0-\beta h)-f(x_0)}{-\beta h}\right]$

$\qquad=\alpha f'(x_0)+\beta f'(x_0)=(\alpha+\beta)f'(x_0)$.

【例2】 求下列函数在指定点的导数：

(1) 设 $f(x)=x^2+(x-1)\arctan\dfrac{2x-1}{x^3+x^2-1}$，求 $f'(1)$;

(2) 设 $f(x)=(x-a)g(x)$，其中函数 $g(x)$ 在 $x=a$ 处连续，求 $f'(a)$.

分析：本例的第（1）小题中，如果先利用求导法则求出导函数，然后再求 $f'(1)$ 会很烦琐，而直接利用导数定义求 $f'(1)$ 则比较简单；本例的第（2）小题由于条件没有给出 $g(x)$ 可导，故只能用导数定义求 $f'(a)$.

【解】 (1) 由导数定义有

$$f'(1)=\lim\limits_{x\to1}\dfrac{f(x)-f(1)}{x-1}=\lim\limits_{x\to1}\dfrac{\left[x^2+(x-1)\arctan\dfrac{2x-1}{x^3+x^2-1}\right]-1}{x-1}$$

$$=\lim\limits_{x\to1}\left[(x+1)+\arctan\dfrac{2x-1}{x^3+x^2-1}\right]=2+\arctan1=2+\dfrac{\pi}{4};$$

(2) $f'(a)=\lim\limits_{x\to a}\dfrac{f(x)-f(a)}{x-a}=\lim\limits_{x\to a}\dfrac{(x-a)g(x)-0}{x-a}=\lim\limits_{x\to a}g(x)=g(a)$.

【例3】 设 $f(x)=(e^x-1)(e^{2x}-2)\cdots(e^{nx}-n)$，其中 n 为正整数，求 $f'(0)$.

分析：相对来说求函数的导数并不太难，但是如果能够灵活运用求导法则可以简化计算. 本例采用两种方法求 $f'(0)$.

【解】 解法一 利用导数定义.

$$f'(0)=\lim_{x\to 0}\frac{f(x)-f(0)}{x-0}=\lim_{x\to 0}\frac{(e^x-1)(e^{2x}-2)\cdots(e^{nx}-n)-0}{x}$$

$$=\lim_{x\to 0}\frac{e^x-1}{x}\cdot\lim_{x\to 0}\left[(e^{2x}-2)\cdots(e^{nx}-n)\right]=(-1)^{n-1}(n-1)!$$

解法二 利用求导法则.

令 $g(x)=(e^{2x}-2)\cdots(e^{nx}-n)$，则 $f(x)=(e^x-1)g(x)$，

故 $f'(x)=e^x g(x)+(e^x-1)g'(x)$，

从而 $f'(0)=g(0)=(-1)^{n-1}(n-1)!$.

【例 4】 已知 $f(1)=0$, $f'(1)=2$，求 $\lim\limits_{x\to 0}\dfrac{f(\sin^2 x+\cos x)}{x\tan x}$.

【解】 已知 $f'(1)$ 存在且 $f(1)=0$ 故利用导数定义，有

$$\lim_{x\to 0}\frac{f(\sin^2 x+\cos x)}{x\tan x}=\lim_{x\to 0}\frac{f[1+(\sin^2 x+\cos x-1)]-f(1)}{x\tan x}$$

$$=\lim_{x\to 0}\left[\frac{f[1+(\sin^2 x+\cos x-1)]-f(1)}{\sin^2 x+\cos x-1}\cdot\frac{\sin^2 x+\cos x-1}{x\tan x}\right]$$

$$=f'(1)\cdot\lim_{x\to 0}\frac{\sin^2 x+\cos x-1}{x\tan x}=2\lim_{x\to 0}\frac{\cos x(1-\cos x)}{x\tan x}$$

$$=2\lim_{x\to 0}\frac{1-\cos x}{x\tan x}=2\lim_{x\to 0}\frac{\dfrac{x^2}{2}}{x^2}$$

$$=1.$$

二、分段函数的导数

【例 5】 求函数 $f(x)=\begin{cases}\cos\dfrac{\pi x}{2}, & |x|\leqslant 1,\\ |x-1|, & |x|>1\end{cases}$ 的导数 $f'(x)$.

分析：分段函数求导数的方法是在各个定义区间内利用求导法则求导数，而在特殊点处用导数定义讨论导数的存在性. 由于本例分段函数含有绝对值项，因此求导之前先要去掉绝对值.

【解】 在第一章例 17（2）中已知函数

$$f(x)=\begin{cases}1-x, & x<-1,\\ \cos\dfrac{\pi x}{2}, & -1\leqslant x\leqslant 1,\\ x-1, & x>1\end{cases}$$

在 $x=-1$ 点不连续，所以也不可导；虽然在 $x=1$ 点处函数连续，但是否可导则无法确定，还必须利用导数定义讨论在点 $x=1$ 处是否可导.

$$f'_-(1)=\lim_{x\to 1-0}\frac{f(x)-f(1)}{x-1}=\lim_{x\to 1-0}\frac{\cos\dfrac{\pi x}{2}-\cos\dfrac{\pi}{2}}{x-1}\quad(\text{令}\ x-1=t)$$

$$=\lim_{t\to 0-0}\frac{\cos\dfrac{\pi(1+t)}{2}}{t}=\lim_{t\to 0-0}\frac{-\sin\dfrac{\pi t}{2}}{t}=-\frac{\pi}{2}\lim_{t\to 0-0}\frac{\sin\dfrac{\pi t}{2}}{\dfrac{\pi t}{2}}=-\frac{\pi}{2},$$

$$f'_+(1)=\lim_{x\to 1+0}\frac{f(x)-f(1)}{x-1}=\lim_{x\to 1-0}\frac{x-1-\cos\dfrac{\pi}{2}}{x-1}=1,$$

由于 $f'_-(1)\neq f'_+(1)$，所以函数在 $x=1$ 点不可导.

综上可得所求导数为

$$f'(x)=\begin{cases} -1, & x<-1, \\ -\dfrac{\pi}{2}\sin\dfrac{\pi x}{2}, & -1<x<1, \\ 1, & x>1. \end{cases}$$

【例 6】 已知 $f(x)=2^{|a-x|}$，求导数 $f'(x)$.

【解】 函数可变形为分段函数 $f(x)=\begin{cases} 2^{a-x}, & x\leqslant a, \\ 2^{x-a}, & x>a, \end{cases}$

在 $x=a$ 点处：

$$f'_-(a)=\lim_{x\to a-0}\frac{f(x)-f(a)}{x-a}=\lim_{x\to a-0}\frac{2^{a-x}-1}{x-a}=\lim_{x\to a-0}\frac{e^{(a-x)\ln2}-1}{(a-x)\ln2}\cdot(-\ln2)=-\ln2,$$

$$f'_+(a)=\lim_{x\to a+0}\frac{f(x)-f(a)}{x-a}=\lim_{x\to a+0}\frac{2^{x-a}-1}{x-a}=\lim_{x\to a+0}\frac{e^{(x-a)\ln2}-1}{(x-a)\ln2}\cdot\ln2=\ln2,$$

由于 $f'_-(a)\neq f'_+(a)$，所以函数在 $x=a$ 点不可导.

故所求导数为 $f'(x)=\begin{cases} -2^{a-x}\ln2, & x<a, \\ 2^{x-a}\ln2, & x>a. \end{cases}$

【例 7】 设 $f(x)=\begin{cases} \sin x, & x<0, \\ \ln(ax+b), & x\geqslant0, \end{cases}$ 试确定常数 a,b 之值使函数在 $(-\infty,+\infty)$ 可导.

分析：因为可导必连续，通常这类待定系数问题，是利用分段函数在特殊点的连续性和可导性得到 a,b 所满足的方程或方程组解得.

【解】 (1) 据题意函数在 $x=0$ 点必连续，而

$$f(0-0)=\lim_{x\to0^-}\sin x=0, \quad f(0+0)=\lim_{x\to0^+}\ln(ax+b)=\ln b=f(0),$$

由 $f(x)$ 在 $x=0$ 点连续的充要条件知，必有 $\ln b=0$，则 $b=1$.

(2) $f(x)$ 在 $(-\infty,+\infty)$ 内可导，则必在 $x=0$ 点也可导，而

$$f'_-(0)=\lim_{x\to0^-}\frac{f(x)-f(0)}{x}=\lim_{x\to0^-}\frac{\sin x-0}{x}=1,$$

$$f'_+(0)=\lim_{x\to0^+}\frac{f(x)-f(0)}{x}=\lim_{x\to0^+}\frac{\ln(ax+1)}{x}=\lim_{x\to0^+}\frac{\ln(ax+1)}{ax}\cdot a=a,$$

由函数 $f(x)$ 在 $x=0$ 可导的充要条件得 $f'_-(0)=f'_+(0)$，即 $a=1$.

【例 8】 设函数 $f(x)=\begin{cases} g(x)\cos\dfrac{1}{x}, & x\neq0, \\ 0, & x=0, \end{cases}$ 且 $g(0)=g'(0)=0$，求 $f'(0)$.

【解】 由导数定义

$$f'(0)=\lim_{x\to0}\frac{f(x)-f(0)}{x-0}=\lim_{x\to0}\frac{g(x)\cos\dfrac{1}{x}}{x}=\lim_{x\to0}\frac{g(x)-g(0)}{x}\cdot\cos\frac{1}{x},$$

上式中 $\lim\limits_{x\to0}\dfrac{g(x)-g(0)}{x}=g'(0)=0$，而 $\left|\cos\dfrac{1}{x}\right|\leqslant1$ 有界，故 $f'(0)=0$.

三、利用运算法则求导数和微分

【例 9】 求下列函数的导数

(1) $y=x^{2x}+2^{x^x}+x^{x^2}$;   (2) $y=\dfrac{\sqrt{1+x}-\sqrt{1-x}}{\sqrt{1+x}+\sqrt{1-x}}$;   (3) $y=\arctan\dfrac{1+t}{1-t}$.

【解】 (1) 利用对数恒等式将函数变形为 $y=e^{2x\ln x}+2^{e^{x\ln x}}+e^{x^2\ln x}$，则

$$y'=e^{2x\ln x}\left(2^x\ln2\ln x+2^x\frac{1}{x}\right)+2^{e^{x\ln x}}\ln2\left[e^{x\ln x}(\ln x+1)\right]+e^{x^2\ln x}(2x\ln x+x)$$

$$= x^{2x} 2^x \left(\ln2\ln x + \frac{1}{x} \right) + 2^{x^x} x^x (\ln x + 1)\ln 2 + x^{x^2-1}(2\ln x + 1);$$

（2）将函数变形为 $y = \dfrac{(\sqrt{1+x}-\sqrt{1-x})^2}{(\sqrt{1+x})^2-(\sqrt{1-x})^2} = \dfrac{1-\sqrt{1-x^2}}{x} = \dfrac{1}{x} - \dfrac{\sqrt{1-x^2}}{x}$，

故 $\qquad y' = \left(\dfrac{1}{x} \right)' - \left(\dfrac{\sqrt{1-x^2}}{x} \right)' = -\dfrac{1}{x^2} - \dfrac{-\dfrac{x^2}{\sqrt{1-x^2}} - \sqrt{1-x^2}}{x^2}$

$$= -\frac{1}{x^2} + \frac{1}{x^2\sqrt{1-x^2}} = \frac{1}{\sqrt{1-x^2}+1-x^2};$$

（3）$y' = \dfrac{1}{1+\left(\dfrac{1+t}{1-t}\right)^2} \left(\dfrac{1+t}{1-t} \right)' = \dfrac{1}{1+\left(\dfrac{1+t}{1-t}\right)^2} \left(1 + \dfrac{2t}{1-t} \right)' = \dfrac{(1-t)^2}{2+2t^2} \dfrac{2}{(1-t)^2} = \dfrac{1}{1+t^2}.$

【例 10】 设 $y(x)$ 是由方程 $y\sin x - \arctan(x-y) = 0$ 确定的隐函数，求 $\dfrac{\mathrm{d}y}{\mathrm{d}x}\bigg|_{x=0}$.

分析：利用隐函数求函数在某点的导数，可以先求导数，再由原方程将 $x=0$ 代入解得 $y=0$，便可求得 $\dfrac{\mathrm{d}y}{\mathrm{d}x}\bigg|_{x=0}$.

【解】 等式两边对 x 求导数，有

$$y'\sin x + y\cos x - \frac{1}{1+(x-y)^2}(1-y') = 0,$$

解得 $\quad y' = \dfrac{1-[(x-y)^2+1]y\cos x}{[(x-y)^2+1]\sin x + 1}$，由原方程可知

$$y(0) = 0, \text{故} \quad \frac{\mathrm{d}y}{\mathrm{d}x}\bigg|_{x=0} = 1.$$

【例 11】 设 $y = \mathrm{e}^{\arctan\sqrt[3]{\frac{\sin x}{x^2(x-\cos x)}}}\ln\tan x \ (x>0)$，求 y'.

分析：本例中间变量表达式 $\sqrt[3]{\dfrac{\sin x}{x^2(x-\cos x)}}$ 非常复杂，将其抽出来并利用对数求导法单独计算使求导过程简化.

【解】 令 $g(x) = \sqrt[3]{\dfrac{\sin x}{x^2(x-\cos x)}}$ 并两边取对数，有

$$\ln|g(x)| = \frac{1}{3}(\ln|\sin x| - 2\ln|x| - \ln|x-\cos x|)$$

两边对 x 求导得

$$\frac{g'(x)}{g(x)} = \frac{1}{3}\left(\frac{\cos x}{\sin x} - \frac{2}{x} - \frac{1+\sin x}{x-\cos x} \right),$$

解得

$$g'(x) = \frac{1}{3}g(x)\left(\frac{\cos x}{\sin x} - \frac{2}{x} - \frac{1+\sin x}{x-\cos x} \right) = \frac{1}{3}\sqrt[3]{\frac{\sin x}{x^2(x-\cos x)}}\left(\frac{\cos x}{\sin x} - \frac{2}{x} - \frac{1+\sin x}{x-\cos x} \right)$$

原函数变为 $y = \mathrm{e}^{\arctan g(x)}\ln\tan x$，故

$$y' = \mathrm{e}^{\arctan g(x)}\frac{g'(x)}{1+g^2(x)}\ln\tan x + \mathrm{e}^{\arctan g(x)}\frac{1}{\tan x}\sec^2 x$$

$$= \mathrm{e}^{\arctan\sqrt[3]{\frac{\sin x}{x^2(x-\cos x)}}}\left[\frac{1}{3\left\{1+\left[\frac{\sin x}{x^2(x-\cos x)}\right]^{\frac{2}{3}}\right\}}\sqrt[3]{\frac{\sin x}{x^2(x-\cos x)}}\left(\frac{\cos x}{\sin x} - \frac{2}{x} - \frac{1+\sin x}{x-\cos x} \right)\ln\tan x + \sec x\csc x \right]$$

【例 12】　设 $y=(\sin x)^{\arctan x}$，求 y'.

分析：对幂指函数求导数通常采用两种方法，其一是利用对数恒等式将其变形为复合函数求导；其二是利用对数求导法变形为隐函数求导.

【解】　解法一　利用对数恒等式，有

$$y'=(\mathrm{e}^{\arctan x\ln\sin x})'=\mathrm{e}^{\arctan x\ln\sin x}\left(\frac{\ln\sin x}{1+x^2}+\arctan x\,\frac{\cos x}{\sin x}\right)$$

$$=(\sin x)^{\arctan x}\left(\frac{\ln\sin x}{1+x^2}+\arctan x\cot x\right);$$

解法二　利用对数求导法，有

$$\ln y=\arctan x\ln\sin x,$$

上式两边对 x 求导，得

$$\frac{1}{y}y'=\frac{1}{1+x^2}\ln\sin x+\arctan x\cdot\frac{\cos x}{\sin x},$$

解得　　$$y'=y\left(\frac{\ln\sin x}{1+x^2}+\arctan x\cdot\frac{\cos x}{\sin x}\right)=(\sin x)^{\arctan x}\left(\frac{\ln\sin x}{1+x^2}+\arctan x\cdot\cot x\right).$$

【例 13】　设 $\begin{cases}x=\arcsin\dfrac{t}{\sqrt{1+t^2}},\\y=\arccos\dfrac{1}{\sqrt{1+t^2}},\end{cases}$ 求 $\dfrac{\mathrm{d}y}{\mathrm{d}x}$.

【解】　这是由参数方程确定的函数，由于

$$\frac{\mathrm{d}x}{\mathrm{d}t}=\frac{1}{\sqrt{1-\dfrac{t^2}{1+t^2}}}\frac{\sqrt{1+t^2}-\dfrac{t^2}{\sqrt{1+t^2}}}{1+t^2}=\frac{1}{1+t^2},$$

$$\frac{\mathrm{d}y}{\mathrm{d}t}=\frac{-1}{\sqrt{1-\dfrac{1}{1+t^2}}}\left(\frac{-1}{1+t^2}\right)\frac{t}{\sqrt{1+t^2}}=\frac{t}{|t|(1+t^2)},$$

故有　　$$\frac{\mathrm{d}y}{\mathrm{d}x}=\frac{\dfrac{\mathrm{d}y}{\mathrm{d}t}}{\dfrac{\mathrm{d}x}{\mathrm{d}t}}=\frac{t}{|t|}=\begin{cases}1,&t>0,\\-1,&t<0,\end{cases}$$ 当 $t=0$ 时，函数不可导.

【例 14】　已知 $\begin{cases}x=t\mathrm{e}^t,\\y\mathrm{e}^t+\mathrm{e}^{ty}=2,\end{cases}$ 求 $\dfrac{\mathrm{d}y}{\mathrm{d}x}\Big|_{t=0}$.

分析：本例是由参数方程所确定的函数，但是需要注意其中 $y=y(t)$ 是个隐函数，故在求 $\dfrac{\mathrm{d}y}{\mathrm{d}t}$ 时要用隐函数求导法.

【解】　解法一　利用参数方程求导法，有

$$\frac{\mathrm{d}x}{\mathrm{d}t}=\mathrm{e}^t+t\mathrm{e}^t=(1+t)\mathrm{e}^t;$$

再利用隐函数求导法，由 $\mathrm{e}^t\dfrac{\mathrm{d}y}{\mathrm{d}t}+y\mathrm{e}^t+\mathrm{e}^{ty}\left(y+t\dfrac{\mathrm{d}y}{\mathrm{d}t}\right)=0$，解得

$$\frac{\mathrm{d}y}{\mathrm{d}t}=-\frac{(\mathrm{e}^t+\mathrm{e}^{ty})y}{\mathrm{e}^t+t\mathrm{e}^{ty}},\quad 故\quad\frac{\mathrm{d}y}{\mathrm{d}x}=\frac{\dfrac{\mathrm{d}y}{\mathrm{d}t}}{\dfrac{\mathrm{d}x}{\mathrm{d}t}}=-\frac{\dfrac{(\mathrm{e}^t+\mathrm{e}^{ty})y}{\mathrm{e}^t+t\mathrm{e}^{ty}}}{(1+t)\mathrm{e}^t},$$

在原方程中，令 $t=0$，得 $x=0$，$y=1$，从而

$$\frac{\mathrm{d}y}{\mathrm{d}x}\bigg|_{t=0}=-2.$$

解法二 利用微分法.

利用微分形式不变性,分别求微分得

$$\mathrm{d}x=\mathrm{e}^t\mathrm{d}t+t\mathrm{e}^t\mathrm{d}t=\mathrm{e}^t(1+t)\mathrm{d}t,$$

$$\mathrm{e}^t\mathrm{d}y+y\mathrm{e}^t\mathrm{d}t+\mathrm{e}^{ty}(y\mathrm{d}t+t\mathrm{d}y)=0,\ \text{得}\ \mathrm{d}y=-\frac{y\mathrm{e}^t+y\mathrm{e}^{ty}}{\mathrm{e}^t+t\mathrm{e}^{ty}}\mathrm{d}t,$$

从而有
$$\frac{\mathrm{d}y}{\mathrm{d}x}=\frac{\dfrac{\mathrm{d}y}{\mathrm{d}t}}{\dfrac{\mathrm{d}x}{\mathrm{d}t}}=-\frac{\dfrac{(\mathrm{e}^t+\mathrm{e}^{ty})y}{\mathrm{e}^t+t\mathrm{e}^{ty}}}{(1+t)\ \mathrm{e}^t}\quad\text{及}\quad\frac{\mathrm{d}y}{\mathrm{d}x}\bigg|_{t=0}=-2.$$

【例 15】 设 $y=\mathrm{e}^{\cos x}\cos\mathrm{e}^x+f\left(\arctan\dfrac{1}{x}\right)$,其中 $f(x)$ 可微,求 $\mathrm{d}y$.

【解】 利用微分的形式不变性

$$\mathrm{d}y=\mathrm{d}(\mathrm{e}^{\cos x}\cos\mathrm{e}^x)+\mathrm{d}f\left(\arctan\frac{1}{x}\right)$$

$$=\cos\mathrm{e}^x\,\mathrm{d}\mathrm{e}^{\cos x}+\mathrm{e}^{\cos x}\,\mathrm{d}\cos\mathrm{e}^x+f'\left(\arctan\frac{1}{x}\right)\mathrm{d}\arctan\frac{1}{x}$$

$$=\cos\mathrm{e}^x\,\mathrm{e}^{\cos x}\,\mathrm{d}\cos x-\mathrm{e}^{\cos x}\sin\mathrm{e}^x\,\mathrm{d}\mathrm{e}^x+f'\left(\arctan\frac{1}{x}\right)\frac{1}{1+\dfrac{1}{x^2}}\mathrm{d}\left(\frac{1}{x}\right)$$

$$=-\cos\mathrm{e}^x\,\mathrm{e}^{\cos x}\sin x\,\mathrm{d}x-\mathrm{e}^{\cos x}\sin\mathrm{e}^x\cdot\mathrm{e}^x\,\mathrm{d}x+f'\left(\arctan\frac{1}{x}\right)\frac{1}{1+\dfrac{1}{x^2}}\left(-\frac{1}{x^2}\right)\mathrm{d}x$$

$$=-\left[\mathrm{e}^{\cos x}(\cos\mathrm{e}^x\sin x+\mathrm{e}^x\sin\mathrm{e}^x)+\frac{1}{x^2+1}f'\left(\arctan\frac{1}{x}\right)\right]\mathrm{d}x.$$

【例 16】 设函数 $f(x)$ 二阶可导,求下列函数的二阶导数 $\dfrac{\mathrm{d}^2y}{\mathrm{d}x^2}$:

(1) $y=f\left(\sin\dfrac{1}{x}\right)$; (2) $y=\ln[f(x)]$.

【解】 (1) $y'=f'\left(\sin\dfrac{1}{x}\right)\cos\dfrac{1}{x}\left(-\dfrac{1}{x^2}\right)=-\dfrac{f'\left(\sin\dfrac{1}{x}\right)\cos\dfrac{1}{x}}{x^2}$,

$$y''=\left(-\frac{f'\left(\sin\dfrac{1}{x}\right)\cos\dfrac{1}{x}}{x^2}\right)'$$

$$=-\frac{f''\left(\sin\dfrac{1}{x}\right)\cos\dfrac{1}{x}\left(-\dfrac{1}{x^2}\right)\cos\dfrac{1}{x}x^2-2xf'\left(\sin\dfrac{1}{x}\right)\cos\dfrac{1}{x}}{x^4}$$

$$=\frac{f''\left(\sin\dfrac{1}{x}\right)\cos^2\dfrac{1}{x}+2xf'\left(\sin\dfrac{1}{x}\right)\cos\dfrac{1}{x}}{x^4};$$

(2) $y'=\dfrac{1}{f(x)}f'(x),\qquad y''=\left[\dfrac{f'(x)}{f(x)}\right]'=\dfrac{f''(x)f(x)-[f'(x)]^2}{[f(x)]^2}.$

【例 17】 已知 $\dfrac{\mathrm{d}x}{\mathrm{d}y}=\dfrac{1}{y'}$,试证明 $\dfrac{\mathrm{d}^3x}{\mathrm{d}y^3}=\dfrac{3(y'')^2-y'y'''}{(y')^5}.$

【证明】 利用已知等式两边同时对 y 求导,有

$$\frac{\mathrm{d}^2 x}{\mathrm{d}y^2}=\frac{\mathrm{d}}{\mathrm{d}y}\left(\frac{1}{y'}\right)=\frac{\mathrm{d}}{\mathrm{d}x}\left(\frac{1}{y'}\right)\frac{\mathrm{d}x}{\mathrm{d}y}=-\frac{y''}{(y')^2}\frac{1}{y'}=-\frac{y''}{(y')^3},$$

上式两边再对 y 求导数，得

$$\frac{\mathrm{d}^3 x}{\mathrm{d}y^3}=\frac{\mathrm{d}}{\mathrm{d}y}\left[-\frac{y''}{(y')^3}\right]=\frac{\mathrm{d}}{\mathrm{d}x}\left[-\frac{y''}{(y')^3}\right]\frac{\mathrm{d}x}{\mathrm{d}y}$$
$$=-\frac{y'''(y')^3-y''3(y')^2 y''}{(y')^6}\frac{1}{y'}=\frac{3(y'')^2-y'y'''}{(y')^5}.$$

【例 18】 设 $x=x(y)$ 是由方程 $x\mathrm{e}^x-\mathrm{e}^{y+1}=0$ 确定的隐函数，求 $\left.\dfrac{\mathrm{d}x}{\mathrm{d}y}\right|_{x=1}$，$\left.\dfrac{\mathrm{d}^2 x}{\mathrm{d}y^2}\right|_{x=1}$.

【解】 等式两边对 y 求导，得

$$\frac{\mathrm{d}x}{\mathrm{d}y}\mathrm{e}^x+x\mathrm{e}^x\frac{\mathrm{d}x}{\mathrm{d}y}-\mathrm{e}^{y+1}=0 \qquad\qquad ①$$

①式两边再对 y 求导，得

$$\frac{\mathrm{d}^2 x}{\mathrm{d}y^2}\mathrm{e}^x+\left(\frac{\mathrm{d}x}{\mathrm{d}y}\right)^2\mathrm{e}^x+\left(\frac{\mathrm{d}x}{\mathrm{d}y}\right)^2\mathrm{e}^x+x\mathrm{e}^x\left(\frac{\mathrm{d}x}{\mathrm{d}y}\right)^2+x\mathrm{e}^x\frac{\mathrm{d}^2 x}{\mathrm{d}y^2}-\mathrm{e}^{y+1}=0,$$

即

$$\frac{\mathrm{d}^2 x}{\mathrm{d}y^2}\mathrm{e}^x+2\left(\frac{\mathrm{d}x}{\mathrm{d}y}\right)^2\mathrm{e}^x+x\mathrm{e}^x\left(\frac{\mathrm{d}x}{\mathrm{d}y}\right)^2+x\mathrm{e}^x\frac{\mathrm{d}^2 x}{\mathrm{d}y^2}-\mathrm{e}^{y+1}=0 \qquad ②$$

由原方程知，当 $x=1$ 时，$y=0$，代入①式可解得

$$\left.\frac{\mathrm{d}x}{\mathrm{d}y}\right|_{x=1}=\frac{1}{2},$$

再把 $x=1$，$y=0$ 及 $\left.\dfrac{\mathrm{d}x}{\mathrm{d}y}\right|_{x=1}=\dfrac{1}{2}$ 代入②式，可得

$$\left.\frac{\mathrm{d}^2 x}{\mathrm{d}y^2}\right|_{x=1}=\frac{1}{8}.$$

【例 19】 求下列参数方程的高阶导数：

(1) $\begin{cases} x=f'(t), \\ y=tf'(t)-f(t), \end{cases}$ 其中 $f''(t)$ 存在且非零，求 $\dfrac{\mathrm{d}^2 y}{\mathrm{d}x^2}$；

(2) $\begin{cases} x=t-\arctan t, \\ y=\ln(1+t^2), \end{cases}$ 求 $\dfrac{\mathrm{d}^3 x}{\mathrm{d}y^3}$.

【解】 (1) $\dfrac{\mathrm{d}x}{\mathrm{d}t}=f''(t)$，$\dfrac{\mathrm{d}y}{\mathrm{d}t}=f'(t)+tf''(t)-f'(t)=tf''(t)$，

故

$$\frac{\mathrm{d}y}{\mathrm{d}x}=\frac{\dfrac{\mathrm{d}y}{\mathrm{d}t}}{\dfrac{\mathrm{d}x}{\mathrm{d}t}}=\frac{tf''(t)}{f''(t)}=t,$$

通常参数方程的一阶导数仍然是由参数方程确定的函数，故有

$$\frac{\mathrm{d}^2 y}{\mathrm{d}x^2}=\frac{\mathrm{d}}{\mathrm{d}x}\left(\frac{\mathrm{d}y}{\mathrm{d}x}\right)=\frac{\mathrm{d}}{\mathrm{d}t}\left(\frac{\mathrm{d}y}{\mathrm{d}x}\right)\frac{\mathrm{d}t}{\mathrm{d}x}=\frac{\mathrm{d}}{\mathrm{d}t}\left(\frac{\mathrm{d}y}{\mathrm{d}x}\right)\frac{1}{\dfrac{\mathrm{d}x}{\mathrm{d}t}}=\frac{1}{f''(t)}.$$

(2) 由参数方程求导法，有

$$\frac{\mathrm{d}x}{\mathrm{d}y}=\frac{\dfrac{\mathrm{d}x}{\mathrm{d}t}}{\dfrac{\mathrm{d}y}{\mathrm{d}t}}=\frac{1-\dfrac{1}{1+t^2}}{\dfrac{2t}{1+t^2}}=\frac{t}{2},$$

故有

$$\frac{\mathrm{d}^2 x}{\mathrm{d}y^2}=\frac{\mathrm{d}}{\mathrm{d}y}\left(\frac{\mathrm{d}x}{\mathrm{d}y}\right)=\frac{\dfrac{\mathrm{d}}{\mathrm{d}t}\left(\dfrac{\mathrm{d}x}{\mathrm{d}y}\right)}{\dfrac{\mathrm{d}y}{\mathrm{d}t}}=\frac{\dfrac{1}{2}}{\dfrac{2t}{1+t^2}}=\frac{1+t^2}{4t}=\frac{t}{4}+\frac{1}{4t},$$

同理可求三阶导数 $\dfrac{\mathrm{d}^3 x}{\mathrm{d} y^3} = \dfrac{\mathrm{d}}{\mathrm{d} y}\left(\dfrac{\mathrm{d}^2 x}{\mathrm{d} y^2}\right) = \dfrac{\dfrac{\mathrm{d}}{\mathrm{d} t}\left(\dfrac{\mathrm{d}^2 x}{\mathrm{d} y^2}\right)}{\dfrac{\mathrm{d} y}{\mathrm{d} t}} = \dfrac{\dfrac{1}{4} - \dfrac{1}{4 t^2}}{\dfrac{2 t}{1 + t^2}} = \dfrac{t^4 - 1}{8 t^3}$.

【例 20】 求下列函数的 n 阶导数：

(1) $f(x) = \sin^4 x + \cos^4 x$；　　　　(2) $f(x) = x \ln x$.

分析：求函数 n 阶导数，是通过求前若干阶导数提供的信息来找出一般规律．求导之前应注意将函数通过恒等变形为便于求导的形式 $\left[\text{如 } \mathrm{e}^x,\ \sin x,\ \cos x,\ \dfrac{1}{1+x},\ \ln(1+x)\ \text{等}\right]$，可以利用已知的高阶导数公式和运算法则简化计算．

【解】 (1) 利用三角公式，有

$$f(x) = \sin^4 x + \cos^4 x = \sin^4 x + 2\sin^2 x \cos^2 x + \cos^4 x - 2\sin^2 x \cos^2 x$$

$$= (\sin^2 x + \cos^2 x)^2 - \frac{1}{2}\sin^2 2x = 1 - \frac{1}{4}(1 - \cos 4x) = \frac{3}{4} + \frac{1}{4}\cos 4x,$$

由于 $(\cos x)^{(n)} = \cos\left(x + n\dfrac{\pi}{2}\right)$，从而

$$f^{(n)}(x) = \left[\frac{3}{4} + \frac{1}{4}\cos 4x\right]^{(n)} = \frac{1}{4}(\cos 4x)^{(n)} = 4^{n-1}\cos\left(4x + n\frac{\pi}{2}\right),\ n = 1, 2, \cdots.$$

(2) 易知 $(\ln x)^{(n)} = (-1)^{n+1}\dfrac{(n-1)!}{x^n}$，而 $f'(x) = \ln x + 1$，故有

$$f^{(n)}(x) = (\ln x + 1)^{(n-1)} = (\ln x)^{(n-1)} = \begin{cases} \ln x + 1, & n = 1, \\ (-1)^n \dfrac{(n-2)!}{x^{n-1}}, & n = 2, 3, \cdots. \end{cases}$$

【例 21】 设 $f(x) = x^2 \cos 4x$，求 $f^{(50)}(x)$.

分析：本例函数是由幂函数与三角函数的乘积，因此可以利用莱布尼茨公式求 n 阶导数，由于 x^2 的三阶及三阶以上导数均为零，故在莱布尼茨公式中令 $v = x^2$.

【解】 在莱布尼茨公式中，令 $u = \cos 4x$，$v = x^2$，有

$$u^{(n)} = 4^n \cos\left(4x + n\frac{\pi}{2}\right),\ v = x^2,\ v' = 2x,\ v'' = 2,\ v^{(k)} = 0\ (k \geqslant 3),$$

由莱布尼茨公式，有

$$f^{(50)}(x) = (\cos 4x)^{(50)} x^2 + 50(\cos 4x)^{(49)}(x^2)' + \frac{50(50-1)}{2}(\cos 4x)^{(48)}(x^2)''$$

$$= 4^{50}\cos\left(4x + 50\frac{\pi}{2}\right)x^2 + 50 \times 4^{49}\cos\left(4x + 49\frac{\pi}{2}\right) \times 2x + 1225 \times 4^{48}\cos\left(4x + 48\frac{\pi}{2}\right) \times 2$$

$$= 4^{48}(-16 x^2 \cos 4x - 400 x \sin x + 2450 \cos 4x).$$

四、导数与微分的应用

【例 22】 设 (x_0, y_0) 是抛物线 $y = ax^2 + bx + c$ 上的一点，若在该点的切线过原点，则常数 a, b, c 应该满足什么条件？

【解】 抛物线在 (x_0, y_0) 点的切线为

$$y - y_0 = (2a x_0 + b)(x - x_0),$$

将原点 $(0, 0)$ 代入切线方程得 $y_0 - 2a x_0^2 - b x_0 = 0$，又 (x_0, y_0) 在抛物线上，有 $y_0 = a x_0^2 + b x_0 + c$，将其代入上式可得 $c - a x_0^2 = 0$，故 a, b, c 满足的条件是 $c = a x_0^2$，b 任意．

【例 23】 求曲线 $y = (x - \pi)(x + |\sin x|)$ 在点 $x = \pi$ 处的切线方程和法线方程．

分析：求曲线的切线方程和法线方程的关键是求切线斜率，本例由于函数表达式中含有

绝对值，故需用导数定义求切线斜率．

【解】 先求切线斜率，由于在 $x=\pi$ 点两侧函数表达式不同，故要用定义求导数

$$y'_-(\pi)=\lim_{x\to\pi-0}\frac{y(x)-y(\pi)}{x-\pi}=\lim_{x\to\pi-0}\frac{(x-\pi)(x+\sin x)-0}{x-\pi}=\lim_{x\to\pi-0}(x+\sin x)=\pi,$$

$$y'_+(\pi)=\lim_{x\to\pi+0}\frac{y(x)-y(\pi)}{x-\pi}=\lim_{x\to\pi+0}\frac{(x-\pi)(x-\sin x)-0}{x-\pi}=\lim_{x\to\pi+0}(x-\sin x)=\pi,$$

由于 $y'_-(\pi)=y'_+(\pi)$，故函数在 $x=\pi$ 点可导，且 $y'(\pi)=\pi$，从而曲线在 $x=\pi$ 的切线斜率为 $k_{切}=y'(\pi)=\pi$，法线斜率为 $k_{法}=-\dfrac{1}{\pi}$．切点坐标为 $(\pi,0)$，故所求

切线方程为 $\qquad y=\pi(x-\pi)$ 或 $y-\pi x+\pi^2=0$；

法线方程为 $\qquad y=-\dfrac{1}{\pi}(x-\pi)$ 或 $\pi y+x-\pi=0$．

【例 24】 欲使椭圆 $\dfrac{x^2}{a^2}+\dfrac{y^2}{b^2}=1$ 与双曲线 $xy=\lambda$ 相切，试问 λ 应取何值？并求出该切线．

【解】 设切点为 $M_0(x_0,y_0)$，据题意在点 M_0 处两曲线的斜率相等，分别对两函数求导．

由 $\dfrac{2x}{a^2}+\dfrac{2yy'}{b^2}=0$，可得 $y'=-\dfrac{b^2x}{a^2y}$；及 $y+xy'=0$，可得

$$y'=-\frac{y}{x},$$

在切点 $M_0(x_0,y_0)$ 处，由 $-\dfrac{b^2x_0}{a^2y_0}=-\dfrac{y_0}{x_0}$，有

$$y_0^2=\frac{b^2}{a^2}x_0^2, \qquad\qquad\qquad ①$$

又 $\qquad\qquad \dfrac{x_0^2}{a^2}+\dfrac{y_0^2}{b^2}=1$，即 $y_0^2=b^2\left(1-\dfrac{x_0^2}{a^2}\right)$， $\qquad\qquad ②$

及 $\qquad\qquad\qquad x_0y_0=\lambda.$ $\qquad\qquad\qquad\qquad\qquad ③$

由①式和②式可解得 $x_0=\pm\dfrac{a}{\sqrt{2}}$，$y_0=\pm\dfrac{b}{\sqrt{2}}$，代入③式可得出

$$\lambda=\frac{ab}{2};$$

所求切线方程分别为 $\qquad y-\dfrac{b}{\sqrt{2}}=-\dfrac{b}{a}\left(x-\dfrac{a}{\sqrt{2}}\right)$ 及 $y+\dfrac{b}{\sqrt{2}}=-\dfrac{b}{a}\left(x+\dfrac{a}{\sqrt{2}}\right)$．

【例 25】 一个半径为 $\sqrt{5}$ 的圆与 x 轴相切，当该圆沿 x 轴滚向抛物线 $y=x^2+\sqrt{5}$ 时，试求该圆与抛物线相切时的切点及圆心位置．

分析：由于抛物线对称于 y 轴，故可知所求切点应该有两个，又已知圆与 x 轴相切且半径为 $\sqrt{5}$，故可设圆心为 $M_0(x_0,\sqrt{5})$，从而圆的方程为 $(x-x_0)^2+(y-\sqrt{5})^2=5$，利用切点处斜率相等及切点满足曲线方程等条件可以求得切点和圆心的坐标．

【解】 据题意设圆心为 $M_0(x_0,\sqrt{5})$，则圆的方程为 $(x-x_0)^2+(y-\sqrt{5})^2=5$，为求两曲线的斜率，分别求导得 $y'=2x$ 及 $2(x-x_0)+2(y-\sqrt{5})y'=0$，即

$$y'=-\frac{x-x_0}{y-\sqrt{5}}.$$

设圆与抛物线在 $M_1(x_1,y_1)$ 点相切，则在切点 $M_1(x_1,y_1)$ 处，有

$$y_1=x_1^2+\sqrt{5}，即 y_1-\sqrt{5}=x_1^2, \qquad\qquad ①$$

及 $\qquad\qquad\qquad (x_1-x_0)^2+(y_1-\sqrt{5})^2=5,$ $\qquad\qquad ②$

且 $\qquad 2x_1 = -\dfrac{x_1 - x_0}{y_1 - \sqrt{5}}$，即 $x_1 - x_0 = -2x_1^3$. ③

分别将①式和③式代入②式，得 $4x_1^6 + x_1^4 = 5$，即
$$4x_1^6 + x_1^4 - 5 = (x_1^2 - 1)[4(x_1^4 + x_1^2 + 1) + x_1^2 + 1] = 0,$$
也即 $(x_1^2 - 1)(4x_1^4 + 5x_1^2 + 5) = 0$，解得
$$x_1 = \pm 1,$$
代入①式和③式可得切点分别为 $(-1, 1+\sqrt{5})$ 和 $(1, 1+\sqrt{5})$，圆心分别在 $(-3, \sqrt{5})$ 和 $(3, \sqrt{5})$.

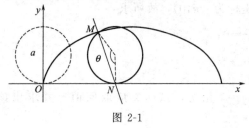

图 2-1

【例 26】 摆线是由圆沿 Ox 轴滚动所形成，其方程为 $\begin{cases} x = a(\theta - \sin\theta), \\ y = a(1 - \cos\theta) \end{cases}$（其中 a 为圆的半径，θ 为转角，见图 2-1）. 证明：摆线上任意点处的法线通过圆与 Ox 轴的切点.

【证明】 如图 2-1 所示，设 $M(x,y)$ 为摆线上任意点，N 点是圆周与 Ox 轴的切点，由摆线的形成可知 $\overline{ON} = \overset{\frown}{MN} = a\theta$，故切点为 $N(a\theta, 0)$.

设摆线在 M 点的切线斜率和法线斜率分别记作 $k_切, k_法$，则
$$k_切 = \frac{\mathrm{d}y}{\mathrm{d}x} = \frac{\dfrac{\mathrm{d}y}{\mathrm{d}\theta}}{\dfrac{\mathrm{d}x}{\mathrm{d}\theta}} = \frac{\sin\theta}{1 - \cos\theta},$$
$$k_法 = -\frac{1}{k_切} = -\frac{1 - \cos\theta}{\sin\theta},$$

摆线在 M 点的法线方程为 $\qquad Y - y = -\dfrac{1 - \cos\theta}{\sin\theta}(X - x),$

即 $\qquad Y = -\dfrac{1 - \cos\theta}{\sin\theta}[X - a(\theta - \sin\theta)] + a(1 - \cos\theta).$

在上式中若令 $X = a\theta$，则有
$$Y\big|_{X = a\theta} = -\frac{1 - \cos\theta}{\sin\theta}[a\theta - a(\theta - \sin\theta)] + a(1 - \cos\theta) = 0,$$

由此可见摆线在 M 点处的法线通过点 $N(a\theta, 0)$，即圆与 Ox 轴的切点，由 M 点的任意性可知结论成立.

【例 27】 设 $f(x)$ 可导，且满足 $af(x) + bf\left(\dfrac{1}{x}\right) = \dfrac{c}{x}$，其中 a, b, c 均为常数，且 $|a| \neq |b|$，试求 $f'(x)$ 及 $f^{(n)}(x)$.

【解】 先求函数 $f(x)$，在已知表达式中将变量 x 换作 $\dfrac{1}{x}$ 可得 $af\left(\dfrac{1}{x}\right) + bf(x) = cx$. 与原有等式联立
$$\begin{cases} af(x) + bf\left(\dfrac{1}{x}\right) = \dfrac{c}{x}, \\ af\left(\dfrac{1}{x}\right) + bf(x) = cx, \end{cases}$$

解得 $f(x) = \dfrac{c(bx^2 - a)}{(b^2 - a^2)x}$，求导得 $f'(x) = \dfrac{c(a + bx^2)}{(b^2 - a^2)x^2}$.

为了求 $f^{(n)}(x)$，先将 $f'(x)$ 变形为 $f'(x) = \dfrac{ac}{b^2 - a^2}\dfrac{1}{x^2} + \dfrac{bc}{b^2 - a^2}$，故有
$$f^{(n)}(x) = (-1)^{n-1}\frac{acn!}{(b^2 - a^2)x^{n+1}} \quad (n > 1).$$

【例28】 设 $f(x)$ 连续且 $f'(0)$ 存在，对任何实数 x 和 y 有

$$f(x+y) = \frac{f(x)+f(y)}{1-4f(x)f(y)}. \qquad ①$$

(1) 证明 $f(x)$ 在 $(-\infty, +\infty)$ 内可导；(2) 若 $f'(0) = \frac{1}{2}$，求 $f(x)$.

分析：由于本例条件并没有给出函数在任意点可导，因此必须利用导数定义讨论 $f'(x)$ 的存在性；而 $f'(0) = \lim\limits_{\Delta x \to 0} \dfrac{f(\Delta x) - f(0)}{\Delta x}$ 的存在，启发我们应该先确定 $f(0)$.

【证明】 (1) 在①式中令 $x = y = 0$，则 $f(0) = \dfrac{2f(0)}{1-4f^2(0)}$，变形为

$$f(0)[1-4f^2(0)] = 2f(0),$$

即 $f(0)[1+4f^2(0)] = 0$，从而有

$$f(0) = 0.$$

对 $\forall x \in (-\infty, +\infty)$，由导数定义有

$$f'(x) = \lim_{\Delta x \to 0} \frac{f(x+\Delta x) - f(x)}{\Delta x} = \lim_{\Delta x \to 0} \frac{\dfrac{f(x)+f(\Delta x)}{1-4f(x)f(\Delta x)} - f(x)}{\Delta x}$$

$$= \lim_{\Delta x \to 0} \frac{f(\Delta x)[1+4f^2(x)]}{\Delta x[1-4f(x)f(\Delta x)]} = \lim_{\Delta x \to 0} \frac{f(\Delta x) - f(0)}{\Delta x} \lim_{\Delta x \to 0} \frac{1+4f^2(x)}{1-4f(x)f(\Delta x)},$$

据题给条件 $f'(0)$ 存在，则函数 $f(x)$ 在 $x = 0$ 点连续，故 $\lim\limits_{\Delta x \to 0} f(\Delta x) = f(0)$，从而

$$f'(x) = f'(0) \cdot \frac{1+4f^2(x)}{1-4f(x)f(0)} = f'(0)[1+4f^2(x)],$$

即 $f(x)$ 在 $(-\infty, +\infty)$ 内可导.

(2) 当 $f'(0) = \dfrac{1}{2}$ 时，由 $f'(x) = f'(0)[1+4f^2(x)]$ 可得 $\dfrac{2f'(x)}{1+4f^2(x)} = 1$，即

$$d[\arctan 2f(x)] = d(x+C)，有 \arctan 2f(x) = x + C,$$

因为 $f(0) = 0$，代入上式可定出常数 $C = 0$，由 $\arctan 2f(x) = x$ 可知所求函数为

$$f(x) = \frac{1}{2}\tan x.$$

【例29】 已知一个时钟的分针长 100mm，时针长为 60mm，用 L 表示时针与分针的针尖之间的长度，试问在三时整 L 关于时间的变化率是多少？

分析：据题意如果设 2 点以后时针和分针相对正北方向的转角分别为 α 和 β，显然 L、α 和 β 均为时间 t 的函数，其中转角 α 与 β 关于时间 t 的变化率为已知，要求 L 关于时间 t 的变化率，这是个相关变化率问题. 欲解决相关变化率问题，首先要建立相关变量 L、α 和 β 之间的关系，而这三者之间的关系可以利用余弦定理得到，然后对 t 求导数获得变化率 $\dfrac{\mathrm{d}L}{\mathrm{d}t}$、$\dfrac{\mathrm{d}\alpha}{\mathrm{d}t}$ 和 $\dfrac{\mathrm{d}\beta}{\mathrm{d}t}$ 之间的关系，从而可以利用已知的转角变化率求得 $\dfrac{\mathrm{d}L}{\mathrm{d}t}$.

【解】 设在 t 时刻（单位：s），时针与分针相对正北方向的转角分别为 $\alpha = \alpha(t)$ 和 $\beta = \beta(t)$，利用余弦定理可得

$$L = \sqrt{13600 - 12000\cos(\alpha - \beta)},$$

上式两边对 t 求导，得

$$\frac{\mathrm{d}L}{\mathrm{d}t} = \frac{6000\sin(\alpha-\beta)\left(\dfrac{\mathrm{d}\alpha}{\mathrm{d}t} - \dfrac{\mathrm{d}\beta}{\mathrm{d}t}\right)}{\sqrt{13600 - 12000\cos(\alpha-\beta)}}. \qquad ①$$

据题意，已知时针的角速度为 $\dfrac{\mathrm{d}\alpha}{\mathrm{d}t}=\dfrac{\pi}{21600}$，分针的角速度为 $\dfrac{\mathrm{d}\beta}{\mathrm{d}t}=\dfrac{\pi}{1800}$（单位 rad/s），且在三时整 $\alpha-\beta=\dfrac{\pi}{2}-2\pi$，代入①式可求得

$$\frac{\mathrm{d}L}{\mathrm{d}t}=\frac{6000\sin\left(\dfrac{\pi}{2}-2\pi\right)\left(\dfrac{\pi}{21600}-\dfrac{\pi}{1800}\right)}{\sqrt{13600-12000\cos\left(\dfrac{\pi}{2}-2\pi\right)}}=-\frac{6000\times\dfrac{11\pi}{21600}}{\sqrt{13600}}=-0.0082\mathrm{cm/s},$$

即在三时整 L 关于时间的变化率为 -0.0082cm/s.

【例 30】 向一片平静的湖面投掷一块石头使湖面产生同心圆形水波纹，若测得最外圈波纹半径的增大率总是 6m/s，试问在 2s 末被扰动的湖面面积的增大率是多少？

【解】 本例仍是个相关变化率问题，可类似于前例求解.

设最外圈水波纹的半径为 r，被扰动的湖面面积为 S，显然 $r=r(t)$，$S=S(t)$，易知 $S=\pi r^2$，上式两边对 t 求导，得

$$\frac{\mathrm{d}S}{\mathrm{d}t}=2\pi\frac{\mathrm{d}r}{\mathrm{d}t},$$

据题示条件知，$\dfrac{\mathrm{d}r}{\mathrm{d}t}\equiv6$m/s，故 t s 末最外圈水波纹的半径为 $r=6t$，从而所求为

$$\frac{\mathrm{d}S}{\mathrm{d}t}\bigg|_{t=2}=\left[2\pi r\frac{\mathrm{d}r}{\mathrm{d}t}\right]_{t=2}=2\pi\times6\times2\times6=144\pi(\mathrm{m}^2/\mathrm{s}).$$

【例 31】 设有一深为 18cm、顶部直径为 12cm 的正圆锥形漏斗中装满了液体，在其下面有一直径为 10cm 的圆柱形容器，已知当漏斗中的液体深为 12cm 时，液面的下降速率为 1cm/s，求此时容器中的液体表面的上升速率.

分析：据题意设 t 时刻漏斗中液面的高度为 $h=h(t)$，对应容器中的液面高度为 $H=H(t)$，不难想到漏斗中剩余液体的体积与容器中液体的体积之和应为常数 V_0（即漏斗装满时的体积），故有 $V_0=\dfrac{1}{3}\pi\left(\dfrac{h}{3}\right)^2h+\pi\cdot5^2H$，其中 h、H 均为 t 的函数，故只要表达式两边对 t 求导，就可得到变化率之间的关系，属于相关变化率问题.

【解】 设 t 时刻漏斗中液面的高度为 $h=h(t)$，对应容器中的液面高度为 $H=H(t)$，据题意有 $\dfrac{1}{3}\pi\left(\dfrac{h}{3}\right)^2h+\pi\cdot5^2H=V_0$（其中 $V_0=\dfrac{\pi}{3}\times\left(\dfrac{12}{2}\right)^2\times18$），

上式两边对 t 求导，得

$$\frac{1}{9}\pi h^2h'(t)+25\pi H'(t)=0,\quad 即\ \frac{1}{9}h^2h'(t)+25H'(t)=0,$$

从而 $$H'(t)=-\frac{1}{9\times25}h^2\cdot h'(t),$$

由已知条件，当 $h=12$cm 时，$h'(t)=-1$cm/s，代入上式可得

$$H'(t)=-\frac{1}{9\times25}12^2\times(-1)=0.64\ (\mathrm{cm/s}).$$

【例 32】 (1) 证明：当 $|x|$ 充分小时，$\sqrt{1-x}\approx1-\dfrac{x}{2}$；(2) 计算 $\sqrt{\dfrac{12.1^2-1}{12.1^2+1}}$ 的近似值.

分析：根据微分的意义，当 $|x|$ 充分小时，可以用公式 $f(x)\approx f(0)+f'(0)x$ 进行近似计算，故在 (1) 中，只要令 $f(x)=\sqrt{1-x}$ 即可获得证明；对 (2) 中如果直接根据 $\sqrt{\dfrac{12.1^2-1}{12.1^2+1}}$ 的形式选用函数 $f(x)=\sqrt{\dfrac{x^2-1}{x^2+1}}$，在点 $x_0=12$ 处相对于 $\Delta x=0.1$ 并利用近似

公式 $f(x_0)+f'(x_0)\Delta x$ 来展开计算，其效果很不理想，原因是 $f(x_0)$ 及 $f'(x_0)$ 数值的不易计算. 如果先将 $\sqrt{\dfrac{12.1^2-1}{12.1^2+1}}$ 变形为 $\sqrt{1-\dfrac{2}{12.1^2+1}}$，选取函数 $f(x)=\sqrt{1-x}$，在 $x_0=0$ 点相对于 $\Delta x=\dfrac{2}{12.1^2+1}$ 利用近似公式 $f(0)+f'(0)\Delta x$，则效果比较好.

【解】 (1) 证明令 $f(t)=\sqrt{1-t}$，取 $\Delta t=x$ 充分小，由 $\Delta y=f(\Delta t)-f(0)$，$\mathrm{d}y\big|_{t=0}=f'(0)\Delta t$，及 $\Delta y\approx\mathrm{d}y$，有

$$f(\Delta t)-f(0)\approx f'(0)\Delta t \text{ 或 } f(\Delta t)\approx f(0)+f'(0)\Delta t, \qquad \textcircled{1}$$

由于 $f'(t)=-\dfrac{1}{2\sqrt{1-t}}$，有 $f'(0)=-\dfrac{1}{2}$ 及 $f(0)=1$ 代入①式，得

$$\sqrt{1-\Delta t}\approx1-\frac{1}{2}\Delta t, \text{ 即 } \sqrt{1-x}\approx1-\frac{x}{2}. \qquad \textcircled{2}$$

(2) 令 $f(x)=\sqrt{1-x}$，取 $x=\dfrac{2}{12.1^2+1}$，利用上面的②式，有

$$\sqrt{\frac{12.1^2-1}{12.1^2+1}}=\sqrt{1-\frac{2}{12.1^2+1}}\approx1-\frac{1}{2}\times\frac{2}{12.1^2+1}\approx1-\frac{1}{12^2+1}=1-\frac{1}{145}=\frac{144}{145}.$$

【例 33】 一机械挂钟的钟摆的周期为 1s，在冬季，摆长因热胀冷缩而缩短了 0.01cm，已知单摆的周期为 $T=2\pi\sqrt{\dfrac{l}{g}}$，其中 $g=980\mathrm{cm/s}^2$，问这只钟每秒大约快还是慢多少?

【解】 因为钟摆的周期为 1s，所以有 $1=2\pi\sqrt{\dfrac{l}{g}}$，解得摆的原长为 $l=\dfrac{g}{(2\pi)^2}$，又摆长的改变量为 $\Delta l=-0.01\mathrm{cm}$，用 $\mathrm{d}T$ 近似计算 ΔT，得

$$\Delta T\approx\mathrm{d}T=\frac{\mathrm{d}T}{\mathrm{d}l}\Delta l=\pi\frac{1}{\sqrt{gl}}\Delta l,$$

将 $l=\dfrac{g}{(2\pi)^2}$，$\Delta l=-0.01$ 代入上式得

$$\Delta T\approx\mathrm{d}T=\pi\frac{1}{\sqrt{gl}}\Delta l=\frac{\pi}{\sqrt{g\dfrac{g}{(2\pi)^2}}}\times(-0.01)=\frac{2\pi^2}{g}\cdot(-0.01)\approx-0.0002(\mathrm{s}).$$

这就是说，由于摆长缩短了 0.01cm，钟摆的周期相应地缩短了约 0.0002s.

【例 34】 设已测得一根圆柱的直径为 43cm，并已知在测量中绝对误差不超过 0.2cm，试用此数据计算圆柱的横截面面积所引起的绝对误差与相对误差.

【解】 圆柱的横截面的直径 $D=43\mathrm{cm}$，直径的绝对误差 $|\Delta D|\leqslant0.2$，圆柱的横截面面积为

$$A=\frac{1}{4}\pi D^2,$$

由 D 的测量误差 ΔD 所引起的面积 A 的计算误差 ΔA，可用微分 $\mathrm{d}A$ 来近似计算，即

$$\Delta A\approx\mathrm{d}A=\frac{1}{2}\pi D\cdot\Delta D.$$

所求绝对误差为

$$|\Delta A|\approx|\mathrm{d}A|=\left|\frac{1}{2}\pi D\cdot\Delta D\right|=\frac{1}{2}\pi D|\Delta D|\leqslant\frac{1}{2}\pi\times43\times0.2=4.3\pi \text{ (cm}^2),$$

所求相对误差为 $\quad\left|\dfrac{\Delta A}{A}\right|\approx\left|\dfrac{\mathrm{d}A}{A}\right|=\dfrac{\dfrac{1}{2}\pi D|\Delta D|}{\dfrac{1}{4}\pi D^2}=2\dfrac{|\Delta D|}{D}\leqslant2\times\dfrac{0.2}{43}\approx0.93\%.$

第五节 同步练习题

1. 求下列函数的导数

(1) $y=\dfrac{\sin x}{x}+\dfrac{2}{\cos a}$ $(0<a<1)$；

(2) $y=3^x(x\sin x+\cos x)$；

(3) $y=x^{\sin x}$；

(4) $y=\mathrm{e}^x-\sqrt{1-\mathrm{e}^{2x}}\,\arcsin \mathrm{e}^x$；

(5) $y=(1+x^2)^{\cos x}$；

(6) $y=\mathrm{e}^{\sin x^2}\arctan\sqrt{x^2-1}$；

(7) $y=\sqrt{1-9x^2}\arcsin 3x$；

(8) $y=\ln\dfrac{x}{\sqrt{1+x^2}}-\dfrac{\arctan x}{x}$；

(9) $y=\dfrac{(x+1)^2\sqrt[3]{3x-2}}{(x-3)^{\frac{2}{3}}}$ $(x>0)$.

2. 设函数 $g(x)$ 连续，$f(x)=|x-1|g(x)$，问函数 $f(x)$ 在 $x=1$ 点处是否可导？

3. 设函数 $f(x)=\begin{cases}\dfrac{x}{1+\mathrm{e}^{\frac{1}{x}}},& x<0,\\[2mm]0,& x=0\\[2mm]\dfrac{2x}{1+\mathrm{e}^x},& x>0,\end{cases}$，求 $f'(0)$ 及 $f'(x)$.

4. 设 $f(x)=\begin{cases}\mathrm{e}^{x^2},& x\leqslant 1,\\ ax+b,& x>1,\end{cases}$ 若使函数 $f(x)$ 可导，问 a,b 应取何值？

5. 求下列函数的导函数：

(1) $f(x)=\begin{cases}x^\alpha\sin\dfrac{1}{x},& x>0,\\ 0,& x\leqslant 0\end{cases}$ (α 为常数)；

(2) $f(x)=\begin{cases}x+\alpha,& x\leqslant 0,\\ \ln(1+x),& x>0\end{cases}$ (α 为常数).

6. 计算下列各题：

(1) 设 $y\sin x-\cos(x-y)=0$，求 $\mathrm{d}y$；

(2) 设 $y-x\mathrm{e}^y=1$，求 $\dfrac{\mathrm{d}y}{\mathrm{d}x}\Big|_{x=0}$；

(3) 设 $y^x=x^y$，求 $\dfrac{\mathrm{d}y}{\mathrm{d}x}$；

(4) 设 $x=a\ln\dfrac{a+\sqrt{a^2-y^2}}{y}$，求 $\mathrm{d}y$；

(5) 设 $\sin(st)+\ln(s-t)=t$，求 $\dfrac{\mathrm{d}s}{\mathrm{d}t}\Big|_{t=0}$；

(6) 设 $y(x)$ 满足 $\begin{cases}x=\arctan t,\\ 2y-ty+\mathrm{e}^t=5,\end{cases}$ 求 $\dfrac{\mathrm{d}y}{\mathrm{d}x}$.

7. 若已知 $f\left(x+\dfrac{1}{x}\right)=x^2+\dfrac{1}{x^2}$，求 $f'(2)$.

8. 设 $\mathrm{e}^y+xy=\mathrm{e}$，求 $\dfrac{\mathrm{d}^2y}{\mathrm{d}x^2}\Big|_{x=0}$ 的值.

9. 设 $\begin{cases}x=\ln(1+t^2),\\ y=t-\arctan t,\end{cases}$ 求 $\dfrac{\mathrm{d}^3y}{\mathrm{d}x^3}$.

10. 设 $y=y(x)$ 由方程 $\begin{cases}x=\mathrm{e}^t\sin t\\ y=\mathrm{e}^t\cos t\end{cases}$ 确定，证明 $y=y(x)$ 满足下面关系式

$$\dfrac{\mathrm{d}^2y}{\mathrm{d}x^2}(x+y)^2=2\left(x\dfrac{\mathrm{d}y}{\mathrm{d}x}-y\right).$$

11. 设函数 $f(x)$ 具有二阶导数，求解下列各题：

(1) $y=f(\sin^2 x)+f(\cos^2 x)$，求 y''；

(2) $y=f[\ln(1+x)]+\ln\dfrac{1}{f(x)}$，求 y''.

12. 已知 $y=f(x)=\left|(x-1)^2(x+1)^3\right|$，求函数 $f'(-1)$ 及 $f'(1)$.

13. 已知 $f(x)=x^n$，证明等式：$f(1)+f'(1)+\dfrac{1}{2!}f''(1)+\cdots+\dfrac{1}{n!}f^{(n)}(1)=2^n$.

14. 设 $f(x)=\dfrac{1-x}{1+x}$，求 $f^{(n)}(x)$.

15. 设 $f(x)=x^2\cos2x$，求 $f^{(10)}(0)$.

16. 设 $f(x)=(x^2+2x+2)e^{-x}$，求 $f^{(n)}(x)$.

17. 求曲线 $\begin{cases}x=1+t^2,\\y=t^3\end{cases}$ 在点 $t=2$ 处的切线方程.

18. 证明：双曲线 $xy=a^2$ 上任意点处的切线与两坐标轴所构成的三角形的面积恒等于常数 $2a^2$.

19. 证明：星形线 $x^{\frac{2}{3}}+y^{\frac{2}{3}}=a^{\frac{2}{3}}$ 上任意点处的切线介于两坐标轴之间的一段的长度恒等于常数 $a(a>0)$.

20. 证明：圆 $x^2+y^2-12x-6y+25=0$ 与圆 $x^2+y^2+2x+y=10$ 在点 $(2,1)$ 处有公切线.

21. 用绳索将位于湖面的一只小船拉向岸边，已知绳索以 $4\mathrm{m/s}$ 的速度绕在绞盘上，而绞盘安置在比船上系绳处高 $3\mathrm{m}$ 的河岸平台上，求当绳长为 $9\mathrm{m}$ 时小船的运动速度.

22. 一飞机在离地面 $2\mathrm{km}$ 的高度以 $200\mathrm{km/h}$ 的速度水平飞行到某目标上空，为了方便进行航空摄影，试求飞机飞至该目标正上方时，摄影机转动的角速度是多少？

23. 设 $f(x)$ 在 $x=a$ 处可导，求 $\lim\limits_{n\to\infty}\left[\dfrac{f\left(a+\frac{1}{n}\right)}{f(a)}\right]^n$，其中 n 为正整数，$f(a)\neq0$.

24. 设 $f(x)=\lim\limits_{n\to\infty}\dfrac{x^2e^{n(x-1)}+ax+b}{e^{n(x-1)}+1}$（其中 a,b 为常数），（1）确定函数 $f(x)$；（2）讨论 $f(x)$ 的连续性和可导性.

25. 设函数 $f(x)$ 在 $(-\infty,+\infty)$ 有定义，且 $f(0)=0$，$f'(0)=1$，并满足关系式 $f(x+y)=f(x)g(y)+f(y)g(x)$，其中 $g(y)=\cos y+y^2e^{-2y}$，证明：$f'(x)=\cos x+x^2e^{-2x}$.

26. 设 $f(x)$ 为多项式，a,b 是方程 $f(x)=0$ 的相邻的两个单根，即 $f(x)=(x-a)(x-b)g(x)$，其中 $g(x)$ 为多项式，且 $g(a)\neq0$，$g(b)\neq0$. 证明：（1）$g(a)$ 与 $g(b)$ 同号；（2）至少存在一点 $\xi\in(a,b)$，使得 $f'(\xi)=0$.

第六节 自我测试题

一、测试题 A

1. 单项选择题

(1) 设 $y=f(x)$ 具有连续的一阶导数，已知 $f(0)=0$，$f'(0)=2$，$f(1)=2$，$f'(1)=-1$，$f(2)=1$，$f'(2)=1$，$f(3)=3$，$f'(3)=\dfrac{1}{2}$，则 $[f^{-1}(x)]'\big|_{x=1}=$（   ）.

　　(A) $\dfrac{1}{3}$；　　　　(B) $\dfrac{1}{2}$；　　　　(C) 1；　　　　(D) -1.

(2) 设周期函数 $f(x)$ 在 $(-\infty,+\infty)$ 内可导，周期为 4，又 $\lim\limits_{x\to0}\dfrac{f(1)-f(1-x)}{2x}=-1$，则曲线 $y=f(x)$ 在点 $[5,f(5)]$ 处的切线斜率为（   ）.

(A) $\dfrac{1}{2}$;　　　　(B) -2;　　　　(C) -1;　　　　(D) 0.

2. 填空题

(1) 设函数 $y=y(x)$ 由方程 $e^{x+y}+\cos(xy)=0$ 确定，则 $\dfrac{dy}{dx}=$ _____ .

(2) 设在 $[0,1]$ 上 $f''(x)>0$，则 $f'(0)$，$f'(1)$，$f(1)-f(0)$ 的大小顺序为 _____ .

(3) 设 $f(x)=\begin{cases}\dfrac{2}{1+x^2}, & x\leqslant 1,\\ ax+b, & x>1,\end{cases}$ 则当 $a=$ _____ ，$b=$ _____ 时，$f(x)$ 在 $x=1$ 处连续且可导.

3. 解答题

(1) 设 $y=\cos^2 t$，其中 $t=\ln(3x+1)$，求 $y=y(x)$ 的微分.

(2) 设 $y=f[f(x)]$，其中 $f(x)$ 二阶可导，求 y''.

(3) 设 $y=\arccos\dfrac{1}{|x|}$ $(|x|>1)$，求 y'.

4. 综合题

(1) 设 $y=\left[\dfrac{1}{f(x)}\right]^{g(x)}$ 其中 $f(x)$，$g(x)$ 均为对 x 可导，且 $f(x)>0$，求 $y'(x)$.

(2) 设 $y(x)=(\cos\sqrt{x})^{\frac{1}{x}}$ $(0<x<\dfrac{\pi^2}{4})$，求 dy.

(3) 试求由 $\begin{cases}x=e^t-x\cos t-1,\\ y=t^2+t\end{cases}$ 所确定的曲线 $y=y(x)$ 在 $x=0$ 处的切线方程.

5. 证明题

设 $f(x)=x\sin|x|$，证明 $f(x)$ 在 $x=0$ 处的二阶导数不存在.

二、测试题 B

1. 单项选择题

(1) 当 $x>0$ 时，曲线 $y=x\sin\dfrac{1}{x}$ （　　）.

(A) 有且仅有水平渐近线；　　　　(B) 有且仅有铅直渐近线；

(C) 既有水平渐近线，也有铅直渐近线；(D) 既无水平渐近线，也无铅直渐近线.

(2) 设 $f(x)=3x^3+x^2|x|$，则使 $f^{(n)}(0)$ 存在的最高阶数 n 为（　　）.

(A) 0;　　　　(B) 1;　　　　(C) 2;　　　　(D) 3.

2. 填空题

(1) 设 $f(u)$ 为可导函数，$y(x)=f[\ln(\mathrm{ch}x)]e^{3x}$，则 $y'(x)=$ _____ .

(2) 设函数 $y=y(x)$ 由方程 $\sin(x^2+y^2)+e^x-xy^2=0$ 所确定，则 $\dfrac{dy}{dx}=$ _____ .

3. 解答题

(1) 设 $f(x)=\begin{cases}x, & x\leqslant 1,\\ -x^2+2x, & x>1,\end{cases}$ 求 $f'_-(1)$ 及 $f'_+(1)$.

(2) 设 $y=f\left(\dfrac{1}{x}\right)$，其中 $f(u)$ 的二阶导数存在，求 y''.

(3) 设 $y=\log_{u(x)}v(x)$，其中 $u(x)$，$v(u)$ 均为 x 的可导函数，$u(x)>0$，$v(x)>0$，$u(x)\neq 1$，求 $y'(x)$.

4. 综合题

(1) 设 $y=(\sin x)^x\csc(2^x)$，求 y'.

(2) 设 $y=y(x)$ 由方程 $x^y+2x^2-y=1$ 所确定，求 $y''(1)$.

(3) 设 $\varphi(x)$ 及 $\psi(x)$ 均是可导函数，且 $\varphi(x)\neq0$，$\psi(x)>0$，$y(x)={}^{\varphi(x)}\!\sqrt{\psi(x)}$，求 $\mathrm{d}y$.

5. 证明题

设 $y=y(x)$ 的反函数为 $x=x(y)$ 存在，且满足方程

$$3\left(\frac{\mathrm{d}^2y}{\mathrm{d}x^2}\right)^2-\frac{\mathrm{d}y}{\mathrm{d}x}\frac{\mathrm{d}^3y}{\mathrm{d}x^3}-\frac{\mathrm{d}^2y}{\mathrm{d}x^2}\left(\frac{\mathrm{d}y}{\mathrm{d}x}\right)^2=0,$$

证明反函数 $x=x(y)$ 满足方程 $\dfrac{\mathrm{d}^3x}{\mathrm{d}y^3}+\dfrac{\mathrm{d}^2x}{\mathrm{d}y^2}=0$.

第七节　同步练习题答案

1. (1) $\dfrac{x\cos x-\sin x}{x^2}$；　(2) $3^x\ln3(x\sin x+\cos x)+3^x x\cos x$；　(3) $x^{\sin x}\left(\cos x\ln x+\dfrac{\sin x}{x}\right)$.

(4) $\dfrac{\mathrm{e}^{2x}}{\sqrt{1-\mathrm{e}^{2x}}}\arcsin\mathrm{e}^x$；　(5) $(1+x^2)^{\cos x}\left[-\sin x\ln(1+x^2)+\dfrac{2x\cos x}{1+x^2}\right]$；

(6) $2x\mathrm{e}^{\sin x^2}\cos x^2\arctan\sqrt{x^2-1}+\mathrm{e}^{\sin x^2}\dfrac{1}{x\sqrt{x^2-1}}$；　(7) $3-\dfrac{9x\arcsin3x}{\sqrt{1-9x^2}}$；

(8) $\dfrac{1}{x^2}\arctan x$；　(9) $\dfrac{(x+1)^2\sqrt[3]{3x-2}}{(x-3)^{\frac{2}{3}}}\left[\dfrac{2}{x+1}+\dfrac{1}{3x-2}-\dfrac{2}{3(x-3)}\right]$.

2. 当 $g(1)=0$ 时，$f'(1)=0$；当 $g(1)\neq0$ 时，$f'(1)$ 不存在.

3. $f'(0)=1$，当 $x<0$ 时，$f'(x)=\dfrac{x(1+\mathrm{e}^{\frac{1}{x}})+\mathrm{e}^{\frac{1}{x}}}{x(1+\mathrm{e}^{\frac{1}{x}})^2}$；当 $x>0$ 时，$f'(x)=\dfrac{2(1+\mathrm{e}^x)-2x\mathrm{e}^x}{(1+\mathrm{e}^x)^2}$.

4. $a=2\mathrm{e}$，$b=-\mathrm{e}$. **5.** (1) 当 $\alpha>1$ 时，$f'(x)=\begin{cases}\alpha x^{\alpha-1}\sin\dfrac{1}{x}-x^{\alpha-2}\cos\dfrac{1}{x},&x>0,\\0,&x\leqslant0,\end{cases}$

当 $\alpha\leqslant1$ 时，$f'(x)=\begin{cases}\alpha x^{\alpha-1}\sin\dfrac{1}{x}-x^{\alpha-2}\cos\dfrac{1}{x},&x>0,\\不存在,&x=0,\\0,&x<0;\end{cases}$

(2) 当 $\alpha=0$ 时，$f'(x)=\begin{cases}1,&x\geqslant0,\\\dfrac{1}{1+x},&x<0;\end{cases}$　当 $\alpha\neq0$ 时，$f'(x)=\begin{cases}1,&x>0,\\不存在,&x=0,\\\dfrac{1}{1+x},&x<0.\end{cases}$

6. (1) $\dfrac{\sin(x-y)+y\cos x}{\sin(x-y)-\sin x}\mathrm{d}x$；　　(2) e；　　　(3) $y'=\dfrac{y(y-x\ln y)}{x(x-y\ln x)}$；

(4) $\mathrm{d}y=-\dfrac{1}{a^2}y\sqrt{a^2-y^2}\,\mathrm{d}x$；　(5) $\dfrac{\mathrm{d}s}{\mathrm{d}t}\Big|_{t=0}=1$；　(6) $\dfrac{\mathrm{d}y}{\mathrm{d}x}=\dfrac{(y-\mathrm{e}^t)(1+t^2)}{2-t}$.

7. $f'(2)=4$. **8.** $\dfrac{\mathrm{d}^2y}{\mathrm{d}x^2}\Big|_{x=0}=\dfrac{1}{\mathrm{e}^2}$. **9.** $\dfrac{\mathrm{d}^3y}{\mathrm{d}x^3}=\dfrac{t^4-1}{8t^3}$. **10.** （略）.

11. (1) $2\cos2x[f'(\sin^2x)-f'(\cos^2x)]+\sin^22x[f''(\sin^2x)+f''(\cos^2x)]$；

(2) $\dfrac{f''[\ln(1+x)]-f'[\ln(1+x)]}{(1+x)^2}-\dfrac{f(x)f''(x)-[f'(x)]^2}{[f(x)]^2}$.

12. $f'(\pm1)=0$. **13.** （略）. **14.** $f^{(n)}(x)=\dfrac{(-1)^n2n!}{(x+1)^{n+1}}$. **15.** $f^{(10)}(0)=23040$.

16. $f^{(n)}(x)=(-1)^n\mathrm{e}^{-x}[x^2-2(n-1)x+(n-1)(n-2)]$. **17.** $y-8=3(x-5)$.

18~20（略）. **21.** $3\sqrt{2}$ m/s. **22.** 100rad/h. **23.** $e^{\frac{f'(a)}{f(a)}}$.

24. (1) $f(x)=\begin{cases} ax+b, & x<1, \\ \dfrac{1}{2}(a+b+1), & x=1, \\ x^2, & x>1; \end{cases}$ (2) 当 $a+b=1$ 时，$f(x)$ 连续，当 $\begin{cases} a=2, \\ b=-1 \end{cases}$ 时

$f(x)$ 可微. **25.**（略）.

26. 提示：（1）利用 a，b 是方程 $f(x)=0$ 的相邻两个单根，用反证法；（2）比较 $f'(a)$，$f'(b)$ 的符号.

第八节　自我测试题答案

一、测试题 A 答案

1. (1)（C）；　　　(2)（B）.

2. (1) $\dfrac{dy}{dx}=\dfrac{y\sin(xy)-e^{x+y}}{e^{x+y}-x\sin(xy)}$；(2) $f'(1)>f(1)-f(0)>f'(0)$；(3) $a=-1$，$b=2$.

3. (1) $dy=\dfrac{-3\sin[2\ln(3x+1)]}{3x+1}dx$；(2) $y''=f''[f(x)][f'(x)]^2+f'[f(x)]f''(x)$；

(3) 当 $|x|>1$ 时，$y'=\dfrac{1}{x\sqrt{x^2-1}}$.

4. (1) $y'(x)=\left[-g'(x)\ln f(x)-g(x)f'(x)\dfrac{1}{f(x)}\right]\left[\dfrac{1}{f(x)}\right]^{g(x)}$；

(2) $dy=(\cos\sqrt{x})^{\frac{1}{x}}\left(-\dfrac{1}{x^2}\ln\cos\sqrt{x}-\dfrac{1}{2x\sqrt{x}}\tan\sqrt{x}\right)dx$；(3) 切线方程为 $y=2x$.

5.（略）.

二、测试题 B 答案

1. (1)（A）；　　　(2)（C）.

2. (1) $y'(x)=\{f'[\ln(\text{ch}x)]\text{th}x+3f[\ln(\text{ch}x)]\}e^{3x}$；(2) $\dfrac{dy}{dx}=\dfrac{y^2-e^x-2x\cos(x^2+y^2)}{2y\cos(x^2+y^2)-2xy}$.

3. (1) $f'_-(1)=1$，$f'_+(1)=0$；　　(2) $y''=\dfrac{1}{x^4}\left[f''\left(\dfrac{1}{x}\right)+2xf'\left(\dfrac{1}{x}\right)\right]$；

(3) $y'=\dfrac{\dfrac{v'(x)}{v(v)}\ln u(x)-\dfrac{u'(x)}{u(x)}\ln v(x)}{\ln^2 u(x)}$.

4. (1) $y'=(\sin x)^x\left[\left(\dfrac{x\cos x}{\sin x}+\ln\sin x\right)\csc(2^x)-2^x\ln 2\csc(2^x)\cot(2^x)\right]$；

(2) $y'(1)=6$，$y''(1)=18$；(3) $dy=\sqrt[\varphi(x)]{\psi(x)}\left[\dfrac{\dfrac{\psi'(x)}{\psi(x)}\varphi(x)-\varphi'(x)\ln\psi(x)}{\varphi^2(x)}\right]dx$.

5.（略）.

第三章　中值定理与导数的应用

第一节　基 本 要 求

① 理解并能熟练掌握和使用罗尔中值定理、拉格朗日中值定理和泰勒中值定理.

② 了解并能使用柯西中值定理.

③ 准确理解洛必达法则，掌握洛必达法则在计算未定型极限中的应用.

④ 熟练掌握函数单调性判别方法和函数极值的求法.

⑤ 掌握函数最大值和最小值的求法及其简单的实际应用.

⑥ 理解函数凹凸性和拐点的定义，掌握函数凹凸区间及拐点求法，掌握求函数的水平渐近线、铅直渐近线和斜渐近线的方法以及函数图像的描绘.

⑦ 了解曲率和曲率半径的概念，掌握曲线在某点的曲率和曲率半径的求法.

第二节　内 容 提 要

1. 中值定理与洛必达法则

（1）费马定理　设 $f(x)$ 在 x_0 的某邻域 $U(x_0)$ 内有定义，如果 $f(x)$ 在 x_0 可导且对任意的 $x \in U(x_0)$，有 $f(x) \leqslant f(x_0)$（或 $f(x) \geqslant f(x_0)$），那么 $f'(x_0) = 0$.

（2）罗尔中值定理　设 $f(x)$ 满足：①$f(x)$ 在 $[a,b]$ 上连续；②$f(x)$ 在 (a,b) 内可导；③$f(a) = f(b)$，则存在 $\xi \in (a,b)$，使得 $f'(\xi) = 0$.

（3）拉格朗日中值定理　设 $f(x)$ 满足：①$f(x)$ 在 $[a,b]$ 上连续；②$f(x)$ 在 (a,b) 内可导，则存在 $\xi \in (a,b)$，使得

$$f'(\xi) = \frac{f(b) - f(a)}{b - a}.$$

（4）柯西中值定理　设 $f(x), g(x)$ 满足：①$f(x), g(x)$ 在 $[a,b]$ 上连续；②$f(x), g(x)$ 在 (a,b) 内可导；③$g'(x) \neq 0 [x \in (a,b)]$，则存在 $\xi \in (a,b)$，使得

$$\frac{f(b) - f(a)}{g(b) - g(a)} = \frac{f'(\xi)}{g'(\xi)}.$$

（5）泰勒中值定理　设 $f(x)$ 在 $x = x_0$ 的某邻域 D 内有直到 $n+1$ 阶的导数，则对任意的 $x \in D$，有

$$f(x) = f(x_0) + f'(x_0) + \frac{f''(x_0)}{2!}(x - x_0)^2 + \cdots + \frac{f^{(n)}(x_0)}{n!}(x - x_0)^n + R_n(x),$$

其中 $R_n(x) = \dfrac{f^{(n+1)}(\xi)}{(n+1)!}(x - x_0)^{n+1}$（$\xi$ 介于 x 与 x_0 之间）.

特别地，若 $x_0 = 0$，则称

$$f(x) = f(0) + f'(0) + \frac{f''(0)}{2!}(x - x_0)^2 + \cdots + \frac{f^{(n)}(0)}{n!}x^n + R_n(x)$$

为马克劳林公式，其中 $R_n(x) = \dfrac{f^{(n+1)}(\theta x)}{(n+1)!}x^{n+1}$（$0 < \theta < 1$）.

（6）广义罗尔中值定理　设 $f(x)$ 在区间 $[a, +\infty)$ 上连续，在 $(a, +\infty)$ 内可导，且 $\lim\limits_{x \to +\infty} f(x) = f(a)$，则存在 $\xi \in (a, +\infty)$，使得 $f'(\xi) = 0$.

（7）洛必达法则

法则 1　设①当 $x \to x_0$ 或 $x \to \infty$ 时，函数 $f(x)$ 和 $F(x)$ 都趋向于零；②在 $x = x_0$ 的某

去心邻域或 $|x|>M$ 内，$f(x)$ 与 $F(x)$ 都可导且 $F'(x)\neq 0$；③ $\lim\limits_{\substack{x\to x_0\\(x\to\infty)}}\dfrac{f'(x)}{F'(x)}$ 存在（或为

∞），则有 $\lim\limits_{\substack{x\to x_0\\(x\to\infty)}}\dfrac{f(x)}{F(x)}=\lim\limits_{\substack{x\to x_0\\(x\to\infty)}}\dfrac{f'(x)}{F'(x)}$.

法则 2　设①当 $x\to x_0$ 或 $x\to\infty$ 时，函数 $f(x)$ 和 $F(x)$ 都趋向于 ∞；②在 $x=x_0$ 的某

去心邻域或 $|x|>M$ 内，$f(x)$ 与 $F(x)$ 都可导且 $F'(x)\neq 0$；③ $\lim\limits_{\substack{x\to x_0\\(x\to\infty)}}\dfrac{f'(x)}{F'(x)}$ 存在（或为

∞），则有 $\lim\limits_{\substack{x\to x_0\\(x\to\infty)}}\dfrac{f(x)}{F(x)}=\lim\limits_{\substack{x\to x_0\\(x\to\infty)}}\dfrac{f'(x)}{F'(x)}$.

2. 函数的单调性、极值与最值

（1）函数单调性判别　设函数 $y=f(x)$ 在 $[a,b]$ 上连续，在 (a,b) 内可导，则有：

① 如果在 (a,b) 内有 $f'(x)>0$，那么 $y=f(x)$ 在 $[a,b]$ 上单调增加；

② 如果在 (a,b) 内有 $f'(x)<0$，那么 $y=f(x)$ 在 $[a,b]$ 上单调减少.

（2）函数极值的判别

极值的定义　设函数 $f(x)$ 在 (a,b) 内有定义，且 $x_0\in(a,b)$，若存在 x_0 的一个去心邻域，对此邻域内任意一点 x，$f(x)<f(x_0)$ 都成立，则称 $f(x_0)$ 为函数 $f(x)$ 的一个极大值，x_0 称为函数 $f(x)$ 的极大值点；若存在 x_0 的一个去心邻域，对此邻域内任意一点 x，$f(x)>f(x_0)$ 都成立，则称 $f(x_0)$ 为函数 $f(x)$ 的一个极小值，x_0 称为函数 $f(x)$ 的极小值点. 极大值点和极小值点统称为极值点，极大值和极小值统称为极值.

极值存在的必要条件　设函数 $f(x)$ 在 x_0 可导，且 $f(x)$ 在 x_0 取极值，则 $f'(x_0)=0$. 使得一阶导数为零的点，称为函数的驻点.

极值存在的第一充分条件　设 $f(x)$ 在 x_0 处连续，且在 x_0 的某去心邻域内可导，则有：

① 如果当 $x<x_0$ 时，$f'(x)>0$；当 $x>x_0$ 时，$f'(x)<0$，那么 x_0 为 $f(x)$ 的极大值点；

② 如果当 $x<x_0$ 时，$f'(x)<0$；当 $x>x_0$ 时，$f'(x)>0$，那么 x_0 为 $f(x)$ 的极小值点.

极值存在的第二充分条件　设 $f(x)$ 在 x_0 的某邻域内二阶可导，且 $f'(x_0)=0$，则有：

① 若 $f''(x_0)>0$ 时，则 x_0 为 $f(x)$ 的极小值点；

② 若 $f''(x_0)<0$ 时，则 x_0 为 $f(x)$ 的极大值点；

③ 当 $f''(x_0)=0$ 时，不能判别 x_0 是否是极值点.

（3）函数的最值

闭区间上连续函数最值求法　①求出 $f(x)$ 在 (a,b) 内的所有驻点和不可导点，设它们为 $x_1,x_2,\cdots,x_n$；②计算 $f(a),f(x_1),f(x_2),\cdots,f(x_n),f(b)$，那么其中的最大者和最小者即为函数 $f(x)$ 在 $[a,b]$ 上的最大值和最小值.

开区间内连续函数最值求法　若函数在开区间内有唯一的驻点或不可导点，而且若此点为函数的极大（小）值点，那么此点必为函数的最大（小）值点.

实际问题最优解　先根据变量之间的关系写出目标函数，然后求目标函数的驻点或不可导点. 若驻点或不可导点只有一个，则目标函数在此点取到最优解.

3. 凹凸性与拐点

（1）凹凸性定义　设 $f(x)$ 在 $[a,b]$ 内连续，若对任意的 $x,y\in(a,b)(x\neq y)$，有

$$f\left(\frac{x+y}{2}\right)>\frac{f(x)+f(y)}{2}$$

成立，则称 $f(x)$ 在 $[a,b]$ 上是上凸的，反之则称 $f(x)$ 在 $[a,b]$ 上是上凹的.

（2）判别法　如果在 (a,b) 内有 $f''(x)>0$，则 $f(x)$ 在 (a,b) 上是上凹的；如果在

(a,b) 内有 $f''(x)<0$，则 $f(x)$ 在 (a,b) 上是上凸的．如果 $f(x)$ 在 x_0 两侧的凹凸性不同，则称点 $[x_0,f(x_0)]$ 为函数 $f(x)$ 的拐点．

4. 函数作图

（1）渐近线

① 若 $\lim\limits_{x\to a}f(x)=\infty$，则称 $x=a$ 为函数 $f(x)$ 的铅直渐近线．

② 若 $\lim\limits_{x\to\infty}f(x)=b$，则称 $y=b$ 为函数 $f(x)$ 的水平渐近线．

③ 若 $\lim\limits_{x\to\infty}\dfrac{f(x)}{x}=a(a\neq0,\infty)$，$\lim\limits_{x\to\infty}[f(x)-ax]=b$，则称 $y=ax+b$ 为函数 $f(x)$ 的斜渐近线．

（2）函数作图步骤

① 求函数 $f(x)$ 的定义域．

② 求 $f'(x)$，$f''(x)$，并求出使函数的一、二阶导数为零的点及一、二阶导数不存在点．

③ 用②的点把函数 $f(x)$ 的定义域分成若干个区间，并分别讨论函数在这些区间内的单调性、凹凸性，求出函数的极值点和拐点．

④ 求函数的水平、铅直和斜渐近线．

⑤ 描出函数的关键点，适当选取辅助点，按照单调性和凹凸性等画出函数的图形．

5. 弧微分与曲率

（1）弧微分

① 曲线 L：$y=f(x)$，则 $ds=\sqrt{1+f'^2(x)}\,dx$.

② 曲线 L：$\begin{cases}x=\varphi(t),\\y=\psi(t),\end{cases}$ 则 $ds=\sqrt{\varphi'^2(t)+\psi'^2(t)}\,dt$.

③ 曲线 L：$r=r(\theta)$，则 $ds=\sqrt{r^2(\theta)+r'^2(\theta)}\,d\theta$.

（2）曲率与曲率半径　曲率 $\rho=\dfrac{|y''|}{(1+y'^2)^{\frac{3}{2}}}$，曲率半径 $R=\dfrac{1}{\rho}$.

第三节　本章学习注意点

本章在学习过程中应注意如下的一些问题．

（1）拉格朗日中值定理是最重要的一个中值定理，应该引起高度重视．拉格朗日中值定理还可以表示为如下形式：

① $f(b)-f(a)=f'(\xi)(b-a)$（ξ 介于 a 与 b 之间）；

② $f(b)-f(a)=f'[a+\theta(b-a)](b-a)$（$0<\theta<1$）.

同时应该注意：①若 a 和 b 为两个常数，则可以确定 ξ，但不一定唯一；②a 和 b 可以为变量，只要函数满足拉格朗日中值定理的条件即可，此时 ξ 随着端点的变化而变化．

（2）柯西中值定理中的第三个条件是必需的，由 $g'(x)\neq0$ 可以保证定理的分母不可能为零．

（3）在洛必达法则中，$\lim\dfrac{f'(x)}{g'(x)}$ 存在或为 ∞ 是 $\lim\dfrac{f(x)}{g(x)}$ 存在或为 ∞ 的充分条件，但不是必要条件．如 $\lim\limits_{x\to0}\dfrac{x^2\sin\frac{1}{x}}{x}=0$，而 $\lim\limits_{x\to0}\dfrac{\left(x^2\sin\frac{1}{x}\right)'}{x'}=\lim\limits_{x\to0}\left(2x\sin\frac{1}{x}-\cos\frac{1}{x}\right)$ 不存在．

第四节　典型方法与例题分析

一、中值定理、洛必达法则

【例1】 设 $f(x)$ 在区间 $[1,2]$ 上连续，在 $(1,2)$ 内可导，且 $f(1)=\dfrac{1}{2}$，$f(2)=2$. 证明：存在 $\xi\in(1,2)$，使得 $f'(\xi)=\dfrac{2f(\xi)}{\xi}$.

分析：对于所要证明的等式中只含 ξ 不含端点，且导数的阶数相差一阶的问题，是中值定理部分的基本和重要的题型. 可以用反向推导的方法构造辅助函数：

$$f'(x)=\frac{2f(x)}{x}\Rightarrow\frac{f'(x)}{f(x)}=\frac{2}{x}\Rightarrow[\ln f(x)]'-(\ln x^2)'=0\Rightarrow\left[\ln\frac{f(x)}{x^2}\right]'=0,\ \text{取}\ \varphi(x)=\frac{f(x)}{x^2}.$$

【证明】 令 $\varphi(x)=\dfrac{f(x)}{x^2}$. 因为 $\varphi(x)$ 在 $[1,2]$ 上连续，在 $(1,2)$ 内可导，且 $\varphi(1)=\varphi(2)=\dfrac{1}{2}$，所以由罗尔中值定理知，存在 $\xi\in(1,2)$，使得 $\varphi'(\xi)=0$，即 $\dfrac{\xi^2 f'(\xi)-2\xi f(\xi)}{\xi^4}=0$，

从而
$$f'(\xi)=\frac{2f(\xi)}{\xi}.$$

【例2】 设 $f(x)$ 在 $[a,b]$ 上连续，在 (a,b) 内可导，且 $f(a)=a$，$f(b)=b$. 证明：在 (a,b) 内至少存在一点 ξ，使得 $f'(\xi)=f(\xi)-\xi+1$.

分析：本题的思路与例1基本相同，构造辅助函数
$$f'(x)=f(x)-x+1\Rightarrow[f(x)-x]'=f(x)-x\Rightarrow\ln[e^{-x}(f(x)-x)]'=0,$$
取
$$\varphi(x)=e^{-x}[f(x)-x].$$

【证明】 令 $\varphi(x)=e^{-x}[f(x)-x]$，显然 $\varphi(x)$ 在 $[a,b]$ 上连续，在 (a,b) 内可导. 且 $\varphi(a)=\varphi(b)=0$，所以由罗尔定理知，存在 $\xi\in(a,b)$，使得 $\varphi'(\xi)=0$，即 $e^{-\xi}[f'(\xi)-1-f(\xi)+\xi]=0$，又 $e^{-\xi}\neq0$，从而有
$$f'(\xi)=f(\xi)-\xi+1.$$

【例3】 设 $f(x),g(x)$ 在 $[a,b]$ 上连续，在 (a,b) 内可导，且对 (a,b) 内一切的 x 满足 $f'(x)g(x)-f(x)g'(x)\neq0$. 证明：若 $f(x)$ 在 (a,b) 内有两个零点，则 $g(x)$ 至少有一个零点介于这两个零点之间.

分析：在构造辅助函数过程中，如果看到如下情形的式子：

①$f(x)+f'(x)$；②$f'(x)g(x)+f(x)g'(x)$；③$f'(x)g(x)-f(x)g'(x)$；④$f(x)-f''(x)$；⑤$f(x)+xf'(x)$. 则它们的辅助函数一般情况下可设为：

①$e^x f(x)$；②$f(x)g(x)$；③$\dfrac{f(x)}{g(x)}$；④$e^{-x}[f(x)+f'(x)]$ 或 $e^x[f(x)-f'(x)]$，⑤$xf(x)$.

本题的辅助函数应该设为 $\varphi(x)=\dfrac{f(x)}{g(x)}$，考虑到涉及 $f(x)$ 的两个零点，应该使用罗尔定理.

【证明】 令 $\varphi(x)=\dfrac{f(x)}{g(x)}$，不妨设 $c,d\in(a,b)(c<d)$ 为 $f(x)$ 的两个零点，即 $f(c)=f(d)=0$. 由已知条件知 $g(c)\neq0$，$g(d)\neq0$. 下面用反证法来证明结论.

不妨设在 (c,d) 内 $g(x)\neq0$，则有 $\varphi(x)$ 在 $[c,d]$ 上连续，在 (c,d) 内可导，且 $\varphi(c)=\varphi(d)=0$，由罗尔定理，存在 $\xi\in(c,d)\subset(a,b)$，使得 $\varphi'(\xi)=0$，从而有
$$f'(\xi)g(\xi)-f(\xi)g'(\xi)=0,$$
与已知条件矛盾，结论成立.

【例4】 设 $f(x)$ 在 $[0,+\infty)$ 上可导，且 $0\leqslant f(x)\leqslant\dfrac{x}{1+x^2}$，证明：存在 $\xi>0$，使得

$$f'(\xi)=\frac{1-\xi^2}{(1+\xi^2)^2}.$$

【证明】 令 $\varphi(x)=f(x)-\dfrac{x}{1+x^2}$.

① 若 $\varphi(x)\equiv0$，则结论显然成立.

② 若 $\varphi(x)$ 不恒为零，因为 $\varphi(x)\leqslant0$，$\varphi(0)=0$，所以存在 $x_0>0$，使得 $\varphi(x_0)<0$. 因为 $\lim\limits_{x\to+\infty}\varphi(x)=0$，所以取 $\varepsilon=-\dfrac{\varphi(x_0)}{2}>0$，存在 $X_0>x_0$，当 $x\geqslant X_0$ 时，有 $|\varphi(x)-0|<-\dfrac{\varphi(x_0)}{2}$，所以 $\varphi(x)>\dfrac{\varphi(x_0)}{2}$. 从而 $\varphi(x)$ 在 $(0,X_0)$ 内取到最小值，再由函数的可导性及费马定理，存在 $\xi\in(0,X_0)\subset(0,+\infty)$，使得 $\varphi'(\xi)=0$，即

$$f'(\xi)=\frac{1-\xi^2}{(1+\xi^2)^2}.$$

【例5】 设 $f(x)$ 在 $[a,b](a>0)$ 上连续，在 (a,b) 内可导，且 $f'(x)\neq0[x\in(a,b)]$. 证明：存在 $\xi,\eta\in(a,b)$，使得 $f'(\xi)=\dfrac{a+b}{2\eta}f'(\eta)$.

分析：本题待证等式中含有 ξ 和 η，基本思路是，把含有端点和 ξ 的项分离到等式的一边，含有 η 的项分离到等式的另一边（因含 η 的项较为复杂），显然含 η 的一边可以应用柯西中值定理，取 $F(x)=x^2$.

【证明】 取 $F(x)=x^2$，显然 $F(x)$ 在 $[a,b]$ 上连续，在 (a,b) 内可导，且 $F'(x)=2x\neq0$，则由柯西中值定理知，存在 $\eta\in(a,b)$，使 $\dfrac{f(b)-f(a)}{F(b)-F(a)}=\dfrac{f'(\eta)}{F'(\eta)}$，即

$\dfrac{f(b)-f(a)}{b^2-a^2}=\dfrac{f'(\eta)}{2\eta}$，从而有 $\dfrac{f(b)-f(a)}{b-a}=\dfrac{f'(\eta)}{2\eta}(a+b)$，

由拉格朗日中值定理知，存在 $\xi\in(a,b)$，使得 $\dfrac{f(b)-f(a)}{b-a}=f'(\xi)$，所以结论成立.

【例6】 设 $f(x)$ 在 $[a,b]$ 上连续，在 (a,b) 内可导，且 $f(a)=f(b)=1$. 证明：在 (a,b) 内存在 ξ 和 η，使得 $e^{\eta-\xi}[f(\eta)+f'(\eta)]=1$.

分析：本题与例5的方法类似，把含 ξ 和 η 的式子分离，取 $\varphi(x)=e^x f(x)$，然后使用拉格朗日中值定理.

【证明】 令 $\varphi(x)=e^x f(x)$，显然 $\varphi(x)$ 在 $[a,b]$ 上连续，在 (a,b) 内可导，由拉格朗日中值定理，存在 $\eta\in(a,b)$，使得 $\dfrac{\varphi(b)-\varphi(a)}{b-a}=\varphi'(\eta)$，即

$$\frac{e^b-e^a}{b-a}=e^\eta[f(\eta)+f'(\eta)].$$

再设 $\varphi(x)=e^x$，由拉格朗日中值定理，存在 $\xi\in(a,b)$，使得 $\dfrac{e^b-e^a}{b-a}=\varphi'(\xi)=e^\xi$. 所以 $e^\eta[f(\eta)+f'(\eta)]=e^\xi$，从而有

$$e^{\eta-\xi}[f(\eta)+f'(\eta)]=1.$$

【例7】 设 $f(x)$ 在 $[0,1]$ 上连续，在 $(0,1)$ 内可导，且 $f(0)=0$，$f(1)=1$. 证明：对任意的正数 a 和 b，总存在 $\xi,\eta\in(0,1)$（$\xi\neq\eta$），使得 $\dfrac{a}{f'(\xi)}+\dfrac{b}{f'(\eta)}=a+b$.

【证明】 对于任意的 $a>0$，$b>0$，因为 $f(0)=0$，$f(1)=1$，且 $0<\dfrac{a}{a+b}<1$，由介值定

理知，存在 $x_0 \in (0,1)$，使得 $f(x_0) = \dfrac{a}{a+b}$. 根据拉格朗日中值定理，存在 $\xi \in (0, x_0)$，$\eta \in (x_0, 1)$，使得

$$f(x_0) - f(0) = f'(\xi) x_0, \quad f(1) - f(x_0) = f'(\eta)(1 - x_0),$$

从而有
$$x_0 = \frac{f(x_0) - f(0)}{f'(\xi)} = \frac{\dfrac{a}{a+b}}{f'(\xi)}, \quad 1 - x_0 = \frac{f(1) - f(x_0)}{f'(\eta)} = \frac{\dfrac{b}{a+b}}{f'(\eta)},$$

两式相加得
$$\frac{a}{f'(\xi)} + \frac{b}{f'(\eta)} = a + b.$$

【例 8】 设函数 $f(x)$ 在 $[0,1]$ 上连续，在 $(0,1)$ 内可导，且 $f(0) = 0$，$f(1) = 1$，证明：(1) 存在 $\xi \in (0,1)$，使得 $f(\xi) = 1 - \xi$；(2) 在 $(0,1)$ 内存在两个不同的点 η、μ，使得 $f'(\eta) f'(\mu) = 1$.

分析：本题有两个问题，第一个问题不涉及导数问题，故利用函数连续性解决. 在解决第二个问题时，一般都要使用前面问题的结论. 由于在第一个问题中已经产生了一个点 ξ，连同区间端点构成两个子区间，显然在这两个区间上使用微分中值定理.

【证明】 (1) 令 $\varphi(x) = f(x) + x - 1$，显然 $\varphi(x)$ 在 $[0,1]$ 上连续，且 $\varphi(0) = -1$、$\varphi(1) = 1$，由介值定理，存在 $\xi \in (0,1)$，使得 $\varphi(\xi) = 0$，即
$$f(\xi) = 1 - \xi.$$

(2) 由微分中值定理，存在 $\eta \in (0, \xi)$，$\mu \in (\xi, 1)$，使得
$$f'(\eta) = \frac{f(\xi) - f(0)}{\xi}, \quad f'(\mu) = \frac{f(1) - f(\xi)}{1 - \xi},$$

由 (1) 得
$$f'(\eta) f'(\mu) = 1.$$

【例 9】 设 $ab > 0$，证明：存在 $\xi \in (a, b)$，使得 $a e^b - b e^a = (1 - \xi) e^\xi (a - b)$.

分析：本题所证等式含有端点和 ξ. 在所证明的含一阶导数的等式中含有端点和 ξ，一般分为端点和 ξ 可分离与不可分离两种情形. 本题先把端点和 ξ 分离，然后使用柯西中值定理即可.

【证明】 令 $f(x) = \dfrac{e^x}{x}$，$F(x) = \dfrac{1}{x}$. 因为 $ab > 0$，所以 0 不在以 a 和 b 为端点的区间上. 显然 $f(x)$，$F(x)$ 在以 a 和 b 为端点的闭区间上连续，在以 a 和 b 为端点的开区间内可导，且 $F'(x) = -\dfrac{1}{x^2} \neq 0$. 由柯西中值定理，存在 ξ 介于 a 与 b 之间，使得
$$\frac{f(b) - f(a)}{F(b) - F(a)} = \frac{f'(\xi)}{F'(\xi)},$$

整理得
$$a e^b - b e^a = (1 - \xi) e^\xi (a - b).$$

【例 10】 设 $f(x)$，$g(x)$ 在 $[a,b]$ 上连续，在 (a,b) 内可导，且 $g'(x) \neq 0$. 证明：存在 $\xi \in (a,b)$，使得 $\dfrac{f(a) - f(\xi)}{g(\xi) - g(b)} = \dfrac{f'(\xi)}{g'(\xi)}$.

分析：本题所证的等式也含有端点和 ξ，由于端点和 ξ 不可分离，所以方法与例 9 有所不同. 构造辅助函数的步骤如下：

$$\frac{f(a) - f(x)}{g(x) - g(b)} = \frac{f'(x)}{g'(x)} \Rightarrow f'(x)g(x) + f(x)g'(x) - f(a)g'(x) - g(b)f'(x) = 0 \Rightarrow$$

$[f(x)g(x) - f(a)g(x) - g(b)f(x)]' = 0$，取 $\varphi(x) = f(x)g(x) - f(a)g(x) - g(b)f(x)$.

【证明】 令 $\varphi(x) = f(x)g(x) - f(a)g(x) - g(b)f(x)$. 显然 $\varphi(x)$ 在 $[a,b]$ 上连续，(a,b) 内可导，且 $\varphi(a) = \varphi(b) = -f(a)g(b)$. 由罗尔中值定理知，存在 $\xi \in (a,b)$，使得 $\varphi'(\xi) = 0$，即 $[f(a) - f(\xi)]g'(\xi) = [g(\xi) - g(b)]f'(\xi)$，由 $g'(x) \neq 0$，得

$$\frac{f(a)-f(\xi)}{g(\xi)-g(b)}=\frac{f'(\xi)}{g'(\xi)}.$$

【例 11】　设 $f(x)$ 在 $[a,b]$ 上连续，在 (a,b) 内二阶可导，设连接两点 $[a,f(a)]$ 和 $[b,f(b)]$ 的直线与曲线 $y=f(x)$ 交于点 $[c,f(c)]$ $(a<c<b)$．证明：存在 $\xi\in(a,b)$，使 $f''(\xi)=0$.

分析：证明类似 $f^{(n)}(\xi)=0$ 的问题，最主要的思路是对各阶导数分别使用罗尔中值定理，直到 $(n-1)$ 阶导数满足罗尔中值定理．其他的思路有使用泰勒公式或对函数 $f^{(n-1)}(x)$ 使用费马定理等．

【证明】　由微分中值定理，存在 $\xi_1\in(a,c)$，$\xi_2\in(c,b)$，使得

$$f'(\xi_1)=\frac{f(c)-f(a)}{c-a},\ f'(\xi_2)=\frac{f(b)-f(c)}{b-c},$$

因为曲线的两个端点和直线与曲线的交点在一条直线上，所以 $f'(\xi_1)=f'(\xi_2)$．由罗尔中值定理，存在 $\xi\in(\xi_1,\xi_2)\subset(a,b)$，使得 $f''(\xi)=0$.

【例 12】　(导数零点定理) 设函数 $f(x)$ 在 $[a,b]$ 上可导，$f'(a)<0$，$f'(b)>0$，证明：存在 $\xi\in(a,b)$，使得 $f'(\xi)=0$.

分析：本题称为导数零点定理，但和闭区间上连续函数零点定理不同的是，这里并没有假定导函数是连续的．解决本题的思路是：证明函数最大或最小值点在区间的内部，然后使用费马定理即可使问题得到解决．另外，在证明问题的过程中，如果在已知条件中给出端点导数的符号情况，相当于给出了函数在端点与附近邻域内点的函数值大小情况．例如，若给出了 $f'_+(a)>0$，根据导数的定义，$f'_+(a)=\lim\limits_{x\to a^+}\dfrac{f(x)-f(a)}{x-a}>0$，由极限保号性，存在 $\delta>0(\delta<b-a)$，当 $0<x-a<\delta$ 时，有 $\dfrac{f(x)-f(a)}{x-a}>0$，从而有 $f(x)>f(a)$，所以，存在 $x_0\in(a,b)$，使得 $f(x_0)>f(a)$.

【证明】　因为设函数 $f(x)$ 在 $[a,b]$ 上可导，所以 $f(x)$ 在 $[a,b]$ 上能取到最大值和最小值．又

$$f'(a)=\lim_{x\to a^+}\frac{f(x)-f(a)}{x-a}<0,\ f'(b)=\lim_{x\to b^-}\frac{f(x)-f(b)}{x-b}>0,$$

所以存在 x_1，$x_2\in(a,b)$，使得 $f(x_1)<f(a)$，$f(x_2)<f(b)$．因此，$f(x)$ 的最小值在区间 (a,b) 的内部取到，不妨设 $\xi\in(a,b)$ 为 $f(x)$ 的最小值点，由费马定理，得 $f'(\xi)=0$.

【例 13】　设函数 $f(x)$ 在区间 $[a,b]$ 上可导，且 $f'(a)<f'(b)$，证明：对任意的 $\eta\in(f'(a),f'(b))$，总存在 $\xi\in(a,b)$，使得 $f'(\xi)=\eta$.

分析：本题称为导数介值定理，特别要注意的是，这里一阶导数没有假定连续，故连续函数的介值定理对本题不适用，本题的方法与上题基本相同．

【证明】　令 $\varphi(x)=f(x)-\eta x$，$\varphi'(x)=f'(x)-\eta$．由已知条件，得

$$\varphi'(a)<0,\ \varphi'(b)>0,$$

因为 $\varphi'(a)\varphi'(b)<0$，由导数零点定理，存在 $\xi\in(a,b)$，使得 $\varphi'(\xi)=0$，即

$$f'(\xi)=\eta.$$

【例 14】　设函数 $f(x)$ 在 $[a,b]$ 上有一阶导数，在 (a,b) 内有二阶导数，而且 $f(a)=f(b)=0$ $f'_+(a)<0$，$f'_-(b)<0$．证明：存在 $\xi\in(a,b)$，使得 $f''(\xi)=0$.

【证明】　因为 $f'_+(a)<0$，$f'_-(b)<0$，所以存在 x_1，$x_2\in(a,b)$，使得 $f(x_1)<f(a)=0$，$f(x_2)>f(b)=0$．因为 $f(x_1)f(x_2)<0$，由零点定理，存在一点 c 介于 x_1 与 x_2 之间，使得 $f(c)=0$．由罗尔中值定理，存在 $\xi_1\in(a,c)$，$\xi_2\in(c,b)$，使得 $f'(\xi_1)=f'(\xi_2)=0$．又因

为 $f(x)$ 在 (a,b) 内二阶可数，所以存在 $\xi\in(\xi_1,\xi_2)\subset(a,b)$，使得
$$f''(\xi)=0.$$

【例 15】 设 $f(x)$ 在 $[a,b]$ 上连续，在 (a,b) 内有二阶连续的导数，证明：存在 $\xi\in(a,b)$，使得 $f(b)-2f\left(\dfrac{a+b}{2}\right)+f(a)=\dfrac{(b-a)^2}{4}f''(\xi)$.

分析：本题显然使用泰勒中值定理，一定要注意到二阶导函数具有连续性这个条件，可以对二阶导函数使用介值定理．在使用泰勒公式的过程中，如果题中没有给出函数在内部某点导数的情况，往往应用函数端点在区间中点展开的泰勒公式．

【证明】 由泰勒公式，得
$$f(b)=f\left(\frac{a+b}{2}\right)+f'\left(\frac{a+b}{2}\right)\left(b-\frac{a+b}{2}\right)+\frac{1}{2}f''(\xi_1)\left(\frac{b-a}{2}\right)^2\quad\left(a<\xi_1<\frac{a+b}{2}\right),$$
$$f(a)=f\left(\frac{a+b}{2}\right)+f'\left(\frac{a+b}{2}\right)\left(a-\frac{a+b}{2}\right)+\frac{1}{2}f''(\xi_2)\left(\frac{b-a}{2}\right)^2\quad\left(\frac{a+b}{2}<\xi_1<b\right),$$
两式相加，得
$$f(b)-2f\left(\frac{a+b}{2}\right)+f(a)=\frac{(b-a)^2}{8}[f''(\xi_1)+f''(\xi_2)],$$

因为 $f''(x)$ 在 $[a,b]$ 上连续，所以 $f''(x)$ 在 $[a,b]$ 上取到最大值 M 和最小值 m. 由 $m\leqslant f''(\xi_1)\leqslant M$，$m\leqslant f''(\xi_2)\leqslant M$，得 $m\leqslant\dfrac{1}{2}[f''(\xi_1)+f''(\xi_2)]\leqslant M$，则存在 $\xi\in[a,b]$，使得 $f''(\xi)=\dfrac{1}{2}[f''(\xi_1)+f''(\xi_2)]$，即
$$f(b)-2f\left(\frac{a+b}{2}\right)+f(a)=\frac{(b-a)^2}{4}f''(\xi).$$

【例 16】 设函数 $f(x)$ 在区间 $[-1,1]$ 上具有三阶连续导数，且 $f(-1)=0$，$f(1)=1$，$f'(0)=0$，证明：在区间 $(-1,1)$ 内至少存在一点 ξ，使得 $f'''(\xi)=3$.

分析：在使用泰勒公式时，一般情况下在给定导数条件的点处展开．显然本题用两个端点在 $x=0$ 处分别展开，注意到三阶导数有连续性，可以对三阶导数使用介值定理．

【证明】 有泰勒公式得
$$f(-1)=f(0)+f'(0)(-1-0)+\frac{f''(0)}{2!}(-1-0)^2+\frac{f'''(\xi_1)}{3!}(-1-0)^3\quad[\xi_1\in(-1,0)],$$
$$f(1)=f(0)+f'(0)(1-0)+\frac{f''(0)}{2!}(1-0)^2+\frac{f'''(\xi_2)}{3!}(1-0)^3\quad[\xi_2\in(0,1)],$$
即
$$0=f(0)+\frac{1}{2}f''(0)-\frac{1}{6}f'''(\xi_1),\quad 1=f(0)+\frac{1}{2}f''(0)+\frac{1}{6}f'''(\xi_1),$$
两式相减得
$$f'''(\xi_1)+f'''(\xi_2)=6.$$
由 $f'''(x)$ 的连续性，$f'''(x)$ 在闭区间 $[\xi_1,\xi_2]$ 上取到最大和最小值，分别记为 M 和 m，则有
$$m\leqslant\frac{1}{2}[f'''(\xi_1)+f'''(\xi_2)]\leqslant M \text{ 或 } m\leqslant 3\leqslant M,$$
由连续函数介值定理知，存在 $\xi\in(\xi_1,\xi_2)\subset(-1,1)$，使得 $f'''(\xi)=3$.

【例 17】 设 $f(x)$ 在 $[-2,2]$ 上二阶可导，且 $|f(x)|\leqslant 1$，又 $f^2(0)+[f'(0)]^2=4$. 证明：存在 $\xi\in(-2,2)$，使得 $f(\xi)+f''(\xi)=0$.

【证明】 由微分中值定理，存在 $x_1\in(-2,0)$，$x_2\in(0,2)$，使得

$$f'(x_1)=\frac{f(0)-f(-2)}{2}, \quad f'(x_2)=\frac{f(2)-f(0)}{2},$$

因为 $|f(x)|\leqslant1$，所以 $|f'(x_1)|\leqslant1$，$|f'(x_2)|\leqslant1$. 令

$$F(x)=f^2(x)+f'^2(x),\quad 则\quad F(x_1)\leqslant2,\ F(x_2)\leqslant2,$$

因为 $F(x)$ 在 $[-2,2]$ 上连续且 $F(0)=4$，所以 $F(x)$ 在 $[x_1,x_2]\subset[-2,2]$ 上的最大值不小于 4，从而 $F(x)$ 的最大值在 $[x_1,x_2]$ 内部取到，即存在 $\xi\in(x_1,x_2)\subset(a,b)$，使得 $F(\xi)$ 为最大值.

由费马定理知，$F'(\xi)=0$，即 $2f'(\xi)[f(\xi)+f''(\xi)]=0$. 因为 $F(\xi)\geqslant4$，所以 $f'(\xi)$ 不为零，从而有 $f(\xi)+f''(\xi)=0$.

【例 18】 设函数 $f(x)$ 在 $(x_0-\delta,x_0+\delta)$ 内有 n 阶连续导数，$f^{(n)}(x_0)\neq0$ 且 $f^{(k)}(x_0)=0,k=2,3,\cdots,n-1$. 当 $0<|h|<\delta$ 时，$f(x_0+h)-f(x_0)=hf'(x_0+\theta h)(0<\theta<1)$. 证明：

$$\lim_{h\to0}\theta=\frac{1}{\sqrt[n-1]{n}}.$$

分析：涉及高阶导数问题往往使用泰勒公式，且如果已知条件中给出了某点的导数情况，则就在此点展开.

【证明】 由泰勒公式得

$$f(x_0+h)=f(x_0)+hf'(x_0)+\frac{f^{(n)}(\xi)}{n!}h^n,\quad \xi\ 介于\ x_0\ 与\ x_0+h\ 之间，$$

因为

$$f(x_0+h)-f(x_0)=hf'(x_0+\theta h)\quad(0<\theta<1),$$

所以

$$hf'(x_0+\theta h)=hf'(x_0)+\frac{f^{(n)}(\xi)}{n!}h^n=h\left[f'(x_0)+\frac{f^{(n)}(\eta)}{(n-1)!}(\theta h)^{n-1}\right],$$

其中 η 介于 x_0 与 $x_0+\theta h$ 之间. 所以 $\dfrac{f^{(n)}(\xi)}{n}=f^{(n)}(\eta)\theta^{n-1}$，令 $h\to0$，由 n 阶导数的连续性及 $f^{(n)}(x_0)\neq0$，得

$$\lim_{h\to0}\theta=\frac{1}{\sqrt[n-1]{n}}.$$

【例 19】 设 $f(x)$，$g(x)$ 在 $(-\infty,+\infty)$ 上有定义，$f(x)$ 在 $(-\infty,+\infty)$ 上二阶可导，且满足

$$f''(x)+f'(x)g(x)-f(x)=0,$$

若 $f(a)=f(b)=0(a<b)$，证明：$f(x)\equiv0(a\leqslant x\leqslant b)$.

分析：证明一个函数恒等于常数，通常的方法是证明该函数的导数恒为零或证明该函数的最大值和最小值相等.

【证明】 因为 $f(x)$ 在 $(-\infty,+\infty)$ 上二阶可导，所以 $f(x)$ 在 $[a,b]$ 上有最大值 M 和最小值 m. 显然 $M\geqslant0$，$m\leqslant0$.

① 若 $M>0$，则存在 $x_0\in(a,b)$，使得 $f(x_0)=M$，由费马定理，$f'(x_0)=0$. 代入已知条件可得 $f''(x_0)=M>0$，则 x_0 为 $f(x)$ 的极小值点，矛盾，所以 $M=0$；

② 若 $m<0$，则存在 $x_1\in(a,b)$，使得 $f(x_1)=m<0$，由费马定理，$f'(x_1)=0$. 代入已知条件可得 $f''(x_1)=m<0$，则 x_1 为 $f(x)$ 的极大值点，矛盾，所以 $m=0$. 从而有 $M=m=0$，所以 $f(x)\equiv0\ (a\leqslant x\leqslant b)$.

【例 20】 求下列函数极限：

(1) $\displaystyle\lim_{x\to0}\frac{e^{-1/x^2}}{x^{100}}$；　(2) $\displaystyle\lim_{x\to0}\frac{e^x-\sin x-1}{1-\sqrt{1-x^2}}$；　(3) $\displaystyle\lim_{x\to0}\left(\frac{1}{x}-\cot^2x\right)$；　(4) $\displaystyle\lim_{\varphi\to0}\left(\frac{\sin\varphi}{\varphi}\right)^{1/\varphi^2}$.

【解】 (1) 本题属 $\dfrac{0}{0}$ 型，若直接用洛必达法则，则会出现

$$原式\xlongequal{\frac{0}{0}}\lim_{x\to 0}\frac{e^{-1/x^2}\cdot 2x^{-3}}{100x^{99}}=\frac{1}{50}\lim_{x\to 0}\frac{e^{-1/x^2}}{x^{102}}.$$

用洛必达法则后使不定式更复杂了。此时常重新调换分子、分母位置以改变不定式类型

$$原式=\lim_{x\to 0}\frac{\left(\dfrac{1}{x}\right)^{100}}{e^{1/x^2}}\xlongequal{令\,t=\frac{1}{x^2}}\lim_{t\to+\infty}\frac{t^{50}}{e^t}\xlongequal{\frac{\infty}{\infty}}\cdots\xlongequal{\frac{\infty}{\infty}}\lim_{t\to+\infty}\frac{50!}{e^t}=0.$$

注：在求极限中，有时采用变量替换可使运算过程简化．

（2）
$$原式\xlongequal{\frac{\infty}{\infty}}\lim_{x\to 0}\frac{e^x-\cos x}{-\dfrac{1}{2}(1-x^2)^{-1/2}\cdot(-2x)}=\lim_{x\to 0}\sqrt{1-x^2}\cdot\lim_{x\to 0}\frac{e^x-\cos x}{x}$$

$$\xlongequal{\frac{\infty}{\infty}}\lim_{x\to 0}\frac{e^x+\sin x}{1}=1.$$

注：在用洛必达法则过程中，应注意对极限式子进行化简，有时可用极限积、商运算法则把有关因子（本题为$\sqrt{1-x^2}$）提取出来，以简化求导．

（3）本题属$\infty-\infty$型，先化为$\dfrac{0}{0}$型再用洛必达法则．

$$原式=\lim_{x\to 0}\frac{\sin^2 x-x^2\cos^2 x}{x^2\sin^2 x}=\lim_{x\to 0}\frac{(\sin x+x\cos x)(\sin x-x\cos x)}{x^4}$$

$$=\lim_{x\to 0}\frac{\sin x+x\cos x}{x}\cdot\lim_{x\to 0}\frac{\sin x-x\cos x}{x^3}\xlongequal{\frac{0}{0}}2\lim_{x\to 0}\frac{\cos x-\cos x+x\sin x}{3x^3}=\frac{2}{3}.$$

注：在使用洛必达法则求导前，先对不定式进行恒等变形与"提取"，对简化运算过程有帮助。

（4）解法一 本题1^∞型不定式，利用对数恒等式对原式变形再求极限．

设 $y=\left(\dfrac{\sin\varphi}{\varphi}\right)^{\frac{1}{\varphi^2}}$，则
$$\ln y=\frac{1}{\varphi^2}\ln\frac{\sin\varphi}{\varphi},$$

且
$$\lim_{\varphi\to 0}\ln y=\lim_{\varphi\to 0}\frac{\ln\dfrac{\sin\varphi}{\varphi}}{\varphi^2}\xlongequal{\frac{0}{0}}\lim_{\varphi\to 0}\frac{\dfrac{\varphi}{\sin\varphi}\cdot\dfrac{\varphi\cos\varphi-\sin\varphi}{\varphi^2}}{2\varphi}$$

$$=\lim_{\varphi\to 0}\frac{\varphi\cos\varphi-\sin\varphi}{2\varphi^2\sin\varphi}=\lim_{\varphi\to 0}\frac{\varphi\cos\varphi-\sin\varphi}{2\varphi^3}$$

$$\xlongequal{\frac{0}{0}}\lim_{\varphi\to 0}\frac{\cos\varphi-\varphi\sin\varphi-\cos\varphi}{6\varphi^2}=-\frac{1}{6}.$$

从而
$$\lim_{\varphi\to 0}y=\lim_{\varphi\to 0}e^{\ln y}=e^{\lim_{\varphi\to 0}\ln y}=e^{-\frac{1}{6}}.$$

解法二 将洛必达法则与重要极限公式相结合来求极限．

$$原式\xlongequal{1^\infty}\lim_{\varphi\to 0}\left(1+\frac{\sin\varphi}{\varphi}-1\right)^{\frac{1}{\varphi^2}}=\lim_{\varphi\to 0}\left[\left(1+\frac{\sin\varphi-\varphi}{\varphi}\right)^{\frac{\varphi}{\sin\varphi-\varphi}}\right]^{\frac{\sin\varphi-\varphi}{\varphi^3}}.$$

因为
$$\lim_{\varphi\to 0}\frac{\sin\varphi-\varphi}{\varphi^3}=\lim_{\varphi\to 0}\frac{\cos\varphi-1}{3\varphi^2}=\lim_{\varphi\to 0}\frac{-\dfrac{1}{2}\varphi^2}{3\varphi^2}=-\frac{1}{6},$$

所以 原式极限$=e^{-\frac{1}{6}}$.

注：显然解法二比解法一更简单且易于理解．可见，在求不定式极限中，将洛必达法则与其他求极限方法如等价无穷小替换、重要极限、极限四则运算法则等相结合，才会事半功倍，更简练地求出极限。

【例 21】 求 $\lim\limits_{x \to 0} \dfrac{\cos x - e^{-\frac{x^2}{2}}}{x^2 \sin x \ln(1+2x)}$.

分析：对于两种基本未定型极限，洛必达法则是常用的方法，但在使用过程中如果过于简单化必将使得问题更加复杂化，甚至使问题没法解决．本题分母是三种函数之积，显然洛必达法则并非好的办法，遇到这种情况往往使用等价无穷小和泰勒展开式．

【解】 因为 $\sin x \sim x$，$\ln(1+x) \sim x (x \to 0)$，所以

$$原式 = \frac{1}{2} \lim_{x \to 0} \frac{\cos x - e^{-\frac{x^2}{2}}}{x^4}.$$

又

$$\cos x = 1 - \frac{x^2}{2} + \frac{x^4}{4!} + o(x^4), \quad e^{-\frac{x^2}{2}} = 1 - \frac{x^2}{2} + \frac{1}{2!}\left(-\frac{x^2}{2}\right)^2 + o(x^4),$$

所以

$$原式 = \frac{1}{2} \lim_{x \to 0} \frac{\left(\frac{1}{4!} - \frac{1}{8}\right)x^4 + o(x^4)}{x^4} = -\frac{1}{24}.$$

二、导数的应用

【例 22】 利用导数证明：当 $x > 1$ 时，$\dfrac{\ln(1+x)}{\ln x} > \dfrac{x}{1+x}$.

分析：在自变量的某一范围内证明两个函数的大小，通常的做法是把不等式两边相减作为辅助函数，利用函数的单调性及初值，得到两个函数的大小．

【证明】 令 $f(x) = (1+x)\ln(1+x) - x\ln x$，$f(1) = 2\ln 2 > 0$.
因为 $f'(x) = \ln\left(1 + \dfrac{1}{x}\right) > 0$，所以 $f(x)$ 在 $[1, +\infty)$ 内单调增加．从而当 $x > 1$ 时，$f(x) > f(1) = 2\ln 2 > 0$，即当 $x > 1$ 时

$$\frac{\ln(1+x)}{\ln x} > \frac{x}{1+x}.$$

【例 23】 设 $f(0) = g(0)$，$f'(0) = g'(0)$，$f''(x) < g''(x)(x > 0)$．证明：当 $x > 0$ 时，$f(x) < g(x)$.

分析：对于已知高阶导数的符号而要比较原函数的大小问题，往往利用高阶导数的正负，逐步推出较低的各阶导数的符号，从而最终得到原函数的增减性．

【证明】 令 $\varphi(x) = f(x) - g(x)$，则

$$\varphi(0) = 0, \quad \varphi'(0) = 0, \quad \varphi''(x) < 0 \ (x > 0).$$

由 $\begin{cases} \varphi''(x) < 0 (x > 0), \\ \varphi'(0) = 0 \end{cases}$ 得 $\varphi'(x) < 0 (x > 0)$，再由 $\begin{cases} \varphi'(x) < 0 (x > 0), \\ \varphi(0) = 0 \end{cases}$ 得 $\varphi(x) < 0 (x > 0)$，

从而有

$$f(x) < g(x) \ (x > 0).$$

【例 24】 当 $x > 0$ 时，证明：$e^x - 1 > (1+x)\ln(1+x)$.

【证明】 令 $\varphi(x) = e^x - 1 - (1+x)\ln(1+x)$，$\varphi(0) = 0$.

$$\varphi'(x) = e^x - 1 - \ln(1+x), \quad \varphi'(0) = 0. \quad \varphi''(x) = e^x - \frac{1}{1+x} > 0 \quad (x > 0).$$

因为 $\varphi''(x) > 0 (x > 0)$ 且 $\varphi'(0) = 0$，所以 $\varphi'(x) > 0 (x > 0)$．再由 $\varphi'(x) > 0 (x > 0)$ 且 $\varphi(0) =$

0，得 $\varphi(x) > 0 (x > 0)$，即

$$当 x > 0 时，e^x - 1 > (1+x)\ln(1+x).$$

【例25】 设 $f(x)$ 在 $[a,b]$ 上连续，在 (a,b) 内可导，$f(a) = f(b)$，且 $f(x)$ 不为常数．证明：存在 $\xi \in (a,b)$，使得 $f'(\xi) > 0$．

分析：本题的关键在于函数的两个端点的函数值相等，而函数不为常数，显然在区间内部存在一点，该点的函数值与端点函数值不等，这样一点把区间分成两个小区间，再在各个小区间上使用微分中值定理．

【证明】 因为 $f(a) = f(b)$，且 $f(x)$ 不为常数，所以存在 $c \in (a,b)$，使得 $f(c) \neq f(a)$，不妨假设 $f(c) > f(a)$．则 $\xi \in (a,c)$，使得

$$f'(\xi) = \frac{f(c) - f(a)}{c - a} > 0.$$

【例26】 设 $f(x)$ 在 $[a,b]$ 上连续，在 (a,b) 内可导，且 $y = f(x)$ 为非线性函数．证明：存在 $\xi \in (a,b)$，使得 $|f'(\xi)| > \left| \dfrac{f(b) - f(a)}{b - a} \right|$．

【证明】 令 $\varphi(x) = f(x) - f(a) - \dfrac{f(b) - f(a)}{b - a}(x - a)$，显然 $\varphi(x)$ 在 $[a,b]$ 上连续，在 (a,b) 内可导，且

$$\varphi(a) = \varphi(b) = 0.$$

因为 $f(x)$ 为非线性函数，所以 $\varphi(x)$ 在 $[a,b]$ 上不恒为零，即存在 $x_0 \in (a,b)$，使得 $\varphi(x_0) \neq 0$．不失一般性，不妨假设 $\varphi(x_0) > 0$，由微分中值定理，得

$$\varphi'(\xi_1) = \frac{\varphi(x_0) - \varphi(a)}{x_0 - a} = f'(\xi_1) - \frac{f(b) - f(a)}{b - a} > 0, \quad \xi_1 \in (a, x_0),$$

$$\varphi'(\xi_2) = \frac{\varphi(b) - \varphi(x_0)}{b - x_0} = f'(\xi_2) - \frac{f(b) - f(a)}{b - a} < 0, \quad \xi_2 \in (x_0, b).$$

① 若 $\dfrac{f(b) - f(a)}{b - a} > 0$，则 $f'(\xi_1) > \dfrac{f(b) - f(a)}{b - a} > 0$，从而有

$$|f'(\xi_1)| > \left| \frac{f(b) - f(a)}{b - a} \right|, \quad 此时取 \xi = \xi_1;$$

② 若 $\dfrac{f(b) - f(a)}{b - a} \leqslant 0$，则 $f'(\xi_2) < \dfrac{f(b) - f(a)}{b - a} \leqslant 0$，从而有

$$|f'(\xi_2)| > \left| \frac{f(b) - f(a)}{b - a} \right|, \quad 此时取 \xi = \xi_2.$$

【例27】 设 $f(x)$ 在 $[0,1]$ 上二阶可导，$|f''(x)| \leqslant M$，且 $f(x)$ 的最大值点在 $(0,1)$ 的内部，证明：$|f'(0)| + |f'(1)| \leqslant M$．

分析：本题的关键是函数 $f(x)$ 的最大值点在 $(0,1)$ 的内部这个条件，且函数具有可导性．由费马定理，这一点一定是函数的驻点，这样就可以对一阶导函数利用微分中值定理．

【证明】 因为 $f(x)$ 在区间 $[0,1]$ 上二阶可导且最大值点在区间 $(0,1)$ 的内部取到，所以存在 $x_0 \in (0,1)$，使得 $f'(x_0) = 0$．由微分中值定理，存在 $\xi_1 \in (0, x_0)$，$\xi_2 \in (x_0, 1)$，使得

$$\begin{cases} f'(x_0) - f'(0) = f''(\xi_1) x_0, \\ f'(1) - f'(x_0) = f''(\xi_2)(1 - x_0), \end{cases}$$

再由 $|f''(x)| \leqslant M$，得

$$\begin{cases} |f'(0)| \leqslant M x_0, \\ |f'(1)| \leqslant M(1 - x_0), \end{cases}$$

两式相加，得

$$|f'(0)| + |f'(1)| \leqslant M.$$

【例28】 设 $f(x)$ 二阶可导，$f(0) = f(1) = 0$，且 $\min\limits_{0 \leqslant x \leqslant 1} f(x) = -1$．证明：$\max\limits_{x \in [0,1]} f''(x) \geqslant 8$．

分析：本题与上题类似，都是最值点在内部取到，由费马定理知，该最值点一定是函数的驻点，同时两个端点的函数值已知，应用泰勒公式即可证明．另外在使用泰勒公式时，往往函数在何处展开很难确定，如果在已知条件中给定某点的导数情况，一般情况下就在该点展开．

【证明】 因为 $f(0)=f(1)=0$，$\min\limits_{0\leqslant x\leqslant 1}f(x)=-1$，所以 $f(x)$ 在 $[0,1]$ 上的最小值点一定在区间的内部，不妨设最小值点为 $x_0\in(0,1)$，$f(x_0)=-1$，$f'(x_0)=0$.

$f(x)$ 在 $x=x_0$ 处的泰勒公式为

$$f(x)=f(x_0)+f'(x_0)(x-x_0)+\frac{1}{2!}f''(\xi)(x-x_0)^2,$$

其中 ξ 介于 x_0 与 x 之间．

分别用 $x=0$ 和 $x=1$ 代入，得

$$f(0)=-1+\frac{1}{2}f''(\xi_1)x_0^2\,(0<\xi_1<x_0),\quad f(1)=-1+\frac{1}{2}f''(\xi_2)(1-x_0)^2\quad(x_0<\xi_2<1).$$

① 当 $x_0\in\left(0,\dfrac{1}{2}\right]$ 时，$f''(\xi_1)=\dfrac{2}{x_0^2}\geqslant 8$；

② 当 $x_0\in\left[\dfrac{1}{2},1\right)$ 时，$f''(\xi_2)=\dfrac{2}{(1-x_0)^2}\geqslant 8$.

所以

$$\max\limits_{0\leqslant x\leqslant 1}f''(x)\geqslant 8.$$

【例 29】 设 $f(x)$ 在 $[a,b]$ 上连续，在 (a,b) 内二阶可导，满足 $f(a)=f(b)=0$，且存在 $c\in(a,b)$，使得 $f(c)>0$. 证明：存在 $\xi\in(a,b)$，使得 $f''(\xi)<0$.

分析：因为 $a<c<b$，所以本题显然对原函数两次应用微分中值定理，然后再对一阶导函数应用一次微分中值定理．

【证明】 由微分中值定理，存在 $\xi_1\in(a,c)$，$\xi_2\in(c,b)$，使得

$$f'(\xi_1)=\frac{f(c)-f(a)}{c-a}>0,\quad f'(\xi_2)=\frac{f(b)-f(c)}{b-c}<0,$$

因为 $f(x)$ 在 (a,b) 内二阶可导，所以存在 $\xi\in(\xi_1,\xi_2)$，使得

$$f''(\xi)=\frac{f'(\xi_2)-f'(\xi_1)}{\xi_2-\xi_1}<0.$$

【例 30】 设函数 $f(x)$ 在 $[a,b]$ 上二阶连续可导，且 $f'(a)=f'(b)=0$，证明：在区间 (a,b) 内至少存在一点 ξ，使得

$$|f''(\xi)|\geqslant\frac{4}{(b-a)^2}|f(b)-f(a)|.$$

分析：由于已知条件中给出了端点的一阶导数，本题分别在 a 点与 b 点处进行泰勒展开，但中间缺少一点，一般情况取区间的中点．

【证明】 由泰勒公式得

$$f\left(\frac{a+b}{2}\right)=f(a)+f'(a)\left(\frac{a+b}{2}-a\right)+\frac{f''(\xi_1)}{2!}\left(\frac{a+b}{2}-a\right)^2$$

$$=f(a)+\frac{f''(\xi_1)}{8}(b-a)^2,\quad\left[\xi_1\in\left(a,\frac{a+b}{2}\right)\right],$$

$$f\left(\frac{a+b}{2}\right)=f(b)+f'(b)\left(\frac{a+b}{2}-b\right)+\frac{f''(\xi_2)}{2!}\left(\frac{a+b}{2}-b\right)^2$$

$$=f(b)+\frac{f''(\xi_2)}{8}(b-a)^2,\quad\left[\xi_2\in\left(\frac{a+b}{2},b\right)\right],$$

两式相减得

$$|f(b)-f(a)|=\frac{(b-a)^2}{8}|f''(\xi_1)-f''(\xi_2)|\leqslant\frac{(b-a)^2}{8}|f''(\xi_1)|+|f''(\xi_2)|.$$

① 若 $|f''(\xi_1)|\geqslant|f''(\xi_2)|$，取 $\xi=\xi_2$，则有 $|f''(\xi)|\geqslant\dfrac{4}{(b-a)^2}|f(b)-f(a)|$；

② 若 $|f''(\xi_1)|<|f''(\xi_2)|$，取 $\xi=\xi_1$，则有 $|f''(\xi)|\geqslant\dfrac{4}{(b-a)^2}|f(b)-f(a)|$.

【例 31】 设 $f''(x)>0(x\in[a,b])$，且 $a\leqslant x_1$，$x_2\leqslant b$，$0<\lambda<1$. 证明：
$$f[\lambda x_1+(1-\lambda)x_2]\leqslant\lambda f(x_1)+(1-\lambda)f(x_2).$$

分析：若 $f(x)$ 二阶可导，要证明关于 $f(x)$ 的不等式常用的方法为以下 3 种.

① 利用 $f(x)$ 的泰勒公式

$$f(x)=f(x_0)+f'(x_0)(x-x_0)+\frac{1}{2!}f''(\xi)(x-x_0)^2,$$

如果 $f''(x)>0$，则 $f(x)\geqslant f(x_0)+f'(x_0)(x-x_0)$；如果 $f''(x)<0$，则 $f(x)\leqslant f(x_0)+f'(x_0)(x-x_0)$，且等号成立当且仅当 $x=x_0$.

② 由于二阶导数恒大于或小于零，所以一阶导数具有单调增加或单调减少的性质. 先对原函数使用微分中值定理，再根据二阶导数的符号判断一阶导数的增减.

③ 利用凹凸性证明不等式.

【证明】 令 $x_0=\lambda x_1+(1-\lambda)x_2$，显然 $x_0\in[a,b]$. 因为 $f''(x)>0$，所以
$$f(x)\geqslant f(x_0)+f'(x_0)(x-x_0),\ x\in[a,b].$$

分别用 $x=x_1$ 和 $x=x_2$ 代入上述不等式，然后在所得的不等式两边分别乘以 λ 和 $(1-\lambda)$，得
$$\lambda f(x_1)\geqslant\lambda f(x_0)+\lambda f'(x_0)(x_1-x_0),$$
$$(1-\lambda)f(x_2)\geqslant(1-\lambda)f(x_0)+(1-\lambda)f'(x_0)(x_2-x_0).$$

两不等式相加，得 $f(x_1)+(1-\lambda)f(x_2)\geqslant f(x_0)$，即
$$f[\lambda x_1+(1-\lambda)x_2]\leqslant f(x_1)+(1-\lambda)f(x_2).$$

【例 32】 设 $f(x)$ 在 $[a,b]$ 上二阶可导，$f''(x)>0$，λ_1，λ_2，$\cdots$，λ_n 为任意的 n 个正数，且 $\lambda_1+\lambda_2+\cdots+\lambda_n=1$. 证明：

① 对任意的 $x_i\in[a,b]$ $(i=1,2,\cdots,n)$，有 $f\Big(\sum\limits_{i=1}^{n}\lambda_i x_i\Big)\leqslant\sum\limits_{i=1}^{n}\lambda_i f(x_i)$，等号成立当且仅当 $x_1=x_2=\cdots=x_n$；

② 对任意 $x_i>0(i=1,2,\cdots,n)$，有 $\sqrt[n]{x_1 x_2\cdots x_n}\leqslant\dfrac{x_1+x_2+\cdots+x_n}{n}$.

【证明】 ① 令 $x_0=\sum\limits_{i=1}^{n}\lambda_i x_i$，显然 $x_0\in[a,b]$. 因为 $f''(x)>0$，所以
$$f(x)\geqslant f(x_0)+f'(x_0)(x-x_0),\ x\in[a,b],$$

等号成立当且仅当 $x=x_0$. 分别用 $x=x_i(i=1,2,\cdots,n)$ 代入不等式，再将第 i 个不等式乘以 $\lambda_i(i=1,2,\cdots,n)$，然后把这些不等式相加，得

$$f\Big(\sum\limits_{i=1}^{n}\lambda_i x_i\Big)\leqslant\sum\limits_{i=1}^{n}\lambda_i f(x_i)，\text{等号成立当且仅当 } x_0=x_i(i=1,2,\cdots,n).$$

② 令 $f(x)=-\ln x$，取 $\lambda_1=\lambda_2=\cdots=\lambda_n=\dfrac{1}{n}$. 因为 $f''(x)=\dfrac{1}{x^2}>0\ (x>0)$，所以

$$-\ln\Big(\frac{1}{n}\sum\limits_{i=1}^{n}x_i\Big)\leqslant\frac{1}{n}\sum\limits_{i=1}^{n}(-\ln x_i),$$

即
$$\ln(x_1 x_2 \cdots x_n)^{\frac{1}{n}} \leqslant \ln\left(\frac{x_1 + x_2 + \cdots + x_n}{n}\right),$$

从而
$$\sqrt[n]{x_1 x_2 \cdots x_n} \leqslant \frac{x_1 + x_2 + \cdots + x_n}{n}.$$

【例 33】 设函数 $f(x)$ 在 $[0, +\infty)$ 上有定义，二阶可导，且 $f''(x) < 0$，$f(0) = 0$，证明对一切的正数 a, b 有 $f(a+b) < f(a) + f(b)$.

【证明】 不失一般性，不妨假设 $a \leqslant b$. 由微分中值定理，得
$$f(a) - f(0) = f'(\xi_1)a, \quad \xi_1 \in (0, a),$$
$$f(a+b) - f(b) = f'(\xi_2)a, \quad \xi_2 \in (b, a+b).$$
因为 $f''(x) < 0$，所以 $f'(x)$ 为单调减函数，从而
$$f'(\xi_1) > f'(\xi_2).$$
由此可得 　$f(a) - f(0) > f(a+b) - f(b)$，即 　$f(a+b) < f(a) + f(b)$，
所以原不等式成立.

【例 34】 设 $f(x)$ 在 $[a, b]$ 上连续，在 (a, b) 内二阶可导，$f''(x) \leqslant 0$，且 $f(a) = f(b) = 0$，证明：$f(x) \geqslant 0$ $(x \in [a, b])$.

【证明】 反证法. 设存在 $x_0 \in (a, b)$，使得 $f(x_0) < 0$. 由微分中值定理，存在 $\xi_1 \in (a, x_0)$，$\xi_2 \in (x_0, b)$，使得
$$f'(\xi_1) = \frac{f(x_0) - f(a)}{x_0 - a} < 0, \quad f'(\xi_2) = \frac{f(b) - f(x_0)}{b - x_0} > 0.$$
因为 $f(x)$ 在 (a, b) 内二阶可导，所以存在 $\xi \in (\xi_1, \xi_2)$，使得 $f''(\xi) = \dfrac{f'(\xi_2) - f'(\xi_1)}{\xi_2 - \xi_1} > 0$，这与 $f''(x) \leqslant 0 [x \in (a, b)]$ 矛盾，所以 $f(x) \geqslant 0$ $(x \in [a, b])$.

【例 35】 设 $\lim\limits_{x \to 0} \dfrac{f(x)}{x} = 1$，且 $f''(x) > 0$，证明：$f(x) \geqslant x$.

【证明】 由 $\lim\limits_{x \to 0} \dfrac{f(x)}{x} = 1$，得 $f(0) = 0$，$f'(0) = 1$. 因为 $f''(x) > 0$，所以 $f(x) \geqslant f(0) + f'(0)x$，从而有 　$f(x) \geqslant x$.

【例 36】 设 $0 < a < b$，证明：$\dfrac{2a}{a^2 + b^2} < \dfrac{\ln b - \ln a}{b - a} < \dfrac{1}{\sqrt{ab}}$.

分析：本题需要用到函数 $f(x) = \ln x$ $(x > 0)$，因为 $f''(x) = -\dfrac{1}{x^2} < 0$，所以 $f(x)$ 为凸函数，从而有 $\dfrac{f(a) + f(b)}{2} < f\left(\dfrac{a+b}{2}\right)$ $(a \neq b)$. 同时在证明关于两个常数的不等式时，经常使用的方法是，使其中一个变量为变量 x，构造辅助函数，利用单调性证明. 另外一个常用的方法是微分中值定理.

【证明】 先证明左边的不等式.

解法一　令 $\varphi(x) = (x^2 + a^2)(\ln x - \ln a) - 2a(x - a)$，$\varphi(a) = 0$.
$$\varphi'(x) = 2x\ln x - 2x\ln a + x + \frac{a^2}{x} - 2a, \quad \varphi'(a) = 0.$$
$$\varphi''(x) = 2(\ln x - \ln a) + 1 - \frac{a^2}{x^2} > 0 \quad (x > a).$$

由 $\begin{cases} \varphi''(x) > 0 \ (x > a), \\ \varphi'(a) = 0 \end{cases}$ 得 $\varphi'(x) > 0 (x > a)$. 再由 $\begin{cases} \varphi'(x) > 0 \ (x > a), \\ \varphi(a) = 0 \end{cases}$ 得 $\varphi(x) > 0 (x > a)$，
因为 $b > a$，所以 $\varphi(b) > \varphi(a) = 0$，从而有

$$\frac{2a}{a^2+b^2}<\frac{\ln b-\ln a}{b-a}.$$

解法二 令 $f(x)=\ln x$，由微分中值定理，$\exists\xi\in(a,b)$，使得 $\frac{\ln b-\ln a}{b-a}=f'(\xi)=\frac{1}{\xi}$.

因为 $0<a<\xi<b$，所以 $\frac{1}{\xi}>\frac{1}{b}>\frac{2a}{a^2+b^2}$，从而有

$$\frac{2a}{a^2+b^2}<\frac{\ln b-\ln a}{b-a}.$$

再证明右边的不等式.

解法一 令 $h(x)=\frac{x-a}{\sqrt{ax}}-(\ln x-\ln a)$，$h(a)=0$.

因为 $h'(x)=\frac{1}{\sqrt{a}}\left(\frac{1}{2\sqrt{x}}+\frac{2}{2x\sqrt{x}}\right)-\frac{1}{x}=\frac{(\sqrt{x}-\sqrt{a})^2}{2x\sqrt{ax}}>0\ [x\in(a,b)]$，所以 $h(x)$ 在 $[a,b]$

上单调增加，由 $\begin{cases}h'(x)>0\ (x>a),\\ h(a)=0\end{cases}$ 得 $h(x)>h(a)=0\ (x>a)$，而 $b>a$，所以 $h(b)>h(a)$

$=0$，从而有 $$\frac{\ln b-\ln a}{b-a}<\frac{1}{\sqrt{ab}}.$$

解法二 注意到 $\frac{1}{2}(\ln b-\ln a)=\ln\sqrt{\frac{b}{a}}=\int_a^{\sqrt{ab}}\frac{1}{x}dx$，令 $f(x)=\frac{1}{x}$，因为 $f''(x)=\frac{2}{x^3}>$

0，所以 $f(x)$ 在 $[a,\sqrt{ab}]$ 上为凹函数，从而有

$$\int_a^{\sqrt{ab}}\frac{1}{x}dx<\frac{1}{2}\left(\frac{1}{a}+\frac{1}{\sqrt{ab}}\right)(\sqrt{ab}-a)=\frac{b-a}{2\sqrt{ab}}，\quad 即 \quad \frac{\ln b-\ln a}{b-a}<\frac{1}{\sqrt{ab}}.$$

【例 37】 设 $b>a>e$，证明：$a^b>b^a$.

分析：对于证明关于两个常数的不等式，常用的方法是让其中一个变量为 x，构造一个辅助函数，然后利用单调性来证明不等式.

【证明】 令 $\varphi(x)=x\ln a-a\ln x$，则 $\varphi(x)$ 在 $[a,+\infty)$ 上可导. 因为 $\varphi'(x)=\ln a-\frac{a}{x}>$

0，所以 $\varphi(x)$ 在 $[a,+\infty)$ 上单调增加且 $\varphi(a)=0$，从而有 $\varphi(x)>0$，$x\in(a,+\infty)$，由此可得 $\varphi(b)>\varphi(a)=0$，显然有 $a^b>b^a$.

【例 38】 证明：当 $x>0$ 时，$(x^2-1)\ln x\geqslant(x-1)^2$.

【证明】 令 $f(x)=(x^2-1)\ln x-(x-1)^2$，$f(1)=0$.

$$f'(x)=2x\ln x-x+2-\frac{1}{x}，\quad f'(1)=0,$$

$$f''(x)=2\ln x+1+\frac{1}{x^2}，\quad f''(1)=2>0，\quad f'''(x)=\frac{2(x^2-1)}{x^3}.$$

当 $x\in(0,1)$ 时，$f'''(x)<0$；当 $x\in(1,+\infty)$ 时，$f'''(x)>0$，则 $f''(1)=2$ 为 $f''(x)$ 在 $(0,+\infty)$ 上的最小值，从而 $f''(x)>0\ [x\in(0,+\infty)]$.

由 $\begin{cases}f''(x)>0,\\ f'(1)=0\end{cases}$ 得 $\begin{cases}f'(x)<0\ (0<x<1),\\ f'(x)>0\ (1<x<+\infty),\end{cases}$ 所以 $f(1)=0$ 为函数 $f(x)$ 当 $x>0$ 时的

最小值，从而有 $f(x)\geqslant0(x>0)$，即 $(x^2-1)\ln x\geqslant(x-1)^2(x>0)$.

【例 39】 设 $f(x)$ 在 $[a-1,a+1]$ 上四阶连续可导，$f'(a)=f''(a)=f'''(a)=0$，且 $f^{(4)}(a)>0$，证明：$f(x)$ 在 $x=a$ 处取得极小值.

分析：要证明 $f(x)$ 在 $x=a$ 处取得极小值，只要存在 $\delta>0$，当 $0<|x-a|<\delta$ 时，总

有 $f(x)>f(a)$ 即可.

【证明】 因为 $f^{(4)}(x)$ 连续,且 $f^{(4)}(a)>0$,所以存在 $\delta>0$,当 $|x-a|<\delta$ 时,$f^{(4)}(x)>0$. 当 $<0|x-a|<\delta$ 时,由泰勒公式,得

$$f(x)=f(a)+f'(a)(x-a)+\frac{f''(a)}{2!}(x-a)^2+\frac{f'''(a)}{3!}(x-a)^3+\frac{f^{(4)}(\xi)}{4!}(x-a)^4,$$

其中 ξ 介于 a 与 x 之间. 从而有 $f(x)>f(a)(0<|x-a|<\delta)$. 因此 $f(x)$ 在 $x=a$ 处取得极小值.

【例 40】 设函数 $y=y(x)$ 是由方程 $2y^3-2y^2+2xy-x^2-1=0$ 确定的,求函数 $y=y(x)$ 的驻点并判断其是否为极值点.

【解】 方程 $2y^3-2y^2+2xy-x^2-1=0$ 两边对变量 x 求导得
$$6y^2y'-4yy'+2y+2xy'-2x=0,$$
令 $y'=0$ 可得 $y=x$,再把 $y=x$ 代入原方程得 $x=1$.
$$3y^2y'-2yy'+y+xy'-x=0$$
两边再对 x 求导得
$$(3y^2-2y+x)y''+2(3y-1)y'^2+2y'-1=0,$$
把 $x=y=1$ 代入上式得
$$y''(1)=\frac{1}{2}>0,$$
从而当 $x=1$ 时,函数 $y=y(x)$ 取到极小值 $y=1$.

【例 41】 设函数 $f(x)$ 对一切实数 x 满足方程 $xf''(x)+3x[f'(x)]^2=1-e^{-x}$,且 $f''(x)$ 在 $x=0$ 连续,证明:①若 $f(x)$ 在点 $a\neq0$ 处有极值,则该极值为极小值;②若 $f(x)$ 在点 $x=0$ 处有极值问该极值是极大还是极小?

分析:判断一个函数在一点的极值情况通常有两种方法,一种是判断函数在该点左右一阶导数的正负情况判断函数在该点左右的增减,从而得到函数在该点的极值情况;另一种方法是判断函数在该点的二阶导数的符号,从而判断函数在该点的极值情况,但前提是该点一定是函数的驻点.

【解】 ①因为 $f(x)$ 在点 $a\neq0$ 处有极值且二阶可导,所以 $f'(a)=0$. 把 $x=a$ 代入所给的微分方程得
$$f''(a)=\frac{1}{a}(1-e^{-a}),$$
当 $a>0$ 时,$f''(a)>0$;当 $a<0$ 时,$f''(a)>0$,从而 $f(a)$ 为极小值.

② 显然 $f'(0)=0$. 因为 $f''(x)$ 在 $x=0$ 连续,所以
$$f''(0)=\lim_{x\to0}f''(x)=\lim_{x\to0}\left\{\frac{1-e^{-x}}{x}-3[f'(x)]^2\right\}=1>0,$$
从而可得 $f(0)$ 为函数的极小值.

【例 42】 若 $a^2-3b<0$,证明方程 $x^3+ax^2+bx+c=0$ 有且仅有一个实根.

分析:在证明一个方程根的存在性问题中,用方程左右两侧相减作为辅助函数,一般的证明思路是,①若函数在区间上连续但已知条件中没有给出函数的可导性,则往往使用零点定理或广义零点定理;②或存在已知函数的一个原函数,其满足罗尔定理. 在讨论方程根的个数中,若要证明方程只有一个根,则往往使用函数的单调性;若要判断函数的根的个数,则根据函数的单调性,找出极值点及其函数值,从而可以确定方程根的个数.

【证明】 令 $f(x)=x^3+ax^2+bx+c$. 因为 $\lim_{x\to-\infty}f(x)=-\infty$,$\lim_{x\to+\infty}f(x)=+\infty$,所以方程 $x^3+ax^2+bx+c=0$ 至少有一个实根. 又 $f'(x)=3x^2+2ax+b$,因为 $\Delta=4a^2-$

$12b=4(a^2-3b)<0$，所以 $f'(x)>0$，从而 $f(x)$ 在 $(-\infty,+\infty)$ 内单调增加，即方程 $x^3+ax^2+bx+c=0$ 有且仅有一个实根.

【例 43】 设 $a_0,a_1,\cdots,a_n$ 是满足

$$a_0+\frac{a_1}{2}+\cdots+\frac{a_n}{n+1}=0$$

的一组常数，证明：方程 $a_0+a_1x+\cdots+a_nx^n=0$ 在区间 $(0,1)$ 内至少有一个根.

【证明】 令 $f(x)=a_0+a_1x+\cdots+a_nx^n$，再令辅助函数为

$$F(x)=a_0x+\frac{a_1}{2}x^2+\cdots+\frac{a_n}{n+1}x^{n+1},\ F'(x)=f(x),$$

$F(x)$ 在区间 $[0,1]$ 上连续，在 $(0,1)$ 内可导，且有 $F(0)=0$，$F(1)=0$. 由罗尔定理，存在 $x_0\in(0,1)$，使得 $F'(x_0)=0$，即 $f(x_0)=0$，从而方程 $a_0+a_1x+\cdots+a_nx^n=0$ 在区间 $(0,1)$ 内至少有一个根.

【例 44】 设函数 $f(x)$ 在 $[a,+\infty)$ 上可导，且 $f(a)<0$，$\lim\limits_{x\to+\infty}f'(x)=A>0$，证明 $f(x)$ 在 $(a,+\infty)$ 内至少有一个零点.

分析：本题的区间为无限区间，可以考虑使用广义零点定理，已知左端点函数值小于零，只要证明 $\lim\limits_{x\to+\infty}f(x)>0$ 即可.

【证明】 取 $\varepsilon_0=\frac{A}{2}>0$，因为 $\lim\limits_{x\to+\infty}f'(x)=A$，所以存在 $X_0>0$，当 $x\geqslant X_0$ 时，有 $|f'(x)-A|<\frac{A}{2}$，即 $\frac{A}{2}<f'(x)<\frac{3A}{2}$.

当 $x>X_0$ 时，$f(x)-f(X_0)=f'(\xi)(x-X_0)(X_0<\xi<x)$，从而有

$$f(x)>f(X_0)+\frac{A}{2}(x-X_0),$$

令 $x\to+\infty$，则有 $\lim\limits_{x\to+\infty}f(x)=+\infty$，由广义零点定理，函数 $f(x)$ 在 $(a,+\infty)$ 内至少有一个零点.

【例 45】 设函数 $f(x)$ 在 $[a,b]$ 上连续，在 (a,b) 内可导，$f(a)=f(b)=0$，且满足 $f'_+(a)f'_-(b)>0$. 证明：$f(x)=0$ 在 (a,b) 内至少有一个根.

【证明】 由 $f'_+(a)f'_-(b)>0$，不失一般性，不妨假设 $f'_+(a)>0$，$f'_-(b)>0$，由 $f'_+(a)>0$ 得，存在 $x_1\in(a,b)$，使得 $f(x_1)>f(a)=0$；又由 $f'_-(b)>0$ 得，存在 $x_2\in(a,b)$，使得 $f(x_2)<f(b)=0$. 因为 $f(x_1)f(x_2)<0$，有零点定理，函数 $f(x)$ 在 x_1 与 x_2 之间至少存在一个零点，即 $f(x)=0$ 在 (a,b) 内至少有一个根.

【例 46】 就 k 的不同取值情况，讨论方程 $\ln x=kx$ 的正根个数.

分析：引入函数 $f(x)=\ln x-kx$，讨论方程 $\ln x=kx$ 的正根个数问题就是讨论函数 $f(x)$ 的正的零点个数问题. 对闭区间上连续的函数，如果其在端点的函数值符号相反，则函数必在此区间内存在零点，若所讨论的区间为开区间或无限区间，则以端点的极限代替两端的函数值. 若函数在此区间内还具有单调性，则零点具有唯一性.

【解】 令 $f(x)=\ln x-kx$，函数 $f(x)$ 定义域为 $(0,+\infty)$，$f'(x)=\frac{1}{x}-k$.

① 当 $k\leqslant0$ 时，因为 $f'(x)>0$，所以 $f(x)$ 在 $(0,+\infty)$ 内单调增加，且 $\lim\limits_{x\to0^+}f(x)=-\infty$，$\lim\limits_{x\to+\infty}f(x)=+\infty$，从而 $f(x)$ 在 $(0,+\infty)$ 内有唯一正零点；当 $k>0$ 时，令 $f'(x)=0$，得

$$x=\frac{1}{k}.$$

② 当 $0<k<\dfrac{1}{e}$ 时，因为 $f'(x)>0$，$x\in\left(0,\dfrac{1}{k}\right)$；$f'(x)<0$，$x\in\left(\dfrac{1}{k},+\infty\right)$，所以 $x=\dfrac{1}{k}$ 为 $f(x)$ 的最大值点，最大值为 $f\left(\dfrac{1}{k}\right)=\ln\dfrac{1}{k}-1>0$. 又因为 $\lim\limits_{x\to0^+}f(x)=-\infty$，$\lim\limits_{x\to+\infty}f(x)=-\infty$，所以 $f(x)$ 在 $(0,+\infty)$ 内有两个正零点，分别位于 $\left(0,\dfrac{1}{k}\right)$ 与 $\left(\dfrac{1}{k},+\infty\right)$ 内.

③ 当 $k=\dfrac{1}{e}$ 时，由②的讨论知，$f(x)$ 在 $(0,+\infty)$ 内有唯一的正零点 $x=e$.

④ 当 $k>\dfrac{1}{e}$ 时，$x=\dfrac{1}{k}$ 为 $f(x)$ 的最大值点，因为 $f\left(\dfrac{1}{k}\right)=\ln\dfrac{1}{k}-1<0$，且 $\lim\limits_{x\to0^+}f(x)=-\infty$，$\lim\limits_{x\to+\infty}f(x)=-\infty$，所以 $f(x)$ 在 $(0,+\infty)$ 内有没有正零点. 即当 $k\leqslant0$ 时，方程有唯一的正根；当 $0<k<\dfrac{1}{e}$ 时，方程有两个正根；当 $k=\dfrac{1}{e}$ 时，方程有唯一的正根 $x=e$；当 $k>\dfrac{1}{e}$ 时，方程没有正根.

【例 47】　设 $f(x)$ 在 (a,b) 内四阶可导，且存在 $x_0\in(a,b)$，使得 $f''(x_0)=f'''(x_0)=0$，又设 $f^{(4)}(x)>0(a<x<b)$，证明：$f(x)$ 在 (a,b) 内为凹函数.

分析：对具有二阶可导性的函数，要证明此函数的凹凸性，往往是根据其二阶导数的正负来确定其凹凸性.

【证明】　因为 $f^{(4)}(x)>0(a<x<b)$，所以 $f'''(x)$ 在 (a,b) 内单调增加.

由 $f'''(x_0)=0$，得 $\begin{cases}f'''(x)<0,\ x\in(a,x_0),\\ f'''(x)>0,\ x\in(x_0,b),\end{cases}$ 则有 $f''(x)$ 在 (a,x_0) 内单调减少，$f''(x)$ 在 (x_0,b) 内单调增加，即 $f''(x_0)$ 为 $f''(x)$ 在 (a,b) 的最小值. 而 $f''(x_0)=0$，所以 $f''(x)>0$，$x\in(a,x_0)\bigcup(x_0,b)$，即 $f(x)$ 在 (a,x_0) 与 (x_0,b) 内都是凹函数，从而 $f(x)$ 在 (a,b) 内为凹函数.

【例 48】　设函数 $y=\dfrac{x^3}{(x-1)^2}$，求：①函数的单调区间与极值；②函数的凹凸区间与拐点；③函数的渐近线.

【解】　函数 $y=\dfrac{x^3}{(x-1)^2}$ 的定义域为 $(-\infty,1)\bigcup(1,+\infty)$. $y'=\dfrac{x^2(x-3)}{(x-1)^3}$. 令 $y'=0$，得函数的驻点为 $x=0$ 和 $x=3$. 令 $y''=\dfrac{6x}{(x-1)^4}=0$，得 $x=0$.

函数的增减性和凹凸性列表如下：
从而有

x	$(-\infty,0)$	0	$(0,1)$	$(1,3)$	3	$(3,+\infty)$
y'	+	0	+	−	0	+
y''	−	0	+	+	+	+
y	单调增加上凸	拐点	单调增加上凹	单调下降上凹	极小值	单调增加上凹

① 函数的单调增区间为 $(-\infty,1)\bigcup(3,+\infty)$，单调减区间为 $(1,3)$，极小值为 $y(3)=\dfrac{27}{4}$；

② 函数的上凸区间为 $(-\infty,0)$，上凹区间为 $(0,1)\bigcup(1,+\infty)$，拐点为 $(0,0)$；

③ 因为 $\lim\limits_{x\to1}y=+\infty$，所以 $x=1$ 为曲线的铅直渐近线，又因为 $\lim\limits_{x\to\infty}\dfrac{y}{x}=1$，$\lim\limits_{x\to\infty}(y-x)=$

2，所以 $y=x+2$ 为曲线的斜渐近线．

【例49】 已知 $x=-1$ 是函数 $f(x)=x^3+3ax^2+3bx+c$ 的极大值点，点 $(0,3)$ 是函数的拐点，求常数 a,b,c．

【解】 $f'(x)=3x^2+6ax+3b$，$f''(x)=6x+6a$，因为 $x=-1$ 是函数的驻点，$(0,3)$ 是函数的拐点，根据定义，有

$$\begin{cases}3-6a+3b=0,\\6a=0,\\c=3,\end{cases} \quad 从而有 \quad \begin{cases}a=0,\\b=-1,\\c=3.\end{cases}$$

第五节　同步练习题

1. 设 $f(x)$ 在 $[a,b]$ 上连续，在 (a,b) 内可导，且 $f(a)=f(b)=0$．证明：存在 $\xi\in(a,b)$，使得 $f'(\xi)+f(\xi)=0$．

2. 设 $f(x)$，$g(x)$ 在 $[a,b]$ 上连续，在 (a,b) 内可导，$f(a)=f(b)=0$，且 $g(x)\neq0$．证明：存在 $\xi\in(a,b)$，使得 $f'(\xi)g(\xi)=f(\xi)g'(\xi)$．

3. 设 $f(x)$ 在 $[0,1]$ 上连续，在 $(0,1)$ 内可导，且 $f(0)=1$，$f(1)=0$．证明：存在 $\xi\in(0,1)$，使得 $f(\xi)+\xi f'(\xi)=0$．

4. 设 $f(x)$，$g(x)$ 在 $[a,b]$ 上连续，在 (a,b) 内可导，且 $f(a)=f(b)=0$．证明：存在 $\xi\in(a,b)$，使得 $f'(\xi)+f(\xi)g'(\xi)=0$．

5. 设 $f(x)$ 在 $[0,1]$ 上连续，在 $(0,1)$ 内可导，且 $f(0)f(1)<0$．证明：存在 $\xi\in(0,1)$，使得 $\xi f'(\xi)+(2-\xi)f(\xi)=0$．

6. 设 $f(x)$ 在 $[0,1]$ 上二阶可导，且 $f(0)=f(1)=0$．证明：存在 $\xi\in(0,1)$，使得 $f''(\xi)=\dfrac{2f'(\xi)}{1-\xi}$．

7. 设 $f(x)$ 和 $g(x)$ 在 $[a,b]$ 上有二阶导数，且 $g''(x)\neq0$，$f(a)=f(b)=0$，$g(a)=g(b)=0$．证明：①在 (a,b) 内有 $g(x)\neq0$；②存在 $\xi\in(a,b)$，使得 $\dfrac{f(\xi)}{g(\xi)}=\dfrac{f''(\xi)}{g''(\xi)}$．

8. 设 $f(x)$ 在 $[0,1]$ 上二阶可导，且 $f(0)=f'(0)=f(1)=f'(1)=0$．证明：$\xi\in(0,1)$，使得 $f''(\xi)=f(\xi)$．

9. 设 $f(x)$ 在 $[a,b]$ 上连续，在 (a,b) 内可导，且 $f'(x)\neq0$．证明：存在 $\xi,\eta\in(a,b)$，使得 $\dfrac{f'(\xi)}{f'(\eta)}=\dfrac{e^b-e^a}{b-a}e^{-\eta}$．

10. 设 $f(x)$ 在 $[a,b]$ 上连续 $(a>0)$，在 (a,b) 内可导，证明：存在 $\xi,\eta\in(a,b)$，使得 $f'(\xi)=\dfrac{\eta^2 f'(\eta)}{ab}$．

11. 设 $f(x)$ 在 $[a,b]$ 上连续，在 (a,b) 内可导，且 $f(a)=f(b)=1$．证明：在 (a,b) 内存在 ξ 和 η，使得 $e^{\xi-\eta}=(e^a+e^b)[f(\eta)+f'(\eta)]$．

12. 设函数 $f(x)$ 在 x_0 的一个邻域内四阶可导，且 $|f^{(4)}(x)|\leq M(M>0)$，证明：对此邻域内异于 x_0 的任何 x 都有

$$\left|f''(x_0)-\frac{f(x)+f(x')-2f(x_0)}{(x-x_0)^2}\right|\leq\frac{M}{12}(x-x_0)^2,$$

其中 x' 是 x 关于 x_0 的对称点．

13. 设 $f(x)$ 在 $[0,1]$ 上二阶可导，且满足 $|f(x)|\leq a$，$|f''(x)|\leq b$，其中 a，b 为非

负常数，c 为 $(0,1)$ 内任意一点. 证明：$|f'(c)| \leqslant 2a + \dfrac{b}{2}$.

14. 设 $f(x)$ 在 $[0,1]$ 上连续，在 $(0,1)$ 内二阶可导，且 $f(x)$ 在 $[0,1]$ 上的最大值为 2，最小值为 0. 证明：若 $f(x)$ 的最大值点或最小值点至少有一个在 $(0,1)$ 内，则存在 ξ，$\eta \in (0,1)$，使得 $|f'(\xi)| > 2$，$|f''(\eta)| > 4$.

15. 设 $f(x)$ 在 $[a,b]$ 上三阶可导，且 $f'''(x) > 0$. 证明：对任意的 $h \in (0, b-a)$，有
$$f(a+h) - f(a) < \frac{h}{2}[f'(a+h) + f'(a)].$$

16. 设 $f(x)$ 在 $(-1,1)$ 内有二阶连续的导数，且 $f''(x) \neq 0$. 证明：

(1) 对任意 $x \in (-1,1)(x \neq 0)$，存在唯一的 $\theta(x) \in (0,1)$，使得 $f(x) = f(0) + xf'[\theta(x)x]$；

(2) $\lim\limits_{x \to 0} \theta(x) = \dfrac{1}{2}$.

17. 设 $f(x)$ 在 $[0,1]$ 上连续，在 $(0,1)$ 内可导，且 $f(0) = f(1) = 0$，$f\left(\dfrac{1}{2}\right) = 1$. 证明：

(1) 存在 $\eta \in \left(\dfrac{1}{2}, 1\right)$，使得 $f(\eta) = \eta$；

(2) 对任意实数 k，存在 $\xi \in (0, \eta)$，使得 $f'(\xi) - k[f(\xi) - \xi] = 1$.

18. 已知 $f(x)$ 在 $[-b, b](b > 0)$ 有二阶连续的导数.

(1) 证明：存在 M_1，M_2，对任意 $x \in [-b, b]$，有 $f(0) + f'(0)x + M_1 x^2 \leqslant f(x) \leqslant f(0) + f'(0)x + M_2 x^2$.

(2) 设 $f(0) = 0$，令 $x_n = f\left(\dfrac{1}{n^2}\right) + f\left(\dfrac{2}{n^2}\right) + \cdots + f\left(\dfrac{n}{n^2}\right)$，求 $\lim\limits_{n \to \infty} x_n$.

19. 设 $f(x)$ 在 $[0,1]$ 上三阶可导，且 $f(0) = f(1) = 0$，$F(x) = x^3 f(x)$，证明：存在 $\xi \in (0,1)$，使得 $F'''(\xi) = 0$.

20. 计算下列极限：

(1) $\lim\limits_{x \to 1} \left(\dfrac{x}{1-x} + \dfrac{1}{\ln x}\right)$；　　(2) $\lim\limits_{x \to 0} \dfrac{x e^{2x} + x e^x - 2e^{2x} + 2e^x}{x \sin^2 x}$；　　(3) $\lim\limits_{x \to \frac{\pi}{2}} (\tan x)^{2\cos x}$；

(4) $\lim\limits_{n \to \infty} \left(n \tan \dfrac{1}{n}\right)^{n^2}$

21. 设 $x > 0$，常数 $a > \mathrm{e}$. 证明：$(a+x)^a < a^{a+x}$.

22. 当 $x > 1$ 时，证明 $\ln x > \dfrac{2(x-1)}{x+1}$.

23. 证明：$1 + x\ln(x + \sqrt{1+x^2}) \geqslant \sqrt{1+x^2}$ $(x \in R)$.

24. 确定常数 a 和 b，使得 $f(x) = a\ln x + bx^2 + x$ 在 $x = 1$ 和 $x = 2$ 处有极值，并求此处极值.

25. 设 $y = \dfrac{x^3 + 4}{x^2}$，求：(1) 增减区间与极值；(2) 凹凸区间与拐点；(3) 渐近线.

26. 设 $x > 0$，$f(x) = 3x^2 + Ax^{-3}$，其中 A 为正常数，当 A 至少取多少时，对一切的 $x > 0$，总有 $f(x) \geqslant 20$.

27. 设 $f(x)$ 在 R 上可微，$f(a) = f(b) = 0$，$f'(a) < 0$，$f'(b) < 0$. 证明：$f'(x) = 0$ 在区间 (a, b) 内至少有两个不同的实根.

28. 证明：方程 $x + p + q\cos x = 0$ 恰有一个实根，其中 p，q 为常数，且 $0 < q < 1$.

29. 讨论方程 $x\mathrm{e}^{-x} = a(a > 0)$ 的根的情况.

30. 设 $f_n(x)=x+x^2+\cdots+x^n(n\geqslant2)$. (1) 证明：$f_n(x)=1$ 在 $[0,+\infty)$ 内有唯一的实根 x_n；(2) 求 $\lim\limits_{n\to\infty}x_n$.

31. 设 $f(x)$ 可导，当 $x>a$ 时，$f'(x)>k>0$. 证明：若 $f(a)<0$，则方程 $f(x)=0$ 在 $\left(a,a-\dfrac{f(a)}{k}\right)$ 内有且仅有一个实根.

第六节　自我测试题

一、测试题 A

1. 填空题

(1) 设曲线 $f(x)=x^3+ax$ 与 $g(x)=bx^2+c$ 都经过点 $(-1,0)$，且在点 $(-1,0)$ 处有公共的切线，则 $a=$＿＿＿＿＿，$b=$＿＿＿＿＿，$c=$＿＿＿＿＿.

(2) 曲线 $y=\mathrm{e}^x$ 在 $x=0$ 处的曲率半径为＿＿＿＿＿.

(3) 设 $y=x^3+3kx+1$ 在 $x=\pm1$ 处取得极值，则 $k=$＿＿＿＿＿.

(4) 设 $f(x)=ax^3-6ax^2+b$ 在区间 $[-1,2]$ 上有最大值 3，最小值 -29，且常数 $a>0$，则 $a=$＿＿＿＿＿，$b=$＿＿＿＿＿.

(5) 曲线 $y=x\ln(\mathrm{e}+\dfrac{1}{x})$ $(x>0)$ 的渐近线为＿＿＿＿＿.

2. 选择题

(1) 设在 $[0,1]$ 上 $f''(x)>0$，则 $f'(0)$，$f'(1)$，$f(1)-f(0)$ 的大小次序为（　　　）.

(A) $f'(1)>f'(0)>f(1)-f(0)$；　　　　(B) $f'(1)>f(1)-f(0)>f'(0)$；

(C) $f(1)-f(0)>f'(1)>f'(0)$；　　　　(D) $f'(0)>f'(1)>f(1)-f(0)$.

(2) 设常数 $k>0$，函数 $f(x)=\ln x-\dfrac{x}{\mathrm{e}}+k$ 在 $(0,+\infty)$ 内零点个数为（　　　）.

(A) 3；　　　　(B) 2；　　　　(C) 1；　　　　(D) 0.

(3) 设函数 $y=f(x)=ax^3+bx^2+cx+d$，如果函数的两个极值点和极值都正好为相反数，则此函数的图像（　　　）.

(A) 关于直线 $y=x$ 对称；　　　　(B) 关于原点对称；

(C) 关于 y 轴对称；　　　　(D) 没有正确答案.

(4) 设 $f(x)$ 具有二阶连续导数，且 $f'(1)=0$，$\lim\limits_{x\to1}\dfrac{f''(x)}{(x-1)^2}=\dfrac{1}{2}$，则（　　　）.

(A) $f(1)$ 是 $f(x)$ 的极大值；　　　　(B) $f(1)$ 是 $f(x)$ 的极小值；

(C) $[1,f(1)]$ 是曲线 $f(x)$ 的拐点；

(D) $f(1)$ 不是极值，$[1,f(1)]$ 也不是曲线的拐点.

(5) 设函数 $f(x)$ 在 $[a,b]$ $(a>0)$ 上连续可导，且当 $x\in(a,b)$ 时，$xf'(x)<f(x)$，则（　　　）.

(A) $bf(x)>xf(b)$；　　　　(B) $xf(x)>af(a)$；

(C) $af(x)>xf(a)$；　　　　(D) $xf(x)>bf(b)$.

3. 解答题

(1) 讨论方程 $a\mathrm{e}^x=x^2$ 根的个数和范围，其中 a 为常数.

(2) 求 $\sqrt{2},\sqrt[3]{3},\cdots,\sqrt[n]{n},\cdots$ 中的最大者.

（3）讨论函数 $y=\dfrac{\ln x}{x}$ 的定义域、单调区间、极值、凹凸性、拐点与渐近线．

4. 证明题

（1）设 $f(x)$ 在 $[a,b]$ 上连续，在 (a,b) 内可导 $(a>0)$，且 $f(a)=0$，证明：存在 $\xi\in(a,b)$，使得 $f(\xi)=\dfrac{b-\xi}{a}f'(\xi)$．

（2）设函数 $f(x)$ 在 $[a,b]$ 上连续，在 (a,b) 内可导，$f(x)$ 在 (a,b) 内至少有一个零点，且 $|f'(x)|\leqslant M$，证明：$|f(a)|+|f(b)|\leqslant M(b-a)$．

（3）设 $f(x)$ 在 $[a,b]$ 上连续，在 (a,b) 内可导 $(0<a<b)$，证明：存在 $\xi\in(a,b)$，使得

$$f(b)-f(a)=\xi\left(\ln\frac{b}{a}\right)f'(\xi).$$

（4）证明：方程 $e^x=\dfrac{1}{2}ex^2$ 只有一个实根．

二、测试题 B

1. 填空题

（1）曲线 $y=(2x-1)e^{\frac{1}{x}}$ 的渐近线为_____．

（2）曲线 $y=e^{-x^2}$ 的上凸区间为_____．

（3）函数 $y=x+2\cos x$ 在 $\left[0,\dfrac{\pi}{2}\right]$ 上的最大值为_____．

（4）设曲线 $y=k(x^2-3)^2$ 的拐点处的法线过坐标原点，则 $k=$_____．

（5）心形线 $r=1+\cos\theta$ 在 $r=1$，$\theta=\dfrac{\pi}{2}$ 处的曲率 $k=$_____．

2. 选择题

（1）设曲线 $y=ax^3+bx^2+c$ 的拐点为 $(0,1)$，则有（　　）．

    (A) $a=1$，$b=1$，$c=-1$；   (B) a 为任意实数，$b=0$，$c=1$；

    (C) $a=-1$，$b=1$，$c=1$；   (D) $a\neq0$，$b=0$，$c=1$.

（2）设 $y=y(x)$ 在 $[a,b]$ 上连续可导且不恒为常数，若 $f(a)=f(b)$，则在 (a,b) 内（　　）．

    (A) $f'(x)\equiv0$；   (B) $f'(x)<0$；

    (C) 存在 ξ_1，$\xi_2\in(a,b)$，使 $f'(\xi_1),f'(\xi_2)$ 异号；   (D) $f'(x)>0$.

（3）设 $f(x)$ 二阶可导，且 $f'(x)>0,f''(x)>0$，$\Delta y=f(x+\Delta x)-f(x)$，则当 $\Delta x>0$ 时有（　　）．

    (A) $\Delta y>\mathrm{d}y>0$； (B) $\Delta y<\mathrm{d}y<0$； (C) $\mathrm{d}y>\Delta y>0$； (D) $\mathrm{d}y<\Delta y<0$.

（4）曲线 $y=e^{\frac{1}{x^2}}\arctan\dfrac{x^2+x-1}{(x+1)(x-2)}$ 的渐近线的条数为（　　）．

    (A) 1；   (B) 2；   (C) 3；   (D) 4.

3. 解答题

（1）a,b,c,d 为何值时，函数 $y=ax^3+bx^2+cx+d$ 在 $x=0$ 处有极大值 1，在 $x=2$ 处有极小值零？

（2）若曲线 $y=x^2+ax+b$ 与 $2y=-1+xy^3$ 在点 $(1,-1)$ 处相切，求常数 a,b．

（3）设函数 $f(x)$ 对一切实数 x 满足 $xf''(x)+3x[f'(x)]^2=1-e^{-x}$，且 $f''(x)$ 在 $x=0$ 连续．①若 $f(x)$ 在 $x=a\neq0$ 处有极值，问是极大还是极小值？②若 $f(x)$ 在 $x=0$ 处有

极值，问是极大还是极小值？

（4）设 $f(x)-nx(1-x)^n$（n 为自然数），求：①$f(x)$ 在 $[0,1]$ 上的最大值 $M(n)$；②$\lim\limits_{n\to\infty} M(n)$.

（5）已知方程 $x^3-3x+q=0$ 有三个实根，求 q 的取值范围.

（6）设数列 $\{x_n\}$ 满足 $0<x_1<\pi$，$x_{n+1}=\sin x_n$（$n=1$，2，$\cdots$）。

①证明 $\lim\limits_{n\to\infty} x_n$ 存在，并求该极限；②计算 $\lim\limits_{n\to\infty}\left(\dfrac{x_{n+1}}{x_n}\right)^{\frac{1}{x_n^2}}$.

4. 证明题

（1）设 $f(x)$ 在 $[a,b]$ 上二阶连续可导，$f(a)=f(b)=0$，且 $f'_{-}(b)<0$，证明：存在 $\xi\in(a,b)$，使得 $f''(\xi)<0$.

（2）设函数 $f(x)$ 在 $[1,2]$ 二阶可导，且 $f(1)=f(2)=0$，$\varphi(x)=(x-1)^2 f(x)$，证明：存在 $\xi\in(1,2)$，使得 $\varphi''(\xi)=0$.

（3）设 $f(x)$ 有二阶连续导数且 $f'(0)=0$，证明：存在 $\xi_1,\xi_2,\xi_3\in\left[0,\dfrac{\pi}{2}\right]$，使得 $\dfrac{\pi}{2}\xi_2 f''(\xi_3)\sin 2\xi_1=f'(\xi_1)$.

第七节　同步练习题答案

1. 提示：$\varphi(x)=\mathrm{e}^x f(x)$. 　**2.** 提示：$\varphi(x)=\dfrac{f(x)}{g(x)}$. 　**3.** 提示：$\varphi(x)=xf(x)$.

4. 提示：$\varphi(x)=f(x)\mathrm{e}^{g(x)}$. **5.** 提示：$\varphi(x)=x^2\mathrm{e}^{-x} f(x)$. **6.** 提示：$\varphi(x)=(x-1)^2 f'(x)$.

7. 提示：$\varphi(x)=f'(x)g(x)-f(x)g'(x)$.

8. 提示：$\varphi(x)=[f(x)+f'(x)]\mathrm{e}^{-x}$ 或 $\varphi(x)=[f(x)-f'(x)]\mathrm{e}^x$.

9. 令 $F(x)=\mathrm{e}^x$，由柯西定理，存在 $\eta\in(a,b)$，使得 $\dfrac{f(b)-f(a)}{\mathrm{e}^b-\mathrm{e}^a}=\dfrac{f'(\eta)}{\mathrm{e}^\eta}$，从而有

$\dfrac{f(b)-f(a)}{b-a}=\dfrac{\mathrm{e}^b-\mathrm{e}^a}{b-a}\dfrac{f'(\eta)}{\mathrm{e}^\eta}$，再由微分中值定理，$\xi\in(a,b)$，使得 $\dfrac{f(b)-f(a)}{b-a}=$

$f'(\xi)$，所以 $f'(\xi)=\dfrac{\mathrm{e}^b-\mathrm{e}^a}{b-a}\dfrac{f'(\eta)}{\mathrm{e}^\eta}$，进一步有 $\dfrac{f'(\xi)}{f'(\eta)}=\dfrac{\mathrm{e}^b-\mathrm{e}^a}{b-a}\mathrm{e}^{-\eta}$.

10. 提示：令 $F(x)=\dfrac{1}{x}$，首先使用柯西中值定理，然后再用微分中值定理.

11. 提示：把含 ξ 和端点的项移到左边，将含 η 的项移到右边，令 $\varphi(x)=\mathrm{e}^x f(x)$ 使用微分中值定理.

12. 提示：把 $f(x)$，$f(x')$ 在 $x=x_0$ 处展开成三阶泰勒公式.

13. 提示：由 $f(0)=f(c)+f'(c)(0-c)+\dfrac{f''(\xi_1)}{2!}c^2$ 和

$f(1)=f(c)+f'(c)(1-c)+\dfrac{f''(\xi_2)}{2!}(1-c)^2$，其中 $\xi_1\in(0,c)$，$\xi_2\in(c,1)$，两式相减，再利用题中已知条件即可证明.

14. 提示：存在 $x_1,x_2\in[0,1]$，使得 $f(x_1)=2$，$f(x_2)=0$，由微分中值定理，存在 ξ 介于 x_1 与 x_2，使得 $f'(\xi)=\dfrac{f(x_2)-f(x_1)}{x_2-x_1}$，因为最大和最小值点至少有一个在 $(0,1)$ 内部，所以有 $|f'(\xi)|>2$. 不妨假设 x_1 在 $(0,1)$ 内部，将 $f(x_2)$ 在 x_1 处展成泰勒公式.

15. 提示：令 $\varphi(x)=\dfrac{x}{2}[f'(x+a)-f'(a)]-[f(x+a)-f(a)]$，先求 $\varphi'(x)$，再对其使用微分中值定理即可.

16. (1) 由微分中值定理，$f(x)=f(0)+xf'[\theta(x)x]$，其中 $\theta(x)\in(0,1)$. 因为 $f''(x)\neq 0$ 且连续，所以 $f''(x)$ 在（$-1,1$）内恒正或恒负，则 $f'(x)$ 为严格单调函数，唯一性得证.

(2) 由 $\dfrac{f(x)-f(0)}{x}-f'(0)=f'[\theta(x)x]-f'(0)=f''(\eta)\theta(x)x$，得

$$\theta(x)=\dfrac{\dfrac{f(x)-f(0)}{x}-f'(0)}{xf''(\eta)},\ \text{两边求极限即可}.$$

17. 提示：(1) 令 $\varphi(x)=f(x)-x$；(2) 令 $\varphi(x)=\mathrm{e}^{-kx}[f(x)-x]$.

18. 提示：(1) $f(x)=f(0)+f'(0)x+\dfrac{f''(\xi)}{2!}x^2$，因为 $f''(x)$ 在 $[-b,b]$ 上连续，所以令 $M_1=\dfrac{1}{2}\min\limits_{x\in[-b,b]}f''(x)$，$M_2=\dfrac{1}{2}\max\limits_{x\in[-b,b]}f''(x)$ 即可；

(2) 用 $\dfrac{k}{n^2}(k=1,2,\cdots,n)$ 代替 (1) 中的 x，把 n 个同向不等式相加，然后用夹逼定理.

19. 提示：使用罗尔定理. **20.** (1) $-\dfrac{1}{2}$；(2) $\dfrac{1}{6}$；(3) 1；(4) $\mathrm{e}^{\frac{1}{3}}$.

21. 提示：令 $\varphi(x)=(x+a)\ln a-a\ln(x+a)$. **22.** 提示：令 $\varphi(x)=(x+1)\ln x-2(x-1)$.

23. 提示：令 $\varphi(x)=1+x\ln(x+\sqrt{1+x^2})-\sqrt{1+x^2}$.

24. $a=-\dfrac{2}{3}$，$b=-\dfrac{1}{6}$，极小值为 $f(1)=\dfrac{5}{6}$，极大值为 $f(2)=2-\dfrac{2}{3}(\ln 2+1)$.

25. (1) 单调增区间为 $(-\infty,0)\cup[2,+\infty)$，单调减区间为 $(0,2]$；(2) 凹区间为$(-\infty,0)\cup(0,+\infty)$；(3) $x=0$ 为曲线的铅直渐近线，$y=x$ 为曲线的斜渐近线.

26. $A=64$.

27. 提示：由 $f'(a)<0$，$f'(b)<0$，得在 (a,b) 存在两点，函数在这两点异号. 再用零点定理和罗尔定理.

28. 提示：令 $\varphi(x)=x+p+q\cos x$，用零点定理证明根的存在性，单调性证明根的唯一性.

29. 当 $0<a<\dfrac{1}{\mathrm{e}}$ 时，方程有两个根，分别在（$-\infty,1$）及（$1,+\infty$）内；当 $a=\dfrac{1}{\mathrm{e}}$ 时，方程只有唯一一根 $x=1$；当 $a>\dfrac{1}{\mathrm{e}}$ 时，方程没有实根.

30. 提示：(1) 令 $\varphi(x)=x+x^2+\cdots+x^n-1$；(2) 由 $0<x_n<1$ 及 $\dfrac{x_n(1-x_n^n)}{1-x_n}=1$ 求极限.

31. 提示：函数 $f(x)$ 在 $\left[a,a-\dfrac{f(a)}{k}\right]$ 上用微分中值定理.

第八节　自我测试题答案

一、测试题 A 答案

1. (1) $a=-1$，$b=-1$，$c=1$；(2) $2\sqrt{2}$；(3) $k=-1$；(4) $a=2$，$b=3$；(5) $y=x+\dfrac{1}{\mathrm{e}}$.

2. (1) (B);   (2) (B);   (3) (B);   (4) (B);   (5) (A).

3. (1) 令 $f(x)=x^2 e^{-x}-a$. 当 $a<0$ 时，原方程没有根；当 $a=0$ 时，原方程有唯一根 $x=0$；当 $0<a<\dfrac{4}{e^2}$ 时，原方程有三个根，分别位于 $(-\infty,0)$，$(0,2)$ 和 $(2,+\infty)$ 内；当 $a=\dfrac{4}{e^2}$ 时，原方程有两个根，一个在 $(-\infty,0)$ 内，还有一个根为 $x=2$；当 $a>\dfrac{4}{e^2}$ 时，原方程在 $(-\infty,0)$ 内有唯一根.

(2) $\sqrt[3]{3}$；(3) 定义域为 $(0,+\infty)$，在 $(0,e]$ 上单调增加，在 $[e,+\infty)$ 上单调减少，极大值为 $\dfrac{1}{e}$，$(0,e^{\frac{3}{2}})$ 上函数为凸，$(e^{\frac{3}{2}},+\infty)$ 上函数为凹，拐点为 $\left(e^{\frac{3}{2}},\dfrac{3}{2}e^{-\frac{3}{2}}\right)$，$x=0$ 和 $y=0$ 分别为铅直和水平渐近线.

4. (1) 提示：令 $\varphi(x)=(b-x)^a f(x)$；(2)（略）；(3) 令 $F(x)=\ln x$，在 $[a,b]$ 上用柯西中值定理；(4)（略）.

二、测试题 B 答案

1. (1) $y=2x+1$；(2) $\left[-\dfrac{\sqrt{2}}{2},\dfrac{\sqrt{2}}{2}\right]$；(3) $\sqrt{3}+\dfrac{\pi}{6}$；(4) $k=-1$；(5) $\dfrac{3}{4}\sqrt{2}$.

2. (1) (D);   (2) (C);   (3) (A);   (4) (B).

3. (1) $a=\dfrac{1}{4}$，$b=-\dfrac{3}{4}$，$c=0$，$d=1$；(2) $a=-1$，$b=-1$；(3) ①极小值；②极小值；(4) ①$M(n)=\left(\dfrac{n}{n+1}\right)^{n+1}$；②$e^{-1}$；(5) $-2<q<2$；(6) ① 0；② $e^{-\frac{1}{6}}$.

4. (1) 提示：因为 $f'_-(b)<0$，所以存在 $x_0\in(a,b)$，使得 $f(x_0)>f(b)$. 在 $[a,x_0]$ 和 $[x_0,b]$ 上分别使用微分中值定理，然后对一阶导数再次使用微分中值定理.

(2) 提示：对 $f(x)$ 用罗尔中值定理，再对 $\varphi'(x)$ 使用罗尔中值定理.

(3) 令 $F(x)=\cos 2x$，$F(x)$ 在 $\left[0,\dfrac{\pi}{2}\right]$ 上连续，在 $\left(0,\dfrac{\pi}{2}\right)$ 内可导，当 $x\in\left(0,\dfrac{\pi}{2}\right)$ 时，$F'(x)\neq 0$. 利用柯西中值定理得 $\dfrac{f'(\xi_1)}{\sin 2\xi_1}=f\left(\dfrac{\pi}{2}\right)-f(0)$. 由 $f\left(\dfrac{\pi}{2}\right)-f(0)=\dfrac{\pi}{2}f'(\xi_2)$，$\xi_2\in\left(0,\dfrac{\pi}{2}\right)$，再由 $f'(\xi_2)=f'(\xi_2)-f'(0)=f''(\xi_3)\xi_2$，$\xi_3\in(0,\xi_2)$ 即可.

第四章 不定积分

第一节 基本要求

① 理解原函数与不定积分的概念，掌握不定积分的性质.
② 熟记基本积分公式.
③ 掌握并能熟练运用不定积分的换元积分法与分部积分法.
④ 掌握有理函数、三角函数有理式及简单无理函数的积分.

第二节 内容提要

1. 不定积分的概念与性质

(1) 原函数的定义 设函数 $f(x)$ 在区间 I 上有定义，如果存在可导函数 $F(x)$，对 $\forall x \in I$ 都有

$$F'(x) = f(x) \ \text{或} \ \mathrm{d}F(x) = f(x)\mathrm{d}x$$

则称 $F(x)$ 是 $f(x)$ 在区间 I 上的一个原函数.

(2) 不定积分的定义 在区间 I 上函数 $f(x)$ 的所有原函数称为 $f(x)$ 的不定积分，记作 $\int f(x)\mathrm{d}x$，其中记号 "$\int$" 称为积分号，$f(x)$ 称为被积函数，$f(x)\mathrm{d}x$ 称为积分表达式，x 称为积分变量.

(3) 不定积分的性质

性质 1 $\left[\int f(x)\mathrm{d}x\right]' = f(x)$，或 $\mathrm{d}\left[\int f(x)\mathrm{d}x\right] = f(x)\mathrm{d}x$

性质 2 $\int F'(x)\mathrm{d}x = F(x) + C$，或 $\int \mathrm{d}F(x) = F(x) + C$

性质 3 $\int [f(x) \pm g(x)]\mathrm{d}x = \int f(x)\mathrm{d}x \pm \int g(x)\mathrm{d}x$

性质 4 $\int kf(x)\mathrm{d}x = k\int f(x)\mathrm{d}x$ ($k \neq 0$ 且为常数)

(4) 基本积分表

① $\int k\,\mathrm{d}x = kx + C$ (k 是常数)

② $\int x^\mu \mathrm{d}x = \dfrac{1}{\mu+1}x^{\mu+1} + C$ ($\mu \neq -1$)

③ $\int \dfrac{1}{x}\mathrm{d}x = \ln|x| + C$

④ $\int \dfrac{1}{1+x^2}\mathrm{d}x = \arctan x + C$

⑤ $\int \dfrac{1}{\sqrt{1-x^2}}\mathrm{d}x = \arcsin x + C$

⑥ $\int \cos x\,\mathrm{d}x = \sin x + C$

⑦ $\int \sin x\,\mathrm{d}x = -\cos x + C$

⑧ $\int \dfrac{1}{\cos^2 x}\mathrm{d}x = \int \sec^2 x\,\mathrm{d}x = \tan x + C$

⑨ $\int \dfrac{1}{\sin^2 x}\mathrm{d}x = \int \csc^2 x\,\mathrm{d}x = -\cot x + C$

⑩ $\int \sec x \tan x\,\mathrm{d}x = \sec x + C$

⑪ $\int \csc x \cot x\,\mathrm{d}x = -\csc x + C$

⑫ $\int \mathrm{e}^x \mathrm{d}x = \mathrm{e}^x + C$

⑬ $\int a^x \mathrm{d}x = \dfrac{a^x}{\ln a} + C$

⑭ $\int \tan x\,\mathrm{d}x = -\ln|\cos x| + C$

⑮ $\int \cot x\,\mathrm{d}x = \ln|\sin x| + C$

⑯ $\int \sec x\,\mathrm{d}x = \ln|\sec x + \tan x| + C$

⑰ $\int \csc x \, \mathrm{d}x = \ln|\csc x - \cot x| + C$ ⑱ $\int \dfrac{1}{x^2 + a^2} \mathrm{d}x = \dfrac{1}{a} \arctan \dfrac{x}{a} + C$

⑲ $\int \dfrac{1}{x^2 - a^2} \mathrm{d}x = \dfrac{1}{2a} \ln \left| \dfrac{x-a}{x+a} \right| + C$ ⑳ $\int \dfrac{1}{\sqrt{a^2 - x^2}} \mathrm{d}x = \arcsin \dfrac{x}{a} + C (a > 0)$

㉑ $\int \dfrac{1}{\sqrt{x^2 \pm a^2}} \mathrm{d}x = \ln \left| x + \sqrt{x^2 \pm a^2} \right| + C$ $(a > 0)$

2. 不定积分的计算

（1）直接积分法　　直接利用不定积分的性质及基本积分公式计算积分，或对被积函数进行代数或三角恒等变形化为可直接利用基本积分公式得到结果．

（2）第一类换元积分法（凑微分法）

$$\int f[\varphi(x)]\varphi'(x)\mathrm{d}x = \int f[\varphi(x)]\mathrm{d}[\varphi(x)] = F[\varphi(x)] + C,$$

其中 $F(x)$ 为 $f(x)$ 的原函数．

（3）第二类换元积分法

$$\int f(x)\mathrm{d}x \xrightarrow{x = \varphi(t)} \int f[\varphi(t)]\varphi'(t)\mathrm{d}t = \Phi(t) + C \xrightarrow{代回 t = \varphi^{-1}(x)} \Phi[\varphi^{-1}(x)] + C$$

（4）分部积分法

$$\int u \, \mathrm{d}v = uv - \int v \, \mathrm{d}u$$

（5）特殊类型函数的积分

① 有理函数的积分　　有理函数 $R(x)$ 是指两个多项式的商，即

$$R(x) = \frac{P(x)}{Q(x)} = \frac{a_0 x^n + a_1 x^{n-1} + \cdots + a_{n-1} x + a_n}{b_0 x^m + b_1 x^{m-1} + \cdots + b_{m-1} x + b_m}$$

其中 m 和 n 都是非负整数，$a_0, a_1, \cdots, a_n, b_0, b_1, \cdots, b_m$ 均为实常数，且 $a_0 \neq 0$，$b_0 \neq 0$，并假设多项式 $P(x)$ 与 $Q(x)$ 之间没有公因子．

当 $n < m$ 时，称 $R(x)$ 为真分式；当 $n \geqslant m$ 时，称 $R(x)$ 为假分式．假分式总可以化为多项式与真分式之和．

一个真分式总可按分母因式分解的因子，分解为部分分式之和．

把有理真分式 $\dfrac{P(x)}{Q(x)}$ 分解为部分分式之和时，其一般规律如下．

a. 如果 $Q(x)$ 的分解式中含有单重一次因式 $(x-a)$，则 $\dfrac{P(x)}{Q(x)}$ 的分解式中含有形如 $\dfrac{A}{x-a}$ 的项，其中 A 是待定常数．

b. 如果 $Q(x)$ 的分解式含有 k 重一次因式 $(x-a)^k$，则 $\dfrac{P(x)}{Q(x)}$ 的分解式中将含有下列形式的项 $\dfrac{A_1}{x-a} + \dfrac{A_2}{(x-a)^2} + \cdots + \dfrac{A_k}{(x-a)^k}$，其中 $A_1, A_2, \cdots, A_k$ 都是待定常数．

c. 如果 $Q(x)$ 的分解式中含有单重二次质因式 $x^2 + px + q(p^2 - 4q < 0)$，则 $\dfrac{P(x)}{Q(x)}$ 的分解式中将含有形如 $\dfrac{Mx + N}{x^2 + px + q}$ 的项，其中 M 与 N 是待定常数．

d. 如果 $Q(x)$ 的分解式中含有 l 重二次质因式 $(x^2 + px + q)^l (p^2 - 4q < 0)$，则 $\dfrac{P(x)}{Q(x)}$ 的分解式中将含有下列项 $\dfrac{M_1 x + N_1}{x^2 + px + q} + \dfrac{M_2 x + N_2}{(x^2 + px + q)^2} + \cdots + \dfrac{M_l x + N_l}{(x^2 + px + q)^l}$，其中 M_1，

$M_2,\cdots,M_l,N_1,N_2,\cdots,N_l$ 都是待定常数.

部分分式的积分归纳起来有下面四种情形:

a. $\displaystyle\int\frac{A}{x-a}\mathrm{d}x=A\ln|x-a|+C$;

b. $\displaystyle\int\frac{A}{(x-a)^n}\mathrm{d}x=\frac{A}{-n+1}(x-a)^{-n+1}+C$ （$n>1$ 且是整数）;

c. $\displaystyle\int\frac{Ax+B}{x^2+px+q}\mathrm{d}x=\frac{A}{2}\ln(x^2+px+q)+\left(B-\frac{1}{2}Ap\right)\frac{1}{b}\arctan\frac{x+a}{b}+C$

其中，$b=\sqrt{\dfrac{4q-p^2}{4}}$，$a=\dfrac{p}{2}$;

d. $\displaystyle\int\frac{Ax+B}{(x^2+px+q)^n}\mathrm{d}x=\int\frac{\dfrac{A}{2}(2x+p)+\left(B-\dfrac{1}{2}Ap\right)}{(x^2+px+q)^n}\mathrm{d}x$

$\displaystyle=\frac{A}{2(1-n)(x^2+px+q)^{n-1}}+\left(B-\frac{1}{2}Ap\right)\int\frac{1}{(x^2+px+q)^n}\mathrm{d}x$,

对于第二项的不定积分利用换元法

$$\int\frac{1}{(x^2+px+q)^n}\mathrm{d}x=\int\frac{1}{[(x+a)^2+b^2]^n}\mathrm{d}x\xlongequal{x+a=t}\int\frac{1}{[t^2+b^2]^n}\mathrm{d}t,$$

再令 $I_n=\displaystyle\int\frac{1}{[t^2+b^2]^n}\mathrm{d}t$，利用递推公式

$$I_n=\frac{1}{b^2}\left[\frac{t}{2(n-1)(t^2+b^2)^{n-1}}+\frac{2n-3}{2n-2}I_{n-1}\right]\quad(n=2,3,\cdots).$$

其中 a，b 同上.

② 三角函数有理式的积分　由三角函数和常数项经过有限次四则运算构成的函数称为三角有理式，一般记为 $R(\sin x,\cos x)$. 由三角公式 $\sin x=\dfrac{2\tan\dfrac{x}{2}}{1+\tan^2\dfrac{x}{2}}$，$\cos x=\dfrac{1-\tan^2\dfrac{x}{2}}{1+\tan^2\dfrac{x}{2}}$，

令 $t=\tan\dfrac{x}{2}$，则 $x=2\arctan t$，$\mathrm{d}x=\dfrac{2}{1+t^2}\mathrm{d}t$，$\sin x=\dfrac{2t}{1+t^2}$，$\cos x=\dfrac{1-t^2}{1+t^2}$，所以

$$\int R(\sin x,\cos x)\mathrm{d}x=\int R\left(\frac{2t}{1+t^2},\frac{1-t^2}{1+t^2}\right)\frac{2}{1+t^2}\mathrm{d}t.$$

③ 简单无理函数的积分　形如 $\displaystyle\int R(x,\sqrt[n]{ax+b})\mathrm{d}x$ 或 $\displaystyle\int R\left(x,\sqrt[n]{\dfrac{ax+b}{cx+d}}\right)\mathrm{d}x$ 的积分，可做变换 $\sqrt[n]{ax+b}=t$ 或 $\sqrt[n]{\dfrac{ax+b}{cx+d}}=t$，化为有理函数的积分.

第三节　本章学习注意点

在本章的学习中应当注意以下几个问题.

① 求不定积分和求导数是一对互逆的运算，原函数和导数也是一对相反的概念，不能混淆. 如果 $F'(x)=f(x)$，则 $f(x)$ 是 $F(x)$ 的导数，而 $F(x)$ 是 $f(x)$ 的一个原函数，且 $\displaystyle\int f(x)\mathrm{d}x=F(x)+C$.

② 利用第一类换元积分法和分部积分法求不定积分，需要一定的技巧，其中最关键是:如何在被积表达式中凑出适当的微分因子，所以要熟记以下一些常见的微分公式.

a. $\mathrm{d}x=\dfrac{1}{a}\mathrm{d}(ax+b)=-\dfrac{1}{a}\mathrm{d}(b-ax)$;　　　　b. $x\mathrm{d}x=\dfrac{1}{2}\mathrm{d}x^2=\dfrac{1}{2a}\mathrm{d}(ax^2+b)$;

c. $x^n \mathrm{d}x = \dfrac{1}{n+1}\mathrm{d}x^{n+1} = \dfrac{1}{a(n+1)}\mathrm{d}(ax^{n+1}+b)$; 　　　 d. $\dfrac{1}{x}\mathrm{d}x = \mathrm{d}\ln|x|$;

e. $\dfrac{1}{x^2}\mathrm{d}x = -\mathrm{d}\dfrac{1}{x}$; 　　　 f. $\dfrac{1}{\sqrt{x}}\mathrm{d}x = 2\mathrm{d}\sqrt{x}$;

g. $\mathrm{e}^x \mathrm{d}x = \mathrm{d}\mathrm{e}^x$; 　　　 h. $\sin x \mathrm{d}x = -\mathrm{d}\cos x$;

i. $\sec^2 x \mathrm{d}x = \mathrm{d}(\tan x)$; 　　　 j. $\dfrac{1}{1+x^2}\mathrm{d}x = \mathrm{d}\arctan x$.

③ 利用第二类换元积分法求不定积分，要熟记以下一些常用的换元方法:

a. 被积函数中含有 $\sqrt{a^2-x^2}$ 时，令 $x = a\sin t$;

b. 被积函数中含有 $\sqrt{x^2+a^2}$ 时，令 $x = a\tan t$ 或 $x = a\mathrm{sh}t$;

c. 被积函数中含有 $\sqrt{x^2-a^2}$ 时，令 $x = a\sec t$ 或 $x = a\mathrm{ch}t$;

d. 被积函数中含有 $\sqrt[n]{ax+b}$ 时，令 $\sqrt[n]{ax+b} = t$;

e. 被积函数中含有 $\sqrt[n]{\dfrac{ax+b}{cx+d}}$ 时，令 $\sqrt[n]{\dfrac{ax+b}{cx+d}} = t$;

f. 对于分式的积分，若分母的次数较高，则可用倒代换 $x = \dfrac{1}{t}$.

④ 利用分部积分法求不定积分，常见的类型如下.

a. $\displaystyle\int P_n(x)\sin ax\,\mathrm{d}x = -\dfrac{1}{a}\int P_n(x)\mathrm{d}\cos ax = -\dfrac{1}{a}\left\{P_n(x)\cos ax - \int \cos ax\,\mathrm{d}[P_n(x)]\right\}$;

$\displaystyle\int P_n(x)\cos ax\,\mathrm{d}x = \dfrac{1}{a}\int P_n(x)\mathrm{d}\sin ax = \dfrac{1}{a}\left\{P_n(x)\sin ax - \int \sin ax\,\mathrm{d}[P_n(x)]\right\}$;

$\displaystyle\int P_n(x)\mathrm{e}^{ax}\,\mathrm{d}x = \dfrac{1}{a}\int P_n(x)\mathrm{d}\mathrm{e}^{ax} = \dfrac{1}{a}\left\{P_n(x)\mathrm{e}^{ax} - \int \mathrm{e}^{ax}\,\mathrm{d}[P_n(x)]\right\}$,

其中 $P_n(x)$ 为 n 次多项式.

b. $\displaystyle\int P_n(x)\ln(ax+b)\,\mathrm{d}x = \int \ln(ax+b)\mathrm{d}[Q(x)] = Q(x)\ln(ax+b) - \int Q(x)\mathrm{d}\ln(ax+b)$;

$\displaystyle\int P_n(x)\arcsin ax\,\mathrm{d}x = \int \arcsin ax\,\mathrm{d}[Q(x)] = Q(x)\arcsin ax - \int Q(x)\mathrm{d}\arcsin ax$;

$\displaystyle\int P_n(x)\arctan ax\,\mathrm{d}x = \int \arctan ax\,\mathrm{d}[Q(x)] = Q(x)\arctan ax - \int Q(x)\mathrm{d}\arctan ax$,

其中 $P_n(x)$ 为 n 次多项式，$P_n(x) = Q'(x)$.

c. 对于 $\displaystyle\int \mathrm{e}^{ax}\sin bx\,\mathrm{d}x$、$\displaystyle\int \mathrm{e}^{ax}\cos bx\,\mathrm{d}x$ 两个积分，只要把 $\sin bx$ 或 $\cos bx$ 看成 u，把 e^{ax} 看成 v'，连续进行两次分部积分，原积分就会重新出现. 也可以把 e^{ax} 看成 u，把 $\sin bx$ 或 $\cos bx$ 看成 v'，连续进行两次分部积分，原积分也会重新出现.

第四节　典型方法与例题分析

一、利用基本积分公式和性质求不定积分

利用基本积分公式及不定积分的性质，结合代数恒等变形（如四则运算，分母有理化，三角恒等变形等）求出不定积分，这是求不定积分最基本的方法.

【例1】 计算下列不定积分：

(1) $\displaystyle\int \mathrm{e}^x\left(1+\frac{\mathrm{e}^{-x}}{\cos^2 x}\right)\mathrm{d}x$；　　　　　　(2) $\displaystyle\int \frac{1}{\sqrt{x+a}+\sqrt{x-a}}\mathrm{d}x\ (a>0)$．

【解】 (1) 原式$=\displaystyle\int \mathrm{e}^x\,\mathrm{d}x+\int\frac{1}{\cos^2 x}\mathrm{d}x=\mathrm{e}^x+\tan x+C$；

(2) 原式$=\displaystyle\int\frac{\sqrt{x+a}-\sqrt{x-a}}{(\sqrt{x+a}+\sqrt{x-a})(\sqrt{x+a}-\sqrt{x-a})}\mathrm{d}x$

$\qquad\quad=\dfrac{1}{2a}\displaystyle\int(\sqrt{x+a}-\sqrt{x-a})\mathrm{d}x=\dfrac{1}{2a}\times\dfrac{2}{3}(x+a)^{\frac{3}{2}}-\dfrac{1}{2a}\times\dfrac{2}{3}(x-a)^{\frac{3}{2}}+C$

$\qquad\quad=\dfrac{1}{3a}\left[\sqrt{(x+a)^3}-\sqrt{(x-a)^3}\right]+C.$

二、换元积分法

换元积分法是由复合函数的求导法则推导而来的，它分为两类．

1. 第一类换元积分法

第一类换元积分法是求积分的方法中应用最广泛的一种积分方法，也是最灵活的一种积分方法，需要大量练习才能掌握．

【例2】 计算下列不定积分：

(1) $\displaystyle\int\frac{\sin x\cos x}{1+\sin^2 x}\mathrm{d}x$；　　(2) $\displaystyle\int\frac{\sin x+\cos x}{\sqrt[3]{\sin x-\cos x}}\mathrm{d}x$；　　(3) $\displaystyle\int\frac{\sqrt{1+\ln x}}{x}\mathrm{d}x$．

【解】 (1) 分析：观察到有关系式 $(1+\sin^2 x)'=2\sin x\cos x$，从而有

$$\sin x\cos x\,\mathrm{d}x=\frac{1}{2}\mathrm{d}(1+\sin^2 x).$$

$\qquad$原式$=\dfrac{1}{2}\displaystyle\int\frac{\mathrm{d}(1+\sin^2 x)}{1+\sin^2 x}=\dfrac{1}{2}\ln(1+\sin^2 x)+C.$

(2) 分析：观察到有关系式 $(\sin x-\cos x)'=\cos x+\sin x$．

$\qquad$原式$=\displaystyle\int\frac{\mathrm{d}(\sin x-\cos x)}{\sqrt[3]{\sin x-\cos x}}=\int(\sin x-\cos x)^{-\frac{1}{3}}\mathrm{d}(\sin x-\cos x)$

$\qquad\qquad=\dfrac{3}{2}(\sin x-\cos x)^{\frac{2}{3}}+C=\dfrac{3}{2}\sqrt[3]{(\sin x-\cos x)^2}+C.$

(3) 分析：观察到有关系式 $(\ln x)'=\dfrac{1}{x}$．

$\qquad$原式$=\displaystyle\int\sqrt{1+\ln x}\,\mathrm{d}(\ln x+1)=\dfrac{2}{3}(1+\ln x)^{\frac{3}{2}}+C.$

【例3】 计算下列不定积分：

(1) $\displaystyle\int\frac{\arcsin\sqrt{x}}{\sqrt{x-x^2}}\mathrm{d}x$；　　(2) $\displaystyle\int\frac{1}{1-x^2}\ln\frac{1+x}{1-x}\mathrm{d}x$；　　(3) $\displaystyle\int\sqrt{\frac{\ln(x+\sqrt{x^2+1})}{x^2+1}}\mathrm{d}x$．

【解】 (1) 分析：解此类题的关键在于凑微分，一般方法是先试求一下被积函数中某些因子的导数，看看与被积函数中另外一些因子的关系，从而进行凑微分．本题试求一下 $\arcsin\sqrt{x}$ 的导数，有关系式

$$(\arcsin\sqrt{x})'=\frac{1}{\sqrt{1-(\sqrt{x})^2}}\frac{1}{2\sqrt{x}}=\frac{1}{2\sqrt{x-x^2}}.$$

$\qquad$原式$=2\displaystyle\int\arcsin\sqrt{x}\,\mathrm{d}\arcsin\sqrt{x}=(\arcsin\sqrt{x})^2+C.$

(2) 分析：本题与上题类似，先求一下 $\ln\dfrac{1+x}{1-x}$ 的导数，有关系式

$$\left(\ln\frac{1+x}{1-x}\right)'=\frac{1-x}{1+x}\cdot\frac{(1-x)-(1+x)(-1)}{(1-x)^2}=\frac{2}{1-x^2}.$$

$$原式=\frac{1}{2}\int\ln\frac{1+x}{1-x}\mathrm{d}\left(\ln\frac{1+x}{1-x}\right)=\frac{1}{4}\left(\ln\frac{1+x}{1-x}\right)^2+C.$$

（3）分析：观察到有关系式 $\left[\ln(x+\sqrt{x^2+1})\right]'=\dfrac{1}{\sqrt{x^2+1}}$.

$$原式=\int\sqrt{\ln(x+\sqrt{x^2+1})}\,\mathrm{d}[\ln(x+\sqrt{x^2+1})]=\frac{2}{3}[\ln(x+\sqrt{x^2+1})]^{\frac{3}{2}}+C.$$

【例 4】 计算下列不定积分：

(1) $\displaystyle\int\frac{x^2}{(x+1)^{10}}\mathrm{d}x$；　　　(2) $\displaystyle\int\frac{x^{2n-1}}{1+x^n}\mathrm{d}x(n>0)$；　　　(3) $\displaystyle\int\frac{\mathrm{d}x}{\sqrt{x(4-x)}}$.

【解】 (1) 分析：把 x^2 变形为关于 $(x+1)$ 的多项式，即 $x^2=[(x+1)-1]^2=(x+1)^2-2(x+1)+1$.

解法一　$原式=\displaystyle\int\frac{[(x+1)-1]^2}{(x+1)^{10}}\mathrm{d}x=\int\frac{(x+1)^2-2(x+1)+1}{(x+1)^{10}}\mathrm{d}x$

$$=\int[(x+1)^{-8}-2(x+1)^{-9}+(x+1)^{-10}]\mathrm{d}x$$

$$=-\frac{1}{7(x+1)^7}+\frac{1}{4(x+1)^8}-\frac{1}{9(x+1)^9}+C.$$

解法二　设 $x+1=t$.

$$原式=\int\frac{(t-1)^2}{t^{10}}\mathrm{d}t=\int\frac{t^2-2t+1}{t^{10}}\mathrm{d}t=\int[t^{-8}-2t^{-9}+t^{-10}]\mathrm{d}t$$

$$=-\frac{1}{7t^7}+\frac{1}{4t^8}-\frac{1}{9t^9}+C=-\frac{1}{7(x+1)^7}+\frac{1}{4(x+1)^8}-\frac{1}{9(x+1)^9}+C.$$

(2) 分析：观察被积函数中分子、分母次数的关系，再结合它们的导数运算，可以发现 $(x^n)'=nx^{n-1}$，$x^{2n-1}\mathrm{d}x=\dfrac{1}{n}x^n\mathrm{d}x^n=\dfrac{(x^n+1)-1}{n}\mathrm{d}x^n$.

$$原式=\frac{1}{n}\int\frac{(x^n+1)-1}{x^n+1}\mathrm{d}x^n=\frac{1}{n}\int\left[1-\frac{1}{x^n+1}\right]\mathrm{d}x^n$$

$$=\frac{1}{n}\left[\int\mathrm{d}x^n-\int\frac{1}{x^n+1}\mathrm{d}(x^n+1)\right]=\frac{x^n}{n}-\frac{\ln(x^n+1)}{n}+C.$$

(3) $原式=\displaystyle\int\frac{\mathrm{d}x}{\sqrt{4x-x^2-4+4}}=\int\frac{\mathrm{d}x}{\sqrt{4-(x-2)^2}}$

$$=\int\frac{\mathrm{d}\left(\frac{x}{2}-1\right)}{\sqrt{1-\left(\frac{x}{2}-1\right)^2}}=\arcsin\left(\frac{x}{2}-1\right)+C.$$

【例 5】 计算下列不定积分：

(1) $\displaystyle\int\sin^3 x\,\mathrm{d}x$；　　　(2) $\displaystyle\int\sin^3 x\cos^2 x\,\mathrm{d}x$；　　　(3) $\displaystyle\int\cos^4 x\,\mathrm{d}x$；　　　(4) $\displaystyle\int\sin^2 x\cos^4 x\,\mathrm{d}x$.

分析：求解关于 $\sin^m x$ 与 $\cos^n x$ 的乘积的不定积分，一般要利用两个关系式，一个是平方关系式 $\sin^2 x+\cos^2 x=1$，另一个是导数关系式 $(\sin x)'=\cos x$、$(\cos x)'=-\sin x$.

【解】 (1) $原式=\displaystyle\int(-\sin^2 x)\mathrm{d}\cos x=\int(\cos^2 x-1)\mathrm{d}\cos x=\frac{1}{3}\cos^3 x-\cos x+C.$

(2) $原式=\displaystyle\int(-\sin^2 x\cos^2 x)\mathrm{d}\cos x=\int(\cos^2 x-1)\cos^2 x\mathrm{d}\cos x=\frac{1}{5}\cos^5 x-\frac{1}{3}\cos^3 x+C.$

（3）分析：由于 $\cos x$ 的次数为偶数次，前面的方法就不适用了，这时可以利用三角函数的倍角公式 $\cos 2x = \cos^2 x - \sin^2 x = 2\cos^2 x - 1 = 1 - 2\sin^2 x$ 来降幂．

$$原式 = \int \left(\frac{1+\cos 2x}{2}\right)^2 dx = \int \frac{1+2\cos 2x + \cos^2 2x}{4} dx$$

$$= \int \left(\frac{1}{4} + \frac{1}{2}\cos 2x + \frac{1+\cos 4x}{8}\right) dx = \int \left(\frac{3}{8} + \frac{1}{2}\cos 2x + \frac{1}{8}\cos 4x\right) dx$$

$$= \frac{3}{8}x + \frac{1}{4}\sin 2x + \frac{1}{32}\sin 4x + C.$$

（4）$$原式 = \int \frac{1-\cos 2x}{2}\left(\frac{1+\cos 2x}{2}\right)^2 = \frac{1}{8}\int (1+\cos 2x - \cos^2 2x - \cos^3 2x)dx$$

$$= \frac{1}{8}\int (1+\cos 2x - \frac{1+\cos 4x}{2})dx - \frac{1}{8}\int \cos^3 2x\, dx$$

$$= \frac{1}{8}\int (\frac{1}{2} + \cos 2x - \frac{\cos 4x}{2})dx - \frac{1}{16}\int (1-\sin^2 2x)d\sin 2x$$

$$= \frac{1}{8}\left(\frac{x}{2} + \frac{\sin 2x}{2} - \frac{\sin 4x}{8}\right) - \frac{1}{16}\left(\sin 2x - \frac{\sin^3 2x}{3}\right) + C$$

$$= \frac{x}{16} - \frac{\sin 4x}{64} + \frac{\sin^3 2x}{48} + C.$$

注：对于类型 $\int \sin^m x \cos^n x\, dx$ 的积分，当 m,n 中至少有一个为奇数时，可以用本例（1）、（2）的凑微分法；当 m 和 n 均为偶数时，可以用本例（3）、（4）的降幂方法．

【例6】 计算下列不定积分：

（1）$\int \sec^4 x\, dx$；　　　（2）$\int \tan^2 x \sec^4 x\, dx$；　　　（3）$\int \tan^3 x \sec^5 x\, dx$；　　　（4）$\int \tan^5 x\, dx$．

分析：求解关于 $\tan^m x$ 与 $\sec^n x$ 的乘积的不定积分，一般要利用两个关系式，一个是平方关系式 $\tan^2 x + 1 = \sec^2 x$，另一个是导数关系式 $(\tan x)' = \sec^2 x$、$(\sec x)' = \sec x \tan x$．

【解】（1）$原式 = \int \sec^2 x\, d\tan x = \int (\tan^2 x + 1)d\tan x = \frac{\tan^3 x}{3} + \tan x + C$．

（2）$原式 = \int \tan^2 x \sec^2 x\, d\tan x = \int \tan^2 x(\tan^2 x + 1)d\tan x$

$$= \int (\tan^4 x + \tan^2 x)d\tan x = \frac{\tan^5 x}{5} + \frac{\tan^3 x}{3} + C.$$

（3）$原式 = \int \tan^2 x \sec^4 x\, d\sec x = \int (\sec^2 x - 1)\sec^4 x\, d\sec x$

$$= \int (\sec^6 x - \sec^4 x)d\sec x = \frac{\sec^7 x}{7} - \frac{\sec^5 x}{5} + C.$$

注：上述方法求解类型 $\int \tan^m x \sec^n x\, dx$ 的积分时，当 n 为偶数时，可以采用本例（1）、（2）的解法，当 m 为奇数时，可以采用本例（3）的解法．对于类型 $\int \cot^m x \csc^n x\, dx$ 的积分，方法也类似．

（4）$原式 = \int \tan^3 x(\sec^2 x - 1)dx = \int \tan^3 x \sec^2 x\, dx - \int \tan^3 x\, dx$

$$= \int \tan^3 x\, d\tan x - \int \tan x(\sec^2 x - 1)dx = \frac{1}{4}\tan^4 x - \int \tan x \sec^2 x\, dx + \int \tan x\, dx$$

$$= \frac{1}{4}\tan^4 x - \frac{1}{2}\tan^2 x - \ln|\cos x| + C.$$

注：此题的解法可以解决形如 $\int \tan^n x \, \mathrm{d}x$ 和 $\int \cot^n x \, \mathrm{d}x$ 的积分.

2. 第二类换元积分法

【例 7】 求 $\displaystyle\int \frac{\sqrt{a^2 - x^2}}{x^2} \mathrm{d}x$ $(a > 0)$.

【解】 设 $x = a \sin t$，则 $\mathrm{d}x = a \cos t \, \mathrm{d}t$，

$$原式 = \int \frac{\sqrt{a^2 - a^2 \sin^2 t}}{a^2 \sin^2 t} a \cos t \, \mathrm{d}t = \int \cot^2 t \, \mathrm{d}t = \int (\csc^2 t - 1) \mathrm{d}t = -\cot t - t + C.$$

由于 $t = \arcsin \dfrac{x}{a}$，$\cot t = \dfrac{\sqrt{a^2 - x^2}}{x}$，

所以 $$\int \frac{\sqrt{a^2 - x^2}}{x^2} \mathrm{d}x = -\frac{\sqrt{a^2 - x^2}}{x} - \arcsin \frac{x}{a} + C.$$

【例 8】 求 $\displaystyle\int \frac{x^3}{\sqrt{1 + x^2}} \mathrm{d}x$.

【解】 设 $x = \tan t$，则 $\mathrm{d}x = \sec^2 t \, \mathrm{d}t$.

$$原式 = \int \frac{\tan^3 t}{\sqrt{1 + \tan^2 t}} \sec^2 t \, \mathrm{d}t = \int \tan^3 t \sec t \, \mathrm{d}t = \int (\sec^2 t - 1) \mathrm{d}\sec t$$

$$= \frac{1}{3} \sec^3 t - \sec t + C = \frac{1}{3} \sqrt{(1 + x^2)^3} - \sqrt{(1 + x^2)} + C.$$

【例 9】 求 $\displaystyle\int \frac{\mathrm{d}x}{x \sqrt{x^2 - 1}}$ $(x > 1)$.

【解】 **解法一** 设 $x = \sec t$，则 $\mathrm{d}x = \sec t \tan t \, \mathrm{d}t$.

$$原式 = \int \frac{1}{\sec t \sqrt{\sec^2 t - 1}} \sec t \tan t \, \mathrm{d}t = \int \mathrm{d}t = t + C = \arccos \frac{1}{x} + C.$$

解法二 设 $\sqrt{x^2 - 1} = t$，则 $x^2 = t^2 + 1$，$2x \, \mathrm{d}x = 2t \, \mathrm{d}t$，$x \, \mathrm{d}x = t \, \mathrm{d}t$，

$$原式 = \int \frac{x \, \mathrm{d}x}{x^2 \sqrt{x^2 - 1}} = \int \frac{t \, \mathrm{d}t}{(t^2 + 1) t} = \int \frac{\mathrm{d}t}{t^2 + 1} = \arctan t + C = \arctan \sqrt{x^2 - 1} + C.$$

解法三 设 $x = \dfrac{1}{t}$，则 $\mathrm{d}x = -\dfrac{1}{t^2} \mathrm{d}t$，

$$原式 = \int \frac{-\dfrac{1}{t^2}}{\dfrac{1}{t} \sqrt{\left(\dfrac{1}{t}\right)^2 - 1}} \mathrm{d}t = -\int \frac{\mathrm{d}t}{\sqrt{1 - t^2}} = -\arcsin t + C = -\arcsin \frac{1}{x} + C.$$

注：由本例可见，一个函数的原函数可以有不同的形式，这是因为原函数可以相差一个常数，所以，只要积出来的函数的导数等于被积函数，就都是正确的.

【例 10】 求 $\displaystyle\int \frac{\mathrm{d}x}{x \sqrt{x(1 - x)}}$.

【解】 设 $x = \sin^2 t$，则 $\mathrm{d}x = 2 \sin t \cos t \, \mathrm{d}t$.

$$原式 = \int \frac{2 \sin t \cos t}{\sin^3 t \cos t} \mathrm{d}t = 2 \int \csc^2 t \, \mathrm{d}t = -2 \cot t + C = -2 \sqrt{\frac{1 - x}{x}} + C.$$

三、分部积分法

【例 11】 计算下列不定积分：

(1) $\displaystyle\int x^2 \mathrm{e}^x \,\mathrm{d}x$；$\qquad\qquad\qquad$ (2) $\displaystyle\int x^3 \mathrm{e}^{x^2}\,\mathrm{d}x$．

【解】 (1) 原式 $=\displaystyle\int x^2\,\mathrm{d}\mathrm{e}^x = x^2\mathrm{e}^x - \int \mathrm{e}^x\,\mathrm{d}x^2 = x^2\mathrm{e}^x - 2\int x\mathrm{e}^x\,\mathrm{d}x$

$$=x^2\mathrm{e}^x - 2x\mathrm{e}^x + 2\int \mathrm{e}^x\,\mathrm{d}x = x^2\mathrm{e}^x - 2x\mathrm{e}^x + 2\mathrm{e}^x + C.$$

注：此例的解法适用于类型 $\displaystyle\int P(x)a^x\,\mathrm{d}x$，其中 a 为常数，$P(x)$ 为多项式．

(2) 设 $x^2 = t$，$2x\,\mathrm{d}x = \mathrm{d}t$．

$$原式 = \int x^3 \mathrm{e}^{x^2}\,\mathrm{d}x = \frac{1}{2}\int x^2 \mathrm{e}^{x^2}\,\mathrm{d}x^2 = \frac{1}{2}\int t\mathrm{e}^t\,\mathrm{d}t = \frac{1}{2}\int t\,\mathrm{d}\mathrm{e}^t$$

$$= \frac{1}{2}t\mathrm{e}^t - \frac{1}{2}\int \mathrm{e}^t\,\mathrm{d}t = \frac{1}{2}t\mathrm{e}^t - \frac{1}{2}\mathrm{e}^t + C = \frac{1}{2}(x^2 - 1)\mathrm{e}^{x^2} + C.$$

【例 12】 计算下列不定积分：

(1) $\displaystyle\int x^2 \sin x\,\mathrm{d}x$；$\qquad$ (2) $\displaystyle\int x\cos^2 x\,\mathrm{d}x$．

【解】 (1) 原式 $= -\displaystyle\int x^2\,\mathrm{d}\cos x = -x^2\cos x + \int \cos x\,\mathrm{d}x^2 = -x^2\cos x + 2\int x\cos x\,\mathrm{d}x$

$$= -x^2\cos x + 2\int x\,\mathrm{d}\sin x = -x^2\cos x + 2x\sin x - 2\int \sin x\,\mathrm{d}x$$

$$= -x^2\cos x + 2x\sin x + 2\cos x + C.$$

注：此例的解法适用于类型 $\displaystyle\int P(x)\sin ax\,\mathrm{d}x$，$\displaystyle\int P(x)\cos ax\,\mathrm{d}x$，其中 a 为常数，$P(x)$ 为多项式．

(2) 原式 $=\displaystyle\int x\,\frac{1 + \cos 2x}{2}\,\mathrm{d}x = \int \frac{x}{2}\,\mathrm{d}x + \frac{1}{4}\int x\,\mathrm{d}\sin 2x$

$$= \frac{x^2}{4} + \frac{1}{4}x\sin 2x - \frac{1}{4}\int \sin 2x\,\mathrm{d}x = \frac{x^2}{4} + \frac{1}{4}x\sin 2x + \frac{1}{8}\cos 2x + C.$$

【例 13】 计算下列不定积分：

(1) $\displaystyle\int x^2 \ln x\,\mathrm{d}x$；$\quad$ (2) $\displaystyle\int x(\ln x)^2\,\mathrm{d}x$；$\quad$ (3) $\displaystyle\int \frac{\ln x}{(1-x)^2}\,\mathrm{d}x$；$\quad$ (4) $\displaystyle\int \frac{x\ln x}{(1+x^2)^2}\,\mathrm{d}x$．

【解】 (1) 原式 $=\displaystyle\int x^2 \ln x\,\mathrm{d}x = \frac{1}{3}\int \ln x\,\mathrm{d}x^3 = \frac{1}{3}x^3\ln x - \frac{1}{3}\int x^3\,\mathrm{d}\ln x$

$$= \frac{1}{3}x^3\ln x - \frac{1}{3}\int x^3\,\frac{1}{x}\,\mathrm{d}x = \frac{1}{3}x^3\ln x - \frac{1}{9}x^3 + C.$$

注：此例的解法适用于类型 $\displaystyle\int P(x)\log_a x\,\mathrm{d}x$，其中 a 为常数，$P(x)$ 为多项式．

(2) 原式 $= \frac{1}{2}\displaystyle\int (\ln x)^2\,\mathrm{d}x^2 = \frac{1}{2}x^2(\ln x)^2 - \frac{1}{2}\int x^2\,\mathrm{d}(\ln x)^2$

$$= \frac{1}{2}x^2(\ln x)^2 - \frac{1}{2}\int x^2\cdot 2\ln x\cdot\frac{1}{x}\,\mathrm{d}x = \frac{1}{2}x^2(\ln x)^2 - \frac{1}{2}\int \ln x\,\mathrm{d}x^2$$

$$= \frac{1}{2}x^2(\ln x)^2 - \frac{1}{2}x^2\ln x + \frac{1}{2}\int x^2\,\frac{1}{x}\,\mathrm{d}x = \frac{1}{2}x^2(\ln x)^2 - \frac{1}{2}x^2\ln x + \frac{1}{4}x^2 + C.$$

注：此例的解法适用于类型 $\displaystyle\int P(x)(\log_a x)^n\,\mathrm{d}x$，其中 a 为常数，n 为自然数，$P(x)$ 为多项式．

(3) 分析：对于被积函数含 "$\ln x$" 的不定积分，常用的方法是把积分化为 $\displaystyle\int \ln x\,\mathrm{d}(\cdots)$

的形式，再用分部积分可去掉被积函数中的"ln".

$$原式 = \int \frac{\ln x}{(1-x)^2}dx = \int \ln x\,d\frac{1}{1-x} = \frac{\ln x}{1-x} - \int \frac{1}{1-x}d\ln x$$

$$= \frac{\ln x}{1-x} - \int \frac{1}{1-x}\frac{1}{x}dx = \frac{\ln x}{1-x} + \int\left(\frac{1}{x-1} - \frac{1}{x}\right)dx = \frac{\ln x}{1-x} + \ln\left|\frac{x-1}{x}\right| + C.$$

(4) $$原式 = \int \frac{x\ln x}{(1+x^2)^2}dx = -\frac{1}{2}\int \ln x\,d\frac{1}{1+x^2} = -\frac{\ln x}{2(1+x^2)} + \frac{1}{2}\int \frac{1}{x(1+x^2)}dx$$

$$= -\frac{\ln x}{2(1+x^2)} + \frac{1}{4}\int\left(\frac{1}{x^2} - \frac{1}{1+x^2}\right)dx^2 = -\frac{\ln x}{2(1+x^2)} + \frac{1}{4}\ln\frac{x^2}{1+x^2} + C.$$

【例 14】 计算下列不定积分：

(1) $\int(\arccos x)^2 dx$；　　　　　　　(2) $\int \frac{\arcsin x}{x^2}\frac{1+x^2}{\sqrt{1-x^2}}dx$.

【解】 (1) 解法一

$$原式 = x(\arccos x)^2 - \int x\,d(\arccos x)^2 = x(\arccos x)^2 + \int 2\arccos x \cdot \frac{x}{\sqrt{1-x^2}}dx$$

$$= x(\arccos x)^2 - 2\int \arccos x\,d\sqrt{1-x^2}$$

$$= x(\arccos x)^2 - 2\sqrt{1-x^2}\arccos x + 2\int \sqrt{1-x^2}\,d\arccos x$$

$$= x(\arccos x)^2 - 2\sqrt{1-x^2}\arccos x - 2x + C.$$

解法二　设 $\arccos x = t$，则 $x = \cos t$.

$$原式 = \int t^2\,d\cos t = t^2\cos t - \int \cos t\,dt^2 = t^2\cos t - \int 2t\cos t\,dt = t^2\cos t - 2\int t\,d\sin t$$

$$= t^2\cos t - 2t\sin t + 2\int \sin t\,dt = t^2\cos t - 2t\sin t - 2\cos t + C$$

$$= x(\arccos x)^2 - 2\sqrt{1-x^2}\arccos x - 2x + C.$$

注：此题中的两种解法适用于类型 $\int P(x)(\arcsin x)^n dx$ 和 $\int P(x)(\arccos x)^n dx$，其中 n 为自然数，$P(x)$ 为多项式. 前一种方法是利用分部积分法消去反三角函数"arc"，后一种方法是利用第二类换元法，把反三角函数转换成三角函数再积分. 当被积函数较复杂时，选用第二种方法比较好. 这两种方法也同样适用于类型 $\int P(x)(\arctan x)^n dx$ 和 $\int P(x)(\text{arccot}x)^n dx$.

(2) 设 $\arcsin x = t$，则 $x = \sin t$，$dx = \cos t\,dt$.

$$原式 = \int \frac{t}{\sin^2 t}\frac{1+\sin^2 t}{\cos t}\cos t\,dt = \int t\csc^2 t\,dt + \int t\,dt = -\int t\,d\cot t + \frac{t^2}{2}$$

$$= -t\cot t + \int \cot t\,dt + \frac{t^2}{2} = -t\cot t + \ln|\sin t| + \frac{t^2}{2} + C$$

$$= -\frac{\sqrt{1-x^2}}{x}\arcsin x + \ln|x| + \frac{1}{2}(\arcsin x)^2 + C.$$

【例 15】 计算下列不定积分：

(1) $\int x^2\arctan x\,dx$；　　　　　　　(2) $\int \frac{\arctan x}{x^2(1+x^2)}dx$.

【解】 (1) $原式 = \dfrac{1}{3}\int \arctan x\,dx^3 = \dfrac{1}{3}x^3\arctan x - \dfrac{1}{3}\int x^3\,d\arctan x$

$$=\frac{1}{3}x^3\arctan x-\frac{1}{3}\int\frac{x^3}{1+x^2}\mathrm{d}x=\frac{1}{3}x^3\arctan x-\frac{1}{6}\int\left(1-\frac{1}{1+x^2}\right)\mathrm{d}x^2$$

$$=\frac{1}{3}x^3\arctan x-\frac{1}{6}x^2+\frac{1}{6}\ln(1+x^2)+C.$$

（2）分析：此题很难直接化为 $\int\arctan x\mathrm{d}(\cdots)$ 的形式，但可以通过恒等变形 $\dfrac{1}{x^2(1+x^2)}=$
$\dfrac{1}{x^2}-\dfrac{1}{1+x^2}$把原积分拆成两个较容易的积分．此题也可以用 $\arctan x=t$ 换元．

解法一　原式$=\int\left(\frac{1}{x^2}-\frac{1}{1+x^2}\right)\arctan x\mathrm{d}x=\int\frac{1}{x^2}\arctan x\mathrm{d}x-\int\frac{1}{1+x^2}\arctan x\mathrm{d}x$

$$=-\int\arctan x\mathrm{d}\frac{1}{x}-\int\arctan x\mathrm{d}\arctan x$$

$$=-\frac{\arctan x}{x}+\int\frac{1}{x}\frac{1}{1+x^2}\mathrm{d}x-\frac{1}{2}(\arctan x)^2$$

$$=-\frac{\arctan x}{x}+\frac{1}{2}\int\left(\frac{1}{x^2}-\frac{1}{1+x^2}\right)\mathrm{d}x^2-\frac{1}{2}(\arctan x)^2$$

$$=-\frac{\arctan x}{x}+\frac{1}{2}\ln\frac{x^2}{1+x^2}-\frac{1}{2}(\arctan x)^2+C.$$

解法二　设 $\arctan x=t$，则 $x=\tan t$，$\mathrm{d}x=\sec^2 t\mathrm{d}t$．

原式$=\int\frac{t}{\tan^2 t(1+\tan^2 t)}\sec^2 t\mathrm{d}t=\int t\cot^2 t\mathrm{d}t=\int t(\csc^2 t-1)\mathrm{d}t$

$$=\int t\csc^2 t\mathrm{d}t-\int t\mathrm{d}t=-\int t\mathrm{d}\cot t-\frac{1}{2}t^2=-t\cot t+\int\cot t\mathrm{d}t-\frac{1}{2}t^2$$

$$=-t\cot t+\ln|\sin t|-\frac{1}{2}t^2+C=-\frac{\arctan x}{x}+\frac{1}{2}\ln\frac{x^2}{1+x^2}-\frac{1}{2}(\arctan x)^2+C.$$

【例16】　求 $\int\mathrm{e}^{3x}\cos 2x\mathrm{d}x$．

【解】　$\int\mathrm{e}^{3x}\cos 2x\mathrm{d}x=\frac{1}{3}\int\cos 2x\mathrm{d}\mathrm{e}^{3x}=\frac{1}{3}\mathrm{e}^{3x}\cos 2x-\frac{1}{3}\int\mathrm{e}^{3x}\mathrm{d}\cos 2x$

$$=\frac{1}{3}\mathrm{e}^{3x}\cos 2x+\frac{2}{3}\int\mathrm{e}^{3x}\sin 2x\mathrm{d}x=\frac{1}{3}\mathrm{e}^{3x}\cos 2x+\frac{2}{9}\int\sin 2x\mathrm{d}\mathrm{e}^{3x}$$

$$=\frac{1}{3}\mathrm{e}^{3x}\cos 2x+\frac{2}{9}\mathrm{e}^{3x}\sin 2x-\frac{2}{9}\int\mathrm{e}^{3x}\mathrm{d}\sin 2x$$

$$=\frac{1}{3}\mathrm{e}^{3x}\cos 2x+\frac{2}{9}\mathrm{e}^{3x}\sin 2x-\frac{4}{9}\int\mathrm{e}^{3x}\cos 2x\mathrm{d}x,$$

所以　　$\int\mathrm{e}^{3x}\cos 2x\mathrm{d}x=\frac{1}{13}\mathrm{e}^{3x}(3\cos 2x+2\sin 2x)+C.$

注：此例的解法适用于类型 $\int a^x\sin bx\mathrm{d}x$ 和 $\int a^x\cos bx\mathrm{d}x$ ，其中 a、b 为常数．

【例17】　求 $I_n=\int\sec^n x\mathrm{d}x$ （$n>2$）的递推公式．

【解】　$I_n=\int\sec^{n-2}x\mathrm{d}\tan x=\sec^{n-2}x\tan x-\int\tan x\mathrm{d}\sec^{n-2}x$

$$=\sec^{n-2}x\tan x-\int\tan x(n-2)\sec^{n-3}x\sec x\tan x\mathrm{d}x$$

$$=\sec^{n-2}x\tan x-(n-2)\int(\sec^2 x-1)\sec^{n-2}x\mathrm{d}x$$

$$=\sec^{n-2}x\tan x-(n-2)\int\sec^n x\mathrm{d}x+(n-2)\int\sec^{n-2}x\mathrm{d}x$$

$$=\sec^{n-2}x\tan x-(n-2)I_n+(n-2)I_{n-2},$$

所以 $\quad I_n=\dfrac{1}{n-1}\sec^{n-2}x\tan x+\dfrac{n-2}{n-1}I_{n-2}\quad(n=3,4,\cdots).$

$$I_1=\int\sec x\,\mathrm{d}x=\ln|\sec x+\tan x|+C,\quad I_2=\int\sec^2x\,\mathrm{d}x=\tan x+C.$$

注:此例的解法适用于 $\displaystyle\int\sin^n x\,\mathrm{d}x$,$\displaystyle\int\cos^n x\,\mathrm{d}x$ 及 $\displaystyle\int\tan^n x\,\mathrm{d}x$ 等类型.

四、几种特殊类型函数的积分

1. 有理函数的积分

【例 18】计算下列不定积分:

(1) $\displaystyle\int\dfrac{x^3+x+6}{(x^2+2x+2)(x^2-4)}\mathrm{d}x$;　　　　(2) $\displaystyle\int\dfrac{\mathrm{d}x}{x^8+x^6}$.

【解】(1)设 $\dfrac{x^3+x+6}{(x^2+2x+2)(x+2)(x-2)}=\dfrac{Ax+B}{x^2+2x+2}+\dfrac{C}{x+2}+\dfrac{D}{x-2}$,

得恒等式:$x^3+x+6=(Ax+B)(x^2-4)+C(x-2)(x^2+2x+2)+D(x+2)(x^2+2x+2)$

先用赋值法,令 $x=-2$ 代入上式得,$C=\dfrac{1}{2}$;令 $x=2$ 代入得

$$D=\dfrac{2}{5}.$$

再比较 x^3 和常数项的系数:

$$A+C+D=1,\quad-4B-4C+4D=6,\text{解得 }A=\dfrac{1}{10},\ B=-\dfrac{5}{8},$$

所以　原式 $=\displaystyle\int\dfrac{\dfrac{1}{10}x-\dfrac{8}{5}}{x^2+2x+2}\mathrm{d}x+\dfrac{1}{2}\int\dfrac{1}{x+2}\mathrm{d}x+\dfrac{2}{5}\int\dfrac{1}{x-2}\mathrm{d}x$

$=\dfrac{1}{20}\displaystyle\int\dfrac{(2x+2)-34}{x^2+2x+2}\mathrm{d}x+\dfrac{1}{2}\ln(x+2)+\dfrac{2}{5}\ln(x-2)$

$=\dfrac{1}{20}\displaystyle\int\dfrac{2x+2}{x^2+2x+2}\mathrm{d}x-\dfrac{17}{10}\int\dfrac{1}{x^2+2x+2}\mathrm{d}x+\dfrac{1}{2}\ln|x+2|+\dfrac{2}{5}\ln|x-2|$

$=\dfrac{1}{20}\displaystyle\int\dfrac{\mathrm{d}(x^2+2x+2)}{x^2+2x+2}-\dfrac{17}{10}\int\dfrac{\mathrm{d}(x+1)}{(x+1)^2+1}+\dfrac{1}{2}\ln|x+2|+\dfrac{2}{5}\ln|x-2|$

$=\dfrac{1}{20}\ln(x^2+2x+2)-\dfrac{17}{10}\arctan(x+1)+\dfrac{1}{2}\ln|x+2|+\dfrac{2}{5}\ln|x-2|+C.$

(2) 分析:此题如果用待定系数法分解 $\dfrac{1}{x^6+x^8}$,即

$$\dfrac{1}{x^6(1+x^2)}=\dfrac{A}{x^6}+\dfrac{B}{x^5}+\dfrac{C}{x^4}+\dfrac{D}{x^3}+\dfrac{E}{x^2}+\dfrac{F}{x}+\dfrac{Gx+H}{1+x^2},$$

这样做将非常烦琐,可以考虑用拆分的方法来做.另外,此题中被积函数分母的次数较高,也可以考虑用倒代换来解.

解法一 $\dfrac{1}{x^8+x^6}=\dfrac{1}{x^6(1+x^2)}=\dfrac{1}{x^4}\dfrac{1}{x^2(1+x^2)}=\dfrac{1}{x^4}\left(\dfrac{1}{x^2}-\dfrac{1}{1+x^2}\right)$

$=\dfrac{1}{x^6}-\dfrac{1}{x^4(1+x^2)}=\dfrac{1}{x^6}-\dfrac{1}{x^2}\left(\dfrac{1}{x^2}-\dfrac{1}{1+x^2}\right)$

$=\dfrac{1}{x^6}-\dfrac{1}{x^4}+\dfrac{1}{x^2(1+x^2)}=\dfrac{1}{x^6}-\dfrac{1}{x^4}+\dfrac{1}{x^2}-\dfrac{1}{1+x^2},$

$$原式 = \int \left(\frac{1}{x^6} - \frac{1}{x^4} + \frac{1}{x^2} - \frac{1}{1+x^2} \right) dx = -\frac{1}{5x^5} + \frac{1}{3x^3} - \frac{1}{x} - \arctan x + C.$$

解法二　设 $x = \dfrac{1}{t}$，则 $dx = -\dfrac{1}{t^2} dt$，

$$原式 = \int \frac{1}{\left(\frac{1}{t}\right)^6 + \left(\frac{1}{t}\right)^8} \left(-\frac{1}{t^2}\right) dt = -\int \frac{t^6}{t^2+1} dt = -\int \left(\frac{t^6+1}{t^2+1} - \frac{1}{t^2+1} \right) dt$$

$$= -\int \left(t^4 - t^2 + 1 - \frac{1}{t^2+1} \right) dt = -\frac{t^5}{5} + \frac{t^3}{3} - t + \arctan t + C$$

$$= -\frac{1}{5x^5} + \frac{1}{3x^3} - \frac{1}{x} + \arctan \frac{1}{x} + C.$$

2. 简单无理函数的积分

【例 19】　计算下列不定积分：

$$(1) \int \frac{1}{\sqrt{x}(1+\sqrt[4]{x})^3} dx; \qquad\qquad (2) \int \sqrt{\frac{x}{2-x}} dx.$$

【解】　(1) 设 $\sqrt[4]{x} = t$，则 $x = t^4$，$dx = 4t^3 dt$.

$$原式 = \int \frac{4t^3}{t^2(1+t)^3} dt = 4 \int \frac{t+1-1}{(1+t)^3} dt = 4 \int \frac{1}{(1+t)^2} dt - 4 \int \frac{1}{(1+t)^3} dt$$

$$= -\frac{4}{1+t} + \frac{2}{(1+t)^2} + C = -\frac{4}{1+\sqrt[4]{x}} + \frac{2}{(1+\sqrt[4]{x})^2} + C.$$

(2) **解法一**　设 $\sqrt{\dfrac{x}{2-x}} = t$，则 $x = \dfrac{2t^2}{1+t^2}$，$dx = \dfrac{4t}{(1+t^2)^2} dt$，

$$原式 = \int \frac{4t^2}{(1+t^2)^2} dt = -2\int t \, d\frac{1}{1+t^2} = -\frac{2t}{1+t^2} + 2\int \frac{1}{1+t^2} dt$$

$$= -\frac{2t}{1+t^2} + 2\arctan t + C = -\sqrt{x(2-x)} + 2\arctan \sqrt{\frac{x}{2-x}} + C.$$

解法二　设 $x = 2\sin^2 t$，则 $\sqrt{\dfrac{x}{2-x}} = \tan t$，$dx = 4\sin t \cos t \, dt$，

$$原式 = \int \tan t \cdot 4\sin t \cos t \, dt = 4\int \sin^2 t \, dt = 2\int (1-\cos 2t) dt$$

$$= 2t - \sin 2t + C = 2\arcsin\sqrt{\frac{x}{2}} - \sqrt{x(2-x)} + C.$$

解法三　$$原式 = \int \frac{x}{\sqrt{2x-x^2}} dx = -\frac{1}{2} \int \frac{(2-2x)-2}{\sqrt{2x-x^2}} dx$$

$$= -\frac{1}{2} \int \frac{(2-2x)}{\sqrt{2x-x^2}} dx + \int \frac{1}{\sqrt{2x-x^2}} dx$$

$$= -\frac{1}{2} \int \frac{d(2x-x^2)}{\sqrt{2x-x^2}} + \int \frac{d(x-1)}{\sqrt{1-(x-1)^2}} = -\sqrt{2x-x^2} + \arcsin(x-1) + C.$$

3. 三角有理函数的积分

【例 20】　计算 $\displaystyle\int \frac{dx}{1+\sin x + \cos x}$.

解法一　（万能代换）设 $\tan \dfrac{x}{2} = t$，则 $\sin x = \dfrac{2t}{1+t^2}$，$\cos x = \dfrac{1-t^2}{1+t^2}$，$dx = \dfrac{2}{1+t^2} dt$.

$$原式 = \int \frac{1}{1+\frac{2t}{1+t^2}+\frac{1-t^2}{1+t^2}} \frac{2}{1+t^2} dt = \int \frac{dt}{1+t}$$

$$=\ln|1+t|+C=\ln\left|1+\tan\frac{x}{2}\right|+C.$$

解法二 原式 $=\displaystyle\int\frac{\mathrm{d}x}{\sin x+(1+\cos x)}=\int\frac{\mathrm{d}x}{2\sin\frac{x}{2}\cos\frac{x}{2}+2\cos^2\frac{x}{2}}$

$$=\frac{1}{2}\int\frac{\sec^2\frac{x}{2}\mathrm{d}x}{\tan\frac{x}{2}+1}=\int\frac{\mathrm{d}\tan\frac{x}{2}}{\tan\frac{x}{2}+1}=\ln\left|\tan\frac{x}{2}+1\right|+C.$$

五、综合类

1. 三角函数类

三角函数有理分式的积分都能用万能变换，但这种解法比较烦琐，下面的例子只介绍用其他方法来解题.

【例 21】 计算下列不定积分:

(1) $\displaystyle\int\frac{1+\sin x}{1+\cos x}\mathrm{d}x$;   (2) $\displaystyle\int\frac{\cos x}{1+\cos x}\mathrm{d}x$;   (3) $\displaystyle\int\frac{\mathrm{d}x}{\sin2x+2\sin x}$.

【解】 (1) 原式 $=\displaystyle\int\frac{1}{1+\cos x}\mathrm{d}x+\int\frac{\sin x}{1+\cos x}\mathrm{d}x=\int\frac{1}{2\cos^2\frac{x}{2}}\mathrm{d}x-\int\frac{\mathrm{d}(1+\cos x)}{1+\cos x}$

$$=\int\sec^2\frac{x}{2}\mathrm{d}\left(\frac{x}{2}\right)-\ln(1+\cos x)=\tan\frac{x}{2}-\ln(1+\cos x)+C.$$

(2) 原式 $=\displaystyle\int\frac{1+\cos x-1}{1+\cos x}\mathrm{d}x=\int\mathrm{d}x-\int\frac{1}{1+\cos x}\mathrm{d}x=x-\int\frac{1-\cos x}{(1+\cos x)(1-\cos x)}\mathrm{d}x$

$$=x-\int\frac{1-\cos x}{\sin^2 x}\mathrm{d}x=x-\int\frac{1}{\sin^2 x}\mathrm{d}x+\int\frac{\cos x}{\sin^2 x}\mathrm{d}x$$

$$=x-\int\csc^2 x\,\mathrm{d}x+\int\frac{1}{\sin^2 x}\mathrm{d}\sin x=x+\cot x-\frac{1}{\sin x}+C.$$

注: 在 (1)、(2) 中求解 $\displaystyle\int\frac{1}{1+\cos x}\mathrm{d}x$ 时，用了两种不同的解法，一种是利用三角函数的倍角公式，另一种通过分子分母同乘 $(1-\cos x)$，再利用三角函数的平方关系式. 这两种方法都是很常用的.

(3) **解法一** 原式 $=\displaystyle\int\frac{\mathrm{d}x}{2\sin x\cos x+2\sin x}=\int\frac{\mathrm{d}x}{2\sin x(\cos x+1)}=\int\frac{\sin x\,\mathrm{d}x}{2\sin^2 x(\cos x+1)}$

$$=\frac{1}{2}\int\frac{\sin x\,\mathrm{d}x}{(1-\cos^2 x)(1+\cos x)}=\frac{1}{4}\int\left(\frac{1}{1-\cos x}+\frac{1}{1+\cos x}\right)\frac{\sin x}{1+\cos x}\mathrm{d}x$$

$$=\frac{1}{4}\int\left[\frac{1}{(1-\cos x)(1+\cos x)}+\frac{1}{(1+\cos x)^2}\right]\sin x\,\mathrm{d}x$$

$$=-\frac{1}{4}\int\left[\frac{1}{2(1-\cos x)}+\frac{1}{2(1+\cos x)}+\frac{1}{(1+\cos x)^2}\right]\mathrm{d}\cos x$$

$$=\frac{1}{8}\ln(1-\cos x)-\frac{1}{8}\ln(1+\cos x)+\frac{1}{4(1+\cos x)}+C.$$

解法二 原式 $=\displaystyle\int\frac{\mathrm{d}x}{2\sin x(\cos x+1)}=\int\frac{\mathrm{d}x}{2\cdot2\sin\frac{x}{2}\cos\frac{x}{2}\cdot2\cos^2\frac{x}{2}}=\int\frac{\mathrm{d}x}{8\sin\frac{x}{2}\cos^3\frac{x}{2}}$

$$=\frac{1}{8}\int\frac{\sec^4\frac{x}{2}\mathrm{d}x}{\tan\frac{x}{2}}=\frac{1}{4}\int\frac{\tan^2\frac{x}{2}+1}{\tan\frac{x}{2}}\mathrm{d}\tan\frac{x}{2}=\frac{1}{8}\tan^2\frac{x}{2}+\frac{1}{4}\ln\left|\tan\frac{x}{2}\right|+C.$$

注：此题也可以用分子分母同乘以（$1-\cos x$）的方法来解，即 $\displaystyle\int\frac{\mathrm{d}x}{2\sin x(1+\cos x)}=$

$\displaystyle\int\frac{(1-\cos x)\mathrm{d}x}{2\sin x(1-\cos^2 x)}=\int\frac{1-\cos x}{2\sin^3 x}\mathrm{d}x=\frac{1}{2}\int\csc^3 x\,\mathrm{d}x+\frac{1}{4\sin^2 x}$，再用分部积分法单独求出

$\displaystyle\int\csc^3 x\,\mathrm{d}x$ 即可.

【例22】 计算下列不定积分：

（1）$\displaystyle\int\frac{\mathrm{d}x}{a^2\sin^2 x+b^2\cos^2 x}$；   （2）$\displaystyle\int\frac{\mathrm{d}x}{1+\sin^2 x}$.

分析：如果被积函数的分母是由 $\sin^2 x$、$\cos^2 x$ 和 $\sin x\cos x$ 组成，即分母是关于 $\sin x$ 和 $\cos x$ 的二次函数，解决这类积分的方法通常是分子分母同乘以 $\sec^2 x$ 或 $\csc^2 x$，使分母化为关于 $\tan x$ 或 $\cot x$ 的函数，而把分子凑成 $\mathrm{d}(\tan x)$ 或 $\mathrm{d}(\cot x)$.

【解】 （1）原式 $=\displaystyle\int\frac{\sec^2 x\,\mathrm{d}x}{a^2\tan^2 x+b^2}=\int\frac{\mathrm{d}\tan x}{a^2\tan^2 x+b^2}$，

当 $a\neq 0$，$b\neq 0$ 时，原式 $=\displaystyle\frac{1}{ab}\int\frac{\mathrm{d}\left(\frac{a}{b}\tan x\right)}{1+\left(\frac{a}{b}\tan x\right)^2}=\frac{1}{ab}\arctan\left(\frac{a}{b}\tan x\right)+C$；

当 $a=0$，$b\neq 0$ 时，原式 $=\displaystyle\int\frac{\mathrm{d}\tan x}{b^2}=\frac{1}{b^2}\tan x+C$；

当 $a\neq 0$，$b=0$ 时，原式 $=\displaystyle\int\frac{\mathrm{d}\tan x}{a^2\tan^2 x}=-\frac{1}{a^2\tan x}+C=-\frac{1}{a^2}\cot x+C$.

（2）分析：本题中被积函数的分母为（$1+\sin^2 x$），由于 $1=\sin^2 x+\cos^2 x$，所以（$1+\sin^2 x$）也是关于 $\sin x$ 和 $\cos x$ 的二次函数，同样可以用上题的方法.

原式 $=\displaystyle\int\frac{\csc^2 x\,\mathrm{d}x}{\csc^2 x+1}=-\int\frac{\mathrm{d}\cot x}{\cot^2 x+2}=-\frac{1}{\sqrt{2}}\int\frac{\mathrm{d}\left(\frac{\cot x}{\sqrt{2}}\right)}{\left(\frac{\cot x}{\sqrt{2}}\right)^2+1}=-\frac{1}{\sqrt{2}}\arctan\left(\frac{\cot x}{\sqrt{2}}\right)+C$.

【例23】 计算 $\displaystyle\int\frac{8\sin x+\cos x}{\sin x+2\cos x}\mathrm{d}x$.

分析：由于 $(\sin x+2\cos x)'=\cos x-2\sin x$，则 $\displaystyle\int\frac{\cos x-2\sin x}{\sin x+2\cos x}\mathrm{d}x=\int\frac{\mathrm{d}(\sin x+2\cos x)}{\sin x+2\cos x}$

可积，而 $\displaystyle\int\frac{\sin x+2\cos x}{\sin x+2\cos x}\mathrm{d}x=\int 1\mathrm{d}x$ 也可积，因此，只要把分子 $8\sin x+\cos x$ 化为 $A(\cos x-2\sin x)+B(\sin x+2\cos x)$ 即可.

【解】 设 $\quad 8\sin x+\cos x=A(\cos x-2\sin x)+B(\sin x+2\cos x)$
$$=(B-2A)\sin x+(A+2B)\cos x,$$

比较系数得 $\begin{cases}B-2A=8\\A+2B=1\end{cases}$，解得

$$A=-3,\qquad B=2,$$

从而 原式 $=\displaystyle\int\left[\frac{-3(\cos x-2\sin x)}{\sin x+2\cos x}+\frac{2(\sin x+2\cos x)}{\sin x+2\cos x}\right]\mathrm{d}x$

$=-3\displaystyle\int\frac{\mathrm{d}(\sin x+2\cos x)}{\sin x+2\cos x}+2\int\mathrm{d}x=-3\ln|\sin x+2\cos x|+2x+C$.

注：此例的解法适用于形式为 $\displaystyle\int\frac{a\sin x+b\cos x}{c\sin x+d\cos x}\mathrm{d}x$ 的积分.

【例24】 确定系数 A,B，使下列等式成立

$$\int\frac{\mathrm{d}x}{(a+b\cos x)^2}=\frac{A\sin x}{a+b\cos x}+B\int\frac{\mathrm{d}x}{a+b\cos x}\quad(a^2\neq b^2).$$

分析：关于不定积分的恒等式，它成立的充要条件是等式两边的导数相等，所以本题只要在等式两边求导，再比较等式两边的系数即可.

【解】 等式两边求导

$$\frac{1}{(a+b\cos x)^2}=A\frac{\cos x(a+b\cos x)-\sin x(-b\sin x)}{(a+b\cos x)^2}+\frac{B}{a+b\cos x},$$

即

$$\frac{1}{(a+b\cos x)^2}=\frac{(aA+bB)\cos x+bA+aB}{(a+b\cos x)^2},$$

则

$$1=(aA+bB)\cos x+bA+aB.$$

比较系数得 $\begin{cases}aA+bB=0\\bA+aB=1\end{cases}$，解得 $\begin{cases}A=\dfrac{-b}{a^2-b^2}\\[2mm]B=\dfrac{a}{a^2-b^2}\end{cases}$.

2. 指数函数类

【例 25】 计算下列不定积分：

(1) $\displaystyle\int\frac{\mathrm{d}x}{\mathrm{e}^x+\mathrm{e}^{-x}}$；　　(2) $\displaystyle\int\frac{\mathrm{d}x}{(1+\mathrm{e}^x)^2}$；　　(3) $\displaystyle\int\frac{\mathrm{d}x}{\sqrt{\mathrm{e}^x-1}}$.

分析：被积函数含有"e^x"的积分，通常要凑微分 $\mathrm{e}^x\mathrm{d}x=\mathrm{d}\mathrm{e}^x$. 当被积函数是分式，如果只有分母含有 e^x，而分子不含 e^x 时，一般采用分子分母同乘以 e^x 的方法，从而能凑出微分 $\mathrm{d}\mathrm{e}^x$.

【解】 (1) 原式 $=\displaystyle\int\frac{\mathrm{e}^x\mathrm{d}x}{\mathrm{e}^x(\mathrm{e}^x+\mathrm{e}^{-x})}=\int\frac{\mathrm{d}\mathrm{e}^x}{(\mathrm{e}^x)^2+1}=\arctan\mathrm{e}^x+C$.

(2) 解法一　原式 $=\displaystyle\int\frac{\mathrm{e}^x\mathrm{d}x}{\mathrm{e}^x(1+\mathrm{e}^x)^2}=\int\left(\frac{1}{\mathrm{e}^x}-\frac{1}{1+\mathrm{e}^x}\right)\frac{1}{1+\mathrm{e}^x}\mathrm{d}\mathrm{e}^x$

$=\displaystyle\int\left[\frac{1}{\mathrm{e}^x}-\frac{1}{1+\mathrm{e}^x}-\frac{1}{(1+\mathrm{e}^x)^2}\right]\mathrm{d}\mathrm{e}^x=\ln\frac{\mathrm{e}^x}{1+\mathrm{e}^x}+\frac{1}{1+\mathrm{e}^x}+C$；

解法二　设 $\mathrm{e}^x=t$，则 $x=\ln t$，$\mathrm{d}x=\dfrac{1}{t}\mathrm{d}t$，

原式 $=\displaystyle\int\frac{1}{(1+t)^2t}\mathrm{d}t=\int\left(\frac{1}{t}-\frac{1}{1+t}\right)\frac{1}{1+t}\mathrm{d}t=\int\left(\frac{1}{t}-\frac{1}{1+t}-\frac{1}{(1+t)^2}\right)\mathrm{d}t$

$=\ln\dfrac{t}{1+t}+\dfrac{1}{1+t}+C=\ln\dfrac{\mathrm{e}^x}{1+\mathrm{e}^x}+\dfrac{1}{1+\mathrm{e}^x}+C$.

(3) 分析：此题与 (1)、(2) 题不同，被积函数带有"$\sqrt{\ }$"，在求积分中，如果被积函数含有根式，一般情况首先要设法去掉根号. 去根号有两种基本方法，一种是令根式等于 t 换元，另一种是利用三角函数的平方关系式去掉根号. 所以本题可令 $\sqrt{\mathrm{e}^x-1}=t$ 或 $\mathrm{e}^x=\sec^2 t$ 换元.

解法一　设 $\sqrt{\mathrm{e}^x-1}=t$，则 $\mathrm{e}^x=t^2+1$，$x=\ln(t^2+1)$，$\mathrm{d}x=\dfrac{2t}{t^2+1}\mathrm{d}t$，

原式 $=\displaystyle\int\frac{1}{t}\frac{2t}{t^2+1}\mathrm{d}t=2\int\frac{1}{t^2+1}\mathrm{d}t=2\arctan t+C=2\arctan\sqrt{\mathrm{e}^x-1}+C$；

解法二　设 $\mathrm{e}^x=\sec^2 t$，则 $x=2\ln\sec t$，$\mathrm{d}x=\dfrac{2\sec t\tan t}{\sec t}\mathrm{d}t=2\tan t\mathrm{d}t$，

原式 $=\displaystyle\int\frac{1}{\sqrt{\sec^2 t-1}}\cdot 2\tan t\mathrm{d}t=2\int\mathrm{d}t=2t+C=2\arctan\sqrt{\mathrm{e}^x-1}+C$.

【例 26】 计算下列不定积分：

(1) $\displaystyle\int\frac{x\mathrm{e}^x}{(1+\mathrm{e}^x)^2}\mathrm{d}x$；　　　　(2) $\displaystyle\int\frac{x\mathrm{e}^x}{\sqrt{\mathrm{e}^x-1}}\mathrm{d}x$.

分析：本例中被积函数含有"x"和"e^x"的乘积，设法去掉"x"项，所以先把积分化为 $\int x \, d(\cdots)$，再用分部积分法就可去掉"x"项.

【解】（1）原式 $= -\int x \, d\dfrac{1}{1+e^x} = -\dfrac{x}{1+e^x} + \int \dfrac{1}{1+e^x} \, dx = -\dfrac{x}{1+e^x} + \int \dfrac{e^x}{e^x(1+e^x)} \, dx$

$= -\dfrac{x}{1+e^x} + \int \left(\dfrac{1}{e^x} - \dfrac{1}{1+e^x}\right) de^x = -\dfrac{x}{1+e^x} + \ln \dfrac{e^x}{1+e^x} + C.$

（2）原式 $= 2\int x \, d\sqrt{e^x - 1} = 2x\sqrt{e^x - 1} - 2\int \sqrt{e^x - 1} \, dx,$

设 $\sqrt{e^x - 1} = t$，则 $e^x = t^2 + 1$，$x = \ln(t^2 + 1)$，$dx = \dfrac{2t}{t^2 + 1} dt,$

$$\int \sqrt{e^x - 1} \, dx = \int t \dfrac{2t}{t^2 + 1} dt = 2\int \left(1 - \dfrac{1}{t^2 + 1}\right) dt$$

$$= 2t - 2\arctan t + C = 2\sqrt{e^x - 1} - 2\arctan\sqrt{e^x - 1} + C,$$

所以　　$\int \dfrac{x e^x}{\sqrt{e^x - 1}} \, dx = 2(x - 2)\sqrt{e^x - 1} + 4\arctan\sqrt{e^x - 1} + C.$

3. 积分重现和消去法

在不定积分的题目中，有这样一类较特殊的题型，它不是通过寻找原函数的方法求不定积分，而是通过一系列的恒等变形后又出现了所求的积分（如例 16），这种现象称为积分重现．还有一类题型，在积分过程中会消去积分的某些项，这种方法称为消去法．这两类题型由于不是直接通过寻找原函数的方法求积分，一般不容易想到，因此，这类题目往往较难.

【例 27】 计算下列不定积分：

（1）$\int \cos\ln x \, dx$；　　　（2）$\int \dfrac{\ln x - 1}{\ln^2 x} \, dx$；　　　（3）$\int e^{2x}(\tan x + 1)^2 \, dx.$

【解】（1）$\int \cos\ln x \, dx = x\cos\ln x - \int x \, d(\cos\ln x) = x\cos\ln x + \int \sin\ln x \, dx$

$= x\cos\ln x + x\sin\ln x - \int x \, d(\sin\ln x)$

$= x\cos\ln x + x\sin\ln x - \int \cos\ln x \, dx,$

所以　　　　$\int \cos\ln x \, dx = \dfrac{1}{2}x(\cos\ln x + \sin\ln x) + C.$

（2）原式 $= \int \dfrac{1}{\ln x} \, dx - \int \dfrac{1}{\ln^2 x} \, dx = x\dfrac{1}{\ln x} - \int x \, d\left(\dfrac{1}{\ln x}\right) - \int \dfrac{1}{\ln^2 x} \, dx$

$= x\dfrac{1}{\ln x} - \left(\int \dfrac{-1}{\ln^2 x} \, dx\right) - \int \dfrac{1}{\ln^2 x} \, dx = \dfrac{x}{\ln x} + C.$

（3）$\int e^{2x}(\tan x + 1)^2 \, dx = \int e^{2x}(\tan^2 x + 2\tan x + 1) \, dx = \int e^{2x}\sec^2 x \, dx + 2\int e^{2x}\tan x \, dx$

$= \int e^{2x} \, d\tan x + 2\int e^{2x}\tan x \, dx = e^{2x}\tan x - \int \tan x \, de^{2x} + 2\int e^{2x}\tan x \, dx$

$= e^{2x}\tan x - 2\int e^{2x}\tan x \, dx + 2\int e^{2x}\tan x \, dx = e^{2x}\tan x + C.$

4. 分段函数类

【例 28】 计算下列不定积分：

（1）$\int f(x) \, dx$，其中 $f(x) = \begin{cases} -\sin x, & x \geqslant 0, \\ x, & x < 0; \end{cases}$　　　（2）$\int \max(1, x^2) \, dx.$

分析：本例是关于分段函数的不定积分，由于分段函数在不同区间上的函数表达式不同，这样，在不同分段上分别求出的不定积分就会产生多个任意常数，而不定积分只能有一个任意常数．这时可以通过原函数的连续性（因为原函数可导）来确定任意常数之间的关系．

【解】 （1）在 $(-\infty,0)$ 和 $[0,+\infty)$ 内分别求不定积分，则原函数 $F(x)$ 为

$$F(x)=\begin{cases}\cos x+C_1, & x\geqslant 0,\\ \dfrac{1}{2}x^2+C_2, & x<0,\end{cases}$$

因为 $f(x)$ 在 $x=0$ 处连续，则 $F(x)$ 在 $x=0$ 处也连续，从而有

$$\cos 0+C_1=\frac{1}{2}\times 0^2+C_2,$$

所以，$C_2=C_1+1$，记 $C_1=C$ 得

$$\int f(x)\mathrm{d}x=\begin{cases}\cos x+C, & x\geqslant 0,\\ \dfrac{1}{2}x^2+C+1, & x<0.\end{cases}$$

（2）设 $f(x)=\max(1,x^2)=\begin{cases}x^2, & x>1\\ 1, & -1\leqslant x\leqslant 1,\\ x^2, & x<-1,\end{cases}$

则 $f(x)$ 的原函数 $F(x)$ 为 $\quad F(x)=\begin{cases}\dfrac{1}{3}x^3+C_1, & x>1,\\ x+C_2, & -1\leqslant x\leqslant 1,\\ \dfrac{1}{3}x^3+C_3, & x<-1.\end{cases}$

因为 $f(x)=\max(1,x^2)$ 在 $x=1$ 处连续，则 $F(x)$ 在 $x=1$ 处也连续，从而有

$$\frac{1}{3}\times 1^3+C_1=1+C_2,\ \text{即}\ C_1=C_2+\frac{2}{3}.$$

同样，$f(x)=\max(1,x^2)$ 在 $x=-1$ 处连续，则 $F(x)$ 在 $x=-1$ 处也连续，从而有

$$-1+C_2=\frac{1}{3}\times(-1)^3+C_3,\ \text{即}\ C_3=C_2-\frac{2}{3}.$$

记 $C_2=C$，得 $\quad\displaystyle\int\max(1,x^2)\mathrm{d}x=\begin{cases}\dfrac{1}{3}x^3+\dfrac{2}{3}+C, & x>1,\\ x+C, & -1\leqslant x\leqslant 1,\\ \dfrac{1}{3}x^3-\dfrac{2}{3}+C, & x<-1.\end{cases}$

5. 抽象函数类

【例 29】 计算下列不定积分：

(1) $\displaystyle\int xf'(x)\mathrm{d}x$，其中 $f(x)$ 有原函数 $\dfrac{\sin x}{x}$；　　(2) $\displaystyle\int\left\{\dfrac{f(x)}{f'(x)}-\dfrac{f^2(x)f''(x)}{[f'(x)]^3}\right\}\mathrm{d}x$．

【解】 (1) $\displaystyle\int xf'(x)\mathrm{d}x=\int x\mathrm{d}f(x)=xf(x)-\int f(x)\mathrm{d}x=x\left(\dfrac{\sin x}{x}\right)'-\dfrac{\sin x}{x}+C$

$$=x\frac{x\cos x-\sin x}{x^2}-\frac{\sin x}{x}+C=\cos x-\frac{2\sin x}{x}+C.$$

注：本题如果先求出 $f'(x)=\left(\dfrac{\sin x}{x}\right)''$，再代入积分，这样做比较烦琐．由于求不定积分和求导数是一对互逆运算，所以当被积函数中含有导函数时，一般先利用积分方法化简积分．

(2) $\displaystyle\int\left\{\dfrac{f(x)}{f'(x)}-\dfrac{f^2(x)f''(x)}{[f'(x)]^3}\right\}\mathrm{d}x=\int\dfrac{f(x)}{f'(x)}\left\{1-\dfrac{f(x)f''(x)}{[f'(x)]^2}\right\}\mathrm{d}x$

$$=\int \frac{f(x)}{f'(x)} \frac{[f'(x)]^2 - f(x)f''(x)}{[f'(x)]^2} \mathrm{d}x$$

$$=\int \frac{f(x)}{f'(x)} \mathrm{d}\left[\frac{f(x)}{f'(x)}\right] = \frac{1}{2}\left[\frac{f(x)}{f'(x)}\right]^2 + C.$$

【例 30】 设 $f(x)$ 的一个原函数 $F(x) > 0$，且 $F(0) = 1$，当 $x \geqslant 0$ 时有 $f(x)F(x) = \sin^2 2x$，求 $f(x)$.

【解】 $\displaystyle\int f(x)F(x)\mathrm{d}x = \int F(x)\mathrm{d}F(x) = \frac{1}{2}F^2(x) + C$，

又因为 $\displaystyle\int f(x)F(x)\mathrm{d}x = \int \sin^2 2x\, \mathrm{d}x = \int \frac{1-\cos 4x}{2}\mathrm{d}x = \frac{x}{2} - \frac{\sin 4x}{8} + C$，

所以 $\dfrac{1}{2}F^2(x) = \dfrac{x}{2} - \dfrac{\sin 4x}{8} + C$，由于 $F(x) > 0$，因此

$$F(x) = \sqrt{x - \frac{\sin 4x}{4} + 2C},$$

$F(0) = 1$ 代入得 $C = \dfrac{1}{2}$，则 $F(x) = \sqrt{x - \dfrac{\sin 4x}{4} + 1}$，从而

$$f(x) = F'(x) = \frac{1-\cos 4x}{\sqrt{4x - \sin 4x + 4}}.$$

第五节 同步练习题

1. 计算下列不定积分

(1) $\displaystyle\int \frac{\mathrm{d}x}{\sqrt{x}(1+x)}$；

(2) $\displaystyle\int \frac{x^2}{(x+2)^{10}}\mathrm{d}x$；

(3) $\displaystyle\int \frac{\sin x \cos x}{\sqrt{a^2 \sin^2 x + b^2 \cos^2 x}}\mathrm{d}x$；

(4) $\displaystyle\int \frac{\arctan\sqrt{x}}{\sqrt{x}(1+x)}\mathrm{d}x$；

(5) $\displaystyle\int \frac{1+\ln x}{(x\ln x)^2}\mathrm{d}x$；

(6) $\displaystyle\int \sin^2 x \cos^5 x\, \mathrm{d}x$；

(7) $\displaystyle\int \frac{\cos^3 x}{\sin^4 x}\mathrm{d}x$；

(8) $\displaystyle\int \frac{\sin^2 x}{\cos^6 x}\mathrm{d}x$；

(9) $\displaystyle\int \frac{\mathrm{d}x}{x\sqrt{1-x^2}}$ $(x > 0)$；

(10) $\displaystyle\int \frac{\mathrm{d}x}{x^4\sqrt{x^2-1}}$ $(x > 1)$；

(11) $\displaystyle\int (x^2+x+1)\mathrm{e}^{-x}\mathrm{d}x$；

(12) $\displaystyle\int (\ln x)^2 \mathrm{d}x$；

(13) $\displaystyle\int (x^2+1)\cos x\, \mathrm{d}x$；

(14) $\displaystyle\int x^3 \arctan x\, \mathrm{d}x$；

(15) $\displaystyle\int \sqrt{1-x^2}\arcsin x\, \mathrm{d}x$；

(16) $\displaystyle\int \frac{\sin^2 x}{\mathrm{e}^x}\mathrm{d}x$.

2. 计算下列不定积分

(1) $\displaystyle\int \frac{\mathrm{d}x}{(1+\sin x)^2}$；

(2) $\displaystyle\int \frac{\mathrm{d}x}{(a\sin x + b\cos x)^2}$；

(3) $\displaystyle\int \frac{\mathrm{d}x}{\sqrt{3}\sin x + \cos x}$；

(4) $\displaystyle\int \frac{\sin x}{\sin x - \cos x}\mathrm{d}x$；

(5) $\displaystyle\int \frac{1+\cos x}{1+\sin^2 x}\mathrm{d}x$；

(6) $\displaystyle\int \frac{\sin x \cos x}{\sin x + \cos x}\mathrm{d}x$.

3. 计算下列不定积分

(1) $\displaystyle\int \frac{\mathrm{d}x}{1+\mathrm{e}^{-x}}$；

(2) $\displaystyle\int \frac{\mathrm{d}x}{\mathrm{e}^x + \mathrm{e}^{\frac{x}{2}}}$；

(3) $\displaystyle\int \sqrt{\mathrm{e}^x - 1}\,\mathrm{d}x$.

4. 计算下列不定积分

(1) $\displaystyle\int \frac{\mathrm{e}^x(1+x\ln x)}{x}\mathrm{d}x$；

(2) $\displaystyle\int \frac{x\mathrm{e}^{-x}}{(1-x)^2}\mathrm{d}x$.

5. 求下列积分的递推公式

(1) $I_n = \int \sin^n x \, \mathrm{d}x$;　　　　　　　(2) $I_n = \int \tan^n x \, \mathrm{d}x$.

6. 计算下列不定积分

(1) $\int f(x) \mathrm{d}x$, 其中 $f(x) = \begin{cases} x+1, & x \leqslant 1, \\ 2x, & x > 1; \end{cases}$　　(2) $\int \mathrm{e}^{1-|x|} \, \mathrm{d}x$;

(3) $\int x f'(x) \mathrm{d}x$, 其中 $(1 + \sin x) \ln x$ 为 $f(x)$ 的一个原函数;

(4) $\int [\ln f(x) + \ln f'(x)][f'^2(x) + f(x) f''(x)] \mathrm{d}x$.

第六节　自我测试题

一、测试题 A

1. 填空题

(1) $\int \dfrac{x}{\sin^2(x^2+1)} \mathrm{d}x = $ _____ .　　　　(2) $\int \mathrm{e}^{x^2 + \ln x} \mathrm{d}x = $ _____ .

(3) $\int \dfrac{\sqrt{x^4 + x^{-4} + 2}}{x^3} \mathrm{d}x = $ _____ .　　(4) $\mathrm{d}\left(\int \sqrt{1+x^2} \, \mathrm{d}x \right) = $ _____ .

2. 选择题

(1) 下面那组函数 $F_1(x)$ 与 $F_2(x)$ 是同一个函数的两个不同的原函数 (　　).

　　(A) $F_1(x) = x^3$, $F_2(x) = 4 - x^3$;　　　　(B) $F_1(x) = x^3$, $F_2(x) = 4 - \dfrac{x^3}{2}$;

　　(C) $F_1(x) = x^3$, $F_2(x) = x^3 - 5$;　　　　(D) $F_1(x) = x^3$, $F_2(x) = x^3 - 2x^2$.

(2) 若 $\int f(x) \mathrm{d}x = F(x) + C$, 则 $\int f(ax + b) \mathrm{d}x = $ (　　).

　　(A) $aF(ax+b) + C$;　　(B) $\dfrac{F(ax+b)}{a} + C$;　　(C) $aF(x) + C$;　　(D) $\dfrac{F(x)}{a} + C$.

(3) 若 $f(x)$ 为连续的奇函数, 则 $f(x)$ 的原函数中 (　　).

　　(A) 有奇函数;　　　　　　　　　　(B) 都是偶函数;

　　(C) 都是奇函数;　　　　　　　　　(D) 既没有奇函数也没有偶函数.

(4) $\int \sqrt{\dfrac{1+x}{1-x}} \mathrm{d}x = $ (　　).

　　(A) $x - \cos x + C$;　　　　　　　　(B) $\arccos x - \sqrt{1-x^2} + C$;

　　(C) $\arcsin x + \sqrt{1-x^2} + C$;　　　(D) $\arcsin x - \sqrt{1-x^2} + C$.

3. 解答题

(1) $\int \dfrac{x^2 + \sin^2 x}{(x^2+1)\cos^2 x} \mathrm{d}x$;　　(2) $\int \dfrac{\sin x + \cos x}{\sqrt[3]{\sin x - \cos x}} \mathrm{d}x$;　　(3) $\int \dfrac{\mathrm{d}x}{x(x^6 + 1)}$;

(4) $\int \dfrac{\mathrm{d}x}{\sqrt{1 + \mathrm{e}^x}}$;　　(5) $\int \dfrac{x \mathrm{e}^x}{(\mathrm{e}^x - 1)^2} \mathrm{d}x$;　　(6) $\int \dfrac{1}{a^2 \cos^2 x + b^2 \sin^2 x} \mathrm{d}x$ ($a \neq 0$, $b \neq 0$).

4. 综合题

(1) 设 $f(x)$ 的一个原函数为 $\ln(x + \sqrt{x^2 + 1})$, 求 $\int x f'(x) \mathrm{d}x$.

(2) 已知 $f'(\sin^2 x) = \cos 2x + \tan^2 x$，$0 < x < \dfrac{\pi}{2}$，求 $f(x)$．

(3) 求 $\displaystyle\int \dfrac{\arcsin e^x}{e^x} dx$．

(4) 设 $f(\ln x) = \dfrac{\ln(1+x)}{x}$，求 $\displaystyle\int f(x) dx$．

二、测试题 B

1. 填空题

(1) $\displaystyle\int \dfrac{2 + 6\cos^2 x}{1 + \cos 2x} dx =$ ＿＿＿＿＿．　　　(2) $\displaystyle\int \dfrac{1}{\sqrt{x^2 + 2x + 3}} dx =$ ＿＿＿＿＿．

(3) $\displaystyle\int \dfrac{1}{x\sqrt{x+1}} dx =$ ＿＿＿＿＿．

(4) 若 $\displaystyle\int f(x) dx = F(x) + C$，则 $\displaystyle\int x e^{-x^2} f(e^{-x^2}) dx =$ ＿＿＿＿＿．

2. 选择题

(1) 函数 $f(x) = \sin 2x$ 的原函数是（　　）．

(A) $2\cos 2x$；　　(B) $\dfrac{1}{2}\cos 2x$；　　(C) $-\cos^2 x$；　　(D) $\dfrac{1}{2}\sin 2x$．

(2) 若 $f'(x)$ 为连续函数，则 $\displaystyle\int f'(2x) dx = $（　　）．

(A) $f(2x) + C$；　(B) $f(x) + C$；　　(C) $\dfrac{1}{2} f(2x) + C$；　(D) $2f(2x) + C$．

(3) 若 $f(x)$ 为连续的偶函数，则 $f(x)$ 的原函数中（　　）．

(A) 有奇函数；　　　　　　　　　(B) 都是奇函数；

(C) 都是偶函数；　　　　　　　　(D) 既没有奇函数也没有偶函数．

(4) $\displaystyle\int \dfrac{2^x 3^x}{9^x - 4^x} dx = $（　　）．

(A) $\dfrac{1}{2(\ln 3 - \ln 2)} \ln \dfrac{3^x - 2^x}{3^x + 2^x} + C$；　　(B) $\dfrac{1}{2(\ln 3 - \ln 2)} \ln \dfrac{3^x + 2^x}{3^x - 2^x} + C$；

(C) $\dfrac{1}{2(\ln 3 + \ln 2)} \ln \dfrac{3^x - 2^x}{3^x + 2^x} + C$；　　(D) $\dfrac{1}{2(\ln 3 + \ln 2)} \ln \dfrac{3^x + 2^x}{3^x - 2^x} + C$．

3. 解答题

(1) $\displaystyle\int \dfrac{1 + \ln x}{(1 + x\ln x)^2} dx$；　　　　(2) $\displaystyle\int \dfrac{t + \sin t}{2\cos^2 \dfrac{t}{2}} dt$；　　　　(3) $\displaystyle\int \dfrac{dx}{(1 + e^x)^2}$；

(4) $\displaystyle\int \dfrac{1 + \sin x}{1 - \sin x} dx$；　　　　(5) $\displaystyle\int \dfrac{\sin^2 x}{\cos^6 x} dx$；　　　　(6) $\displaystyle\int \dfrac{\arctan x}{x^2(1 + x^2)} dx$．

4. 综合题

(1) 求 $\displaystyle\int e^{|x|} dx$．　　　(2) $I_n = \displaystyle\int \sec^n x \, dx \ (n \geqslant 3)$，试建立递推公式．

(3) 求 $\displaystyle\int \dfrac{x\ln x}{(1 + x^2)^{\frac{3}{2}}} dx$．　(4) 已知 $f(x) = \begin{cases} x + 1, & x \geqslant 1, \\ -x + 1, & x < 1, \end{cases}$　求 $\displaystyle\int f(x) dx$．

5. 证明题

证明：$\displaystyle\int \dfrac{a_1 \sin x + b_1 \cos x}{a \sin x + b \cos x} dx = Ax + B\ln|a\sin x + b\cos x| + C$，其中 A，B 为常数．

第七节　同步练习题答案

1. (1) $\dfrac{1}{2}\arctan\sqrt{x}+C$；　　(2) $-\dfrac{1}{7(x+2)^7}+\dfrac{1}{2(x+2)^8}-\dfrac{4}{9(x+2)^9}+C$；

(3) 当 $a^2=b^2$ 时，$\dfrac{\sin^2 x}{2|a|}+C$；当 $a^2\neq b^2$ 时，$\dfrac{\sqrt{a^2\sin^2 x+b^2\cos^2 x}}{a^2-b^2}+C$；

(4) $\left(\arctan\sqrt{x}\right)^2+C$；　　(5) $-\dfrac{1}{x\ln x}+C$；　　(6) $\dfrac{1}{3}\sin^3 x-\dfrac{2}{5}\sin^5 x+\dfrac{1}{7}\sin^7 x+C$；

(7) $-\dfrac{1}{3\sin^3 x}+\dfrac{1}{\sin x}+C$；　　(8) $\dfrac{1}{3}\tan^3 x+\dfrac{1}{5}\tan^5 x+C$；　　(9) $\ln\dfrac{1-\sqrt{1-x^2}}{x}+C$；

(10) $\dfrac{2x^2+1}{3x^3}\sqrt{x^2-1}+C$；　　(11) $-(x^2+3x+4)e^{-x}+C$；

(12) $x\ln^2 x-2x\ln x+2x+C$；　　(13) $(x^2+1)\sin x+2x\cos x-2\sin x+C$；

(14) $\dfrac{x^4}{2}\arctan x-\dfrac{x^3}{12}+\dfrac{x}{4}-\dfrac{1}{4}\arctan x+C$；

(15) $\dfrac{1}{4}(\arcsin x)^2+\dfrac{x\sqrt{1-x^2}}{2}\arcsin x-\dfrac{x^2}{4}+C$；

(16) $-\dfrac{1}{10}e^{-x}(2\sin 2x-\cos 2x+5)+C$.

2. (1) $-\dfrac{1}{6}\cot^3\left(\dfrac{x}{2}+\dfrac{\pi}{4}\right)-\dfrac{1}{2}\cot\left(\dfrac{x}{2}+\dfrac{\pi}{4}\right)+C$ 或 $\dfrac{2}{3}\tan^3 x+\tan x-\dfrac{2}{3}\sec^3 x+C$；

(2) $a\neq 0$ 时，$\dfrac{-1}{a(a\tan x+b)}+C$；$a=0$ 时，$\dfrac{1}{b^2\tan x}+C$；

(3) $\dfrac{1}{2}\ln\left|\csc\left(x+\dfrac{\pi}{6}\right)-\cot\left(x+\dfrac{\pi}{6}\right)\right|+C$，提示：利用 $\cos\left(x+\dfrac{\pi}{6}\right)=\dfrac{\sqrt{3}}{2}\sin x+\dfrac{1}{2}\cos x$；

(4) $\dfrac{x}{2}+\dfrac{1}{2}\ln|\sin x-\cos x|+C$；

(5) $\dfrac{\sqrt{2}}{2}\arctan(\sqrt{2}\tan x)+\arctan(\sin x)+C$ 或 $-\dfrac{\sqrt{2}}{2}\arctan(\dfrac{\sqrt{2}}{2}\cot x)+\arctan(\sin x)+C$；

(6) $\dfrac{1}{2}(\sin x-\cos x)-\dfrac{1}{2\sqrt{2}}\ln\left|\tan\left(\dfrac{x}{2}+\dfrac{\pi}{8}\right)\right|+C$，

　　　　提示：利用 $1+2\sin x\cos x=(\sin x+\cos x)^2$.

3. (1) $\ln(e^x+1)+C$；　　　　　　　　(2) $-2e^{-\frac{x}{2}}-x+2\ln(1+e^{-\frac{x}{2}})+C$；

(3) $2\sqrt{e^x-1}-2\arctan\sqrt{e^x-1}+C$.

4. (1) $e^x\ln x+C$；　　(2) $-\dfrac{e^{-x}}{x-1}+C$.

5. (1) $I_n=-\dfrac{1}{n}\cos x\sin^{n-1}x+\dfrac{n-1}{n}I_{n-2}$；　　(2) $I_n=\dfrac{1}{n-1}\tan^{n-1}x-I_{n-2}$.

6. (1) $\begin{cases}\dfrac{x^2}{2}+x+C,\ x\leqslant 1,\\ x^2+C+\dfrac{1}{2},\ x>1;\end{cases}$　　　　(2) $\begin{cases}-e^{1-x}+C+2e,\ x\geqslant 0,\\ e^{1+x}+C,\ \ \ \ \ \ \ \ \ x<0;\end{cases}$

(3) $x(\ln x)\cos x+(1+\sin x)(1-\ln x)+C$；　　(4) $f(x)f'(x)\{\ln[f(x)f'(x)]-1\}+C$.

第八节　自我测试题答案

一、测试题 A 答案

1. (1) $-\dfrac{1}{2}\cot(x^2+1)+C$；　(2) $\dfrac{1}{2}\mathrm{e}^{x^2}+C$；　(3) $\ln|x|-\dfrac{1}{4x^2}+C$；　(4) $\sqrt{1+x^2}\,\mathrm{d}x$.

2. (1) (C)；　　(2) (B)；　　(3) (B)；　　(4) (D)．

3. (1) $\tan x-\arctan x+C$；　　　　　(2) $\dfrac{3}{2}(\sin x+\cos x)^{\frac{2}{3}}+C$；

(3) $\ln|x|-\dfrac{1}{6}\ln(x^6+1)+C$；　　　(4) $\ln\left|\dfrac{\sqrt{1+\mathrm{e}^x}-1}{\sqrt{1+\mathrm{e}^x}+1}\right|+C$；

(5) $-\dfrac{x}{\mathrm{e}^x-1}-x+\ln|\mathrm{e}^x-1|+C$；　　(6) $\dfrac{1}{ab}\arctan\left(\dfrac{b}{a}\tan x\right)+C$.

4. (1) $\dfrac{x}{\sqrt{x^2+1}}-\ln\left(x+\sqrt{x^2+1}\right)+C$；　　(2) $-\ln(1-x)-x^2+C$；

(3) $-\dfrac{\arcsin\mathrm{e}^x}{\mathrm{e}^x}+\ln\left(1-\sqrt{1-\mathrm{e}^{2x}}\right)-x+C$；

(4) $x-(1+\mathrm{e}^{-x})\ln(1+\mathrm{e}^x)+C$.

二、测试题 B 答案

1. (1) $\tan x+3x+C$；　　(2) $\ln\left(x+1+\sqrt{x^2+2x+3}\right)+C$；

(3) $\ln\left|\dfrac{\sqrt{x+1}-1}{\sqrt{x+1}+1}\right|+C$；　　(4) $-\dfrac{1}{2}F(\mathrm{e}^{x^{-2}})+C$.

2. (1) (C)；　　(2) (C)；　　(3) (A)；　　(4) (A)．

3. (1) $-\dfrac{1}{1+x\ln x}+C$；　　(2) $t\tan\dfrac{t}{2}+C$；　　(3) $x-\ln(1+\mathrm{e}^x)+\dfrac{1}{\mathrm{e}^x}+C$；

(4) $2\tan x+\dfrac{2}{\cos x}-x+C$；　　　(5) $\dfrac{1}{5}\tan^5 x+\dfrac{1}{3}\tan^3 x+C$；

(6) $-\dfrac{\arctan x}{x}-\dfrac{1}{2}(\arctan x)^2+\ln\left|\dfrac{x}{\sqrt{1+x^2}}\right|+C$.

4. (1) $\begin{cases}\mathrm{e}^x+C, & x\geqslant 0,\\ -\mathrm{e}^{-x}+C+2, & x<0;\end{cases}$　　(2) $I_n=\dfrac{1}{n-1}\tan x\sec^{n-2}x+\dfrac{n-2}{n-1}I_{n-2}$；

(3) $-\dfrac{\ln x}{\sqrt{1+x^2}}+\ln\dfrac{\sqrt{1+x^2}-1}{x}+C$；　　(4) $\begin{cases}\dfrac{x^2}{2}+x+C, & x\geqslant 1,\\ -\dfrac{x^2}{2}+x+C+1, & x<1.\end{cases}$

5. 提示：等式两边求导，再比较系数．

第五章 定 积 分

第一节 基 本 要 求

① 正确理解定积分的概念、几何意义，掌握其基本性质.
② 理解变上限函数的概念，掌握变上（下）限函数的求导方法.
③ 熟练掌握牛顿-莱布尼茨公式.
④ 熟练掌握定积分的换元积分法与分部积分法.
⑤ 理解广义积分的概念，并能计算简单的广义积分.

第二节 内 容 提 要

一、定积分的概念与性质

1. 定积分的定义

设函数 $f(x)$ 在 $[a,b]$ 上有界，用分点 $a=x_0<x_1<x_2<\cdots<x_{n-1}<x_n=b$ 将区间 $[a,b]$ 任意分割成 n 个小区间：$[x_0,x_1]$，$[x_1,x_2]$，$\cdots$，$[x_{n-1},x_n]$，并用 $\Delta x_i=x_i-x_{i-1}$ $(i=1,2,\cdots,n)$ 表示小区间的长度，任取一点 $\xi_i\in[x_{i-1},x_i]$，记 $\lambda=\max\{\Delta x_1,\Delta x_2,\cdots,\Delta x_n\}$. 如果当 $\lambda\to0$ 时，极限 $\lim\limits_{\lambda\to0}\sum\limits_{i=1}^{n}f(\xi_i)\Delta x_i$ 都存在，则称 $f(x)$ 在区间 $[a,b]$ 上可积，并称此极限为 $f(x)$ 在 $[a,b]$ 上的定积分，记作 $\int_a^b f(x)\mathrm{d}x$，即

$$\int_a^b f(x)\mathrm{d}x=\lim\limits_{\lambda\to0}\sum\limits_{i=1}^{n}f(\xi_i)\Delta x_i.$$

2. 定积分的几何意义

定积分 $\int_a^b f(x)\mathrm{d}x$ 表示由曲线 $y=f(x)$、直线 $x=a$ 和 $x=b$ 以及 x 轴所围图形的各部分面积的代数和（代数和的意思是指：处于 x 轴上方的面积取正，处于 x 轴下方的面积取负，再做和）.

3. 定积分的性质（假定以下定积分均存在）

性质 1 　$\int_a^b[f(x)\pm g(x)]\mathrm{d}x=\int_a^b f(x)\mathrm{d}x\pm\int_a^b g(x)\mathrm{d}x$；

性质 2 　$\int_a^b kf(x)\mathrm{d}x=k\int_a^b f(x)\mathrm{d}x$（其中 k 为常数）；

性质 3 　$\int_a^b f(x)\mathrm{d}x=\int_a^c f(x)\mathrm{d}x+\int_c^b f(x)\mathrm{d}x$，称为定积分对积分区间具有可加性.

性质 4 　设在区间 $[a,b]$ 上，$f(x)\geqslant0$，则 $\int_a^b f(x)\mathrm{d}x\geqslant0$ 　$(a<b)$.

推论 1 　如果在区间 $[a,b]$ 上，$f(x)\leqslant g(x)$，则 $\int_a^b f(x)\mathrm{d}x\leqslant\int_a^b g(x)\mathrm{d}x$ 　$(a<b)$.

推论 2 　$\left|\int_a^b f(x)\mathrm{d}x\right|\leqslant\int_a^b|f(x)|\mathrm{d}x$ 　$(a<b)$.

性质 5 　设函数 $f(x)$ 在区间 $[a,b]$ 上的最大值为 M，最小值为 m，则.

$$m(b-a) \leqslant \int_a^b f(x)\mathrm{d}x \leqslant M(b-a) \quad (a < b).$$

性质 6（定积分中值定理）　如果函数 $f(x)$ 在闭区间 $[a,b]$ 上连续，则至少存在一点 $\xi \in [a,b]$，使得

$$\int_a^b f(x)\mathrm{d}x = f(\xi)(b-a) \qquad (a \leqslant \xi \leqslant b).$$

二、定积分的计算

1. 变上限函数的导数

设函数 $f(x)$ 在区间 $[a,b]$ 上连续，称函数 $\Phi(x) = \int_a^x f(t)\mathrm{d}t$ 　$(a \leqslant x \leqslant b)$ 为变上限函数（或积分上限函数），这个函数具有下列性质.

如果函数 $f(x)$ 在区间 $[a,b]$ 上连续，则变上限函数 $\Phi(x) = \int_a^x f(t)\mathrm{d}t$ 在 $[a,b]$ 上可导，且

$$\Phi'(x) = \frac{\mathrm{d}}{\mathrm{d}x}\int_a^x f(t)\mathrm{d}t = f(x) \quad (a \leqslant x \leqslant b).$$

注：由此可知，函数 $\Phi(x) = \int_a^x f(t)\mathrm{d}t$ 是 $f(x)$ 在 $[a,b]$ 上的一个原函数.

2. 微积分基本公式（牛顿-莱布尼茨公式）

如果函数 $F(x)$ 是连续函数 $f(x)$ 在区间 $[a,b]$ 上的一个原函数，则

$$\int_a^b f(x)\mathrm{d}t = F(b) - F(a).$$

3. 定积分的换元积分法

定积分的第一类换元积分法

$$\int_a^b f[\varphi(x)]\varphi'(x)\mathrm{d}x = \int_a^b f[\varphi(x)]\mathrm{d}[\varphi(x)] = F[\varphi(x)]\big|_a^b.$$

定积分的第二类换元积分法　设函数 $f(x)$ 在区间 $[a,b]$ 上连续，函数 $x = \varphi(t)$ 满足条件：

① $\varphi(\alpha) = a$，$\varphi(\beta) = b$；② $\varphi(t)$ 在 $[\alpha,\beta]$（或 $[\beta,\alpha]$）上具有连续导数且对应的函数值 $\varphi(t) \in [a,b]$，则有

$$\int_a^b f(x)\mathrm{d}x = \int_\alpha^\beta f[\varphi(t)]\varphi'(t)\mathrm{d}t.$$

4. 定积分的分部积分法

$$\int_a^b uv'\mathrm{d}x = [uv]_a^b - \int_a^b vu'\mathrm{d}x \quad \text{或} \quad \int_a^b u\mathrm{d}v = [uv]_a^b - \int_a^b v\mathrm{d}u.$$

三、广义积分（或称反常积分）

1. 无穷区间上的广义积分的定义

设函数 $f(x)$ 在区间 $[a,+\infty)$ 上连续，任取实数 $b > a$，如果极限 $\lim\limits_{b \to +\infty} \int_a^b f(x)\mathrm{d}x$ 存在，则称此极限为函数 $f(x)$ 在无穷区间 $[a,+\infty)$ 上的广义积分（又称反常积分），记作 $\int_a^{+\infty} f(x)\mathrm{d}x = \lim\limits_{b \to +\infty} \int_a^b f(x)\mathrm{d}x$. 这时也称广义积分 $\int_a^{+\infty} f(x)\mathrm{d}x$ 收敛；如果极限 $\lim\limits_{b \to +\infty} \int_a^b f(x)\mathrm{d}x$ 不存在，则称广义积分 $\int_a^{+\infty} f(x)\mathrm{d}x$ 发散.

类似地，可以定义 $f(x)$ 在区间 $(-\infty,b]$ 上的广义积分 $\int_{-\infty}^{b}f(x)\mathrm{d}x$，其定义为

$$\int_{-\infty}^{b}f(x)\mathrm{d}x=\lim_{a\to-\infty}\int_{a}^{b}f(x)\mathrm{d}x.$$

对一整个数轴 $(-\infty,+\infty)$ 上定义的函数 $f(x)$，其广义积分 $\int_{-\infty}^{+\infty}f(x)\mathrm{d}x$ 定义为

$$\int_{-\infty}^{+\infty}f(x)\mathrm{d}x=\int_{-\infty}^{0}f(x)\mathrm{d}x+\int_{0}^{+\infty}f(x)\mathrm{d}x.$$ 只有当右边两个广义积分 $\int_{-\infty}^{0}f(x)\mathrm{d}x$ 和

$\int_{0}^{+\infty}f(x)\mathrm{d}x$ 都收敛时，广义积分 $\int_{-\infty}^{+\infty}f(x)\mathrm{d}x$ 才收敛；当广义积分 $\int_{-\infty}^{0}f(x)\mathrm{d}x$ 和

$\int_{0}^{+\infty}f(x)\mathrm{d}x$ 中至少有一个发散时，就称广义积分 $\int_{-\infty}^{+\infty}f(x)\mathrm{d}x$ 发散.

2. 无界函数的广义积分的定义

设函数 $f(x)$ 在区间 $(a,b]$ 上连续，而在点 a 的右邻域内无界，任取 $\varepsilon>0$，如果极限 $\lim\limits_{\varepsilon\to0^+}\int_{a+\varepsilon}^{b}f(x)\mathrm{d}x$ 存在，则称此极限为函数 $f(x)$ 在区间 $(a,b]$ 上的广义积分（或反常积分），仍记为 $\int_{a}^{b}f(x)\mathrm{d}x=\lim\limits_{\varepsilon\to0^+}\int_{a+\varepsilon}^{b}f(x)\mathrm{d}x$. 这时也称广义积分 $\int_{a}^{b}f(x)\mathrm{d}x$ 收敛；如果极限 $\lim\limits_{\varepsilon\to0^+}\int_{a+\varepsilon}^{b}f(x)\mathrm{d}x$ 不存在，则称广义积分 $\int_{a}^{b}f(x)\mathrm{d}x$ 发散.

类似地，设函数 $f(x)$ 在 $[a,b)$ 上连续，而在点 b 的左邻域内无界，定义广义积分为

$$\int_{a}^{b}f(x)\mathrm{d}x=\lim_{\varepsilon\to0^+}\int_{a}^{b-\varepsilon}f(x)\mathrm{d}x.$$

如果函数 $f(x)$ 在 $[a,b]$ 上除点 c $(a<c<b)$ 外连续，而在 c 点的邻域内无界，定义广义积分 $\int_{a}^{b}f(x)\mathrm{d}x=\int_{a}^{c}f(x)\mathrm{d}x+\int_{c}^{b}f(x)\mathrm{d}x$. 只有当右边两个广义积分 $\int_{a}^{c}f(x)\mathrm{d}x$ 和 $\int_{c}^{b}f(x)\mathrm{d}x$ 都收敛时，广义积分 $\int_{a}^{b}f(x)\mathrm{d}x$ 才收敛；当广义积分 $\int_{a}^{c}f(x)\mathrm{d}x$ 和 $\int_{c}^{b}f(x)\mathrm{d}x$ 中至少有一个发散时，就称广义积分 $\int_{a}^{b}f(x)\mathrm{d}x$ 发散.

无界函数的广义积分通常又称为瑕积分，对应的无界点称为瑕点.

第三节　本章学习注意点

在本章的学习中应当注意以下几个问题.

① 定积分与不定积分虽然是两个截然不同的观念，但是通过牛顿-莱布尼茨公式，定积分与不定积分产生了密切的联系，只要能求出原函数，就可以计算出定积分的值. 所以，一般情况下，计算定积分的方法与求不定积分的方法是一致的. 然而，定积分的计算又有其很强的特殊性，定积分的有些性质是不定积分所不具有的，例如，定积分可以利用被积函数的奇偶性、对称性、周期性等简化计算. 甚至于，有些定积分的被积函数无法找到原函数，也就是说，无法用不定积分的方法计算，但是，通过定积分特有的性质和方法，可以计算出它们的值.

② 应用定积分的第二类换元法时，特别要注意上、下限要做相应改变.

③ 在计算定积分时，常用到下面几个结论.

a. 若 $f(x)$ 为奇函数，则 $\int_{-a}^{a}f(x)\mathrm{d}x=0.$

b. 若 $f(x)$ 为偶函数，则 $\int_{-a}^{a}f(x)\mathrm{d}x=2\int_{0}^{a}f(x)\mathrm{d}x.$

c. 若 $f(x)$ 是周期为 T 的周期函数，则对任意的常数 a 有 $\int_a^{a+T} f(x)\mathrm{d}x = \int_0^T f(x)\mathrm{d}x$，$\int_0^{nT} f(x)\mathrm{d}x = n\int_0^T f(x)\mathrm{d}x$（$n$ 为整数）.

d. $\int_0^\pi f(\sin x)\mathrm{d}x = 2\int_0^{\frac{\pi}{2}} f(\sin x)\mathrm{d}x$，$\int_{-\frac{\pi}{2}}^{\frac{\pi}{2}} f(\cos x)\mathrm{d}x = 2\int_0^{\frac{\pi}{2}} f(\cos x)\mathrm{d}x$.

e. $\int_0^{\frac{\pi}{2}} f(\sin x)\mathrm{d}x = \int_0^{\frac{\pi}{2}} f(\cos x)\mathrm{d}x$.

f. $\int_0^{\frac{\pi}{2}} f(\sin x, \cos x)\mathrm{d}x = \int_0^{\frac{\pi}{2}} f(\cos x, \sin x)\mathrm{d}x$.

g. $\int_0^\pi x f(\sin x)\mathrm{d}x = \frac{\pi}{2}\int_0^\pi f(\sin x)\mathrm{d}x$.

h. $\int_0^{\frac{\pi}{2}} \sin^n x\,\mathrm{d}x = \int_0^{\frac{\pi}{2}} \cos^n x\,\mathrm{d}x = \begin{cases} \dfrac{n-1}{n}\cdot\dfrac{n-3}{n-2}\cdots\dfrac{3}{4}\cdot\dfrac{1}{2}\cdot\dfrac{\pi}{2}, & n\text{ 为正偶数,} \\[2mm] \dfrac{n-1}{n}\cdot\dfrac{n-3}{n-2}\cdots\dfrac{4}{5}\cdot\dfrac{2}{3}, & n\text{ 为奇数}(n\geqslant 3). \end{cases}$

④ 在计算 $\int_a^b f(x)\mathrm{d}x$ 时，要注意区分此积分是属于定积分还是广义积分，如果是广义积分，特别是无界点在区间 (a,b) 的内部时，就不能用 $\int_a^b f(x)\mathrm{d}x = F(b) - F(a)$ 来计算，应该用广义积分的方法来计算.

第四节 典型方法与例题分析

一、与积分有关的极限计算

1. 利用定积分的定义求和式的极限

由定积分的定义 $\int_0^1 f(x)\mathrm{d}x = \lim\limits_{\lambda\to 0}\sum\limits_{i=1}^n f(\xi_i)\Delta x_i$，和式中若取 $\Delta x_i = \dfrac{1}{n}$、$\xi_i = \dfrac{i}{n}\left(\text{或 }\xi_i = \dfrac{i-1}{n}\right)$ 得 $\lim\limits_{n\to\infty}\dfrac{1}{n}\sum\limits_{i=1}^n f\left(\dfrac{i}{n}\right) = \int_0^1 f(x)\mathrm{d}x$ 或 $\lim\limits_{n\to\infty}\dfrac{1}{n}\sum\limits_{i=1}^n f\left(\dfrac{i-1}{n}\right) = \int_0^1 f(x)\mathrm{d}x$，这样可以把和式的极限 $\lim\limits_{n\to\infty}\dfrac{1}{n}\sum\limits_{i=1}^n f\left(\dfrac{i}{n}\right)$ 或 $\lim\limits_{n\to\infty}\dfrac{1}{n}\sum\limits_{i=1}^n f\left(\dfrac{i-1}{n}\right)$ 转化为定积分 $\int_0^1 f(x)\mathrm{d}x$ 的计算. 做这类题的关键是把所求极限转化为 $\lim\limits_{n\to\infty}\dfrac{1}{n}\sum\limits_{i=1}^n f\left(\dfrac{i}{n}\right)$ 或 $\lim\limits_{n\to\infty}\dfrac{1}{n}\sum\limits_{i=1}^n f\left(\dfrac{i-1}{n}\right)$ 的形式.

【例 1】 计算下列极限

(1) $\lim\limits_{n\to\infty}\left(\dfrac{1}{n+1} + \dfrac{1}{n+2} + \cdots + \dfrac{1}{n+n}\right)$；(2) $\lim\limits_{n\to\infty}\left(\dfrac{1}{\sqrt{4n^2-1}} + \dfrac{1}{\sqrt{4n^2-2^2}} + \cdots + \dfrac{1}{\sqrt{4n^2-n^2}}\right)$

(3) $\lim\limits_{n\to\infty}\dfrac{1}{n}\sqrt[n]{n(n+1)(n+2)\cdots(2n-1)}$；(4) $\lim\limits_{n\to\infty}\left[\dfrac{\sin\frac{\pi}{n}}{n+1} + \dfrac{\sin\frac{2\pi}{n}}{n+\frac{1}{2}} + \cdots + \dfrac{\sin\frac{n\pi}{n}}{n+\frac{1}{n}}\right]$.

【解】 (1) 原式 $= \lim\limits_{n\to\infty}\dfrac{1}{n}\left(\dfrac{1}{1+\frac{1}{n}} + \dfrac{1}{1+\frac{2}{n}} + \cdots + \dfrac{1}{1+\frac{n}{n}}\right) = \lim\limits_{n\to\infty}\sum\limits_{i=1}^n \dfrac{1}{1+\frac{i}{n}}\dfrac{1}{n}$

$$=\int_0^1 \frac{1}{1+x}\mathrm{d}x=[\ln(1+x)]_0^1=\ln2.$$

（2）原式 $=\lim\limits_{n\to\infty}\dfrac{1}{n}\left(\dfrac{1}{\sqrt{4-\left(\dfrac{1}{n}\right)^2}}+\dfrac{1}{\sqrt{4-\left(\dfrac{2}{n}\right)^2}}+\cdots+\dfrac{1}{\sqrt{4-\left(\dfrac{n}{n}\right)^2}}\right)$

$$=\lim_{n\to\infty}\sum_{i=1}^n\frac{1}{\sqrt{4-\left(\dfrac{i}{n}\right)^2}}\frac{1}{n}=\int_0^1\frac{1}{\sqrt{4-x^2}}\mathrm{d}x=\left[\arcsin\frac{x}{2}\right]_0^1=\frac{\pi}{6}.$$

（3）分析：此题所求的极限并不是和式的极限，但可以通过取对数的方法把它变成和式的极限.

令 $\quad A_n=\dfrac{1}{n}\sqrt[n]{n\ (n+1)(n+2)\cdots(2n-1)}=\sqrt[n]{\left(1+\dfrac{0}{n}\right)\left(1+\dfrac{1}{n}\right)\cdots\left(1+\dfrac{n-1}{n}\right)},$

$$\ln A_n=\frac{1}{n}\left[\ln\left(1+\frac{0}{n}\right)+\ln\left(1+\frac{1}{n}\right)+\cdots+\ln\left(1+\frac{n-1}{n}\right)\right],$$

$$\lim_{n\to\infty}\ln A_n=\lim_{n\to\infty}\sum_{i=1}^n\ln\left(1+\frac{i-1}{n}\right)\frac{1}{n}=\int_0^1\ln(1+x)\mathrm{d}x$$

$$=[(1+x)\ln(1+x)-x]_0^1=2\ln2-1,$$

所以 $\quad\lim\limits_{n\to\infty}\dfrac{1}{n}\sqrt[n]{n\ (n+1)(n+2)\cdots(2n-1)}=\mathrm{e}^{2\ln2-1}=\dfrac{4}{\mathrm{e}}.$

（4）分析：此题无法直接用定积分来计算，考虑到 $\lim\limits_{n\to\infty}\sum\limits_{i=1}^n\dfrac{\sin\dfrac{i\pi}{n}}{n}=\int_0^1\sin\pi x\,\mathrm{d}x$，而所求

极限与 $\lim\limits_{n\to\infty}\sum\limits_{i=1}^n\dfrac{\sin\dfrac{i\pi}{n}}{n}$ 很相近，只是分母有所不同，但有不等式 $n<n+\dfrac{1}{i}\leqslant n+1$ 成立，因此再结合夹逼定理解此题.

由于 $\quad\dfrac{\sin\dfrac{i\pi}{n}}{n+1}\leqslant\dfrac{\sin\dfrac{i\pi}{n}}{n+\dfrac{1}{i}}<\dfrac{\sin\dfrac{i\pi}{n}}{n}\quad(i=1,2,\cdots,n),$

所以 $\quad\dfrac{1}{n+1}\left(\sin\dfrac{\pi}{n}+\sin\dfrac{2\pi}{n}+\cdots+\sin\dfrac{n\pi}{n}\right)<\dfrac{\sin\dfrac{\pi}{n}}{n+1}+\dfrac{\sin\dfrac{2\pi}{n}}{n+\dfrac{1}{2}}+\cdots+\dfrac{\sin\dfrac{n\pi}{n}}{n+\dfrac{1}{n}}$

$$<\frac{1}{n}\left(\sin\frac{\pi}{n}+\sin\frac{2\pi}{n}+\cdots+\sin\frac{n\pi}{n}\right).$$

由于 $\quad\lim\limits_{n\to\infty}\dfrac{1}{n}\left(\sin\dfrac{\pi}{n}+\sin\dfrac{2\pi}{n}+\cdots+\sin\dfrac{n\pi}{n}\right)=\lim\limits_{n\to\infty}\sum\limits_{i=1}^n\left(\sin\dfrac{i\pi}{n}\right)\dfrac{1}{n}$

$$=\int_0^1\sin\pi x\,\mathrm{d}x=\left[-\frac{1}{\pi}\cos\pi x\right]_0^1=\frac{2}{\pi},$$

从而 $\quad\lim\limits_{n\to\infty}\dfrac{1}{n+1}\left(\sin\dfrac{\pi}{n}+\sin\dfrac{2\pi}{n}+\cdots+\sin\dfrac{n\pi}{n}\right)$

$$=\lim_{n\to\infty}\frac{n}{n+1}\cdot\lim_{n\to\infty}\frac{1}{n}\left(\sin\frac{\pi}{n}+\sin\frac{2\pi}{n}+\cdots+\sin\frac{n\pi}{n}\right)=\frac{2}{\pi}.$$

因此，由夹逼定理得

$$\lim_{n\to\infty}\left[\frac{\sin\frac{\pi}{n}}{n+1}+\frac{\sin\frac{2\pi}{n}}{n+\frac{1}{2}}+\cdots+\frac{\sin\frac{n\pi}{n}}{n+\frac{1}{n}}\right]=\frac{2}{\pi}.$$

2. 利用定积分的性质求极限

【例2】　计算下列极限

(1) $\lim\limits_{n\to\infty}\int_0^1 x^n\sqrt[n]{2+x}\,dx$;　　(2) $\lim\limits_{n\to\infty}\int_n^{n+p}\frac{\sin x}{x}\,dx$;　　(3) $\lim\limits_{n\to\infty}\int_a^b e^{x^2}\sin nx\,dx$.

分析：求这类关于定积分的极限，一般情况并不是通过计算定积分后再求极限，而是利用定积分的性质，再结合极限的夹逼定理来求解.

【解】　(1) 当 $0<x<1$ 时，$0<\sqrt[n]{x+2}<2$，则 $0<\int_0^1 x^n\sqrt[n]{2+x}\,dx<\int_0^1 2x^n\,dx=\frac{2}{n+1}$.

由于 $\lim\limits_{n\to\infty}\frac{2}{n+1}=0$，所以由夹逼定理得

$$\lim_{n\to\infty}\int_0^1 x^n\sqrt[n]{2+x}\,dx=0.$$

注：此题中，"lim" 与 "$\int_0^1$" 不能交换，即解法 $\lim\limits_{n\to\infty}\int_0^1 x^n\sqrt[n]{2+x}\,dx=\int_0^1\left(\lim\limits_{n\to\infty}x^n\sqrt[n]{2+x}\right)dx$ 是不正确的.

(2) 因为 $\left|\int_n^{n+p}\frac{\sin x}{x}\,dx\right|\leqslant\int_n^{n+p}\left|\frac{\sin x}{x}\right|\,dx\leqslant\int_n^{n+p}\frac{1}{x}\,dx=\ln\left(1+\frac{p}{n}\right)$，而 $\lim\limits_{n\to\infty}\ln\left(1+\frac{p}{n}\right)=0$，

从而 $\lim\limits_{n\to\infty}\left|\int_n^{n+p}\frac{\sin x}{x}\,dx\right|=0$，　所以

$$\lim_{n\to\infty}\int_n^{n+p}\frac{\sin x}{x}\,dx=0.$$

(3) 由于 $\int_a^b e^{x^2}\sin nx\,dx=-\frac{1}{n}\int_a^b e^{x^2}\,d(\cos nx)=\left[-\frac{e^{x^2}\cos nx}{n}\right]_a^b+\frac{1}{n}\int_a^b 2x e^{x^2}\cos nx\,dx$，

而 $\qquad\lim\limits_{n\to\infty}\left[-\frac{e^{x^2}\cos nx}{n}\right]_a^b=-\lim\limits_{n\to\infty}\frac{1}{n}[e^{b^2}\cos nb-e^{a^2}\cos na]=0$，

$\left|\frac{1}{n}\int_a^b 2x e^{x^2}\cos nx\,dx\right|\leqslant\frac{1}{n}\int_a^b|2x e^{x^2}\cos nx|\,dx\leqslant\frac{1}{n}\int_a^b|2x e^{x^2}|\,dx$，

因为 $\int_a^b|2x e^{x^2}|\,dx$ 为常数，所以 $\lim\limits_{n\to\infty}\frac{1}{n}\int_a^b|2x e^{x^2}|\,dx=0$，从而

$$\lim_{n\to\infty}\frac{1}{n}\int_a^b 2x e^{x^2}\cos nx\,dx=0,$$

所以 $\qquad\qquad\qquad\lim\limits_{n\to\infty}\int_a^b e^{x^2}\sin nx\,dx=0.$

二、变上限（下限）函数

变上限（下限）函数作为一种函数，同样可以研究其各种特性，比如它的极限、导数、单调性、极值和拐点等. 变上限函数的求导公式：$\frac{d}{dx}\int_a^x f(t)\,dt=f(x)$. 此公式可以推广到更一般的形式：

$$\frac{d}{dx}\int_a^{\varphi(x)}f(t)\,dt=f[\varphi(x)]\varphi'(x);$$

$$\frac{d}{dx}\int_{\psi(x)}^b f(t)\,dt=-f[\psi(x)]\psi'(x);$$

$$\frac{d}{dx}\int_{\psi(x)}^{\varphi(x)}f(t)\,dt=f[\varphi(x)]\varphi'(x)-f[\psi(x)]\psi'(x).$$

【例3】 求 $\dfrac{\mathrm{d}}{\mathrm{d}x}\displaystyle\int_{x^2}^{x^4}\sqrt{1+t^3}\,\mathrm{d}t$.

【解】 原式 $=\sqrt{1+(x^4)^3}\,(x^4)'-\sqrt{1+(x^2)^3}\,(x^2)'=4x^3\sqrt{1+x^{12}}-2x\sqrt{1+x^6}$.

【例4】 已知 $g(x)=\displaystyle\int_0^x(x-t)f(t)\mathrm{d}t$ ，其中 $f(t)$ 为已知的连续函数，求 $g''(x)$.

分析：此题首先要明确积分 $\displaystyle\int_0^x(x-t)f(t)\mathrm{d}t$ 中的两个变量的性质，其中 t 是积分变量，x 是函数 $g(x)$ 的自变量，对于积分而言 x 为常数．要利用变限函数的求导公式 $\dfrac{\mathrm{d}}{\mathrm{d}x}\displaystyle\int_a^x f(t)\mathrm{d}t=f(x)$ 求导时，必须要求被积函数中不能含有变限函数的自变量 x，所以先必须把自变量 x 从积分里面分离出来，然后再求导．

【解】 $g(x)=\displaystyle\int_0^x[xf(t)-tf(t)]\mathrm{d}t=\int_0^x xf(t)\mathrm{d}t-\int_0^x tf(t)\mathrm{d}t=x\int_0^x f(t)\mathrm{d}t-\int_0^x tf(t)\mathrm{d}t$ ，

$g'(x)=\displaystyle\int_0^x f(t)\mathrm{d}t+xf(x)-xf(x)=\int_0^x f(t)\mathrm{d}t$，$g''(x)=f(x)$.

【例5】 设 $f(t)$ 是 t 的连续函数，$g(y)=\displaystyle\int_0^y f(x-y)\mathrm{d}x$ ，求 $g'(y)$.

分析：在此题的积分 $\displaystyle\int_0^y f(x-y)\mathrm{d}x$ 中，x 是积分变量，y 是函数 $g(y)$ 的自变量，与上题类似，首先要把自变量 y 从积分里面分离出来．为此，我们利用换元积分法做变换 $x-y=t$.

【解】 设 $x-y=t$，把积分变量 x 变换成 t，而 y 对于积分而言始终是常数，从而 $x=y+t$，$\mathrm{d}x=\mathrm{d}t$，则 $g(y)=\displaystyle\int_0^y f(x-y)\mathrm{d}x=\int_{-y}^0 f(t)\mathrm{d}t=-\int_0^{-y}f(t)\mathrm{d}t$，所以

$$g'(y)=-f(-y)(-y)'=f(-y) .$$

【例6】 求连续函数 $f(x)$，使得它满足等式：$\displaystyle\int_0^1 f(tx)\mathrm{d}t=f(x)+x\sin x$.

【解】 令 $tx=u$，把积分变量 t 变换成 u，而 x 对于积分而言始终是常数，则 $t=\dfrac{u}{x}$，$\mathrm{d}t=\dfrac{1}{x}\mathrm{d}u$．当 $t=0$ 时，$u=0$；当 $t=1$ 时，$u=x$.

$$\int_0^1 f(tx)\mathrm{d}t=\int_0^x f(u)\frac{1}{x}\mathrm{d}u=\frac{1}{x}\int_0^x f(u)\mathrm{d}u=f(x)+x\sin x ,$$

从而 $$\int_0^x f(u)\mathrm{d}u=xf(x)+x^2\sin x .$$

等式两边对 x 求导得

$$f(x)=f(x)+xf'(x)+2x\sin x+x^2\cos x ,$$

即 $$f'(x)=-2\sin x-x\cos x ,$$

所以 $$f(x)=\int(-2\sin x-x\cos x)\,\mathrm{d}x=2\cos x-\int x\,\mathrm{d}\sin x$$

$$=2\cos x-x\sin x+\int\sin x\,\mathrm{d}x=\cos x-x\sin x+C .$$

【例7】 设 $f(x)=\displaystyle\int_1^{\sqrt{x}}\mathrm{e}^{-t^2}\mathrm{d}t$，求 $\displaystyle\int_0^1\dfrac{f(x)}{\sqrt{x}}\mathrm{d}x$.

分析：此题无法用积分的方法求 $f(x)$，考虑到变限函数的求导公式，容易求出 $f(x)$ 的导数，所以设法在 $\displaystyle\int_0^1\dfrac{f(x)}{\sqrt{x}}\mathrm{d}x$ 中"造出" $f'(x)$，结合定积分的分部积分法就可以解决此问题．

【解】 $\displaystyle\int_0^1\dfrac{f(x)}{\sqrt{x}}\mathrm{d}x=2\int_0^1 f(x)\mathrm{d}\sqrt{x}=[2f(x)\sqrt{x}]_0^1-2\int_0^1\sqrt{x}f'(x)\mathrm{d}x=2f(1)-2\int_0^1\sqrt{x}f'(x)\mathrm{d}x$ ，

由于 $f'(x)=\mathrm{e}^{-x}\dfrac{1}{2\sqrt{x}}$，$f(1)=\displaystyle\int_1^1\mathrm{e}^{-t^2}\mathrm{d}t=0$，所以

$$\int_0^1\frac{f(x)}{\sqrt{x}}\mathrm{d}x=0-2\int_0^1\sqrt{x}\cdot\mathrm{e}^{-x}\frac{1}{2\sqrt{x}}\mathrm{d}x=-\int_0^1\mathrm{e}^{-x}\mathrm{d}x=[\mathrm{e}^{-x}]_0^1=\frac{1}{\mathrm{e}}-1.$$

【例8】 设 $f(x)=\displaystyle\int_0^x\frac{\sin t}{\pi-t}\mathrm{d}t$，求 $\displaystyle\int_0^\pi f(x)\mathrm{d}x$.

【解】 $\displaystyle\int_0^\pi f(x)\mathrm{d}x=[xf(x)]_0^\pi-\int_0^\pi x\mathrm{d}f(x)=\pi f(\pi)-\int_0^\pi xf'(x)\mathrm{d}x$，

所以由于 $f'(x)=\left(\displaystyle\int_0^x\frac{\sin t}{\pi-t}\mathrm{d}t\right)'=\frac{\sin x}{\pi-x},f(\pi)=\int_0^\pi\frac{\sin t}{\pi-t}\mathrm{d}t$，

$$\int_0^\pi f(x)\mathrm{d}x=\pi\int_0^\pi\frac{\sin t}{\pi-t}\mathrm{d}t-\int_0^\pi x\frac{\sin x}{\pi-x}\mathrm{d}x=\int_0^\pi\frac{\pi\sin x}{\pi-x}\mathrm{d}x-\int_0^\pi\frac{x\sin x}{\pi-x}\mathrm{d}x$$
$$=\int_0^\pi\sin x\,\mathrm{d}x=2.$$

【例9】 计算极限 $\displaystyle\lim_{x\to+\infty}\frac{\left[\displaystyle\int_0^x\mathrm{e}^{t^2}\mathrm{d}t\right]^2}{\displaystyle\int_0^x\mathrm{e}^{2t^2}\mathrm{d}t}$.

【解】 易知所求极限为"$\dfrac{\infty}{\infty}$"型，适合用洛必达法则.

原式$\xlongequal{洛必达法则}\displaystyle\lim_{x\to+\infty}\frac{2\mathrm{e}^{x^2}\displaystyle\int_0^x\mathrm{e}^{t^2}\mathrm{d}t}{\mathrm{e}^{2x^2}}=2\lim_{x\to+\infty}\frac{\displaystyle\int_0^x\mathrm{e}^{t^2}\mathrm{d}t}{\mathrm{e}^{x^2}}\xlongequal{洛必达法则}2\lim_{x\to+\infty}\frac{\mathrm{e}^{x^2}}{2x\mathrm{e}^{x^2}}=\lim_{x\to+\infty}\frac{1}{x}=0.$

【例10】 确定常数 a,b，使 $\displaystyle\lim_{x\to0}\frac{\displaystyle\int_0^x\frac{t^2}{\sqrt{b+3t}}\mathrm{d}t}{ax-\sin x}=2$.

【解】 $\displaystyle\lim_{x\to0}\frac{\displaystyle\int_0^x\frac{t^2}{\sqrt{b+3t}}\mathrm{d}t}{ax-\sin x}\xlongequal{洛必达法则}\lim_{x\to0}\frac{\dfrac{x^2}{\sqrt{b+3x}}}{a-\cos x}=\lim_{x\to0}\frac{x^2}{(a-\cos x)\sqrt{b+3x}}$，

如果 $\displaystyle\lim_{x\to0}(a-\cos x)\sqrt{b+3x}=(a-1)\sqrt{b}\neq0$，则 $\displaystyle\lim_{x\to0}\frac{x^2}{(a-\cos x)\sqrt{b+3x}}=0$ 不合题意，所以必有 $(a-1)\sqrt{b}=0$，即 $a=1$ 或 $b=0$.

若 $b=0$，则

$$\lim_{x\to0}\frac{x^2}{(a-\cos x)\sqrt{b+3x}}=\lim_{x\to0}\frac{x^2}{(a-\cos x)\sqrt{3x}}=\lim_{x\to0}\frac{x^{\frac{3}{2}}}{\sqrt{3}\,(a-\cos x)},$$

所以必有 $\displaystyle\lim_{x\to0}(a-\cos x)=a-1=0$，即 $a=1$，从而 $\displaystyle\lim_{x\to0}\frac{x^{\frac{3}{2}}}{\sqrt{3}\,(a-\cos x)}=\lim_{x\to0}\frac{x^{\frac{3}{2}}}{\sqrt{3}\,(1-\cos x)}=$

$\dfrac{1}{\sqrt{3}}\displaystyle\lim_{x\to0}\frac{x^{\frac{3}{2}}}{\frac{1}{2}x^2}=\frac{1}{\sqrt{3}}\lim_{x\to0}\frac{2}{\sqrt{x}}=\infty$ 也不合题意，所以必有 $b\neq0$，从而 $a=1$. 此时

$$\lim_{x\to0}\frac{x^2}{(a-\cos x)\sqrt{b+3x}}=\lim_{x\to0}\frac{x^2}{(1-\cos x)\sqrt{b}}=\frac{2}{\sqrt{b}}=2,$$

所以 $a=1$，$b=1$.

【例11】 求由方程 $\displaystyle\int_0^y\mathrm{e}^{t^2}\mathrm{d}t+\int_0^{\sqrt{x}}(1-t)^3\mathrm{d}t=0$ 所确定的函数 $y=y(x)$ 的可能极值点，并讨论这些点是极大值点还是极小值点.

【解】 方程两边对 x 求导得

$$e^{y^2}y' + (1-\sqrt{x})^3(\sqrt{x})' = 0, \quad \text{即} \quad y' = -\frac{(1-\sqrt{x})^3}{2\sqrt{x}e^{y^2}},$$

由 $y'=0$ 得，函数 $y=y(x)$ 的可能极值点为 $x=1$. 当 $0<x<1$ 时 $y'<0$，当 $x>1$ 时 $y'>0$，所以函数 $y=y(x)$ 只有一个极小值点 $x=1$，它没有极大值点.

【例 12】 设 $\varphi(u)$ 是连续的正值函数，$f(x)=\int_{-c}^{c}|x-u|\varphi(u)du$，试证明：曲线 $y=f(x)$ 在区间 $[-c,c]$ 上是凹的.

分析：本题应利用二阶导数来判别其凹凸性，所以，首要问题是如何求出 $f'(x)$ 和 $f''(x)$. 因为 $f(x)=\int_{-c}^{c}|x-u|\varphi(u)du$ 中含有绝对值，所以先要把绝对值去掉，为此，把积分区间分成 $[-c,x]$ 和 $[x,c]$ 两个区间，并把自变量 x 从积分里面分离出来.

【解】
$$f(x)=\int_{-c}^{x}(x-u)\varphi(u)du+\int_{x}^{c}(u-x)\varphi(u)du$$

$$=x\int_{-c}^{x}\varphi(u)du-\int_{-c}^{x}u\varphi(u)du+\int_{x}^{c}u\varphi(u)du-x\int_{x}^{c}\varphi(u)du,$$

$$f'(x)=\int_{-c}^{x}\varphi(u)du+x\varphi(x)-x\varphi(x)-x\varphi(x)-\int_{x}^{c}\varphi(u)du+x\varphi(x)$$

$$=\int_{-c}^{x}\varphi(u)du-\int_{x}^{c}\varphi(u)du=\int_{-c}^{x}\varphi(u)du+\int_{c}^{x}\varphi(u)du,$$

$$f''(x)=\varphi(x)+\varphi(x)=2\varphi(x)>0,$$

因此，曲线 $y=f(x)$ 在区间 $[-c,c]$ 上是凹的.

【例 13】 证明：当 $x\geqslant0$ 时，$f(x)=\int_{0}^{x}(t-t^2)\sin^{2n}t dt$ 的最大值不超过 $\dfrac{1}{(2n+2)(2n+3)}$.

【证明】 $f'(x)=(x-x^2)\sin^{2n}x=x(1-x)\sin^{2n}x$，由 $f'(x)=0$ 得 $x=1$. 当 $0<x<1$ 时，$f'(x)>0$，当 $x>1$ 时，$f'(x)\leqslant0$，所以 $x=1$ 是函数 $f(x)$ 在区间 $[0,+\infty)$ 上唯一极值点，也是极大值点，所以 $f(x)$ 的最大值为 $f(1)$. 又因为 $\sin t\leqslant t$，$(t>0)$，则 $\sin^{2n}t\leqslant t^{2n}$，从而

$$f(x)\leqslant f(1)=\int_{0}^{1}(t-t^2)\sin^{2n}t dt\leqslant\int_{0}^{1}(t-t^2)t^{2n}dt$$

$$=\int_{0}^{1}(t^{2n+1}-t^{2n+2})dt=\frac{1}{2n+2}-\frac{1}{2n+3}=\frac{1}{(2n+2)(2n+3)}.$$

三、定积分的计算

对于定积分的计算，由于有了牛顿-莱布尼茨公式，所以只要求出原函数，就可以计算定积分了. 因此，求定积分的方法与求不定积分的方法基本相同，但定积分也有它的特殊性，有时可以利用被积函数的奇偶性、对称性、周期性等简化计算.

【例 14】 计算下列定积分

(1) $\int_{-1}^{1}x^2\left[\ln\dfrac{3+x}{3-x}+\ln(x+\sqrt{x^2+1})+\dfrac{1}{1+x^2}\right]dx$; (2) $\int_{-\frac{\pi}{2}}^{\frac{\pi}{2}}(x+\cos^4 x)^2 dx$.

分析：当积分区间为对称区间 $[-a,a]$ 时，要考虑被积函数是否具有奇偶性（或对称性），这样能简化定积分的计算.

【解】 (1) 原式 $=\int_{-1}^{1}x^2\ln\dfrac{3+x}{3-x}dx+\int_{-1}^{1}x^2\ln(x+\sqrt{x^2+1})dx+\int_{-1}^{1}x^2\dfrac{1}{1+x^2}dx$，

容易验证 $\ln\dfrac{3+x}{3-x}$ 和 $\ln(x+\sqrt{x^2+1})$ 都为奇函数，所以 $x^2\ln\dfrac{3+x}{3-x}$ 和 $x^2\ln(x+\sqrt{x^2+1})$ 也都

为奇函数，从而 $\int_{-1}^{1} x^2 \ln\dfrac{3+x}{3-x}\mathrm{d}x = \int_{-1}^{1} x^2 \ln\left(x+\sqrt{x^2+1}\right)\mathrm{d}x = 0$，而 $\dfrac{x^2}{1+x^2}$ 为偶函数，所以

$$原式 = 0 + 0 + 2\int_0^1 \frac{x^2}{1+x^2}\mathrm{d}x = 2\int_0^1\left(1-\frac{1}{1+x^2}\right)\mathrm{d}x = 2\left[x - \arctan x\right]_0^1 = 2 - \frac{\pi}{2}.$$

（2）$原式 = \int_{-\frac{\pi}{2}}^{\frac{\pi}{2}}(x^2 + 2x\cos^4 x + \cos^8 x)\,\mathrm{d}x = \int_{-\frac{\pi}{2}}^{\frac{\pi}{2}}(x^2 + \cos^8 x)\,\mathrm{d}x + 2\int_{-\frac{\pi}{2}}^{\frac{\pi}{2}} x\cos^4 x\,\mathrm{d}x$

$$= 2\int_0^{\frac{\pi}{2}}(x^2 + \cos^8 x)\,\mathrm{d}x + 0 = \left[\frac{2}{3}x^3\right]_0^{\frac{\pi}{2}} + 2\int_0^{\frac{\pi}{2}}\cos^8 x\,\mathrm{d}x$$

$$= \frac{\pi^3}{12} + 2\times\frac{7}{8}\times\frac{5}{6}\times\frac{3}{4}\times\frac{1}{2}\times\frac{\pi}{2} = \frac{\pi^3}{12} + \frac{35}{128}\pi.$$

【例 15】　计算下列定积分

（1）$\displaystyle\int_0^{\pi}\sin x\sqrt{1-\sin x}\,\mathrm{d}x$；　　　　　　　　（2）$\displaystyle\int_0^{200\pi}\sqrt{1-\cos 2x}\,\mathrm{d}x$．

【解】　（1）$原式 = \int_0^{\pi} 2\sin\dfrac{x}{2}\cos\dfrac{x}{2}\sqrt{1-2\sin\dfrac{x}{2}\cos\dfrac{x}{2}}\,\mathrm{d}x = 2\int_0^{\pi}\sin\dfrac{x}{2}\cos\dfrac{x}{2}\left|\sin\dfrac{x}{2}-\cos\dfrac{x}{2}\right|\mathrm{d}x$

$$= 2\int_0^{\frac{\pi}{2}}\sin\frac{x}{2}\cos\frac{x}{2}\left(\cos\frac{x}{2}-\sin\frac{x}{2}\right)\mathrm{d}x + 2\int_{\frac{\pi}{2}}^{\pi}\sin\frac{x}{2}\cos\frac{x}{2}\left(\sin\frac{x}{2}-\cos\frac{x}{2}\right)\mathrm{d}x$$

$$= -4\left[\frac{\cos^3\frac{x}{2}}{3}+\frac{\sin^3\frac{x}{2}}{3}\right]_0^{\frac{\pi}{2}} + 4\left[\frac{\sin^3\frac{x}{2}}{3}+\frac{\cos^3\frac{x}{2}}{3}\right]_{\frac{\pi}{2}}^{\pi} = \frac{8}{3}-\frac{4\sqrt{2}}{3}.$$

注：此题利用对称性可得 $\displaystyle\int_0^{\pi}\sin x\sqrt{1-\sin x}\,\mathrm{d}x = 2\int_0^{\frac{\pi}{2}}\sin x\sqrt{1-\sin x}\,\mathrm{d}x$，这样可以简化计算过程．

（2）$\displaystyle\int_0^{200\pi}\sqrt{1-\cos 2x}\,\mathrm{d}x = \sqrt{2}\int_0^{200\pi}|\sin x|\,\mathrm{d}x$，因为 $|\sin x|$ 以 π 为周期，所以

$$上式 = 200\sqrt{2}\int_0^{\pi}|\sin x|\,\mathrm{d}x = 200\sqrt{2}\int_0^{\pi}\sin x\,\mathrm{d}x = 400\sqrt{2}.$$

【例 16】　计算下列定积分

（1）$\displaystyle\int_0^{\ln 2}\sqrt{\mathrm{e}^x-1}\,\mathrm{d}x$；　　　　　　　　（2）$\displaystyle\int_0^{\frac{\sqrt{2}}{2}}\frac{\arcsin x}{\sqrt{(1-x^2)^3}}\,\mathrm{d}x$．

【解】　（1）令 $\sqrt{\mathrm{e}^x-1}=t$，则 $x=\ln(t^2+1)$，$\mathrm{d}x=\dfrac{2t}{t^2+1}\mathrm{d}t$，且当 $x=0$ 时，$t=0$；当 $x=\ln 2$ 时，$t=1$.

$$原式 = \int_0^1\frac{2t^2}{t^2+1}\mathrm{d}t = 2\int_0^1\left[1-\frac{1}{t^2+1}\right]\mathrm{d}t = 2\left[t-\arctan t\right]_0^1 = 2-\frac{\pi}{2}.$$

（2）令 $\arcsin x=t$，则 $x=\sin t$，$\mathrm{d}x=\cos t\,\mathrm{d}t$．当 $x=0$ 时，$t=0$；当 $x=\dfrac{\sqrt{2}}{2}$时，$t=\dfrac{\pi}{4}$.

$$原式 = \int_0^{\frac{\pi}{4}}\frac{t\cos t}{\sqrt{(1-\sin^2 t)^3}}\mathrm{d}t = \int_0^{\frac{\pi}{4}}\frac{t}{\cos^2 t}\mathrm{d}t = \int_0^{\frac{\pi}{4}}t\sec^2 t\,\mathrm{d}t = \int_0^{\frac{\pi}{4}}t\,\mathrm{d}\tan t$$

$$= [t\tan t]_0^{\frac{\pi}{4}} - \int_0^{\frac{\pi}{4}}\tan t\,\mathrm{d}t = \frac{\pi}{4} + [\ln\cos t]_0^{\frac{\pi}{4}} = \frac{\pi}{4} - \frac{1}{2}\ln 2.$$

【例 17】　计算下列积分

（1）$\displaystyle\int_{-2}^2(|x|+x)\,\mathrm{e}^{-|x|}\,\mathrm{d}x$；　　　　　　　　（2）$\displaystyle\int_0^1 x|x-a|\,\mathrm{d}x$　（a 为常数）．

【解】　（1）$原式 = \displaystyle\int_{-2}^0(-x+x)\,\mathrm{e}^x\,\mathrm{d}x + \int_0^2(x+x)\,\mathrm{e}^{-x}\,\mathrm{d}x = 0 - 2\int_0^2 x\,\mathrm{d}\mathrm{e}^{-x}$

$$= [-2x\mathrm{e}^{-x}]_0^2 + 2\int_0^2 \mathrm{e}^{-x}\mathrm{d}x = -4\mathrm{e}^{-2} - [2\mathrm{e}^{-x}]_0^2 = 2 - \frac{6}{\mathrm{e}^2}.$$

（2）当 $a \leqslant 0$ 时，$\displaystyle\int_0^1 x|x-a|\mathrm{d}x = \int_0^1 x(x-a)\mathrm{d}x = \left[\frac{x^3}{3} - \frac{ax^2}{2}\right]_0^1 = \frac{1}{3} - \frac{a}{2}$；

当 $0 < a < 1$ 时，$\displaystyle\int_0^1 x|x-a|\mathrm{d}x = \int_0^a x(a-x)\mathrm{d}x + \int_a^1 x(x-a)\mathrm{d}x$

$$= \left[\frac{ax^2}{2} - \frac{x^3}{3}\right]_0^a + \left[\frac{x^3}{3} - \frac{ax^2}{2}\right]_a^1 = \frac{a^3}{3} - \frac{a}{2} + \frac{1}{3};$$

当 $a \geqslant 1$ 时，$\displaystyle\int_0^1 x|x-a|\mathrm{d}x = \int_0^1 x(a-x)\mathrm{d}x = \left[\frac{x^3}{3} - \frac{ax^2}{2}\right]_0^1 = \frac{a}{2} - \frac{1}{3}$.

【例 18】 计算下列定积分

（1）$\displaystyle\int_0^\pi \frac{\sin^2 x \cos x}{\sqrt{1 + \sin^5 x}}\mathrm{d}x$；　　　　（2）$\displaystyle\int_0^{\frac{\pi}{2}} \frac{\sin^{10} x - \cos^{10} x}{4 - \sin x - \cos x}\mathrm{d}x$；　　　　（3）$\displaystyle\int_{-\frac{\pi}{2}}^{\frac{\pi}{2}} \frac{\mathrm{e}^x}{1 + \mathrm{e}^x}\sin^4 x\,\mathrm{d}x$.

分析：本例中的三个被积函数，它们的原函数都无法用初等函数来表示，因此无法用牛顿-莱布尼兹公式求解．定积分有其特殊性，有些特殊类型的定积分，虽然无法求出原函数，但可以通过定积分的特有性质求解．

【解】（1）令 $x = \pi - t$,

$$I = \int_0^\pi \frac{\sin^2 x \cos x}{\sqrt{1 + \sin^5 x}}\mathrm{d}x = \int_\pi^0 \frac{\sin^2(\pi - t)\cos(\pi - t)}{\sqrt{1 + \sin^5(\pi - t)}}\mathrm{d}(\pi - t)$$

$$= -\int_0^\pi \frac{\sin^2 t \cos t}{\sqrt{1 + \sin^5 t}}\mathrm{d}t = -I,$$

所以　　　　　　　$$I = \int_0^\pi \frac{\sin^2 x \cos x}{\sqrt{1 + \sin^5 x}}\mathrm{d}x = 0.$$

（2）令 $x = \dfrac{\pi}{2} - t$,

$$I = \int_0^{\frac{\pi}{2}} \frac{\sin^{10} x - \cos^{10} x}{4 - \sin x - \cos x}\mathrm{d}x = \int_{\frac{\pi}{2}}^0 \frac{\sin^{10}\left(\frac{\pi}{2} - t\right) - \cos^{10}\left(\frac{\pi}{2} - t\right)}{4 - \sin\left(\frac{\pi}{2} - t\right) - \cos\left(\frac{\pi}{2} - t\right)}\mathrm{d}\left(\frac{\pi}{2} - t\right)$$

$$= \int_0^{\frac{\pi}{2}} \frac{\cos^{10} t - \sin^{10} t}{4 - \cos t - \sin t}\mathrm{d}t = -I,$$

所以　　　　　　　$$\int_0^{\frac{\pi}{2}} \frac{\sin^{10} x - \cos^{10} x}{4 - \sin x - \cos x}\mathrm{d}x = 0.$$

（3）令 $x = -t$,

$$I = \int_{-\frac{\pi}{2}}^{\frac{\pi}{2}} \frac{\mathrm{e}^x}{1 + \mathrm{e}^x}\sin^4 x\,\mathrm{d}x = \int_{\frac{\pi}{2}}^{-\frac{\pi}{2}} \frac{\mathrm{e}^{-t}}{1 + \mathrm{e}^{-t}}\sin^4(-t)\,\mathrm{d}(-t)$$

$$= \int_{-\frac{\pi}{2}}^{\frac{\pi}{2}} \frac{\mathrm{e}^{-t}}{1 + \mathrm{e}^{-t}}\sin^4 t\,\mathrm{d}t = \int_{-\frac{\pi}{2}}^{\frac{\pi}{2}} \frac{1}{1 + \mathrm{e}^t}\sin^4 t\,\mathrm{d}t = \int_{-\frac{\pi}{2}}^{\frac{\pi}{2}} \frac{1}{1 + \mathrm{e}^x}\sin^4 x\,\mathrm{d}x,$$

从而　　　$$2I = \int_{-\frac{\pi}{2}}^{\frac{\pi}{2}} \frac{\mathrm{e}^x}{1 + \mathrm{e}^x}\sin^4 x\,\mathrm{d}x + \int_{-\frac{\pi}{2}}^{\frac{\pi}{2}} \frac{1}{1 + \mathrm{e}^x}\sin^4 x\,\mathrm{d}x = \int_{-\frac{\pi}{2}}^{\frac{\pi}{2}} \sin^4 x\,\mathrm{d}x$$

$$= 2\int_0^{\frac{\pi}{2}} \sin^4 x\,\mathrm{d}x = 2 \times \frac{3}{4} \times \frac{1}{2} \times \frac{\pi}{2} = \frac{3}{8}\pi,$$

所以　　　　　　　$$\int_{-\frac{\pi}{2}}^{\frac{\pi}{2}} \frac{\mathrm{e}^x}{1 + \mathrm{e}^x}\sin^4 x\,\mathrm{d}x = \frac{3}{16}\pi.$$

注：本例中的解题方法是利用定积分的换元法，其中积分变量代换的一般规律是，当积分区间为 $[0,a]$ 时，令 $x=a-t$；当积分区间为 $[-a,a]$ 时，令 $x=-t$.

【例 19】 设 $f(x)=\int_1^x\dfrac{\ln t}{1+t}\mathrm{d}t$，$x>0$，求 $f(x)+f\left(\dfrac{1}{x}\right)$.

【解】 由于
$$f\left(\frac{1}{x}\right)=\int_1^{\frac{1}{x}}\frac{\ln t}{1+t}\mathrm{d}t\xrightarrow{t=\frac{1}{u}}\int_1^x\frac{\ln\left(\frac{1}{u}\right)}{1+\frac{1}{u}}\mathrm{d}\left(\frac{1}{u}\right)$$

$$=\int_1^x\frac{\ln u}{u(1+u)}\mathrm{d}u=\int_1^x\frac{\ln t}{t(1+t)}\mathrm{d}t\ ,$$

故
$$f(x)+f\left(\frac{1}{x}\right)=\int_1^x\frac{\ln t}{1+t}\mathrm{d}t+\int_1^x\frac{\ln t}{t(1+t)}\mathrm{d}t=\int_1^x\frac{\ln t}{t}\mathrm{d}t$$

$$=\frac{1}{2}\left[\ln^2 t\right]_1^x=\frac{1}{2}\ln^2 x\ .$$

【例 20】 已知 $f(2)=\dfrac{1}{4}$，$f'(2)=0$，$\int_0^2 f(x)\mathrm{d}x=1$，求 $\int_0^2 x^2 f''(x)\mathrm{d}x$.

【解】 原式 $=\int_0^2 x^2\mathrm{d}f'(x)=\left[x^2 f'(x)\right]_0^2-\int_0^2 f'(x)\mathrm{d}(x^2)=4f'(2)-0-2\int_0^2 xf'(x)\mathrm{d}x$

$$=-2\int_0^2 x\mathrm{d}f(x)=-2\left[xf(x)\right]_0^2+2\int_0^2 f(x)\mathrm{d}x=-4f(2)+2=1.$$

【例 21】 已知 $x\geqslant 0$ 时，$f''(x)$ 连续，且 $f(\pi)=1$，$\int_0^\pi\left[f(x)+f''(x)\right]\sin x\mathrm{d}x=3$，试求 $f(0)$.

【解】 因为
$$\int_0^\pi f''(x)\sin x\mathrm{d}x=\int_0^\pi\sin x\mathrm{d}f'(x)=\left[f'(x)\sin x\right]_0^\pi-\int_0^\pi f'(x)\mathrm{d}\sin x$$

$$=0-\int_0^\pi\cos x\mathrm{d}f(x)=-\left[f(x)\cos x\right]_0^\pi+\int_0^\pi f(x)\mathrm{d}\cos x$$

$$=f(\pi)+f(0)-\int_0^\pi f(x)\sin x\mathrm{d}x\ ,$$

故
$$f(\pi)+f(0)=\int_0^\pi f''(x)\sin x\mathrm{d}x+\int_0^\pi f(x)\sin x\mathrm{d}x=3,$$
所以
$$f(0)=3-f(\pi)=3-1=2.$$

四、积分等式与不等式的证明

【例 22】 设 $f(x)$ 为连续函数，证明：$\int_0^a x^3 f(x^2)\mathrm{d}x=\dfrac{1}{2}\int_0^{a^2}xf(x)\mathrm{d}x$.

【证明】 $\int_0^a x^3 f(x^2)\mathrm{d}x=\dfrac{1}{2}\int_0^a x^2 f(x^2)\mathrm{d}(x^2)\xrightarrow{x^2=t}\dfrac{1}{2}\int_0^{a^2}tf(t)\mathrm{d}t=\dfrac{1}{2}\int_0^{a^2}xf(x)\mathrm{d}x$.

【例 23】 证明：$\int_0^{\frac{\pi}{2}}\sin^n x\cos^n x\mathrm{d}x=\dfrac{1}{2^n}\int_0^{\frac{\pi}{2}}\sin^n x\mathrm{d}x$，其中 n 为自然数.

【证明】 $\int_0^{\frac{\pi}{2}}\sin^n x\cos^n x\mathrm{d}x=\dfrac{1}{2^n}\int_0^{\frac{\pi}{2}}\sin^n 2x\mathrm{d}x\xrightarrow{2x=t}\dfrac{1}{2^n}\cdot\dfrac{1}{2}\int_0^\pi\sin^n t\mathrm{d}t$，

由于 $\int_{\frac{\pi}{2}}^\pi\sin^n t\mathrm{d}t\xrightarrow{t=u+\frac{\pi}{2}}\int_0^{\frac{\pi}{2}}\sin^n\left(u+\frac{\pi}{2}\right)\mathrm{d}\left(u+\frac{\pi}{2}\right)=\int_0^{\frac{\pi}{2}}\cos^n u\mathrm{d}u=\int_0^{\frac{\pi}{2}}\sin^n u\mathrm{d}u$，

从而 $\int_0^\pi\sin^n t\mathrm{d}t=\int_0^{\frac{\pi}{2}}\sin^n t\mathrm{d}t+\int_{\frac{\pi}{2}}^\pi\sin^n t\mathrm{d}t=2\int_0^{\frac{\pi}{2}}\sin^n x\mathrm{d}x$，

所以 $\int_0^{\frac{\pi}{2}}\sin^n x\cos^n x\mathrm{d}x=\dfrac{1}{2^n}\int_0^{\frac{\pi}{2}}\sin^n x\mathrm{d}x$.

【例 24】 设 $f(x)$ 为连续的周期函数，其周期为 T，证明：$\int_a^{a+T} f(x)\mathrm{d}x = \int_0^T f(x)\mathrm{d}x$，其中 a 为常数.

【证明】 解法一 $\quad \int_a^{a+T} f(x)\mathrm{d}x = \int_a^0 f(x)\mathrm{d}x + \int_0^T f(x)\mathrm{d}x + \int_T^{a+T} f(x)\mathrm{d}x$，

由于 $\quad\quad \int_T^{a+T} f(x)\mathrm{d}x \xrightarrow{x=u+T} \int_0^a f(u+T)\mathrm{d}(u+T) = \int_0^a f(u)\mathrm{d}u$

$$= \int_0^a f(x)\mathrm{d}x = -\int_a^0 f(x)\mathrm{d}x,$$

所以 $\quad\quad\quad\quad \int_a^{a+T} f(x)\mathrm{d}x = \int_0^T f(x)\mathrm{d}x.$

解法二 设 $g(t) = \int_t^{t+T} f(x)\mathrm{d}x$，由变限函数的求导公式

$$g'(t) = f(t+T) - f(t) = 0,$$

因此，$g(t)$ 恒为常数，从而

$$\int_a^{a+T} f(x)\mathrm{d}x = g(a) = g(0) = \int_0^T f(x)\mathrm{d}x.$$

【例 25】 设 $0 \leqslant x \leqslant \dfrac{\pi}{2}$，证明：$\int_0^{\sin^2 x} \arcsin\sqrt{t}\,\mathrm{d}t + \int_0^{\cos^2 x} \arccos\sqrt{t}\,\mathrm{d}t = \dfrac{\pi}{4}$.

【证明】 设 $\quad f(x) = \int_0^{\sin^2 x} \arcsin\sqrt{t}\,\mathrm{d}t + \int_0^{\cos^2 x} \arccos\sqrt{t}\,\mathrm{d}t$，

因为 $f'(x) = \arcsin\sqrt{\sin^2 x} \cdot (\sin^2 x)' + \arccos\sqrt{\cos^2 x}\,(\cos^2 x)' = 0$，所以 $f(x)$ 恒为常数.

故 $\quad\quad f(x) = f(\dfrac{\pi}{4}) = \int_0^{\frac{1}{2}} \arcsin\sqrt{t}\,\mathrm{d}t + \int_0^{\frac{1}{2}} \arccos\sqrt{t}\,\mathrm{d}t$

$$= \int_0^{\frac{1}{2}} \left(\arcsin\sqrt{t} + \arccos\sqrt{t}\right)\mathrm{d}t = \int_0^{\frac{1}{2}} \frac{\pi}{2}\mathrm{d}t = \frac{\pi}{4}.$$

注：上式积分中利用了公式 $\arcsin x + \arccos x = \dfrac{\pi}{2}$.

【例 26】 设 $f(x)$ 为连续函数，证明

$$\int_0^1 \ln[f(x+t)]\,\mathrm{d}t = \int_0^x \ln\left[\frac{f(t+1)}{f(t)}\right]\mathrm{d}t + \int_0^1 \ln[f(t)]\,\mathrm{d}t.$$

分析：本例要证明的等式中，左边积分的被积函数中出现 x 和 t 两个变量，其中 t 是积分变量. 因此，首先要把 x 从积分里面分离出来，应用换元积分法，做变量代换 $x+t=u$.

【证明】 $\int_0^1 \ln[f(x+t)]\,\mathrm{d}t \xrightarrow{x+t=u} \int_x^{x+1} \ln[f(u)]\,\mathrm{d}(u-x)$

$$= \int_x^{x+1} \ln[f(u)]\,\mathrm{d}u = \int_x^{x+1} \ln[f(t)]\,\mathrm{d}t,$$

设 $\quad g(x) = \int_0^1 \ln[f(x+t)]\,\mathrm{d}t - \int_0^x \ln\left[\frac{f(t+1)}{f(t)}\right]\mathrm{d}t$

$$= \int_x^{x+1} \ln[f(t)]\,\mathrm{d}t - \int_0^x \ln\left[\frac{f(t+1)}{f(t)}\right]\mathrm{d}t,$$

则 $\quad g'(x) = \ln[f(x+1)] - \ln[f(x)] - \ln\left[\dfrac{f(x+1)}{f(x)}\right] = 0$，

从而，$g(x)$ 恒为常数

$$g(x) = g(0) = \int_0^1 \ln[f(t)]\,\mathrm{d}t,$$

所以 $\quad\quad \int_0^1 \ln[f(x+t)]\,\mathrm{d}t = \int_0^x \ln\left[\frac{f(t+1)}{f(t)}\right]\mathrm{d}t + \int_0^1 \ln[f(t)]\,\mathrm{d}t.$

【例 27】 设函数 $f(x)$ 在 $[0,1]$ 上连续，在 $(0,1)$ 内可导，且 $3\int_{\frac{2}{3}}^1 f(x)\mathrm{d}x = f(0)$. 证明：在 $(0,1)$ 内至少存在一点 ξ，使得 $f'(\xi)=0$.

分析：要证明存在一点 ξ 使 $f'(\xi)=0$，通常要用罗尔定理，从已知条件 $3\int_{\frac{2}{3}}^{1}f(x)\mathrm{d}x=f(0)$ 中分析，利用积分中值定理可以找到 $f(x)$ 的一个函数值等于 $f(0)$.

【证明】 函数 $f(x)$ 在 $[0,1]$ 上连续，由积分中值定理，存在 $\eta\in(0,1)$，使得

$$\int_{\frac{2}{3}}^{1}f(x)\mathrm{d}x=f(\eta)\left(1-\frac{2}{3}\right)=\frac{1}{3}f(\eta)，$$

从而 $$f(0)=3\int_{\frac{2}{3}}^{1}f(x)\mathrm{d}x=f(\eta)\quad.$$

函数 $f(x)$ 在 $[0,1]$ 上连续，在 $(0,1)$ 内可导，由罗尔定理得，在 $(0,\eta)\subset(0,1)$ 内至少存在一点 ξ，使得
$$f'(\xi)=0.$$

【例 28】 设函数 $f(x)$ 在 $[0,1]$ 上存在一阶连续导数，证明：在 $(0,1)$ 内至少存在一点 ξ，使得 $$\int_{0}^{1}f(t)\mathrm{d}t=f(0)+\frac{1}{2}f'(\xi).$$

分析：解决此类题型通常要用中值定理，由于积分中值定理很难与导数联系起来，因此考虑用微分中值定理. 然而，定积分不能求导，为了能应用微分中值定理，把定积分转变成变上限函数，即把定积分看成变上限函数的一个函数值：$\int_{0}^{1}f(t)\mathrm{d}t=\int_{0}^{x}f(t)\mathrm{d}t\Big|_{x=1}$. 本例对变上限函数 $\int_{0}^{x}f(t)\mathrm{d}t$ 应用泰勒中值定理.

【解】 设 $F(x)=\int_{0}^{x}f(t)\mathrm{d}t$，则
$$F'(x)=f(x)，\quad F''(x)=f'(x).$$
$F(x)$ 在 $x=0$ 处的一阶泰勒公式
$$F(x)=F(0)+F'(0)x+\frac{F''(\xi)}{2!}x^2=f(0)x+\frac{f'(\xi)}{2!}x^2\quad[\xi\in(0,x)]，$$
令 $x=1$，得 $$\int_{0}^{1}f(t)\mathrm{d}t=F(1)=f(0)+\frac{f'(\xi)}{2!}\quad[\xi\in(0,1)].$$

【例 29】 设函数 $f(x)$ 在 $[a,b]$ 上有二阶连续导数，证明：存在 $c\in(a,b)$，使得
$$\int_{a}^{b}f(x)\mathrm{d}x=(b-a)f\left(\frac{a+b}{2}\right)+\frac{1}{24}f''(c)(b-a)^3.$$

【证明】 设 $F(x)=\int_{a}^{x}f(t)\mathrm{d}t$，则
$$F'(x)=f(x)，\quad F''(x)=f'(x)，\quad F'''(x)=f''(x).$$
$F(x)$ 在 $x=\dfrac{a+b}{2}$ 处的二阶泰勒公式

$$F(x)=F\left(\frac{a+b}{2}\right)+F'\left(\frac{a+b}{2}\right)\left(x-\frac{a+b}{2}\right)+\frac{F''\left(\frac{a+b}{2}\right)}{2!}\left(x-\frac{a+b}{2}\right)^2+\frac{F'''(\xi)}{3!}\left(x-\frac{a+b}{2}\right)^3$$

$$=F\left(\frac{a+b}{2}\right)+f\left(\frac{a+b}{2}\right)\left(x-\frac{a+b}{2}\right)+\frac{f'\left(\frac{a+b}{2}\right)}{2!}\left(x-\frac{a+b}{2}\right)^2+\frac{f''(\xi)}{3!}\left(x-\frac{a+b}{2}\right)^3$$

$$\left(\xi\text{ 在 }x\text{ 与}\frac{a+b}{2}\text{之间}\right)，$$

令 $x=b$，得 $\quad F(b)=F\left(\dfrac{a+b}{2}\right)+f\left(\dfrac{a+b}{2}\right)\left(\dfrac{b-a}{2}\right)+\dfrac{f'\left(\frac{a+b}{2}\right)}{2!}\left(\dfrac{b-a}{2}\right)^2+\dfrac{f''(\xi_1)}{3!}\left(\dfrac{b-a}{2}\right)^3$

$$\left[\xi_1\in\left(\frac{a+b}{2},b\right)\right]，$$

令 $x=a$，得 $\quad F(a)=F\left(\dfrac{a+b}{2}\right)+f\left(\dfrac{a+b}{2}\right)\left(\dfrac{a-b}{2}\right)+\dfrac{f'\left(\dfrac{a+b}{2}\right)}{2!}\left(\dfrac{a-b}{2}\right)^2+\dfrac{f''(\xi_2)}{3!}\left(\dfrac{a-b}{2}\right)^3$

$$\left[\xi_2\in\left(a,\dfrac{a+b}{2}\right)\right],$$

所以 $\quad\displaystyle\int_a^b f(x)\mathrm{d}x=F(b)-F(a)=(b-a)f\left(\dfrac{a+b}{2}\right)+\dfrac{(b-a)^3}{48}[f''(\xi_1)+f''(\xi_2)]$，

又因为 $f''(x)$ 在 $[a,b]$ 上连续，则 $f''(x)$ 在 $[a,b]$ 上有最大值 M 和最小值 m. 则

$$m\leqslant\dfrac{f''(\xi_1)+f''(\xi_2)}{2}\leqslant M,$$

由介值定理得，存在 $c\in[\xi_1,\xi_2]\subset(a,b)$ 使得

$$f''(c)=\dfrac{f''(\xi_1)+f''(\xi_2)}{2},$$

所以 $\quad\displaystyle\int_a^b f(x)\mathrm{d}x=(b-a)f\left(\dfrac{a+b}{2}\right)+\dfrac{1}{24}f''(c)(b-a)^3\qquad[c\in(a,b)]$.

【例 30】 证明：$\dfrac{1}{10\sqrt{2}}\leqslant\displaystyle\int_0^1\dfrac{x^9}{\sqrt{1+x^3}}\mathrm{d}x\leqslant\dfrac{1}{10}$.

【证明】 当 $0\leqslant x\leqslant1$ 时 $\quad\dfrac{x^9}{\sqrt{2}}\leqslant\dfrac{x^9}{\sqrt{1+x^3}}\leqslant x^9$，

所以 $\quad\dfrac{1}{\sqrt{2}}\displaystyle\int_0^1 x^9\mathrm{d}x\leqslant\int_0^1\dfrac{x^9}{\sqrt{1+x^3}}\mathrm{d}x\leqslant\int_0^1 x^9\mathrm{d}x$.

由 $\displaystyle\int_0^1 x^9\mathrm{d}x=\dfrac{1}{10}$ 得 $\quad\dfrac{1}{10\sqrt{2}}\leqslant\displaystyle\int_0^1\dfrac{x^9}{\sqrt{1+x^3}}\mathrm{d}x\leqslant\dfrac{1}{10}$.

【例 31】 证明：$\dfrac{1}{2}\leqslant\displaystyle\int_{\frac{\pi}{4}}^{\frac{\pi}{2}}\dfrac{\sin x}{x}\mathrm{d}x\leqslant\dfrac{\sqrt{2}}{2}$.

【证明】 设 $f(x)=\dfrac{\sin x}{x}$，则当 $\dfrac{\pi}{4}<x<\dfrac{\pi}{2}$ 时

$$f'(x)=\dfrac{x\cos x-\sin x}{x^2}=\dfrac{\cos x\cdot(x-\tan x)}{x^2}<0,$$

所以 $f(x)$ 在 $\left[\dfrac{\pi}{4},\dfrac{\pi}{2}\right]$ 上单调减少，因此

$$\dfrac{2}{\pi}=f\left(\dfrac{\pi}{2}\right)\leqslant f(x)\leqslant f\left(\dfrac{\pi}{4}\right)=\dfrac{2\sqrt{2}}{\pi},$$

所以 $\quad\dfrac{1}{2}=\displaystyle\int_{\frac{\pi}{4}}^{\frac{\pi}{2}}\dfrac{2}{\pi}\mathrm{d}x\leqslant\int_{\frac{\pi}{4}}^{\frac{\pi}{2}}\dfrac{\sin x}{x}\mathrm{d}x\leqslant\int_{\frac{\pi}{4}}^{\frac{\pi}{2}}\dfrac{2\sqrt{2}}{\pi}\mathrm{d}x=\dfrac{\sqrt{2}}{2}$.

【例 32】 设函数 $f(x)$ 在 $[0,1]$ 上连续且单调递减，证明：当 $0<\lambda<1$ 时

$$\int_0^\lambda f(x)\mathrm{d}x>\lambda\int_0^1 f(x)\mathrm{d}x.$$

【证明】 $\displaystyle\int_0^\lambda f(x)\mathrm{d}x-\lambda\int_0^1 f(x)\mathrm{d}x=\int_0^\lambda f(x)\mathrm{d}x-\lambda\int_0^\lambda f(x)\mathrm{d}x-\lambda\int_\lambda^1 f(x)\mathrm{d}x$

$$=(1-\lambda)\int_0^\lambda f(x)\mathrm{d}x-\lambda\int_\lambda^1 f(x)\mathrm{d}x.$$

由于 $f(x)$ 在 $[0,1]$ 上连续，由积分中值定理

$$\int_0^\lambda f(x)\mathrm{d}x=\lambda f(\xi_1)\quad[\xi_1\in[0,\lambda]],\qquad\int_\lambda^1 f(x)\mathrm{d}x=(1-\lambda)f(\xi_2)\quad[\xi_2\in[\lambda,1]].$$

故 $\quad(1-\lambda)\displaystyle\int_0^\lambda f(x)\mathrm{d}x-\lambda\int_\lambda^1 f(x)\mathrm{d}x=\lambda(1-\lambda)[f(\xi_1)-f(\xi_2)]$.

由于 $f(x)$ 在 $[0,1]$ 上单调递减，而 $\xi_1 < \xi_2$，所以 $f(\xi_1) > f(\xi_2)$，则当 $0 < \lambda < 1$ 时

$$\int_0^\lambda f(x)\mathrm{d}x - \lambda \int_0^1 f(x)\mathrm{d}x = \lambda(1-\lambda)[f(\xi_1) - f(\xi_2)] > 0,$$

即

$$\int_0^\lambda f(x)\mathrm{d}x > \lambda \int_0^1 f(x)\mathrm{d}x.$$

【例33】 设函数 $f(x)$ 在 $[0,a]$ 上可导，且 $f(0)=0$，证明：$\left| \int_0^a f(x)\mathrm{d}x \right| \leqslant \dfrac{Ma^2}{2}$，

其中 $M = \max|f'(x)|$，$0 \leqslant x \leqslant a$.

【证明】 **证法一** 函数 $f(x)$ 在 $[0,a]$ 上可导，由拉格朗日中值定理，当 $0 < x < a$ 时

$$f(x) = f(x) - f(0) = f'(\xi)(x-0) \quad [\xi \in (0,x)],$$

则

$$|f(x)| = x|f'(\xi)| \leqslant Mx,$$

$$\left| \int_0^a f(x)\mathrm{d}x \right| \leqslant \int_0^a |f(x)|\mathrm{d}x \leqslant \int_0^a Mx\,\mathrm{d}x = \frac{Ma^2}{2}.$$

证法二 因为 $\displaystyle\int_0^a f(x)\mathrm{d}x = \int_0^a f(x)\mathrm{d}(x-a) = [(x-a)f(x)]_0^a - \int_0^a (x-a)f'(x)\mathrm{d}x$

$$= 0 - [-af(0)] - \int_0^a (x-a)f'(x)\mathrm{d}x$$

$$= \int_0^a (a-x)f'(x)\mathrm{d}x,$$

所以

$$\left| \int_0^a f(x)\mathrm{d}x \right| = \left| \int_0^a (a-x)f'(x)\mathrm{d}x \right| \leqslant \int_0^a |(a-x)f'(x)|\mathrm{d}x$$

$$= \int_0^a (a-x)|f'(x)|\mathrm{d}x \leqslant \int_0^a M(a-x)\mathrm{d}x = \frac{Ma^2}{2}.$$

【例34】 设函数 $f(x)$ 在 $[a,b]$ 上有二阶导数，且 $f''(x) < 0$. 证明

$$\frac{f(a)+f(b)}{2} < \frac{1}{b-a}\int_a^b f(x)\mathrm{d}x < f\left(\frac{a+b}{2}\right).$$

分析： 积分不等式的证明类似与积分等式的证明（参照例28、29），有时也把不等式中某一常数变为变量，再利用导数研究单调性，继而证明关于变量的函数不等式，最后把变量用常数代入就得到所要证明的不等式. 本例把 b 换为变量 t.

【证明】 原不等式等价于

$$\frac{f(a)+f(b)}{2}(b-a) < \int_a^b f(x)\mathrm{d}x < (b-a)f\left(\frac{a+b}{2}\right).$$

先证左边的不等式 $\quad \dfrac{f(a)+f(b)}{2}(b-a) < \displaystyle\int_a^b f(x)\mathrm{d}x.$

设辅助函数

$$g(t) = \frac{f(a)+f(t)}{2}(t-a) - \int_a^t f(x)\mathrm{d}x \quad (a \leqslant t \leqslant b),$$

则

$$g'(t) = \frac{f'(t)}{2}(t-a) + \frac{f(a)+f(t)}{2} - f(t) = \frac{f'(t)}{2}(t-a) + \frac{f(a)-f(t)}{2},$$

$$g''(t) = \frac{f''(t)}{2}(t-a) + \frac{f'(t)}{2} - \frac{f'(t)}{2} = \frac{f''(t)}{2}(t-a) < 0 \quad (a < t < b),$$

从而

$$g'(t) < g'(a) = 0 \quad (a < t < b),$$

所以

$$\frac{f(a)+f(b)}{2}(b-a) - \int_a^b f(x)\mathrm{d}x = g(b) < g(a) = 0,$$

即

$$\frac{f(a)+f(b)}{2}(b-a) < \int_a^b f(x)\mathrm{d}x.$$

再证右边的不等式 $\quad \displaystyle\int_a^b f(x)\mathrm{d}x < (b-a)f\left(\frac{a+b}{2}\right).$

设辅助函数 $\quad h(t) = \displaystyle\int_a^t f(x)\mathrm{d}x - (t-a)f\left(\frac{a+t}{2}\right) \quad (a \leqslant t \leqslant b),$

则
$$h'(t)=f(t)-f\left(\frac{a+t}{2}\right)-(t-a)f'\left(\frac{a+t}{2}\right)\cdot\frac{1}{2},$$

由拉格朗日中值定理
$$f(t)-f\left(\frac{a+t}{2}\right)=f'(\xi)\left[t-\frac{a+t}{2}\right]=\frac{t-a}{2}f'(\xi)\quad\left(\frac{a+t}{2}<\xi<t\right),$$

从而
$$h'(t)=\frac{t-a}{2}\left[f'(\xi)-f'\left(\frac{a+t}{2}\right)\right].$$

由已知 $f''(x)<0$ 得，$f'(\xi)<f'\left(\frac{a+t}{2}\right)$，因此 $h'(t)<0$，所以
$$\int_a^b f(x)\mathrm{d}x-(b-a)f\left(\frac{a+b}{2}\right)=h(b)<h(a)=0,$$

即
$$\int_a^b f(x)\mathrm{d}x<(b-a)f\left(\frac{a+b}{2}\right).$$

【例 35】 设函数 $f(x)$，$g(x)$ 均在 $[a,b]$ 上连续，证明
$$\left[\int_a^b f(x)g(x)\mathrm{d}x\right]^2\leqslant\int_a^b f^2(x)\mathrm{d}x\int_a^b g^2(x)\mathrm{d}x.$$

【证明】 因为 $[f(x)+tg(x)]^2\geqslant0$ 对于任意常数 t 均成立，则
$$\int_a^b [f(x)+tg(x)]^2\mathrm{d}x=\int_a^b [f^2(x)+2tf(x)g(x)+t^2g^2(x)]\mathrm{d}x\geqslant0,$$

即
$$\left[\int_a^b g^2(x)\mathrm{d}x\right]t^2+2\left[\int_a^b f(x)g(x)\mathrm{d}x\right]t+\int_a^b f^2(x)\mathrm{d}x\geqslant0.$$

上式左边是一个关于 t 的二次多项式，且恒大于等于 0，所以
$$\Delta=\left[2\int_a^b f(x)g(x)\mathrm{d}x\right]^2-4\int_a^b g^2(x)\mathrm{d}x\int_a^b f^2(x)\mathrm{d}x\leqslant0,$$

即
$$\left[\int_a^b f(x)g(x)\mathrm{d}x\right]^2\leqslant\int_a^b f^2(x)\mathrm{d}x\int_a^b g^2(x)\mathrm{d}x.$$

五、广义积分的计算

【例 36】 求 $\int_1^{+\infty}\frac{\arctan x}{x^2}\mathrm{d}x$.

【解】 原式 $=-\int_1^{+\infty}\arctan x\,\mathrm{d}\left(\frac{1}{x}\right)=-\left[\frac{\arctan x}{x}\right]_1^{+\infty}+\int_1^{+\infty}\frac{1}{x}\mathrm{d}\arctan x$

$=\frac{\pi}{4}+\int_1^{+\infty}\frac{1}{x(1+x)^2}\mathrm{d}x=\frac{\pi}{4}+\frac{1}{2}\int_1^{+\infty}\left(\frac{1}{x^2}-\frac{1}{1+x^2}\right)\mathrm{d}x^2$

$=\frac{\pi}{4}+\frac{1}{2}\left[\ln\frac{x^2}{1+x^2}\right]_1^{+\infty}=\frac{\pi}{4}+\frac{1}{2}\lim_{x\to+\infty}\left[\ln\frac{x^2}{1+x^2}\right]-\frac{1}{2}\ln\frac{1}{2}=\frac{\pi}{4}+\frac{1}{2}\ln2.$

【例 37】 计算 $\int_{\frac{1}{2}}^{\frac{3}{2}}\frac{\mathrm{d}x}{\sqrt{|x-x^2|}}$.

分析：此题首先要去掉绝对值，根据 $x^2-x=x(x-1)$ 的符号把积分区间分成 $\left[\frac{1}{2},1\right]$ 和 $\left[1,\frac{3}{2}\right]$ 两个区间.

【解】 原式 $=\int_{\frac{1}{2}}^1\frac{\mathrm{d}x}{\sqrt{x-x^2}}+\int_1^{\frac{3}{2}}\frac{\mathrm{d}x}{\sqrt{x^2-x}}=\int_{\frac{1}{2}}^1\frac{\mathrm{d}x}{\sqrt{\frac{1}{4}-\left(x-\frac{1}{2}\right)^2}}+\int_1^{\frac{3}{2}}\frac{\mathrm{d}x}{\sqrt{\left(x-\frac{1}{2}\right)^2-\frac{1}{4}}}$

$=\left[\arcsin2\left(x-\frac{1}{2}\right)\right]_{\frac{1}{2}}^{1^-}+\left[\ln\left|\left(x-\frac{1}{2}\right)+\sqrt{\left(x-\frac{1}{2}\right)^2-\frac{1}{4}}\right|\right]_{1^+}^{\frac{3}{2}}=\frac{\pi}{2}+\ln(2+\sqrt{3}).$

【例 38】 已知 $\int_0^{+\infty}\frac{\sin x}{x}\mathrm{d}x=\frac{\pi}{2}$，计算 $\int_0^{+\infty}\frac{\sin^2 x}{x^2}\mathrm{d}x$。

分析：此题试图通过 $\int_0^{+\infty}\dfrac{\sin x}{x}\mathrm{d}x$ 来计算 $\int_0^{+\infty}\dfrac{\sin^2 x}{x^2}\mathrm{d}x$，其最有效的方法就是对 $\int_0^{+\infty}\dfrac{\sin^2 x}{x^2}\mathrm{d}x$ 使用分部积分。

【解】　因为 $\displaystyle\int_0^{+\infty}\dfrac{\sin^2 x}{x^2}\mathrm{d}x=-\int_0^{+\infty}\sin^2 x\,\mathrm{d}\dfrac{1}{x}=-\dfrac{\sin^2 x}{x}\Big|_0^{+\infty}+\int_0^{+\infty}\dfrac{2\sin x\cos x}{x}\mathrm{d}x.$

又 $\displaystyle\lim_{x\to 0}\dfrac{\sin^2 x}{x}=\lim_{x\to 0}\dfrac{\sin x}{x}\cdot\sin x=0$，所以

$$\int_0^{+\infty}\dfrac{\sin^2 x}{x^2}\mathrm{d}x=0+\int_0^{+\infty}\dfrac{2\sin x\cos x}{x}\mathrm{d}x=\int_0^{+\infty}\dfrac{\sin 2x}{x}\mathrm{d}x,$$

令 $t=2x$，则　$\displaystyle\int_0^{+\infty}\dfrac{\sin t}{\frac{t}{2}}\dfrac{1}{2}\mathrm{d}t=\int_0^{+\infty}\dfrac{\sin t}{t}\mathrm{d}t=\dfrac{\pi}{2}.$

第五节　同步练习题

1. 求下列极限

(1) $\displaystyle\lim_{n\to\infty}\dfrac{1^p+2^p+\cdots+n^p}{n^{p+1}}$ $(p>0)$;　(2) $\displaystyle\lim_{n\to\infty}\dfrac{\sin a+\sin\left(a+\dfrac{b}{n}\right)+\cdots+\sin\left(a+\dfrac{n-1}{n}b\right)}{n}.$

2. 求下列极限

(1) $\displaystyle\lim_{n\to\infty}n^2\int_0^{\frac{1}{2}}\dfrac{x^n}{1+\mathrm{e}^x}\mathrm{d}x$;　(2) $\displaystyle\lim_{n\to\infty}\int_n^{n+1}x^2\mathrm{e}^{-x^2}\mathrm{d}x.$

3. 求 $\dfrac{\mathrm{d}}{\mathrm{d}x}\displaystyle\int_{x^2}^{x^3}\sqrt{1+t^2}\,\mathrm{d}t.$

4. 设函数 $f(x)$ 有连续导数，$g(x)=\displaystyle\int_0^x(x-t)f'(t)\mathrm{d}t$，求 $g'(x)$.

5. $f(t)=\displaystyle\int_1^{t^2}\mathrm{e}^{-x^2}\mathrm{d}x$，求 $\displaystyle\int_0^1 tf(t)\mathrm{d}t.$

6. 求 $\displaystyle\lim_{x\to+\infty}\dfrac{\displaystyle\int_0^x(\arctan x)^2\mathrm{d}x}{\sqrt{1+x^2}}.$

7. 证明：$f(x)=\displaystyle\int_0^x(x-2t)\mathrm{e}^{-t^2}\mathrm{d}t$ 为偶函数.

8. 求函数 $f(x)=\displaystyle\int_0^1|x-t|\mathrm{d}t$ 在 $0\leqslant x\leqslant 1$ 上的最大值和最小值.

9. 求 $f(x)=\displaystyle\int_0^x t\mathrm{e}^{-t}\mathrm{d}t$ 所表示的曲线 $y=f(x)$ 的拐点.

10. 计算下列定积分

(1) $\displaystyle\int_0^{\ln 2}x\mathrm{e}^{-x}\mathrm{d}x$;　(2) $\displaystyle\int_0^1\dfrac{\arcsin\sqrt{x}}{\sqrt{x(1-x)}}\mathrm{d}x$;　(3) $\displaystyle\int_0^{\frac{\pi}{2}}\dfrac{\mathrm{d}x}{2+\sin x}$;

(4) $\displaystyle\int_{-1}^1 x^2(\sin x+\sqrt{1-x^2})\mathrm{d}x$;　(5) $\displaystyle\int_a^b|x|\mathrm{d}x\,(a<b)$;　(6) $\displaystyle\int_0^{\frac{\pi}{2}}|\sin x-\cos x|\mathrm{d}x$;

(7) $\displaystyle\int_{\mathrm{e}^{-2}}^{\mathrm{e}^2}\dfrac{|\ln x|}{\sqrt{x}}\mathrm{d}x$;　(8) $\displaystyle\int_{-\frac{\pi}{4}}^{\frac{\pi}{4}}\dfrac{\mathrm{e}^x\cos^2 x}{1+\mathrm{e}^x}\mathrm{d}x$;　(9) $\displaystyle\int_{-\frac{1}{2}}^{\frac{1}{2}}\ln\dfrac{1+x}{1-x}\cdot\arcsin\sqrt{1-x^2}\,\mathrm{d}x.$

11. 设函数 $f(x)$ 在 $[-a,a]$ 上连续. 证明：$\displaystyle\int_{-a}^a f(x)\mathrm{d}x=\int_0^a[f(x)+f(-x)]\mathrm{d}x$，并由此计算 $\displaystyle\int_{-\frac{\pi}{4}}^{\frac{\pi}{4}}\dfrac{\mathrm{d}x}{1+\sin x}.$

12. 设函数 $f(x)$ 在 $[0,a]$ 上连续．证明：$\int_0^a f(x)\mathrm{d}x = \int_0^a f(a-x)\mathrm{d}x$，并由此计算

$$\int_0^{\frac{\pi}{4}} \frac{1-\sin 2x}{1+\sin 2x}\mathrm{d}x .$$

13. 设函数 $f(x)$ 为连续函数．证明：$\int_0^{2\pi} f(|\cos x|)\mathrm{d}x = 4\int_0^{\frac{\pi}{2}} f(|\cos x|)\mathrm{d}x$．

14. 设函数 $f(x)$ 在 $[0,1]$ 上连续．证明：$\int_0^\pi x f(\cos^{2n}x)\mathrm{d}x = \frac{\pi}{2}\int_0^\pi f(\cos^{2n}x)\mathrm{d}x$．

15. 证明：$\int_a^1 \frac{\mathrm{d}x}{1+x^2} = \int_1^{\frac{1}{a}} \frac{\mathrm{d}x}{1+x^2}$ $(a>0)$．

16. 设函数 $f(x)$ 为连续函数．证明：$\int_1^4 f\left(\frac{x}{2}+\frac{2}{x}\right)\frac{\ln x}{x}\mathrm{d}x = \ln 2\int_1^4 f\left(\frac{x}{2}+\frac{2}{x}\right)\frac{\mathrm{d}x}{x}$．

17. 求连续函数 $f(x)$，使得满足 $\int_0^1 f(tx)\mathrm{d}t = f(x)-x\sin x$．

18. 设函数 $f''(x)$ 在 $[0,2]$ 上连续，且 $f(0)=1$，$f(2)=3$，$f'(2)=5$，求

$$\int_0^1 x f''(2x)\mathrm{d}x .$$

19. 设函数 $f'(x)$ 为连续函数，$F(x)=\int_0^x f(t)f'(2a-t)\mathrm{d}t$，证明

$$F(2a)-2F(a)=[f(a)]^2 - f(0)f(2a) .$$

20. 设函数 $f(x)$ 在 $[0,1]$ 上可微，且 $f(1)=2\int_0^{\frac{1}{2}} x f(x)\mathrm{d}x=0$. 证明：在 $(0,1)$ 内至少存在一点 ξ，使得 $f'(\xi)=-\frac{f(\xi)}{\xi}$．

21. 证明下列不等式

(1) $\sqrt{2}\,\mathrm{e}^{-\frac{1}{2}} < \int_{-\frac{1}{\sqrt{2}}}^{\frac{1}{\sqrt{2}}} \mathrm{e}^{-x^2}\mathrm{d}x < \sqrt{2}$；

(2) $\frac{1}{2} < \int_0^{\frac{1}{2}} \frac{1}{\sqrt{2x^2-x+1}}\mathrm{d}x < \frac{\sqrt{14}}{7}$；

(3) $\frac{1}{2} < \int_0^1 \frac{1}{\sqrt{4-x^2+x^3}}\mathrm{d}x < \frac{\pi}{6}$；

(4) $\int_0^{2\pi} \frac{\sin x}{x}\mathrm{d}x > 0$．

22. 设函数 $f(x)$ 在 $[a,b]$ 上有一阶连续导数，且 $|f'(x)|\leqslant M$，$f(a)=0$. 证明

$$\frac{2}{(b-a)^2}\left|\int_a^b f(x)\mathrm{d}x\right| \leqslant M .$$

23. 设函数 $f(x)$ 在 $[a,b]$ 上具有二阶导数，且 $f'(x)<0$，$f''(x)<0$. 证明

$$\frac{b-a}{2}[f(a)+f(b)] < \int_a^b f(x)\mathrm{d}x < (b-a)f(a) .$$

24. 设函数 $f(x)$ 在 $[0,2]$ 上有一阶连续导数，且 $f(0)=f(2)=1$，$|f'(x)|\leqslant 1$. 证明

$$\int_0^2 f(x)\mathrm{d}x > 1 .$$

25. 计算下列积分

(1) $\int_0^{+\infty} \frac{\mathrm{d}x}{\sqrt{x}+x\sqrt{x}}$；

(2) $\int_0^{+\infty} \frac{x\mathrm{e}^x}{(1+\mathrm{e}^x)^2}\mathrm{d}x$；

(3) $\int_0^2 \frac{\mathrm{d}x}{\sqrt{x(2-x)}}$．

第六节　自我测试题

一、测试题 A

1. 填空题

(1) $\int_{-2}^1 |x^3|\mathrm{d}x = $ _____．

(2) $\int_0^{2\pi} \sin^4 x\mathrm{d}x = $ _____．

(3) 设以 T 为周期，且 $\int_0^T f(x)\,\mathrm{d}x = a$，则 $\int_a^{a+200T} f(x)\,\mathrm{d}x =$ _____．

(4) 设 $f(x)$ 连续导数，且 $f(a)=f(b)=0$，$\int_a^b f^2(x)\,\mathrm{d}x = 1$，则 $\int_a^b x f(x) f'(x)\,\mathrm{d}x =$ _____．

2. 选择题

(1) 若 $f(x)$ 为连续函数，且 $f(0)=2$，又函数 $F(x) = \begin{cases} \dfrac{1}{x^2}\displaystyle\int_0^{x^2} f(t)\,\mathrm{d}t, & x \neq 0, \\ a, & x = 0 \end{cases}$ 连续，则 $a =$（　　）．

　　(A) 1；　　　　(B) 2；　　　　(C) 0；　　　　(D) 4．

(2) 若 $f(x)$ 为连续函数，则 $\lim\limits_{x \to a} \dfrac{x}{x-a} \displaystyle\int_a^x f(t)\,\mathrm{d}t =$（　　）．

　　(A) 0；　　(B) $af(a)$；　　(C) $f(a) - af(a)$；　　(D) $f(a)$．

(3) 若 $f(x)$ 连续且满足关系式 $\int_0^{x^3+1} f(x)\,\mathrm{d}x = x^2$，则 $f(9) =$（　　）．

　　(A) $\dfrac{1}{3}$；　　　　(B) 1；　　　　(C) -1；　　　　(D) 0．

3. 解答题

(1) $\displaystyle\int_0^4 \frac{\mathrm{d}t}{1+\sqrt{t}}$；　　　　(2) $\displaystyle\int_0^1 \sqrt{4-x^2}\,\mathrm{d}x$；　　　　(3) $\displaystyle\int_{-\frac{\pi}{2}}^{\frac{\pi}{2}} (x^3+\cos x)\sin^2 x\,\mathrm{d}x$；

(4) $\displaystyle\int_1^e \ln x\,\mathrm{d}x$；　　　　(5) $\displaystyle\int_0^{\sqrt{3}} x\arctan x\,\mathrm{d}x$；　　　　(6) $\displaystyle\int_0^{+\infty} \frac{1}{\sqrt{x}} e^{-\sqrt{x}}\,\mathrm{d}x$．

4. 综合题

(1) 求 $\lim\limits_{n \to \infty} \sum\limits_{i=1}^n \dfrac{i}{n^2+i^2}$．

(2) 设 $y = y(x)$ 由方程 $x + y^2 = \displaystyle\int_0^{y-x} \cos t^2\,\mathrm{d}t$ 所确定，求 $\dfrac{\mathrm{d}y}{\mathrm{d}x}$．

(3) 求 $I = \displaystyle\int_0^1 \dfrac{f(x)}{\sqrt{x}}\,\mathrm{d}x$，其中 $f(x) = \displaystyle\int_1^{\sqrt{x}} \sin t^2\,\mathrm{d}t$．

(4) 求 $\lim\limits_{n \to \infty} \dfrac{1}{\sqrt{n}} \displaystyle\int_1^n \ln\left(1 + \dfrac{1}{\sqrt{x}}\right)\,\mathrm{d}x$．

5. 证明题

(1) 设 $f(x)$ 为连续函数，证明：$\int_0^a x^5 f(x^3)\,\mathrm{d}x = \dfrac{1}{3}\int_0^{a^3} x f(x)\,\mathrm{d}x$．

(2) 证明不等式：$\dfrac{1}{2} < \displaystyle\int_0^1 \dfrac{\mathrm{d}x}{\sqrt{4-x^2+x^4}} < \dfrac{\pi}{6}$．

二、测试题 B

1. 填空题

(1) $\displaystyle\int_{-\frac{\pi}{4}}^{\frac{\pi}{4}} (x^3+2)\sin^4 2x\,\mathrm{d}x =$ _____．

(2) $\lim\limits_{n \to \infty} \left[\left(1 + \dfrac{1^2}{n^2}\right)\left(1 + \dfrac{2^2}{n^2}\right)\cdots\left(1 + \dfrac{n^2}{n^2}\right)\right]^{\frac{1}{n}} =$ _____．

(3) 设 $f(x)$ 是连续函数，且 $F(x) = \int_0^x f(t-x)\mathrm{d}t$，则 $F'(x) = $_____.

(4) 已知：$\lim\limits_{x \to 0} \dfrac{1}{bx - \sin x} \int_0^x \dfrac{t^2}{\sqrt{a+t}}\mathrm{d}t = 1$，则 $a = $_____，$b = $_____.

2. 选择题

(1) 已知 $f(0) = 1$，$f(2) = 3$，$f'(2) = 5$，则 $\int_0^2 x f''(x)\mathrm{d}x = ($ $)$.

    (A) 12；   (B) 8；   (C) 7；   (D) 6.

(2) $\int_{-2}^2 \dfrac{\mathrm{d}x}{(1+x)^2} = ($ $)$.

    (A) $-\dfrac{4}{3}$；   (B) $\dfrac{4}{3}$；   (C) $-\dfrac{2}{3}$；   (D) 不存在.

(3) 若 $f(x)$ 在 $[a, b]$ 上连续，则必存在 $\xi \in (a, b)$，使得 $($ $)$.

    (A) $f(b) - f(a) = f'(\xi)(b-a)$；   (B) $\int_a^b f(x)\mathrm{d}x = f(\xi)(b-a)$；

    (C) $f(\xi) = 0$；   (D) $f'(\xi) = 0$.

(4) 若 $\int_0^1 [f(x) + f'(x)] e^x \mathrm{d}x = 1$，$f(1) = 0$，则 $f(0) = ($ $)$.

    (A) 1；   (B) 0；   (C) -1；   (D) 2.

3. 解答题

(1) $\int_{\frac{1}{\pi}}^{\frac{2}{\pi}} \dfrac{1}{x^2} \sin\dfrac{1}{x}\mathrm{d}x$；   (2) $\int_0^{\frac{\pi}{4}} \tan^3 x\,\mathrm{d}x$；   (3) $\int_0^{\ln 2} \sqrt{e^x - 1}\,\mathrm{d}x$；

(4) $\int_0^1 x e^{2x}\mathrm{d}x$；   (5) $\int_0^{2\pi} x \cos^2 x\,\mathrm{d}x$；   (6) $\int_1^{+\infty} e^{-\sqrt{x}}\,\mathrm{d}x$.

4. 综合题

(1) 设 $f(x)$ 连续，且 $f(0) = 0$，$f'(0) = 2$，求 $\lim\limits_{x \to 0} \dfrac{\int_0^x f(x)\mathrm{d}x}{x^2}$.

(2) 设 $f(x) = x e^{-x} + 2\int_0^1 f(t)\mathrm{d}t$，求 $f(x)$ 的表达式.

(3) 设正值函数 $f(x)$ 在 $[1, +\infty)$ 上连续，求 $F(x) = \int_1^x \left[\left(\dfrac{2}{x} + \ln x\right) - \left(\dfrac{2}{t} + \ln t\right)\right] f(t)\mathrm{d}t$ 的最小值点.

(4) 设 $I_1 = \int_0^\pi e^{-x^2} \cos^2 x\,\mathrm{d}x$，$I_2 = \int_\pi^{2\pi} e^{-x^2} \cos^2 x\,\mathrm{d}x$，试比较 I_1 与 I_2 的大小，并说明理由.

5. 证明题

(1) $f(x)$ 是周期为 T 的周期函数，且处处连续，证明：$F(x) = \int_0^x f(t)\mathrm{d}t - \dfrac{x}{T}\int_0^T f(t)\mathrm{d}t$ 仍为周期 T 的函数.

(2) $f(x)$ 在 $[0,1]$ 上可微，且 $f(1) = 2\int_0^{\frac{1}{2}} e^{1-x^2} f(x)\mathrm{d}x$，证明：在 $(0, 1)$ 内至少存在一点 ξ，使得 $f'(\xi) = 2\xi f(\xi)$.

第七节　同步练习题答案

1. (1) $\dfrac{1}{p+1}$；(2) $\dfrac{1}{b}[\cos a - \cos(a+b)]$.   **2.** (1) 0；(2) 0.

3. $3x^2\sqrt[3]{1+x^6} - 2x\sqrt{1+x^4}$.　　**4.** $f(x) - f(0)$.　　**5.** $\dfrac{1}{4}\left(\dfrac{1}{e} - 1\right)$.

6. $\dfrac{\pi^2}{4}$.　　**7.** （略）.　　**8.** 最大值 $\dfrac{1}{2}$，最小值 $\dfrac{1}{4}$.　　**9.** 拐点 $\left(1, 1 - \dfrac{2}{e}\right)$.

10. (1) $\dfrac{1}{2}(1 - \ln 2)$；(2) $\dfrac{\pi^2}{4}$；(3) $\dfrac{\pi}{3\sqrt{3}}$；(4) $\dfrac{\pi}{8}$；

(5) 当 $a < b \leqslant 0$ 时，$\dfrac{a^2 - b^2}{2}$；当 $a < 0 < b$ 时，$\dfrac{a^2 + b^2}{2}$；当 $0 \leqslant a < b$ 时，$\dfrac{b^2 - a^2}{2}$；

(6) $2(\sqrt{2} - 1)$；　　(7) $8\left(1 - \dfrac{1}{e}\right)$；　　(8) $\dfrac{\pi}{8} + \dfrac{1}{4}$；(9) 0.

11. 2.　　**12.** $1 - \dfrac{\pi}{4}$.　　**13~16** （略）.　　**17.** $f(x) = x\sin x - \cos x + C$.

18. 2. **19~21** （略）.

22. 提示：$\displaystyle\int_a^b f(x)\mathrm{d}x = \int_a^b f(x)\mathrm{d}(x - b)$，再利用分部积分法.　　**23.** （略）

24. 提示：分别证明 $\displaystyle\int_0^1 f(x)\mathrm{d}x > \dfrac{1}{2}$ 和 $\displaystyle\int_1^2 f(x)\mathrm{d}x > \dfrac{1}{2}$，$\displaystyle\int_0^1 f(x)\mathrm{d}x = \int_0^1 f(x)\mathrm{d}(x - 1)$，
再分部积分.

25 (1) π；(2) $\ln 2$；(3) π.

第八节　自我测试题答案

一、测试题 A 答案

1. (1) $\dfrac{17}{4}$；　　(2) $\dfrac{3\pi}{4}$；　　(3) $200a$；　　(4) $-\dfrac{1}{2}$.

2. (1) (B)；　　(2) (B)；　　(3) (A).

3. (1) $4 - 2\ln 3$；　　(2) $\dfrac{\pi}{3} + \dfrac{\sqrt{3}}{2}$；　　(3) $\dfrac{2}{3}$；　　(4) 1；　　(5) $\dfrac{2\pi}{3} - \dfrac{\sqrt{3}}{2}$；　　(6) 2.

4. (1) $\dfrac{1}{2}\ln 2$；　　(2) $y' = \dfrac{1 + \cos(y - x)^2}{\cos(y - x)^2 - 2y}$；　　(3) $\cos 1 - 1$；　　(4) 2.

5. (1) 略；　　(2) 略.

二、测试题 B 答案

1. (1) $\dfrac{3\pi}{8}$；　　(2) $e^{\ln 2 - 2 + \frac{\pi}{2}}$；　　(3) $f(-x)$；　　(4) $a = 4$，$b = 1$.

2. (1) (B)；　　(2) (D)；　　(3) (B)；　　(4) (C).

3. (1) 1；　　(2) $\dfrac{1}{2}(1 - \ln 2)$；　　(3) $2 - \dfrac{\pi}{2}$；

(4) $\dfrac{1}{4}(e^2 + 1)$；　　(5) π^2；　　(6) $4e^{-1}$.

4. (1) 1；　　(2) $f(x) = xe^{-x} + 2(2e^{-1} - 1)$；　　(3) 最小值点为 $x = 2$；　　(4) $I_1 > I_2$.

5. (1) （略）；　　(2) （略）.

第六章 定积分的应用

第一节 基本要求

① 正确理解定积分元素法（微元法）的基本思想方法，会用元素法建立定积分的表达式.

② 熟练掌握并运用定积分的元素法计算平面图形的面积、平行截面面积为已知的立体的体积、旋转体的体积和平面曲线的弧长.

③ 掌握运用定积分的元素法计算变力做功、液体的侧压力，了解引力的计算方法.

第二节 内容提要

1. 定积分的元素法（微元法）

如果某一实际问题中所求量 M 满足以下条件：M 是与变量 x 的变化区间 $[a,b]$ 有关的量，如果区间 $[a,b]$ 分成若干个部分区间，则量 M 相应地分成若干个部分量，并且量 M 等于所有这些部分量的和. 那么，这个量就可以用定积分来表示. 具体步骤如下：

① 在区间 $[a,b]$ 上任取一小区间 $[x, x+\mathrm{d}x]$，求相应于这个小区间的部分量 ΔM 的近似值 $\mathrm{d}M$，并且 $\mathrm{d}M$ 可表示成某一函数 $f(x)$ 与 $\mathrm{d}x$ 的乘积，即

$$\mathrm{d}M = f(x)\mathrm{d}x;$$

② 所求量 M 的积分表达式为

$$M = \int_a^b f(x)\mathrm{d}x.$$

这种方法叫做定积分的元素法（或微元法）.

2. 几何量的计算

（1）平面图形的面积

① 直角坐标情形 设 $f(x), g(x)$ 在区间 $[a,b]$ 上连续，则由曲线 $y_1 = f(x), y_2 = g(x)$ 及直线 $x=a, x=b$ 所围成的平面图形的面积为

$$A = \int_a^b |f(x) - g(x)| \, \mathrm{d}x \quad (a < b).$$

类似地，由曲线 $x_1 = \varphi(y), x_2 = \psi(y)$ 及直线 $y=c, y=d(c<d)$ 所围成的平面图形的面积为

$$A = \int_c^d |\varphi(y) - \psi(y)| \, \mathrm{d}y \quad (c<d).$$

② 极坐标情形 由连续函数 $\rho = \rho(\theta)[\alpha \leqslant \theta \leqslant \beta, \ \rho(\theta) \geqslant 0]$ 及射线 $\theta = \alpha$，$\theta = \beta$ 所围成的平面图形的面积为

$$A = \frac{1}{2}\int_\alpha^\beta \rho^2(\theta)\mathrm{d}\theta.$$

③ 参数方程情形 设曲边梯形的曲边由参数方程给出：$\begin{cases} x = \varphi(t) \\ y = \psi(t) \end{cases}$ $(\alpha \leqslant t \leqslant \beta)$，其中 $\varphi'(t)$ 不变号，则曲边梯形的面积为

$$A = \int_\alpha^\beta |\psi(t)\varphi'(t)| \, \mathrm{d}t.$$

（2）立体的体积

① 平行截面面积为已知的立体体积 设一立体，它介于过点 $x=a$ 和 $x=b(a<b)$ 且垂直于 x 轴的两平行平面之间，用过点 $x(a\leqslant x\leqslant b)$ 且垂直 x 轴的平面截此立体，所得截面的面积为 $A(x)$，则该立体的体积为

$$V=\int_a^b A(x)\mathrm{d}x.$$

② 旋转体的体积 设平面图形由连续曲线 $y=f(x)$ 及直线 $x=a,x=b(a<b)$ 与 x 轴所围成，该图形绕 x 轴旋转而成的旋转体的体积为

$$V=\pi\int_a^b f^2(x)\mathrm{d}x.$$

类似地，若平面图形由连续曲线 $x=\varphi(y)$ 及直线 $y=c$，$y=d$ （$c<d$） 与 y 轴所围成，则该图形绕 y 轴旋转而成的旋转体的体积为

$$V=\pi\int_c^d \varphi^2(y)\mathrm{d}y.$$

（3）曲线的弧长

① 直角坐标情形 设平面曲线弧由直角坐标方程 $y=f(x)(a\leqslant x\leqslant b)$ 给出，则曲线的弧长为

$$s=\int_a^b \sqrt{1+\left[f'(x)\right]^2}\,\mathrm{d}x.$$

② 参数方程情形 设平面曲线弧的参数方程为：$\begin{cases}x=\varphi(t),\\y=\psi(t)\end{cases}$ （$\alpha\leqslant t\leqslant\beta$），则曲线的弧长为

$$s=\int_\alpha^\beta \sqrt{\left[\varphi'(t)\right]^2+\left[\psi'(t)\right]^2}\,\mathrm{d}t.$$

③ 极坐标情形 设平面曲线弧由极坐标方程 $\rho=\rho(\theta)$，$\alpha\leqslant\theta\leqslant\beta$ 给出，则曲线的弧长为

$$s=\int_\alpha^\beta \sqrt{\rho^2(\theta)+\left[\rho'(\theta)\right]^2}\,\mathrm{d}\theta.$$

3. 物理量的计算

（1）变力做功 设物体在变力 $\boldsymbol{F}$ 的作用下沿 x 轴运动，$\boldsymbol{F}$ 的方向与物体运动的方向一致，其大小 $|\boldsymbol{F}|=F(x)$，物体在此变力的作用下从 $x=a$ 点运动到 $x=b$ 点 （$a<b$），变力 $\boldsymbol{F}$ 所做的功为

$$W=\int_a^b F(x)\mathrm{d}x.$$

（2）液体对侧面的压力 设平板的形状为曲边梯形，垂直放置在密度为 μ 的液体中 （图 6-1）. 设曲边梯形的曲边方程为 $y=f(x)(x\in[a,b],\ f(x)>0)$，则平板一侧所受液体的压力为

$$F=\int_a^b \rho g x f(x)\mathrm{d}x.$$

（3）引力（略）

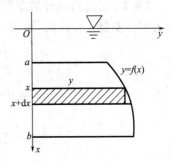

图 6-1

第三节　本章学习注意点

在本章的学习中应当注意以下几个问题.

① 定积分的元素法是贯穿于定积分应用的核心方法，对每一个问题的思考以及对每一个公式的推导都是基于这一方法而获得的，因此，理解和熟悉了定积分的元素法就掌握了应用定积分解决实际问题的方法，也因此加深了对一些公式的理解和应用，使之不局限于公式的简单记忆.

② 无论是定积分的几何应用还是物理应用，都应适当选择坐标系，特别是要作出其图

形. 因为, 图形比较直观, 可以帮助和加强对问题的理解, 特别重要的是, 根据图形可以使我们能够正确地选择积分变量和积分上下限, 从而能确定解决问题所需的计算公式.

③ 在定积分的应用过程中, 应充分运用对称性, 因为实际问题通常具有一定的对称性, 所以及时地运用对称性可以简化问题, 简化计算.

第四节　典型方法与例题分析

一、平面图形的面积

【例 1】　抛物线 $y^2 = 2x$ 把圆 $x^2 + y^2 = 8$ 的面积分为两部分 (图 6-2), 这两部分面积的比为多少?

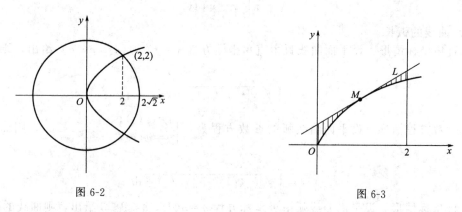

图 6-2　　　　　　　　　　图 6-3

【解】　设左边部分的面积为 A_1, 右边部分的面积为 A_2, 先求右边部分的面积 A_2, 取 x 为积分变量, 在区间 $[0, 2]$ 和 $[2, 2\sqrt{2}]$ 上分别积分, 再利用图形的对称性得

$$A_2 = 2 \left(\int_0^2 \sqrt{2x}\, dx + \int_2^{2\sqrt{2}} \sqrt{8 - x^2}\, dx \right).$$

因为

$$\int_0^2 \sqrt{2x}\, dx = \left[\frac{2\sqrt{2}}{3} x^{\frac{3}{2}} \right]_0^2 = \frac{8}{3},$$

$$\int_2^{2\sqrt{2}} \sqrt{8 - x^2}\, dx \xlongequal{\, 令\, x = 2\sqrt{2}\sin\theta \,} \int_{\frac{\pi}{4}}^{\frac{\pi}{2}} 8\cos^2\theta\, d\theta$$

$$= 8 \int_{\frac{\pi}{4}}^{\frac{\pi}{2}} \frac{1 + \cos 2\theta}{2}\, d\theta = [4\theta + 2\sin 2\theta]_{\frac{\pi}{4}}^{\frac{\pi}{2}} = \pi - 2,$$

所以

$$A_2 = 2 \left(\frac{8}{3} + \pi - 2 \right) = 2\pi + \frac{4}{3}.$$

从而

$$A_1 = \pi \left(2\sqrt{2} \right)^2 - A_2 = 6\pi - \frac{4}{3}.$$

故

$$A_1 : A_2 = \left(6\pi - \frac{4}{3} \right) : \left(2\pi + \frac{4}{3} \right) = (9\pi - 2) : (3\pi + 2).$$

注：本题也可以选取 y 为积分变量, 则

$$A_2 = 2 \int_0^2 \left(\sqrt{8 - y^2} - \frac{y^2}{2} \right) dy.$$

【例 2】　求曲线 $y = \sqrt{x}$ 的一条切线 L, 使该曲线与切线 L 及直线 $x = 0$、$x = 2$ 所围平面图形的面积最小 (图 6-3).

【解】　设 $y = \sqrt{x}$ 上任一点 $M(t, \sqrt{t})$, 则过 M 点的切线方程为

$$y - \sqrt{t} = \frac{1}{2\sqrt{t}}(x - t)，即\ y = \frac{x + t}{2\sqrt{t}}，$$

则所围平面图形的面积.

$$A = \int_0^2 \frac{x + t}{2\sqrt{t}} \mathrm{d}x - \int_0^2 \sqrt{x}\, \mathrm{d}x = \frac{1}{\sqrt{t}} + \sqrt{t} - \frac{4\sqrt{2}}{3}，$$

则 $A'(t) = -\frac{1}{2t\sqrt{t}} + \frac{1}{2\sqrt{t}} = \frac{t-1}{2t\sqrt{t}}$，令 $A'(t) = 0$，得 $t = 1$. 当 $0 < t < 1$ 时，$A'(t) < 0$；当 $t > 1$ 时，$A'(t) > 0$，所以，当 $t = 1$ 时，$A(1)$ 为最小值，即所围平面图形的面积最小. 因此，所求切线 L 的方程为
$$y = \frac{x}{2} + \frac{1}{2}.$$

【例3】 求过点 $(0,0)$ 和 $(1,2)$ 的抛物线，使其开口朝下，对称轴平行于 y 轴，并且它与 x 轴所围成的图形面积最小（图6-4）.

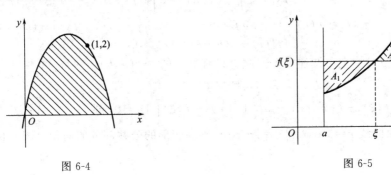

图 6-4　　　　　　　　　　图 6-5

【解】 设抛物线的方程为 $y = ax^2 + bx + c$，由于其开口朝下，则 $a < 0$，将点 $(0,0)$ 和 $(1,2)$ 的坐标代入方程得，
$$c = 0，\ a + b = 2，$$

抛物线 $y = ax^2 + bx$ 与 x 轴的交点为 $(0,0)$ 和 $\left(-\frac{b}{a}, 0\right)$. 则所围成的图形面积

$$A = \int_0^{-\frac{b}{a}} (ax^2 + bx)\, \mathrm{d}x = \left[\frac{a}{3}x^3 + \frac{b}{2}x^2\right]_0^{-\frac{b}{a}} = \frac{b^3}{6a^2} = \frac{(2-a)^3}{6a^2}.$$

由 $A'(a) = \frac{-(2-a)^2(a+4)}{6a^3} = 0$，得 $a = -4$（因为 $a < 0$，所以 $a = 2$ 舍去）. 当 $a < -4$ 时，$A'(a) < 0$；当 $-4 < a < 0$ 时，$A'(a) > 0$，所以，当 $a = -4$ 是 $A(a)$ 的最小值点，从而 $b = 2 - a = 6$，故所求抛物线方程为
$$y = -4x^2 + 6x.$$

【例4】 设函数 $f(x)$ 在区间 $[a,b]$ 上连续，且在 (a,b) 内有 $f'(x) > 0$. 证明：在 (a,b) 内存在唯一的 ξ，使曲线 $y = f(x)$ 与两直线 $y = f(\xi)$，$x = a$ 所围平面图形的面积 A_1 是曲线 $y = f(x)$ 与两直线 $y = f(\xi)$，$x = b$ 所围平面图形的面积 A_2 的 3 倍（图6-5）.

分析：通过观察图形的特性可知，随着 ξ 的值增大时，面积 A_1 相应增加，而面积 A_2 相应减少，从而 $A_1 - 3A_2$ 的值相应增加. 所以，可以用零点定理证明 ξ 的存在性，再用单调性证明 ξ 的唯一性.

【证明】 先证明存在性. 面积 A_1, A_2 分别为

$$A_1 = \int_a^\xi [f(\xi) - f(x)]\, \mathrm{d}x，A_2 = \int_\xi^b [f(x) - f(\xi)]\, \mathrm{d}x，$$

$$A_1 - 3A_2 = \int_a^\xi [f(\xi) - f(x)]\, \mathrm{d}x - 3\int_\xi^b [f(x) - f(\xi)]\, \mathrm{d}x.$$

做辅助函数 $g(t)$ $(a\leqslant t\leqslant b)$

$$g(t)=\int_a^t [f(t)-f(x)]\mathrm{d}x-3\int_t^b [f(x)-f(t)]\mathrm{d}x.$$

已知 $f(x)$ 在 $[a,b]$ 上连续，在 (a,b) 内 $f'(x)>0$，则 $f(x)$ 在 $[a,b]$ 上是单调递增的，所以

$$f(a)<f(x)<f(b),x\in(a,b),$$

从而 $g(a)=-3\int_a^b [f(x)-f(a)]\mathrm{d}x<0$, $g(b)=\int_a^b [f(b)-f(x)]\mathrm{d}x>0$.

易知，$g(t)$ 在 $[a,b]$ 上连续，由零点定理可知，存在 $\xi\in(a,b)$，使得 $g(\xi)=0$.

再证唯一性.

$$g(t)=\int_a^t [f(t)-f(x)]\mathrm{d}x-3\int_t^b [f(x)-f(t)]\mathrm{d}x$$
$$=(t-a)f(t)-\int_a^t f(x)\mathrm{d}x-3\left[\int_t^b f(x)\mathrm{d}x-(b-t)f(t)\right],$$

从而
$$g'(t)=f(t)+(t-a)f'(t)-f(t)-3[-f(t)+f(t)-(b-t)f'(t)]$$
$$=(t-a)f'(t)+3(b-t)f'(t)>0.$$

所以，$g(t)$ 在 $[a,b]$ 上单调递增，因此，只有唯一的 $\xi\in(a,b)$，使得
$$g(\xi)=0,$$

从而 $\int_a^\xi [f(\xi)-f(x)]\mathrm{d}x-3\int_\xi^b [f(x)-f(\xi)]\mathrm{d}x=0$, 即 $A_1=3A_2$.

【例5】 求由曲线 $r=3\cos\theta$ 和 $r=1+\cos\theta$ 所围图形的公共部分的面积（图 6-6）.

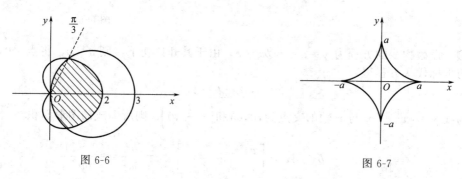

图 6-6

图 6-7

【解】 由于图形关于极轴对称，因此只要求出上半部分的面积即可. 先求出两曲线在上半部分的交点的 θ 坐标. 解方程 $\begin{cases} r=3\cos\theta, \\ r=1+\cos\theta \end{cases}$ 得 $\cos\theta=\dfrac{1}{2}$，则 $\theta=\dfrac{\pi}{3}$，所以，所求图形的面积为

$$A=2\left[\frac{1}{2}\int_0^{\frac{\pi}{3}}(1+\cos\theta)^2\mathrm{d}\theta+\frac{1}{2}\int_{\frac{\pi}{3}}^{\frac{\pi}{2}}(3\cos\theta)^2\mathrm{d}\theta\right]$$
$$=\int_0^{\frac{\pi}{3}}(1+2\cos\theta+\cos^2\theta)\mathrm{d}\theta+\int_{\frac{\pi}{3}}^{\frac{\pi}{2}}9\cos^2\theta\mathrm{d}\theta$$
$$=\int_0^{\frac{\pi}{3}}\left(1+2\cos\theta+\frac{1+\cos2\theta}{2}\right)\mathrm{d}\theta+9\int_{\frac{\pi}{3}}^{\frac{\pi}{2}}\frac{1+\cos2\theta}{2}\mathrm{d}\theta$$
$$=\left[\frac{3}{2}\theta+2\sin\theta+\frac{\sin2\theta}{4}\right]_0^{\frac{\pi}{3}}+\left[\frac{9}{2}\left(\theta+\frac{\sin2\theta}{2}\right)\right]_{\frac{\pi}{3}}^{\frac{\pi}{2}}=\frac{5}{4}\pi.$$

【例6】 求星形线 $x^{\frac{2}{3}}+y^{\frac{2}{3}}=a^{\frac{2}{3}}$ 所围图形的面积（图 6-7）.

分析：此曲线虽然用直角坐标表示，但是，在直角坐标下计算面积时，遇到的定积分很

难计算.在这种情况下,应考虑用参数方程或极坐标来解题,本题选用参数方程.

【解】 设星形线 $x^{\frac{2}{3}} + y^{\frac{2}{3}} = a^{\frac{2}{3}}$ 的参数方程为

$$\begin{cases} x = a\cos^3 t, \\ y = a\sin^3 t \end{cases} \quad (0 \leqslant t \leqslant 2\pi),$$

由对称性知,所围图形的面积为

$$A = 4\int_0^a y\,\mathrm{d}x \xrightarrow{x = a\cos^3 t} 4\int_{\frac{\pi}{2}}^0 a\sin^3 t\,\mathrm{d}(a\cos^3 t)$$

$$= -12a^2\int_{\frac{\pi}{2}}^0 \sin^4 t\,\cos^2 t\,\mathrm{d}t = 12a^2\int_0^{\frac{\pi}{2}} \sin^4 t(1 - \sin^2 t)\,\mathrm{d}t$$

$$= 12a^2\left[\int_0^{\frac{\pi}{2}} \sin^4 t\,\mathrm{d}t - \int_0^{\frac{\pi}{2}} \sin^6 t\,\mathrm{d}t\right]$$

$$= 12a^2\left(\frac{3}{4} \times \frac{1}{2} \times \frac{\pi}{2} - \frac{5}{6} \times \frac{3}{4} \times \frac{1}{2} \times \frac{\pi}{2}\right) = \frac{3}{8}\pi a^2.$$

注:本题是利用定积分的换元法计算积分 $\int_0^a y\,\mathrm{d}x$ 的.积分变量 x 用变换 $x = a\cos^3 t$,相应地,$y = a\sin^3 t$.当 $x = 0$ 时,$t = \frac{\pi}{2}$;当 $x = a$ 时,$t = 0$,要注意积分上下限的对应位置.

二、立体的体积

【例7】 设 D 是由曲线 $y = \sin x + 1$ 与三条直线 $x = 0$,$x = \pi$,$y = 0$ 所围成的曲边梯形,求 D 绕 x 轴旋转一周所得的旋转体的体积.

【解】 所求立体的体积

$$V = \int_0^\pi \pi y^2\,\mathrm{d}x = \pi\int_0^\pi (\sin x + 1)^2\,\mathrm{d}x = \pi\int_0^\pi (1 + 2\sin x + \sin^2 x)\,\mathrm{d}x$$

$$= \pi\int_0^\pi \left(1 + 2\sin x + \frac{1 - \cos 2x}{2}\right)\mathrm{d}x = \left[\pi\left(\frac{3}{2}x - 2\cos x - \frac{\sin 2x}{4}\right)\right]_0^\pi = \pi\left(\frac{3\pi}{2} + 4\right).$$

【例8】 试求由曲线 $y = \mathrm{e}^x$ $(x \leqslant 0)$,$x = 0$,$y = 0$ 所围图形绕 y 轴旋转一周所得的旋转体的体积.

分析:本题所涉及的平面图形是一个无界区域,旋转而成的旋转体也是无界的.只要应用广义积分,求无界区域的体积或面积的方法与求有界区域的体积或面积的方法类似.

【解】 解法一 取 y 为积分变量,则

$$\mathrm{d}V = \pi x^2\,\mathrm{d}y = \pi\ln^2 y\,\mathrm{d}y,$$

所以

$$V = \int_0^1 \pi\ln^2 y\,\mathrm{d}y = [\pi y\ln^2 y]_{0^+}^1 - \int_0^1 \pi y\,\mathrm{d}(\ln^2 y) = [\pi y\ln^2 y]_{0^+}^1 - 2\pi\int_0^1 \ln y\,\mathrm{d}y$$

$$= [\pi y\ln^2 y]_{0^+}^1 - [2\pi y\ln y]_{0^+}^1 + 2\pi\int_0^1 y\,\mathrm{d}\ln y$$

$$= -\lim_{y \to 0^+} \pi y\ln^2 y + \lim_{y \to 0^+} 2\pi y\ln y + 2\pi.$$

由于

$$\lim_{y \to 0^+} y\ln y = \lim_{y \to 0^+} \frac{\ln y}{\frac{1}{y}} \xrightarrow{\text{洛必达法则}} \lim_{y \to 0^+} \frac{\frac{1}{y}}{-\frac{1}{y^2}} = \lim_{y \to 0^+} (-y) = 0,$$

$$\lim_{y \to 0^+} y\ln^2 y = \lim_{y \to 0^+} \frac{\ln^2 y}{\frac{1}{y}} \xrightarrow{\text{洛必达法则}} \lim_{y \to 0^+} \frac{2\ln y \cdot \frac{1}{y}}{-\frac{1}{y^2}} = \lim_{y \to 0^+} (-2y\ln y) = 0,$$

所求旋转体的体积 $\qquad\qquad\qquad\qquad V=2\pi.$

解法二　取 x 为积分变量，则

$$\mathrm{d}V=2\pi|x|y\mathrm{d}x=-2\pi x\mathrm{e}^x\mathrm{d}x,$$

$$V=\int_{-\infty}^0(-2\pi x\mathrm{e}^x)\mathrm{d}x=-2\pi\int_{-\infty}^0 x\mathrm{d}e^x=\left[-2\pi x\mathrm{e}^x\right]_{-\infty}^0+2\pi\int_{-\infty}^0\mathrm{e}^x\mathrm{d}x$$

$$=-2\pi(0-\lim_{x\to-\infty}x\mathrm{e}^x)+\left[2\pi\mathrm{e}^x\right]_{-\infty}^0=2\pi.$$

注：“解法二”中 $\mathrm{d}V=2\pi|x|y\mathrm{d}x$ 表示以半径为 $|x|$、高为 y、厚为 $\mathrm{d}x$ 的薄圆环柱体体积的近似值．一般地，由平面图形 $0\le a\le x\le b$，$0\le y\le f(x)$ 绕 y 轴旋转而形成的旋转体的体积为 $V=2\pi\int_a^b xf(x)\mathrm{d}x$．

【例 9】　过点 $P(1,0)$ 作抛物线 $y=\sqrt{x-2}$ 的切线，该切线与上述抛物线及 x 轴围成一平面图形 D，求此平面图形 D 绕 x 轴旋转一周所得的旋转体的体积（图 6-8）．

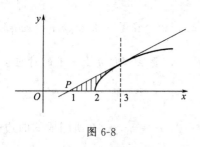
图 6-8

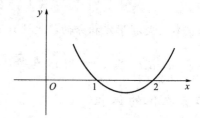
图 6-9

【解】　解法一　设切点坐标为 $(x_0,\sqrt{x_0-2})$，则切线方程为

$$y-\sqrt{x_0-2}=\frac{1}{2\sqrt{x_0-2}}(x-x_0),$$

把点 $P(1,0)$ 的坐标代入方程 $-\sqrt{x_0-2}=\dfrac{1}{2\sqrt{x_0-2}}(1-x_0)$，解得 $x_0=3$，所以切线方程为 $y=\dfrac{1}{2}(x-1)$，所求旋转体的体积

$$V=\int_1^3\pi\left(\frac{x-1}{2}\right)^2\mathrm{d}x-\int_2^3\pi\left(\sqrt{x-2}\right)^2\mathrm{d}x=\left[\frac{2\pi}{3}\left(\frac{x-1}{2}\right)^3\right]_1^3-\left[\pi\left(\frac{x^2}{2}-2x\right)\right]_2^3=\frac{\pi}{6}.$$

解法二　同上先求得切线方程为

$$x=2y+1,$$

取 y 为积分变量 $\qquad \mathrm{d}V=2\pi y[(y^2+2)-(2y+1)]\mathrm{d}y=2\pi(y^3-2y^2+y)\mathrm{d}y,$

$$V=\int_0^1 2\pi(y^3-2y^2+y)\mathrm{d}y=\frac{\pi}{6}.$$

【例 10】　曲线 $y=(x-1)(x-2)$ 和 x 轴围成一平面图形，求此平面图形绕 y 轴旋转一周所成的旋转体的体积（图 6-9）．

分析：由于从方程 $y=(x-1)(x-2)$ 中解出 $x=x(y)$ 非常烦琐，因此考虑选取 x 为积分变量，方法与例 8 中“解法二”的方法一致．

【解】　取 x 为积分变量，所求旋转体的体积为

$$V=\int_1^2[-2\pi x(x-1)(x-2)]\mathrm{d}x=-2\pi\int_1^2(x^3-3x^2+2x)\mathrm{d}x$$

$$=\left[-2\pi\left(\frac{x^4}{4}-x^3+x^2\right)\right]_1^2=\frac{\pi}{2}.$$

【例 11】　求曲线 $y=3-|x^2-1|$ 与 x 轴围成的封闭图形绕直线 $y=3$ 旋转一周所成的

旋转体的体积（图 6-10）.

【解】　弧 AB 方程为 $y=x^2+2$（$0 \leqslant x \leqslant 1$），弧 BC 方程为 $y=4-x^2$（$1 \leqslant x \leqslant 2$）. 设旋转体对应于区间 $[0,1]$ 上的体积为 V_1，对应于区间 $[1,2]$ 上的体积为 V_2，则

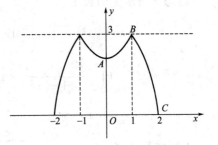

$$dV_1 = \pi \cdot 3^2 dx - \pi [3-(x^2+2)]^2 dx$$
$$= \pi(8+2x^2-x^4)dx ;$$
$$dV_2 = \pi \cdot 3^2 dx - \pi [3-(4-x^2)]^2 dx = \pi(8+2x^2-x^4)dx .$$

所以由对称性知，所求旋转体的体积为

图 6-10

$$V = 2(V_1+V_2) = 2\int_0^1 \pi(8+2x^2-x^4)dx + 2\int_1^2 \pi(8+2x^2-x^4)dx$$

$$= 2\pi \int_0^2 (8+2x^2-x^4)dx = \left[2\pi\left(8x+\frac{2}{3}x^3-\frac{1}{5}x^5\right)\right]_0^2 = \frac{448}{15}\pi .$$

【例 12】　设抛物线 $y=ax^2+bx+c$ 过原点，当 $0 \leqslant x \leqslant 1$ 时，$y \geqslant 0$，又已知该抛物线与 x 轴及直线 $x=1$ 所围图形的面积为 $\frac{1}{3}$，试确定 a,b,c，使此图形绕 x 轴旋转一周所成的旋转体的体积最小.

【解】　抛物线过原点，则 $c=0$，记所围图形的面积为 A，旋转体的体积为 V，则

$$A = \int_0^1 (ax^2+bx)dx = \frac{a}{3}+\frac{b}{2} = \frac{1}{3} ,$$

得到关系式

$$b = \frac{2}{3}(1-a) ,$$

$$V = \pi \int_0^1 (ax^2+bx)^2 dx = \pi\left(\frac{a^2}{5}+\frac{ab}{2}+\frac{b^2}{3}\right) = \pi\left[\frac{a^2}{5}+\frac{1}{3}a(1-a)+\frac{4}{27}(1-a)^2\right] .$$

V 对 a 求导

$$\frac{dV}{da} = \pi\left[\frac{2}{5}a+\frac{1}{3}(1-a)-\frac{1}{3}a-\frac{8}{27}(1-a)\right] = \frac{4\pi}{135}\left(a+\frac{5}{4}\right) .$$

令 $\frac{dV}{da}=0$ 得 $a=-\frac{5}{4}$. 当 $a<-\frac{5}{4}$ 时，$\frac{dV}{da}<0$；当 $a>-\frac{5}{4}$ 时，$\frac{dV}{da}>0$，因此 $a=-\frac{5}{4}$ 是 V 的唯一极小值点. 所以，当 $a=-\frac{5}{4}$，$b=\frac{3}{2}$，$c=0$ 时，旋转体的体积最小.

【例 13】　有一立体以长半轴 $a=10$，短半轴 $b=5$ 的椭圆为底，而垂直于长轴的截面都是等边三角形，试求该立体的体积.

【解】　由题意可知，椭圆方程为：$\frac{x^2}{10^2}+\frac{y^2}{5^2}=1$，垂直于长轴的截面面积

$$A(x) = \frac{\sqrt{3}}{4}(2y)^2 = \sqrt{3}y^2 = 25\sqrt{3}\left(1-\frac{x^2}{10^2}\right) ,$$

所求的体积

$$V = \int_{-10}^{10} A(x)dx = \int_{-10}^{10} 25\sqrt{3}\left(1-\frac{x^2}{10^2}\right)dx$$

$$= 50\sqrt{3}\int_0^{10}\left(1-\frac{x^2}{100}\right)dx = \left[50\sqrt{3}\left(x-\frac{x^3}{300}\right)\right]_0^{10} = \frac{1000}{3}\sqrt{3} .$$

三、平面曲线的弧长

【例 14】　计算曲线 $y=\ln(1-x^2)$ 上相应于 $0 \leqslant x \leqslant \frac{1}{2}$ 的一段弧的长度.

【解】 所求弧的长度

$$s = \int_0^{\frac{1}{2}} \sqrt{1 + (y')^2}\, dx = \int_0^{\frac{1}{2}} \sqrt{1 + \left(\frac{-2x}{1-x^2}\right)^2}\, dx = \int_0^{\frac{1}{2}} \frac{1+x^2}{1-x^2}\, dx$$

$$= \int_0^{\frac{1}{2}} \frac{2 - (1-x^2)}{1-x^2}\, dx = \int_0^{\frac{1}{2}} \frac{2}{1-x^2}\, dx - \int_0^{\frac{1}{2}} dx = \left[\ln \frac{1+x}{1-x}\right]_0^{\frac{1}{2}} - \frac{1}{2}$$

$$= \ln 3 - \frac{1}{2}.$$

【例 15】 求曲线 $y = \int_{-\sqrt{3}}^{x} \sqrt{3 - t^2}\, dt$ 的全长.

【解】 要使 $\sqrt{3-t^2}$ 有意义，x 的取值范围为 $-\sqrt{3} \leqslant x \leqslant \sqrt{3}$. 由于 $y' = \sqrt{3-x^2}$，故所求曲线的全长

$$s = \int_{-\sqrt{3}}^{\sqrt{3}} \sqrt{1 + (y')^2}\, dx = \int_{-\sqrt{3}}^{\sqrt{3}} \sqrt{1 + \left(\sqrt{3-x^2}\right)^2}\, dx = \int_{-\sqrt{3}}^{\sqrt{3}} \sqrt{4 - x^2}\, dx$$

$$= 2\int_{-\sqrt{3}}^{\sqrt{3}} \sqrt{1 - \left(\frac{x}{2}\right)^2}\, dx \xrightarrow{\frac{x}{2} = \sin\theta} 2\int_{-\frac{\pi}{3}}^{\frac{\pi}{3}} \sqrt{1 - \sin^2\theta}\, d(2\sin\theta)$$

$$= 4\int_{-\frac{\pi}{3}}^{\frac{\pi}{3}} \cos^2\theta\, d\theta = 8\int_0^{\frac{\pi}{3}} \frac{1 + \cos 2\theta}{2}\, d\theta = \left[8\left(\frac{1}{2}\theta + \frac{\sin 2\theta}{4}\right)\right]_0^{\frac{\pi}{3}}$$

$$= \frac{4\pi}{3} + \sqrt{3}.$$

【例 16】 设 $s(a)$ 是 $y = ax^2$ $(a > 0)$ 在 $y = 1$ 以下一段曲线的弧长，求 $\lim\limits_{a \to +\infty} s(a)$.

【解】 容易求出 $y = ax^2$ 与 $y = 1$ 的交点为 $\left(\frac{1}{\sqrt{a}}, 1\right)$ 和 $\left(-\frac{1}{\sqrt{a}}, 1\right)$，由对称性知.

$$s(a) = 2\int_0^{\frac{1}{\sqrt{a}}} \sqrt{1 + (y')^2}\, dx = 2\int_0^{\frac{1}{\sqrt{a}}} \sqrt{1 + (2ax)^2}\, dx$$

$$\xrightarrow{2ax = t} 2\int_0^{2\sqrt{a}} \sqrt{1 + t^2}\, d\left(\frac{t}{2a}\right) = \frac{\int_0^{2\sqrt{a}} \sqrt{1 + t^2}\, dt}{a}.$$

从而 $\lim\limits_{a \to +\infty} s(a) = \lim\limits_{a \to +\infty} \dfrac{\int_0^{2\sqrt{a}} \sqrt{1+t^2}\, dt}{a} \xrightarrow{\text{洛必达法则}} \lim\limits_{a \to +\infty} \dfrac{\sqrt{1 + (2\sqrt{a})^2}\, \frac{1}{\sqrt{a}}}{1} = \lim\limits_{a \to +\infty} \sqrt{\frac{1}{a} + 4} = 2.$

【例 17】 求曲线 $\rho = a\sin^3 \frac{\theta}{3}$ 的全长.

【解】 由 $\sin^3 \frac{\theta}{3} \geqslant 0$ 得，$0 \leqslant \theta \leqslant 3\pi$. 因此，所求曲线的全长

$$s = \int_0^{3\pi} \sqrt{\rho^2 + \rho'^2}\, d\theta = \int_0^{3\pi} \sqrt{\left(a\sin^3\frac{\theta}{3}\right)^2 + \left(a\sin^2\frac{\theta}{3}\cos\frac{\theta}{3}\right)^2}\, d\theta$$

$$= \int_0^{3\pi} \sqrt{a^2\sin^6\frac{\theta}{3} + a^2\sin^4\frac{\theta}{3}\cos^2\frac{\theta}{3}}\, d\theta = a\int_0^{3\pi} \sin^2\frac{\theta}{3}\, d\theta$$

$$= a\int_0^{3\pi} \frac{1 - \cos\frac{2\theta}{3}}{2}\, d\theta = a\left[\frac{1}{2}\theta - \frac{3}{4}\sin\frac{2\theta}{3}\right]_0^{3\pi} = \frac{3}{2}\pi a.$$

【例 18】 求星形线 $x^{\frac{2}{3}} + y^{\frac{2}{3}} = a^{\frac{2}{3}}$ 的长度.

分析：星形线的方程虽然用直角坐标表示，但是，在应用直角坐标系下弧长的计算公式

时，遇到的定积分很难计算．所以选用参数方程．

【解】　星形线 $x^{\frac{2}{3}}+y^{\frac{2}{3}}=a^{\frac{2}{3}}$ 的参数方程为

$$\begin{cases} x=a\cos^3 t, \\ y=a\sin^3 t \end{cases} \quad (0\leqslant t\leqslant 2\pi).$$

由对称性知，所围曲线的长度为

$$s=4\int_0^{\frac{\pi}{2}}\sqrt{\left(\frac{\mathrm{d}x}{\mathrm{d}t}\right)^2+\left(\frac{\mathrm{d}y}{\mathrm{d}t}\right)^2}\mathrm{d}t=4\int_0^{\frac{\pi}{2}}\sqrt{(-3a\cos^2 t\sin t)^2+(3a\sin^2 t\cos t)^2}\mathrm{d}t$$

$$=12\int_0^{\frac{\pi}{2}}\sin t\cos t\,\mathrm{d}t=[6a\sin^2 t]_0^{\frac{\pi}{2}}=6a.$$

四、功、液体的侧压力和引力

【例 19】　一弹簧弹性系数为 $k=50(\mathrm{N/m})$，在弹性形变内将此弹簧从平衡位置拉长 10cm，问需做多少功？

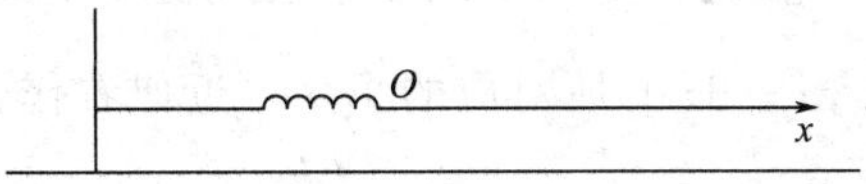

【解】　以弹簧的平衡位置为原点，弹簧伸长方向为 x 轴建立坐标系（图 6-11），由胡克定理 $F=kx$ 得

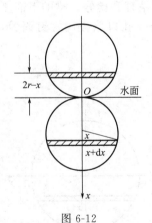

图 6-11

$$\mathrm{d}W=F\mathrm{d}x=kx\mathrm{d}x,$$

所求的功为

$$W=\int_0^{0.1}kx\mathrm{d}x=\int_0^{0.1}50x\mathrm{d}x=[25x^2]_0^{0.1}=0.25\ (\mathrm{J}).$$

【例 20】　半径为 r 的球沉入水中，它与水面相接，球的密度为 $\mu=1$，现将球从水中取出，要做多少功（设水的密度为1）？

【解】　如图 6-12 建立坐标系，将区间 $[x,x+\mathrm{d}x]$ 所对应的小片圆盘提升到离水面 $(2r-x)$ 处所需做的功为 $\mathrm{d}W$，由于球的密度等于水的密度，因此小片圆盘在水面以下的提升过程中不做功，所以 $\mathrm{d}W$ 等于小片圆盘提升 $(2r-x)$ 高度所做的功．小片圆盘体积的近似值（近似看作圆柱体）为

$$\mathrm{d}V=\pi[r^2-(r-x)^2]\mathrm{d}x=\pi x(2r-x)\mathrm{d}x,$$

从而

$$\mathrm{d}W=(2r-x)\mu g\mathrm{d}V=\pi x(2r-x)^2 g\mathrm{d}x,$$

所以

$$W=\int_0^{2r}\pi x(2r-x)^2 g\mathrm{d}x=\pi g\int_0^{2r}[4r^2 x-4rx^2+x^3]\mathrm{d}x$$

$$=\pi g\left[2r^2 x^2-\frac{4}{3}rx^3+\frac{1}{4}x^4\right]_0^{2r}=\frac{4}{3}\pi r^4 g.$$

图 6-12

【例 21】　为清除井底的污泥，用缆绳将抓斗放入井底，抓起污泥后提出井口，已知井深 30m，抓斗自重 400N，缆绳每米重 50N，抓斗抓起的污泥重 2000N，提升速度为 3m/s，在提升过程中，污泥以 20N/s 的速度从抓斗缝隙中漏掉．现将抓起污泥的抓斗提升至井口，问克服重力需做多少焦耳的功？

【解】　将抓起污泥的抓斗提升至井口需做功

$$W=W_1+W_2+W_3.$$

其中 W_1 是克服抓斗自重所做的功，W_2 是克服缆绳重力所做的功，W_3 是提起污泥所做的功．

由题意知

$$W_1=400\times 30=12000(\mathrm{J}).$$

以井底为原点，垂直向上的方向为 x 轴建立坐标系（图 6-13）．将抓斗由 x 处提升至 $x+\mathrm{d}x$ 处，克服缆绳重力所做的功为

$$\mathrm{d}W_2=50(30-x)\ \mathrm{d}x,$$

从而
$$W_2 = \int_0^{30} 50(30-x)\,\mathrm{d}x = 22500(\mathrm{J}).$$

抓斗提升至 x 处所需时间为 $\dfrac{x}{3}$（s），提升抓斗中的污泥自 x 处到 $x+\mathrm{d}x$ 所做的功为

$$\mathrm{d}W_3 = \left(2000 - 20 \cdot \frac{x}{3}\right)\mathrm{d}x,$$

所以
$$W_3 = \int_0^{30}\left(2000 - 20 \cdot \frac{x}{3}\right)\mathrm{d}x = 57000(\mathrm{J}),$$

从而
$$W = W_1 + W_2 + W_3 = 91500(\mathrm{J}).$$

【例 22】 一个底为 a，高为 h 的三角形，铅直地沉没在水中，顶点在下，底在上面且与水面平行，距离水面为 $\dfrac{h}{2}$（图 6-14），试求此三角形所受的侧压力（设水的密度为 $\mu=1$）.

【解】 如图 6-14 建立坐标系. 因为 $\dfrac{|AB|}{a} = \dfrac{h-x}{h}$，所以 $|AB| = \dfrac{a}{h}(h-x)$，从而区间 $[x,x+\mathrm{d}x]$ 所对应的小片（近似看作长方形）面积所受的压力为

$$\mathrm{d}F = \left(\frac{h}{2}+x\right)\mu\,(|AB|\,\mathrm{d}x) = \frac{a}{h}\left(\frac{h}{2}+x\right)(h-x)\mathrm{d}x,$$

于是所求的侧压力

$$F = \int_0^h \frac{a}{h}\left(\frac{h}{2}+x\right)(h-x)\mathrm{d}x = \frac{a}{h}\int_0^h\left(\frac{h^2}{2}+\frac{h}{2}x-x^2\right)\mathrm{d}x$$
$$= \left[\frac{a}{h}\left(\frac{h^2}{2}x+\frac{h}{4}x^2-\frac{1}{3}x^3\right)\right]_0^h = \frac{5}{12}ah^2.$$

【例 23】 有一贮油罐，装有密度为 $\mu=0.96\mathrm{t/m^3}$ 的油料，为了清理和检修，罐的下部侧面开个半径为 $R=380\mathrm{mm}$ 的圆孔，孔的中心距液面为 $h=6800\mathrm{mm}$，孔口挡板用螺钉固紧，已知每个螺钉能承受 $0.5\mathrm{t}$ 的力，问至少需用多少个螺钉？

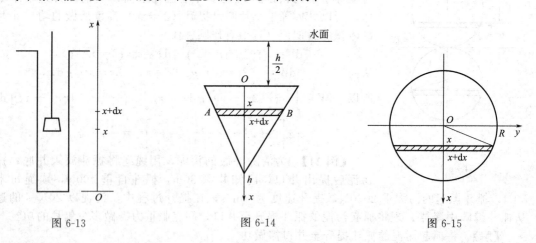

图 6-13 图 6-14 图 6-15

【解】 如图 6-15 建立坐标系，则圆的方程为
$$x^2+y^2=R^2,$$
区间 $[x,x+\mathrm{d}x]$ 所对应的小片（近似看作长方形）面积所受的压力为
$$\mathrm{d}F = \mu(h+x) \cdot 2\sqrt{R^2-x^2}\,\mathrm{d}x,$$
于是圆孔所受液体的侧压力
$$F = \int_{-R}^R \mu(h+x) \cdot 2\sqrt{R^2-x^2}\,\mathrm{d}x$$

$$=2h\mu\int_{-R}^{R}\sqrt{R^2-x^2}\,dx+2\mu\int_{-R}^{R}x\sqrt{R^2-x^2}\,dx$$

$$=2h\mu\frac{\pi R^2}{2}+0=\pi h\mu R^2\approx3.14\times6.8\times0.96\times(0.38)^2\approx2.96(\text{t}).$$

因为 $\dfrac{2.96}{0.5}=5.92$，故至少需要 6 个螺钉才能把挡板固紧.

【例 24】 长方体容器装满了等体积的水和油，设水的密度是油的密度的两倍，如果将容器中的液体全换成油，问容器每一壁上的压力将是原来所受压力的多少倍？

【解】 如图 6-16 建立坐标系. 设 $|OA|=a$，$|OB|=b$，$|OC|=c$，又设油的密度为 μ，则水的密度为 2μ. 当容器装满了等体积的水和油时，侧面 $OBDC$ 所受的侧压力

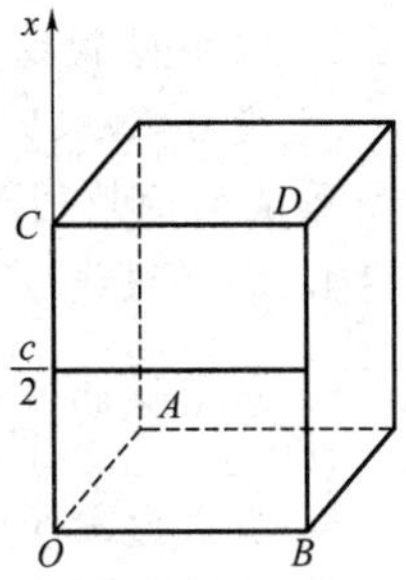

$$F_\text{原}=\int_0^{\frac{c}{2}}2\mu\left(\frac{c}{2}-x\right)b\,dx+\int_{\frac{c}{2}}^c\mu(c-x)b\,dx+\frac{bc}{2}\frac{c}{2}\mu.$$

上式中的第一项是水对下半壁的压力，第二项是油对上半壁的压力，第三项是油对下半壁的压力（此压力通过水传递）.

$$F_\text{原}=\left[2\mu b\left(\frac{c}{2}x-\frac{x^2}{2}\right)\right]_0^{\frac{c}{2}}+\left[\mu b\left(cx-\frac{x^2}{2}\right)\right]_{\frac{c}{2}}^c+\frac{bc^2\mu}{4}=\frac{5}{8}bc^2\mu,$$

当容器装满油时，侧面 $OBDC$ 所受的侧压力

$$F_\text{后}=\int_0^c\mu(c-x)b\,dx=\left[\mu b\left(cx-\frac{x^2}{2}\right)\right]_0^c=\frac{1}{2}bc^2\mu=\frac{4}{5}F_\text{原}.$$

图 6-16

所以，将容器中的液体全换成油，容器每一壁上的压力将是原来所受压力的 $\dfrac{4}{5}$ 倍.

【例 25】 设有长为 l，质量为 M 的均匀直棒 AB.

(1) 在 AB 的延长线上与其一个近端 B 相距 a 处有一质量为 m 的质点 N，试求细棒对质点 N 的引力.

(2) 若将质点从与 B 端相距 a 处移到与 B 端相距 b 处（在 AB 延长线上，$b>a$），求克服引力所做的功.

【解】 (1) 如图 6-17 选取坐标系，根据万有引力公式，区间 $[x,x+dx]$ 所对应的小段细棒对质点 N 的引力大小为

$$dF=\frac{Gm\,dM}{(a+l-x)^2}=\frac{Gm\frac{M}{l}dx}{(a+l-x)^2}=\frac{GmM}{l(a+l-x)^2}dx,$$

所以，细棒对质点 N 的引力大小为

$$F=\int_0^l\frac{GmM}{l(a+l-x)^2}dx=\left[\frac{GmM}{l(a+l-x)}\right]_0^l=\frac{GmM}{la}-\frac{GmM}{l(a+l)}=\frac{GmM}{a(a+l)},$$

方向指向细棒.

(2) 以 B 为原点重新建立坐标系（图 6-18），质点在 $x(a\leqslant x\leqslant b)$ 处时受到细棒的引力

$$F(x)=\frac{GmM}{x(x+l)},$$

所以，质点克服引力所做的功

$$W=\int_a^b F(x)\,dx=\int_a^b\frac{GmM}{x(x+l)}dx=\frac{GmM}{l}\int_a^b\left[\frac{1}{x}-\frac{1}{x+l}\right]dx$$

$$=\frac{GmM}{l}[\ln x-\ln(x+l)]_a^b=\frac{GmM}{l}\ln\frac{b(a+l)}{a(b+l)}.$$

图 6-17   图 6-18

第五节　同步练习题

1. 求由曲线 $x=y^2$，$x+y=2$ 所围图形的面积.

2. 求由抛物线 $(y-1)^2=2x$ 与直线 $y=x-3$ 所围成的平面图形的面积.

3. 设 $0<a<b$（b 为常数），问 a 为何值时，抛物线 $y=x(x-a)$、直线 $x=b$ 和 x 轴三者所围成的两块图形面积的和最小？并求出最小面积.

4. 求双纽线 $\rho^2=a^2\cos2\theta$ 所围图形的面积.

5. 求由抛物线 $\rho=\dfrac{p}{1-\cos\theta}$ 与射线 $\theta=\dfrac{\pi}{4}$ 和 $\theta=\dfrac{\pi}{2}$ 所围图形的面积.

6. 求由曲线 $y^3=x^2$ 及 $y=\sqrt{2-x^2}$ 在上半平面围成的平面图形分别绕 x 轴与 y 轴旋转而成的旋转体的体积.

7. 求 $(x-3)^2+y^2=1$ 绕 y 轴旋转而成的旋转体的体积.

8. 求由曲线 $y=4-x^2$，$y=0$ 所围平面图形绕直线 $x=3$ 旋转所得旋转体的体积.

9. 把曲线 $y^2=2\mathrm{e}x\mathrm{e}^{-2x}$ 绕其渐近线旋转得一旋转体，求此旋转体的体积.

10. 设通过两点 $(0,0)$，$(1,1)$，且轴平行于 y 轴的抛物线与直线 $x=1$、$y=0$ 所围图形绕 x 轴旋转使所得旋转体的体积最小，求此抛物线方程.

11. 设 $f(x)$ 是 $x\geq0$ 上的非负连续函数且 $f(0)=0$，而 $V(t)$ 表示由 $y=f(x)$、$x=t(t>0)$、$y=0$ 所围成图形绕直线 $x=t$ 旋转而成的旋转体的体积. 证明：$V''(t)=2\pi f(t)$.

12. 求曲线 $y=\displaystyle\int_{-\frac{\pi}{2}}^{x}\sqrt{\cos x}\,\mathrm{d}x$ 的全长.

13. 曲线 $y=f(x)$ 通过坐标原点，且在 $[0,x]$ 上的弧长等于终点函数值 $f(x)$ 的两倍，求此曲线的方程.

14. 设半径为 R 的半球形水池充满着水，将水从池中抽出，当抽出的水所做的功为将水全部抽光所做功的一半时，问水面下降的高度 h 为多少？

15. 求水对于垂直壁上的压力，该壁的形状为梯形，其下底 $a=10\mathrm{m}$，上底 $b=6\mathrm{m}$，高 $h=5\mathrm{m}$，下底沉没于水面下的距离为 $d=20\mathrm{m}$.

16. 求一质量均匀的半圆弧对位于其圆心的单位质量的引力（设半圆弧的质量为 M，半径为 R）.

第六节　自我测试题

1. 填空题

(1) 由曲线 $y=|\ln x|$，$x=\mathrm{e}$，$x=\dfrac{1}{\mathrm{e}}$ 及 $y=0$ 所围平面图形的面积为_____.

(2) 抛物线 $y^2=4x$ 及直线 $x=3$ 围成图形绕 x 轴旋转所得旋转体的体积为_____.

(3) 心形线 $\rho=a(1+\cos\theta)$ 所围图形的面积为_____.

(4) 曲线 $\begin{cases}x=\cos^2 t,\\ y=\sin^3 t\end{cases}$ $\left(0\leq t\leq\dfrac{\pi}{2}\right)$ 与两坐标轴所围平面图形的面积为_____.

2. 选择题

(1) 半径为 R 的半球形水池已装满水，要将水全部吸出水池，需做功为（　　）.

(A) $\int_0^R \pi x (R^2 - x^2)\,\mathrm{d}x$；　　　　　　　　　　(B) $\int_0^R \pi (R^2 - x^2)\,\mathrm{d}x$；

(C) $\int_0^R \pi x \sqrt{R^2 - x^2}\,\mathrm{d}x$；　　　　　　　　(D) $\int_0^R \pi \sqrt{R^2 - x^2}\,\mathrm{d}x$。

(2) 曲边梯形 $0 \leqslant y \leqslant f(x)$，$0 \leqslant a \leqslant x \leqslant b$ 绕 y 轴旋转所得旋转体的体积为（　　）.

(A) $\pi \int_a^b f^2(x)\,\mathrm{d}x$；　　(B) $2\pi \int_a^b f^2(x)\,\mathrm{d}x$；　　(C) $\pi \int_a^b x f(x)\,\mathrm{d}x$；　　(D) $2\pi \int_a^b x f(x)\,\mathrm{d}x$.

(3) 双纽线 $(x^2 + y^2)^2 = x^2 - y^2$ 所围图形的面积可用定积分表示为（　　）.

(A) $2\int_0^{\frac{\pi}{4}} (\cos 2\theta)^2\,\mathrm{d}\theta$；　　(B) $2\int_0^{\frac{\pi}{4}} \cos 2\theta\,\mathrm{d}\theta$；　　(C) $\frac{1}{2}\int_0^{\frac{\pi}{4}} (\cos 2\theta)^2\,\mathrm{d}\theta$；　　(D) $\frac{1}{2}\int_0^{\frac{\pi}{4}} \cos 2\theta\,\mathrm{d}\theta$.

3. 解答题

(1) 计算由曲线 $y = \sin x$，$y = \cos x$ 与直线 $x = 0$，$x = \dfrac{\pi}{2}$ 所围图形的面积.

(2) 计算由曲线 $\rho = \dfrac{\sqrt{2}}{2}$ 和 $\rho^2 = \cos 2\theta$ 所围图形的公共部分的面积.

(3) 求曲线 $y = \int_0^x \sqrt{\sin t}\,\mathrm{d}t$ 的全长.

(4) 求由抛物线 $y = x^2$ 和 $y = 2 - x^2$ 所围图形绕 x 轴旋转一周而成的旋转体的体积.

(5) 一底为 8m，高为 6m 的等腰三角形，垂直沉没在水中，顶在上，底在下，而顶离水面 3m，试求其一侧所受的水的压力.

4. 综合题

(1) 试确定 a 的值，使位于直线 $y = ax$ 之上、曲线 $y = x - x^2$ 之下的图形面积等于 $\dfrac{9}{2}$.

(2) 设 $f(x)$ 在区间 $[0, +\infty)$ 上满足：$f''(x) < 0$，$f(0) = 1$，且对于任意的常数 $a > 0$，由曲线 $y = f(x)$、直线 $y = f(a)$ 及 $x = 0$ 所围图形的面积为 $\dfrac{2}{3}a^3$，求 $f(x)$.

(3) 由曲线 $y = \sin x$，直线 $x = t$，$x = 2t$ $\left(0 \leqslant t \leqslant \dfrac{\pi}{2}\right)$ 和 x 轴所围图形绕 x 轴旋转一周而成的旋转体的体积为 $V(t)$，问 t 为何值时，$V(t)$ 有最大值？

(4) 曲线 $y = \ln x$ 与直线 $y = ax + b$ 在 $(c, \ln c)$ 处相切，其中 $2 < c < 4$.

① 求 c 的值，使 $y = \ln x$，$y = ax + b$，$x = 2$，$x = 4$ 所围成的面积最小.

② 对于所求的 c 值，求 a 与 b 的值.

5. 证明题

(1) 证明：正弦曲线 $y = \sin x$ 在一个周期内的长度等于椭圆 $2x^2 + y^2 = 2$ 的周长.

(2) 设 $f(x)$ 在 $[a, b]$ 上非负连续，试证：在 $[a, b]$ 上存在一点 ξ，使直线 $x = \xi$ 将曲线 $y = f(x)$ 与直线 $x = a$，$x = b$，$y = 0$ 所围的曲边梯形面积二等分.

第七节　同步练习题答案

1. $\dfrac{9}{2}$；　　　**2.** 18；　　　**3.** $a = \dfrac{b}{\sqrt{2}}$，$A = \dfrac{\sqrt{2} - 1}{3\sqrt{2}} b^3$；　　　**4.** a^2；　　　**5.** $\dfrac{3 + 4\sqrt{2}}{6} p^2$；

6. $V_x = \dfrac{52}{21}\pi$；$V_y = \left(\dfrac{4}{3}\sqrt{2} - \dfrac{17}{12}\right)\pi$；　　　**7.** $6\pi^2$；　　　**8.** $24\pi^2$；　　　**9.** $\dfrac{\pi e}{2}$；

10. $y = \dfrac{5}{2}x^2 - \dfrac{3}{2}x$;   **11.** （略）   **12.** 4 ;

13. $y = \dfrac{\sqrt{3}}{3}x$;   **14.** $\dfrac{\sqrt{4-2\sqrt{2}}}{2}R$;   **15.** $\dfrac{2125}{3}\pi$;

16. $\dfrac{2GM}{\pi R^2}\vec{j}$ ，提示：利用极坐标计算 .

第八节　自我测试题答案

1. (1) $2\left(1-\dfrac{1}{e}\right)$;   (2) 18π ;   (3) $8a$;   (4) $\dfrac{2}{5}$.

2. (1) (B)；   (2) (D)；   (3) (B) .

3. (1) $2(\sqrt{2}-1)$;   (2) $\dfrac{\pi}{6}+1-\dfrac{\sqrt{3}}{2}$;   (3) 4 ;

(4) $\dfrac{16}{3}\pi$;   (5) 1.646×10^6 （N）.

4. (1) $a=-2$ 或 $a=4$;   (2) $f(x)=1-x^2$;   (3) $t=\dfrac{1}{2}\arccos\left(-\dfrac{3}{4}\right)$;

(4) ① $c=3$ ，② $a=\dfrac{1}{3}$ ，$b=\ln3-1$.

5. (1) （略）；   (2) （略）.

第七章　微分方程

第一节　基本要求

① 了解微分方程及其解、阶、通解、初始条件、特解等概念.

② 掌握变量可分离的微分方程及一阶线性微分方程的解法，会解齐次微分方程、伯努利方程等.

③ 会用降阶法解微分方程：$y^{(n)}=f(x)$，$y''=f(x,y')$ 和 $y''=f(y,y')$.

④ 理解二阶线性微分方程解的性质及解的结构定理.

⑤ 掌握二阶常系数齐次线性微分方程的解法，并会解某些高于二阶的常系数齐次线性微分方程.

⑥ 会解自由项为多项式、指数函数、正弦函数、余弦函数，以及它们的和与积的二阶常系数非齐次线性微分方程.

⑦ 会用微分方程解决一些简单的应用问题.

第二节　内容提要

1. 一阶微分方程

（1）微分方程的基本概念

① 微分方程　含有未知函数、未知函数的导数及自变量的等式叫做微分方程. 未知函数是一元函数，叫作常微分方程；未知函数是多元函数，叫作偏微分方程.

② 微分方程的阶　微分方程中所出现的未知函数导数的最高阶数，叫作微分方程的阶.

③ 微分方程的解　若某个函数代入微分方程能使该方程成为恒等式，这个函数就叫做该微分方程的解.

④ 微分方程的通解　若微分方程的解中所含相互独立的任意常数的个数与微分方程的阶数相同，这样的解叫作微分方程的通解.

⑤ 微分方程的初始条件、特解　用来确定微分方程通解中任意常数的条件叫作初始条件. 不含任意常数的解称为微分方程的特解.

（2）可分离变量方程　一个一阶微分方程能写成 $\dfrac{\mathrm{d}y}{\mathrm{d}x}=f(x)g(y)$ 的形式称为可分离变量微分方程. 设 $g(y)\neq0$，则可将方程化为 $\dfrac{\mathrm{d}y}{g(y)}=f(x)\mathrm{d}x$，其特点是方程的一端只含有 y 的函数与 $\mathrm{d}y$，另一端只含有 x 的函数与 $\mathrm{d}x$，即将两个变量分离在等式两端，其解法是分离变量后两边积分得到通解.

（3）齐次方程　如果一阶微分方程可化为 $y'=f\left(\dfrac{y}{x}\right)$ 的形式称为齐次方程. 其解法是作变换 $u=\dfrac{y}{x}$，则 $y=ux$，$\dfrac{\mathrm{d}y}{\mathrm{d}x}=u+x\dfrac{\mathrm{d}u}{\mathrm{d}x}$，代入方程化为可分离变量的微分方程.

（4）一阶线性微分方程　如果一阶微分方程可化为 $\dfrac{\mathrm{d}y}{\mathrm{d}x}+P(x)y=Q(x)$ 的形式称为一阶线性微分方程，其特点是方程中的未知函数及其导数为一次的. 如果 $Q(x)\equiv0$，则称为一阶线性齐次微分方程；如果 $Q(x)$ 不恒等于零，则称为一阶线性非齐次微分方程，其通解为

$$y=\mathrm{e}^{-\int P(x)\mathrm{d}x}\left(\int Q(x)\mathrm{e}^{\int P(x)\mathrm{d}x}\,\mathrm{d}x+C\right).$$

(5) 伯努利方程　形如 $y'+P(x)y=Q(x)y^n(n\neq0,1)$ 的方程称为伯努利方程. 此方程的特点是未知函数的导数仍是一次的，但未知函数出现 n 次方幂. 其解法是作变量替换 $z=y^{1-n}$，则

$$\frac{\mathrm{d}z}{\mathrm{d}x}=(1-n)y^{-n}\frac{\mathrm{d}y}{\mathrm{d}x}, \quad 即 \quad y^{-n}\frac{\mathrm{d}y}{\mathrm{d}x}=\frac{1}{1-n}\frac{\mathrm{d}z}{\mathrm{d}x},$$

代入原方程，得 $\qquad \dfrac{\mathrm{d}z}{\mathrm{d}x}+(1-n)P(x)z=(1-n)Q(x),$

这是一个线性非齐次微分方程，再按线性非齐次微分方程的求解方法求出通解；最后再以 $z=y^{1-n}$ 换回原变量，即为所求.

2. 高阶微分方程，常系数线性微分方程

(1) 可降阶的高阶微分方程

① $y^{(n)}=f(x)$　其特点右端仅含有自变量 x，通过连续积分 n 次可得到通解.

② $y''=f(x,y')$　其特点是方程不显含未知函数 y. 令 $y'=p(x)$，则 $y''=p'$，代入原方程化为一阶微分方程 $p'=f(x，p)$.

③ $y''=f(y,y')$　其特点是方程不显含自变量 x. 令 $y'=p(y)$，则 $y''=p\dfrac{\mathrm{d}p}{\mathrm{d}y}$，代入原方程化为一阶微分方程 $pp'=f(y，p)$.

(2) 高阶线性微分方程

① 二阶线性微分方程的结构

a. 设 y_1,y_2 是二阶齐次线性方程 $y''+p(x)y'+q(x)y=0$ 的两个线性无关的特解，则 $y(x)=C_1y_1+C_2y_2$ 是它的通解，其中 C_1，C_2 是任意常数.

b. 设 y^* 是非齐次线性方程 $y''+p(x)y'+q(x)y=f(x)$ 的一个特解，y_1、y_2 是对应的齐次线性方程的两个线性无关的特解，则非齐次方程的通解为 $y=C_1y_1+C_2y_2+y^*$.

c. 若 y_1，y_2 是二阶非齐次线性微分方程 $y''+p(x)y+q(x)y=f(x)$ 的两个解，则它们的差 y_1-y_2 是对应的齐次方程 $y''+p(x)y+q(x)y=0$ 的解。

d. 叠加原理：设二阶线性非齐次微分方程的右端 $f(x)$ 是几个函数之和，如

$$y''+P(x)y'+Q(x)y=f_1(x)+f_2(x),$$

而 y_1^* 与 y_2^* 分别是方程 $y''+P(x)y'+Q(x)y=f_1(x)$ 与 $y''+P(x)y'+Q(x)y=f_2(x)$ 的特解，那么 $y_1^*+y_2^*$ 就是原方程的特解.

② 高阶常系数齐次线性微分方程、欧拉方程的解法

a. 二阶常系数齐次线性微分方程 $y''+py'+qy=0$（其中 p,q 是常数），其解法如下.

(i) 写出对应的特征方程 $r^2+pr+q=0$，并求出特征根 r_1，r_2.

(ii) 根据特征根情况写出通解.

若 $r_1\neq r_2$，且为实根，则通解为 $y=C_1\mathrm{e}^{r_1x}+C_2\mathrm{e}^{r_2x}$；

若 $r_1=r_2$，则通解为 $y=(C_1+C_2x)\mathrm{e}^{r_1x}$；

若 $r_{1,2}=\alpha\pm\mathrm{i}\beta$ 是复根，则通解为 $y=\mathrm{e}^{\alpha x}(C_1\cos\beta x+C_2\sin\beta x)$.

b. n 阶常系数齐次线性微分方程. 对高阶常系数齐次线性微分方程 $y^{(n)}+p_1y^{(n-1)}+p_2y^{(n-2)}+\cdots+p_{n-1}y'+p_ny=0$（其中 p_1，p_2，$\cdots$，p_n 是常数），根据其特征根的情况可类似写出其通解.

n 阶常系数齐次线性微分方程其特征方程为

$$r^n+p_1r^{n-1}+p_2r^{n-2}+\cdots+p_{n-1}r+p_n=0,$$

由代数学知道，n 次代数方程有 n 个根 $r_1,r_2,\cdots,r_n$. 这 n 个根对应微分方程通解 y 中的 n 项，每项含一个任意常数，即 $y=C_1y_1+C_2y_2+\cdots+C_ny_n$. 通解中的每一项与特征方程中的根的对应关系为：

(i) 若特征方程有单实根 r，则通解中有一项 $C\mathrm{e}^{rx}$；

(ii) 若特征方程有单复根 $r_{1,2}=\alpha\pm i\beta$，则通解中有两项 $e^{\alpha x}(C_1\cos\beta x+C_2\sin\beta x)$；

(iii) 若特征方程有 k 重实根 r，则通解中有 k 项 $e^{rx}(C_1+C_2x+\cdots+C_kx^{k-1})$；

(iv) 若特征方程有 k 重复根 $r_{1,2}=\alpha\pm i\beta$，则通解中有 $2k$ 项
$$e^{\alpha x}[(C_1+C_2x+\cdots+C_kx^{k-1})\cos\beta x+(D_1+D_2x+\cdots+D_kx^{k-1})\sin\beta x].$$

c. 欧拉方程. 形如 $x^ny^{(n)}+p_1x^{n-1}y^{(n-1)}+\cdots+p_{n-1}xy'+p_ny=f(x)$ 的方程（其中 $p_1,p_2,\cdots,p_n$ 为常数）称为欧拉方程，其特征是在方程每一项，未知函数导数的阶数与其系数函数 x 的幂方次数相同. 求解方法是：利用变量代换，设 $x=e^t$ 即 $t=\ln x$（这里 $x>0$；若 $x<0$，则设 $x=-e^t$），将 y 看作 t 的函数，则有

$$\frac{dy}{dx}=\frac{dy}{dt}\frac{dt}{dx}=\frac{1}{x}\frac{dy}{dt},\quad \frac{d^2y}{dx^2}=-\frac{1}{x^2}\frac{dy}{dt}+\frac{1}{x}\frac{d^2y}{dt^2}\frac{dt}{dx}=\frac{1}{x^2}\left(\frac{d^2y}{dt^2}-\frac{dy}{dt}\right),$$

$$\frac{d^3y}{dt^3}=\frac{1}{x^3}\left(\frac{d^3y}{dt^3}-3\frac{d^2y}{dt^2}+2\frac{dy}{dt}\right).$$

为了书写简便，引入记号 $\frac{d}{dt}=D$，则上述结果

$$\frac{dy}{dx}=\frac{1}{x}\frac{dy}{dt},\text{ 即 }xy'=Dy;\quad \frac{d^2y}{dx^2}=\frac{1}{x^2}\left(\frac{d^2y}{dt^2}-\frac{dy}{dt}\right),\text{ 即 }x^2y''=(D^2-D)y=D(D-1)y;$$

$$\frac{d^3y}{dt^3}=\frac{1}{x^3}\left(\frac{d^3y}{dt^3}-3\frac{d^2y}{dt^2}+2\frac{dy}{dt}\right),\text{ 即 }x^3y'''=(D^3-3D^2+2D)y=D(D-1)(D-2)y.$$

一般地，$x^ky^{(k)}=D(D-1)\cdots(D-k+1)y$，$k=1,2,\cdots$.

将之代入欧拉方程，就得到一个以 t 为自变量的常系数线性微分方程；求出其通解后，再将 t 换为 $\ln x$，便得到原方程的通解.

③ 二阶常系数非齐次线性微分方程的解法　$y''+py'+qy=f(x)$（其中 p，q 是常数）.

a. 当 $f(x)=e^{\lambda x}P_m(x)$，λ 是常数，$P_m(x)$ 是 x 的 m 次多项式时，原方程具有形如 $y^*=x^ke^{\lambda x}Q_m(x)$ 的特解，其中 $Q_m(x)$ 是与 $P_m(x)$ 同次的多项式，且
$$k=\begin{cases}0,&\lambda\text{ 不是特征方程的根},\\1,&\lambda\text{ 是特征方程的单根},\\2,&\lambda\text{ 是特征方程的重根}.\end{cases}$$

b. 当 $f(x)=e^{\lambda x}[P_l(x)\cos\omega x+P_n(x)\sin\omega x]$ 时，原方程具有形如
$$y^*=x^ke^{\lambda x}[R_m^{(1)}(x)\cos\omega x+R_m^{(2)}(x)\sin\omega x]$$
的特解，其中 $R_m^{(1)}(x)$，$R_m^{(2)}(x)$ 是 m 次多项式，$m=\max\{l,n\}$，而
$$k=\begin{cases}0,&\lambda+i\omega\text{ 不是特征根},\\1,&\lambda+i\omega\text{ 是特征根}.\end{cases}$$

注：以上结论可类似推广到高阶常系数线性非齐次方程情形.

3. 微分方程的应用

微分方程的应用，主要是指通过列微分方程，确定定解条件并求解初值问题这一方法和过程，去解决一些几何、物理、化学、经济管理等方面的实际问题.

依实际问题列微分方程的步骤大致如下.

① 根据实际问题，确定要研究的量是几何量还是物理量、化学量等，分清哪个是自变量，哪个是未知函数.

② 找出这些量所满足的规律. 若是几何量，通常涉及切线斜率、曲率、弧长、面积、体积等量的表示；如物理量则常与速度、加速度、牛顿第二定律、动量守恒、弹性定律、回路电压定律等有关；化学问题则通常涉及浓度、反应速度等；而经济量一般与边际利润、边际成本、增长率等相关.

③ 运用这些规律列出微分方程. 这些规律的表述有的本身就是微分方程（如牛顿第二定律、边际问题等），有的则需要利用变化率、微元法的思想去列微分方程.

④ 利用反映事物个性的特殊状态确定定解条件.

在求得微分的解后, 有时还需要检验它是否符合问题的实际意义。

第三节　本章学习注意点

在本章的学习中应当注意以下几个问题.

① 求解一阶微分方程的关键首先将方程化为标准式, 识别其类型; 其次用对应的解法求解. 其中, 可分离变量方程和线性方程是基本的类型, 而齐次方程和伯努利方程通过变换可转化为这两种基本类型. 有些方程从表面上看不是熟悉的类型, 但利用恒等变形、变量代换或将自变量与因变量的地位互换等就可能化为已知类型.

② 对于可降阶的二阶微分方程中, 一种类型是 $y'' = f(x, y')$, 其特点是未知函数 y 没出现; 另一种类型是 $y'' = f(y, y')$, 其特点未知函数的自变量 x 没出现. 其解法都是降为一阶微分方程, 但前者令 $y' = p(x)$, $y'' = p'$, 而后者令 $y' = p(y)$, $y'' = p \dfrac{\mathrm{d}p}{\mathrm{d}y}$. 对形如 $y'' = f(y')$, 即既不显含 x, 又不显含 y 的二阶可降阶方程, 既可用代换 $y' = p(x)$ 也可用 $y' = p(y)$, 在解题过程应选择较简单的代换.

③ 对高阶线性微分方程, 首先要掌握它们解的性质与结构, 其次要熟练掌握二阶常系数齐次线性与非齐次线性方程的解法.

④ 微分方程应用题是本章的重点也是难点, 微分方程的应用包括几何、物理、化学等许多方面的应用. 解题步骤可分为: 建立微分方程, 确定初始条件和求解方程等几步. 解题的关键是建立方程.

第四节　典型方法与例题分析

一、一阶微分方程

【例1】　求下列微分方程的通解:

(1) $y' = \dfrac{x(1+y^2)}{(1+x^2)y}$;　　(2) $y\left(x\cos\dfrac{y}{x} + y\sin\dfrac{y}{x}\right)\mathrm{d}x = x\left(y\sin\dfrac{y}{x} - x\cos\dfrac{y}{x}\right)\mathrm{d}y$

(3) $xy' + 2y = 3x^3 y^{\frac{4}{3}}$.

【解】　(1) 此方程为可分离变量方程, 分离变量后 $\dfrac{y\,\mathrm{d}y}{1+y^2} = \dfrac{x\,\mathrm{d}x}{1+x^2}$, 两端积分

$$\frac{1}{2}\ln(1+y^2) = \frac{1}{2}\ln(1+x^2) + \frac{1}{2}\ln|C|,$$

即　　　　　　　　　　　$$\ln(1+y^2) = \ln(1+x^2) + \ln|C|,$$

所以原微分方程的通解为　$1 + y^2 = C(1+x^2)$.

注: 在解微分方程时, 有时为了运算方便, 不定积分中的任意常数可根据需要写成 $\ln|C|$ 或 $\dfrac{1}{2}\ln|C|$ 等.

(2) 原方程可化为 $\dfrac{\mathrm{d}y}{\mathrm{d}x} = \dfrac{y}{x}\left(\dfrac{\cos\dfrac{y}{x} + \dfrac{y}{x}\sin\dfrac{y}{x}}{\dfrac{y}{x}\sin\dfrac{y}{x} - \cos\dfrac{y}{x}}\right)$, 这是齐次方程, 令 $u = \dfrac{y}{x}$, $y = ux$, $y' = u + xu'$, 代入原方程得 $u + xu' = u\left(\dfrac{\cos u + u\sin u}{u\sin u - \cos u}\right)$, 分离变量 $\dfrac{u\sin u - \cos u}{2u\cos u}\mathrm{d}u = \dfrac{\mathrm{d}x}{x}$,

两边积分 $\ln|u\cos u|=\ln|x^{-2}|+\ln|C|$，即 $u\cos u=\dfrac{C}{x^2}$，

再将 $u=\dfrac{y}{x}$ 代回得通解

$$\frac{y}{x}\cos\frac{y}{x}=\frac{C}{x^2}，\quad 即 \quad xy\cos\frac{y}{x}=C.$$

（3）原方程可化为 $y'+\dfrac{2}{x}y=3x^2y^{\frac{4}{3}}$，这是伯努利方程，令 $z=y^{-\frac{1}{3}}$，原式变为 $-3z'+$

$\dfrac{2}{x}z=3x^2$，即 $z'-\dfrac{2}{3x}z=-x^2$，这是一阶线性非齐次方程，对应齐次线性方程通解为 $z=$

$Cx^{\frac{2}{3}}$，利用常数变易法.

设 $z=u(x)x^{\frac{2}{3}}$ 为非齐次方程的解，代入非齐次线性方程得　$u'(x)x^{\frac{2}{3}}=-x^2$，所以

$u(x)=-\dfrac{3}{7}x^{\frac{7}{3}}+C$，原方程的通解为

$$y^{-\frac{1}{3}}=-\frac{3}{7}x^3+Cx^{\frac{2}{3}}，即 \ y^{\frac{1}{3}}(-\frac{3}{7}x^3+Cx^{\frac{2}{3}})=1.$$

【例 2】　求微分方程 $(y+x^3)\mathrm{d}x-2x\mathrm{d}y=0$ 满足 $y|_{x=1}=\dfrac{6}{5}$ 的特解.

分析：此题为一阶线性方程的初值问题. 可以利用常数变易法或公式法求出方程的通解，再利用初值条件确定通解中的任意常数而得特解.

【解】　原方程变形为 $\dfrac{\mathrm{d}y}{\mathrm{d}x}-\dfrac{1}{2x}y=\dfrac{1}{2}x^2$，这是一个一阶非齐次线性方程.

解法一　用常数变易法.

先求对应的齐次方程 $\dfrac{\mathrm{d}y}{\mathrm{d}x}-\dfrac{1}{2x}y=0$ 的通解，此方程为可分离变量方程，分离变量后 $\dfrac{\mathrm{d}y}{y}=$

$\dfrac{1}{2x}\mathrm{d}x$，积分得 $\ln|y|=\dfrac{1}{2}\ln|x|+\ln|C|\Rightarrow y=C\sqrt{x}$，再把 C 换成 $u(x)$，即令 $y=$

$u(x)\sqrt{x}$ 为非齐次方程的通解，代入方程得　$u'(x)\sqrt{x}+u(x)\dfrac{1}{2\sqrt{x}}-\dfrac{1}{2x}u(x)\sqrt{x}=\dfrac{1}{2}x^2$，

从而 $u'(x)=\dfrac{1}{2}x^{\frac{3}{2}}$，积分得 $u(x)=\displaystyle\int\frac{1}{2}x^{\frac{3}{2}}\mathrm{d}x+C=\frac{1}{5}x^{\frac{5}{2}}+C$，于是非齐次方程的通解为

$$y=\sqrt{x}(\frac{1}{5}x^{\frac{5}{2}}+C)=C\sqrt{x}+\frac{1}{5}x^3.$$

由 $y|_{x=1}=\dfrac{6}{5}\Rightarrow C=1$，故所求的特解为 $y=\sqrt{x}+\dfrac{1}{5}x^3$.

解法二　公式法.

这里 $P(x)=-\dfrac{1}{2x}$，$Q(x)=\dfrac{1}{2}x^2$，由一阶线性方程通解公式得

$$y=\mathrm{e}^{\int\frac{1}{2x}\mathrm{d}x}\left[\int\frac{1}{2}x^2\mathrm{e}^{-\int\frac{1}{2x}\mathrm{d}x}\mathrm{d}x+C\right]=\mathrm{e}^{\frac{1}{2}\ln x}\left[\int\frac{1}{2}x^2\mathrm{e}^{-\frac{1}{2}\ln x}\mathrm{d}x+C\right]$$
$$=\sqrt{x}\left[\int\frac{1}{2}x^{\frac{3}{2}}\mathrm{d}x+C\right]=\sqrt{x}\left[\frac{1}{5}x^{\frac{5}{2}}+C\right].$$

由 $y|_{x=1}=\dfrac{6}{5}\Rightarrow C=1$，故所求特解为 $y=\sqrt{x}+\dfrac{1}{5}x^3$.

注：上述两种方法是求解一阶线性方程的常用方法，常数变易法易记但稍繁，公式法简

洁，但不易记忆.

【例3】 求微分方程的通解：

(1) $(1+2\mathrm{e}^{\frac{x}{y}})\mathrm{d}x+2\mathrm{e}^{\frac{x}{y}}\left(1-\dfrac{y}{x}\right)\mathrm{d}y=0$； (2) $\dfrac{\mathrm{d}y}{\mathrm{d}x}=\dfrac{y}{y^2+x}$.

分析： 这里将 y 看成因变量，不能判别其类型，或计算较麻烦，因此将 y 看成自变量，再判别其类型.

【解】 （1）原方程可变形为 $\dfrac{\mathrm{d}x}{\mathrm{d}y}=2\mathrm{e}^{\frac{x}{y}}\dfrac{\dfrac{x}{y}-1}{1+2\mathrm{e}^{\frac{x}{y}}}$，这是齐次方程.

令 $u=\dfrac{x}{y}$，则 $x=uy,\dfrac{\mathrm{d}x}{\mathrm{d}y}=u+y\dfrac{\mathrm{d}u}{\mathrm{d}y}$ （注：这里将 y 看作自变量），

代入方程得 $u+y\dfrac{\mathrm{d}u}{\mathrm{d}y}=2\mathrm{e}^u\dfrac{u-1}{1+2\mathrm{e}^u}$，即

$$\frac{1+2\mathrm{e}^u}{u+2\mathrm{e}^u}\mathrm{d}u+\frac{\mathrm{d}y}{y}=0；$$

两边积分，得 $\ln|y|+\ln|u+2\mathrm{e}^u|=\ln|C|$，即

$$y(u+2\mathrm{e}^u)=C,$$

故所求通解为 $x+2y\mathrm{e}^{\frac{x}{y}}=C$.

（2）将 y 看作自变量，x 看作因变量，则有 $\dfrac{\mathrm{d}x}{\mathrm{d}y}=\dfrac{y^2+x}{y}$，即 $\dfrac{\mathrm{d}x}{\mathrm{d}y}=\dfrac{1}{y}x+y$，亦即 $\dfrac{\mathrm{d}x}{\mathrm{d}y}-\dfrac{1}{y}x=y$，这是关于未知函数 x 的一阶非齐次线性微分方程，利用常数变易法求解.

① 对应的齐次方程是 $\dfrac{\mathrm{d}x}{\mathrm{d}y}=\dfrac{x}{y}$；分离变量两边积分得 $\ln|x|=\ln|y|+\ln|C|$，即 $x=Cy$.

② 令 $x=u(y)y$，得 $\dfrac{\mathrm{d}x}{\mathrm{d}y}=u'(y)y+u(y)$；代入原方程 $\dfrac{\mathrm{d}x}{\mathrm{d}y}-\dfrac{1}{y}x=y$，得

$$u'(y)y+u(y)-\frac{1}{y}u(y)y=y，化简得 \quad u'(y)=1\Rightarrow u(y)=y+C,$$

所以，原方程的通解为 $x=(y+C)y$，即 $x=Cy+y^2$ 为所求.

【例4】 设 $F(x)=f(x)g(x)$，其中函数 $f(x)$、$g(x)$ 在 $(-\infty,+\infty)$ 内满足以下条件：

$f'(x)=g(x),\ g'(x)=f(x)$，且 $f(0)=0,f(x)+g(x)=2\mathrm{e}^x$.

（1）求 $F(x)$ 所满足的一阶微分方程；（2）求出 $F(x)$ 的表达式.

分析： $F(x)$ 所满足的微分方程自然应含有其导函数，提示应先对 $F(x)$ 求导，并将其余部分转化为用 $F(x)$ 表示，导出相应的微分方程，然后再求解相应的微分方程.

【解】 （1）由于 $F'(x)=f'(x)g(x)+f(x)g'(x)=g^2(x)+f^2(x)$

$$=[f(x)+g(x)]^2-2f(x)g(x)=(2\mathrm{e}^x)^2-2F(x),$$

可见 $F(x)$ 所满足的一阶微分方程为

$$F'(x)+2F(x)=4\mathrm{e}^{2x}.$$

（2）此为标准的一阶线性非齐次微分方程，其通解为

$$F(x)=\mathrm{e}^{-\int 2\mathrm{d}x}\left[\int 4\mathrm{e}^{2x}\cdot \mathrm{e}^{\int 2\mathrm{d}x}\,\mathrm{d}x+C\right]=\mathrm{e}^{-2x}\left[\int 4\mathrm{e}^{4x}\,\mathrm{d}x+C\right]=\mathrm{e}^{2x}+C\mathrm{e}^{-2x}.$$

将 $F(0)=f(0)g(0)=0$ 代入上式，得 $C=-1$，于是

$$F(x)=\mathrm{e}^{2x}-\mathrm{e}^{-2x}.$$

注： 本题没有直接给出微分方程，要求先通过求导以及恒等变形引出微分方程的形式.

【例5】 设连续函数 $f(x)$ 满足方程 $\displaystyle\int_0^x f(t)\mathrm{d}t=x^2+\int_0^x tf(x-t)\mathrm{d}t$，求 $f(x)$.

分析：未知函数出现在积分号内，这种方程也称为积分方程. 为了把积分方程化为微分方程，需要将积分方程对自变量 x 求导数，由于在 $\int_0^x tf(x-t)\mathrm{d}t$ 中自变量 x 出现在被积函数 $tf(x-t)$ 中，必须首先把 x 从积分中"解脱"出来，因此本题首先需对这个积分做换元.

【解】 令 $u=x-t$，注意这时有 $t:0\to x$ 对应 $u:x\to0$，$t=x-u$，$\mathrm{d}u=-\mathrm{d}t$，故

$$\int_0^x tf(x-t)\mathrm{d}t=-\int_x^0(x-u)f(u)\mathrm{d}u=x\int_0^x f(u)\mathrm{d}u-\int_0^x uf(u)\mathrm{d}u$$
$$=x\int_0^x f(t)\mathrm{d}t-\int_0^x tf(t)\mathrm{d}t,$$

代入原方程得

$$\int_0^x f(t)\mathrm{d}t=x^2+x\int_0^x f(t)\mathrm{d}t-\int_0^x tf(t)\mathrm{d}t.$$

由函数 $f(x)$ 连续知以上方程中各项均可导，对自变量 x 求导数即得

$$f(x)=2x+\int_0^x f(t)\mathrm{d}t+xf(x)-xf(x)\quad\text{即}\quad f(x)=2x+\int_0^x f(t)\mathrm{d}t.$$

在最后所得的方程中令 $x=0$ 得 $f(0)=0$，由于此方程右端两项都可导，从而函数 $f(x)$ 也可导，两端对 x 求导数得 $f'(x)=2+f(x)$，这表明函数 $f(x)$ 是如下一阶线性微分方程初值问题的特解

$$y'-y=2,\ y(0)=0,\text{解之可得 } y=2(\mathrm{e}^x-1),\text{即 } f(x)=2(\mathrm{e}^x-1).$$

注：积分方程通常隐含初始条件，一般通过令积分的上限等于下限可得到.

【例6】 设函数 $f(x)$ 连续，$f'(0)=2$，且对一切实数 x,y 满足关系式 $f(x+y)=\mathrm{e}^x f(y)+\mathrm{e}^y f(x)$，求 $f(x)$.

分析：已知等式是一个函数方程，根据所给条件找出函数的导数 $f'(x)$ 与函数 $f(x)$ 之间的关系即微分方程，从而求出 $f(x)$，但不能在等式两边直接求导得微分方程，因为题中只有 $f'(0)$ 存在的条件，本题只能由导数定义求 $f'(x)$.

【解】 令 $x=y=0$，则 $f(0)=0$. 对任意的 x，有

$$f'(x)=\lim_{h\to0}\frac{f(x+h)-f(x)}{h}=\lim_{h\to0}\frac{\mathrm{e}^x f(h)+\mathrm{e}^h f(x)-f(x)}{h}$$
$$=\lim_{h\to0}\frac{\mathrm{e}^x[f(h)-f(0)]+(\mathrm{e}^h-1)f(x)}{h}=\mathrm{e}^x f'(0)+f(x),$$

所以 $f'(x)=f(x)+2\mathrm{e}^x$ 这是一阶线性非齐次方程，$f(x)=\mathrm{e}^{-\int-1\mathrm{d}x}\left(\int 2\mathrm{e}^x\mathrm{e}^{\int-1\mathrm{d}x}\mathrm{d}x+C\right)=2x\mathrm{e}^x+C\mathrm{e}^x$，由 $f(0)=0\Rightarrow C=0$，故

$$f(x)=2x\mathrm{e}^x.$$

二、高阶微分方程、常系数线性微分方程

1. 可降阶的高阶微分方程

【例7】 求微分方程 $y'''=\sin x-120x$ 的通解.

分析：这是 $y^{(n)}=f(x)$ 型的微分方程，只要连续积分 n 次，便可得到通解.

【解】 在方程两边连续积分三次，得

$$y''=-\cos x-60x^2+C,\ y'=-\sin x-20x^3+Cx+C_2$$

通解为

$$y=\cos x-5x^4+C_1x^2+C_2x+C_3\ \left(C_1=\frac{C}{2}\right).$$

【例8】 求方程 $y''=\dfrac{x}{y}$ 的积分曲线方程，使得积分曲线通过点 $(1,-1)$，且在该点处的切线斜率为1.

分析：此方程不显含未知函数 y，这是 $y''=f(x,y')$ 型的微分方程. 令 $y'=p(x)$，得

$y''=p'(x)$，代入原方程即可降阶.

【解】 设 $y'=p$，原方程化为 $\dfrac{\mathrm{d}p}{\mathrm{d}x}=\dfrac{x}{p}$，分离变量后得 $p\,\mathrm{d}p=x\,\mathrm{d}x$，积分得

$$p^2=x^2+C_1.$$

因为所求曲线在点 $(1,-1)$ 处的切线斜率为 1，所以 $y(1)=-1,y'(1)=1$. 将上式代入 $p^2=x^2+C_1$，知 $C_1=0$，注意到 $y'(-1)=1>0$，因此有 $\dfrac{\mathrm{d}y}{\mathrm{d}x}=x$. 再积分得 $y=\dfrac{1}{2}x^2+C_2$，由 $y(1)=-1$，得 $C_2=-\dfrac{3}{2}$，因此所求的积分曲线方程为 $y=\dfrac{1}{2}(x^2-3)$.

【例 9】 求方程 $y''=\dfrac{2y}{y^2+1}y'^2$ 的通解.

【解】 此方程不显含自变量 x，令 $y'=p(y)$，$y''=p\dfrac{\mathrm{d}p}{\mathrm{d}y}$，代入方程，得 $p\dfrac{\mathrm{d}p}{\mathrm{d}y}=\dfrac{2y}{y^2+1}p^2$，分离变量后得，$\dfrac{\mathrm{d}p}{p}=\dfrac{2y}{y^2+1}\mathrm{d}y$，再积分可得

$$\ln|p|=\ln|1+y^2|+\ln|C_1|$$

即 $p=C_1(1+y^2)$，亦即 $\dfrac{\mathrm{d}y}{\mathrm{d}x}=p=C_1(y^2+1)$，

因此 $\dfrac{\mathrm{d}y}{y^2+1}=C_1\mathrm{d}x$，故方程的通解为 $\quad y=\tan(C_1x+C_2)$.

【例 10】 求微分方程 $y''+\sqrt{1-y'^2}=0$ 的通解.

分析：所给方程属于 $y''=f(y,y')$ 型，也是 $y''=f(x,y')$ 型的，这类方程一般以 $y''=f(x,y')$ 型来做简单些.

【解】 设 $y'=p(x)$，$y''=\dfrac{\mathrm{d}p}{\mathrm{d}x}$，则 $\dfrac{\mathrm{d}p}{\mathrm{d}x}+\sqrt{1-p^2}=0$，分离变量并积分，得 $\arccos p=x+C_1$，即 $p=y'=\cos(x+C_1)$，即

$$\frac{\mathrm{d}y}{\mathrm{d}x}=\cos(x+C_1);$$

两边再积分，得 $y=\sin(x+C_1)+C_2$，这就是所求的通解.

2. 常系数线性微分方程

【例 11】 验证 $y_1=x$ 与 $y_2=\mathrm{e}^x$ 是方程 $(x-1)y''-xy'+y=0$ 的线性无关解，并写出其通解.

【解】 因为 $(x-1)y_1''-xy_1'+y_1=0-x+x=0$，$(x-1)y_2''-xy_2'+y_2=(x-1)\mathrm{e}^x-x\mathrm{e}^x+\mathrm{e}^x=0$，所以 $y_1=x$ 与 $y_2=\mathrm{e}^x$ 都是方程的解，又因为比值 $y_2/y_1=\mathrm{e}^x/x$ 不恒为常数，所以 $y_1=x$ 与 $y_2=\mathrm{e}^x$ 在 $(-\infty,+\infty)$ 内是线性无关的，因此 $y_1=x$ 与 $y_2=\mathrm{e}^x$ 是二阶线性齐次方程 $(x-1)y''-xy'+y=0$ 的两个线性无关特解，根据线性齐次方程的解的结构定理知其通解为

$$y=C_1x+C_2\mathrm{e}^x.$$

【例 12】 求下列微分方程的通解.

(1) $y''+3y'-10y=0$；　　　(2) $y''+6y'+9y=0$；　　　(3) $y''+4y'+7y=0$.

分析：这三个方程都是二阶常系数线性齐次微分方程，只要依据特征方程的特征根情形直接写出通解即可.

【解】 (1) 特征方程为 $r^2+3r-10=0$，特征根是 $r_1=-5,r_2=2$，

故方程的通解为　　　　　　　$y=C_1\mathrm{e}^{-5x}+C_2\mathrm{e}^{2x}$.

(2) 特征方程为　　　　$r^2+6r+9=0$，特征根是 $r_1=r_2=-3$，

故方程的通解为 $\qquad y=(C_1+C_2x)\mathrm{e}^{-3x}$.

(3) 特征方程为 $r^2+4r+7=0$，特征根是 $r_{1,2}=-2\pm3\mathrm{i}$，

故方程的通解为 $\qquad y=\mathrm{e}^{-2x}(C_1\cos3x+C_2\sin3x)$.

【例 13】 设 $y=y(x)$ 是方程 $y''+by'+cy=0$ 的解，其中 b，c 为正的常数，则 $\lim\limits_{x\to+\infty}y$
(x) 与（　　）．

(A) 初值 $y(0)$，$y'(0)$有关，与 b，c 无关；　　(B) 初值 $y(0)$，$y'(0)$及 b，c 均无关；

(C) 初值 $y(0)$，$y'(0)$及 c 无关，只与 b 有关；(D) 初值 $y(0)$，$y'(0)$及 b 无关，只与 c 有关．

【解】 这是二阶常系数线性齐次方程，其特征方程为 $\lambda^2+b\lambda+c=0$，特征根为

$$\lambda=-\frac{b}{2}\pm\frac{1}{2}\sqrt{b^2-4c}.$$

它或为相异实根，或为重实根，或为共轭复根，不论哪种情形，特征根的实部均是负的，注意

$$\lim_{x\to+\infty}\mathrm{e}^{-ax}=0,\qquad\lim_{x\to+\infty}x\mathrm{e}^{-ax}=0,\qquad\lim_{x\to+\infty}\mathrm{e}^{-ax}\cos\beta x=0,\qquad\lim_{x\to+\infty}\mathrm{e}^{-ax}\sin\beta x=0,$$

其中 $a>0$ 为常数，因此对 $y''+by'+cy=0$ 的任一解 $y=y(x)$ 均有 $\lim\limits_{x\to+\infty}y(x)=0$，故应
选（B）．

【例 14】 求微分方程 $y^{(5)}+y^{(4)}+2y^{(3)}+2y''+y'+y=0$ 的通解．

分析：这是一个 5 阶常系数线性齐次微分方程，完全类似于二阶的情形，给出通解．

【解】 特征方程为 $r^5+r^4+2r^3+2r^2+r+1=0$，即 $(r+1)(r^2+1)^2=0$，特征根为

$$r_1=-1,\quad r_2=r_3=\mathrm{i},\quad r_4=r_5=-\mathrm{i}.$$

由于每个特征根（重根按重数计算）都对应着通解中的一项，所以通解为

$$y=C_1\mathrm{e}^{-x}+(C_2+C_3x)\cos x+(C_4+C_5x)\sin x.$$

【例 15】 设 $y=\mathrm{e}^{-x}(C_1\cos2x+C_2\sin2x)(C_1,C_2$ 为任意常数) 为某个二阶常系数线性
齐次微分方程（二阶导数项系数为 1）的通解，求该方程．

分析：此类题目与已知方程求通解或特解刚好相反，因此只要将给定的特解与通解形式
对照，先写出特征根，再写出特征方程，最后得到对应的微分方程．

【解】 由通解的形式可知该方程的特征方程的两个特征根为 $\lambda_{1,2}=-1\pm2\mathrm{i}$，从而得知特
征方程为

$$(\lambda-\lambda_1)(\lambda-\lambda_2)=\lambda^2-(\lambda_1+\lambda_2)\lambda+\lambda_1\lambda_2=\lambda^2+2\lambda+5=0,$$

因此，所求微分方程为

$$y''+2y'+5y=0.$$

【例 16】 写出下列方程的一个特解形式 y^*（待定系数不必求出）：

(1) $y''-4y=x^2\mathrm{e}^{2x}$；　　(2) $y''+y=3x\sin x+4\cos x$；　　(3) $2y''+5y'=\cos^2x$.

【解】 (1) 特征方程为 $r^2-4=0$，特征根 $r_1=2$，$r_2=-2$.

已给方程的自由项为 $\qquad f(x)=x^2\mathrm{e}^{2x}$，$\lambda=2$，$P_m(x)=x^2$.

因为 $\lambda=2$ 是单特征根，所以特解形式为

$$y^*=x(ax^2+bx+c)\mathrm{e}^{2x}.$$

(2) 特征方程为 $r^2+1=0$，特征根 $r_{1,2}=\pm\mathrm{i}$.

方程的自由项为

$$f(x)=3x\sin x+4\cos x,\ \lambda=0,\ \omega=1,\ \lambda+\mathrm{i}\omega=\mathrm{i}.$$

因为 $\lambda+\mathrm{i}\omega=\mathrm{i}$ 是特征根，所以特解形式为

$$y^*=x[(ax+b)\cos x+(cx+d)\sin x].$$

(3) 特征方程是 $2r^2+5r=0$，特征根 $r_1=0$，$r_2=-\dfrac{5}{2}$.

已给方程的自由项为 $\qquad f(x)=\cos^2x=\dfrac{1}{2}+\dfrac{1}{2}\cos2x.$

因为 0 是单特征根，所以 $2y''+5y'=\dfrac{1}{2}$ 的一个特解形式为 $y_1^*=ax$，又 $0+2i$ 不是特征根，所以 $2y''+5y'=\dfrac{1}{2}\cos2x$ 的一个特解形式为 $y_2^*=b\cos2x+c\sin2x$. 根据非齐次线性方程的叠加原理，原方程的特解形式

$$y^*=y_1^*+y_2^*=ax+b\cos2x+c\sin2x.$$

注： 对于非齐次方程的自由项 $f(x)$ 不是熟悉的形式，经常是经过恒等变形化为已知的形式，如 $f(x)=\cos^2x$、$\sin^2x$、$\cos2x\cos3x$（积化和差）、$\sin(x-4)$（和差公式）都可以经过三角公式化为已知类型.

【例 17】 求方程 $y''-2y'+y=xe^x-e^x$，满足初始条件 $y(1)=y'(1)=1$ 的特解.

【解】 对应的齐次方程的特征方程是 $r^2-2r+1=0$，特征根为 $r_1=r_2=1$，因此对应的齐次方程的通解为 $Y=(C_1+C_2x)e^x$. 由于 $\lambda=1$ 是二重特征根. 因此设原方程的特解为 $y^*=x^2(ax+b)e^x$，则

$$(y^*)'=[ax^3+(3a+b)x^2+2bx]e^x,\quad (y^*)''=[ax^3+(6a+b)x^2+(6a+4b)x+2b]e^x,$$

将 y^*，$(y^*)'$，$(y^*)''$ 代入原方程后比较系数得 $a=\dfrac{1}{6}$，$b=-\dfrac{1}{2}$，因此原方程的一个特解为 $y^*=\dfrac{x^3}{6}e^x-\dfrac{x^2}{2}e^x$，故原方程的通解为

$$y=(C_1+C_2x)e^x+\frac{x^3}{6}e^x-\frac{x^2}{2}e^x.$$

又 $y'=\left[(C_1+C_2)+(C_2-1)x+\dfrac{x^3}{6}\right]e^x$，由 $y(1)=1$，$y'(1)=1$ 得

$$\begin{cases}C_1+C_2=\dfrac{1}{e}+\dfrac{1}{3},\\[2mm]C_1+2C_2=\dfrac{1}{e}+\dfrac{5}{6},\end{cases}\quad\text{解得}\quad\begin{cases}C_1=\dfrac{2}{e}-\dfrac{1}{6},\\[2mm]C_2=\dfrac{1}{2}-\dfrac{1}{e},\end{cases}$$

所以原方程满足初始条件的特解为

$$y=\left[\frac{2}{e}-\frac{1}{6}+\left(\frac{1}{2}-\frac{1}{e}\right)x\right]e^x+\frac{x^3}{6}e^x-\frac{x^2}{2}e^x.$$

【例 18】 设 $y''+p(x)y'=f(x)$ 有一特解为 $\dfrac{1}{x}$，对应的齐次方程有一特解为 x^2，试求：

(1) $p(x)$，$f(x)$ 的表达式；

(2) 此方程的通解.

【解】 (1) 由题设可得 $\begin{cases}2+p(x)2x=0,\\[2mm]\dfrac{2}{x^3}+p(x)\left(-\dfrac{1}{x^2}\right)=f(x),\end{cases}$ 解此方程组得

$$p(x)=-\frac{1}{x},\qquad f(x)=\frac{3}{x^3}.$$

(2) 原方程为 $y''-\dfrac{1}{x}y'=\dfrac{3}{x^3}$，显见 $y_1=1$，$y_2=x^2$ 是原方程对应的齐次方程的两个线性无关的特解，又 $y^*=\dfrac{1}{x}$ 是原方程的一个特解，由解的结构定理得方程的通解为

$$y=C_1+C_2x^2+\frac{1}{x}.$$

【例 19】 设 $f(x)$ 二阶导数连续，且满足方程 $f(x)=\sin x-\displaystyle\int_0^x(x-t)f(t)\mathrm{d}t$，求 $f(x)$.

分析：这是一个积分方程，可通过一次或多次求导化为微分方程.

【解】 等式 $f(x)=\sin x-x\int_0^x f(t)\mathrm{d}t+\int_0^x tf(t)\mathrm{d}t$，两边对 x 求导得

$$f'(x)=\cos x-\int_0^x f(t)\mathrm{d}t-xf(x)+xf(x)=\cos x-\int_0^x f(t)\mathrm{d}t,$$

再求导得 $f''(x)=-\sin x-f(x)$，问题转化为解初值问题：
$$f''(x)+f(x)=-\sin x,\ f(0)=0,\ f'(0)=1.$$

最后可求得 $\qquad\qquad f(x)=\dfrac{1}{2}\sin x+\dfrac{x}{2}\cos x.$

【例20】 设函数 $y=y(x)$ 在 $(-\infty,+\infty)$ 内具有二阶导数，且 $y'\neq0$，$x=x(y)$ 是 $y=y(x)$ 的反函数.

(1) 试将 $x=x(y)$ 所满足的微分方程 $\dfrac{\mathrm{d}^2x}{\mathrm{d}y^2}+(y+\sin x)(\dfrac{\mathrm{d}x}{\mathrm{d}y})^3=0$ 变换为 $y=y(x)$ 满足的微分方程；

(2) 求变换后的微分方程满足初始条件 $y(0)=0$，$y'(0)=\dfrac{3}{2}$ 的解.

分析：将 $\dfrac{\mathrm{d}x}{\mathrm{d}y}$ 转化为 $\dfrac{\mathrm{d}y}{\mathrm{d}x}$ 比较简单，$\dfrac{\mathrm{d}x}{\mathrm{d}y}=\dfrac{1}{\dfrac{\mathrm{d}y}{\mathrm{d}x}}=\dfrac{1}{y'}$，

关键是应注意 $\dfrac{\mathrm{d}^2x}{\mathrm{d}y^2}=\dfrac{\mathrm{d}}{\mathrm{d}y}\left(\dfrac{\mathrm{d}x}{\mathrm{d}y}\right)=\dfrac{\mathrm{d}}{\mathrm{d}x}\left(\dfrac{1}{y'}\right)\dfrac{\mathrm{d}x}{\mathrm{d}y}=\dfrac{-y''}{y'^2}\dfrac{1}{y'}=-\dfrac{y''}{(y')^3}$，然后再代入原方程化简即可.

【解】 (1) 由反函数的求导公式知 $\dfrac{\mathrm{d}x}{\mathrm{d}y}=\dfrac{1}{y'}$，于是有

$$\dfrac{\mathrm{d}^2x}{\mathrm{d}y^2}=\dfrac{\mathrm{d}}{\mathrm{d}y}\left(\dfrac{\mathrm{d}x}{\mathrm{d}y}\right)=\dfrac{\mathrm{d}}{\mathrm{d}x}\left(\dfrac{1}{y'}\right)\dfrac{\mathrm{d}x}{\mathrm{d}y}=\dfrac{-y''}{y'^2}\dfrac{1}{y'}=-\dfrac{y''}{(y')^3},$$

代入原微分方程得 $\qquad y''-y=\sin x.$ $\qquad\qquad\qquad$ ①

(2) 方程①所对应的齐次方程 $y''-y=0$ 的通解为
$$Y=C_1\mathrm{e}^x+C_2\mathrm{e}^{-x}.$$

设方程①的特解为 $y^*=A\cos x+B\sin x$，代入方程①，求得 $A=0$，$B=-\dfrac{1}{2}$，故

$$y^*=-\dfrac{1}{2}\sin x,$$

从而 $y''-y=\sin x$ 的通解是 $\quad y=Y+y^*=C_1\mathrm{e}^x+C_2\mathrm{e}^{-x}-\dfrac{1}{2}\sin x.$

由 $y(0)=0$，$y'(0)=\dfrac{3}{2}$，得 $C_1=1$，$C_2=-1$，故所求初值问题的解为

$$y=\mathrm{e}^x-\mathrm{e}^{-x}-\dfrac{1}{2}\sin x.$$

注：本题的核心是第一步方程变换.

【例21】 求解方程 $x^2y''-3xy'-5y=x^2\ln x.$

分析：这是欧拉方程，其求解有固定方法，做变量代换 $x=\mathrm{e}^t$ 化为常系数线性非齐次微分方程即可.

【解】 这是一个欧拉方程，令 $t=\ln x$，$x=\mathrm{e}^t$，则

$$y'=\dfrac{\mathrm{d}y}{\mathrm{d}t}\dfrac{\mathrm{d}t}{\mathrm{d}x}=\dfrac{1}{x}y_t',\quad y''=\dfrac{1}{x^2}y_t'+\dfrac{1}{x}y_t''\dfrac{\mathrm{d}t}{\mathrm{d}x}=\dfrac{1}{x^2}(y_t''-y_t'),$$

137

代入原方程得 $y_t'' - 4y_t' - 5y = te^{2t}$，对应的齐次方程为 $y_t'' - 4y_t' - 5y = 0$，特征方程是 $r^2 - 4r - 5 = 0$，解得特征根为 $r_1 = 5$，$r_2 = -1$，故齐次方程通解为

$$Y = C_1 e^{5t} + C_2 e^{-t}.$$

设非齐次线性微分方程的特解为 $y^* = (at + b)e^{2t}$，则

$$(y_1^*)' = e^{2t}(2at + a + 2b), \quad (y^*)'' = e^{2t}(4at + 4a + 4b),$$

将 y^*，$(y^*)'$，$(y^*)''$ 代入原方程比较系数得

$$-9at - 9b = t, \quad \text{所以} \quad a = -\frac{1}{9}, b = 0, y^* = -\frac{1}{9}te^{2t}.$$

因此非齐次线性微分方程的通解为 $y = C_1 e^{5t} + C_2 e^{-t} - \frac{1}{9}te^{2t}$，故原方程的通解为

$$y = C_1 x^5 + \frac{C_2}{x} - \frac{1}{9}x^2 \ln x.$$

三、微分方程的应用

【例 22】 如图 7-1 所示，平行与 y 轴的动直线被曲线 $y = f(x)$ 与 $y = x^3 (x > 0)$ 截下的线段 PQ 之长数值上等于阴影部分的面积，求曲线 $y = f(x)$.

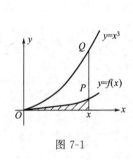
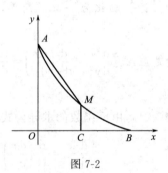

图 7-1   图 7-2

【解】 由题意可得 $\int_0^x f(x)dx = \sqrt{(x^3 - y)^2}$，即 $\int_0^x y\,dx = x^3 - y$，这是积分方程，两边求导得

$$y' + y = 3x^2,$$

解此微分方程 $y = e^{-\int dx}\left[C + \int 3x^2 e^{\int dx}\,dx\right] = Ce^{-x} + 3x^2 - 6x + 6$，

由 $y|_{x=0} = 0$，得 $C = -6$，故所求曲线为

$$y = 3(-2e^{-x} + x^2 - 2x + 2).$$

【例 23】 如图 7-2 所示，设 $y = f(x)$ 是第一象限内连接点 $A(0,1)$，$B(1,0)$ 的一段连续曲线，$M(x,y)$ 为该曲线上任意一点，点 C 为 M 在 x 轴上的投影，O 为坐标原点. 若梯形 $OCMA$ 的面积与曲边三角形 CBM 的面积之和为 $\frac{x^3}{6} + \frac{1}{3}$，求 $f(x)$ 的表达式.

分析：梯形 $OCMA$ 的面积可直接用梯形面积公式计算得到，曲边三角形 CBM 的面积可用定积分计算，再由题设，可得一含有变限积分的等式，两边求导后可转化为一阶线性微分方程，然后用通解公式计算即可.

【解】 根据题意，有 $\frac{x}{2}[1 + f(x)] + \int_x^1 f(t)dt = \frac{x^3}{6} + \frac{1}{3}$. 两边关于 x 求导得

$$\frac{1}{2}[1 + f(x)] + \frac{1}{2}xf'(x) - f(x) = \frac{1}{2}x^2.$$

当 $x \neq 0$ 时，得

$$f'(x) - \frac{1}{x}f(x) = \frac{x^2 - 1}{x}.$$

此为标准的一阶线性非齐次微分方程，其通解为

$$f(x)=\mathrm{e}^{-\int -\frac{1}{x}\mathrm{d}x}\Big[\int \frac{x^2-1}{x}\mathrm{e}^{\int -\frac{1}{x}\mathrm{d}x}\mathrm{d}x+C\Big]=\mathrm{e}^{\ln x}\Big[\int \frac{x^2-1}{x}\mathrm{e}^{-\ln x}\mathrm{d}x+C\Big]$$

$$=x\Big(\int \frac{x^2-1}{x^2}\mathrm{d}x+C\Big)=x^2+1+Cx.$$

当 $x=0$ 时，$f(0)=1$，由于 $x=1$ 时，$f(1)=0$，故有 $2+C=0$，从而 $C=-2$，所以

$$f(x)=x^2+1-2x=(x-1)^2.$$

【例24】 设函数 $f(x)$ 在 $[1,+\infty)$ 上连续. 若由曲线 $y=f(x)$，直线 $x=1$，$x=t$ $(t>1)$ 与 x 轴所围成的平面图形绕 x 轴旋转一周所成的旋转体体积为 $V(t)=\frac{\pi}{3}[t^2f(t)-f(1)]$，试求 $y=f(x)$ 所满足的微分方程，并求该微分方程满足条件 $y\big|_{x=2}=\frac{2}{9}$ 的解.

【解】 由旋转体体积计算公式得

$$V(t)=\pi\int_1^t f^2(x)\mathrm{d}x,$$

于是，依题意得 $\pi\int_1^t f^2(x)\mathrm{d}x=\frac{\pi}{3}[t^2f(t)-f(1)]$. 两边对 t 求导得

$$3f^2(t)=2tf(t)+t^2f'(t),$$

将上式改写为 $x^2y'=3y^2-2xy$，即

$$\frac{\mathrm{d}y}{\mathrm{d}x}=3(\frac{y}{x})^2-2\frac{y}{x}.$$

这是齐次方程，令 $u=\frac{y}{x}$，则有 $x\frac{\mathrm{d}u}{\mathrm{d}x}=3u(u-1)$，当 $u\neq0$，$u\neq1$ 时，由 $\frac{\mathrm{d}u}{u(u-1)}=\frac{3\mathrm{d}x}{x}$，两边积分得 $\frac{u-1}{u}=Cx^3$，从而方程 $\frac{\mathrm{d}y}{\mathrm{d}x}=3\left(\frac{y}{x}\right)^2-2\frac{y}{x}$ 的通解为 $y-x=Cx^3y$（C 为任意常数）. 又由已知条件，求得 $C=-1$，从而所求的解为

$$y-x=-x^3y \quad 或 \quad y=\frac{x}{1+x^3} \ (x\geq1).$$

【例25】 容器内有盐水 100L，内有 10kg 盐，现以每分钟 3L 的均匀速度放进水，同时以每分钟 2L 的均匀速度放出盐水，问 60min 后容器内剩下多少千克盐？

【解】 设任一时刻 t，容器中有盐 $x(t)$ kg. 当 $t\to t+\mathrm{d}t$ 时，含盐量 $x\to x+\mathrm{d}x(\mathrm{d}x<0)$，故 $-\mathrm{d}x$ 表示 $\mathrm{d}t$ 时间内容器中减少的盐，应等于流出的盐，而此时容器有盐水 $(100+t)$L，所以有

$$\begin{cases}-\mathrm{d}x=2\rho_t\mathrm{d}t=\dfrac{2x}{100+t}\mathrm{d}t,\\ x\big|_{t=0}=10,\end{cases}$$

解得 $x=\dfrac{10^5}{(100+t)^2}$，当 $t=60$ 时，$x=\dfrac{10^5}{(100+60)^2}\approx3.9$（kg）.

注：这是利用元素法列微分方程，其方法通常是在自变量的一微小变化区间 $[x,x+\mathrm{d}x]$ 内，将相应的一未知的连续变量（是自变量 x 的未知函数）的改变量采用"以常代变"、"以直代曲"的方法近似表出，从而得到一微分方程.

【例26】 某种飞机在机场降落时，为了减少滑行距离，在触地的瞬间，飞机尾部张开减速伞，以增大阻力，使飞机迅速减速并停下. 现有一质量为 9000kg 的飞机，着陆时的水平速度为 700km/h. 经测试，减速伞打开后，飞机所受的总阻力与飞机的速度成正比（比例系数为 $k=6.0\times10^6$）. 问从着陆点算起，飞机滑行的最长距离是多少（其中 kg 表示千克，km/h 表示千米/小时）？

分析：本题是标准的牛顿第二定理的应用，列出关系式后再解微分方程即可.

【解】 解法一 由题设，飞机的质量 $m=9000\mathrm{kg}$，着陆时的水平速度 $v_0=700\mathrm{km/h}$. 从飞机接触跑道开始计时，设 t 时刻飞机的滑行距离为 $x(t)$，速度为 $v(t)$.

根据牛顿第二定律，得 $m\dfrac{\mathrm{d}v}{\mathrm{d}t}=-kv$，又

$$\frac{\mathrm{d}v}{\mathrm{d}t}=\frac{\mathrm{d}v}{\mathrm{d}x}\frac{\mathrm{d}x}{\mathrm{d}t}=v\frac{\mathrm{d}v}{\mathrm{d}x},$$

由以上两式得 $\mathrm{d}x=-\dfrac{m}{k}\mathrm{d}v$，积分得 $x(t)=-\dfrac{m}{k}v+C$. 由于 $v(0)=v_0$，$x(0)=0$，故得 $C=\dfrac{m}{k}v_0$，从而

$$x(t)=\frac{m}{k}[v_0-v(t)].$$

当 $v(t)\to 0$ 时，$x(t)\to\dfrac{mv_0}{k}=\dfrac{9000\times 700}{6.0\times 10^6}=1.05(\mathrm{km})$，所以飞机滑行的最长距离为 $1.05\mathrm{km}$.

解法二 根据牛顿第二定律，得 $m\dfrac{\mathrm{d}v}{\mathrm{d}t}=-kv$，所以 $\dfrac{\mathrm{d}v}{v}=-\dfrac{k}{m}\mathrm{d}t$，两端积分得通解 $v=Ce^{-\frac{k}{m}t}$，代入初始条件 $v|_{t=0}=v_0$ 解得 $C=v_0$，故

$$v(t)=v_0\mathrm{e}^{-\frac{k}{m}t}.$$

飞机滑行的最长距离为

$$x=\int_0^{+\infty}v(t)\mathrm{d}t=-\frac{mv_0}{k}\mathrm{e}^{-\frac{k}{m}t}\Big|_0^{+\infty}=\frac{mv_0}{k}=1.05(\mathrm{km}).$$

或由 $\dfrac{\mathrm{d}x}{\mathrm{d}t}=v_0\mathrm{e}^{-\frac{k}{m}t}$，知 $x(t)=\displaystyle\int_0^t v_0\mathrm{e}^{-\frac{k}{m}t}\mathrm{d}t=-\dfrac{kv_0}{m}(\mathrm{e}^{-\frac{k}{m}t}-1)$，故最长距离为当 $t\to\infty$ 时

$$x(t)\to\frac{kv_0}{m}=1.05\ (\mathrm{km}).$$

解法三 根据牛顿第二定律，得

$$m\frac{\mathrm{d}^2 x}{\mathrm{d}t^2}=-k\frac{\mathrm{d}x}{\mathrm{d}t},\ \text{即}\quad \frac{\mathrm{d}^2 x}{\mathrm{d}t^2}+\frac{k}{m}\frac{\mathrm{d}x}{\mathrm{d}t}=0,$$

其特征方程为 $\lambda^2+\dfrac{k}{m}\lambda=0$，解之得 $\lambda_1=0$，$\lambda_2=-\dfrac{k}{m}$，故 $x=C_1+C_2\mathrm{e}^{-\frac{k}{m}t}$. 由初始条件 $x|_{t=0}=0$，$v|_{t=0}=\dfrac{\mathrm{d}x}{\mathrm{d}t}\Big|_{t=0}=-\dfrac{kC_2}{m}\mathrm{e}^{-\frac{k}{m}t}\Big|_{t=0}=v_0$，得

$$C_1=-C_2=\frac{mv_0}{k},\ \text{于是}\quad x(t)=\frac{mv_0}{k}(1-\mathrm{e}^{-\frac{k}{m}t}).$$

当 $t\to+\infty$ 时，$x(t)\to\dfrac{mv_0}{k}=1.05\ (\mathrm{km})$，所以，飞机滑行的最长距离为 $1.05\mathrm{km}$.

注：本题求飞机滑行的最长距离，可理解为 $t\to+\infty$ 或 $v(t)\to 0$ 的极限值，这种条件应引起注意.

【例 27】 有一平底容器，其内侧壁是由曲线 $x=\varphi(y)(y\geqslant 0)$ 绕 y 轴旋转而成的旋转曲面（图 7-3），容器的底面圆的半径为 $2\mathrm{m}$，根据设计要求，当以 $3\mathrm{m}^3/\mathrm{min}$ 的速度向容器内注入液体时，液面的面积将以 $\pi\mathrm{m}^2/\mathrm{min}$ 的速度均匀扩大（假设注入液体前，容器内无液体，这里 m 表示长度单位米，min 表示时间单位分钟）.

(1) 根据 t 时刻液面的面积，写出 t 与 $\varphi(y)$ 之间的关系式；

(2) 求曲线 $x=\varphi(y)$ 的方程.

分析：液面的面积将以 $\pi\mathrm{m}^2/\mathrm{min}$ 的速度均匀扩大，因此 t 时刻液面面积应为：$\pi 2^2+$

πt，而液面为圆，其面积可直接计算出来，由此可导出 t 与 φ(y) 之间的关系式；又液体的体积可根据旋转体的体积公式用定积分计算，已知 t 时刻的液体体积为 3t，它们之间也可建立积分关系式，求导后转化为微分方程求解即可.

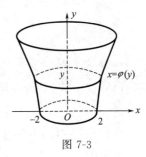

图 7-3

【解】 (1) 设在 t 时刻，液面的高度为 y，则由题设知此时液面的面积为

$$\pi\varphi^2(y)=4\pi+\pi t，从而\quad t=\varphi^2(y)-4.$$

(2) 液面的高度为 y 时，液体的体积为 $\pi\int_0^y \varphi^2(u)\mathrm{d}u=3t=3\varphi^2(y)-12$，上式两边对 y 求导，得 $\pi\varphi^2(y)=6\varphi(y)\varphi'(y)$，即

$$\pi\varphi(y)=6\varphi'(y).$$

解此微分方程，得 $\varphi(y)=C\mathrm{e}^{\frac{\pi}{6}y}$，其中 C 为任意常数，

由 $\varphi(0)=2$ 知 C=2，故所求曲线方程为 $x=2\mathrm{e}^{\frac{\pi}{6}y}$.

注：作为应用题，本题比较好地综合考查了定积分在几何上的应用与微分方程的求解.

【例 28】 一个半球体状的雪堆，其体积融化的速度与半球面面积 S 成正比，比例常数 $k>0$. 假设在融化过程中雪堆始终保持半球体状，已知半径为 r_0 的雪堆在开始融化的 3h 内，融化了其体积的 $\dfrac{7}{8}$，问雪堆全部融化需要多少小时？

【解】 解法一　设雪堆在时刻 t 的体积为 $V=\dfrac{2}{3}\pi r^3$，侧面积 $S=2\pi r^2$，由题设知

$$\frac{\mathrm{d}r}{\mathrm{d}t}=-kS$$

即　　　　　　　　　$2\pi r^2\dfrac{\mathrm{d}r}{\mathrm{d}t}=-2\pi k r^2$，于是　$\dfrac{\mathrm{d}r}{\mathrm{d}t}=-k$，

积分得：$r=-kt+C$，由 $r\big|_{t=0}=r_0$，有 $r=r_0-kt$.

又 $V\big|_{t=3}=\left(1-\dfrac{7}{8}\right)V\big|_{t=0}$，即 $\dfrac{2}{3}\pi(r_0-3k)^3=\dfrac{1}{8}\cdot\dfrac{2}{3}\pi r_0^3$，这样

$$k=\frac{1}{6}r_0，从而\ r=r_0-\frac{1}{6}r_0 t.$$

因雪球全部融化时，$r=0$，故得 $t=6$，即雪球全部融化需 6h.

解法二　设雪堆在时刻 t 的体积为 $V=\dfrac{2}{3}\pi r^3$，侧面积 $S=2\pi r^2$，从而

$$S=\sqrt[3]{18\pi V^2}.$$

由题设知 $\dfrac{\mathrm{d}V}{\mathrm{d}t}=-kS=-\sqrt[3]{18\pi V^2}\,k$，即

$$\frac{\mathrm{d}V}{\sqrt[3]{V^2}}=-\sqrt[3]{18\pi}\,k\,\mathrm{d}t，$$

积分得 $3\sqrt[3]{V}=-\sqrt[3]{18\pi}kt+C$. 设 $V\big|_{t=0}=V_0$，得 $C=3\sqrt[3]{V_0}$，故有 $3\sqrt[3]{V}=3\sqrt[3]{V_0}-\sqrt[3]{18\pi}kt$，又由 $V\big|_{t=3}=\left(1-\dfrac{7}{8}\right)V\big|_{t=0}$ 得 $\dfrac{3}{2}\sqrt[3]{V_0}=3\sqrt[3]{V_0}-3\sqrt[3]{18\pi}k$，从而 $k=\dfrac{\sqrt[3]{V_0}}{2\sqrt[3]{18\pi}}$，故 $3\sqrt[3]{V}=3\sqrt[3]{V_0}-\dfrac{1}{2}\sqrt[3]{V_0}t$，令 $V=0$，得 $t=6$，即雪球全部融化需 6h.

第五节　同步练习题

1. 求下列微分方程的通解：

(1) $y' + \dfrac{1}{y^2}e^{y^3+x} = 0$;

(2) $\dfrac{dy}{dx} = \dfrac{1}{x+yx^3}$;

(3) $(3x^2+2xy-y^2)dx+(x^2-2xy)dy=0$;

(4) $(y^2-3x^2)\,dy+2xy\,dx=0$;

(5) $(y^2-6x)dy+2ydx=0$;

(6) $e^y dx+(xe^y-2y)dy=0$;

(7) $\dfrac{dy}{dx}+2xy=e^{-x^2}$.

2. 求一阶微分方程 $y'+y=\cos x$ 满足初始条件 $y(0)=0$ 的特解.

3. 求初值问题 $\begin{cases}(y+\sqrt{x^2+y^2})\,dx-x\,dy=0 \ (x>0), \\ y\mid_{x=1}=0\end{cases}$ 的解.

4. 设 $y=e^x$ 是微分方程 $xy'+p(x)y=x$ 的一个解，求此微分方程满足条件 $y\mid_{x=\ln 2}=0$ 的特解.

5. 函数 $\varphi(x)$ 满足 $\varphi(x)\cos x+2\displaystyle\int_0^x \varphi(t)\sin t\,dt=x+1$, 求 $\varphi(x)$.

6. 设 $F(x)=f(x)g(x)$, 其中函数 $f(x),g(x)$ 在 $(-\infty,+\infty)$ 内满足以下条件：$f'(x)=g(x)$, $g'(x)=f(x)$, 且 $f(0)=0,f(x)+g(x)=2e^x$. 求：(1) $F(x)$ 所满足的一阶微分方程；(2) $F(x)$ 的表达式.

7. 设 $y(x)$ 是连续函数，满足 $\displaystyle\int_1^x y(t)dt-y(x)=x+\int_0^1 y(t)dt$, 求 $y(x)$.

8. 设 $f(x)$ 在 $[0,+\infty)$ 内可导 $f(0)=1$, 其反函数为 $g(x)$, 且满足 $\displaystyle\int_x^{x+f(x)} g(t-x)dt=(2x+1)f(x)$, 求：(1) $\displaystyle\int_0^1 g(t)dt$; (2) $f(x)$.

9. 设 $f'(x)+xf'(-x)=x$, 求 $f(x)$.

10. 求 $xy''+3y'=0$ 的通解.

11. 求方程 $y^{(5)}-\dfrac{1}{x}y^{(4)}=0$ 的通解.

12. 求方程 $y''=\dfrac{1+y'^2}{2y}$ 的通解.

13. 设函数 $f(x)$ 连续, $f'(0)$ 存在, 且对一切实数 x,y 满足关系式 $f(x+y)=\dfrac{f(x)+f(y)}{1-f(x)f(y)}$, 求 $f(x)$.

14. 求方程 $y''+2y'+ay=0$ 的通解.

15. 求方程的通解：(1) $y'''-y=0$; (2) $y^{(4)}+2y''+y=0$.

16. 设 $y=4e^{3x}\cos 2x$ 为某二阶常系数线性齐次微分方程的特解，求该方程.

17. 求微分方程 $y''-2y'-e^{2x}=0$ 满足条件 $y(0)=1$, $y'(0)=1$ 的特解.

18. 求下列微分方程的通解：

(1) $y''+2y'+5y=\sin 2x$;

(2) $y''+4y=\dfrac{1}{2}(x+\cos 2x)$.

19. 求欧拉方程 $x^2\dfrac{d^2y}{dx^2}+4x\dfrac{dy}{dx}+2y=0\ (x>0)$ 的通解.

20. 已知 $y_1=3$, $y_2=3+x^2$, $y_3=3+x^2+e^x$ 都是微分方程 $(x^2-2x)y''-(x^2-2)y'+(2x-2)y=6x-6$ 的解，求此微分方程通解.

21. 已知 $y_1=xe^x+e^{2x}$, $y_2=xe^x+e^{-x}$, $y_3=xe^x+e^{2x}-e^{-x}$ 是某二阶线性齐次微分

方程的三个解，求此微分方程.

22. 写出下列方程的一个特解形式 y^*（待定系数不必求出）：

(1) $y'' - 2y' - 3y = 16x\mathrm{e}^{3x}$；　　　　(2) $y'' - 6y' + 9y = (6x + 12)\mathrm{e}^{3x}$；

(3) $y'' - 2y' + 5y = \mathrm{e}^x \sin 2x$；　　　　(4) $y'' + y = \cos x$.

23. 利用代换 $x = \cos t$（$0 < t < \pi$）将方程 $(1 - x^2)y'' - xy' + y = 0$ 化简，并求出满足 $y(0) = 1$、$y'(0) = 2$ 的特解.

24. 已知某曲线经过点 $(1, 1)$，它的切线在纵轴上的截距等于切点的横坐标，求它的方程.

25. 向正东 $1\mathrm{nmile}$（海里）处的敌舰发射制导鱼雷，鱼雷在航行中始终对准敌舰. 设敌舰以常数 v_0 沿正北方向直线行驶，已知鱼雷速度是敌舰速度的两倍，求鱼雷的航行曲线方程，并问敌舰航行多远时，将被鱼雷击中？

26. 设有半径为 R，质量为 m 的圆柱形浮筒垂直放置水中，在重力和浮力的作用下处于平衡状态（浮筒密度小于 1，水足够深），重力加速度为 g，现把浮筒向下压至顶部与水平面重合后突然放手，已知阻力与浮筒运动速度成正比，比例常数为 $2k > 0$.

(1) 列出浮筒运动满足的微分方程；

(2) k 满足什么条件时浮筒在水中做上下衰减振动，并求出此时方程的通解.

第六节　自我测试题

一、测试题 A

1. 填空题

(1) 方程 $xy' = \sqrt{x^2 + y^2} + y$ 是_____方程.

(2) $\dfrac{\mathrm{d}y}{y^2} + \dfrac{\mathrm{d}x}{x^2} = 0$，$y(1) = 2$ 的特解是_____.

(3) 方程 $y''' = \sin x$ 的通解是_____.

(4) 方程 $y'' - 3y' + 2y = \mathrm{e}^x \cos 2x$ 的一个特解形式是_____.

2. 选择题

(1) 微分方程 $y''' - xy^4 = 0$ 的阶数为_____.

　　(A) 1；　　　　(B) 2；　　　　(C) 3；　　　　(D) 4.

(2) 若 y_1 和 y_2 是二阶齐次线性方程 $y'' + P(x)y' + Q(x)y = 0$ 的两个特解，则 $y = C_1 y_1 + C_2 y_2$（其 C_1, C_2 为任意常数）_____.

　　(A) 是该方程的通解；　　　　(B) 是该方程的解；

　　(C) 是该方程的特解；　　　　(D) 不一定是该方程的解.

(3) 求方程 $yy' - (y')^2 = 0$ 的通解时，可令_____.

　　(A) $y' = P$，则 $y'' = P'$；　　　　(B) $y' = P$，则 $y'' = P\dfrac{\mathrm{d}P}{\mathrm{d}y}$；

　　(C) $y' = P$，则 $y'' = P\dfrac{\mathrm{d}P}{\mathrm{d}x}$；　　　　(D) $y' = P$，则 $y'' = P'\dfrac{\mathrm{d}P}{\mathrm{d}y}$.

(4) 已知某二阶常系数齐次线性微分方程的两个特征根分别为 $r_1 = 1$，$r_2 = 2$，则该方程为_____.

　　(A) $y'' - y' + y = 0$；　　　　(B) $y'' - 3y' + 2 = 0$；

　　(C) $y'' - 3y' - 2y = 0$；　　　　(D) $y'' - 3y' + 2y = 0$.

3. 解答题

(1) 求微分方程 $\dfrac{\mathrm{d}y}{\mathrm{d}x}+2xy=6x$ 的通解.

(2) 求微分方程 $2x(1+y^2)\mathrm{d}x-(1+x^2)\mathrm{d}y=0$ 的通解.

(3) 设 $y=\mathrm{e}^x(C_1\sin x+C_2\cos x)$ $(C_1,C_2$ 为任意常数) 为某二阶常系数线性齐次微分方程的通解, 求该方程.

(4) 写出微分方程 $y''-2y'+2y=\mathrm{e}^x\cos x\cos 2x$ 的一个特解形式.

4. 综合题

(1) 求伯努利方程 $\dfrac{\mathrm{d}y}{\mathrm{d}x}+2xy=2xy^2$ 的通解.

(2) 求微分方程 $y''-y=3\mathrm{e}^{2x}$ 满足初始条件 $y|_{x=0}=6$, $y'|_{x=0}=3$ 的特解.

(3) 求微分方程的 $y''+4y=10\cos 3x$ 通解.

(4) 设函数 $y(x)$ 连续, 且 $y+2\displaystyle\int_0^x y(t)\mathrm{d}t=x^2$, 求 y.

(5) 设单位质点在水平面内做直线运动, 初速度 $V|_{t=0}=V_0$, 已知阻力与速度成正比 (比例常数为 1), 问 t 为多少时此质点的速度为 $V_0/3$? 并求到此时刻该质点所经过的路程.

(6) 设 $f(x)$ 为连续函数, ① 求初值问题 $\begin{cases} y'+ay=f(x), \\ y|_{x=0}=0 \end{cases}$ 的解 $y(x)$, a 为正常数;

② 若 $|f(x)|\leqslant k$ (k 为常数), 证明: 当 $x\geqslant 0$ 时, 有 $|y(x)|\leqslant\dfrac{k}{a}(1-\mathrm{e}^{-ax})$.

二、测试题 B

1. 填空题

(1) $x^5y'''+3x^2(y')^4-x^3y=x^5+1$ 是_____阶的微分方程.

(2) 已知某一阶线性非齐次微分方程的两个解为 $2\mathrm{e}^{-x}+3x$, $3\mathrm{e}^{-x}+3x$, 则该方程的通解为_____.

(3) $yy''+y'^2=0$ 满足初始条件 $y|_{x=0}=1$, $y'|_{x=0}=\dfrac{1}{2}$ 的特解是_____.

(4) 方程 $y'''+y'=0$ 的通解是_____.

2. 选择题

(1) 已知 $y=\dfrac{x}{\ln x}$ 是微分方程 $y'=\dfrac{y}{x}+\varphi\left(\dfrac{x}{y}\right)$ 的解, 则 $\varphi\left(\dfrac{x}{y}\right)$ 的表达式为 (　).

　(A) $-\dfrac{y^2}{x^2}$;　　　(B) $\dfrac{y^2}{x^2}$;　　　(C) $-\dfrac{x^2}{y^2}$;　　　(D) $\dfrac{x^2}{y^2}$.

(2) 设线性无关函数 y_1,y_2,y_3 都是二阶非齐次线性方程 $y''+p(x)y'+q(x)y=f(x)$ 的解, C_1,C_2 是任意常数, 则该非齐次方程的通解是 (　).

　(A) $C_1y_1+C_2y_2+y_3$;　　　　　　(B) $C_1y_1+C_2y_2-(C_1+C_2)y_3$;

　(C) $C_1y_1+C_2y_2-(1-C_1-C_2)y_3$;　　(D) $C_1y_1+C_2y_2+(1-C_1-C_2)y_3$.

(3) 方程 $(x^2+y^2)\mathrm{d}x+(y^3+2xy)\mathrm{d}y=0$ 是 (　).

　(A) 齐次方程;　(B) 一阶线性方程;　(C) 全微分方程;　(D) 可分离变量方程.

(4) 方程 $y''-3y'+2y=\mathrm{e}^x\cos 2x$ 的一个特解形式是 (　).

　(A) $y=A_1x\mathrm{e}^x\cos 2x$;　　　　　　(B) $y=A_1x\mathrm{e}^x\cos 2x+B_1x\mathrm{e}^x\sin 2x$;

　(C) $y=A_1\mathrm{e}^x\cos 2x+B_1\mathrm{e}^x\sin 2x$;　　(D) $y=A_1x^2\mathrm{e}^x\cos 2x+B_1x^2\mathrm{e}^x\sin 2x$.

3. 解答题

(1) 求微分方程 $y'+y\tan x=\sin 2x$ 的通解.

（2）求过点 $\left(\dfrac{1}{2},0\right)$，且满足关系式 $y'\arcsin x+\dfrac{y}{\sqrt{1-x^2}}=1$ 的曲线方程.

（3）求以 $y=C_1\mathrm{e}^x+C_2\mathrm{e}^{2x}$ 为通解的微分方程.

（4）求微分方程 $y''+2y'-3y=3x^2+1$ 的通解.

4. 综合题

（1）求微分方程 $(x+y^2)\mathrm{d}y-\mathrm{d}x=0$ 满足所给初始条件 $x\big|_{y=0}=1$ 的特解.

（2）设 $y=y(x)$ 在 $[0,+\infty)$ 可导，在 $\forall x\in(0,+\infty)$ 处的增量 $\Delta y=y(x+\Delta x)-y(x)$ 满足 $\Delta y=\dfrac{y\Delta x}{1+x}+\alpha$，其中 α 当 $x\to0$ 时是 $x\to0$ 时是 Δx 的等价无穷小，又 $y(0)=1$，求 $y(x)$.

（3）求 $y^2y''+1=0$ 的积分曲线方程，使积分曲线通过点 $\left(0,\dfrac{1}{2}\right)$，且在该点切线的斜率为 2.

（4）已知 $\displaystyle\int_0^1 f(tx)\mathrm{d}t=\dfrac{1}{2}f(x)+1$，其中 $f(x)$ 为连续函数，求 $f(x)$.

（5）设函数 $y(x)(x\geqslant0)$ 二阶可导，且 $y'(x)>0$，$y(0)=1$ 过曲线 $y=y(x)$ 上任意一点 $P(x,y)$ 作该曲线的切线及 x 轴的垂线，上述两直线与 x 轴所围成的三角形的面积记为 S_1，区间 $[0,x]$ 上以 $y=y(x)$ 为曲边的曲边梯形面积记为 S_2，并设 $2S_1-S_2$ 恒为 1，求此曲线 $y=y(x)$ 的方程.

第七节　同步练习题答案

1.（1）$\dfrac{1}{3}\mathrm{e}^{-y^3}=\mathrm{e}^x+C$；（2）$x^{-2}=C\mathrm{e}^{-2y}-y+\dfrac{1}{2}$；（3）$xy^2-x^2y-x^3=C$；（4）$x^2-y^2=Cy^3$；（5）$x=y^2/2+Cy^3$；（6）$x\mathrm{e}^y=y^2+C$；（7）$y=(x+C)\mathrm{e}^{-x^2}$.

2. $y=\sin x+\cos x-1$. **3.** $y=\dfrac{1}{2}(x^2-1)$. **4.** $y=\mathrm{e}^x-\mathrm{e}^{x+\mathrm{e}^{-x}-\frac{1}{2}}$ **5.** $\varphi(x)=\cos x+\sin x$.

6.（1）$F'(x)+F(x)=4\mathrm{e}^{2x}$，（2）$F(x)=\mathrm{e}^{2x}-\mathrm{e}^{-2x}$.

7. $y=1-\dfrac{3}{2\mathrm{e}-1}\mathrm{e}^x$. **8.**（1）$\displaystyle\int_0^1 g(t)\mathrm{d}t=1$；（2）对变限积分令 $t-x=u$，关于 x 求导数，注意到 $g(f(x))=x$，求得 $f(x)=\dfrac{1}{(1+x)^2}$.

9. $\begin{cases}f'(x)+xf'(-x)=x\\f'(-x)-xf'(x)=-x\end{cases}\Rightarrow f'(x)=\dfrac{x+x^2}{1+x^2}\Rightarrow=x-\arctan x+\dfrac{1}{2}\ln(1+x^2)+C$.

10. $y=\dfrac{C_1}{x^2}+C_2$. **11.** 设 $y^{(4)}=P(x)$，$y^{(5)}=P'$ 则代入原方程，得 $P'-\dfrac{1}{x}P=0$，得原微分方程的通解为 $y=c_1x^5+c_2x^3+c_3x^2+c_4x+c_5$.

12. 此方程不显含未知函数 x，令 $y'=P$、$y''=P\dfrac{\mathrm{d}P}{\mathrm{d}y}$，代入方程，得通解为 $\dfrac{2}{C_1}\sqrt{C_1y-1}=\pm x+C_2$. **13.** $\tan f'(0)x$. **14.** $a<1$，$y=C_1\mathrm{e}^{(-1+\sqrt{1-a})x}+C_2\mathrm{e}^{(-1-\sqrt{1-a})x}$；$a=1$，$y=(C_1+C_2x)\mathrm{e}^{-x}$；$a>1$，$y=\mathrm{e}^{-x}(C_1\cos\sqrt{a-1}x+C_2\sin\sqrt{a-1}x)$.

15.（1）$y=C_1\mathrm{e}^x+\mathrm{e}^{-\frac{1}{2}x}\left(C_2\cos\dfrac{\sqrt{3}}{2}x+C_3\sin\dfrac{\sqrt{3}}{2}x\right)$；（2）$y=(C_1+C_2x)\cos x+(C_3+C_4x)\sin x$.

16. $y''-6y'+13y=0$. **17.** $y=\dfrac{3}{4}+\dfrac{1}{4}(1+2x)\mathrm{e}^{2x}$.

18. (1) $y=e^{-x}(C_1\cos2x+C_2\sin2x)+\dfrac{1}{17}\cos2x-\dfrac{4}{17}\sin2x$; (2) $y=C_1\cos2x+C_2\sin2x+\dfrac{1}{8}x+$ $\dfrac{1}{8}x\sin2x$. **19.** $y=\dfrac{c_1}{x}+\dfrac{c_2}{x^2}$. **20.** $y=C_1x^2+c_2e^x+3$.

21. $y''-y'-2y=e^x-2xe^x$. **22.** (1) $y^*=(ax+b)xe^{3x}$; (2) $y^*=y^*=(ax+b)x^2e^{3x}$; (3) $y^*=xe^x(A\cos x+B\sin x)$; (4) $y^*=x(A\cos x+B\sin x)$.

23. $y''+y=0$, $y=2x+\sqrt{1-x^2}$.

24. $y=x-x\ln x$. **25.** $y=-(1-x)^{\frac{1}{2}}+\dfrac{1}{3}(1-x)^{\frac{3}{2}}+\dfrac{2}{3}$ $(0\leqslant x\leqslant1)$; 敌舰航行 $\dfrac{2}{3}$ n mile后即被击中.

26. (1) 取平衡位置为 x 坐标轴原点，则位移 x 与浮力/重力合力（恢复力）方向相反，由牛顿定律列出方程 $m\dfrac{d^2x}{dt^2}=-\pi R^2gx-2k\dfrac{dx}{dt}$；(2) 当 $k<\sqrt{\pi mg}R$ 时方程有衰减振荡解，一般解为 $x(t)=e^{-\frac{k}{m}t}(C_1e^{i\omega t}+C_2e^{-i\omega t})$，其中 $\omega=\dfrac{\sqrt{\pi mgR^2-k^2}}{m}$，或 $x(t)=e^{-\frac{k}{m}t}(C_1\cos\omega t+C_2\sin\omega t)\to0\,(t\to+\infty)$.

第八节　自我测试题答案

一、测试题 A 答案

1. (1) 齐次方程；(2) $x^3+y^3=9$；(3) $y=\cos x+\dfrac{1}{2}C_1x^2+C_2x+C_3$；(4) $y=A_1e^x\cos2x+B_1e^x\sin2x$.

2. (1) (C)；(2) (B)；(3) (B)；(4) (D).

3. (1) $y=3+Ce^{-x^2}$；(2) $\arctan y=\ln(1+x^2)+C$；(3) $y''-2y'+2y=0$；(4) $y^*=xe^x(A_1\cos x+B_1\sin x)+e^x(A_2\cos3x+B_2\sin3x)$.

4. (1) $(1+Ce^{x^2})y=1$；(2) $y=3e^x+2e^{-x}+e^{2x}$；(3) $y=C_1\cos2x+C_2\sin2x-2\cos3x$；(4) $y=x-\dfrac{1}{2}+\dfrac{1}{2}e^{-2x}$；(5) $t=\ln3$, $s=\dfrac{2}{3}v_0$；(6) ① $y(x)=e^{-ax}\displaystyle\int_0^x f(t)e^{at}\,dt$，

② $|y(x)|=\left|e^{-ax}\displaystyle\int_0^x f(t)e^{at}\,dt\right|\leqslant e^{-ax}\displaystyle\int_0^x|f(t)|e^{at}\,dt\leqslant ke^{-ax}\displaystyle\int_0^x e^{at}\,dt=\dfrac{k}{a}(1-e^{-ax})$.

二、测试题 B 答案

1. (1) 3 阶；(2) $Ce^{-x}+2e^{-x}+3x$；(3) $y^2=x+1$；(4) $y=C_1\sin x-C_2\cos x+C_3$.

2. (1) (A)；(2) (D)；(3) (C)；(4) (C).

3. (1) $y=C\cos x-2\cos^2 x$；(2) $y\arcsin x=x-\dfrac{1}{2}$；(3) $y''-3y'+2y=0$；

(4) $y=C_1e^x+C_2e^{-3x}-x^2-\dfrac{4}{3}x-\dfrac{17}{9}$.

4. (1) $x=3e^y-y^2-2y-2$，提示：$\dfrac{dx}{dy}=x+y^2$.

(2) $(1+x)[\ln(1+x)+1]$，提示：将等式两边除以 Δx，并令 $\Delta x\to0$，转化成求解微分方程的初值问题，$\begin{cases}y'-\dfrac{y}{1+x}=1\\y(0)=1\end{cases}$. (3) $y^3=\dfrac{1}{2}(3x+\dfrac{1}{2})^2$. (4) $y=Cx+2$. (5) $y=e^x$.

第八章　向量代数与空间解析几何

第一节　基本要求

① 理解空间直角坐标系，理解向量的概念及其表示.

② 掌握向量的运算（线性运算、数量积、向量积、混合积），了解两个向量的夹角以及两个向量垂直、平行的条件.

③ 理解单位向量、方向数、方向余弦、向量的坐标表达式，掌握用坐标表达式进行向量运算的方法.

④ 掌握平面方程和直线方程及其求法.

⑤ 会求向量与向量、平面与平面、平面与直线、直线与直线之间的夹角，并会利用平面、直线的相互关系（平行、垂直、相交等）解决有关问题.

⑥ 会求点到直线以及点到平面的距离.

⑦ 了解曲面方程和空间曲线方程的概念.

⑧ 了解常用二次曲面的方程及其图形，掌握以坐标轴为旋转轴的旋转曲面方程及母线平行于坐标轴的柱面方程.

⑨ 了解空间曲线的参数方程和一般方程，了解空间曲线在坐标平面上的投影，并会求其方程.

第二节　内容提要

1. 向量代数

(1) **空间直角坐标系**　空间任意两点 $M_1(x_1,y_1,z_1)$，$M_2(x_2,y_2,z_2)$ 间的距离公式为

$$|M_1M_2| = \sqrt{(x_2-x_1)^2+(y_2-y_1)^2+(z_2-z_1)^2},$$

分线段 M_1M_2 为定比 λ 的分点 M 点的坐标为

$$x=\frac{x_1+\lambda x_2}{1+\lambda},\ y=\frac{y_1+\lambda y_2}{1+\lambda},\ z=\frac{z_1+\lambda z_2}{1+\lambda}\quad(\lambda\neq-1),$$

特别地，当 $\lambda=1$ 时，点 M 是线段 M_1M_2 的中点，其坐标为

$$x=\frac{x_1+x_2}{2},\ y=\frac{y_1+y_2}{2},\ z=\frac{z_1+z_2}{2}.$$

(2) **向量**　既有大小、又有方向的量叫做向量（或称矢量），通常用一条带有方向的线段表示向量. 例如，以 M_1 为起点、M_2 为终点的有向线段表示的向量，可表示为 $\overrightarrow{M_1M_2}$. 向量的大小叫做向量的**模**，向量 $\overrightarrow{M_1M_2}$ 模记为 $|\overrightarrow{M_1M_2}|$. 特别地，模等于 1 的向量称为单位向量，模为零的向量称为**零向量**，记为 $\vec{0}$（或 **0**）. 零向量是唯一不定义方向的向量，即零向量的方向可以看作任意的.

(3) **向量的坐标表示**　设空间任意一向量 $\overrightarrow{M_1M_2}$ 的起点 $M_1(x_1,y_1,z_1)$、终点 $M_2(x_2,y_2,z_2)$，则它可用坐标表示如下

$$\overrightarrow{M_1M_2}=(x_2-x_1)\boldsymbol{i}+(y_2-y_1)\boldsymbol{j}+(z_2-z_1)\boldsymbol{k},$$

若记 $a_x=x_2-x_1$，$a_y=y_2-y_1$，$a_z=z_2-z_1$，则向量 $\overrightarrow{M_1M_2}$ 也常记为

$$\overrightarrow{M_1M_2}=a_x\boldsymbol{i}+a_y\boldsymbol{j}+a_z\boldsymbol{k},$$

其模　$|\overrightarrow{M_1M_2}|=\sqrt{(x_2-x_1)^2+(y_2-y_1)^2+(z_2-z_1)^2}=\sqrt{a_x^2+a_y^2+a_z^2}$.

若向量 a 与 x 轴、y 轴、z 轴的夹角分别为 α，β，γ（也称为向量 a 的方向角），则有 $a_x=|a|\cos\alpha$，$a_y=|a|\cos\beta$，$a_z=|a|\cos\gamma$，式中 $\cos\alpha$，$\cos\beta$，$\cos\gamma$ 分别叫做向量 a 的方向余弦，由此式易得 a 的方向余弦表达式

$$\cos\alpha=\frac{a_x}{\sqrt{a_x^2+a_y^2+a_z^2}},\quad \cos\beta=\frac{a_y}{\sqrt{a_x^2+a_y^2+a_z^2}},\quad \cos\gamma=\frac{a_z}{\sqrt{a_x^2+a_y^2+a_z^2}}$$

显然方向余弦满足关系式：$\cos^2\alpha+\cos^2\beta+\cos^2\gamma=1$.

与非零向量 a 同方向的单位向量可表示为 $a^0=\{\cos\alpha,\cos\beta,\cos\gamma\}$.

（4）向量的运算 设有两向量 $a=\{a_x,a_y,a_z\}$，$b=\{b_x,b_y,b_z\}$，则

① 加减法 $a\pm b=\{a_x\pm b_x,a_y\pm b_y,a_z\pm b_z\}$.

② 数乘 $\lambda a=\lambda\{a_x,a_y,a_z\}=\{\lambda a_x,\lambda a_y,\lambda a_z\}$，其中 λ 是常数，λa 是与 a 平行的向量.

③ 数量积 $a\cdot b=|a||b|\cos\left(\overset{\wedge}{a,b}\right)$，其中 $\left(\overset{\wedge}{a,b}\right)$ 是向量 a 与 b 的夹角.

向量的数量积有如下性质：

a. $a\cdot a=|a|^2$；

b. $a\cdot b=|a|\mathrm{Prj}_b\,a=|b|\mathrm{Prj}_b\,a$；（其中 $\mathrm{Prj}_b\,a$ 表示向量 a 在向量 b 上的投影，$\mathrm{Prj}_a\,b$ 表示向量 b 在向量 a 上的投影）；

c. $a\cdot b=a_xb_x+a_yb_y+a_zb_z$；

d. $a\perp b$ 的充要条件是 $a_xb_x+a_yb_y+a_zb_z=0$；

e. 当 a，b 为非零向量时，有 $\cos\left(\overset{\wedge}{a,b}\right)=\dfrac{a\cdot b}{|a||b|}=\dfrac{a_xb_x+a_yb_y+a_zb_z}{\sqrt{a_x^2+a_y^2+a_z^2}\sqrt{b_x^2+b_y^2+b_z^2}}$.

④ 向量积 两个向量 a 与 b 的向量积（也称外积或叉积）是一个向量，记作 $c=a\times b$，它的模 $|c|=|a\times b|=|a||b|\sin\left(\overset{\wedge}{a,b}\right)$，它的方向与 a 和 b 同时垂直，且 a，b，$a\times b$ 的顺序符合右手规则.

向量的向量积有如下性质：

a. $a\times a=0$；

b. $b\times a=-a\times b$；

c. $a\times b=(a_yb_z-a_zb_y)i+(a_zb_x-a_xb_z)j+(a_xb_y-a_yb_x)k=\begin{vmatrix} i & j & k \\ a_x & a_y & a_z \\ b_x & b_y & b_z \end{vmatrix}$；

d. 两个非零向量 a 与 b 平行的充要条件是 $\dfrac{a_x}{b_x}=\dfrac{a_y}{b_y}=\dfrac{a_z}{b_z}$；

e. $|a\times b|=|a||b|\sin\left(\overset{\wedge}{a,b}\right)$ 在几何上表示以向量 a,b 为邻边的平行四边形的面积.

⑤ 混合积 三个向量 a,b,c，若前两个向量 a 与 b 先作向量积 $a\times b$，所得向量 $a\times b$ 再与向量 c 作数量积，最后得到的这个数量叫做这三个向量的混合积，记作 $(a\times b)\cdot c$ 或 $[abc]$.

向量的混合积有如下性质：

a. 设 $a=a_xi+a_yj+a_zk$，$b=b_xi+b_yj+b_zk$，$c=c_xi+c_yj+c_zk$，则

$$[a\quad b\quad c]=\begin{vmatrix} a_x & a_y & a_z \\ b_x & b_y & b_z \\ c_x & c_y & c_z \end{vmatrix}.$$

b. 从几何上看，若 a,b,c 都是非零向量，则混合积的绝对值 $|[abc]|$ 等于以向量 a,b,c

为棱的平行六面体的体积.

c. 三个向量 a,b,c 共面的充要条件是：$[\begin{matrix} a & b & c \end{matrix}]=0$，即 $\begin{vmatrix} a_x & a_y & a_z \\ b_x & b_y & b_z \\ c_x & c_y & c_z \end{vmatrix}=0.$

2. 平面与直线

（1）平面及其方程

① 平面的法（线）向量　垂直于平面的非零向量 n 称为平面的法（线）向量.

② 平面的点法式方程　过点 $M_0(x_0,y_0,z_0)$ 且以 $n=(A,B,C)$ 为法向量的平面方程
$$A(x-x_0)+B(y-y_0)+C(z-z_0)=0,$$
称为平面的点法式方程.

③ 平面的一般方程　关于 x,y,z 的三元一次方程
$$Ax+By+Cz+D=0$$
称为平面的一般方程，并且方程中的 x,y,z 的系数恰好是该平面的一个法向量的坐标，即 $n=(A,B,C)$ 是平面的一个法向量.

④ 平面的截距式方程　$\dfrac{x}{a}+\dfrac{y}{b}+\dfrac{z}{c}=1$，其中 a,b,c 分别叫做平面在 x 轴、y 轴、z 轴上的截距.

⑤ 平面的三点式方程　平面过三点 $M_1(x_1,y_1,z_1)$，$M_2(x_2,y_2,z_2)$，$M_3(x_3,y_3,z_3)$ 且不共线，则该平面方程为 $\begin{vmatrix} x-x_1 & y-y_1 & z-z_1 \\ x_2-x_1 & y_2-y_1 & z_2-z_1 \\ x_3-x_1 & y_3-y_1 & z_3-z_1 \end{vmatrix}=0.$

⑥ 平面与平面间的关系.

a. 两平面的夹角：两个平面的法向量之间的夹角 θ（通常指锐角）称为两平面的夹角. 设平面 Π_1 和 Π_2 的一般方程分别为：
$$\Pi_1: A_1x+B_1y+C_1z+D_1=0, \Pi_2: A_2x+B_2y+C_2z+D_2=0,$$
则平面 Π_1 与平面 Π_2 的夹角 θ 由公式
$$\cos\theta=\frac{|A_1A_2+B_1B_2+C_1C_2|}{\sqrt{A_1^2+B_1^2+C_1^2}\cdot\sqrt{A_2^2+B_2^2+C_2^2}}$$
确定.

b. 平面 Π_1 与平面 Π_2 垂直的充要条件是：$A_1A_2+B_1B_2+C_1C_2=0.$

c. 平面 Π_1 与平面 Π_2 平行的充要条件是：$\dfrac{A_1}{A_2}=\dfrac{B_1}{B_2}=\dfrac{C_1}{C_2}.$

⑦ 点 $M_0(x_0,y_0,z_0)$ 到平面 $Ax+By+Cz+D=0$ 的距离
$$d=\frac{|Ax_0+By_0+Cz_0+D|}{\sqrt{A^2+B^2+C^2}}.$$

（2）直线及其方程

① 直线的方向向量与方向数　平行于直线 L 的非零向量称之为 L 的方向向量，方向向量的坐标称为直线 L 的方向数，方向向量的方向余弦称为直线 L 的方向余弦.

② 直线的对称式方程（标准方程、点向式方程）
$$\frac{x-x_0}{l}=\frac{y-y_0}{m}=\frac{z-z_0}{p},$$
其中 $M_0(x_0,y_0,z_0)$ 是直线上任一点，向量 (l,m,p) 是直线的一个方向向量.

③ 直线的参数式方程 $\begin{cases} x=x_0+lt, \\ y=y_0+mt, \\ z=z_0+pt. \end{cases}$

其中 $M_0(x_0,y_0,z_0)$ 是直线上任一点，向量 (l,m,p) 是直线的一个方向向量，t 称为参数.

④ 直线的两点式方程　若直线 L 过点 $M_1(x_1,y_1,z_1)$，$M_2(x_2,y_2,z_2)$，则直线 L 的方程为

$$\frac{x-x_1}{x_2-x_1}=\frac{y-y_1}{y_2-y_1}=\frac{z-z_1}{z_2-z_1}.$$

⑤ 直线的一般式方程

$$\begin{cases}A_1x+B_1y+C_1z+D_1=0\\A_2x+B_2y+C_2z+D_2=0\end{cases},$$

此时直线的一个方向向量为 $(A_1,B_1,C_1)\times(A_2,B_2,C_2)$.

⑥ 直线与直线的关系　异面、共面（相交或平行）.

设两直线的方程分别是

$$L_1:\ \frac{x-x_1}{l_1}=\frac{y-y_1}{m_1}=\frac{z-z_1}{p_1},\ L_2:\ \frac{x-x_2}{l_2}=\frac{y-y_2}{m_2}=\frac{z-z_2}{p_2}.$$

a. 两直线的夹角　两直线方向向量之间的夹角 θ（通常指锐角）称为两直线的夹角. 两直线 L_1 与 L_2 的夹角 θ 由公式

$$\cos\theta=\frac{|l_1l_2+m_1m_2+p_1p_2|}{\sqrt{l_1^2+m_1^2+p_1^2}\sqrt{l_2^2+m_2^2+p_2^2}}$$

确定.

b. 直线 L_1 与 L_2 垂直的充要条件是

$$l_1l_2+m_1m_2+p_1p_2=0.$$

c. 直线 L_1 与 L_2 平行的充要条件是

$$\frac{l_1}{l_2}=\frac{m_1}{m_2}=\frac{p_1}{p_2}.$$

⑦ 直线与平面间的关系　相交、平行、在平面上.

设直线 L 的方程为 $\frac{x-x_0}{l}=\frac{y-y_0}{m}=\frac{z-z_0}{p}$，平面 Π 的方程为 $Ax+By+Cz+D=0$.

a. 直线与平面的夹角　当直线 L 不与平面 Π 垂直时，称直线 L 与直线 L 在平面 Π 上的投影直线的夹角 θ（$0\leq\theta<\frac{\pi}{2}$）叫做直线 L 与平面 Π 的夹角，当直线 L 与平面 Π 垂直时，规定直线与平面的夹角为 $\frac{\pi}{2}$. 直线 L 与平面 π 的夹角 θ 由公式

$$\sin\theta=\frac{|Al+Bm+Cp|}{\sqrt{A^2+B^2+C^2}\sqrt{l^2+m^2+p^2}}$$

确定.

b. 直线 L 与平面 Π 垂直的充要条件是

$$\frac{A}{l}=\frac{B}{m}=\frac{C}{p}.$$

c. 直线 L 与平面 Π 平行的充要条件是

$$Al+Bm+Cp=0.$$

⑧ 点到直线 L 的距离公式　设 $M_0(x_0,y_0,z_0)$ 是直线上一点，$s=(l,m,p)$ 是直线 L 的方向向量，则点 $M_1(x_1,y_1,z_1)$ 到直线 L 的距离为 $d=\dfrac{|\overrightarrow{M_1M_0}\times s|}{|s|}$.

⑨ 两异面直线间距离公式　设 $M_1(x_1,y_1,z_1)$，$M_2(x_2,y_2,z_2)$ 分别是两异面直线 L_1，L_2 上的已知点，s_1,s_2 是其方向向量，则两直线间距离为

$$d=\frac{|[\overrightarrow{M_1M_2}s_1s_2]|}{|s_1\times s_2|}.$$

⑩ **平面束方程**　设有直线 L，其一般方程为 $L:\begin{cases} A_1x+B_1y+C_1z+D_1=0, \\ A_2x+B_2y+C_2z+D_2=0, \end{cases}$ 过直线 L 的平面束方程为

$$\alpha(A_1x+B_1y+C_1z+D_1)+\beta(A_2x+B_2y+C_2z+D_2)=0,$$

其中 α,β 为不全为零的常数.

3. 空间曲面与空间曲线

(1) **空间曲面的方程**　如果一个曲面 Σ 与一个三元方程 $F(x,y,z)=0$ 具有下述关系：

① 曲面 Σ 上任意一点的坐标都满足方程；

② 不在曲面 Σ 上的点都不满足方程.

则方程称为曲面 Σ 的方程，曲面 Σ 称为方程的图形.

曲面 Σ 方程的形式主要有以下几种.

① 隐式方程　$F(x,y,z)=0$.

② 显式方程　$z=f(x,y)$.

③ 参数方程　$\begin{cases} x=x(u,v), \\ y=y(u,v), \\ z=z(u,v). \end{cases}$

(2) **旋转曲面**　一条平面曲线 C 绕该平面上的一条定直线 L 旋转一周所形成的曲面称为旋转曲面. 定直线 L 称为旋转曲面的旋转轴，平面曲线 C 称为旋转曲面的母线.

例如，平面曲线 C 在 yOz 坐标面上，其方程为 $\begin{cases} f(y,z)=0, \\ z=0, \end{cases}$ 则曲线 C 分别绕 z 轴和 y 轴旋转而得的旋转曲面的方程分别为 $f(\pm\sqrt{x^2+y^2},z)=0$ 及 $f(y,\pm\sqrt{x^2+z^2})=0$.

一般地，坐标面上的曲线 C 绕此坐标面内的一条坐标轴旋转时，只要将曲线 C 在坐标面内的方程（可以理解为平面解析几何中的曲线）保留与旋转轴同名的坐标，而以另外两个坐标平方和的平方根代替方程中的另一个坐标，就可得到该旋转曲面的方程. 反之，一个曲面方程若能化成这种形式，则必为一旋转曲面.

(3) **圆锥面**　一直线 L 绕一条与之相交的定直线旋转一周，所形成的曲面称作圆锥面，两直线的交点叫做圆锥面的顶点，两直线的夹角 $\alpha\left(0<\alpha<\dfrac{\pi}{2}\right)$ 叫做圆锥面的半顶角. 圆锥面的方程为 $z^2=a^2(x^2+y^2)$，其中 $a=\cot\alpha>0$.

(4) **柱面**　平行于某固定方向的动直线沿空间一条固定曲线移动所产生的曲面称为柱面. 动直线称为柱面的母线，固定曲线称为柱面的准线.

例如，方程 $F(x,y)=0$ 在平面直角坐标系 xOy 中表示一条平面曲线 C，在空间直角坐标系中它表示母线平行于 z 轴，准线为 C 的柱面，类似地，只含变量 x，z 而不含变量 y 的方程 $G(x,z)=0$ 表示母线平行于 y 轴，准线为 xOz 面上的曲线 $G(x,z)=0$ 的柱面；而只含变量 y，z 的方程 $H(y,z)=0$ 表示母线平行 x 轴，准线为 yOz 面上的曲线 $H(y,z)=0$ 的柱面.

(5) **常见的二次曲面**

① 球面　$(x-x_0)^2+(y-y_0)^2+(z-z_0)^2=R^2$.

② 椭球面　$\dfrac{x^2}{a^2}+\dfrac{y^2}{b^2}+\dfrac{z^2}{c^2}=1$ $(a>0,\ b>0,\ c>0)$.

③ 椭圆锥面　$\dfrac{x^2}{a^2}+\dfrac{y^2}{b^2}=z^2$ $(a>0,\ b>0)$.

④ 椭圆抛物面　$z = \dfrac{x^2}{2p} + \dfrac{y^2}{2q}$（$p$，$q$ 同号）.

⑤ 双曲抛物面　$z = \dfrac{x^2}{2p} + \dfrac{y^2}{2q}$　（p，q 异号）.

⑥ 单叶双曲面　$\dfrac{x^2}{a^2} + \dfrac{y^2}{b^2} - \dfrac{z^2}{c^2} = 1$（$a > 0$，$b > 0$，$c > 0$）.

⑦ 双叶双曲面　$\dfrac{x^2}{a^2} + \dfrac{y^2}{b^2} - \dfrac{z^2}{c^2} = -1$（$a > 0$，$b > 0$，$c > 0$）.

（6）空间曲线方程

① 空间曲线的一般方程　$\begin{cases} F(x, y, z) = 0, \\ G(x, y, z) = 0. \end{cases}$

② 空间曲线的参数方程　$\begin{cases} x = x(t), \\ y = y(t), (\alpha \leqslant t \leqslant \beta), \\ z = z(t) \end{cases}$ 其中变量 t 叫做参数.

③ 螺旋线方程 $\begin{cases} x = a\cos\theta, \\ y = a\sin\theta, \\ z = b\theta \end{cases}$（$\theta \geqslant 0$），这里参数 θ 表示动点转过的角度.

（7）空间曲线在坐标面上的投影　设空间曲线 Γ 的一般方程为 $\begin{cases} F(x, y, z) = 0, \\ G(x, y, z) = 0 \end{cases}$，从方程组中消去变量 z 后得到方程 $H(x, y) = 0$，这是一个母线平行 z 轴的柱面，且该柱面一定包含曲线 Γ. 以 Γ 为准线、母线平行于 z 轴的柱面叫做曲线 Γ 关于 xOy 面的投影柱面. 投影柱面与 xOy 面的交线称为曲线 Γ 在 xOy 面上的投影曲线，简称投影. 因此方程 $H(x, y) = 0$ 表示的柱面必定包含投影柱面，而方程组 $\begin{cases} H(x, y) = 0, \\ z = 0 \end{cases}$，所表示的曲线必定包含空间曲线 Γ 在 xOy 面上的投影.

同理，消去方程组中的变量 x 或变量 y 后得到方程 $R(y, z) = 0$ 或 $T(x, z) = 0$，再分别与 $x = 0$ 或 $y = 0$ 联立，就可得到包含曲线 Γ 在 yOz 面或 xOz 面上的投影曲线方程 $\begin{cases} R(y, z) = 0, \\ x = 0 \end{cases}$ 或 $\begin{cases} T(x, z) = 0, \\ y = 0. \end{cases}$

第三节　本章学习注意点

在本章学习中应当注意以下几个问题.

（1）向量的数量积与向量积　向量的数量积与向量积的引入，丰富了向量的运算，但要注意它们的特点.

① 数量积的结果是一个数量，这种乘积用"·"表示，故数量积也称为"点乘"或"点积"；向量积的结果是一个向量，这种乘积用"×"表示，故向量积也称为"叉乘"或"叉积".

② 数量积的运算规律类似于数的运算规律，而向量积则有些不同，具体地说就是向量积的运算不满足交换律、分配律等，如 $\boldsymbol{a} \times \boldsymbol{b} = -\boldsymbol{b} \times \boldsymbol{a}$.

（2）平面及其方程　平面位置的确定可以用多种不同的条件，例如，过一条直线和直线外的一点可以确定一个平面；过不在同一条直线上的三点可以确定一个平面；过两条相交直线可以确定一个平面等. 这些确定平面的条件事实上都可归结为由一个已知点和一个与平面相垂直的非零向量来表达，也即平面的点法式方程的条件，平面的点法式方程具有很强的直观性和实用性，因此要着重理解和掌握平面的点法式方程及其求法．

（3）直线及其方程 空间直线可以用两个不同的点来确定，也可以用两个不平行的平面的交线来表达，前一种条件可以用一个点和一个非零向量（方向向量）来表示，即利用直线的对称式方程，后一种条件则是直线的一般方程．由于直线的对称式方程的直观性和实用性，决定了直线的对称式方程的重要性．

平面与平面、直线与直线、直线与平面的夹角以及它们平行、垂直的关系，都是由相应的法向量与方向向量来确定．

（4）曲面与曲线 曲面Σ归根到底是空间动点的轨迹，由于曲面的复杂性，有时为了方便，也可看作是动直线的轨迹，例如柱面．对有关曲面部分，应着重了解常见的二次曲面（球面、柱面、椭球面、锥面、抛物面、双曲面）的方程及图形．

对于空间曲线重点是会求曲线在坐标面上的投影，其关键在于找到曲线关于坐标面的投影柱面．具体运算时只要在曲线的一般方程中消去与所投影坐标面无关的变量．

第四节 典型方法与例题分析

一、空间直角坐标系与向量代数

【例1】 将线段AB五等分，其分点自左向右依次为C,D,E,F，已知中间两个分点的坐标为$D\left(\frac{4}{3},-2,2\right)$及$E\left(-\frac{1}{3},1,-3\right)$，求$A,B$及其他分点的坐标．

分析：关于求分点坐标问题，主要应用定比分点公式，但要注意两个问题，一是要注意是内分点还是外分点，二是灵活使用中点公式可能会方便些．

【解】 先求A点的坐标．由于A是$\vec{DE}$的外分点，所以$\lambda=-\frac{DA}{AE}=-\frac{2}{3}$，代入定比分点公式得

$$x=\frac{\frac{4}{3}+\left(-\frac{2}{3}\right)\times\left(-\frac{1}{3}\right)}{1+\left(-\frac{2}{3}\right)}=\frac{14}{3},\quad y=\frac{-2+\left(-\frac{2}{3}\right)\times1}{1+\left(-\frac{2}{3}\right)}=-8,\quad z=\frac{2+\left(-\frac{2}{3}\right)\times(-3)}{1+\left(-\frac{2}{3}\right)}=12,$$

即A点的坐标为$A\left(\frac{14}{3},-8,12\right)$；同理可求得$B$点坐标为$B\left(-\frac{11}{3},7,-13\right)$$\left(\text{此时}\lambda=-\frac{3}{2}\right)$；而$C$点可视作线段$AD$的中点，由中点坐标公式得

$$x=\frac{\frac{14}{3}+\frac{4}{3}}{2}=3,\quad y=\frac{-8+(-2)}{2}=-5,\quad z=\frac{12+2}{2}=7,$$

即C点的坐标为$(3,-5,7)$，同理视F为线段EB的中点，由中点坐标公式得F点坐标为$F(-2,4,-8)$．

【例2】 已知三角形ABC中，$\vec{BC}=\boldsymbol{a}$，$\vec{CA}=\boldsymbol{b}$，BC,CA,AB三边的中点依次为D,E，F，求$\vec{AD}+\vec{BE}+\vec{CF}$（图8-1）．

分析：对于利用向量的性质来证明的几何问题，其关键是：①正确画出图形；②合理地用向量表示图中的量；③掌握向量运算性质．

【解】 $\vec{CE}=\frac{1}{2}\vec{CA}=\frac{1}{2}\boldsymbol{b}$，$\vec{BE}=\vec{BC}+\vec{CE}=\boldsymbol{a}+\frac{1}{2}\boldsymbol{b}$，

$$\vec{BD}=\frac{1}{2}\vec{BC}=\frac{1}{2}\boldsymbol{a},$$

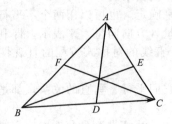

图 8-1

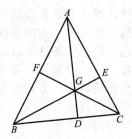

图 8-2

$$\overrightarrow{AD} = \overrightarrow{AB} + \overrightarrow{BD} = -\overrightarrow{BA} + \frac{1}{2}\boldsymbol{a} = -(\overrightarrow{BC} + \overrightarrow{CA}) + \frac{1}{2}\boldsymbol{a} = -\frac{1}{2}\boldsymbol{a} - \boldsymbol{b},$$

$$\overrightarrow{CF} = \overrightarrow{CA} + \overrightarrow{AF} = \boldsymbol{b} + \frac{1}{2}\overrightarrow{AB} = \frac{1}{2}\boldsymbol{b} - \frac{1}{2}\boldsymbol{a}.$$

故
$$\overrightarrow{AD} + \overrightarrow{BE} + \overrightarrow{CF} = \left(-\frac{1}{2}\boldsymbol{a} - \boldsymbol{b}\right) + \left(\boldsymbol{a} + \frac{1}{2}\boldsymbol{b}\right) + \left(\frac{1}{2}\boldsymbol{b} - \frac{1}{2}\boldsymbol{a}\right) = \boldsymbol{0}$$

【例 3】 利用向量的运算证明三角形的三条高交于一点.

【证明】 如图 8-2 所示, 在 △ABC 中作 BC、AC 边上的高 AD、BE 交于 G, 连接 CG, 并延长 CG, 使其交 AB 于 F, 只要证明 CF⊥AB 即可.

因为 $\overrightarrow{AD} \perp \overrightarrow{BC}$, 则有 $\overrightarrow{AG} \perp \overrightarrow{BC}$, 故 $\overrightarrow{AG} \cdot \overrightarrow{BC} = 0$, 同理 $\overrightarrow{BG} \cdot \overrightarrow{CA} = 0$, 故

$$\overrightarrow{CG} \cdot \overrightarrow{AB} = (\overrightarrow{CA} + \overrightarrow{AG}) \cdot (\overrightarrow{AG} + \overrightarrow{GB})$$
$$= \overrightarrow{CA} \cdot \overrightarrow{AG} + \overrightarrow{CA} \cdot \overrightarrow{GB} + \overrightarrow{AG} \cdot \overrightarrow{AG} + \overrightarrow{AG} \cdot \overrightarrow{GB}$$
$$= \overrightarrow{AG} \cdot (\overrightarrow{CA} + \overrightarrow{AG} + \overrightarrow{GB}) = \overrightarrow{AG} \cdot \overrightarrow{CB} = 0,$$

从而 $\overrightarrow{CG} \perp \overrightarrow{AB}$, 即 $\overrightarrow{CF} \perp \overrightarrow{AB}$.

注: 此两例说明, 由于向量兼有数、形的特性, 因此可将形的问题转化为向量的运算, 使得许多几何证明题可以通过向量的计算而得到证明.

【例 4】 设 $\boldsymbol{m} = 2\boldsymbol{a} + \boldsymbol{b}$, $\boldsymbol{n} = k\boldsymbol{a} + \boldsymbol{b}$, 其中 $|\boldsymbol{a}| = 1$, $|\boldsymbol{b}| = 2$, 且 $\boldsymbol{a} \perp \boldsymbol{b}$, 试问: (1) k 为何值时 $\boldsymbol{m} \perp \boldsymbol{n}$; (2) k 为何值时, 以 $\boldsymbol{m}$, $\boldsymbol{n}$ 为邻边的平行四边形的面积为 6.

【解】 (1) $\boldsymbol{m} \cdot \boldsymbol{n} = (2\boldsymbol{a} + \boldsymbol{b}) \cdot (k\boldsymbol{a} + \boldsymbol{b}) = 2k|\boldsymbol{a}|^2 + (2+k)\boldsymbol{a} \cdot \boldsymbol{b} + |\boldsymbol{b}|^2 = 2k + 4$. 由此可知当 $k = -2$ 时, $\boldsymbol{m} \cdot \boldsymbol{n} = 0$ 即 $\boldsymbol{m} \perp \boldsymbol{n}$.

(2) 由向量的性质知, 以 $\boldsymbol{m}$, $\boldsymbol{n}$ 为邻边的平行四边形的面积等于向量 $\boldsymbol{m}$ 与 $\boldsymbol{n}$ 向量积的模, 而

$$|\boldsymbol{m} \times \boldsymbol{n}| = |(2\boldsymbol{a} + \boldsymbol{b}) \times (k\boldsymbol{a} + \boldsymbol{b})| = |2k(\boldsymbol{a} \times \boldsymbol{a}) + 2(\boldsymbol{a} \times \boldsymbol{b}) + k(\boldsymbol{b} \times \boldsymbol{a}) + \boldsymbol{b} \times \boldsymbol{b}|$$

$$= |2 - k||\boldsymbol{a} \times \boldsymbol{b}| = |2 - k| \cdot 2\sin\frac{\pi}{2} = |4 - 2k|.$$

令 $|4 - 2k| = 6$, 得 $k = -1$ 或 $k = 5$.

注: 向量的向量积对于解决与面积有关问题非常有效.

【例 5】 设 $\boldsymbol{a} + 3\boldsymbol{b}$ 和 $7\boldsymbol{a} - 5\boldsymbol{b}$ 垂直, $\boldsymbol{a} - 4\boldsymbol{b}$ 和 $7\boldsymbol{a} - 2\boldsymbol{b}$ 垂直, 求非零向量 $\boldsymbol{a}$ 与 $\boldsymbol{b}$ 的夹角 α.

【解】 由题意得 $\begin{cases} (\boldsymbol{a} + 3\boldsymbol{b}) \cdot (7\boldsymbol{a} - 5\boldsymbol{b}) = 0, \\ (\boldsymbol{a} - 4\boldsymbol{b}) \cdot (7\boldsymbol{a} - 2\boldsymbol{b}) = 0, \end{cases}$ 即 $\begin{cases} 7|\boldsymbol{a}|^2 - 15|\boldsymbol{b}|^2 + 16\boldsymbol{a} \cdot \boldsymbol{b} = 0, \\ 7|\boldsymbol{a}|^2 + 8|\boldsymbol{b}|^2 - 30\boldsymbol{a} \cdot \boldsymbol{b} = 0. \end{cases}$ ①

在①式中消去 $|\boldsymbol{a}|^2$ 得到

$$23|\boldsymbol{b}|^2 - 46\boldsymbol{a} \cdot \boldsymbol{b} = 0, \text{ 由此推出 } |\boldsymbol{a}|\cos\alpha = \frac{1}{2}|\boldsymbol{b}|. \qquad ②$$

在①式中消去 $|\boldsymbol{b}|^2$ 得到

$$161|\boldsymbol{a}|^2 - 322\boldsymbol{a} \cdot \boldsymbol{b} = 0, \text{ 由此推出 } |\boldsymbol{b}|\cos\alpha = \frac{1}{2}|\boldsymbol{a}|. \qquad ③$$

由此得到 $|\boldsymbol{a}| = |\boldsymbol{b}|$, 代入②式或③式可得

$$\cos\alpha = \frac{1}{2}, \quad \alpha = \frac{\pi}{3}.$$

或者在①式中消去 $\boldsymbol{a} \cdot \boldsymbol{b}$，同样可得到 $|\boldsymbol{a}|^2 = |\boldsymbol{b}|^2$.

注： 在以上两题的求解中，多处使用了向量的数量积的性质，如 $\boldsymbol{a} \perp \boldsymbol{b} \Leftrightarrow (\boldsymbol{a} \cdot \boldsymbol{b} = 0)$；$\boldsymbol{a} \cdot \boldsymbol{a} = |\boldsymbol{a}|^2$；$\boldsymbol{a} \cdot \boldsymbol{b} = \boldsymbol{b} \cdot \boldsymbol{a}$ 等，希望读者能熟练掌握.

【例6】 已知 $\overrightarrow{AB} = (-3, 0, 4)$，$\overrightarrow{AC} = (5, -2, -14)$，求 $\angle BAC$ 角平分线上的单位向量.

【解】 由平面几何的知识知道，菱形的对角线平分顶角，因此，只要在 AB、AC 上分别取点 B'、C'，使 $|\overrightarrow{AB'}| = |\overrightarrow{AC'}|$，则 $\overrightarrow{AD} = \overrightarrow{AB'} + \overrightarrow{AC'}$ 为 $\angle BAC$ 角平分线上的向量（图8-3），取 $\overrightarrow{AB'}$，$\overrightarrow{AC'}$ 均为单位向量，则

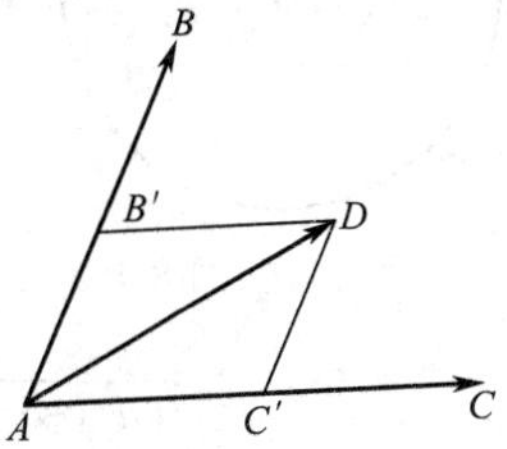

图 8-3

$$\overrightarrow{AB'} = \frac{1}{|\overrightarrow{AB}|}\overrightarrow{AB} = \left(-\frac{3}{5}, 0, \frac{4}{5}\right),$$

$$\overrightarrow{AC'} = \frac{1}{|\overrightarrow{AC}|}\overrightarrow{AC} = \left(\frac{5}{15}, -\frac{2}{15}, -\frac{14}{15}\right).$$

于是

$$\overrightarrow{AD} = \overrightarrow{AB'} + \overrightarrow{AC'} = \left(-\frac{3}{5}, 0, \frac{4}{5}\right) + \left(\frac{5}{15}, -\frac{2}{15}, -\frac{14}{15}\right) = \left(-\frac{4}{15}, -\frac{2}{15}, -\frac{2}{15}\right).$$

所以 $\angle BAC$ 角平分线上的单位向量为 $\pm\dfrac{\overrightarrow{AD}}{|\overrightarrow{AD}|} = \pm\left(\dfrac{2}{\sqrt{6}}, \dfrac{1}{\sqrt{6}}, \dfrac{1}{\sqrt{6}}\right)$.

注： 本例是求角平分线向量的一种较简便的方法，值得作为一种常用方法把它记住.

【例7】 已知四面体 $ABCD$ 的四个顶点 $A(2,3,1), B(2,1,-1), C(6,3,-1), D(-5, -4, 8)$. 求从四面体的顶点 D 到底面 ABC 所引的高.

【解】 解法一　记 $\boldsymbol{n} = \overrightarrow{AB} \times \overrightarrow{AC}$，则高

$$h = |\mathrm{Prj}_n\overrightarrow{AD}| = \frac{|\boldsymbol{n} \cdot \overrightarrow{AD}|}{|\boldsymbol{n}|},$$

由于

$$\overrightarrow{AB} = (2-2, 1-3, -1-1) = (0, -2, -2),$$
$$\overrightarrow{AC} = (6-2, 3-3, -1-1) = (4, 0, -2),$$

因此

$$\boldsymbol{n} = \overrightarrow{AB} \times \overrightarrow{AC} = \begin{vmatrix} \boldsymbol{i} & \boldsymbol{j} & \boldsymbol{k} \\ 0 & -2 & -2 \\ 4 & 0 & 2 \end{vmatrix} = (4, -8, 8).$$

又

$$\overrightarrow{AD} = (-5-2, -4-3, 8-1) = (-7, -7, 7),$$
$$\boldsymbol{n} \cdot \overrightarrow{AD} = 4 \times (-7) + (-8) \times (-7) + 8 \times 7 = 84,$$

所以

$$h = |\mathrm{Prj}_n\overrightarrow{AD}| = \frac{|\boldsymbol{n} \cdot \overrightarrow{AD}|}{|\boldsymbol{n}|} = \frac{84}{\sqrt{4^2 + (-8)^2 + 8^2}} = 7.$$

解法二　因为 $\overrightarrow{AB} = (2-2, 1-3, -1-1) = (0, -2, -2)$，$\overrightarrow{AC} = (6-2, 3-3, -1-1) = (4, 0, -2)$，$\overrightarrow{AD} = (-5-2, -4-3, 8-1) = (-7, -7, 7)$，所以

$$[\overrightarrow{AB}\ \overrightarrow{AC}\ \overrightarrow{AD}] = \begin{vmatrix} 0 & -2 & -2 \\ 4 & 0 & -2 \\ -7 & -7 & 7 \end{vmatrix} = 84.$$

即以 $\overrightarrow{AB}, \overrightarrow{AC}, \overrightarrow{AD}$ 为棱的平行六面体的体积 V 为 84，又

$$\overrightarrow{AB} \times \overrightarrow{AC} = \begin{vmatrix} \boldsymbol{i} & \boldsymbol{j} & \boldsymbol{k} \\ 0 & -2 & -2 \\ 4 & 0 & 2 \end{vmatrix} = (4, -8, 8), \quad |\overrightarrow{AB} \times \overrightarrow{AC}| = 12,$$

即以 $\overrightarrow{AB}, \overrightarrow{AC}$ 为邻边的平行四边形的面积 S 为 12，所以高 $h = \dfrac{V}{S} = \dfrac{84}{12} = 7.$

注：向量的混合积对于解决与体积有关的问题非常有效．

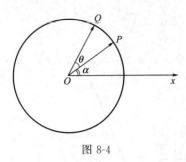

图 8-4

【例 8】 以 O 为圆心的单位圆上有相异的两点 P，Q，向量 $\overrightarrow{OP}$ 与 $\overrightarrow{OQ}$ 的夹角为 $\theta(0\leqslant\theta\leqslant\pi)$，设 a，b 为正常数，求

$$\lim_{\theta\to 0}\frac{1}{\theta^2}(|a\overrightarrow{OP}|+|b\overrightarrow{OQ}|-|a\overrightarrow{OP}+b\overrightarrow{OQ}|).$$

【解】 如图 8-4，设向量 $\overrightarrow{OP}$ 与 x 轴的夹角为 α，则

$$\overrightarrow{OP}=\boldsymbol{i}\cos\alpha+\boldsymbol{j}\sin\alpha,\overrightarrow{OQ}=\boldsymbol{i}\cos(\alpha+\theta)+\boldsymbol{j}\sin(\alpha+\theta),$$

$$|a\overrightarrow{OP}+b\overrightarrow{OQ}|=|\boldsymbol{i}[a\cos\alpha+b\cos(\alpha+\theta)]+\boldsymbol{j}[a\sin\alpha+b\sin(\alpha+\theta)]|$$

$$=\sqrt{[a\cos\alpha+b\cos(\alpha+\theta)]^2+[a\sin\alpha+b\sin(\alpha+\theta)]^2}$$

$$=\sqrt{a^2+b^2+2ab\cos\theta}.$$

显然，$|a\overrightarrow{OP}|=a$，$|b\overrightarrow{OQ}|=b$，故

$$\lim_{\theta\to 0}\frac{1}{\theta^2}(|a\overrightarrow{OP}|+|b\overrightarrow{OQ}|-|a\overrightarrow{OP}+b\overrightarrow{OQ}|)=\lim_{\theta\to 0}\frac{1}{\theta^2}(a+b-\sqrt{a^2+b^2+2ab\cos\theta})$$

$$=\lim_{\theta\to 0}\frac{2ab(1-\cos\theta)}{\theta^2(a+b+\sqrt{a^2+b^2+2ab\cos\theta})}=2ab\cdot\frac{1}{2}\cdot\frac{1}{(a+b)+(a+b)}=\frac{ab}{2(a+b)}.$$

二、平面与直线

【例 9】 分别写出满足下列条件的直线方程：
(1) 经过点 $(1,0,3)$ 且垂直于平面 $2x-3y+4z-5=0$；
(2) 经过点 $(2,-1,5)$ 且平行于 y 轴；
(3) 经过点 $(4,3,-2)$ 且与两平面 $2x-3y+z-5=0$ 和 $x+5y-2z+3=0$ 都平行．

分析：确定直线方程的两大关键要素是"定点"和"定方向向量"，本题所求各直线的"定点"均已知，关键是确定直线的方向向量．

【解】 (1) 因为所求的直线垂直于平面 $2x-3y+4z-5=0$，所以该平面的法向量 $\boldsymbol{n}=(2,-3,4)$ 可以取作直线的方向向量，于是所求的直线方程为

$$\frac{x-1}{2}=\frac{y}{-3}=\frac{z-3}{4}.$$

(2) 因为所求的直线平行于 y 轴，所以直线的方向向量可取作 $\boldsymbol{s}=(0,1,0)$，于是所求的直线方程为

$$\frac{x-2}{0}=\frac{y+1}{1}=\frac{z-5}{0},\quad 即\begin{cases}x-2=0,\\z-5=0.\end{cases}$$

(3) 因为所求的直线与两平面 $2x-3y+z-5=0$ 和 $x+5y-2z+3=0$ 都平行，因此所求的直线与这两个平面的法向量 $\boldsymbol{n}_1=(2,-3,1),\boldsymbol{n}_2=(1,5,-2)$ 都垂直，因此直线的方向向量可取作 $\boldsymbol{s}=\boldsymbol{n}_1\times\boldsymbol{n}_2=(1,5,13)$，于是所求的直线方程为

$$\frac{x-4}{1}=\frac{y-3}{5}=\frac{z+2}{13}.$$

【例 10】 直线：$L:\begin{cases}2x+y-1=0,\\3x+z-2=0\end{cases}$ 与平面 $\varPi$：$x+2y-z-1=0$ 是否平行？若不平行，求交点；若平行，求直线 L 与平面 $\varPi$ 间的距离．

【解】 因为直线 L 是两平面的交线，所以直线 L 的方向向量 $\boldsymbol{s}$ 应与两平面的法向量 $\boldsymbol{n}_1=(2,1,0)$，$\boldsymbol{n}_2=(3,0,1)$ 都垂直，因此可取 $\boldsymbol{s}=\boldsymbol{n}_1\times\boldsymbol{n}_2=\begin{vmatrix}\boldsymbol{i}&\boldsymbol{j}&\boldsymbol{k}\\2&1&0\\3&0&1\end{vmatrix}=(1,-2,-3)$，而平面 $\varPi$ 的法向量 $\boldsymbol{n}=(1,2,-1)$．

由 $\boldsymbol{s}\cdot\boldsymbol{n}=1\times1+(-2)\times2+(-3)\times(-1)=0$，知 $\boldsymbol{s}\perp\boldsymbol{n}$，所以直线 L 与平面 $\varPi$ 平行．在直

线 L 上任取一点，这一点到平面 Π 的距离即为直线 L 到平面 Π 的距离．令 $x=0$，解得 $y=1$，$z=2$，从而

$$d=\frac{|0+2\times 1+(-1)\times 2-1|}{\sqrt{1^2+2^2+(-1)^2}}=\frac{\sqrt{6}}{6}.$$

注：直线 L 的方向向量还可按如下方法求得．

① 在直线 L 任取两点 A、B，$\overrightarrow{AB}$ 就是直线 L 的一个方向向量．

② 根据直线 L 的特点，两平面方程中都缺少一变量，于是 $x=\dfrac{y-1}{-2}$，$x=\dfrac{z-2}{-3}$，因此可得直线 L 的对称式方程为 $x=\dfrac{y-1}{-2}=\dfrac{z-2}{-3}$，由此可得直线 L 的方向向量 $s=\{1,-2,-3\}$.

【例11】 求直线 $L:\dfrac{x-1}{1}=\dfrac{y+1}{2}=\dfrac{z}{3}$ 在平面 $\Pi:x+y+2z-5=0$ 上的投影方程．

分析：所谓直线在某平面上的投影，是指过直线上每一点向该平面作垂线，各垂足的连线．显然，所求投影在该平面上，因此只要求出直线关于该平面的投影柱面（为一平面）的方程，再将这两个平面方程联立起来，即得投影直线方程．

【解】 解法一　问题的关键是求一过已知直线 L 且与已知平面 Π 垂直的平面的方程．

设所求平面的法向量为 $n=(A,B,C)$，记直线 L 的方向向量 $s=(1,2,3)$，平面 Π 的法向量 $n_1=(1,1,2)$，则 $n\perp s$，$n\perp n_1$，即有 $A+2B+3C=0$ 及 $A+B+2C=0$，由此可得 $A=-C$，$B=-C$，于是可取 $n=(1,1,-1)$，又 $M_0(1,-1,0)$ 是直线 L 上的已知点，故所求平面方程为

$$1\times(x-1)+1\times(y+1)+(-1)\times(z-0)=0,\quad 即\ x+y-z=0,$$

故所求的投影直线方程为

$$\begin{cases}x+y+2z-5=0,\\ x+y-z=0.\end{cases}$$

解法二　利用平面束方程，首先将直线 L 化为一般方程 $\begin{cases}2x-y-3=0,\\ 3x-z-3=0,\end{cases}$ 因此过直线 L 的平面束方程为

$$\alpha(2x-y-3)+\beta(3x-z-3)=0,\quad 即\ (2\alpha+3\beta)x-\alpha y-\beta z-3(\alpha+\beta)=0.$$

要使该平面与平面 Π 垂直，只需 $(2\alpha+3\beta)\cdot 1-\alpha\cdot 1-\beta\cdot 2=0$，解得 $\alpha=-\beta$，将其代入上述平面束方程并约去 β，得到与平面 Π 垂直的平面方程为 $x+y-z=0$，故所求的投影直线方程为

$$\begin{cases}x+y+2z-5=0,\\ x+y-z=0.\end{cases}$$

注：解法一中求 n，也可用取 $n=s\times n_1$ 的方法得到．

【例12】 已知 $\triangle ABC$ 的三个顶点的坐标分别为：$A(1,2,3)$，$B(3,4,5)$，$C(2,4,7)$．求：
(1) $\triangle ABC$ 的面积；(2) $\triangle ABC$ 所在的平面方程；(3) AB 边上的中线 CD 所在的直线方程．

【解】 (1) 因为 $\overrightarrow{AB}=(3-1,4-2,5-3)=(2,2,2)$，$\overrightarrow{AC}=(2-1,4-2,7-3)=(1,2,4)$，故

$$\overrightarrow{AB}\times\overrightarrow{AC}=\begin{vmatrix}i & j & k\\ 2 & 2 & 2\\ 1 & 2 & 4\end{vmatrix}=(4,-6,2).$$

于是 $\triangle ABC$ 的面积为

$$S_\triangle=\frac{1}{2}|\overrightarrow{AB}\times\overrightarrow{AC}|=\frac{1}{2}\sqrt{4^2+(-6)^2+2^2}=\sqrt{14}.$$

(2) 解法一　取 $\triangle ABC$ 所在的平面的法向量为 $n=\overrightarrow{AB}\times\overrightarrow{AC}=(4,-6,2)$，故平面方程为

$$4(x-1)+(-6)(y-2)+2(z-3)=0,\quad 即\ 2x-3y+z+1=0.$$

解法二　用三点式求 $\triangle ABC$ 所在的平面方程．由于已知 $\triangle ABC$ 的三个顶点的坐标，故所

求的平面方程为 $\begin{vmatrix} x-1 & y-2 & z-3 \\ 3-1 & 4-2 & 5-3 \\ 2-1 & 4-2 & 7-3 \end{vmatrix} = 0$，化简后得

$$2x - 3y + z + 1 = 0.$$

（3）先求 D 点的坐标，由中点公式可得 D 点的坐标为 $D(2,3,4)$，利用直线的两点式方程可得 AB 边上的中线 CD 所在的直线方程为 $\dfrac{x-2}{2-2} = \dfrac{y-4}{3-4} = \dfrac{z-7}{4-7}$，即 $\dfrac{x-2}{0} = \dfrac{y-4}{1} = \dfrac{z-7}{3}$，或写成 $\begin{cases} x-2=0, \\ 3y-z-5=0. \end{cases}$

注：这是一道有关向量、直线、平面的综合题，是一种常见题型，希望读者通过此例的学习掌握解决这类问题的一般方法．

【例 13】 求过点 $M(-1,0,4)$，平行于平面 Π：$3x-4y+z-10=0$，且与直线 L：$\dfrac{x+1}{3} = \dfrac{y-3}{1} = \dfrac{z}{2}$ 相交的直线方程．

分析：求直线方程的关键是确定直线上一点及其方向向量，常用的方法如下．

① 求出直线上一点及直线的方向向量，从而确定直线方程．

② 求得直线上两点，利用直线的两点式写出直线方程．

③ 求出过这直线的两个平面，用一般式表示直线方程．

【解】 解法一 设所求的直线方程为 $\dfrac{x+1}{l} = \dfrac{y}{m} = \dfrac{z-4}{p}$，因为其与平面 Π 平行，故有

$$3l - 4m + p = 0 \qquad\qquad ①$$

又所求的直线与直线 L 相交，故三向量

$$(3,1,2),\ (l,m,p),\ \overrightarrow{MP_0} = (-1+1,3-0,0-4) = (0,3,-4)$$

共面 [其中 $P_0(-1,3,0)$ 是直线 L 上的已知点]，因此有

$$\begin{vmatrix} 0 & 3 & -4 \\ 3 & 1 & 2 \\ l & m & p \end{vmatrix} = 0,\ \text{即}\quad 10l - 12m - 9p = 0, \qquad ②$$

解方程①、方程②得 $l = 12p$，$m = \dfrac{37}{4}p$，将其代入直线方程并约去 p 得所求直线方程为

$$\frac{x+1}{12} = \frac{4y}{37} = \frac{z-4}{1}.$$

解法二 将已知直线 L 的方程化为参数方程 $\begin{cases} x=-1+3t, \\ y=3+t, \\ z=2t, \end{cases}$ 设所求的直线与直线 L 相交于点 M_0 点，t_0 为相应的参数，则 $\overrightarrow{MM_0} = (3t_0, 3+t_0, 2t_0-4)$，而 $\overrightarrow{MM_0} /\!/ \Pi$，故有

$$3t_0 \times 3 + (3+t_0) \times (-4) + (2t_0-4) \times 1 = 0,$$

解得 $t_0 = \dfrac{16}{7}$，于是所求直线方程为

$$\frac{x+1}{3 \times \frac{16}{7}} = \frac{y}{3+\frac{16}{7}} = \frac{z-4}{2 \times \frac{16}{7} - 4},\ \text{即}\quad \frac{x+1}{12} = \frac{4y}{37} = \frac{z-4}{1}.$$

解法三 作过点 M 且与平面 Π 平行的平面方程为

$$3(x+1) - 4y + (z-4) = 0,\ \text{即}\quad 3x - 4y + z - 1 = 0.$$

该平面与已知直线 L 的交点 P 是所求直线上的一点，联立方程组

$$\begin{cases} \dfrac{x+1}{3} = \dfrac{y-3}{1} = \dfrac{z}{2}, \\ 3x - 4y + z - 1 = 0, \end{cases}$$

解得交点 $P\left(\dfrac{41}{7},\dfrac{37}{7},\dfrac{32}{7}\right)$，取方向向量 $\boldsymbol{s}=\overrightarrow{MP}=\left(\dfrac{48}{7},\dfrac{37}{7},\dfrac{4}{7}\right)$，则可写出直线方程．

【例 14】　求两异面直线 $L_1:\dfrac{x-9}{4}=\dfrac{y+2}{-3}=\dfrac{z}{1}$，$L_2:\dfrac{x}{-2}=\dfrac{y+7}{9}=\dfrac{z-2}{2}$ 的公垂线方程．

分析：两条直线的公垂线，是指同时垂直于这两条直线的直线．

【解】　解法一　利用直线的对称式方程，其关键是求公垂线上一点及方向向量 $\boldsymbol{s}$．

记 L_1，L_2 的方向向量分别为 $\boldsymbol{s}_1=(4,-3,1)$、$\boldsymbol{s}_2=(-2,9,2)$，$L_1$ 上已知点 $M_1(9,-2,0)$、L_2 上已知点 $M_2(0,-7,2)$，由于 $\boldsymbol{s}_1\times\boldsymbol{s}_2=(-15,-10,30)=-5(3,2,-6)$，所以公垂线的方向向量可取 $\boldsymbol{s}=(3,2,-6)$．

先求过 L_2 且与 L_1 平行的平面 Π_1 的方程，即过点 $M_2(0,-7,2)$ 且以 $\boldsymbol{n}_1=\boldsymbol{s}$ 为法向量的平面

$$3(x-0)+2(y+7)-6(z-2)=0,\quad 即\ 3x+2y-6z+26=0.$$

再求过 L_1 且与平面 Π_1 垂直的平面 Π_2 的方程．取 Π_2 的法向量

$$\boldsymbol{n}_2=\boldsymbol{n}_1\times\boldsymbol{s}_1=-(16,27,17),$$

因此平面 Π_2 的方程为

$$16(x-9)+27(y+2)+17(z-0)=0,\quad 即\quad 16x+27y+17z-90=0.$$

平面 Π_2 与 L_2 的交点由方程组 $\begin{cases}\dfrac{x}{-2}=\dfrac{y+7}{9}=\dfrac{z-2}{2},\\ 16x+27y+17z-90=0\end{cases}$ 确定，解此方程组得交点 $M(-2,2,4)$，于是由直线的对称式方程得到公垂线方程为

$$\dfrac{x+2}{3}=\dfrac{y-2}{2}=\dfrac{z-4}{-6}.$$

解法二　利用直线的参数方程求出公垂线与两直线的交点．

首先将两直线 L_1，L_2 的方程写成参数方程

$$L_1:\begin{cases}x=9+4t,\\ y=-2-3t,\\ z=t\end{cases}\ 和\ L_2:\begin{cases}x=-2t,\\ y=-7+9t,\\ z=2+2t.\end{cases}$$

设公垂线与两直线 L_1，L_2 的交点分别为 P_1，P_2，其对应参数分别为 t_1，t_2，即

$$P_1(9+4t_1,-2-3t_1,t_1),\quad P_2(-2t_2,-7+9t_2,2+2t_2),$$

故

$$\overrightarrow{P_2P_1}=(9+4t_1+2t_2,5-3t_1-9t_2,-2+t_1-2t_2).$$

而公垂线的方向向量 $\boldsymbol{s}=\boldsymbol{s}_1\times\boldsymbol{s}_2=(-15,-10,30)=-5(3,2,-6)$，因此由 $\overrightarrow{P_2P_1}/\!/\boldsymbol{s}$ 得

$$\dfrac{9+4t_1+2t_2}{3}=\dfrac{5-3t_1-9t_2}{2}=\dfrac{-2+t_1-2t_2}{-6},$$

解得 $t_1=-2$，$t_2=1$，进而可得 $P_1(1,4,-2)$，$P_2(-2,2,4)$，由此公垂线方程为

$$\dfrac{x+2}{3}=\dfrac{y-2}{2}=\dfrac{z-4}{-6}.$$

解法三　利用直线的一般方程表示公垂线．

记 L_1，L_2 的方向向量分别为 $\boldsymbol{s}_1=(4,-3,1)$，$\boldsymbol{s}_2=(-2,9,2)$，$L_1$ 上已知点 $M_1(9,-2,0)$、L_2 上已知点 $M_2(0,-7,2)$，由于 $\boldsymbol{s}_1\times\boldsymbol{s}_2=(-15,-10,30)=-5(3,2,-6)$，所以公垂线的方向向量可取 $\boldsymbol{s}=(3,2,-6)$．过点 $M_2(0,-7,2)$ 且以 $\boldsymbol{n}_1=\boldsymbol{s}_2\times\boldsymbol{s}=(-58,-6,-31)$ 为法向量的平面方程为

$$58x+6y+31z-20=0,$$

过点 $M_1(9,-2,0)$ 且以 $\boldsymbol{n}_2=\boldsymbol{s}_1\times\boldsymbol{s}=(16,27,17)$ 为法向量的平面方程为

$$16x+27y+17z-90=0,$$

由此可得公垂线的方程为

$$\begin{cases} 58x+6y+31z-20=0, \\ 16x+27y+17z-90=0. \end{cases}$$

【例 15】 求平面 $3x+5y-4z-6=0$ 和 $x-y+4z-2=0$ 的角平分面方程.

分析: 利用平面束方程求满足某些条件的平面方程, 常常很方便.

【解】 利用平面束解该题. 设所求的平面方程为

$$\alpha(3x+5y-4z-6)+\beta(x-y+4z-2)=0,$$

即

$$(3\alpha+\beta)x+(5\alpha-\beta)y+(4\beta-4\alpha)z-6\alpha-2\beta=0,$$

由题设

$$\frac{|3(3\alpha+\beta)+5(5\alpha-\beta)+(-4)(4\beta-4\alpha)|}{\sqrt{3^2+5^2+(-4)^2}\sqrt{(3\alpha+\beta)^2+(5\alpha-\beta)^2+(4\beta-4\alpha)^2}}$$

$$=\frac{|1(3\alpha+\beta)+(-1)(5\alpha-\beta)+4(4\beta-4\alpha)|}{\sqrt{1^2+(-1)^2+4^2}\sqrt{(3\alpha+\beta)^2+(5\alpha-\beta)^2+(4\beta-4\alpha)^2}}.$$

解得 $\alpha=\pm\frac{3}{5}\beta$, 将其代入平面方程并约去 β 得到满足题意的两个平面

$$7x+5y+4z-14=0 \quad \text{和} \quad x+5y-8z-2=0.$$

【例 16】 求平行于平面 $2x+y+2z+5=0$ 且与坐标平面所构成的四面体的体积为 1 个单位的平面方程.

【解】 由于所求的平面平行于平面 $2x+y+2z+5=0$, 故可设所求的平面方程为

$$2x+y+2z+D=0,$$

由此可得该平面在 x 轴、y 轴、z 轴上的截距分别为 $-\frac{D}{2}, -D, -\frac{D}{2}$.

由题设可知 $V=\frac{1}{6}\left|\frac{D}{2}\right|\,|-D|\,\left|\frac{D}{2}\right|=1$, 即 $D^3=\pm24$, $D=\pm2\sqrt[3]{3}$, 于是所求的平面方程为

$$2x+y+2z\pm2\sqrt[3]{3}=0.$$

【例 17】 已知入射光线路径为 $\frac{x-1}{4}=\frac{y-1}{3}=\frac{z-2}{1}$, 求该光线经平面 $x+2y+5z+17=0$ 反射后的反射光线方程.

【解】 解法一 将已知直线写成参数方程 $\begin{cases} x=1+4t, \\ y=1+3t, \\ z=2+t, \end{cases}$ 代入平面方程 $x+2y+5z+17=0$, 解得 $t=-2$, 回代求得直线与平面交点为 $P(-7,-5,0)$.

过已知直线上的点 $Q(1,1,2)$ 作已知平面的垂线

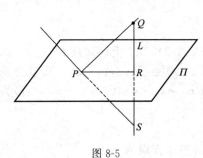

图 8-5

$$L: \frac{x-1}{1}=\frac{y-1}{2}=\frac{z-2}{5},$$

化成参数方程 $\begin{cases} x=1+t, \\ y=1+2t, \\ z=2+5t, \end{cases}$

代入平面方程 $x+2y+5z+17=0$, 解得 $t=-1$, 回代求得垂线与平面交点为 $R(0,-1,-3)$. 如图 8-5 所示, 利用中点坐标公式得到 Q 关于已知平面的对称点 S 的坐

标为 $S(-1,-3,-8)$，利用两点式求得的直线 PS 的方程即为所求的反射光线方程

$$\frac{x-(-7)}{-1-(-7)}=\frac{y-(-5)}{-3-(-5)}=\frac{z-0}{-8-0}, \quad 即 \quad \frac{x+7}{3}=\frac{y+5}{1}=\frac{z}{-4}.$$

解法二 同法一先求得已知直线与已知平面交点为 $P(-7,-5,0)$. 设反射光线的一个方向向量为 s'，且取 $|s'|=|s|$，则 $s'+s=\lambda n$（其中 s,n 分别为已知直线、已知平面的法向量，且 $s=(4,3,1)$，$n=(1,2,5)$），于是 $s'=\lambda n-s=(\lambda-4,2\lambda-3,5\lambda-1)$，再由 $|s'|=|s|$ 可求得 $\lambda=1$（$\lambda=0$ 舍去），从而 $s'=(-3,-1,4)$，因此反射直线的方程为

$$\frac{x+7}{-3}=\frac{y+5}{-1}=\frac{z}{4}.$$

三、曲面与曲线

【例 18】 一动点到坐标原点的距离等于它到平面 $z-4=0$ 的距离，求它的轨迹方程，并指出它是何种曲面.

【解】 设 $M(x,y,z)$ 是轨迹上任一点，则由题设有

$$\sqrt{x^2+y^2+z^2}=|z-4|, \quad 即 \quad x^2+y^2=8(2-z),$$

它是以 z 轴作为旋转轴，顶点在 $(0,0,2)$，开口向下的旋转抛物面.

【例 19】 试证：曲线 $\begin{cases} 4x-5y-10z-20=0, \\ \dfrac{x^2}{25}+\dfrac{y^2}{16}-\dfrac{z^2}{4}=1 \end{cases}$ 是两相交直线，并写出其对称式方程.

【证明】 在原曲线方程中消去 z，得

$$(x-5)(y+4)=0,$$

于是得两直线方程

$$L_1:\begin{cases} x-5=0, \\ 4x-5y-10z-20=0 \end{cases} \text{与} \quad L_2:\begin{cases} y+4=0, \\ 4x-5y-10z-20=0. \end{cases}$$

容易求得其方向向量分别为

$$s_1=(1,0,0)\times(4,-5,-10)=5(0,2,-1) \text{ 及 } s_2=(0,1,0)\times(4,-5,-10)=-2(5,0,2).$$

这说明 L_1,L_2 不平行，因此是两相交直线，在 L_1,L_2 分别取点 $(5,0,0),(0,-4,0)$，可进一步写出其对称式方程

$$L_1:\frac{x-5}{0}=\frac{y}{2}=\frac{z-3}{-1} \text{ 及 } L_2:\frac{x}{5}=\frac{y+4}{0}=\frac{z-3}{2}.$$

【例 20】 设有空间曲线 $\Gamma:\begin{cases} x=\varphi(t), \\ y=\psi(t), \\ z=\omega(t), \end{cases}$ 其中 $z=\omega(t)$ 有反函数 $t=\overline{\omega}(z)$，求 Γ 绕 z 轴旋转一周所形成的旋转曲面方程，并由此写出直线 $\dfrac{x}{3}=\dfrac{y}{2}=\dfrac{z}{6}$ 绕 z 轴旋转一周所形成的旋转曲面方程.

【解】 如图 8-6 所示，在旋转曲面上任取一点 $P(x,y,z)$. 过 P 作与 z 轴垂直的平面交 Γ 于 Q，设此点对应参数为 t_0，又设该平面交 z 轴于 M，则应有 $|MP|=|MQ|$，即

$$x^2+y^2=\varphi^2(t_0)+\psi^2(t_0),$$

此处 $z=\omega(t_0)$，解出 $t_0=\overline{\omega}(z)$ 代入上式中，得旋转曲面方程为

$$x^2+y^2=\varphi^2[\overline{\omega}(z)]+\psi^2[\overline{\omega}(z)].$$

直线 $\dfrac{x}{3}=\dfrac{y}{2}=\dfrac{z}{6}$ 写成参数形式

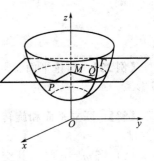

图 8-6

$$x = 3t, \quad y = 2t, \quad z = 6t,$$

利用 $t = \dfrac{z}{6}$，得直线 $\dfrac{x}{3} = \dfrac{y}{2} = \dfrac{z}{6}$ 绕 z 轴旋转一周所形成的旋转曲面方程为

$$x^2 + y^2 = (3t)^2 + (2t)^2 = 13t^2 = 13\left(\dfrac{z}{6}\right)^2, \quad 即 \quad x^2 + y^2 = \dfrac{13z^2}{36}.$$

【例 21】 求下列空间曲线

(1) $\begin{cases} x^2 + (y-1)^2 + (z-1)^2 = 1, & ① \\ x^2 + y^2 + z^2 = 1; & ② \end{cases}$; (2) $\begin{cases} x = a\cos\theta, & ③ \\ y = a\sin\theta, & ④ \\ z = b\theta & ⑤ \end{cases}$

在三个坐标面上的投影曲线方程．

分析：在求空间曲线在指定的坐标面上的投影曲线时，应先求出该曲线关于指定坐标面的投影柱面方程，再将投影柱面与坐标面方程联立，即为所求投影曲线方程．

【解】 (1) 先求以所给曲线为准线，母线平行于 z 轴的柱面（即该曲线关于 xOy 面的投影柱面）方程．从方程组中消去 z，由②得 $z = \pm\sqrt{1 - x^2 - y^2}$ 代入①并化简得

$$x^2 + 2y^2 - 2y = 0,$$

此即该曲线关于 xOy 面的投影柱面方程．将此投影柱面方程与 xOy 坐标面方程联立，即得曲线关于 xOy 面的投影曲线方程

$$\begin{cases} x^2 + 2y^2 - 2y = 0, \\ z = 0. \end{cases}$$

同理，从方程组中消去 y 得 $x^2 + 2z^2 - 2z = 0$，则曲线关于 xOz 面的投影曲线方程为

$$\begin{cases} x^2 + 2z^2 - 2z = 0, \\ y = 0. \end{cases}$$

从方程组中消去 x 得 $y + z = 1$（$y \geq 0$，$z \geq 0$），则曲线关于 yOz 面的投影曲线方程为

$$\begin{cases} y + z = 1 \quad (y \geq 0, \ z \geq 0), \\ x = 0. \end{cases}$$

(2) 由方程③④得 $x^2 + y^2 = a^2$，所以曲线关于 xOy 面的投影曲线方程为

$$\begin{cases} x^2 + y^2 = a^2, \\ z = 0. \end{cases}$$

由⑤得 $\theta = \dfrac{z}{b}$ 代入③得 $x = a\cos\dfrac{z}{b}$，所以曲线关于 xOz 面的投影曲线方程为

$$\begin{cases} x = a\cos\dfrac{z}{b}, \\ y = 0. \end{cases}$$

同理，可求得曲线关于 yOz 面的投影曲线方程为

$$\begin{cases} y = a\sin\dfrac{z}{b}, \\ x = 0. \end{cases}$$

【例 22】 讨论平面 $x + mz - 1 = 0$ 和旋转双曲面 $x^2 + y^2 - z^2 = 1$ 的交线在 xOy 面上的投影．

【解】 联立平面和旋转双曲面的方程得交线方程为 $\begin{cases} x^2 + y^2 - z^2 = 1, \\ x + mz - 1 = 0. \end{cases}$

(1) 当 $m = 0$ 时，其交线为 $\begin{cases} x^2 + y^2 - z^2 = 1, \\ x = 1, \end{cases}$ 它在 xOy 面上的投影为 $\begin{cases} x = 1, \\ z = 0, \end{cases}$ 这是平面

xOy 上的直线.

（2）当 $m\neq 0$ 时，其交线为 $\begin{cases}(m^2-1)x^2+2x+m^2y^2=m^2+1,\\ x+mz=1,\end{cases}$

因此，当 $m=\pm1$ 时，它在 xOy 面上的投影为 $\begin{cases}2x+y^2=2,\\ z=0,\end{cases}$ 这是一条抛物线；

当 $m\neq\pm1$ 时，它在 xOy 面上的投影为 $\begin{cases}\dfrac{(x+\frac{1}{m^2-1})^2}{\frac{m^4}{(m^2-1)^2}}+\dfrac{y^2}{\frac{m^2}{m^2-1}}=1,\\ z=0.\end{cases}$

故① 当 $m^2-1>0$，即 $|m|>1$ 时，投影为一椭圆；

② 当 $m^2-1<0$，即 $|m|<1$ 时，投影为一双曲线.

【例23】 求下列各曲面所围成的立体在 xOy 面上的投影区域，并画出图形.

（1）$z=2(x^2+y^2)$ 与 $z=1-\sqrt{x^2+y^2}$；

（2）$x^2+y^2+z^2=R^2$ 与 $x^2+y^2=Rx$（$R>0$，含在 $x^2+y^2=Rx$ 内部分）；

（3）$x^2+y^2+z^2-2Rz=0$ 与 $y=z$ 位于平面 $y=z$ 之上的部分（$R>0$）.

【解】 （1）该立体由旋转抛物面 $z=2(x^2+y^2)$ 与球面 $z=1-\sqrt{x^2+y^2}$ 围成. 这两个曲面的交线为

$$\begin{cases}z=2(x^2+y^2),\\ z=1-\sqrt{x^2+y^2},\end{cases}$$

消去变量 z 得交线在 xOy 面上的投影曲线为

$$\begin{cases}x^2+y^2=\dfrac14,\\ z=0.\end{cases}$$

由投影曲线在 xOy 面上所围成的区域即为所求立体在 xOy 面上的投影区域 $\begin{cases}x^2+y^2\leqslant\dfrac14,\\ z=0\end{cases}$，

图 8-7 中阴影部分.

（2）该立体由球面 $x^2+y^2+z^2=R^2$ 与圆柱面 $x^2+y^2-Rx=0$ 所围成，这两个曲面的交线为

$$\begin{cases}x^2+y^2+z^2=R^2,\\ x^2+y^2=Rx,\end{cases}$$

此交线在 xOy 面上的投影曲线为

$$\begin{cases}x^2+y^2=Rx,\\ z=0,\end{cases}$$

由投影曲线在 xOy 面上所围成的区域即为所求立体在 xOy 面上的投影区域 $\begin{cases}x^2+y^2\leqslant Rx,\\ z=0\end{cases}$，图 8-8 中阴影部分.

（3）该立体由球面 $x^2+y^2+z^2-2Rz=0$ 与平面 $y=z$ 所围成，其交线为

$$\begin{cases}x^2+y^2+z^2-2Rz=0,\\ y=z,\end{cases}$$

此交线在 xOy 面上的投影曲线为

$$\begin{cases}x^2+2y^2-2Ry=0,\\ z=0,\end{cases}$$

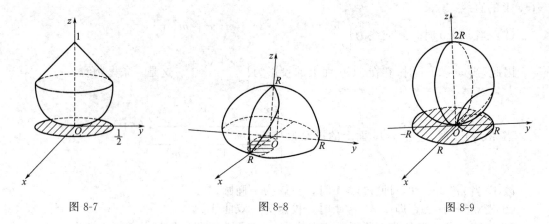

图 8-7   图 8-8   图 8-9

投影曲线在 xOy 面上所围成的区域为 $\begin{cases} x^2+2y^2 \leqslant 2Ry, \\ z=0. \end{cases}$

由于球面 $x^2+y^2+z^2-2Rz=0$ 在 xOy 面上的投影区域为 $\begin{cases} x^2+y^2 \leqslant R^2, \\ z=0, \end{cases}$ 该区域包含曲线 $\begin{cases} x^2+2y^2=2Ry, \\ z=0, \end{cases}$ 故所求投影区域为 $\begin{cases} x^2+y^2 \leqslant R^2, \\ z=0 \end{cases}$ 图 8-9 中阴影部分.

注：上述第(3)题中，若将由投影曲线 $\begin{cases} x^2+2y^2-2Ry=0, \\ z=0, \end{cases}$ 在 xOy 面上所围成的区域作为所求立体在 xOy 面上的投影区域是错误的. 但如果立体改成 $x^2+y^2+z^2-2Rz=0$ 与 $y=z$ 所围的位于平面 $y=z$ 之下的部分，则该立体在 xOy 面上的投影区域为 $\begin{cases} x^2+2y^2 \leqslant 2Ry, \\ z=0. \end{cases}$

【例 24】 求圆柱面 $(x-1)^2+y^2=1$ 与平面 $x+z=2$ 相交所得椭圆 Γ 的参数方程.

分析： 对于要求写出空间曲线的参数方程，可以先通过熟悉的平面曲线的参数方程着手.

【解】 解法一 首先求得 Γ 在 xOy 面上的投影曲线方程为 $\begin{cases} (x-1)^2+y^2=1, \\ z=0, \end{cases}$ 其参数方程可表示为 $\begin{cases} x=1+\cos t, \\ y=\sin t, \quad (0 \leqslant t \leqslant 2\pi). \\ z=0 \end{cases}$

其次将 x,y 的参数表达式代入平面方程 $x+z=2$，可得 $z=2-x=1-\cos t$，于是 Γ 的参数方程为 $\begin{cases} x=1+\cos t, \\ y=\sin t, \quad (0 \leqslant t \leqslant 2\pi). \\ z=1-\cos t \end{cases}$

解法二 圆 $(x-1)^2+y^2=1$ 的极坐标方程为 $\rho=2\cos\theta \left(-\dfrac{\pi}{2} \leqslant \theta \leqslant \dfrac{\pi}{2}\right)$，根据极坐标与直角坐标的关系，有 $x=\rho\cos\theta=2\cos^2\theta$，$y=\rho\sin\theta=2\cos\theta\sin\theta=\sin 2\theta$，再将其代入平面方程 $x+z=2$，可得 $z=2-2\cos^2\theta$，于是 Γ 的参数方程为
$$\begin{cases} x=2\cos^2\theta, \\ y=\sin 2\theta, \\ z=2-2\cos^2\theta. \end{cases}$$

第五节 同步练习题

1. 已知空间三点 $A(3,-1,2)$，$B(1,2,-4)$，$C(-1,1,2)$，求点 D，使得以 A,B,C,D

为顶点的四边形为平行四边形.

2. 利用向量运算证明三角形的三条中线交于一点，且这点是每条中线的三分点.

3. 判断下列命题是否正确，并说明理由：

(1) 若 $a \cdot c = b \cdot c (c \neq 0)$，则 $a = b$；(2) 若 $a \times c = b \times c (c \neq 0)$，则 $a = b$；

(3) 若 $a \cdot b = 0$，则 $a = 0$ 或 $b = 0$；(4) 若 $a \times b = 0$，则 $a = 0$ 或 $b = 0$；

(5) 与 x, y, z 三坐标轴正向夹角相等的向量，其方向角必为 $\alpha = \beta = \gamma = \dfrac{\pi}{3}$.

4. 设 $a = (1, 0, 1)$，$b = (1, -2, 1)$，$c = (-1, 2, 1)$，计算：

(1) $a \times b$，$b \times a$；(2) $a \cdot (b \times c)$，$(a \times b) \cdot c$；(3) $(a \times b) \times c$，$a \times (b \times c)$，
并说明等式：$a \times b = b \times a, a \cdot (b \times c) = (a \times b) \cdot c, (a \times b) \times c = a \times (b \times c)$ 是否成立.

5. 已知 $|a| = 13$，$|b| = 19$，$|a + b| = 24$，求 $|a - b|$.

6. 设 $\overrightarrow{AB} = a + 5b$，$\overrightarrow{BC} = -6a + 18b$，$\overrightarrow{CD} = 8(a - b)$，试证 A, B, D 三点共线.

7. 已知 $a = (2, -3, 6)$，$b = (-1, 2, 2)$，且向量 c 在 a 与 b 的角平分线上，$|c| = 3\sqrt{42}$，求向量 c.

8. 设 $(a \times b) \cdot c = 3$，求 $[(a + b) \times (b + c)] \cdot (c + a)$.

9. 设 $a = (2, 3, 4)$，$b = (3, -1, -1)$，$|c| = 3$，求向量 c，使三向量 a, b, c 所构成的平行六面体体积最大.

10. 设 $a = (1, 2, 3)$，$b = (2, 4, \lambda)$，试确定 λ 之值，使 (1) $\left(\overset{\wedge}{a, b}\right)$ 是锐角；(2) $\left(\overset{\wedge}{a, b}\right)$ 是钝角；(3) $a \perp b$；(4) a 与 b 同向；(5) $a /\!/ b$.

11. 已知动点 $M(x, y, z)$ 的轨迹满足：点 M 到两定点 $A(1, 3, 2)$、$B(0, 0, 1)$ 距离相等，且点 M 到两定点 $C(3, 0, 3)$，$D(0, -2, 0)$ 的距离也相等，求动点 M 的轨迹.

12. 求通过直线 $\dfrac{x-1}{2} = \dfrac{y+2}{3} = \dfrac{z+3}{4}$ 且平行于直线 $\dfrac{x}{1} = \dfrac{y}{1} = \dfrac{z}{2}$ 的平面方程.

13. 一平面通过两直线 $L_1: \dfrac{x-1}{1} = \dfrac{y+2}{2} = \dfrac{z-5}{1}$ 和 $L_2: \dfrac{x}{1} = \dfrac{y+3}{3} = \dfrac{z+1}{2}$ 的公垂线 L，且平行于向量 $s = (1, 0, -1)$，求此平面方程.

14. 试求点 $M(3, 7, 5)$ 关于平面 $2x - 6y + 3z + 42 = 0$ 的对称点 M' 的坐标.

15. 求通过直线 $\begin{cases} x + 5y + z = 0 \\ x - z + 4 = 0 \end{cases}$ 且与平面 $x - 4y - 8z + 12 = 0$ 成 $\dfrac{\pi}{4}$ 的平面方程.

16. 坐标面在平面 $3x - y + 4z - 12 = 0$ 上截得一个 $\triangle ABC$，从 z 轴上的一个顶点 C 作对边 AB 的垂线，求它的方程.

17. 将直线方程 $\begin{cases} 4x + y + 2z - 3 = 0 \\ 5x + 2y + 3z - 2 = 0 \end{cases}$ 化为对称式方程和参数方程.

18. 求点 $M(1, -2, 1)$ 到直线 $\begin{cases} x - 2y + z - 3 = 0 \\ x + y - z + 2 = 0 \end{cases}$ 的距离.

19. 证明：直线 $\dfrac{x-1}{3} = \dfrac{y-2}{8} = \dfrac{z-3}{1}$ 和直线 $\dfrac{x-1}{4} = \dfrac{y-2}{7} = \dfrac{z-3}{3}$ 相交，并求它们夹角平分线的方程.

20. 求球面 $x^2 + y^2 + z^2 - 2x + 2y - 4z - 10 = 0$ 被平面 $2x - 3y + 6z - 31 = 0$ 相截所得圆的圆心 M 点的坐标及圆的半径.

21. 设一球面与两平面 $x + y + z - 3 = 0$ 和 $x + y + z - 9 = 0$ 都相切，且中心在直线 $\dfrac{x}{1} =$

$\dfrac{y}{2}=\dfrac{z}{3}$ 上，求该球面的方程.

22. 求过点 $M(1,0,0)$，$N(0,1,1)$ 的直线 MN 绕 z 轴旋转一周所得的旋转曲面方程.

23. 求球面 $x^2+y^2+z^2=R^2$ 被平面 $y+z=R$ 所截出的曲线 Γ 的参数方程.

24. 求直线 $\dfrac{x-3}{2}=\dfrac{y-1}{3}=z+1$ 绕定直线 $\begin{cases}x=2,\\y=3\end{cases}$ 旋转所成的曲面方程.

25. 画出下列曲面所围成的立体图形，并求其在 xOy 面上的投影：

(1) 由平面 $x=0$，$y=0$，$3x+2y=6$ 及曲面 $2z=6-x^2$ 在第一象限内所围成的立体；

(2) 由曲面 $z=4-\sqrt{x^2+y^2}$，$z=x^2+y^2$ 及 $x^2+y^2=1$ 所围成的立体（含 z 轴部分）.

第六节　自我测试题

一、测试题 A

1. 填空题

(1) 已知向量 $a=(2,3,-4)$，$b=(5,-1,1)$，则向量 $c=2a-3b$ 在 y 轴上的投影分向量是_____．

(2) 设向量 $a=(3,-2,1)$，$b=(p,-4,-5)$，已知 $a\perp b$，则 $a\times b=$_____．

(3) 点 $(0,1,3)$ 到直线 $\dfrac{x-1}{1}=\dfrac{y+1}{-2}=\dfrac{z-4}{2}$ 的距离 $d=$_____．

(4) 坐标面 xOy 上的曲线 $x^2-4y^2=9$ 绕 x 轴旋转一周所得旋转曲面方程为_____．

2. 选择题

(1) 已知向量 $a=(1,1,1)$，则垂直于 a 且垂直于 z 轴的单位向量是（　　）.

(A) $\pm\dfrac{\sqrt{3}}{3}(1,1,1)$;　　　　(B) $\pm\dfrac{\sqrt{3}}{3}(1,-1,1)$;

(C) $\pm\dfrac{\sqrt{2}}{2}(1,-1,0)$;　　　　(D) $\pm\dfrac{\sqrt{2}}{2}(1,1,0)$.

(2) 设 $\overrightarrow{AB}=a$，$\overrightarrow{AC}=b$，则 $\triangle ABC$ 的面积为（　　）.

(A) $|a\times b|$;　(B) $|a\cdot b|$;　(C) $\dfrac{1}{2}|a\times b|$;　(D) $\dfrac{1}{2}|a\cdot b|$.

(3) 直线 $\dfrac{x-1}{-1}=\dfrac{y-5}{2}=\dfrac{z+8}{-1}$ 与直线 $\begin{cases}x-y-6=0,\\2y+z-3=0\end{cases}$ 的夹角为（　　）.

(A) $\dfrac{\pi}{2}$;　(B) $\dfrac{\pi}{3}$;　(C) $\dfrac{\pi}{4}$;　(D) $\dfrac{\pi}{6}$.

3. 解答题

(1) 化简 $(a\times b)\cdot(a\times b)+(a\cdot b)(a\cdot b)$.

(2) 求与向量 $a=(2,-1,2)$ 共线且满足 $a\cdot b=-18$ 的向量.

(3) 计算由向量 $m=a-3b+c$，$n=2a+b-3c$ 及 $l=a+2b+c$ 做成的平行六面体的体积，这里 a,b,c 是相互垂直的向量.

(4) 求过点 $M_1(2,4,0)$ 和 $M_2(0,1,4)$ 且与点 $P(1,2,1)$ 距离为 1 的平面方程.

(5) 求半径为 3，且与平面 $x+2y+2z+3=0$ 相切于点 $(1,1,-3)$ 的球面方程.

4. 综合题

(1) 求一向量 p，使 p 满足下面三个条件：

①p 与 z 轴垂直；　②$a=(3,-1,5)$，$a\cdot p=9$；③$b=(1,2,-3)$，$b\cdot p=-4$.

(2) 求两异面直线 L_1：$\dfrac{x-1}{0}=\dfrac{y}{1}=\dfrac{z}{1}$ 与 L_2：$\dfrac{x}{2}=\dfrac{y}{-1}=\dfrac{z+2}{6}$ 间的距离.

(3) 求点 $(4,3,10)$ 关于直线 $\dfrac{x-1}{2}=\dfrac{y-2}{4}=\dfrac{z-3}{5}$ 的对称点.

(4) 求直线 L：$\dfrac{x-1}{0}=\dfrac{y}{1}=\dfrac{z-1}{2}$ 绕 z 轴旋转所形成的旋转曲面方程.

5. 证明题

(1) 设单位向量 e_1,e_2,e_3 满足：$e_1+e_2+e_3=0$，证明：

$$(e_1\cdot e_2)(e_1\times e_2)+(e_2\cdot e_3)(e_2\times e_3)+(e_3\cdot e_1)(e_3\times e_1)=-\frac{3}{2}(e_1\times e_2).$$

(2) 证明：与直线 $\begin{cases}x-a=0,\\ y=0\end{cases}$ 和平面 $x+a=0(a\neq0)$ 等距离的点的轨迹是一抛物面.

二、测试题 B

1. 填空题

(1) 已知 $a=(2,1,-1)$，若向量 b 与向量 a 平行，且 $a\cdot b=3$，则 $b=$ _____．

(2) 已知 $a=(2,-3,1)$，$b=(1,-1,3)$，$c=(1,-2,0)$，则 $(a\cdot b)c-(a\cdot c)b=$ _____．

(3) 点 $A(-1,2,0)$ 在平面 $x+2y-z+3=0$ 上的投影为 _____．

(4) 通过曲线 $\begin{cases}x^2+y^2+z^2=8,\\ x+y+z=0\end{cases}$ 做一柱面 Σ，使其母线垂直于 xOy 面，则 Σ 的方程为 _____．

(5) 点 $(2,1,0)$ 到平面 $3x+4y+5z=0$ 的距离 $d=$ _____．

2. 选择题

(1) 已知 $|a|=1$，$|b|=\sqrt{2}$，a 与 b 的夹角为 $\dfrac{\pi}{4}$，则 $|a+b|=$（　　　）．

　　(A) $\sqrt{5}$；　　　(B) $1+\sqrt{2}$；　　　(C) 2；　　　(D) 1.

(2) 与向量 $a=(3,2,1)$ 及 x 轴都垂直的单位向量共有（　　　）．

　　(A) 3 个；　　　(B) 2 个；　　　(C) 1 个；　　　(D) 0 个.

(3) 直线 L_1：$\dfrac{x-7}{-3}=\dfrac{y-2}{-2}=\dfrac{z-1}{2}$ 与直线 L_2：$x=1+2t$，$y=-2-3t$，$z=5+4t$ 的位置关系是（　　　）．

　　(A) 平行；　　　(B) 异面；　　　(C) 垂直相交；　　　(D) 斜交.

3. 解答题

(1) 非零向量 a,b 的夹角为 $\dfrac{\pi}{4}$，且 $|b|=1$，求极限 $\lim\limits_{t\to0}\dfrac{|a+tb|-|a|}{t}$.

(2) 设 $a=(-1,3,2)$，$b=(2,-3,-4)$，$c=(-3,12,6)$，试证 a,b,c 共面，并用 a,b 表示 c.

(3) 光线沿直线 $\begin{cases}x+y-3=0\\ x+z-1=0\end{cases}$ 投射到平面 $x+y+z+1=0$ 上，求反射线的方程.

(4) 直线 L 过点 $P(1,1,1)$ 且与直线 L_1：$x=\dfrac{y}{2}=\dfrac{z}{3}$ 相交，与直线 L_2：$\dfrac{x-1}{2}=\dfrac{y-2}{1}=\dfrac{z-3}{4}$ 垂直，求直线 L 的方程.

(5) 已知 $P(2,3,1)$ 及直线 L：$\begin{cases}x=t-7,\\ y=2t-2,\\ z=3t-2,\end{cases}$ 求一点 Q，使线段 PQ 被直线 L 垂直平分.

4. 综合题

(1) $a=(2,-3,1)$，$b=(1,-2,3)$，$c=(1,3,-1)$，向量 d 与 a,b 共面，与 c 垂直，且 $|d|=\sqrt{6}$，求 d.

(2) 设一平面 Π 垂直于平面 $z=0$，并通过点 $M(1,-1,1)$ 到直线 $L:\begin{cases} x=0, \\ y-z+1=0 \end{cases}$ 的垂线，求平面 Π 的方程.

(3) 设有直线 $L_1:\dfrac{x-2}{1}=\dfrac{y+2}{m}=\dfrac{z-3}{2}$ 和 $L_2:\begin{cases} x=-t+1, \\ y=2t-1, \\ z=-3t-1. \end{cases}$

①问 m 为何值时，直线 L_1 与 L_2 相交；②当 L_1 与 L_2 相交时，求过 L_1 与 L_2 的平面方程.

(4) 求过曲线 $\begin{cases} x+mz-1=0 \\ x^2+y^2-z^2=-1 \end{cases}$，且母线平行于 x 轴的柱面方程，并问 m 取何值时，该柱面为椭圆柱面？

5. 证明题

(1) 已知向量 $\overrightarrow{AB}=\boldsymbol{a}$，$\overrightarrow{AC}=\boldsymbol{b}$，$\angle ADB=\dfrac{\pi}{2}$，其中 D 在 AC 上的一点.

① 证明：$\triangle BAD$ 的面积等于 $\dfrac{|\boldsymbol{a}\cdot\boldsymbol{b}||\boldsymbol{a}\times\boldsymbol{b}|}{2|\boldsymbol{b}|^2}$.

② 证明：当 $\boldsymbol{a},\boldsymbol{b}$ 间夹角为 $\dfrac{\pi}{4}$ 或 $\dfrac{3}{4}\pi$ 时 $\triangle BAD$ 的面积最大.

(2) 已知直线 $L_1:\begin{cases} \dfrac{y}{b}+\dfrac{z}{c}=1, \\ x=0 \end{cases}$ 和 $L_2:\begin{cases} \dfrac{x}{a}-\dfrac{z}{c}=1, \\ y=0. \end{cases}$

① 求过 L_1 且平行于 L_2 的平面方程；

② 若 L_1 与 L_2 间距离为 $2d$，试证：$\dfrac{1}{a^2}+\dfrac{1}{b^2}+\dfrac{1}{c^2}=\dfrac{1}{d^2}$.

第七节 同步练习题答案

1. 当平行四边形以 AB，AC 为邻边时，D 点的坐标为 $(-3,4,-4)$；当平行四边形以 CA，CB 为邻边时，D 点的坐标为 $(5,0,-4)$；当平行四边形以 AB，BC 为邻边时，D 点的坐标为 $(1,-2,8)$.　**2.** 提示：设中线 AD，BE 交于 G，证明 $\overrightarrow{AG}=\dfrac{2}{3}\overrightarrow{AD}$，$\overrightarrow{BG}=\dfrac{2}{3}\overrightarrow{BE}$.

3. 5 个命题均不正确.

4. (1) $(2,0,-2)$，$(-2,0,2)$；(2) -4，-4；(3) $(4,0,4)$，$(2,-4,-2)$.

5. 22.　**6.** 提示：证明 $\overrightarrow{AB}\ /\!/\ \overrightarrow{BD}$.　**7.** $\boldsymbol{c}=(-3,15,12)$ 或 $\boldsymbol{c}=(3,-15,-12)$.

8. 4.　**9.** $\boldsymbol{c}=\pm\sqrt{\dfrac{3}{106}}(1,14,-11)$.

10. (1) $\lambda>-\dfrac{10}{3}$；(2) $\lambda<-\dfrac{10}{3}$；(3) $\lambda=-\dfrac{10}{3}$；(4) $\lambda=6$；(5) $\lambda=6$.

11. $\begin{cases} 2x+6y+2z-13=0, \\ 3x+2y+3z-7=0. \end{cases}$　**12.** $2x-z-5=0$.　**13.** $x+2y+z-38=0$.

14. $M'\left(\dfrac{9}{7},\dfrac{85}{7},\dfrac{17}{7}\right)$.　**15.** $x+20y+7z-12=0$ 及 $x-z+4=0$.　**16.** $\dfrac{x}{6}=\dfrac{y}{-2}=\dfrac{z-3}{-5}$.

17. 对称式方程为 $\dfrac{x-1}{1}=\dfrac{y+3}{2}=\dfrac{z-1}{-3}$，参数方程为 $\begin{cases} x=1+t, \\ y=-3+2t, \\ z=1-3t. \end{cases}$　**18.** $\dfrac{3}{14}\sqrt{42}$.

19. 交点 $(1,2,3)$，角平分线 $\dfrac{x-1}{7}=\dfrac{y-2}{15}=\dfrac{z-3}{4}$.

20. $M\left(\dfrac{11}{7},-\dfrac{13}{7},\dfrac{26}{7}\right)$，半径 $2\sqrt{3}$.   **21.** $(x-1)^2+(y-2)^2+(z-3)^2=3$.

22. $x^2+y^2-2\left(z-\dfrac{1}{2}\right)^2=\dfrac{1}{2}$.

23. $x=\dfrac{R}{\sqrt{2}}\cos t$，$y=\dfrac{R}{2}+\dfrac{R}{2}\sin t$，$z=\dfrac{R}{2}-\dfrac{R}{2}\sin t$ $(0\leqslant t\leqslant 2\pi)$.

24. $(x-2)^2+(y-3)^2=13z^2+18z+10$.

25. (1) $x\geqslant 0$，$y\geqslant 0$，$3x+2y\leqslant 6$；(2) $x^2+y^2\leqslant 1$.

第八节　自我测试题答案

一、测试题 A 答案

1. (1) $(0,9,0)$；(2) $(14,14,-14)$；(3) $\dfrac{\sqrt{5}}{3}$；(4) $x^2-4y^2-4z^2=9$.

2. (1) (C)；(2) (C)；(3) (B).

3. (1) $(|\boldsymbol{a}||\boldsymbol{b}|)^2$；(2) $\boldsymbol{b}=(-4,2,-4)$；(3) $25\,[\boldsymbol{abc}]$；(4) $x+2y+2z-10=0$ 或 $4y+3z-16=0$；(5) $(x-1)^2+(y-3)^2+(z+1)^2=9$ 或 $x^2+(y+1)^2+(z+5)^2=9$.

4. (1) $\boldsymbol{p}=(2,-3,0)$；(2) $\dfrac{3}{\sqrt{57}}$；(3) $(2,9,6)$；(4) $x^2+y^2-\left(\dfrac{z-1}{2}\right)^2=1$.

5. (1) (略)；(2) $y^2=4ax$.

二、测试题 B 答案

1. (1) $\left(1,\dfrac{1}{2},-\dfrac{1}{2}\right)$；(2) $(0,-8,-24)$；(3) $(-2,0,1)$；(4) $x^2+y^2+xy-4=0$；(5) $\sqrt{2}$.

2. (1) (C)；(2) (C)；(3) (D)

3. (1) $\dfrac{\sqrt{2}}{2}$；(2) $\boldsymbol{c}=5\boldsymbol{a}+\boldsymbol{b}$；(3) $\dfrac{x-5}{5}=\dfrac{y+2}{-1}=\dfrac{z+4}{-1}$；

(4) $\dfrac{x-1}{9}=\dfrac{y-1}{2}=\dfrac{z-1}{-5}$；(5) $(-12,1,7)$.

4. (1) $\pm(-1,1,2)$；(2) $x+2y+1=0$；(3) ①$m=-3$；②$5x+y-z-5=0$.

(4) $(m^2-1)z^2-2mz+y^2=-2$；$1<|m|<\sqrt{2}$.

5. (1) 提示：①$S_{\triangle BAD}=\dfrac{1}{2}|\overrightarrow{AD}||\overrightarrow{DB}|$，$|\overrightarrow{AD}|=\dfrac{\boldsymbol{a}\cdot\boldsymbol{b}}{|\boldsymbol{b}|}$，$|\overrightarrow{DB}|=\dfrac{|\overrightarrow{AB}\times\overrightarrow{AC}|}{|\boldsymbol{b}|}=\dfrac{|\boldsymbol{a}\times\boldsymbol{b}|}{|\boldsymbol{b}|}$；

②$S_{\triangle BAD}=\dfrac{1}{4}|\boldsymbol{a}|^2|\sin 2\theta|$，其中 θ 是向量 $\boldsymbol{a}$ 与 $\boldsymbol{b}$ 的夹角.

(2) ①$\dfrac{x}{a}-\dfrac{y}{b}-\dfrac{z}{c}+1=0$；②提示：直线 L_1 与 L_2 间距离等于直线 L_2 上任意点到上述平面的距离.

第九章　多元函数微分学

第一节　基本要求

① 理解多元函数的概念，理解二元函数的几何意义.

② 了解二元函数的极限与连续性的概念，以及有界闭区域上连续函数的性质.

③ 理解多元函数偏导数和全微分的概念，能熟练计算偏导数和全微分，了解全微分存在的必要条件和充分条件，了解多元函数一阶全微分形式的不变性.

④ 理解方向导数与梯度的概念并掌握其计算方法，了解方向导数与梯度的关系.

⑤ 掌握多元复合函数一阶、二阶偏导数的计算方法.

⑥ 掌握隐函数的求导法则.

⑦ 了解空间曲线的切线和法平面及曲面的切平面和法线的概念，会求它们的方程.

* ⑧ 了解二元函数的泰勒公式.

⑨ 理解多元函数极值和条件极值的概念，掌握多元函数极值存在的必要条件，了解二元函数极值存在的充分条件，会判断二元函数的极值，会用拉格朗日乘数法求条件极值，会求简单多元函数的最大值和最小值，并会解决一些简单的应用题.

第二节　内容提要

1. 多元函数的概念

（1）多元函数的概念

二元函数的定义　设 D 是平面上的一个点集，如果对于 D 内每一个点 $P(x,y)$，变量 z 按照某种对应法则 f 总有确定的数值与之对应，则称在 D 上确立了变量 z 为变量 x,y 的二元函数（或简称点 P 的函数），记作

$$z = f(x,y) \quad [\text{或} z = f(P)],$$

其中 x,y 称为自变量，z 称为因变量或函数，点集 D 称为函数 $z=f(x,y)$ 的定义域.

类似地，可以定义三元函数 $u=f(x,y,z)$，四元函数 $u=f(x,y,z,t)$ 以及 n 元函数（n 为正整数）

$$u = f(x_1, x_2, \cdots, x_n) \quad [\text{或} z = f(P), P(x_1, \cdots, x_n) \in D \subseteq R^n].$$

（2）多元函数的极限　设函数 $z=f(x,y)$ 在点 $P_0(x_0,y_0)$ 的某一邻域内有定义（点 P_0 可除外），A 为常数，如果对任给的正数 ε，存在正数 δ，使得对于适合不等式 $0 < |P_0P| = \sqrt{(x-x_0)^2 + (y-y_0)^2} < \delta$ 的一切点 $P(x,y) \in D$，恒有

$$|f(x,y) - A| < \varepsilon$$

成立，则称 A 为函数 $z=f(x,y)$ 当 $x \to x_0, y \to y_0$（即 $P \to P_0$）时的极限，记作

$$\lim_{\substack{x \to x_0 \\ y \to y_0}} f(x,y) = A \quad \text{或} \quad f(x,y) \to A(\rho \to 0) \quad \text{或} \quad \lim_{P \to P_0} f(P) = A,$$

这里 $\rho = |P_0P| = \sqrt{(x-x_0)^2 + (y-y_0)^2}$.

这里要注意的是，在二元函数 $z=f(x,y)$ 的极限定义中对点 $P(x,y)$ 趋于 $P_0(x_0,y_0)$ 的路径并没有任何限制，换句话说，无论 $P(x,y)$ 以何种路径趋于 $P_0(x_0,y_0)$，函数 $f(x,$

y）都应趋于同一常数 A．因此只要沿某两条不同的路径的极限不相同或者有一个极限不存在，那么便可断定此二元函数 $f(x,y)$ 的极限不存在，运用此结论，常常可以判定一个二元函数 $f(x,y)$ 的极限不存在．

（3）多元函数的连续性

设 $z=f(x,y)$ 在 $P_0(x_0,y_0)$ 的某个邻域内有定义，如果

$$\lim_{\substack{x \to x_0 \\ y \to y_0}} f(x,y) = f(x_0,y_0)$$

成立，则称 $z=f(x,y)$ 在点 P_0 处连续．如果函数 $f(x,y)$ 在 P_0 处不连续，则称点 P_0 是函数 $f(x,y)$ 的间断点．

以上关于二元函数的极限、连续的概念，可相应推广至 n 元函数 $u=f(x_1,x_2,\cdots,x_n)$ 情形．

（4）有界闭区域上多元连续函数的性质

① 最大值和最小值定理 若多元函数 $f(P)$ 在有界闭区域 D 上连续，则它在 D 上一定能取得最大值和最小值．即存在 $P_1,P_2 \in D$，使对任意的 $P \in D$ 均有

$$f(P_1) \leqslant f(P) \leqslant f(P_2).$$

推论 若多元函数 $f(P)$ 在有界闭区域 D 上连续，则它在 D 上必有界．

② 介值定理 若函数 $f(P)$ 在有界闭区域 D 上连续，且它在 D 上取得两个不同的函数值，则它一定能取得介于这两个函数值之间的一切值．

特别地，$f(P)$ 一定可取得介于函数最大值与最小值之间的任何值．

*③ 一致连续性定理 在有界闭区域上连续的多元函数 $f(P)$ 必定在 D 上一致连续，即对任意 $\varepsilon > 0$，存在 $\delta > 0$，对任何 $P_1,P_2 \in D$，当 $|P_1 P_2| < \delta$ 时，都有 $|f(P_1) - f(P_2)| < \varepsilon$ 成立．

2. 多元函数的偏导数与全微分

（1）偏导数的概念

① 二元函数偏导数的定义 设函数 $z=f(x,y)$ 在点 $P(x,y)$ 的某一邻域内有定义，将 y 固定，给 x 以改变量 Δx，若极限

$$\lim_{\Delta x \to 0} \frac{\Delta_x z}{\Delta x} = \lim_{\Delta x \to 0} \frac{f(x+\Delta x, y) - f(x,y)}{\Delta x}$$

存在，则称此极限为函数 $z=f(x,y)$ 在点 P 对 x 的偏导数，并记作

$$\frac{\partial z}{\partial x}, \ \frac{\partial f}{\partial x}, \ z_x(x,y) \ \text{或} \ f_x(x,y).$$

类似地可定义函数 $z=f(x,y)$ 在点 P 处对 y 的偏导数，并记作

$$\frac{\partial z}{\partial y}, \ \frac{\partial f}{\partial y}, \ z_y(x,y) \ \text{或} \ f_y(x,y).$$

② 偏导数的计算 计算二元函数 $z=f(x,y)$ 的偏导数时，由于它只有一个自变量在变化，另一个自变量是固定的（即暂时看作常量），因此，二元函数偏导数的计算也就归结为计算一元函数的导数，但是要记住，对其中一个自变量求偏导数时，需要将另一个自变量视为常量．

类似地，上述偏导数的概念可以推广到二元以上的函数，例如三元函数 $u=f(x,y,z)$ 在点 $P(x,y,z)$ 处对 x 的偏导数定义为

$$f_x(x,y,z) = \lim_{\Delta x \to 0} \frac{\Delta_x u}{\Delta x} = \lim_{\Delta x \to 0} \frac{f(x+\Delta x, y, z) - f(x,y,z)}{\Delta x},$$

其中 $P(x,y,z)$ 是函数 $u=f(x,y,z)$ 定义域的内点，它的求法仍旧相当于一元函数的求导法．

③ 高阶偏导数 函数 $z = f(x,y)$ 偏导数 $\dfrac{\partial z}{\partial x} = f_x(x,y)$ 及 $\dfrac{\partial z}{\partial y} = f_y(x,y)$ 的偏导数叫做函数 $z = f(x,y)$ 二阶偏导数,二元函数 $z = f(x,y)$ 按求导次序不同可得到下列四个二阶偏导数,分别记作

$$\frac{\partial^2 z}{\partial x^2} = \frac{\partial}{\partial x}\left(\frac{\partial z}{\partial x}\right) = f_{xx}(x,y), \qquad \frac{\partial^2 z}{\partial x \partial y} = \frac{\partial}{\partial y}\left(\frac{\partial z}{\partial x}\right) = f_{xy}(x,y),$$

$$\frac{\partial^2 z}{\partial y \partial x} = \frac{\partial}{\partial x}\left(\frac{\partial z}{\partial y}\right) = f_{yx}(x,y), \qquad \frac{\partial^2 z}{\partial y^2} = \frac{\partial}{\partial y}\left(\frac{\partial z}{\partial y}\right) = f_{yy}(x,y),$$

其中第二、三两个偏导数,称为混合偏导数. 为方便计,二阶偏导数 $f_{xx}(x,y)$,$f_{xy}(x,y)$,$f_{yx}(x,y)$,$f_{yy}(x,y)$ 有时也写作 $f''_{11}, f''_{12}, f''_{21}, f''_{22}$.

类似地,可定义二元函数的三阶、四阶以及 n 阶(n 为正整数)偏导数. 函数 $f(x,y)$ 的二阶及二阶以上的偏导数统称为高阶偏导数,相应地,称 $\dfrac{\partial z}{\partial x}$、$\dfrac{\partial z}{\partial y}$ 为函数 $z = f(x,y)$ 的一阶偏导数.

关于混合偏导数有如下结论.

定理 若函数 $z = f(x,y)$ 的两个混合偏导数 $f_{xy}(x,y)$,$f_{yx}(x,y)$ 在区域 D 内连续,则它们一定相等,即 $f_{xy}(x,y) = f_{yx}(x,y)$.

换句话说,二阶混合偏导数在连续条件下与求偏导数的次序无关,这个结论对高阶混合偏导数也成立.

(2) 全微分及其应用

① 全微分的定义 设函数 $z = f(x,y)$ 在点 $P(x,y)$ 的某一个邻域内有定义,并设 $P'(x+\Delta x, y+\Delta y)$ 为这一邻域内任一点,若函数 $z = f(x,y)$ 全增量 $\Delta z = f(x+\Delta x, y+\Delta y) - f(x,y)$ 可表示为 $\Delta z = A\Delta x + B\Delta y + o(\rho)$,其中 A,B 为不依赖于 $\Delta x, \Delta y$ 而仅与 x,y 有关,$\rho = \sqrt{(\Delta x)^2 + (\Delta y)^2}$,$o(\rho)$ 是当 $\rho \to 0$ 时比 ρ 高阶的无穷小量,则称函数 $z = f(x,y)$ 在点 $P(x,y)$ 处可微,并称 $A\Delta x + B\Delta y$ 为函数 $z = f(x,y)$ 在点 $P(x,y)$ 处的全微分,记作 $\mathrm{d}z$,即

$$\mathrm{d}z = A\Delta x + B\Delta y.$$

如果函数在区域 D 内各点处都可微,那么就称这函数在 D 内可微. 由于自变量的微分就是其增量,即 $\Delta x = \mathrm{d}x$,$\Delta y = \mathrm{d}y$,故全微分也写作

$$\mathrm{d}z = A\mathrm{d}x + B\mathrm{d}y.$$

② 可微与连续的关系 若函数 $z = f(x,y)$ 在点 $P(x,y)$ 处可微,则它在该点处连续.

③ 可微的条件

可微的必要条件 如果函数 $z = f(x,y)$ 在点 $P(x,y)$ 可微,则函数在点 $P(x,y)$ 处的偏导数 $\dfrac{\partial z}{\partial x}$,$\dfrac{\partial z}{\partial y}$ 都存在,且 $\mathrm{d}z = \dfrac{\partial z}{\partial x}\mathrm{d}x + \dfrac{\partial z}{\partial y}\mathrm{d}y$.

这里应当注意,若函数 $z = f(x,y)$ 在点 $P(x,y)$ 处可微,则函数 $z = f(x,y)$ 在点 P 处的偏导数 $\dfrac{\partial z}{\partial x}$,$\dfrac{\partial z}{\partial y}$ 一定存在. 反之不一定成立,也就是说,即使函数 $z = f(x,y)$ 在点 P 处的偏导数存在,但函数 $z = f(x,y)$ 在该点也不一定可微.

可微的充分条件 若函数 $z = f(x,y)$ 在点 $P(x,y)$ 的某个邻域内存在偏导数 $f_x(x,y)$,$f_y(x,y)$,且这两个偏导数在点 P 处连续,则函数 $z = f(x,y)$ 在 P 处可微.

*④ 全微分的应用 全微分的应用主要指其在近似计算中的应用,若函数 $z = f(x,y)$ 在点 $P_0(x_0, y_0)$ 处可微,则当 $|\Delta x|$,$|\Delta y|$ 都很小时,有近似公式

$$\Delta z \approx \mathrm{d}z = f_x(x_0, y_0)\Delta x + f_y(x_0, y_0)\Delta y,$$

或 $$f(x_0+\Delta x,y_0+\Delta y)\approx f(x_0,y_0)+f_x(x_0,y_0)\Delta x+f_y(x_0,y_0)\Delta y,$$

或 $$f(x,y)\approx f(x_0,y_0)+f_x(x_0,y_0)(x-x_0)+f_y(x_0,y_0)(y-y_0).$$

3. 多元函数微分法

（1）多元复合函数求导法则——链式法则

① 设 $z=f(u,v)$，$u=\varphi(x,y)$，$v=\psi(x,y)$ 复合而得复合函数 $z=f[\varphi(x,y),\psi(x,y)]$，若 $z=f(u,v)$ 在对应点 (u,v) 具有连续偏导数，且 $\varphi(x,y)$，$\psi(x,y)$ 对 x，y 的偏导数存在，则复合函数 $z=f[\varphi(x,y),\psi(x,y)]$ 对 x，y 的偏导数也存在，且有公式

$$\frac{\partial z}{\partial x}=\frac{\partial z}{\partial u}\frac{\partial u}{\partial x}+\frac{\partial z}{\partial v}\frac{\partial v}{\partial x},\quad \frac{\partial z}{\partial y}=\frac{\partial z}{\partial u}\frac{\partial u}{\partial y}+\frac{\partial z}{\partial v}\frac{\partial v}{\partial y}.$$

类似地可以推广至中间变量多于两个的情形．

② 全微分形式不变性　设函数 $z=f(u,v)$ 具有连续偏导数，则无论 z 是自变量 u,v 的函数或是中间变量 u,v 的函数，它的全微分形式都是一样的，即

$$\mathrm{d}z=\frac{\partial z}{\partial u}\mathrm{d}u+\frac{\partial z}{\partial v}\mathrm{d}v,$$

这个性质叫做全微分的形式不变性．

（2）隐函数求导法则

① 一个方程的情形　设函数 $F(x,y,z)$ 在点 $P_0(x_0,y_0,z_0)$ 的某一个邻域内具有连续偏导数，且 $F(x_0,y_0,z_0)=0$，$F_z(x_0,y_0,z_0)\neq0$，则方程 $F(x,y,z)=0$ 在点 P_0 的某一邻域内恒能唯一确定一个单值连续且具有连续偏导数的二元函数 $z=f(x,y)$，它满足 $z_0=f(x_0,y_0)$，且

$$\frac{\partial z}{\partial x}=-\frac{F_x}{F_z},\quad \frac{\partial z}{\partial y}=-\frac{F_y}{F_z}.$$

② 方程组的情形　设函数 $F(x,y,u,v)$ 与 $G(x,y,u,v)$ 满足：

a. 在点 $P_0(x_0,y_0,u_0,v_0)$ 的某个邻域内具有对各个变量的连续偏导数．

b. $F(P_0)=0$，$G(P_0)=0$；

c. 函数 $F(x,y,u,v)$ 与 $G(x,y,u,v)$ 的雅可比（Jacobi）行列式 $J=\dfrac{\partial(F,G)}{\partial(u,v)}=\begin{vmatrix}F_u & F_v\\ G_u & G_v\end{vmatrix}$ 在点 P_0 处不等于零，则方程组 $\begin{cases}F(x,y,u,v)=0\\ G(x,y,u,v)=0\end{cases}$ 在 P_0 的某一邻域内恒能唯一确定一组单值连续且具有连续偏导数的二元函数 $u=u(x,y)$，$v=v(x,y)$，它们满足条件 $u_0=u(x_0,y_0)$，$v_0=v(x_0,y_0)$，且

$$\frac{\partial u}{\partial x}=-\frac{1}{J}\frac{\partial(F,G)}{\partial(x,v)},\quad \frac{\partial v}{\partial x}=-\frac{1}{J}\frac{\partial(F,G)}{\partial(u,x)},\quad \frac{\partial u}{\partial y}=-\frac{1}{J}\frac{\partial(F,G)}{\partial(y,v)},\quad \frac{\partial v}{\partial y}=-\frac{1}{J}\frac{\partial(F,G)}{\partial(u,y)}.$$

4. 微分在几何上的应用

（1）空间曲线的切线与法平面

① 若空间曲线 Γ 的参数方程为

$$x=\varphi(t),\quad y=\psi(t),\quad z=w(t)\quad (t \text{ 为参数})$$

这里假定上式中的三个函数都可导，且导数不同时为零，点 $M_0(x_0,y_0,z_0)$ 为曲线 Γ 上的一点，则曲线 Γ 在点 M_0 处的切线方程为

$$\frac{x-x_0}{\varphi'(t_0)}=\frac{y-y_0}{\psi'(t_0)}=\frac{z-z_0}{w'(t_0)},$$

过点 M_0 且与该点切线 M_0T 垂直的平面，称为曲线 Γ 在点 M_0 处的法平面．

由于法平面过点 M_0、且以 $\boldsymbol{T}=(\varphi'(t_0),\psi'(t_0),w'(t_0))$ 为法向量，故此法平面的方程为

$$\varphi'(t_0)(x-x_0)+\psi'(t_0)(y-y_0)+w'(t_0)(z-z_0)=0.$$

② 若曲线 Γ 以曲面的交线形式 $\begin{cases} F(x,y,z)=0, \\ G(x,y,z)=0 \end{cases}$ 给出，$M_0(x_0,y_0,z_0)$ 是曲线 Γ 上的一个点，又设 $F(x,y,z),G(x,y,z)$ 有对各个变量的连续偏导数，且 $\dfrac{\partial(F,G)}{\partial(x,y)}\bigg|_{M_0}, \dfrac{\partial(F,G)}{\partial(y,z)}\bigg|_{M_0}, \dfrac{\partial(F,G)}{\partial(z,x)}\bigg|_{M_0}$ 不全等于零，则曲线 Γ 在点 M_0 处的切线方程为

$$\frac{x-x_0}{\begin{vmatrix} F_y & F_z \\ G_y & G_z \end{vmatrix}_{M_0}}=\frac{y-y_0}{\begin{vmatrix} F_z & F_x \\ G_z & G_x \end{vmatrix}_{M_0}}=\frac{z-z_0}{\begin{vmatrix} F_x & F_y \\ G_x & G_y \end{vmatrix}_{M_0}}.$$

相应的法平面方程为

$$\begin{vmatrix} F_y & F_z \\ G_y & G_z \end{vmatrix}_{M_0}(x-x_0)+\begin{vmatrix} F_z & F_x \\ G_z & G_x \end{vmatrix}_{M_0}(y-y_0)+\begin{vmatrix} F_x & F_y \\ G_x & G_y \end{vmatrix}_{M_0}(z-z_0)=0.$$

(2) 曲面的切平面与法线

① 曲面的切平面与法线概念 设 M_0 为曲面 Σ 上一点，且曲面上过点 M_0 的任一条曲线都存在切线，若曲面上所有过点 M_0 的曲线的切线都在同一平面 Π 上，则称该曲面在 M_0 处存在切平面，并称平面 Π 为曲面 Σ 在点 M_0 处的切平面，过 M_0 且与切平面垂直的直线，称为曲面在点 M_0 处的法线．

② 设曲面 Σ 的方程为：$F(x,y,z)=0$，$M_0(x_0,y_0,z_0)$ 是曲面 Σ 上一个定点，并设函数 $F(x,y,z)$ 的一阶偏导数 F_x,F_y,F_z 在点 M_0 处连续且不同时为零，则曲面 Σ 在 M_0 处的切平面方程为

$$F_x(x_0,y_0,z_0)(x-x_0)+F_y(x_0,y_0,z_0)(y-y_0)+F_z(x_0,y_0,z_0)(z-z_0)=0,$$

相应的法线方程为

$$\frac{x-x_0}{F_x(x_0,y_0,z_0)}=\frac{y-y_0}{F_y(x_0,y_0,z_0)}=\frac{z-z_0}{F_z(x_0,y_0,z_0)}.$$

垂直于切平面的向量称作曲面 Σ 在点 M_0 处的法向量，例如向量

$$\boldsymbol{n}=(F_x(x_0,y_0,z_0),F_y(x_0,y_0,z_0),F_z(x_0,y_0,z_0))$$

是曲面在 M_0 处的一个法向量．

③ 若曲面 Σ 的方程由显函数 $z=f(x,y)$ 表示，则可将其视作隐函数方程 $F(x,y,z)=f(x,y)-z=0$ 的特例．曲面 Σ 在 M_0 处的切平面方程为

$$f_x(x_0,y_0)(x-x_0)+f_y(x_0,y_0)(y-y_0)-(z-z_0)=0,$$

相应的法线方程为

$$\frac{x-x_0}{f_x(x_0,y_0)}=\frac{y-y_0}{f_y(x_0,y_0)}=\frac{z-z_0}{-1}.$$

5. 方向导数与梯度

(1) 方向导数

① 方向导数的概念 设函数 $z=f(x,y)$ 在点 $P_0(x_0,y_0)$ 的某一邻域 $U(P_0)$ 内有定义，自点 P_0 引射线 l，设 x 轴正向到射线 l 的转角为 α，并设 $P(x_0+\Delta x,y_0+\Delta y)$ 为 l 上的另一点，且 $P\in U(P_0)$，记 P_0 到 P 之间的距离为 $\rho=|P_0P|=\sqrt{(\Delta x)^2+(\Delta y)^2}$，若极限

$$\lim_{\rho\to 0}\frac{\Delta z}{\rho}=\lim_{\rho\to 0}\frac{f(x_0+\Delta x,y_0+\Delta y)-f(x_0,y_0)}{\rho}$$

存在，则称此极限为函数 $f(x,y)$ 在点 P_0 沿方向 l 的方向导数，记作 $\dfrac{\partial f}{\partial l}$，即

$$\frac{\partial f}{\partial l}\bigg|_{P_0}=\lim_{\rho\to 0}\frac{f(x_0+\Delta x,y_0+\Delta y)-f(x_0,y_0)}{\rho}.$$

② 方向导数的计算　如果函数 $z = f(x, y)$ 在点 $P_0(x_0, y_0)$ 处可微分，则函数在该点沿任一方向 l 的方向导数都存在，且

$$\frac{\partial f}{\partial l} = \frac{\partial f}{\partial x}\cos\alpha + \frac{\partial f}{\partial y}\cos\beta,$$

其中 $\cos\alpha, \cos\beta$ 为 l 的方向余弦.

类似地，对于三元函数 $u = f(x, y, z)$，如果函数 $u = f(x, y, z)$ 在 M_0 处可微分，则它在点 $M_0(x_0, y_0, z_0)$ 处沿任意方向 l （设方向 l 的方向角为 α, β, γ） 的方向导数为

$$\frac{\partial f}{\partial l} = \frac{\partial f}{\partial x}\cos\alpha + \frac{\partial f}{\partial y}\cos\beta + \frac{\partial f}{\partial z}\cos\gamma.$$

（2）梯度

① 梯度的概念　若函数 $u = f(x, y, z)$ 在空间区域 G 内具有一阶连续偏导数，则称向量 $\frac{\partial f}{\partial x}\boldsymbol{i} + \frac{\partial f}{\partial y}\boldsymbol{j} + \frac{\partial f}{\partial z}\boldsymbol{k}$ 为函数 $u = f(x, y, z)$ 在点 $P(x, y, z)$ 的梯度，记作 $\mathbf{grad}f$，即

$$\mathbf{grad}f = \frac{\partial f}{\partial x}\boldsymbol{i} + \frac{\partial f}{\partial y}\boldsymbol{j} + \frac{\partial f}{\partial z}\boldsymbol{k}.$$

② 梯度与方向导数的关系　函数在某点的梯度是这样一个向量，它的方向与取得最大方向导数的方向一致，它的模为方向导数的最大值.

特别地，若二元函数 $z = f(x, y)$ 在平面区域 D 内具有一阶连续偏导数，则

$$\mathbf{grad}f = \frac{\partial f}{\partial x}\boldsymbol{i} + \frac{\partial f}{\partial y}\boldsymbol{j}.$$

6. 多元函数的极值及应用

（1）多元函数的极值

① 定义　设函数 $u = f(P)$ 在点 P_0 的某一邻域内有定义，若在此邻域内对任何异于 P_0 的点 P 均有 $f(P) < f(P_0)$ [或 $f(P) > f(P_0)$]，则称函数 $u = f(P)$ 在点 P_0 取得极大（小）值 $f(P_0)$，P_0 称为函数 $u = f(P)$ 的极大（小）值点.

函数的极大值、极小值统称为函数的极值，使函数达到极值的点统称为函数的极值点.

② 极值存在的必要条件　设二元函数 $z = f(x, y)$ 在点 $P_0(x_0, y_0)$ 处具有偏导数，且在点 P_0 处有极值，则它在该点的偏导数必然为零，即 $f_x(x_0, y_0) = 0$，$f_y(x_0, y_0) = 0$. 能使得 $f_x(x, y) = 0$，$f_y(x, y) = 0$ 同时成立的点 (x_0, y_0) 称为函数 $z = f(x, y)$ 的驻点.

这个结论对于三元及三元以上的函数也是正确的.

③ 二元函数极值存在的充分条件　设函数 $z = f(x, y)$ 在点 $P_0(x_0, y_0)$ 的某一邻域内连续，且具有一阶、二阶连续偏导数，又 $f_x(x_0, y_0) = 0$，$f_y(x_0, y_0) = 0$，令 $A = f_{xx}(x_0, y_0)$，$B = f_{xy}(x_0, y_0)$，$C = f_{yy}(x_0, y_0)$，则：

① 当 $AC - B^2 > 0$ 且 $A > 0$ （或 $C > 0$） 时，$f(x_0, y_0)$ 为极小值；

② 当 $AC - B^2 > 0$ 且 $A < 0$ （或 $C < 0$） 时，$f(x_0, y_0)$ 为极大值；

③ 当 $AC - B^2 < 0$ 时，$f(x_0, y_0)$ 不是极值；

④ 当 $AC - B^2 = 0$ 时，$f(x, y)$ 在点 (x_0, y_0) 处可能有极值，也可能没有极值.

（2）多元函数的最大值、最小值的计算

① 如果 $f(x, y)$ 在有界闭区域 D 上连续，则 $f(x, y)$ 在 D 上必定能取得最大值和最小值. 将函数 $f(x, y)$ 在 D 内的所有驻点以及偏导数不存在点处的函数值与其在 D 的边界上的最大值和最小值相比较，其中最大者就是最大值，最小者就是最小值.

② 在实际问题中，如果根据问题的性质，知道函数 $f(x,y)$ 的最大值（最小值）一定在区域 D 的内部取得，且函数在 D 内只有一个驻点，那么可以肯定该驻点的函数值就是函数 $f(x,y)$ 在 D 上的最大值（最小值）.

（3）条件极值　拉格朗日乘数法，这里以三元函数 $u=f(x,y,z)$ 在约束条件 $\varphi(x,y,z)=0$ 下的条件极值问题为例.

构造辅助函数（称为拉格朗日函数）$F(x,y,z)=f(x,y,z)+\lambda\varphi(x,y,z)$，其中 λ 为某一常数，求其对 x,y 及 z 的一阶偏导数并使之等于零，然后与所给条件联立可得方程组

$$\begin{cases} f_x(x,y,z)+\lambda\varphi_x(x,y,z)=0, \\ f_y(x,y,z)+\lambda\varphi_y(x,y,z)=0, \\ f_z(x,y,z)+\lambda\varphi_z(x,y,z)=0, \\ \varphi(x,y,z)=0, \end{cases}$$

由这方程组解出 x_0,y_0 及 z_0，则 (x_0,y_0,z_0) 就是函数 $f(x,y,z)$ 在附加条件 $\varphi(x,y,z)=0$ 下可能极值点的坐标. 至于由方程组确定的点 (x_0,y_0,z_0) 是否为极值点，可由实际问题的性质判断.

类似地，此方法可推广到多个自变量及多个附加条件的情形.

*7. 二元函数的泰勒公式

设 $z=f(x,y)$ 在点 $P_0(x_0,y_0)$ 的某一邻域内连续且具有直到 $n+1$ 阶连续偏导数，则当 $P(x_0+h,y_0+k)$ 为此邻域内任一点时，有 n 阶泰勒公式

$$f(x_0+h,y_0+k)=f(x_0,y_0)+\left(h\frac{\partial}{\partial x}+k\frac{\partial}{\partial y}\right)f(x_0,y_0)+\frac{1}{2!}\left(h\frac{\partial}{\partial x}+k\frac{\partial}{\partial y}\right)^2 f(x_0,y_0)+$$
$$\cdots+\frac{1}{n!}\left(h\frac{\partial}{\partial x}+k\frac{\partial}{\partial y}\right)^n f(x_0,y_0)+R_n,$$

其中 $R_n=\frac{1}{(n+1)!}\left(h\frac{\partial}{\partial x}+k\frac{\partial}{\partial y}\right)^{n+1}f(x_0+\theta h,y_0+\theta k)(0<\theta<1)$，称为拉格朗日型余项.

第三节　本章学习注意点

本章学习时应特别注意以下几个问题.

（1）二元函数极限　二元函数极限的定义与一元函数极限的定义在文字叙述上是完全类似的，但实际上二元函数极限要比一元函数极限复杂得多，具体表现在由自变量表示的动点趋于定点的方式上，对于一元函数 $y=f(x)$ 假定当 $x\to x_0$ 时 $f(x)$ 的极限为 A（常数），这里 $x\to x_0$ 至多只有三种方式，即从 x_0 的左侧或右侧或双侧趋于 x_0. 而对于二元函数 $z=f(x,y)$，若当 $(x,y)\to(x_0,y_0)$ 时二元函数 $f(x,y)$ 的极限为 A（常数），是指动点 (x,y) 在坐标面上以任意的方式趋向于点 (x_0,y_0)，$f(x,y)$ 都趋向于同一常数 A，反之，若 (x,y) 以两种不同的方式趋向于点 (x_0,y_0) 时，$f(x,y)$ 趋向于不同的常数值或者有一个极限不存在，则可断定 $\lim\limits_{\substack{x\to x_0\\y\to y_0}}f(x,y)$ 不存在.

（2）偏导数　当二元函数 $f(x,y)$ 为分段函数时，计算分段点 (x_0,y_0) 处的偏导数要根据偏导数的定义计算

$$f_x(x_0,y_0)=\lim_{\Delta x\to 0}\frac{f(x_0+\Delta x,y_0)-f(x_0,y_0)}{\Delta x},$$
$$f_y(x_0,y_0)=\lim_{\Delta y\to 0}\frac{f(x_0,y_0+\Delta y)-f(x_0,y_0)}{\Delta y},$$

而对于其余点处的偏导数，可利用类似于一元函数的求导公式或运算法则进行计算．

（3）多元函数中几个概念之间的关系　以二元函数 $z=f(x,y)$ 为例，在点 $P_0(x_0,y_0)$ 处（其中 l 是在点 P_0 处任一方向）：

$$f_x, f_y \text{连续} \rightleftarrows \mathbf{grad}f = \frac{\partial f}{\partial x}\boldsymbol{i} + \frac{\partial f}{\partial y}\boldsymbol{j}^{❶} \text{存在}$$

$$f(x,y)\text{可微} \rightleftarrows \frac{\partial f}{\partial l} = \frac{\partial f}{\partial x}\cos\alpha + \frac{\partial f}{\partial y}\cos\beta$$

$$z=f(x,y)\text{连续} \rightleftarrows f_x, f_y \text{存在}$$

（4）多元复合函数的求导法则　多元复合函数的求导方法是链式法则，其一般公式为

$$\frac{\partial z}{\partial x} = \frac{\partial z}{\partial u}\frac{\partial u}{\partial x} + \frac{\partial z}{\partial v}\frac{\partial v}{\partial x}, \quad \frac{\partial z}{\partial y} = \frac{\partial z}{\partial u}\frac{\partial u}{\partial y} + \frac{\partial z}{\partial v}\frac{\partial v}{\partial y},$$

它可以推广到中间变量不是两个或自变量也不是两个的各种多元复合函数的情形．但要注意构造多元复合函数偏导数的公式有以下几点规律：

① 公式中相加的项数等于中间变量的个数；

② 每一项都是函数对中间变量的偏导数与中间变量对自变量的偏导数之乘积；

③ 偏导数的个数等于自变量的个数．

特别地，当中间变量是一元函数情形，如 $u=\varphi(t)$，$v=\psi(t)$ 都是一元可导函数时，构成的复合函数 $z=f[\varphi(t),\psi(t)]$ 只是自变量 t 的一元函数，由链式法则可得 z 对 t 的导数，记作

$$\frac{\mathrm{d}z}{\mathrm{d}t} = \frac{\partial z}{\partial u}\frac{\mathrm{d}u}{\mathrm{d}t} + \frac{\partial z}{\partial v}\frac{\mathrm{d}v}{\mathrm{d}t},$$

这种一个自变量的复合函数的导数，称为全导数．这里的符号"∂"与"d"要分清．

（5）隐函数的导数　对于由方程 $F(x,y,z)=0$ 所确定的隐函数 $z=z(x,y)$，在直接利用一阶偏导数公式

$$\frac{\partial z}{\partial x} = -\frac{F_x(x,y,z)}{F_z(x,y,z)}, \quad \frac{\partial z}{\partial y} = -\frac{F_y(x,y,z)}{F_z(x,y,z)},$$

求偏导数时，应注意公式右端 $F_x(x,y,z)$，$F_y(x,y,z)$，$F_z(x,y,z)$ 都是将函数 $F(x,y,z)$ 中的 x,y,z 视作地位相同的自变量求偏导数，此时不能将 z 看作复合函数．

（6）方向导数与梯度　对于方向导数与梯度除了掌握其计算公式外，应着重理解方向导数与梯度的关系：函数在某点的梯度是这样一个向量，它的方向与取得最大方向导数的方向一致，它的模为方向导数的最大值．

（7）微分在几何中的应用　求空间曲线在一点处的切线方程与法平面方程时，关键是要根据所给空间曲线的不同形式，求出曲线在该点的切向量，再分别利用相应的公式写出切线方程与法平面方程．同样对于空间曲面的切平面和法线方程也应类似处理．

（8）多元函数的极值

① 对于二元可微函数 $f(x,y)$ 来说，根据极值存在的必要条件，由方程组 $\begin{cases} f_x(x,y)=0, \\ f_y(x,y)=0 \end{cases}$ 可解出在函数定义域内的所有驻点．应当注意，具有偏导数的函数的极值点必定是驻点，但驻点不一定是极值点．

---

❶ 梯度这一概念在不同的教科书中往往有不同的定义，彼此之间有一定的差异，这里以同济大学编的第七版《高等数学》的梯度定义为准．

② 对于可微函数 $u=f(x,y,z)$ 在附加条件 $\varphi(x,y,z)=0$ 下求极值的有关问题，可以从附加条件 $\varphi(x,y,z)=0$ 中解出某个自变量，再代入目标函数中，转化为无条件极值，也可用拉格朗日乘数法.

第四节　典型方法与例题分析

一、多元函数的概念、偏导数与全微分

【例1】 已知 $f(x+y,\dfrac{y}{x})=x^2-y^2$，求 $f(x,y)$.

【解】 解法一　将 x^2-y^2 化为 $x+y$ 与 $\dfrac{y}{x}$ 的关系，然后将 $x+y$ 换为 x，$\dfrac{y}{x}$ 换为 y，即求得 $f(x,y)$. 因为

$$x^2-y^2=(x+y)(x-y)=(x+y)^2\frac{x-y}{x+y}=(x+y)^2\frac{1-\dfrac{y}{x}}{1+\dfrac{y}{x}},$$

故　　　　　　　　　　　　$f(x,y)=\dfrac{x^2(1-y)}{1+y}.$

解法二　利用代换. 设 $u=x+y$，$v=\dfrac{y}{x}$，从中解出 $x=\dfrac{u}{1+v}$，$y=\dfrac{uv}{1+v}$ 代入原来函数中得到

$$f(x+y,\frac{y}{x})=f(u,v)=\frac{u^2}{(1+v)^2}-\frac{u^2v^2}{(1+v)^2}=\frac{u^2(1-v)}{1+v}.$$

故　　　　　　　　　　　　$f(x,y)=\dfrac{x^2(1-y)}{1+y}.$

【例2】 求下列极限：

(1) $\lim\limits_{\substack{x\to0\\y\to0}}\dfrac{xy^2}{x^2+y^2}$；　　　　　　(2) $\lim\limits_{\substack{x\to0\\y\to0}}(x^2+y^2)^{xy}$.

【解】 (1) 解法一　由于 $0\leqslant\left|\dfrac{xy^2}{x^2+y^2}\right|=\left|\dfrac{xy}{x^2+y^2}\right||y|\leqslant\dfrac{1}{2}|y|$，而 $\lim\limits_{\substack{x\to0\\y\to0}}\dfrac{1}{2}|y|=0$，故由夹逼定理知

$$\lim_{\substack{x\to0\\y\to0}}\frac{xy^2}{x^2+y^2}=0.$$

解法二　令 $x=\rho\cos\theta$，$y=\rho\sin\theta$（$0\leqslant\theta\leqslant2\pi$），则

$$\lim_{\substack{x\to0\\y\to0}}\frac{xy^2}{x^2+y^2}=\lim_{\rho\to0}\frac{\rho^3\cos\theta\sin^2\theta}{\rho^2}=\lim_{\rho\to0}\rho\cos\theta\sin^2\theta=0.$$

(2) $\lim\limits_{\substack{x\to0\\y\to0}}(x^2+y^2)^{xy}=\lim\limits_{\substack{x\to0\\y\to0}}e^{xy\ln(x^2+y^2)}=e^{\lim\limits_{\substack{x\to0\\y\to0}}xy\ln(x^2+y^2)}$

而　　　　　　　$0\leqslant|xy\ln(x^2+y^2)|\leqslant\dfrac{1}{2}(x^2+y^2)|\ln(x^2+y^2)|$

令 $t=x^2+y^2$，则当 $(x,y)\to(0,0)$ 时，有 $t\to0^+$，而

$$\lim_{\substack{x\to0\\y\to0}}(x^2+y^2)\ln(x^2+y^2)=\lim_{t\to0^+}t\ln t=\lim_{t\to0^+}\frac{\ln t}{t^{-1}}\xlongequal{\text{洛必达法则}}\lim_{t\to0^+}\frac{t^{-1}}{-t^{-2}}=0$$

所以 $\lim\limits_{\substack{x\to 0 \\ y\to 0}}(x^2+y^2)^{xy}=\mathrm{e}^0=1$.

注：二元函数的极限问题远比一元函数极限复杂，求二元函数极限的常用方法大致有以下几种.

① 设法化为一元函数的极限问题，如例 2（1）的解法一以及（2）的后半部分.

② 将直角坐标中的极限问题转化为极坐标中的极限问题. 在此变换下，$(x,y)\to(0,0)$ 转化为 $\rho\to 0(0\le\theta\le 2\pi)$，$(x,y)\to(\infty,\infty)$ 转化为 $\rho\to+\infty(0\le\theta\le 2\pi)$.

③ 掌握不等式的放缩技巧，利用夹逼定理.

④ 一元函数中极限运算法则在多元函数中依然适用，如极限的四则运算、复合函数的极限、无穷小量与有界量乘积仍为无穷小量等.

【例3】　设 $z=f(x,y)=\begin{cases}(x^2+y^2)\sin\dfrac{1}{\sqrt{x^2+y^2}},&x^2+y^2\ne 0,\\ 0,&x^2+y^2=0,\end{cases}$ 试讨论 $z=f(x,y)$：

（1）在（0,0）处是否连续？（2）$f_x(0,0)$，$f_y(0,0)$ 是否存在？（3）偏导数 $f_x(x,y)$，$f_y(x,y)$ 在（0,0）处是否连续？（4）$f(x,y)$ 在（0,0）处是否可微？

【解】　（1）因为　$\lim\limits_{\substack{x\to 0 \\ y\to 0}}f(x,y)=\lim\limits_{\substack{x\to 0 \\ y\to 0}}(x^2+y^2)\sin\dfrac{1}{\sqrt{x^2+y^2}}=\lim\limits_{\rho\to 0}\rho^2\sin\dfrac{1}{\rho}=0,$

其中 $x=\rho\cos\theta$，$y=\rho\sin\theta(0\le\theta\le 2\pi)$，所以 $f(x,y)$ 在（0,0）处连续.

（2）如同一元函数一样，分段函数在分界点的偏导数应按定义来求. 因为

$$\lim_{\Delta x\to 0}\frac{f(x,0)-f(0,0)}{\Delta x}=\lim_{\Delta x\to 0}\frac{(\Delta x)^2\sin\dfrac{1}{\sqrt{(\Delta x)^2}}}{\Delta x}=\lim_{\Delta x\to 0}\Delta x\sin\frac{1}{\sqrt{(\Delta x)^2}}=0,$$

所以 $f_x(0,0)=0$，类似可得 $f_y(0,0)=0$.

（3）当 $(x,y)\ne(0,0)$ 时，

$$\begin{aligned}f_x(x,y)&=2x\sin\frac{1}{\sqrt{x^2+y^2}}+(x^2+y^2)\cos\frac{1}{\sqrt{x^2+y^2}}\left[-\frac{1}{2}\frac{2x}{(x^2+y^2)^{3/2}}\right]\\ &=2x\sin\frac{1}{\sqrt{x^2+y^2}}-\frac{x}{\sqrt{x^2+y^2}}\cos\frac{1}{\sqrt{x^2+y^2}},\end{aligned}$$

故　$f_x(x,y)=\begin{cases}2x\sin\dfrac{1}{\sqrt{x^2+y^2}}-\dfrac{x}{\sqrt{x^2+y^2}}\cos\dfrac{1}{\sqrt{x^2+y^2}},&x^2+y^2\ne 0,\\ 0,&x^2+y^2=0.\end{cases}$

因为　$\lim\limits_{\substack{x\to 0 \\ y\to 0}}f_x(x,y)=\lim\limits_{\substack{x\to 0 \\ y\to 0}}\left(2x\sin\dfrac{1}{\sqrt{x^2+y^2}}-\dfrac{x}{\sqrt{x^2+y^2}}\cos\dfrac{1}{\sqrt{x^2+y^2}}\right)$ 不存在（这是由于

$\lim\limits_{\substack{x\to 0 \\ y\to 0}}2x\sin\dfrac{1}{\sqrt{x^2+y^2}}=0$，而 $\lim\limits_{\substack{x\to 0 \\ y\to 0}}\dfrac{x}{\sqrt{x^2+y^2}}\cos\dfrac{1}{\sqrt{x^2+y^2}}$ 不存在），所以 $f_x(x,y)$ 在（0,0）处不连续. 同理可证 $f_y(x,y)$ 在（0,0）处也不连续.

（4）由于 $f_x(x,y)$，$f_y(x,y)$ 在（0,0）处不连续，所以只能按定义判别 $f(x,y)$ 在（0,0）处是否可微. 由于 $f_x(0,0)=0$，$f_y(0,0)=0$，故

$$\begin{aligned}\lim_{\substack{\Delta x\to 0 \\ \Delta y\to 0}}\frac{\Delta z-[f_x(0,0)\Delta x+f_y(0,0)\Delta y]}{\sqrt{(\Delta x)^2+(\Delta y)^2}}&=\lim_{\substack{\Delta x\to 0 \\ \Delta y\to 0}}\frac{[(\Delta x)^2+(\Delta y)^2]\sin\dfrac{1}{\sqrt{(\Delta x)^2+(\Delta y)^2}}-0}{\sqrt{(\Delta x)^2+(\Delta y)^2}}\\ &=\lim_{\substack{\Delta x\to 0 \\ \Delta y\to 0}}\sqrt{(\Delta x)^2+(\Delta y)^2}\sin\frac{1}{\sqrt{(\Delta x)^2+(\Delta y)^2}}\end{aligned}$$

$$=\lim_{\rho\to0}\rho\sin\frac{1}{\rho}=0,$$

其中 $\rho=\sqrt{(\Delta x)^2+(\Delta y)^2}$.

由全微分的定义知 $f(x,y)$ 在 $(0,0)$ 处可微.

注：此例表明，虽然 $f_x(x,y),f_y(x,y)$ 在 $P_0(x_0,y_0)$ 处不连续，但函数 $z=f(x,y)$ 却在 $P_0(x_0,y_0)$ 处可微.

【例 4】 设 $z=\int_0^1|xy-t|f(t)\mathrm{d}t$，其中 $0\leqslant x$，$y\leqslant1$，求 z_x,z_y.

分析：解决问题的关键是去掉被积函数所含的绝对值符号，并将自变量 x，y 设法移到积分号之外或积分的上、下限中，由于 $0\leqslant xy\leqslant1$，而积分变量 t 的取值范围是 $[0,1]$，故可将积分区间拆分成 $[0,xy]$，$[xy,1]$ 两个小区间.

【解】 因为 $z=\int_0^1|xy-t|f(t)\mathrm{d}t=\int_0^{xy}(xy-t)f(t)\mathrm{d}t+\int_{xy}^1(t-xy)f(t)\mathrm{d}t$

$$=xy\int_0^{xy}f(t)\mathrm{d}t-\int_0^{xy}tf(t)\mathrm{d}t+\int_{xy}^1tf(t)\mathrm{d}t-xy\int_{xy}^1f(t)\mathrm{d}t,$$

所以 $z_x=y\int_0^{xy}f(t)\mathrm{d}t+xy^2f(xy)-xy^2f(xy)-xy^2f(xy)-y\int_{xy}^1f(t)\mathrm{d}t+xy^2f(xy)$

$$=y\left[\int_0^{xy}f(t)\mathrm{d}t-\int_{xy}^1f(t)\mathrm{d}t\right].$$

由于 x,y 的对称性，所以 $z_y=x\left[\int_0^{xy}f(t)\mathrm{d}t-\int_{xy}^1f(t)\mathrm{d}t\right].$

二、多元复合函数及隐函数微分法

【例 5】 求下列函数的偏导数：

(1) $z=\mathrm{e}^{x+2y}\sin(xy^2)$；　(2) $u=\mathrm{e}^{x(x^2+y^2+z^2)}$；　(3) $z=\dfrac{1}{f\left(x^2+\dfrac{x}{y}\right)}$，其中 f 可导.

【解】 (1) 将 y 看作常数，对 x 求导数得

$$\frac{\partial z}{\partial x}=\mathrm{e}^{x+2y}\sin(xy^2)+\mathrm{e}^{x+2y}\cos(xy^2)y^2=\mathrm{e}^{x+2y}[\sin(xy^2)+y^2\cos(xy^2)],$$

同理，将 x 看作常数，对 y 求导数得

$$\frac{\partial z}{\partial y}=\mathrm{e}^{x+2y}\cdot2\sin(xy^2)+\mathrm{e}^{x+2y}\cos(xy^2)\cdot2xy=2\mathrm{e}^{x+2y}[\sin(xy^2)+xy\cos(xy^2)].$$

(2) $\dfrac{\partial u}{\partial x}=\mathrm{e}^{x(x^2+y^2+z^2)}[(x^2+y^2+z^2)+x\cdot2x]=\mathrm{e}^{x(x^2+y^2+z^2)}(3x^2+y^2+z^2),$

同理 $\dfrac{\partial u}{\partial y}=\mathrm{e}^{x(x^2+y^2+z^2)}\cdot2xy,\qquad\dfrac{\partial u}{\partial z}=\mathrm{e}^{x(x^2+y^2+z^2)}\cdot2xz.$

(3) 令 $x^2+\dfrac{x}{y}=u$，则

$$\frac{\partial z}{\partial x}=\frac{\partial z}{\partial u}\frac{\partial u}{\partial x}=-\frac{f'(u)}{f^2}\frac{\partial u}{\partial x}=-\frac{f'(u)}{f^2}\left(2x+\frac{1}{y}\right),$$

$$\frac{\partial z}{\partial y}=\frac{\partial z}{\partial u}\frac{\partial u}{\partial y}=-\frac{f'(u)}{f^2}\frac{\partial u}{\partial y}=-\frac{f'(u)}{f^2}\left(-\frac{x}{y^2}\right)=\frac{xf'(u)}{(yf)^2}.$$

注：当然也可不引进中间变量，直接计算得

$$\frac{\partial z}{\partial x}=-\frac{1}{f^2}f'\cdot\left(2x+\frac{1}{y}\right)=-\frac{f'}{f^2}\left(2x+\frac{1}{y}\right),\qquad\frac{\partial z}{\partial y}=-\frac{1}{f^2}f'\cdot\left(-\frac{x}{y^2}\right)=-\frac{xf'}{(yf)^2}.$$

【例 6】 设 $u = \sqrt{x^2 + y^2 + z^2}$，求 $\dfrac{\partial^2 \ln u}{\partial x^2} + \dfrac{\partial^2 \ln u}{\partial y^2} + \dfrac{\partial^2 \ln u}{\partial z^2}$.

【解】 因为 $\ln u = \dfrac{1}{2}(x^2 + y^2 + z^2)$，所以

$$\frac{\partial \ln u}{\partial x} = \frac{1}{2} \frac{2x}{x^2 + y^2 + z^2} = \frac{x}{x^2 + y^2 + z^2},$$

$$\frac{\partial^2 \ln u}{\partial x^2} = \frac{x^2 + y^2 + z^2 - 2x^2}{(x^2 + y^2 + z^2)^2} = \frac{y^2 + z^2 - x^2}{(x^2 + y^2 + z^2)^2}.$$

由 x, y, z 的轮换对称性得

$$\frac{\partial^2 \ln u}{\partial y^2} = \frac{x^2 + z^2 - y^2}{(x^2 + y^2 + z^2)^2}, \qquad \frac{\partial^2 \ln u}{\partial z^2} = \frac{x^2 + y^2 - z^2}{(x^2 + y^2 + z^2)^2},$$

故

$$\frac{\partial^2 \ln u}{\partial x^2} + \frac{\partial^2 \ln u}{\partial y^2} + \frac{\partial^2 \ln u}{\partial z^2} = \frac{1}{x^2 + y^2 + z^2}.$$

注：所谓 x, y, z 的轮换对称性，是指 x, y, z 相互交换而不改变函数值．这一点在偏导数的计算中非常有用．

【例 7】 设函数 $f(u, v)$ 具有连续的二阶偏导数，且满足方程 $\dfrac{\partial^2 f}{\partial u^2} + \dfrac{\partial^2 f}{\partial v^2} = 0$，试证函数 $z = f(x^2 - y^2, 2xy)$ 满足方程 $\dfrac{\partial^2 z}{\partial x^2} + \dfrac{\partial^2 z}{\partial y^2} = 0$.

分析： ① 令 $u = x^2 - y^2$，$v = 2xy$，则 $z = f(u, v)$，因此只要先求出 $\dfrac{\partial^2 z}{\partial x^2}$ 与 $\dfrac{\partial^2 z}{\partial y^2}$，再利用 $\dfrac{\partial^2 f}{\partial u^2} + \dfrac{\partial^2 f}{\partial v^2} = 0$，即可证得．

② 对于复合函数求导来说，最主要的是搞清变量之间的关系．哪些是自变量，哪些是中间变量，可借助于"变量关系图"来分析．本题的变量关系图为 $z {\large<} {u {\large<}{x \atop y}} \atop {v {\large<}{x \atop y}}$.

③ 当正确画出变量关系图后，求导数的口诀：连线用乘，分叉用加，单路全导，分叉偏导．

【证明】 令 $u = x^2 - y^2$，$v = 2xy$，则 $z = f(u, v)$，

$$\frac{\partial z}{\partial x} = \frac{\partial f}{\partial u}\frac{\partial u}{\partial x} + \frac{\partial f}{\partial v}\frac{\partial v}{\partial x} = 2x \frac{\partial f}{\partial u} + 2y \frac{\partial v}{\partial x}, \qquad \frac{\partial z}{\partial y} = \frac{\partial f}{\partial u}\frac{\partial u}{\partial y} + \frac{\partial f}{\partial v}\frac{\partial v}{\partial y} = -2y \frac{\partial f}{\partial u} + 2x \frac{\partial v}{\partial x},$$

$$\frac{\partial^2 z}{\partial x^2} = 2 \frac{\partial f}{\partial u} + 2x\left(\frac{\partial^2 f}{\partial u^2}2x + \frac{\partial^2 f}{\partial u \partial v}2y\right) + 2y\left(\frac{\partial^2 f}{\partial v \partial u}2x + \frac{\partial^2 f}{\partial v^2}2y\right)$$

$$= 2 \frac{\partial f}{\partial u} + 4x^2 \frac{\partial^2 f}{\partial u^2} + 8xy \frac{\partial^2 f}{\partial u \partial v} + 4y^2 \frac{\partial^2 f}{\partial v^2},$$

$$\frac{\partial^2 z}{\partial y^2} = -2 \frac{\partial f}{\partial u} - 2y\left[\frac{\partial^2 f}{\partial u^2}(-2y) + \frac{\partial^2 f}{\partial u \partial v}2x\right] + 2x\left[\frac{\partial^2 f}{\partial v \partial u}(-2y) + \frac{\partial^2 f}{\partial v^2}2x\right]$$

$$= -2 \frac{\partial f}{\partial u} + 4y^2 \frac{\partial^2 f}{\partial u^2} - 8xy \frac{\partial^2 f}{\partial u \partial v} + 4x^2 \frac{\partial^2 f}{\partial v^2},$$

因此

$$\frac{\partial^2 z}{\partial x^2} + \frac{\partial^2 z}{\partial y^2} = 4(x^2 + y^2)\left(\frac{\partial^2 f}{\partial u^2} + \frac{\partial^2 f}{\partial v^2}\right) = 0.$$

【例 8】 设 $z = f(x, u, v)$，$u = 2x + y$，$v = xy$，其中 f 具有二阶连续偏导数，求 $\dfrac{\partial^2 z}{\partial x \partial y}$.

【解】 变量之间函数关系图为 $z\begin{smallmatrix}f<x\\f<u<y\\f<v<y\end{smallmatrix}$

所以

$$\frac{\partial z}{\partial x}=\frac{\partial f}{\partial x}+\frac{\partial f}{\partial u}\frac{\partial u}{\partial x}+\frac{\partial f}{\partial v}\frac{\partial v}{\partial x}=\frac{\partial f}{\partial x}+2\frac{\partial f}{\partial u}+y\frac{\partial f}{\partial v},$$

$$\frac{\partial^2 z}{\partial x \partial y}=\frac{\partial^2 f}{\partial x \partial u}+x\frac{\partial^2 f}{\partial x \partial v}+2\left(\frac{\partial^2 f}{\partial u^2}+x\frac{\partial^2 f}{\partial u \partial v}\right)+y\left(\frac{\partial^2 f}{\partial v \partial u}+x\frac{\partial^2 f}{\partial v^2}\right)+\frac{\partial f}{\partial v}$$

$$=\frac{\partial^2 f}{\partial x \partial u}+x\frac{\partial^2 f}{\partial x \partial v}+(2x+y)\frac{\partial^2 f}{\partial u \partial v}+xy\frac{\partial^2 f}{\partial v^2}+2\frac{\partial^2 f}{\partial u^2}+\frac{\partial f}{\partial v}.$$

注：这里应当引起注意的是 $\frac{\partial z}{\partial x}$ 与 $\frac{\partial f}{\partial x}$ 的意义是不同的，$\frac{\partial z}{\partial x}$ 是视 z 为 x，y 的二元函数而求 x 的偏导数，此时是把 y 看作常量；而 $\frac{\partial f}{\partial x}$ 是将 $f(x,u,v)$ 看作三元函数而求 x 的偏导数，此时是把 u，v 看作常量.

【例 9】 设 $z=x^{x^y}$，求 $\frac{\partial z}{\partial x}$，$\frac{\partial z}{\partial y}$.

【解】 解法一 令 $u=x^y$，则 $z=f(x,u)=x^u$，变量关系图为 $z\begin{smallmatrix}<x\\<u<x\\<y\end{smallmatrix}$，故

$$\frac{\partial z}{\partial x}=\frac{\partial f}{\partial x}+\frac{\partial f}{\partial u}\frac{\partial u}{\partial x}=ux^{u-1}+x^u \ln x \cdot yx^{y-1}=x^y x^{x^y-1}+x^{x^y}\ln x \cdot yx^{y-1}$$

$$=x^{x^y+y-1}(1+y\ln x),$$

$$\frac{\partial z}{\partial y}=\frac{\partial f}{\partial u}\frac{\partial u}{\partial y}=x^u \ln x \cdot x^y \ln x=x^{x^y+y}\ln^2 x.$$

解法二 取对数，有 $\ln z=x^y \ln x$，两边对 x 求偏导数得到

$$\frac{1}{z}\frac{\partial z}{\partial x}=yx^{y-1}\ln x+x^{y-1}=x^{y-1}(y\ln x+1)，故 \quad \frac{\partial z}{\partial x}=x^{x^y+y-1}(1+y\ln x);$$

两边对 y 求偏导数得到 $\frac{1}{z}\frac{\partial z}{\partial y}=x^y \cdot \ln x \cdot \ln x$，故

$$\frac{\partial z}{\partial y}=x^{x^y+y}\ln^2 x.$$

【例 10】 设函数 $z=z(x,y)$ 由方程 $F\left(x+\frac{z}{y},y+\frac{z}{x}\right)=0$ 确定，求 $\frac{\partial z}{\partial x},\frac{\partial z}{\partial y}$.

分析：对于由方程确定的隐函数的偏导数的计算，通常可以有公式法、直接法、微分法.

【解】 解法一 公式法.

令 $F\left(x+\frac{z}{y},y+\frac{z}{x}\right)=f(x,y,z)$，则

$$f_x=F_1'+F_2'\left(-\frac{z}{x^2}\right), \quad f_y=F_1'\left(-\frac{z}{y^2}\right)+F_2', \quad f_z=F_1'\frac{1}{y}+F_2'\frac{1}{x},$$

因此

$$\frac{\partial z}{\partial x}=-\frac{f_x}{f_z}=-\frac{F_1'-\frac{z}{x^2}F_2'}{\frac{1}{y}F_1'+\frac{1}{x}F_2'}, \quad \frac{\partial z}{\partial y}=-\frac{f_y}{f_z}=-\frac{-\frac{z}{y^2}F_1'+F_2'}{\frac{1}{y}F_1'+\frac{1}{x}F_2'}.$$

解法二 直接法.

在方程 $F\left(x+\frac{z}{y},y+\frac{z}{x}\right)=0$ 的两边同时对 x 求偏导数得

$$F_1'\left(1+\frac{z_x}{y}\right)+F_2'\left(\frac{z_x x-z}{x^2}\right)=0，\text{解得}\quad \frac{\partial z}{\partial x}=-\frac{F_1'-\frac{z}{x^2}F_2'}{\frac{1}{y}F_1'+\frac{1}{x}F_2'};$$

同理，方程两边对 y 求偏导数，解得

$$\frac{\partial z}{\partial y}=-\frac{-\frac{z}{y^2}F_1'+F_2'}{\frac{1}{y}F_1'+\frac{1}{x}F_2'}.$$

注：运用公式法与直接法求偏导数时，运算中变量的地位不同，运用公式法求 f_x,f_y，f_z 时，式中 x,y,z 都视作自变量；而用直接法求，方程两边同时对 x 或对 y 求偏导数时，始终把 z 看作 x,y 的函数．

解法三　微分法．

对方程 $F\left(x+\frac{z}{y},y+\frac{z}{x}\right)=0$ 两边求全微分，有

$$\begin{aligned}
\mathrm{d}F\left(x+\frac{z}{y},y+\frac{z}{x}\right)&=F_1'\mathrm{d}\left(x+\frac{z}{y}\right)+F_2'\mathrm{d}\left(y+\frac{z}{x}\right)\\
&=F_1'\left(\mathrm{d}x-\frac{z}{y^2}\mathrm{d}y+\frac{1}{y}\mathrm{d}z\right)+F_2'\left(\mathrm{d}y-\frac{z}{x^2}\mathrm{d}x+\frac{1}{x}\mathrm{d}z\right)\\
&=\left(F_1'-\frac{z}{x^2}F_2'\right)\mathrm{d}x+\left(-\frac{z}{y^2}F_1'+F_2'\right)\mathrm{d}y+\left(\frac{1}{y}F_1'+\frac{1}{x}F_2'\right)\mathrm{d}z=0,
\end{aligned}$$

整理后得

$$\mathrm{d}z=-\frac{F_1'-\frac{z}{x^2}F_2'}{\frac{1}{y}F_1'+\frac{1}{x}F_2'}\mathrm{d}x-\frac{-\frac{z}{y^2}F_1'+F_2'}{\frac{1}{y}F_1'+\frac{1}{x}F_2'}\mathrm{d}y,$$

即有

$$\frac{\partial z}{\partial x}=-\frac{F_1'-\frac{z}{x^2}F_2'}{\frac{1}{y}F_1'+\frac{1}{x}F_2'},\quad \frac{\partial z}{\partial y}=-\frac{-\frac{z}{y^2}F_1'+F_2'}{\frac{1}{y}F_1'+\frac{1}{x}F_2'}.$$

注：用求全微分的方法求偏导数，其优点是不需分清自变量与中间变量，从而可避免因认不清变量性质而犯错误．因此用全微分的方法值得重点考虑．

【例 11】　若函数 $f(x,y,z)$ 恒满足关系

$$f(tx,ty,tz)=t^k f(x,y,z),\qquad\qquad ①$$

则称函数 $f(x,y,z)$ 为 k 次齐次函数，试证 $f(x,y,z)$ 满足

$$x\frac{\partial f}{\partial x}+y\frac{\partial f}{\partial y}+z\frac{\partial f}{\partial z}=kf(x,y,z).\qquad\qquad ②$$

【解】　令 $u=tx$，$v=ty$，$w=tz$，在等式两边对 t 求全导数得

$$x\frac{\partial f}{\partial u}+y\frac{\partial f}{\partial v}+z\frac{\partial f}{\partial w}=kt^{k-1}f(x,y,z),$$

上式两端同乘以 t，得

$$tx\frac{\partial f}{\partial u}+ty\frac{\partial f}{\partial v}+tz\frac{\partial f}{\partial w}=kt^k f(x,y,z),$$

即有

$$u\frac{\partial f}{\partial u}+v\frac{\partial f}{\partial v}+w\frac{\partial f}{\partial w}=kf(u,v,w),$$

即

$$x\frac{\partial f}{\partial x}+y\frac{\partial f}{\partial y}+z\frac{\partial f}{\partial z}=kf(x,y,z).$$

注：如果将①式中的 t 限制为大于零，则②式也是函数 $f(x,y,z)$ 为 k 次齐次函数的充分条件．有兴趣的读者可自证之．

【例 12】 设 $z^3 - 3xyz = a^3$，求 $\dfrac{\partial^2 z}{\partial x^2}, \dfrac{\partial^2 z}{\partial x \partial y}$.

【解】 令 $F(x,y,z) = z^3 - 3xyz - a^3$，则
$$F_x = -3yz, \quad F_y = -3xz, \quad F_z = 3z^2 - 3xy,$$

故 $\dfrac{\partial z}{\partial x} = -\dfrac{F_x}{F_z} = -\dfrac{-3yz}{3z^2 - 3xy} = \dfrac{yz}{z^2 - xy}$，同理

$$\frac{\partial z}{\partial y} = \frac{xz}{z^2 - xy}.$$

$$\frac{\partial^2 z}{\partial x^2} = \frac{\partial}{\partial x}\left(\frac{\partial z}{\partial x}\right) = \frac{\partial}{\partial x}\left(\frac{yz}{z^2 - xy}\right) = \frac{y\dfrac{\partial z}{\partial x}(z^2 - xy) - yz\left(2z\dfrac{\partial z}{\partial x} - y\right)}{(z^2 - xy)^2},$$

将 $\dfrac{\partial z}{\partial x} = \dfrac{yz}{z^2 - xy}$ 代入并整理后得

$$\frac{\partial^2 z}{\partial x^2} = -\frac{2xy^3 z}{(z^2 - xy)^3},$$

$$\frac{\partial^2 z}{\partial x \partial y} = \frac{\partial}{\partial y}\left(\frac{\partial z}{\partial x}\right) = \frac{\partial}{\partial y}\left(\frac{yz}{z^2 - xy}\right) = \frac{\left(z + y\dfrac{\partial z}{\partial y}\right)(z^2 - xy) - yz\left(2z\dfrac{\partial z}{\partial y} - x\right)}{(z^2 - xy)^2},$$

将 $\dfrac{\partial z}{\partial y} = \dfrac{xz}{z^2 - xy}$ 代入并整理后得

$$\frac{\partial^2 z}{\partial x \partial y} = \frac{z(z^4 - 2xyz^2 - x^2 y^2)}{(z^2 - xy)^3}.$$

注：这里 F_x, F_y, F_z 是三元函数 $F(x,y,z)$ 的偏导数，故在求 F_x, F_y 时，是将 z 看作常数，而 $\dfrac{\partial z}{\partial x}$ 是二元函数 $z = z(x,y)$ 的偏导数，仍是 x, y 的二元函数，故 $\dfrac{\partial z}{\partial x}$ 的表达式中的 z 是中间变量 $z = z(x,y)$，即 $\dfrac{\partial z}{\partial x}$ 是复合函数，$\dfrac{\partial z}{\partial x} = -\dfrac{F_x[x,y,z(x,y)]}{F_z[x,y,z(x,y)]}$，故在求 $\dfrac{\partial^2 z}{\partial x^2}$，$\dfrac{\partial^2 z}{\partial x \partial y}$ 时，其中的 z 不能看作常数，而应视作 x, y 的函数.

【例 13】 设 $u = \dfrac{x+y}{y+z}$，其中 $z = z(x,y)$ 由方程 $f(y-x, y+z) = 0$ 所确定，而 $f(y-x, y+z) = 0$ 满足隐函数存在定理条件，试求 $\dfrac{\partial u}{\partial x}$，$\dfrac{\partial u}{\partial y}$.

【解】 首先，画出变量关系图，$u\begin{smallmatrix} x \\ y \\ z \end{smallmatrix}\begin{smallmatrix} x \\ y \end{smallmatrix}$，

故
$$\frac{\partial u}{\partial x} = \frac{(x+y)'_x(y+z) - (x+y)(y+z)'_x}{(y+z)^2} = \frac{(y+z) - (x+y)z_x}{(y+z)^2},$$
$$\frac{\partial u}{\partial y} = \frac{(x+y)'_y(y+z) - (x+y)(y+z)'_y}{(y+z)^2} = \frac{(y+z) - (x+y)(1+z_y)}{(y+z)^2},$$

其次，通过隐函数的求导公式计算 z_x, z_y. 令 $f(y-x, y+z) = \varphi(x,y,z)$，则
$$\frac{\partial z}{\partial x} = -\frac{\varphi_x}{\varphi_z} = -\frac{(-1)f'_1}{f'_2} = \frac{f'_1}{f'_2}, \qquad \frac{\partial z}{\partial y} = -\frac{\varphi_y}{\varphi_z} = -\frac{f'_1 + f'_2}{f'_2},$$

将其代入上式并整理后可得
$$\frac{\partial u}{\partial x} = \frac{(y+z)f'_2 - (x+y)f'_1}{(y+z)^2 f'_2}, \qquad \frac{\partial u}{\partial y} = \frac{(y+z)f'_2 + (x+y)f'_1}{(y+z)^2 f'_2}.$$

【例 14】　证明：对于偏微分方程 $x^2 \dfrac{\partial^2 u}{\partial x^2} + 2xy \dfrac{\partial^2 u}{\partial x \partial y} + y^2 \dfrac{\partial^2 u}{\partial y^2} = 0$，若令 $s = \dfrac{y}{x}$，$t = y$，则上述方程可以化为 $\dfrac{\partial^2 u}{\partial t^2} = 0$，其中 u 具有二阶连续偏导数．

【证明】　将 u 看作由 $u = u(s,t)$，$s = \dfrac{y}{x}$，$t = y$ 复合而成的 x,y 的函数，即 $u = u[s(x,y),t(x,y)]$，变量关系图为 $u \underset{t}{\overset{s}{<}} \begin{matrix} x \\ y \\ x \\ y \end{matrix}$ ，

故

$$\frac{\partial z}{\partial x} = \frac{\partial u}{\partial s}\frac{\partial s}{\partial x} + \frac{\partial u}{\partial t}\frac{\partial t}{\partial x} = \frac{\partial u}{\partial s}\left(-\frac{y}{x^2}\right) + \frac{\partial u}{\partial t}\cdot 0 = -\frac{y}{x^2}\frac{\partial u}{\partial s},$$

$$\frac{\partial z}{\partial y} = \frac{\partial u}{\partial s}\frac{\partial s}{\partial y} + \frac{\partial u}{\partial t}\frac{\partial t}{\partial y} = \frac{\partial u}{\partial s}\frac{1}{x} + \frac{\partial u}{\partial t}\cdot 1 = \frac{1}{x}\frac{\partial u}{\partial s} + \frac{\partial u}{\partial t},$$

$$\frac{\partial^2 z}{\partial x^2} = \frac{2y}{x^3}\frac{\partial u}{\partial s} - \frac{y}{x^2}\frac{\partial^2 u}{\partial s^2}\left(-\frac{y}{x^2}\right) = \frac{2y}{x^3}\frac{\partial u}{\partial s} + \frac{y^2}{x^4}\frac{\partial^2 u}{\partial s^2},$$

$$\frac{\partial^2 z}{\partial x \partial y} = -\frac{1}{x^2}\frac{\partial u}{\partial s} - \frac{y}{x^2}\left(\frac{\partial^2 u}{\partial s^2}\frac{1}{x} + \frac{\partial^2 u}{\partial s \partial t}\right),$$

$$\frac{\partial^2 z}{\partial y^2} = \frac{1}{x}\left(\frac{\partial^2 u}{\partial s^2}\frac{1}{x} + \frac{\partial^2 u}{\partial s \partial t}\cdot 1\right) + \left(\frac{\partial^2 u}{\partial t \partial s}\frac{1}{x} + \frac{\partial^2 u}{\partial t^2}\cdot 1\right) = \frac{1}{x^2}\frac{\partial^2 u}{\partial s^2} + \frac{2}{x}\frac{\partial^2 u}{\partial s \partial t} + \frac{\partial^2 u}{\partial t^2}.$$

代入 $x^2 \dfrac{\partial^2 u}{\partial x^2} + 2xy \dfrac{\partial^2 u}{\partial x \partial y} + y^2 \dfrac{\partial^2 u}{\partial y^2} = 0$，经整理后得 $y^2 \dfrac{\partial^2 u}{\partial t^2} = 0$，即 $\dfrac{\partial^2 u}{\partial t^2} = 0$．

注：上式通过对 t 进行两次积分，还可以求出 u 与 s,t 之间的函数关系，进而可以确定 u 与 x,y 的函数关系，这是解决偏微分方程常用的方法．

【例 15】　设 u,v 为 x,y 的二元函数，它们由方程组 $\begin{cases} u^2 - v + x = 0 \\ u + v^2 - y = 0 \end{cases}$ 确定，求 $\dfrac{\partial u}{\partial x}$，$\dfrac{\partial u}{\partial y}$，$\dfrac{\partial v}{\partial x}$，$\dfrac{\partial v}{\partial y}$．

【解】　解法一　直接代公式．

令 $F(u,v,x,y) = u^2 - v + x$，$G(u,v,x,y) = u + v^2 - y$，则

$$J = \frac{\partial(F,G)}{\partial(u,v)} = \begin{vmatrix} F_u & F_v \\ G_u & G_v \end{vmatrix} = \begin{vmatrix} 2u & -1 \\ 1 & 2v \end{vmatrix} = 4uv + 1,$$

因此，当 $4uv + 1 \neq 0$ 时，

$$\frac{\partial u}{\partial x} = -\frac{1}{J}\frac{\partial(F,G)}{\partial(x,v)} = -\frac{1}{4uv+1}\begin{vmatrix} F_x & F_v \\ G_x & G_v \end{vmatrix} = -\frac{1}{4uv+1}\begin{vmatrix} 1 & -1 \\ 0 & 2v \end{vmatrix} = \frac{-2v}{4uv+1},$$

$$\frac{\partial v}{\partial x} = -\frac{1}{J}\frac{\partial(F,G)}{\partial(u,x)} = -\frac{1}{4uv+1}\begin{vmatrix} F_u & F_x \\ G_u & G_x \end{vmatrix} = -\frac{1}{4uv+1}\begin{vmatrix} 2u & 1 \\ 1 & 0 \end{vmatrix} = \frac{1}{4uv+1},$$

$$\frac{\partial u}{\partial y} = -\frac{1}{J}\frac{\partial(F,G)}{\partial(y,v)} = -\frac{1}{4uv+1}\begin{vmatrix} F_y & F_v \\ G_y & G_v \end{vmatrix} = -\frac{1}{4uv+1}\begin{vmatrix} 0 & -1 \\ -1 & 2v \end{vmatrix} = \frac{1}{4uv+1},$$

$$\frac{\partial v}{\partial y} = -\frac{1}{J}\frac{\partial(F,G)}{\partial(u,y)} = -\frac{1}{4uv+1}\begin{vmatrix} F_u & F_y \\ G_u & G_y \end{vmatrix} = -\frac{1}{4uv+1}\begin{vmatrix} 2u & 0 \\ 1 & -1 \end{vmatrix} = \frac{2u}{4uv+1}.$$

解法二　公式一般不易记，多采用下面的方法．

将 u,v 看成 x,y 的函数，分别在方程组两边同时求 x 的偏导数，得方程组

$$\begin{cases} 2u\dfrac{\partial u}{\partial x}-\dfrac{\partial v}{\partial x}+1=0, \\[3mm] \dfrac{\partial u}{\partial x}+2v\dfrac{\partial v}{\partial x}+0=0, \end{cases}$$

解此方程组，得

$$\frac{\partial u}{\partial x}=\frac{-2v}{4uv+1}, \qquad \frac{\partial v}{\partial x}=\frac{1}{4uv+1}.$$

同理，分别在方程组两边同时求 y 的偏导数，得方程组

$$\begin{cases} 2u\dfrac{\partial u}{\partial y}-\dfrac{\partial v}{\partial y}+0=0, \\[3mm] \dfrac{\partial u}{\partial y}+2v\dfrac{\partial v}{\partial y}-1=0, \end{cases}$$

解此方程组，得

$$\frac{\partial u}{\partial y}=\frac{1}{4uv+1}, \qquad \frac{\partial v}{\partial y}=\frac{2u}{4uv+1}.$$

注：本题还可以用全微分求解，请读者自己完成.

【例 16】 设 $u=f(x,y,z)$，$\varphi(x^2,\mathrm{e}^y,z)=0$，$y=\sin x$，其中 f，φ 都具有一阶连续偏导数，且 $\dfrac{\partial \varphi}{\partial z}\neq 0$，求 $\dfrac{\mathrm{d}u}{\mathrm{d}x}$.

【解】 解法一

分析：三个方程，四个变量，故只有一个变量可视为自变量，余者视为它的函数，题目已设定 x 为自变量，则 u,y,z 都是 x 的函数.

三个方程分别对 x 求导数，有

$$\begin{cases} \dfrac{\mathrm{d}u}{\mathrm{d}x}=f_x+f_y\dfrac{\mathrm{d}y}{\mathrm{d}x}+f_z\dfrac{\mathrm{d}z}{\mathrm{d}x}, & \text{①} \\[3mm] \varphi_1'\cdot 2x+\varphi_2'\mathrm{e}^y\dfrac{\mathrm{d}y}{\mathrm{d}x}+\varphi_3'\dfrac{\mathrm{d}z}{\mathrm{d}x}=0, & \text{②} \\[3mm] \dfrac{\mathrm{d}y}{\mathrm{d}x}=\cos x, & \text{③} \end{cases}$$

将方程③代入方程②可解得

$$\frac{\mathrm{d}z}{\mathrm{d}x}=-\frac{2x\varphi_1'+\mathrm{e}^y\cos x\varphi_2'}{\varphi_3'}, \qquad \text{④}$$

再将方程③、方程④代入方程①整理后可得

$$\frac{\mathrm{d}u}{\mathrm{d}x}=f_x+f_y\cos x-\frac{(2x\varphi_1'+\mathrm{e}^y\cos x\varphi_2')f_z}{\varphi_3'}.$$

解法二 方程组两边同时求微分

$$\begin{cases} \mathrm{d}u=f_x\mathrm{d}x+f_y\mathrm{d}y+f_z\mathrm{d}z, & \text{⑤} \\[2mm] \varphi_1'\cdot 2x\mathrm{d}x+\varphi_2'\mathrm{e}^y\mathrm{d}y+\varphi_3'\mathrm{d}z=0, & \text{⑥} \\[2mm] \mathrm{d}y=\cos x\mathrm{d}x, & \text{⑦} \end{cases}$$

将方程⑦代入方程⑥可得
$$\mathrm{d}z=-\frac{2x\varphi_1'+\mathrm{e}^y\cos x\varphi_2'}{\varphi_3'}\mathrm{d}x \qquad \text{⑧}$$

将方程⑦、方程⑧代入方程⑤整理后可得

$$\mathrm{d}u=\left[f_x+f_y\cos x-\frac{(2x\varphi_1'+\mathrm{e}^y\cos x\varphi_2')f_z}{\varphi_3'}\right]\mathrm{d}x,$$

故

$$\frac{\mathrm{d}u}{\mathrm{d}x}=f_x+f_y\cos x-\frac{(2x\varphi_1'+\mathrm{e}^y\cos x\varphi_2')f_z}{\varphi_3'}.$$

注：从上面两种解法可以看出，解法二要比解法一简单，因为解法二不需要分辨函数之间的复合关系，因此对复合函数关系比较复杂的情况，用全微分求解比较方便．

【例 17】　设 $y=f(x,t)$，而 t 是由方程 $F(x,y,t)=0$ 确定的 x,y 函数，试证明：

$$\frac{\mathrm{d}y}{\mathrm{d}x}=\frac{\dfrac{\partial f}{\partial x}\dfrac{\partial F}{\partial t}-\dfrac{\partial f}{\partial t}\dfrac{\partial F}{\partial x}}{\dfrac{\partial f}{\partial t}\dfrac{\partial F}{\partial y}+\dfrac{\partial F}{\partial t}}.$$

【解】　解法一　首先分析一下变量之间的函数关系．由于 t 是由方程 $F(x,y,t)=0$ 确定的 x,y 函数，即 $t=t(x,y)$，而 $y=f(x,t)$，故 $y=f[x,t(x,y)]$．因此它事实上是一元隐函数，因此两边对 x 求全导数可得

$$\frac{\mathrm{d}y}{\mathrm{d}x}=\frac{\partial f}{\partial x}+\frac{\partial f}{\partial t}\left(\frac{\partial t}{\partial x}+\frac{\partial t}{\partial y}\frac{\mathrm{d}y}{\mathrm{d}x}\right),$$

而 t 是由方程 $F(x,y,t)=0$ 确定的函数 $t=t(x,y)$，因此由隐函数的求导公式可得

$$\frac{\partial t}{\partial x}=-\frac{\dfrac{\partial F}{\partial x}}{\dfrac{\partial F}{\partial t}},\quad \frac{\partial t}{\partial y}=-\frac{\dfrac{\partial F}{\partial y}}{\dfrac{\partial F}{\partial t}},$$

将其代入上式并整理后可得所欲证之式．

解法二　利用隐函数组的求导公式．

由方程组 $\begin{cases} y=f(x,t), \\ F(x,y,t)=0 \end{cases}$ 可确定两个一元函数 $\begin{cases} y=y(x), \\ t=t(x). \end{cases}$ 方程组的两边对 x 求导数得

$$\begin{cases} \dfrac{\mathrm{d}y}{\mathrm{d}x}=\dfrac{\partial f}{\partial x}+\dfrac{\partial f}{\partial t}\dfrac{\mathrm{d}t}{\mathrm{d}x}, \\ \dfrac{\partial F}{\partial x}+\dfrac{\partial F}{\partial y}\dfrac{\mathrm{d}y}{\mathrm{d}x}+\dfrac{\partial F}{\partial t}\dfrac{\mathrm{d}t}{\mathrm{d}x}=0, \end{cases}$$

解上面关于 $\dfrac{\mathrm{d}y}{\mathrm{d}x}$，$\dfrac{\mathrm{d}t}{\mathrm{d}x}$ 的方程组可得

$$\frac{\mathrm{d}y}{\mathrm{d}x}=\frac{\dfrac{\partial f}{\partial x}\dfrac{\partial F}{\partial t}-\dfrac{\partial f}{\partial t}\dfrac{\partial F}{\partial x}}{\dfrac{\partial f}{\partial t}\dfrac{\partial F}{\partial y}+\dfrac{\partial F}{\partial t}}.$$

解法三　利用全微分求解．

在方程组 $\begin{cases} y=f(x,t), \\ F(x,y,t)=0 \end{cases}$ 的两边求全微分可得

$$\begin{cases} \mathrm{d}y=\dfrac{\partial f}{\partial x}\mathrm{d}x+\dfrac{\partial f}{\partial t}\mathrm{d}t, \\ \dfrac{\partial F}{\partial x}\mathrm{d}x+\dfrac{\partial F}{\partial y}\mathrm{d}y+\dfrac{\partial F}{\partial t}\mathrm{d}t=0, \end{cases}$$

从以上方程组消去 $\mathrm{d}t$ 并整理后可得

$$\frac{\mathrm{d}y}{\mathrm{d}x}=\frac{\dfrac{\partial f}{\partial x}\dfrac{\partial F}{\partial t}-\dfrac{\partial f}{\partial t}\dfrac{\partial F}{\partial x}}{\dfrac{\partial f}{\partial t}\dfrac{\partial F}{\partial y}+\dfrac{\partial F}{\partial t}}.$$

三、多元函数微分法的应用

【例 18】　设 $f(x,y)=\begin{cases} x+y+\dfrac{x^3 y}{x^4+y^2}, & (x,y)\neq(0,0), \\ 0, & (x,y)=(0,0), \end{cases}$ 求函数 $f(x,y)$ 在点 $(0,0)$ 沿

着任一方向 $l = \{\cos\alpha, \cos\beta\}$ 的方向导数.

分析：可以证明函数 $f(x,y)$ 在点 $(0,0)$ 处不可微，若不然，则应有

$$f(\Delta x, \Delta y) = f_x(0,0)\Delta x + f_y(0,0)\Delta y + o(\rho),\ 其中\ \rho = \sqrt{(\Delta x)^2 + (\Delta y)^2}.$$

容易计算 $f_x(0,0) = 1$，$f_y(0,0) = 1$，从而应有 $f(\Delta x, \Delta y) = \Delta x + \Delta y + o(\rho)$，但这是不可能的. 例如当 $(\Delta x, \Delta y)$ 在第一象限沿着特殊路径 $\Delta y = (\Delta x)^2$ 趋于 $(0,0)$ 时，有

$$\lim_{\rho \to 0}\frac{f(\Delta x, \Delta y) - (\Delta x + \Delta y)}{\rho} = \lim_{\substack{\Delta x \to 0 \\ \Delta y = (\Delta x)^2 \to 0}}\frac{(\Delta x)^3(\Delta x)^2}{(\Delta x)^4 + (\Delta x)^4}\frac{1}{\Delta x\sqrt{1 + (\Delta x)^2}} = \frac{1}{2} \neq 0.$$

所以本题需用定义求方向导数.

【解】
$$\left.\frac{\partial f}{\partial l}\right|_{(0,0)} = \lim_{\rho \to 0^+}\frac{f(\Delta x, \Delta y) - f(0,0)}{\rho} = \lim_{\rho \to 0^+}\frac{f(\rho\cos\alpha, \rho\cos\beta)}{\rho}$$
$$= \lim_{\rho \to 0^+}\frac{1}{\rho}\left(\rho\cos\alpha + \rho\cos\beta + \frac{\rho^4\cos^3\alpha\cos\beta}{\rho^4\cos^4\alpha + \rho^2\cos^2\alpha}\right) = \cos\alpha + \cos\beta.$$

式中　$\Delta x = \rho\cos\alpha$，$\Delta y = \rho\cos\beta$.

【例19】　求函数 $u = \ln(x + \sqrt{y^2 + z^2})$ 在点 $A(1,0,1)$ 处沿点 A 指向点 $B(3,-2,2)$ 方向的方向导数，并求函数在 A 点的梯度.

【解】　因为 $l = \overrightarrow{AB} = (2,-2,1)$，$\overrightarrow{AB}^\circ = \frac{1}{3}\overrightarrow{AB} = \left(\frac{2}{3}, -\frac{2}{3}, \frac{1}{3}\right)$，所以 l 的方向余弦为

$\cos\alpha = \dfrac{2}{3}$，$\cos\beta = -\dfrac{2}{3}$，$\cos\gamma = \dfrac{1}{3}$，又因为

$$\frac{\partial u}{\partial x} = \frac{1}{x + \sqrt{y^2 + z^2}}, \quad \frac{\partial u}{\partial y} = \frac{1}{x + \sqrt{y^2 + z^2}}\frac{y}{\sqrt{y^2 + z^2}}, \quad \frac{\partial u}{\partial z} = \frac{1}{x + \sqrt{y^2 + z^2}}\frac{z}{\sqrt{y^2 + z^2}},$$

所以
$$\left.\frac{\partial u}{\partial x}\right|_{(1,0,1)} = \frac{1}{2}, \quad \left.\frac{\partial u}{\partial y}\right|_{(1,0,1)} = 0, \quad \left.\frac{\partial u}{\partial z}\right|_{(1,0,1)} = \frac{1}{2}.$$

故
$$\left.\frac{\partial u}{\partial l}\right|_{(1,0,1)} = \frac{1}{2}\times\frac{2}{3} + 0\times\left(-\frac{2}{3}\right) + \frac{1}{2}\times\frac{1}{3} = \frac{1}{2},$$

$$\mathbf{grad}u\,\big|_{(1,0,1)} = \left.\left(\frac{\partial u}{\partial x}, \frac{\partial u}{\partial y}, \frac{\partial u}{\partial z}\right)\right|_{(1,0,1)} = \left(\frac{1}{2}, 0, \frac{1}{2}\right).$$

注：求方向导数的关键是确定方向余弦.

【例20】　设有曲面 Σ：$\dfrac{x^2}{2} + y^2 + \dfrac{z^2}{4} = 1$，平面 Π：$2x + 2y + z = 7$.

试求：(1) 曲面 Σ 的平行于平面 Π 的切平面方程；(2) 曲面 Σ 与平面 Π 的最短距离.

分析：对于计算曲面的切平面方程和法线方程，关键在于求得曲面在切点的法向量，再依公式写出切平面方程和法线方程.

【解】　(1) Σ 上点 $M(x,y,z)$ 处的切平面的法向量 $\mathbf{n}_1 = \left(x, 2y, \dfrac{z}{2}\right)$，而平面 Π 的法向量为 $\mathbf{n}_2 = (2,2,1)$，因为 $\mathbf{n}_1 \parallel \mathbf{n}_2$，所以有 $\dfrac{x}{2} = \dfrac{2y}{2} = \dfrac{z/2}{1} = t$，将 $x = 2t$，$y = t$，$z = 2t$ 代入曲面方程，得

$$\frac{(2t)^2}{2} + t^2 + \frac{(2t)^2}{4} = 1,\ 解得\quad t = \pm\frac{1}{2}.$$

因此可得符合要求的切平面有两个，其切点分别为 $M_1\left(1, \dfrac{1}{2}, 1\right)$ 和 $M_2\left(-1, -\dfrac{1}{2}, -1\right)$，故切平面方程为

$$2(x-1) + 2\left(y - \frac{1}{2}\right) + (z-1) = 0,\ 即\quad 2x + 2y + z - 4 = 0;$$

与 $2(x+1)+2(y+\dfrac{1}{2})+(z+1)=0$，即 $2x+2y+z+4=0$.

（2）由于 Σ 是椭球面，介于上述所求的两个切平面之间，而 Π 不在这两个平面之间，故 Σ 到 Π 的最短距离为切点 M_1,M_2 到平面 Π 的距离的较小者.

$$M_1\text{到平面}\Pi\text{的距离}d_1=\frac{|2\times1+2\times\dfrac{1}{2}+1-7|}{\sqrt{2^2+2^2+1^2}}=1,$$

$$M_2\text{到平面}\Pi\text{的距离}d_2=\frac{|2\times(-1)+2\times\left(-\dfrac{1}{2}\right)+(-1)-7|}{\sqrt{2^2+2^2+1^2}}=\frac{11}{3},$$

所以曲面 Σ 与平面 Π 的最短距离为 1.

注：① 如用条件极值的方法求最短距离则太复杂；

② 由上述计算还可知 Σ 与平面 Π 的最远距离为 $\dfrac{11}{3}$.

【例 21】 求曲线 $\begin{cases}2x^2+3y^2+z^2=47\\x^2+2y^2=z\end{cases}$ 在点 $P(-2,1,6)$ 处的切线方程与法平面方程.

分析：对于计算空间曲线的切线方程与法平面方程，关键在于求得曲线在切点的切向量. 本题的曲线是作为两曲面的交线给出的，所以可按 $\dfrac{\partial(F,G)}{\partial(y,z)}\Big|_P,\dfrac{\partial(F,G)}{\partial(z,x)}\Big|_P,\dfrac{\partial(F,G)}{\partial(x,y)}\Big|_P$ 先求出切线的方向向量，也可以对曲线方程的两边求 x 的导数，按照 $\left(1,\dfrac{\mathrm{d}y}{\mathrm{d}x},\dfrac{\mathrm{d}z}{\mathrm{d}x}\right)\Big|_P$ 确定切向量，再写出切线方程与法平面方程.

【解】 解法一　令 $F(x,y,z)=2x^2+3y^2+z^2-47$，$G(x,y,z)=x^2+2y^2-z$，则

$$\frac{\partial(F,G)}{\partial(y,z)}\Big|_P=\begin{vmatrix}6y&2z\\4y&-1\end{vmatrix}_P=\begin{vmatrix}6&12\\4&-1\end{vmatrix}=-54,$$

$$\frac{\partial(F,G)}{\partial(z,x)}\Big|_P=\begin{vmatrix}2z&4x\\-1&2x\end{vmatrix}_P=\begin{vmatrix}12&-8\\-1&-4\end{vmatrix}=-56,$$

$$\frac{\partial(F,G)}{\partial(x,y)}\Big|_P=\begin{vmatrix}4x&6y\\2x&4y\end{vmatrix}_P=\begin{vmatrix}-8&6\\-4&4\end{vmatrix}=-8.$$

所以切线向量为 $(-54,-56,-8)=-2(27,28,4)$，故切线方程为

$$\frac{x+2}{27}=\frac{y-1}{28}=\frac{z-6}{4},$$

法平面方程为

$$27(x+2)+28(y-1)+4(z-6)=0,\text{即}27x+28y+4z+2=0.$$

解法二　在方程组 $\begin{cases}2x^2+3y^2+z^2=47,\\x^2+2y^2=z\end{cases}$ 两边同时求 x 的导数，有

$$\begin{cases}4x+6y\dfrac{\mathrm{d}y}{\mathrm{d}x}+2z\dfrac{\mathrm{d}z}{\mathrm{d}x}=0,\\2x+4y\dfrac{\mathrm{d}y}{\mathrm{d}x}=\dfrac{\mathrm{d}z}{\mathrm{d}x},\end{cases}$$

将点 $P(-2,1,6)$ 代入方程组，可解得

$$\begin{cases}\dfrac{\mathrm{d}y}{\mathrm{d}x}=\dfrac{28}{27},\\\dfrac{\mathrm{d}z}{\mathrm{d}x}=\dfrac{4}{27}.\end{cases}$$

所以切线向量为 $\left(1,\dfrac{28}{27},\dfrac{4}{27}\right)=\dfrac{1}{27}(27,28,4)$，其余同解法一．

【例 22】 试求曲面 $xyz=1$ 上任意点 (a,b,c) 处的法线方程和切平面方程，并证明切平面与三个坐标面所围成的体积是一个常数．

【解】 令 $F(x,y,z)=xyz-1$，则曲面在 (a,b,c) 处的法向量为 $(yz,zx,xy)\big|_{(a,b,c)}=$ (bc,ca,ab)，所以在 (a,b,c) 处法线方程为

$$\frac{x-a}{bc}=\frac{y-b}{ca}=\frac{z-c}{ab},$$

切平面方程为

$$bc(x-a)+ca(y-b)+ab(z-c)=0,\quad \text{即}\quad bcx+cay+abz=3.$$

显然切平面在三坐标轴上的截距分别为 $\dfrac{3}{bc}$，$\dfrac{3}{ca}$，$\dfrac{3}{ab}$，故切平面与三坐标面所围成的体积为

$$V=\frac{1}{3}\left|\frac{1}{2}\frac{3}{bc}\frac{3}{ca}\frac{3}{ab}\right|=\frac{9}{2}\frac{1}{(abc)^2}=\frac{9}{2}\ (\text{常数}).$$

【例 23】 证明函数 $z=(1+\mathrm{e}^y)\cos x-y\mathrm{e}^y$ 有无穷多个极大值，但无极小值．

【解】 显然函数 $z=(1+\mathrm{e}^y)\cos x-y\mathrm{e}^y$ 在整个平面上处处有定义且具有二阶连续偏导数，计算偏导数得到

$$\frac{\partial z}{\partial x}=-(1+\mathrm{e}^y)\sin x,\quad \frac{\partial z}{\partial y}=(\cos x-1-y)\mathrm{e}^y,$$

$$\frac{\partial^2 z}{\partial x^2}=-(1+\mathrm{e}^y)\cos x,\quad \frac{\partial^2 z}{\partial x\partial y}=-\mathrm{e}^y\sin x,\quad \frac{\partial^2 z}{\partial y^2}=(\cos x-2-y)\mathrm{e}^y.$$

令

$$\frac{\partial z}{\partial x}=-(1+\mathrm{e}^y)\sin x=0,\quad \frac{\partial z}{\partial y}=(\cos x-1-y)\mathrm{e}^y=0,$$

得

$$x=2n\pi,\ y=0;\ x=(2n+1)\pi,\ y=-2(n=0,\pm 1,\pm 2,\cdots).$$

在 $(2n\pi,0)$ 处，$AC-B^2=(-2)\times(-1)-0=2>0$ 且 $A=-2<0$，所以点 $(2n\pi,0)$ $(n=0,\pm 1,\pm 2,\cdots)$ 都是函数 z 的极大值点，极大值为 $z(2n\pi,0)=2$．

在 $[(2n+1)\pi,-2]$ 处，$AC-B^2=(1+\mathrm{e}^{-2})(-\mathrm{e}^{-2})-0=-(1+\mathrm{e}^{-2})\mathrm{e}^{-2}<0$，所以点 $[(2n+1)\pi,-2](n=0,\pm 1,\pm 2,\cdots)$ 都不是函数 z 的极值点，故函数无极小值．

注：求二元函数 $z=f(x,y)$ 极值的步骤如下．

① 求出函数的所有可能的极值点，即求方程组 $\begin{cases}f_x(x,y)=0,\\ f_y(x,y)=0\end{cases}$ 的解（驻点）以及使得偏导数不存在的点．

② 对每个驻点，用 $AC-B^2$ 加以判断，其中 $A=f_{xx}(x_0,y_0)$，$B=f_{xy}(x_0,y_0)$，$C=f_{yy}(x_0,y_0)$．而对于偏导数不存在或 $AC-B^2=0$ 的点只能通过其他方法判断．

【例 24】 求函数 $z=x^2+y^2$ 在圆域 $(x-\sqrt{2})^2+(y-\sqrt{2})^2\leqslant 9$ 上最大值与最小值．

【解】 函数 $z=x^2+y^2$ 在圆域 D：$(x-\sqrt{2})^2+(y-\sqrt{2})^2\leqslant 9$ 上连续，所以在 D 上一定能取得最大值与最小值．

先求函数在圆内的可能极值点，为此令 $z_x=2x=0$，$z_y=2y=0$，解得唯一的驻点 $(0,0)$，在点 $(0,0)$ 处的函数值是 0，显然也是函数的最小值．再求 z 在圆 $(x-\sqrt{2})^2+(y-\sqrt{2})^2=9$ 上的最大值与最小值．

圆 $(x-\sqrt{2})^2+(y-\sqrt{2})^2=9$ 的参数方程为 $\begin{cases} x=\sqrt{2}+3\cos t, \\ y=\sqrt{2}+3\sin t \end{cases}$ $(0 \leqslant t \leqslant 2\pi)$，将其代入 $z=x^2+y^2$ 可得

$$z=13+6\sqrt{2}(\sin t+\cos t)=13+12\sin\left(t+\frac{\pi}{4}\right).$$

显然，当 $t=\dfrac{5\pi}{4}$ 时，即在点 $\left(-\dfrac{\sqrt{2}}{2},-\dfrac{\sqrt{2}}{2}\right)$ 处取得最小值 1；当 $t=\dfrac{\pi}{4}$ 时，即在点 $\left(\dfrac{5\sqrt{2}}{2},\dfrac{5\sqrt{2}}{2}\right)$ 处取得最大值 25.

综上分析，函数 $z=x^2+y^2$ 在圆域 $(x-\sqrt{2})^2+(y-\sqrt{2})^2\leqslant 9$ 上最大值为 25，最小值为 0.

注：① 在求最大值（或最小值）有关问题时，可以不必讨论函数在可能极值点处取得极大值还是取得极小值，只需求出在可能极值点处的函数值，然后与边界上的函数值加以比较即可.

② 函数在区域 D 内的唯一极值点，不一定就是函数在 D 上的最大值点（或最小值点），该点的函数值还要与函数在边界上的最大值（或最小值）加以比较，如上例. 但是如果能肯定最大（小）值点在区域内部取得，那么就可肯定这个极大（小）值点就是最大（小）值点了，参见下例。

③ 本题求函数 z 在圆 $(x-\sqrt{2})^2+(y-\sqrt{2})^2=9$ 上的最大值与最小值还可以用拉格朗日乘数法加以解决，请读者自行完成.

【例 25】　在第一卦限内作椭球面 $\dfrac{x^2}{a^2}+\dfrac{y^2}{b^2}+\dfrac{z^2}{c^2}=1$ 的切平面，使得切平面与三坐标面所围成的体积最小，求切点的坐标.

【解】　先求切平面.

设 (x_0,y_0,z_0) 为椭球面上位于第一卦限内任意一点，记

$$F(x,y,z)=\frac{x^2}{a^2}+\frac{y^2}{b^2}+\frac{z^2}{c^2}-1,$$

且 $x>0$，$y>0$，$z>0$，$F_x=\dfrac{2x}{a^2}$，$F_y=\dfrac{2y}{b^2}$，$F_z=\dfrac{2z}{c^2}$，故在 (x_0,y_0,z_0) 处的切平面方程为

$$\frac{2x_0}{a^2}(x-x_0)+\frac{2y_0}{b^2}(y-y_0)+\frac{2z_0}{c^2}(z-z_0)=0, \quad 即 \quad \frac{x}{\frac{a^2}{x_0}}+\frac{y}{\frac{b^2}{y_0}}+\frac{z}{\frac{c^2}{z_0}}=\frac{x_0^2}{a^2}+\frac{y_0^2}{b^2}+\frac{z_0^2}{c^2}.$$

因为点 (x_0,y_0,z_0) 在椭球面上，所以有 $\dfrac{x_0^2}{a^2}+\dfrac{y_0^2}{b^2}+\dfrac{z_0^2}{c^2}=1$. 代入上式可得切平面方程为 $\dfrac{x}{\frac{a^2}{x_0}}+\dfrac{y}{\frac{b^2}{y_0}}+\dfrac{z}{\frac{c^2}{z_0}}=1$，其在三坐标轴上的截距分别为 $\dfrac{a^2}{x_0}$，$\dfrac{b^2}{y_0}$，$\dfrac{c^2}{z_0}$. 因此切平面与三坐标面所围成的体积为

$$V=\frac{1}{3}\times\frac{1}{2}\times\frac{a^2}{x_0}\times\frac{b^2}{y_0}\times\frac{c^2}{z_0}=\frac{a^2b^2c^2}{6}\frac{1}{x_0y_0z_0}.$$

再求 V 的最小值. 由 V 的表达式知，要求 V 的最小值，等价于求函数 $f(x,y,z)=xyz$ 在条件 $\dfrac{x^2}{a^2}+\dfrac{y^2}{b^2}+\dfrac{z^2}{c^2}=1$ 下的最大值. 下面用拉格朗日乘数法求解.

记 $L(x,y,z)=xyz+\lambda\left(\dfrac{x^2}{a^2}+\dfrac{y^2}{b^2}+\dfrac{z^2}{c^2}-1\right)$，解方程组

$$\begin{cases} \dfrac{\partial L}{\partial x}=yz+\dfrac{2\lambda}{a^2}x=0, & \textcircled{1} \\[2mm] \dfrac{\partial L}{\partial y}=xz+\dfrac{2\lambda}{b^2}y=0, & \textcircled{2} \\[2mm] \dfrac{\partial L}{\partial z}=xy+\dfrac{2\lambda}{c^2}z=0, & \textcircled{3} \\[2mm] \dfrac{x^2}{a^2}+\dfrac{y^2}{b^2}+\dfrac{z^2}{c^2}=1. & \textcircled{4} \end{cases}$$

由①式得 $z=-\dfrac{2\lambda}{a^2}\dfrac{x}{y}$，由②式得 $z=-\dfrac{2\lambda}{b^2}\dfrac{y}{x}$，故

$$z^2=\dfrac{4\lambda^2}{a^2 b^2}. \qquad\qquad \textcircled{5}$$

同理可得
$$y^2=\dfrac{4\lambda^2}{a^2 c^2}, \quad x^2=\dfrac{4\lambda^2}{b^2 c^2}. \qquad \textcircled{6}$$

将它们代入④式可得 $\dfrac{1}{a^2}\dfrac{4\lambda^2}{b^2 c^2}+\dfrac{1}{b^2}\dfrac{4\lambda^2}{a^2 c^2}+\dfrac{1}{c^2}\dfrac{4\lambda^2}{a^2 b^2}=1$，解得 $\lambda^2=\dfrac{a^2 b^2 c^2}{12}$. 代入⑤式、⑥式可得 $x=\dfrac{a}{\sqrt{3}}$，$y=\dfrac{b}{\sqrt{3}}$，$z=\dfrac{c}{\sqrt{3}}$，即得唯一的驻点 $\left(\dfrac{a}{\sqrt{3}},\dfrac{b}{\sqrt{3}},\dfrac{c}{\sqrt{3}}\right)$.

因为符合题意的最小体积一定存在，又函数在定义域内有唯一驻点，所以在点 $\left(\dfrac{a}{\sqrt{3}},\dfrac{b}{\sqrt{3}},\dfrac{c}{\sqrt{3}}\right)$ 处作切平面可使切平面与三坐标面所围成的体积最小.

注：拉格朗日乘数法对于解决条件极值问题是非常有效的，但在应用时，一定要搞清哪个函数是目标函数，哪个函数是约束条件，从而正确作出拉格朗日函数. 对于实际问题中的最大值（最小值）问题，如果根据问题的性质，知道函数 $u=f(P)$ 的最大值（最小值）一定在区域 D 的内部取得，而函数在 D 内只有一个驻点，那么可以肯定该驻点的函数值就是函数 $u=f(P)$ 在 D 上的最大值（最小值）.

【例26】 当 $x>0$，$y>0$，$z>0$ 时，求函数 $f(x,y,z)=\ln x+\ln y+3\ln z$ 在球面 $x^2+y^2+z^2=5r^2$ 上的最大值，并利用上述结果证明：对任意的正数 a,b,c 总有
$$abc^3 \leqslant 27\left(\dfrac{a+b+c}{5}\right)^5.$$

【解】 用拉格朗日乘数法.

令 $F(x,y,z)=\ln x+\ln y+3\ln z+\lambda(x^2+y^2+z^2-5r^2)$，解方程组

$$\begin{cases} F_x=\dfrac{1}{x}+2\lambda x=0, & \textcircled{1} \\[2mm] F_y=\dfrac{1}{y}+2\lambda y=0, & \textcircled{2} \\[2mm] F_z=\dfrac{3}{z}+2\lambda z=0, & \textcircled{3} \\[2mm] x^2+y^2+z^2=5r^2, & \textcircled{4} \end{cases}$$

由①式、②式、③式得 $x^2=-\dfrac{1}{2\lambda}$，$y^2=-\dfrac{1}{2\lambda}$，$z^2=-\dfrac{3}{2\lambda}$，代入④式得 $\lambda=-\dfrac{1}{2r^2}$，得唯一驻点 $(r,r,\sqrt{3}r)$.

又当 $x\to 0^+$，$y\to 0^+$，$z\to 0^+$ 时均有 $f(x,y,z)\to -\infty$，所以函数的最大值一定在区域的内部取得，而 $(r,r,\sqrt{3}r)$ 是唯一驻点，故函数 $f(x,y,z)$ 在点 $(r,r,\sqrt{3}r)$ 取得最大值

$$f(r,r,\sqrt{3}r)=\ln r+\ln r+3\ln\sqrt{3}r=\ln rr(\sqrt{3}r)^3=\ln(3\sqrt{3}r^5). \qquad \textcircled{5}$$

由⑤式可得
$$\ln(xyz^3)\leqslant\ln(3\sqrt{3}\,r^5)=\ln\left[3\sqrt{3}\left(\frac{x^2+y^2+z^2}{5}\right)^{\frac{5}{2}}\right],$$

即
$$x^2y^2z^6\leqslant27\left(\frac{x^2+y^2+z^2}{5}\right)^5.$$

若令 $x^2=a$，$y^2=b$，$z^2=c$，则有
$$abc^3\leqslant27\left(\frac{a+b+c}{5}\right)^5.$$

第五节　同步练习题

1. 设 $f(x-y,\ln x)=\left(1-\dfrac{y}{x}\right)\dfrac{e^x}{e^y\ln(x^x)}$，求 $f(x,y)$.

2. 求函数 $z=\ln[x\ln(y-x)]$ 的定义域，并用图表示.

3. 求下列函数的极限：

(1) $\lim\limits_{\substack{x\to1\\y\to2}}\dfrac{\ln(e^{x^2y}+y^2)}{\sqrt{x^2+y^2}+3\sin\frac{\pi x}{2}}$；　(2) $\lim\limits_{\substack{x\to0\\y\to0}}\dfrac{x^2+y^2}{\sqrt{x^2+y^2+4}-2}$；　(3) $\lim\limits_{\substack{x\to+\infty\\y\to+\infty}}\dfrac{x+y}{x^2-xy+y^2}$.

4. 讨论极限 $\lim\limits_{\substack{x\to0\\y\to0}}\dfrac{xy^2}{x^2+y^4}$ 是否存在.

5. 证明函数 $f(x,y)=\sqrt{|xy|}$ 在 $(0,0)$ 处连续、偏导数存在，但不可微.

6. 求下列函数的偏导数：

(1) $z=\arctan\sqrt{x^y}$；　(2) $z=(1+xy)^y$；　(3) $u=x^{\frac{y}{z}}$.

7. 设 $z=(x^2-1)\ln\cos^2(y^2-x)+e^{x^2+y}\sin(xy^2)$，求 $f_y(1,2)$.

8. 设 $z=x\ln(xy)$，求 $\dfrac{\partial^3z}{\partial x^2\partial y}$，$\dfrac{\partial^3z}{\partial x\partial y^2}$.

9. 设 $z=u(x,y)e^{ax+y}$，$\dfrac{\partial^2u}{\partial x\partial y}=0$，求常数 a，使 $\dfrac{\partial^2z}{\partial x\partial y}-\dfrac{\partial z}{\partial x}-\dfrac{\partial z}{\partial y}+z=0$.

10. 设复合函数 $u=f(x+y+z,xyz)$，二元函数 $f(s,t)$ 具有二阶连续偏导数，求 $\dfrac{\partial u}{\partial x}$，$\dfrac{\partial^2u}{\partial x\partial z}$.

11. 设 $z=xf\left(\dfrac{y}{x}\right)+g\left(\dfrac{y}{x}\right)$，其中 f,g 均为二次可微函数，计算
$$x^2\frac{\partial^2z}{\partial x^2}+2xy\,\frac{\partial^2z}{\partial x\partial y}+y^2\frac{\partial^2z}{\partial y^2}.$$

12. 设函数 $f(u)$ 具有二阶连续导数，而 $z=f(e^x\sin y)$ 满足方程 $\dfrac{\partial^2z}{\partial x^2}+\dfrac{\partial^2z}{\partial y^2}=e^{2x}z$，证明
$$f''(u)=f(u).$$

13. 设 $u=f(x,y)$，其中 $f(x,y)$ 满足 $g(x,y,z)=0$，$h(x,z)=0$，求 $\dfrac{\mathrm{d}u}{\mathrm{d}x}$，其中 $g_y\neq0$，$h_x\neq0$.

14. 求方程 $2xz-3xyz+\ln(xyz)=0$ 所确定的函数 $z=f(x,y)$ 的全微分.

15. 设函数 $z=f(u)$ 具有一阶连续导数，$u=u(x,y)$ 由方程 $u=\varphi(u)+\displaystyle\int_y^x p(t)\mathrm{d}t$ 所确定，

其中 $\varphi(u)$ 有一阶连续导数且 $\varphi'(u)\neq1$，$p(t)$ 是连续函数，证明：$p(y)\dfrac{\partial z}{\partial x}+p(x)\dfrac{\partial z}{\partial y}=0$.

16. 设 $x^2+y^2-z^2-xy=0$，求 $\dfrac{\partial^2 z}{\partial x^2}$，$\dfrac{\partial^2 z}{\partial x \partial y}$.

17. 设 $\Phi(u,v)$ 具有连续一阶偏导数，$z=f(x,y)$ 由方程 $\Phi(cx-az,cy-bz)$ 所确定，试证：$a\dfrac{\partial z}{\partial x}+b\dfrac{\partial z}{\partial y}=c$.

18. 设 $z=f(x,y)$ 在某区域内具有连续的二阶偏导数，且有 $f(x,2x)=x$，$f_x(x,2x)=x^2$，$f_{xy}(x,2x)=x^3$，求 $f_{yy}(x,2x)$.

19. 设 x,y,z,v 满足方程 $\begin{cases} x^2u+yz-v=0, \\ \sin x+2zv-u=0. \end{cases}$

(1) 视 x,y,z 为自变量，求 $\dfrac{\partial u}{\partial x}$；(2) 视 x,y,v 为自变量，求 $\dfrac{\partial u}{\partial x}$.

20. 求函数 $u=xy+yz+zx$ 在球面 $x^2+y^2+z^2=1$ 上点 $M(x_0,y_0,z_0)$ 处沿外法线方向上的方向导数.

21. 求函数 $u=\dfrac{x}{x^2+y^2+z^2}$ 在点 $A(1,2,2)$ 与 $B(-3,1,0)$ 两梯度之间的夹角.

22. 设有数量场 $u(x,y,z)=\dfrac{x^2}{a^2}+\dfrac{y^2}{b^2}+\dfrac{z^2}{c^2}$，问 a,b,c 满足什么条件时才能使 $u(x,y,z)$ 在点 $M(x,y,z)$ $(x^2+y^2+z^2\neq 0)$ 处沿向径方向的方向导数最大？

23. 求曲面 $2x^3-ye^x-\ln(z+1)=0$ 在点 $(1,2,0)$ 处的切平面，并求出此平面与直线 $\dfrac{x+1}{1}=\dfrac{y-2}{2}=\dfrac{z}{3}$ 的交点.

24. 求曲线 $\begin{cases} x^2+y^2+z^2=50, \\ x^2+y^2-z^2=0 \end{cases}$ 在点 $P(3,4,5)$ 处的切线方程与法平面方程.

25. 求过直线 $\begin{cases} x+2y+z-1=0, \\ x-y-2z+3=0 \end{cases}$ 的平面使之平行于曲线 $\begin{cases} x^2+y^2=\dfrac{z^2}{2}, \\ x+y+2z=4 \end{cases}$ 在点 $(1,-1,2)$ 处的切线.

26. 设 $F(u,v)$ 可微分，a,b,c 均为常数，试证：曲面 $F\left(\dfrac{x-a}{z-c},\dfrac{y-b}{z-c}\right)=0$ 上任意点处的切平面均过某定点.

27. 求函数 $f(x,y)=x^2y(4-x-y)$ 在由直线 $x+y=6$、x 轴和 y 轴所围成的闭区域 D 上的最大值和最小值.

28. 求空间曲线 $\begin{cases} 2x^2+3y^2+z^2=30, \\ 2x-3y+z=0 \end{cases}$ 上纵坐标的最大值和最小值.

29. 在椭球面 $\dfrac{x^2}{a^2}+\dfrac{y^2}{b^2}+\dfrac{z^2}{c^2}=1$ 内嵌入有最大体积的长方体，并求最大体积.

30. 已知实数 x,y,z 满足 $e^x+y^2+|z|=3$，试证：$e^xy^2|z|\leqslant 1$.

第六节　自我测试题

一、测试题 A

1. 填空题

(1) $\lim\limits_{\substack{x\to 0 \\ y\to 0}}\dfrac{y\sin x}{3-\sqrt{x\sin y+9}}=$ _____.

(2) 函数 $u=\ln(x^2+y^2+z^2)$ 在点 $M(1,2,-2)$ 处的梯度 **grad**$u\,|_M=$ _____ .

(3) 若 $z=x^y$，则 $\mathrm{d}z=$ _____ .

(4) 曲面 $xy+y^2-\mathrm{e}^z=1$ 在点 $(1,1,0)$ 处的切平面方程为 _____ .

2. 选择题

(1) 函数 $z=f(x,y)$ 在 $P(x_0,y_0)$ 处可微分，下面结论错误的是（ ）.

　(A) $z=f(x,y)$ 在 $P(x_0,y_0)$ 处连续；

　(B) $f_x(x_0,y_0)$，$f_y(x_0,y_0)$ 存在；

　(C) $f_x(x_0,y_0)$，$f_y(x_0,y_0)$ 在 $P(x_0,y_0)$ 处连续；

　(D) $z=f(x,y)$ 在 $P(x_0,y_0)$ 处沿任一方向的方向导数存在.

(2) 在曲线 $x=t$、$y=-t^2$、$z=t^3$ 的所有切线中，与平面 $x+2y+z-4=0$ 平行的切线（ ）.

　　(A) 只有一条； 　(B) 只有二条； 　(C) 至少有三条； 　(D) 不存在.

(3) 函数 $z=f(x,y)$ 在 $P(x_0,y_0)$ 处的两个偏导数都存在是函数在该点可微的（ ）.

　　(A) 充分条件； 　　　　　 (B) 必要条件；

　　(C) 充要条件； 　　　　　 (D) 非充分亦非必要条件.

3. 解答题

(1) 设 $u=\dfrac{1}{r}$，$r=\sqrt{(x-a)^2+(y-b)^2+(z-c)^2}$，求 $\dfrac{\partial^2 u}{\partial x^2}+\dfrac{\partial^2 u}{\partial y^2}+\dfrac{\partial^2 u}{\partial z^2}$.

(2) 设 $x^2+y^2+z^2-4z=0$，求 $\dfrac{\partial^2 z}{\partial x\partial y}$.

(3) 设 $u=f(x^2+y^2+z^2,xyz)$，f 具有二阶连续偏导数，求 $\dfrac{\partial^2 u}{\partial x\partial y}$.

(4) 设变换 $\begin{cases}u=x-2y\\v=x+ay\end{cases}$ 可把方程 $6\dfrac{\partial^2 z}{\partial x^2}+\dfrac{\partial^2 z}{\partial x\partial y}-\dfrac{\partial^2 z}{\partial y^2}=0$ 简化为 $\dfrac{\partial^2 z}{\partial u\partial v}=0$，求常数 a.

(5) 求由方程 $xyz+\sqrt{x^2+y^2+z^2}=\sqrt{2}$ 所确定的函数 $z=z(x,y)$ 在点 $(1,0,-1)$ 处的全微分.

4. 综合题

(1) 设 $f(x,y)=\dfrac{y}{1+xy}-\dfrac{1-y\sin\dfrac{\pi x}{y}}{\arctan x}$，$x>0$，$y>0$，求：

①$g(x)=\lim\limits_{y\to+\infty}f(x,y)$； 　　　　②$\lim\limits_{x\to0^+}g(x)$.

(2) 曲面 $z=xy$ 上何处的法线垂直于平面 $x-2y+z=6$，并求出该点的切平面方程与法线方程.

(3) 在椭球面 $2x^2+y^2+z^2=1$ 上求距离平面 $2x+y-z=6$ 的最近点、最远点、最近距离和最远距离.

5. 证明题

(1) 证明函数 $z=f(x,y)=\begin{cases}\dfrac{x^2y^2}{(x^2+y^2)^{3/2}},&x^2+y^2\neq0,\\0,&x^2+y^2=0\end{cases}$ 在 $(0,0)$ 处连续，偏导数存在，但不可微.

(2) 证明：曲面 $F(px-lz,py-mz)=0$ 在任意一点处的切平面都平行直线

$$\frac{x-1}{l}=\frac{y-2}{m}=\frac{z-3}{p}.$$

二、测试题 B

1. 填空题

(1) 设 $z=xf\left(\dfrac{y}{x}\right)$，$f(u)$ 可导，则 $x\dfrac{\partial z}{\partial x}+y\dfrac{\partial z}{\partial y}=$ _____

(2) 函数 $u=xy+yz+zx$ 在点 $M(1,2,3)$ 处沿 M 点向径方向的方向导数为 _____.

(3) 设函数 $z=2x^2+y^2-y$，则它在点 $(2,3)$ 处增长最快的方向 l 与 x 轴的夹角 $\alpha=$ _____.

(4) 由曲线 $\begin{cases} 3x^2+2y^2=12 \\ z=0 \end{cases}$ 绕 y 轴旋转一周得到的旋转曲面在点 $(0,\sqrt{3},\sqrt{2})$ 处的指向外侧的单位法向量为 _____.

2. 选择题

(1) 函数 $z=\sqrt{x^2+y^2}$ 在点 $(0,0)$ 处（　　）.

  (A) 不连续；   (B) 偏导数存在；

  (C) 可微；   (D) 在 $(0,0)$ 处沿任一方向的方向导数存在.

(2) 设函数 $z=f(x,y)$ 在 $(0,0)$ 附近有定义，且 $f_x(0,0)=3,f_y(0,0)=1$，则（　　）.

  (A) $\mathrm{d}z|_{(0,0)}=3\mathrm{d}x+\mathrm{d}y$；

  (B) 曲面 $z=f(x,y)$ 在点 $[0,0,f(0,0)]$ 的法向量为 $(3,1,1)$；

  (C) 曲线 $\begin{cases} z=f(x,y) \\ y=0 \end{cases}$ 在点 $[0,0,f(0,0)]$ 的切向量为 $(1,0,3)$；

  (D) 曲线 $\begin{cases} z=f(x,y) \\ y=0 \end{cases}$ 在点 $[0,0,f(0,0)]$ 的切向量为 $(3,0,1)$.

(3) 若函数 $z=f(x,y)$ 为可微分函数，且满足 $z(x,y)|_{y=x^2}=1$，$\frac{\partial z}{\partial x}|_{y=x^2}=x$，则此时必有（　　）.

  (A) $\frac{\partial z}{\partial y}=0$；   (B) $\frac{\partial z}{\partial y}=1$；   (C) $\frac{\partial z}{\partial y}=\frac{1}{2}$；   (D) $\frac{\partial z}{\partial y}=-\frac{1}{2}$.

(4) 设 $f(x,y)$ 与 $\varphi(x,y)$ 均为可微函数，且 $\varphi_y(x,y)\neq0$，已知 (x_0,y_0) 是在约束条件 $\varphi(x,y)=0$ 下的一个极值点，下列选项正确的是（　　）.

  (A) 若 $f_x(x_0,y_0)=0$，则 $f_y(x_0,y_0)=0$； (B) 若 $f_x(x_0,y_0)=0$，则 $f_y(x_0,y_0)\neq0$；

  (C) 若 $f_x(x_0,y_0)\neq0$，则 $f_y(x_0,y_0)=0$； (D) 若 $f_x(x_0,y_0)\neq0$，则 $f_y(x_0,y_0)\neq0$.

3. 解答题

(1) 已知 $\frac{1}{u}=\frac{1}{x}+\frac{1}{y}+\frac{1}{z}$，且 $x>y>z>0$，当三个变量 x,y,z 分别增加一个单位时，哪一个变量对函数 u 的变化影响最大？为什么？

(2) 设 $z=\frac{1}{x}f(xy)+g(x+y)$，其中 f,φ 具有二阶连续导数，求 $\frac{\partial^2 z}{\partial x\partial y}$.

(3) 设函数 $z=z(x,y)$ 由方程 $F\left(x+\frac{z}{y},y+\frac{z}{x}\right)=0$ 确定，其中 F 具有一阶连续偏导数，计算 $x\frac{\partial z}{\partial x}+y\frac{\partial z}{\partial y}$.

(4) 求曲面 $x^2+y^2+z^2=x$ 的切平面，使它垂直于平面 $x-y-z=0$ 和 $x-y-\frac{z}{2}=2$.

(5) 求曲线 $\begin{cases} x^2+y^2+z^2=4, \\ x^2+y^2=2x \end{cases}$ 在点 $(1,1,\sqrt{2})$ 处的切线方程与法平面方程.

4. 综合题

(1) 设函数 $f(x,y)=|x-y|\varphi(x,y)$，其中 $\varphi(x,y)$ 在点 $(0,0)$ 的某邻域内连续，问：① $\varphi(0,0)$ 为何值时，偏导数 $f_x(0,0)$，$f_y(0,0)$ 都存在；② $\varphi(0,0)$ 为何值时，$f(x,y)$ 在 $(0,0)$ 处的全微分存在.

（2）求函数 $z=x^2-xy+y^2$ 在点 $A(1,1)$ 沿方向 $l=(\cos\alpha,\cos\beta)$ 的方向导数，并求：① 在哪个方向上方向导数取得最大值；②在哪个方向上方向导数取得最小值；③在哪个方向上方向导数为零；④$\mathbf{grad}z$.

（3）求两曲面 $3x^2+2y^2=2z+1$，$x^2+y^2+z^2-4y-2z+2=0$ 在交线上点 $(1,1,2)$ 处的夹角（两曲面法线的夹角）及交线在该点的切线方程．

（4）设有一小山，取它的底面所在的平面为 xOy 坐标面，其底部所占的区域为 $D=\{(x,y)\mid x^2+y^2-xy\leqslant 75\}$，小山的高度函数为 $h(x,y)=75-x^2-y^2+xy$.

① 设 $P(x_0,y_0)$ 为区域 D 上的一点，问 $h(x,y)$ 在该点沿平面上什么方向的方向导数最大？若记此方向导数的最大值为 $g(x_0,y_0)$，试写出 $g(x_0,y_0)$ 的表达式．

② 现欲利用此小山开展攀岩活动，为此需要在山脚寻找一上山坡度最大的点作为攀登的起点，也就是说，要在 D 的边界线 $x^2+y^2-xy=75$ 上找出使①中 $g(x,y)$ 达到最大值的点，试确定攀登起点的位置．

5. 证明题

（1）设函数 $f(t)$ 在 $(0,+\infty)$ 内具有二阶导数，且 $z=f(\sqrt{x^2+y^2})$ 满足等式

$$\frac{\partial^2 z}{\partial x^2}+\frac{\partial^2 z}{\partial y^2}=0,$$

①验证 $f''(t)+\dfrac{f'(t)}{t}=0$；②若 $f(1)=0$，$f'(1)=1$，求函数 $f(t)$ 的表达式．

（2）证明：在光滑曲面 $F(x,y,z)=0$ 上距离原点最近点处的法线必经过原点．

第七节　同步练习题答案

1. $f(x,y)=\dfrac{x\mathrm{e}^x}{y\mathrm{e}^{2y}}$.　　**2.** $D=\{(x,y)\mid x>0$ 且 $y>x+1$ 或 $x<0$ 且 $x<y<x+1\}$，图略．

3.（1）$\dfrac{\ln(\mathrm{e}^2+4)}{\sqrt{5}+3}$；（2）4；（3）0.　　**4.** 不存在．　　**5.**（略）.

6.（1）$\dfrac{\partial z}{\partial x}=\dfrac{y\sqrt{x^y}}{2x(1+x^y)}$，$\dfrac{\partial z}{\partial y}=\dfrac{\sqrt{x^y}\ln x}{2(1+x^y)}$；

（2）$\dfrac{\partial z}{\partial x}=y^2(1+xy)^{y-1}$，$\dfrac{\partial z}{\partial y}=(1+xy)^y\left[\ln(1+xy)+\dfrac{xy}{1+xy}\right]$；

（3）$\dfrac{\partial u}{\partial x}=\dfrac{z(x-y)^{z-1}}{1+(x-y)^{2z}}$，$\dfrac{\partial u}{\partial y}=-\dfrac{z(x-y)^{z-1}}{1+(x-y)^{2z}}$，$\dfrac{\partial u}{\partial z}=\dfrac{(x-y)^z\ln(x-y)}{1+(x-y)^{2z}}$.

7. $f_y(1,2)=\mathrm{e}^3(\sin 4+4\cos 4)$.　　**8.** $\dfrac{\partial^3 z}{\partial x^2\partial y}=0$．$\dfrac{\partial^3 z}{\partial x\partial y^2}=-\dfrac{1}{y^2}$.　　**9.** $a=1$.

10. 令 $s=x+y+z$，$t=xyz$，则 $\dfrac{\partial u}{\partial x}=f_s+yzf_t$，$\dfrac{\partial^2 u}{\partial x\partial z}=f_{ss}+(x+z)yf_{st}+yf_t+xy^2zf_{tt}$.

11. 0.　**12.**（略）.　**13.** $\dfrac{\mathrm{d}u}{\mathrm{d}x}=f_x+f_y\dfrac{g_zh_x-g_xh_z}{g_yh_z}$.　**14.** $\mathrm{d}z=-\dfrac{z}{x}\mathrm{d}x+\dfrac{(3xyz-1)z}{y[1-\ln(xyz)]}\mathrm{d}y$.

15.（略）.　　**16.** $\dfrac{\partial^2 z}{\partial x^2}=\dfrac{3y^2}{4z^3}$，$\dfrac{\partial^2 z}{\partial x\partial y}=-\dfrac{2z^2+(2x-y)(2y-x)}{4z^3}$.

17.（略）.　**18.** $-\dfrac{x}{2}(1+x^2)$.

19. (1) $\dfrac{\partial u}{\partial x}=\dfrac{\cos x+4xzu}{1-2x^2z}$; (2) $\dfrac{\partial u}{\partial x}=\dfrac{y\cos x-4xuv}{y+2x^2v}$. **20.** $2(x_0y_0+y_0z_0+z_0x_0)$.

21. $\arccos\left(-\dfrac{8}{9}\right)$. **22.** 当 $|a|=|b|=|c|$ 时，$\dfrac{\partial u}{\partial r}$ 最大.

23. $6x-y-3z-4=0$，$\left(-\dfrac{17}{5},-\dfrac{14}{5},-\dfrac{36}{5}\right)$. **24.** $\dfrac{x-3}{4}=\dfrac{y-4}{-3}=\dfrac{y-5}{0}$ 与 $4x-3y=0$.

25. $3x-9y-12z+17=0$. **26.** 定点为 $M(a,b,c)$. **27.** 最大值为 4，最小值为 -64.

28. $z_{\max}=5$，$z_{\min}=-5$. **29.** $V_{\max}=8xyz\Big|_{\left(\frac{a}{\sqrt3},\frac{b}{\sqrt3},\frac{c}{\sqrt3}\right)}=\dfrac{8}{9}\sqrt3\,abc$.

30. 设 $u=\mathrm{e}^x$，$v=y^2$，$w=|z|$，则将其转化为求函数 $f=uvw$ 在条件 $u+v+w=3$ $(u\geqslant 0,v\geqslant 0,w\geqslant 0)$ 下的极值问题.

第八节　自我测试题答案

一、测试题 A 答案

1. (1) -6；(2) $\dfrac{2}{9}\{1,2,-2\}$；(3) $\mathrm{d}z=yx^{y-1}\mathrm{d}x+x^y\ln x\,\mathrm{d}y$；(4) $x+3y-z-4=0$.

2. (1) (C)；(2) (B)；(3) (B).

3. (1) 0；(2) $\dfrac{xy}{(2-z)^3}$；(3) $4xyf''_{11}+(2x^2z+xz^2y)f''_{12}+zf'_2+xyz^2f''_{22}$；

(4) $a=3$；(5) $\mathrm{d}z=\mathrm{d}x-\sqrt2\,\mathrm{d}y$；

4. (1) ① $g(x)=\dfrac{1}{x}-\dfrac{1-\pi x}{\arctan x}$，② π；(2) $(2,-1,-2)$，$x-2y+z=2$，$\dfrac{x-2}{1}=\dfrac{y+1}{-2}=\dfrac{z+2}{1}$；(3) 最近点 $\left(\dfrac{1}{2},\dfrac{1}{2},-\dfrac{1}{2}\right)$，最近距离 $\dfrac{2\sqrt6}{3}$；最远点 $\left(-\dfrac{1}{2},-\dfrac{1}{2},\dfrac{1}{2}\right)$，最远距离 $\dfrac{4\sqrt6}{3}$.

5. (1) (略)；(2) (略).

二、测试题 B 答案

1. (1) z；(2) $\dfrac{22}{\sqrt{14}}$；(3) $\arctan\dfrac{5}{8}$；(4) $\left(0,\sqrt{\dfrac{2}{5}},\sqrt{\dfrac{3}{5}}\right)$.

2. (1) (D)；(2) (C)；(3) (D)；(4) (D).

3. (1) z 对 u 的变化影响最大；

(2) $yf''+y\varphi''+\varphi'$；(3) $z-xy$；(4) $x+y-\dfrac{1+\sqrt2}{2}=0$，$x+y+\dfrac{\sqrt2-1}{2}=0$

(5) $\dfrac{x-1}{-4\sqrt2}=\dfrac{y-1}{0}=\dfrac{z-\sqrt2}{4}$，$\sqrt2\,x-z=0$.

4. (1) ① $g(0,0)=0$，且 $f_x(0,0)=0$，$f_y(0,0)=0$；② $g(0,0)=0$ 且 $\mathrm{d}f(0,0)=0$；

(2) $\cos\alpha+\cos\beta$；① $\left(\dfrac{\sqrt2}{2},\dfrac{\sqrt2}{2}\right)$；② $\left(-\dfrac{\sqrt2}{2},-\dfrac{\sqrt2}{2}\right)$；③ $\left(-\dfrac{\sqrt2}{2},\dfrac{\sqrt2}{2}\right),\left(\dfrac{\sqrt2}{2},-\dfrac{\sqrt2}{2}\right)$；④ $\{1,1\}$；

（3）$\dfrac{\pi}{2}$；$\dfrac{x-1}{1}=\dfrac{y-1}{-4}=\dfrac{z-2}{-5}$；（4）① $g(x_0,y_0)=\sqrt{5x_0^2+5y_0^2-8x_0y_0}$，② $P_1(5,-5)$ 或 $P_2(-5,5)$.

5.（1）①（略），② $f(t)=\ln t$；

（2）提示：光滑曲面 $F(x,y,z)=0$ 上离原点最近的点可视作函数 $f(x,y,z)=x^2+y^2+z^2$ 在条件 $F(x,y,z)=0$ 下的最小值点. 可用拉格朗日乘法求得最小值点 $M_0(x_0,y_0,z_0)$. 然后证明在 M_0 处的法线过原点.

第十章 重 积 分

第一节 基 本 要 求

① 理解二重积分、三重积分的概念，了解重积分的性质，掌握二重积分的中值定理.

② 掌握二重积分的计算方法（直角坐标、极坐标），会计算三重积分（直角坐标、柱面坐标、球面坐标）.

③ 会用重积分求一些几何量与物理量（平面图形的面积、体积、曲面面积、质量、重心、转动惯量、引力等）.

第二节 内 容 提 要

1. 重积分的概念

（1）**二重积分的定义** 设 $f(x,y)$ 是有界闭区域 D 上的有界函数，将闭区域 D 任意分割成 n 个小闭区域 $\Delta\sigma_i$（这个小闭区域的面积也记作 $\Delta\sigma_i, i=1,2,\cdots,n$），在每个 $\Delta\sigma_i$ 上任取一点 (ξ_i,η_i)，令 λ 为各小闭区域直径的最大值，若极限 $\lim\limits_{\lambda\to 0}\sum\limits_{i=1}^{n}f(\xi_i,\eta_i)\Delta\sigma_i$ 都存在，则称此极限为函数 $f(x,y)$ 在闭区域 D 上的二重积分，记为 $\iint\limits_{D}f(x,y)\mathrm{d}\sigma$，即

$$\iint\limits_{D}f(x,y)\mathrm{d}\sigma=\lim\limits_{\lambda\to 0}\sum\limits_{i=1}^{n}f(\xi_i,\eta_i)\Delta\sigma_i,$$

其中 $f(x,y)$ 叫作被积函数，$f(x,y)\mathrm{d}\sigma$ 叫作被积表达式，$\mathrm{d}\sigma$ 叫作面积元素，x、y 叫作积分变量，D 叫作积分区域.

（2）**三重积分的定义** 设 $f(x,y,z)$ 是空间有界闭区域 Ω 上的有界函数，将闭区域 Ω 任意分成 n 个小闭区域 Δv_i（这个小闭区域的体积也记作 $\Delta v_i, i=1,2,\cdots,n$），在每个 Δv_i 上任取一点 (ξ_i,η_i,ζ_i)，令 λ 为各小闭区域直径的最大值，若极限 $\lim\limits_{\lambda\to 0}\sum\limits_{i=1}^{n}f(\xi_i,\eta_i,\zeta_i)\Delta v_i$ 都存在，则称此极限为函数 $f(x,y,z)$ 在闭区域 Ω 上的三重积分，记为 $\iiint\limits_{\Omega}f(x,y,z)\mathrm{d}v$，即

$$\iiint\limits_{\Omega}f(x,y,z)\mathrm{d}v=\lim\limits_{\lambda\to 0}\sum\limits_{i=1}^{n}f(\xi_i,\eta_i,\zeta_i)\Delta v_i,$$

其中 $\mathrm{d}v$ 叫作体积元素；x,y,z 叫作积分变量；Ω 叫作积分区域.

（3）**二重积分的性质**（以下均假定所涉及的二重积分存在）

① $\iint\limits_{D}kf(x,y)\mathrm{d}\sigma=k\iint\limits_{D}f(x,y)\mathrm{d}\sigma(k$ 为常数$)$.

② $\iint\limits_{D}[f(x,y)\pm g(x,y)]\mathrm{d}\sigma=\iint\limits_{D}f(x,y)\mathrm{d}\sigma\pm\iint\limits_{D}g(x,y)\mathrm{d}\sigma.$

③ 对积分区域的可加性. 如果闭区域 D 被有限条曲线分为有限个部分闭区域，则在 D 上的二重积分等于在各部分闭区域上的二重积分的和，例如，D 分为两个闭区域 D_1 与 D_2，则

$$\iint\limits_{D}f(x,y)\mathrm{d}\sigma=\iint\limits_{D_1}f(x,y)\mathrm{d}\sigma+\iint\limits_{D_2}f(x,y)\mathrm{d}\sigma.$$

④ 如果在 D 上 $f(x,y) \leqslant g(x,y)$，则有不等式

$$\iint\limits_{D} f(x,y)\mathrm{d}\sigma \leqslant \iint\limits_{D} g(x,y)\mathrm{d}\sigma,$$

特别地，

$$\left| \iint\limits_{D} f(x,y)\mathrm{d}\sigma \right| \leqslant \iint\limits_{D} |f(x,y)|\mathrm{d}\sigma.$$

⑤ 设 M,m 分别是 $f(x,y)$ 在闭区域 D 上的最大值和最小值，σ 是 D 的面积，则有

$$m\sigma \leqslant \iint\limits_{D} f(x,y)\mathrm{d}\sigma \leqslant M\sigma.$$

⑥ 积分中值定理. 设函数 $f(x,y)$ 在闭区域 D 上连续，σ 是 D 的面积，则在 D 上至少存在一点 (ξ,η) 使得下式成立

$$\iint\limits_{D} f(x,y)\mathrm{d}\sigma = f(\xi,\eta)\sigma.$$

2. 二重积分的计算

（1）直角坐标系下的二重积分的计算　若区域 D 可用不等式 $a \leqslant x \leqslant b$，$\varphi_1(x) \leqslant y \leqslant \varphi_2(x)$ 表示（这种区域 D 称为 X-型区域，图 10-1），则

$$\iint\limits_{D} f(x,y)\mathrm{d}\sigma = \int_a^b \mathrm{d}x \int_{\varphi_1(x)}^{\varphi_2(x)} f(x,y)\mathrm{d}y.$$

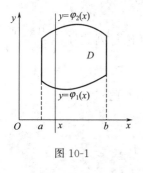

图 10-1

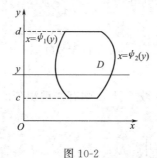

图 10-2

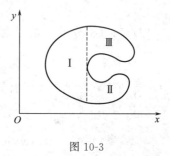

图 10-3

若区域 D 可用不等式 $c \leqslant y \leqslant d$，$\psi_1(y) \leqslant x \leqslant \psi_2(y)$ 表示（这种区域 D 称为 Y-型区域，图 10-2），则

$$\iint\limits_{D} f(x,y)\mathrm{d}\sigma = \int_c^d \mathrm{d}y \int_{\psi_1(y)}^{\psi_2(y)} f(x,y)\mathrm{d}x.$$

当积分区域 D 既不是 X-型区域也不是 Y-型区域时，则可以用平行于坐标轴的直线把区域 D 分成若干个子区域，使得每一个子区域为 X-型区域或为 Y-型区域（图 10-3）.

若积分区域 D 是关于 x（或 y）轴对称、同时被积函数是关于 y（或 x）的奇函数，则

$$\iint\limits_{D} f(x,y)\mathrm{d}\sigma = 0.$$

若积分区域 D 是关于 x（或 y）轴对称、被积函数是关于 y（或 x）的偶函数，则

$$\iint\limits_{D} f(x,y)\mathrm{d}\sigma = 2\iint\limits_{D_1} f(\mathrm{d}x,y)\mathrm{d}\sigma,$$其中 D_1 是 D 的在 x（或 y）轴上（或右）方的部分.

（2）极坐标系下的二重积分的计算

$$\iint\limits_{D} f(x,y)\mathrm{d}\sigma = \iint\limits_{D} f(\rho\cos\theta,\rho\sin\theta)\rho\,\mathrm{d}\rho\,\mathrm{d}\theta,$$

其中 $x = \rho\cos\theta$，$y = \rho\sin\theta$，其计算同样转化为累次积分计算.

① 当极点在区域 D 外（图 10-4）时，区域 D 可用不等式组 $\alpha \leqslant \theta \leqslant \beta$，$\rho_1(\theta) \leqslant \rho \leqslant \rho_2(\theta)$

表示，则

$$\iint\limits_{D} f(\rho\cos\theta,\rho\sin\theta)\rho\,\mathrm{d}\rho\,\mathrm{d}\theta = \int_{\alpha}^{\beta}\mathrm{d}\theta\int_{\rho_1(\theta)}^{\rho_2(\theta)} f(\rho\cos\theta,\rho\sin\theta)\rho\,\mathrm{d}\rho .$$

② 极点在区域 D 的边界上（图 10-5）时，区域 D 可用不等式组 $\alpha\leqslant\theta\leqslant\beta$，$0\leqslant\rho\leqslant\rho(\theta)$ 表示，则

$$\iint\limits_{D} f(\rho\cos\theta,\rho\sin\theta)\rho\,\mathrm{d}\rho\,\mathrm{d}\theta = \int_{\alpha}^{\beta}\mathrm{d}\theta\int_{0}^{\rho(\theta)} f(\rho\cos\theta,\rho\sin\theta)\rho\,\mathrm{d}\rho .$$

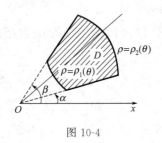 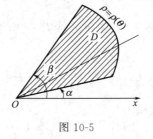 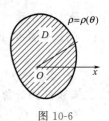

图 10-4   图 10-5   图 10-6

③ 极点在区域 D 的内部（图 10-6），此时区域 D 可用不等式组 $0\leqslant\theta\leqslant2\pi$，$0\leqslant\rho\leqslant\rho(\theta)$ 表示，则

$$\iint\limits_{D} f(\rho\cos\theta,\rho\sin\theta)\rho\,\mathrm{d}\rho\,\mathrm{d}\theta = \int_{0}^{2\pi}\mathrm{d}\theta\int_{0}^{\rho(\theta)} f(\rho\cos\theta,\rho\sin\theta)\rho\,\mathrm{d}\rho .$$

（3）二重积分的一般坐标换元公式   令 $\begin{cases} x=x(u,v), \\ y=y(u,v), \end{cases}$ 若雅可比行列式 $J = \dfrac{\partial(x,y)}{\partial(u,v)} = \begin{vmatrix} \dfrac{\partial x}{\partial u} & \dfrac{\partial x}{\partial v} \\ \dfrac{\partial y}{\partial u} & \dfrac{\partial y}{\partial v} \end{vmatrix}$ 存在且不为零于有界闭区域 D 上，则有二重积分的换元积分公式

$$\iint\limits_{D} f(x,y)\,\mathrm{d}\sigma = \iint\limits_{D} f[x(u,v),y(u,v)]\,|J|\,\mathrm{d}u\,\mathrm{d}v .$$

3. 三重积分的计算

（1）直角坐标系下的三重积分计算

① 投影法   对积分区域 Ω（图 10-7），若任一平行于 z 轴的直线穿过 Ω 内部且与 Ω 的边界曲面 Σ 相交不多于两点，则将 Ω 向 xOy 面投影，得一平面区域 D_{xy}，以 D_{xy} 边界曲线为准线作母线平行于 z 轴的柱面，该柱面与 Σ 的交线将 Σ 分为下、上两部分 Σ_1，Σ_2，它们的方程分别为 D_{xy} 上的连续函数

$$\Sigma_1:z=z_1(x,y), \Sigma_2:z=z_2(x,y), 且 z_1(x,y)\leqslant z_2(x,y),$$

这样的空间区域 Ω 可表示为

$$\Omega = \{(x,y,z)\,|\,z_1(x,y)\leqslant z\leqslant z_2(x,y),(x,y)\in D_{xy}\}.$$

则当 $f(x,y,z)$ 在 Ω 上连续时，有

$$\iiint\limits_{\Omega} f(x,y,z)\,\mathrm{d}v = \iint\limits_{D_{xy}}\left[\int_{z_1(x,y)}^{z_2(x,y)} f(x,y,z)\,\mathrm{d}z\right]\mathrm{d}x\,\mathrm{d}y = \iint\limits_{D_{xy}}\mathrm{d}x\,\mathrm{d}y\int_{z_1(x,y)}^{z_2(x,y)} f(x,y,z)\,\mathrm{d}z ,$$

若 D_{xy} 可表示为 $D_{xy} = \{(x,y)\,|\,a\leqslant x\leqslant b,y_1(x)\leqslant y\leqslant y_2(x)\}$，则

$$\iiint\limits_{\Omega} f(x,y,z)\,\mathrm{d}v = \iint\limits_{D_{xy}}\mathrm{d}x\,\mathrm{d}y\int_{z_1(x,y)}^{z_2(x,y)} f(x,y,z)\,\mathrm{d}z = \int_{a}^{b}\mathrm{d}x\int_{y_1(x)}^{y_2(x)}\mathrm{d}y\int_{z_1(x,y)}^{z_2(x,y)} f(x,y,z)\,\mathrm{d}z .$$

类似地，若平行于 x 轴或 y 轴的直线穿过 Ω 内部且与 Ω 的边界曲面 Σ 相交不多于两点，则将 Ω 向 yOz 面或 xOz 面投影，这样就可以把三重积分化为相应顺序的累次积分。

若平行于坐标轴的直线穿过 Ω 内部且与 Ω 的边界曲面 Σ 相交多于两点，则应该像处理二重积分那样，用平行于坐标面的平面把 Ω 分成若干部分，使每一部分都是上述的某种情况之一，然后将 Ω 上的三重积分化为各部分闭区域上的三重积分之和.

② 截面法　若积分区域如图 10-8，也可以采用截面法，具体做法是，先将积分区域 Ω 投影到 z 轴上，有 $c\leqslant z\leqslant d$，再在区间 $[c,d]$ 内任取一点 z，过点 $(0,0,z)$ 作平行于 xOy 面的平面截 Ω 得一平面区域 D_z，则

$$\iiint\limits_{\Omega} f(x,y,z)\mathrm{d}v = \int_c^d \mathrm{d}z \iint\limits_{D_z} f(x,y,z)\mathrm{d}x\mathrm{d}y.$$

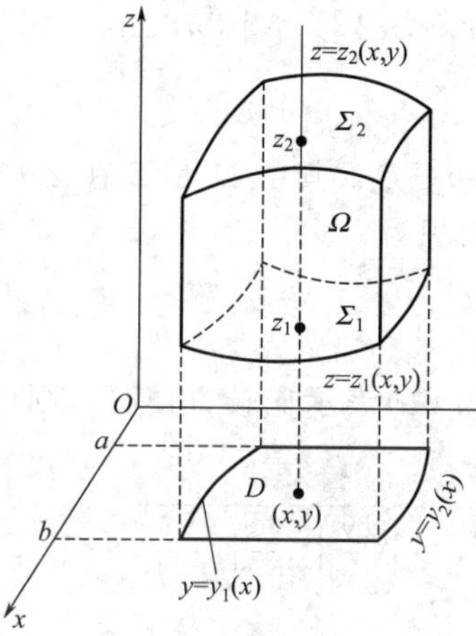

图 10-7 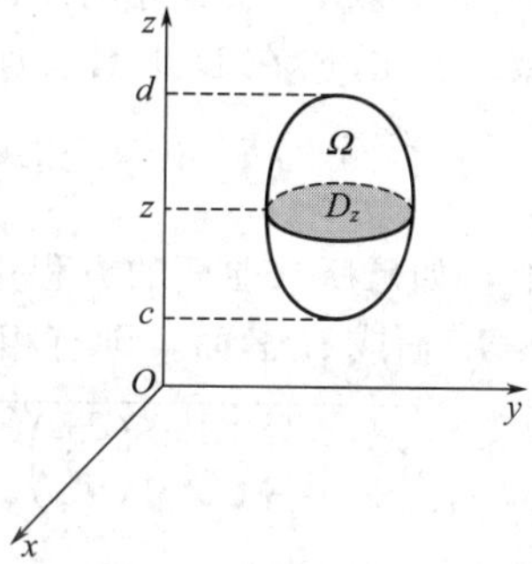　　　　　　　　　　　图 10-8

（2）柱面坐标系下三重积分的计算

柱面坐标与直角坐标的关系为

$$\begin{cases} x=\rho\cos\theta, \\ y=\rho\sin\theta, \quad (0\leqslant\rho<+\infty, 0\leqslant\theta\leqslant2\pi, -\infty<z<+\infty), \\ z=z \end{cases}$$

体积元素为 $\mathrm{d}v=\mathrm{d}x\mathrm{d}y\mathrm{d}z=\rho\mathrm{d}\rho\mathrm{d}\theta\mathrm{d}z$，则有

$$\iiint\limits_{\Omega} f(x,y,z)\mathrm{d}v = \iiint\limits_{\Omega} f(\rho\cos\theta,\rho\sin\theta,z)\rho\mathrm{d}\rho\mathrm{d}\theta\mathrm{d}z.$$

柱面坐标系下三重积分同样可化为对 ρ,θ,z 的累次积分来计算，化为累次积分时，一般先对 z 积分，余下的二重积分就是平面极坐标系下的二重积分. 积分限可根据 z,ρ,θ 在积分区域 Ω 中的变化范围来确定，当然也可以选择其他积分顺序.

（3）球面坐标系下的三重积分计算

球面坐标与直角坐标的关系为

$$\begin{cases} x=r\sin\varphi\cos\theta, \\ y=r\sin\varphi\sin\theta, \quad (0\leqslant r<+\infty, 0\leqslant\theta\leqslant2\pi, 0\leqslant\varphi\leqslant\pi), \\ z=r\cos\varphi \end{cases}$$

体积元素为 $\mathrm{d}v=\mathrm{d}x\mathrm{d}y\mathrm{d}z=r^2\sin\varphi\mathrm{d}r\mathrm{d}\varphi\mathrm{d}\theta$，则有

$$\iiint\limits_{\Omega} f(x,y,z)\mathrm{d}v = \iiint\limits_{\Omega} f(r\sin\varphi\cos\theta,r\sin\varphi\sin\theta,r\cos\varphi)r^2\sin\varphi\mathrm{d}r\mathrm{d}\varphi\mathrm{d}\theta.$$

球面坐标系下三重积分同样可化为 r,φ,θ 的累次积分来计算，一般可依照先 r 后 θ，最后 φ 的次序.

（4）三重积分的一般坐标换元公式

令 $\begin{cases} x=x(u,v,w), \\ y=y(u,v,w), \\ z=z(u,v,w), \end{cases}$ 若雅可比行列式 $J=\dfrac{\partial(x,y,z)}{\partial(u,v,w)}=\begin{vmatrix} \dfrac{\partial x}{\partial u} & \dfrac{\partial x}{\partial v} & \dfrac{\partial x}{\partial w} \\ \dfrac{\partial y}{\partial u} & \dfrac{\partial y}{\partial v} & \dfrac{\partial y}{\partial w} \\ \dfrac{\partial z}{\partial u} & \dfrac{\partial z}{\partial v} & \dfrac{\partial z}{\partial w} \end{vmatrix}$ 存在且不为零于有

界闭区域 Ω 上，则有三重积分的换元积分公式

$$\iiint\limits_{\Omega} f(x,y,z)\mathrm{d}v = \iiint\limits_{\Omega} f[x(u,v,w),y(u,v,w),z(u,v,w)]\mid J\mid \mathrm{d}u\mathrm{d}v\mathrm{d}w.$$

4. 重积分的应用

（1）曲面的面积　设有界闭曲面 $\Sigma: z=f(x,y),(x,y)\in D$，其中 D 是 Σ 在 xOy 面上的投影区域，$f(x,y)$ 在 D 上具有连续的偏导数，则 Σ 的面积为

$$S=\iint\limits_{D}\sqrt{1+f_x^2+f_y^2}\,\mathrm{d}x\mathrm{d}y.$$

类似地，如果所求曲面的方程用 $x=x(y,z)$ 或 $y=y(x,z)$ 表示比较方便时，则可将曲面投影到 yOz 面或 zOx 面，则有相应的曲面面积计算公式

$$S=\iint\limits_{D_{yz}}\sqrt{1+\left(\frac{\partial x}{\partial y}\right)^2+\left(\frac{\partial x}{\partial z}\right)^2}\,\mathrm{d}y\mathrm{d}z \quad \text{和} \quad S=\iint\limits_{D_{zx}}\sqrt{1+\left(\frac{\partial y}{\partial x}\right)^2+\left(\frac{\partial y}{\partial z}\right)^2}\,\mathrm{d}z\mathrm{d}x,$$

其中 D_{yz} 及 D_{zx} 分别为 Σ 在 yOz 面或 zOx 面上的投影区域.

（2）重心和转动惯量　若有一平面薄片，它占有 xOy 面上的有界闭区域 D，其密度函数 $\mu(x,y)$ 在 D 上连续，则平面薄片的重心为

$$\overline{x}=\frac{M_y}{M}=\frac{\iint\limits_{D}x\mu(x,y)\mathrm{d}\sigma}{\iint\limits_{D}\mu(x,y)\mathrm{d}\sigma}, \quad \overline{y}=\frac{M_x}{M}=\frac{\iint\limits_{D}y\mu(x,y)\mathrm{d}\sigma}{\iint\limits_{D}\mu(x,y)\mathrm{d}\sigma}.$$

其中 M_x，M_y 分别称作该平面薄片对 x 轴、y 轴的静矩.

平面薄片对 x 轴和 y 轴的转动惯量分别为

$$I_x=\iint\limits_{D}y^2\mu(x,y)\mathrm{d}\sigma, \quad I_y=\iint\limits_{D}x^2\mu(x,y)\mathrm{d}\sigma.$$

若空间物体占有空间有界闭区域 Ω，在点 (x,y,z) 处的密度函数 $\mu(x,y,z)$ 在 Ω 上连续，则其重心为

$$\overline{x}=\frac{1}{M}\iiint\limits_{\Omega}x\mu(x,y,z)\mathrm{d}v, \quad \overline{y}=\frac{1}{M}\iiint\limits_{\Omega}y\mu(x,y,z)\mathrm{d}v, \quad \overline{z}=\frac{1}{M}\iiint\limits_{\Omega}z\mu(x,y,z)\mathrm{d}v,$$

其中 $M=\iiint\limits_{\Omega}\mu(x,y,z)\mathrm{d}v$.

空间物体对 x 轴、y 轴和 z 轴的转动惯量分别为

$$I_x=\iiint\limits_{\Omega}(y^2+z^2)\mu(x,y,z)\mathrm{d}v; \quad I_y=\iiint\limits_{\Omega}(x^2+z^2)\mu(x,y,z)\mathrm{d}v;$$

$$I_z=\iiint\limits_{\Omega}(x^2+y^2)\mu(x,y,z)\mathrm{d}v.$$

（3）引力（略）.

第三节　本章学习注意点

本章学习中应注意以下问题.

（1）正确绘出积分区域　这是选取坐标系、积分次序和确定积分限的基础.

（2）选择适当的坐标系　这不仅关系到计算过程的繁简，有时还会影响到能否求出结果.选择坐标系应从积分区域和被积函数两方面去考虑.当积分区域（或空间区域的投影）为圆域、扇形域或圆环域，被积函数为 $f(x^2+y^2)$ 型时可考虑用极坐标（或柱坐标）计算；当积分区域为球体或锥体，被积函数为 $f(x^2+y^2+z^2)$ 型时可考虑用球坐标系计算.

（3）选取合适的积分次序　一般原则：应使积分区域不分块或少分块；要使累次积分的被积函数的原函数好求.

（4）重积分化为累次积分时定限　重积分化为累次积分时，上限必须大于下限.这是因为 $d\sigma$（或 dv）是面积元素（或体积元素）必大于 0.

第四节　典型方法与例题分析

一、二重积分的计算

【例1】　改变下列积分次序：

（1）$I_1=\int_0^2 dx\int_0^{\frac{1}{2}x^2}f(x,y)dy+\int_2^{2\sqrt{2}}dx\int_0^{\sqrt{8-x^2}}f(x,y)dy$；

（2）$I_2=\int_0^a dy\int_{\sqrt{a^2-y^2}}^{y+a}f(x,y)dx\ (a>0)$.

分析：解此类题时，最好画出积分区域的草图，这样计算起来既直观又不易发生错误，若图形不易画出，则需要通过积分限推断出区域的边界方程.

【解】　根据所给累次积分分别作出积分区域如图10-9、图10-10所示.

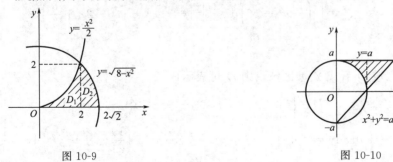

图 10-9　　　　　　　　　　图 10-10

故（1）$I_1=\int_0^2 dy\int_{\sqrt{2y}}^{\sqrt{8-y^2}}f(x,y)dx$；

（2）$I_2=\int_0^a dx\int_{\sqrt{a^2-x^2}}^a f(x,y)dy+\int_a^{2a}dx\int_{x-a}^a f(x,y)dy$.

【例2】　将下式改变次序，并转化成为极坐标形式：

$$I=\int_{\frac{1}{2}}^1 dx\int_{1-x}^x f(x,y)dy+\int_1^{+\infty}dx\int_0^x f(x,y)dy.$$

分析：本题积分区域 D 为无穷，处理方法与有限情况类似.

【解】　作出积分区域 D 如图10-11，故

$$I = \int_0^{\frac{1}{2}} dy \int_{1-y}^{+\infty} f(x,y) dx + \int_{\frac{1}{2}}^{+\infty} dy \int_y^{+\infty} f(x,y) dx .$$

取原点 O 为极点，则直线 $y=1-x$ 变换为 $\rho = \dfrac{1}{\sin\theta + \cos\theta}$，故

$$I = \int_0^{\frac{\pi}{4}} d\theta \int_{\frac{1}{\sin\theta+\cos\theta}}^{+\infty} f(\rho\cos\theta, \rho\sin\theta)\rho d\rho .$$

【例3】 计算积分 $\iint\limits_D (x^2 + y^2 - x) dx dy$，其中 D 是由直线 $y=2$，$y=x$ 及 $y=2x$ 所围成的闭区域.

【解】 首先画出积分区域如图 10-12.

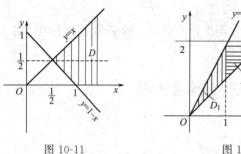

图 10-11　　　　　　图 10-12

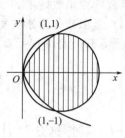

图 10-13

解法一　将区域 D 看成 X-型区域，作平行 y 轴的直线穿过 D，由于此时上部边界不能用同一方程表示，故必须将 D 拆分成两个部分 D_1 和 D_2，其中

$$D_1 = \{(x,y) | 0 \leqslant x \leqslant 1, x \leqslant y \leqslant 2x\}, \quad D_2 = \{(x,y) | 1 \leqslant x \leqslant 2, x \leqslant y \leqslant 2\}.$$

故　$\iint\limits_D (x^2 + y^2 - x) dx dy = \iint\limits_{D_1} (x^2 + y^2 - x) dx dy + \iint\limits_{D_2} (x^2 + y^2 - x) dx dy$

$$= \int_0^1 dx \int_x^{2x} (x^2 + y^2 - x) dy + \int_1^2 dx \int_x^2 (x^2 + y^2 - x) dy$$

$$= \int_0^1 \left(\frac{10}{3}x^3 - x^2\right) dx + \int_1^2 \left(-\frac{4}{3}x^3 + 3x^2 - 2x + \frac{8}{3}\right) dx$$

$$= \frac{1}{2} + \frac{5}{3} = \frac{13}{6} .$$

解法二　将区域 D 看成 Y-型区域，则 D 可表示成

$$D = \left\{(x,y) \,\middle|\, 0 \leqslant y \leqslant 2, \frac{y}{2} \leqslant x \leqslant y\right\},$$

故　$\iint\limits_D (x^2 + y^2 - x) dx dy = \int_0^2 dy \int_{\frac{y}{2}}^y (x^2 + y^2 - x) dx = \int_0^2 \left(\frac{19}{24}y^3 - \frac{3}{8}y^2\right) dy = \frac{13}{6} .$

【例4】 计算积分 $\iint\limits_D \dfrac{\sin xy}{x} dx dy$，其中 D 是由曲线 $x=y^2$ 与 $x=1+\sqrt{1-y^2}$ 围成的闭区域.

分析：积分区域 D 如图 10-13，由 D 可见，按先对 x 后对 y 的积分顺序计算积分，只需计算一个二次积分，

$$\iint\limits_D \frac{\sin xy}{x} dx dy = \int_{-1}^1 dy \int_{y^2}^{1+\sqrt{1-y^2}} \frac{\sin xy}{x} dx ,$$

但问题是这个积分不易求出，故应改变积分次序.

【解】　$\iint\limits_D \dfrac{\sin xy}{x} dx dy = \int_0^1 dx \int_{-\sqrt{x}}^{\sqrt{x}} \dfrac{\sin xy}{x} dy + \int_1^2 dx \int_{-\sqrt{2x-x^2}}^{\sqrt{2x-x^2}} \dfrac{\sin xy}{x} dy$

对 y 积分后，虽出现 $\cos(x\sqrt{2x-x^2})$，使对 x 的积分更加复杂，但是 $\dfrac{\sin xy}{x}$ 关于 y 是奇函数，故在对称区间 $(-\sqrt{x},\sqrt{x})$，$(-\sqrt{2x-x^2},\sqrt{2x-x^2})$ 上对 y 的积分均为 0，故无需计算立即可得

$$\iint\limits_{D}\frac{\sin xy}{x}\mathrm{d}x\mathrm{d}y=0.$$

注：① 从例 3、例 4 可看出，在计算二重积分时，一定要选择适当的积分次序，此时，既要考虑积分区域 D 的形状，又要考虑被积函数 $f(x,y)$ 的特点，否则计算很麻烦，或者根本计算不出来.

② 在计算二重积分时，利用对称性可以简化计算，这时不但要考虑积分区域的对称性，还要考虑被积函数 $f(x,y)$ 关于相应变量的奇偶性，如例 4.

【例 5】 计算下列积分：

(1) $\iint\limits_{D}x^2\mathrm{e}^{-y^2}\mathrm{d}x\mathrm{d}y$，其中 D 是由直线 $y=1$、$y=x$ 及 $x=0$ 所围成的闭区域.

(2) $\iint\limits_{D}\sin(x^3)\mathrm{d}x\mathrm{d}y$，其中 D 是由曲线 $x=\sqrt{y}$、$x=1$ 及 $y=0$ 所围成的闭区域.

【解】 (1) 积分区域如图 10-14，按先对 x 后对 y 的积分顺序计算.

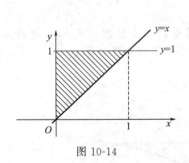

图 10-14

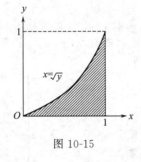

图 10-15

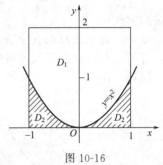

图 10-16

$$\iint\limits_{D}x^2\mathrm{e}^{-y^2}\mathrm{d}x\mathrm{d}y=\int_0^1\mathrm{e}^{-y^2}\mathrm{d}y\int_0^y x^2\mathrm{d}x=\frac{1}{3}\int_0^1 y^3\mathrm{e}^{-y^2}\mathrm{d}y,$$

令 $t=-y^2$，则

$$\iint\limits_{D}x^2\mathrm{e}^{-y^2}\mathrm{d}x\mathrm{d}y=\frac{1}{6}\int_0^{-1}u\mathrm{e}^u\mathrm{d}u=\frac{1}{6}(1-2\mathrm{e}^{-1}).$$

(2) 积分区域如图 10-15，按先 y 对后对 x 的积分顺序计算，

$$\iint\limits_{D}\sin(x^3)\mathrm{d}x\mathrm{d}y=\int_0^1\mathrm{d}x\int_0^{x^2}\sin(x^3)\mathrm{d}y=\int_0^1 x^2\sin(x^3)\mathrm{d}x=\frac{1}{3}(1-\cos1).$$

说明：若 (1) 中按先对 y 后对 x 的积分顺序化为二次积分，有 $\iint\limits_{D}x^2\mathrm{e}^{-y^2}\mathrm{d}x\mathrm{d}y=\int_0^1 x^2\mathrm{d}x\int_x^1\mathrm{e}^{-y^2}\mathrm{d}y$；因为 $\int\mathrm{e}^{-y^2}\mathrm{d}y$ 不能用初等函数表示，故"积不出"，因此只能选择先对 x 后对 y 进行积分. 在 (2) 中若按先对 x 后对 y 的积分顺序化为二次积分，有 $\iint\limits_{D}\sin(x^3)\mathrm{d}x\mathrm{d}y=\int_0^1\mathrm{d}y\int_{\sqrt{y}}^1\sin(x^3)\mathrm{d}x$，而 $\int\sin(x^3)\mathrm{d}x$ 不能用初等函数表示，故"积不出"，类似的积分还有 $\int\dfrac{\sin x}{x}\mathrm{d}x$，$\int\dfrac{\mathrm{d}x}{\ln x}$，$\int\dfrac{\mathrm{d}x}{\sqrt{1+x^4}}$ 等.

【**例 6**】 计算积分 $\iint\limits_{D}\sqrt{|y-x^2|}\,\mathrm{d}x\,\mathrm{d}y$，其中 D 为矩形闭区域，

$$D=\{(x,y)\,|\,-1\leqslant x\leqslant 1,0\leqslant y\leqslant 2\}.$$

【**解**】 对于含有绝对值函数的积分，首先要考虑去掉绝对值记号，为此作出积分区域如图 10-16，用抛物线 $y=x^2$ 将积分区域 D 分成 D_1 和 D_2 两个部分，其中

$$D_1=\{(x,y)\,|\,-1\leqslant x\leqslant 1,x^2\leqslant y\leqslant 2\}，在 D_1 上\,|y-x^2|=y-x^2;$$
$$D_2=\{(x,y)\,|\,-1\leqslant x\leqslant 1,0\leqslant y\leqslant x^2\},在 D_2 上\,|y-x^2|=x^2-y,$$

故

$$\iint\limits_{D}\sqrt{|y-x^2|}\,\mathrm{d}x\,\mathrm{d}y=\iint\limits_{D_1}\sqrt{|y-x^2|}\,\mathrm{d}x\,\mathrm{d}y+\iint\limits_{D_2}\sqrt{|y-x^2|}\,\mathrm{d}x\,\mathrm{d}y$$

$$=\int_{-1}^{1}\mathrm{d}x\int_{x^2}^{2}\sqrt{y-x^2}\,\mathrm{d}y+\int_{-1}^{1}\mathrm{d}x\int_{0}^{x^2}\sqrt{x^2-y}\,\mathrm{d}y$$

$$=\frac{2}{3}\int_{-1}^{1}(2-x^2)^{\frac{3}{2}}\,\mathrm{d}x+\frac{2}{3}\int_{-1}^{1}|x|^3\,\mathrm{d}x$$

$$=\frac{4}{3}\int_{0}^{1}(2-x^2)^{\frac{3}{2}}\,\mathrm{d}x+\frac{4}{3}\int_{0}^{1}x^3\,\mathrm{d}x=\frac{5}{3}+\frac{\pi}{2}.$$

【**例 7**】 计算积分 $\iint\limits_{D}x[1+yf(x^2+y^2)]\mathrm{d}x\,\mathrm{d}y$，其中 D 是由 $y=x^3$、$y=1$ 及 $x=-1$ 所围成的闭区域.

分析：由于被积函数中含有抽象函数，因此直接计算有困难，需要使用一定的积分技巧，特别是利用积分区域的对称性及被积函数 $f(x,y)$ 关于相应变量的奇偶性等.

【**解**】 作出积分区域如图 10-17 所示.

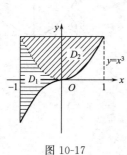

图 10-17

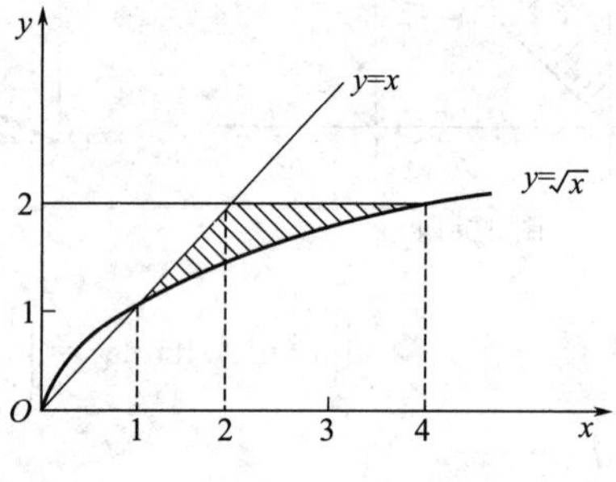

图 10-18

$$\iint\limits_{D}x[1+yf(x^2+y^2)]\mathrm{d}x\,\mathrm{d}y=\iint\limits_{D}x\,\mathrm{d}x\,\mathrm{d}y+\iint\limits_{D}xyf(x^2+y^2)\mathrm{d}x\,\mathrm{d}y,$$

上式中的第一个积分容易计算：

$$\iint\limits_{D}x\,\mathrm{d}x\,\mathrm{d}y=\int_{-1}^{1}x\,\mathrm{d}x\int_{x^3}^{1}\mathrm{d}y=-\frac{2}{5};$$

对于上式的第二个积分，为了利用奇偶性，将积分区域分成 D_1 和 D_2 两个部分（图10-17），其中 $D_1=\{(x,y)\,|\,-1\leqslant x\leqslant 0,x^3\leqslant y\leqslant -x^3\}$，它关 x 轴对称；$D_2=\{(x,y)\,|\,0\leqslant y\leqslant 1,-\sqrt[3]{y}\leqslant x\leqslant\sqrt[3]{y}\}$，它关 y 轴对称.

函数 $xyf(x^2+y^2)$ 关于 y 是奇函数，关于 x 也是奇函数，故有

$$\iint\limits_{D}xyf(x^2+y^2)\mathrm{d}x\,\mathrm{d}y=\iint\limits_{D_1}xyf(x^2+y^2)\mathrm{d}x\,\mathrm{d}y+\iint\limits_{D_2}xyf(x^2+y^2)\mathrm{d}x\,\mathrm{d}y=0,$$

因此

$$\iint\limits_{D}x[1+yf(x^2+y^2)]\mathrm{d}x\,\mathrm{d}y=-\frac{2}{5}.$$

【例8】　计算 $\displaystyle\int_1^2 \mathrm{d}x \int_{\sqrt{x}}^x \sin\frac{\pi x}{2y}\mathrm{d}y + \int_2^4 \mathrm{d}x \int_{\sqrt{x}}^2 \sin\frac{\pi x}{2y}\mathrm{d}y$.

分析：本题若按原积分顺序进行计算，将出现原函数难于用初等函数表达的积分，因此必须交换积分的顺序（图10-18）.

【解】　令 $D_1 = \{(x,y) \mid 1 \leqslant x \leqslant 2, \sqrt{x} \leqslant y \leqslant x\}$，$D_2 = \{(x,y) \mid 2 \leqslant x \leqslant 4, \sqrt{x} \leqslant y \leqslant 2\}$，将 D_1, D_2 合在一起可写作

$$D = D_1 \bigcup D_2 = \{(x,y) \mid 1 \leqslant y \leqslant 2, y \leqslant x \leqslant y^2\}$$

故

$$原式 = \iint\limits_D \sin\frac{\pi x}{2y}\mathrm{d}x\,\mathrm{d}y = \int_1^2 \mathrm{d}y \int_y^{y^2} \sin\frac{\pi x}{2y}\mathrm{d}x$$

$$= \int_1^2 \frac{2y}{\pi}\cos\frac{\pi y}{2}\mathrm{d}y = \frac{4}{\pi^3}(\pi + 2) .$$

【例9】　计算 $\displaystyle\iint\limits_D y\,\mathrm{d}x\,\mathrm{d}y$ ，其中 D 是由摆线 $x = a(t - \sin t)$，$y = a(1 - \cos t)$，$0 \leqslant t \leqslant 2\pi$ 的一拱与 x 轴所围的闭区域，如图10-19所示.

【解】　设摆线的一拱的方程为 $y = y(x)$，令 $t = 2\pi$，得 $x = 2\pi a$，则积分区域 D 为

$$y = y(x), \quad y = 0, \quad 0 \leqslant x \leqslant 2\pi a ,$$

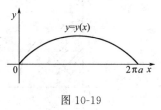
图 10-19

故

$$\iint\limits_D y\,\mathrm{d}x\,\mathrm{d}y = \int_0^{2\pi a} \mathrm{d}x \int_0^{y(x)} y\,\mathrm{d}y = \frac{1}{2}\int_0^{2\pi a} [y(x)]^2\,\mathrm{d}x .$$

由于当 $x = a(t - \sin t)$ 时，$y = a(1 - \cos t)$，所以

$$\iint\limits_D y\,\mathrm{d}x\,\mathrm{d}y = \frac{1}{2}\int_0^{2\pi a} [y(x)]^2\,\mathrm{d}x = \frac{1}{2}\int_0^{2\pi} [a(1 - \cos t)]^2\,\mathrm{d}[a(t - \sin t)]$$

$$= \frac{a^3}{2}\int_0^{2\pi} (1 - \cos t)^3\,\mathrm{d}t = \frac{5}{2}\pi a^3 .$$

【例10】　设 $f(x)$ 是 $[0,1]$ 上正值，连续且单调减少的函数，证明：

$$\frac{\displaystyle\int_0^1 x f^2(x)\mathrm{d}x}{\displaystyle\int_0^1 x f(x)\mathrm{d}x} \leqslant \frac{\displaystyle\int_0^1 f^2(x)\mathrm{d}x}{\displaystyle\int_0^1 f(x)\mathrm{d}x} .$$

分析：由于 $f(x) > 0$，所以 $\displaystyle\int_0^1 f(x) > 0$，$\displaystyle\int_0^1 x f(x) > 0$，故所证不等式等价于证明不等式

$$\int_0^1 f^2(x)\mathrm{d}x \int_0^1 x f(x)\mathrm{d}x \geqslant \int_0^1 x f^2(x)\mathrm{d}x \int_0^1 f(x)\mathrm{d}x .$$

【证明】　令 $I = \displaystyle\int_0^1 f^2(x)\mathrm{d}x \int_0^1 x f(x)\mathrm{d}x - \int_0^1 x f^2(x)\mathrm{d}x \int_0^1 f(x)\mathrm{d}x$ ，则

$$I = \int_0^1 f^2(x)\mathrm{d}x \int_0^1 x f(x)\mathrm{d}x - \int_0^1 x f^2(x)\mathrm{d}x \int_0^1 f(x)\mathrm{d}x$$

$$= \int_0^1 f^2(x)\mathrm{d}x \int_0^1 y f(y)\mathrm{d}y - \int_0^1 x f^2(x)\mathrm{d}x \int_0^1 f(y)\mathrm{d}y$$

$$= \int_0^1 \mathrm{d}x \int_0^1 [f^2(x)y f(y)]\mathrm{d}y - \int_0^1 \mathrm{d}x \int_0^1 [x f^2(x)f(y)]\mathrm{d}y$$

$$= \iint\limits_D [f^2(x)y f(y) - x f^2(x)f(y)]\mathrm{d}x\,\mathrm{d}y$$

$$= \iint\limits_D [f^2(x)f(y)(y - x)]\mathrm{d}x\,\mathrm{d}y , \qquad\qquad ①$$

209

其中 $D=\{(x,y)|0\leqslant x\leqslant 1,0\leqslant y\leqslant 1\}$；类似可得

$$I=\iint\limits_{D}[f^2(y)f(x)(x-y)]\mathrm{d}x\mathrm{d}y. \qquad ②$$

两式相加得 $\qquad I=\dfrac{1}{2}\iint\limits_{D}[f(x)f(y)(y-x)(f(x)-f(y))]\mathrm{d}x\mathrm{d}y.$

因为 $f(x)$ 是 $[0,1]$ 上正值、连续且单调减少的函数，故对任意 $x,y\in[0,1]$ 均有 $f(x)f(y)(y-x)(f(x)-f(y))\geqslant 0$，因此 $I\geqslant 0$，命题得证.

【例 11】 计算 $\displaystyle\int_0^{\frac{a}{\sqrt{2}}}\mathrm{e}^{-y^2}\mathrm{d}y\int_0^y\mathrm{e}^{-x^2}\mathrm{d}x+\int_{\frac{a}{\sqrt{2}}}^a\mathrm{e}^{-y^2}\mathrm{d}y\int_0^{\sqrt{a^2-y^2}}\mathrm{e}^{-x^2}\mathrm{d}x.$

分析：本题若按原积分顺序是积不出来的，如果画出积分区域的草图（图 10-20），就会发现这两个二次积分可以合并成一个区域 D 上的二重积分，并且根据被积函数与积分区域的特点宜采用极坐标.

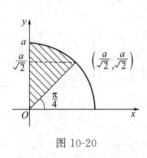
图 10-20

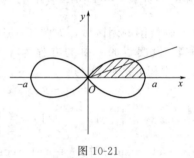
图 10-21

【解】 由原积分次序可知积分区域 D 由曲线 $x^2+y^2=a^2$，$y=x$，$x=0$ 所围成，其在极坐标系下可表示为 $D:0\leqslant\rho\leqslant a,\dfrac{\pi}{4}\leqslant\theta\leqslant\dfrac{\pi}{2}$，故

$$\text{原式}=\iint\limits_{D}\mathrm{e}^{-(x^2+y^2)}\mathrm{d}x\mathrm{d}y=\int_{\frac{\pi}{4}}^{\frac{\pi}{2}}\mathrm{d}\theta\int_0^a\mathrm{e}^{-\rho^2}\rho\mathrm{d}\rho$$

$$=\left(\frac{\pi}{2}-\frac{\pi}{4}\right)\left(-\frac{1}{2}\mathrm{e}^{-\rho^2}\right)\Big|_0^a=\frac{\pi}{8}(1-\mathrm{e}^{-a^2}).$$

【例 12】 计算 $\displaystyle\iint\limits_{D}|x^2+y^2-4|\mathrm{d}x\mathrm{d}y,D:x^2+y^2\leqslant 9.$

分析：从 D 的特点可知用极坐标较方便.

【解】 首先去掉绝对符号，用圆周 $x^2+y^2=4$ 将区域 D 分成两个子区域 $D_1:x^2+y^2\leqslant 4$ 和 $D_2:4\leqslant x^2+y^2\leqslant 9$，且在 D_1 上 $|x^2+y^2-4|=4-x^2-y^2$，在 D_2 上 $|x^2+y^2-4|=x^2+y^2-4$，利用极坐标计算，得

$$\iint\limits_{D}|x^2+y^2-4|\mathrm{d}x\mathrm{d}y=\iint\limits_{D_1}(4-x^2-y^2)\mathrm{d}x\mathrm{d}y+\iint\limits_{D_2}(x^2+y^2-4)\mathrm{d}x\mathrm{d}y$$

$$=\int_0^{2\pi}\mathrm{d}\theta\int_0^2(4-\rho^2)\rho\mathrm{d}\rho+\int_0^{2\pi}\mathrm{d}\theta\int_2^3(\rho^2-4)\rho\mathrm{d}\rho=\frac{41}{2}\pi.$$

注：当积分区域为圆域或圆域的一部分，且被积函数又为 (x^2+y^2) 的函数时，利用极坐标比较方便. 如例 11、例 12；当二重积分的积分区域用极坐标表示时比较简单，而被积函数用极坐标表示时又不太复杂时，也可以考虑用极坐标来计算，如下例.

【例 13】 计算 $\displaystyle\iint\limits_{D}(x^2+y^2)\mathrm{d}x\mathrm{d}y$，其中 D 为双纽线 $(x^2+y^2)^2=a^2(x^2-y^2)$ 所围成的

闭区域（图 10-21）.

分析：由于被积函数关于 x，y 都是偶函数，积分区域又关于 x 轴、y 轴对称，故只需要计算其在第一象限部分 D_1 的积分．根据积分区域的特点，宜采用极坐标计算．

【解】 双纽线 $(x^2+y^2)^2=a^2(x^2-y^2)$ 在极坐标系下的方程为 $\rho=a\sqrt{\cos2\theta}$，由此可得 D_1 在极坐标系下积分区域可表示为 $0\leqslant\theta\leqslant\dfrac{\pi}{4}$，$0\leqslant\rho\leqslant a\sqrt{\cos2\theta}$，故

$$\iint\limits_{D}(x^2+y^2)\mathrm{d}x\mathrm{d}y=4\iint\limits_{D_1}(x^2+y^2)\mathrm{d}x\mathrm{d}y=4\int_0^{\frac{\pi}{4}}\mathrm{d}\theta\int_0^{a\sqrt{\cos2\theta}}\rho^3\mathrm{d}\rho$$

$$=\int_0^{\frac{\pi}{4}}a^4\cos^22\theta\mathrm{d}\theta=\frac{\pi}{8}a^4.$$

【例 14】 利用二重积分的换元法计算积分：$I=\iint\limits_{D}\sqrt{\left(1-\dfrac{x^2}{a^2}-\dfrac{y^2}{b^2}\right)\Big/\left(1+\dfrac{x^2}{a^2}+\dfrac{y^2}{b^2}\right)}$，其中 $D=\left\{(x,y)\mid\dfrac{x^2}{a^2}+\dfrac{y^2}{b^2}\leqslant1\right\}$.

分析：由于积分区域是为椭圆域，所以用极坐标计算并不方便，这时可以考虑用二重积分的一般换元法处理．

【解】 令 $\begin{cases}x=a\rho\cos\theta,\\y=b\rho\sin\theta,\end{cases}$ 则 $J=\begin{vmatrix}\dfrac{\partial x}{\partial\rho}&\dfrac{\partial x}{\partial\theta}\\\dfrac{\partial y}{\partial\rho}&\dfrac{\partial y}{\partial\theta}\end{vmatrix}=\begin{vmatrix}a\cos\theta&-a\rho\sin\theta\\b\sin\theta&b\rho\cos\theta\end{vmatrix}=ab\rho,$

故 $I=ab\int_0^{2\pi}\mathrm{d}\theta\int_0^1\sqrt{\dfrac{1-\rho^2}{1+\rho^2}}\rho\mathrm{d}\rho$ $\left[\diamondsuit\ t=\sqrt{\dfrac{1-\rho^2}{1+\rho^2}},\ \rho\mathrm{d}\rho=\dfrac{-2t}{(1+t^2)^2}\mathrm{d}t\right]$

$=2\pi ab\int_0^1\dfrac{2t^2}{(1+t^2)^2}\mathrm{d}t=2\pi ab\left[\left(-\dfrac{t^2}{1+t^2}\right)_0^1+\int_0^1\dfrac{\mathrm{d}t}{1+t^2}\right]=\pi ab\left(\dfrac{\pi}{2}-1\right).$

注：上述二重积分换元法也称广义极坐标变换．

【例 15】 证明 $\iint\limits_{D}f(xy)\mathrm{d}x\mathrm{d}y=\ln2\int_1^2f(u)\mathrm{d}u$，其中 D 是由曲线 $xy=1$，$xy=2$，$y=x$，$y=4x$ $(x>0,y>0)$ 所围成的区域．

分析：显然直接计算比较困难，根据要证明的结论，应作变换 $u=xy$，为使区域变得简单，考虑用二重积分的一般坐标变换，即再令 $v=\dfrac{y}{x}$，则可将区域 D 转化为矩形区域 D'：$1\leqslant u\leqslant2$，$1\leqslant v\leqslant4$.

【证明】 令 $u=xy$，$v=\dfrac{y}{x}$，则可将积分区域 D 转化为矩形区域 D'：$1\leqslant u\leqslant2$，$1\leqslant v\leqslant4$.

由于 $J=\dfrac{\partial(x,y)}{\partial(u,v)}=\dfrac{1}{\dfrac{\partial(u,v)}{\partial(x,y)}}=\dfrac{1}{\begin{vmatrix}y&x\\-\dfrac{y}{x^2}&\dfrac{1}{x}\end{vmatrix}}=\dfrac{1}{\dfrac{2y}{x}}=\dfrac{1}{2v}>0,$

因此有 $\iint\limits_{D}f(xy)\mathrm{d}x\mathrm{d}y=\iint\limits_{D}f(u)\mid J\mid\mathrm{d}u\mathrm{d}v=\iint\limits_{D}f(u)\dfrac{1}{2v}\mathrm{d}u\mathrm{d}v$

$=\int_1^4\dfrac{1}{2v}\mathrm{d}v\int_1^2f(u)\mathrm{d}u=\dfrac{1}{2}(\ln v)_1^4\int_1^2f(u)\mathrm{d}u=\ln2\int_1^2f(u)\mathrm{d}u.$

二、三重积分的计算

【例 16】 计算 $\iiint\limits_{\Omega} \dfrac{1}{(1+x+y+z)^3} dv$，其中 Ω 是由平面 $x+y+z=1$ 与三个坐标平面所围成的空间闭区域.

分析：首先画出积分区域，如图 10-22. 当选择先对 z 积分时，应当将积分区域 Ω 向坐标面 xOy 投影，得投影区域 D_{xy}：$0 \leqslant x \leqslant 1$，$0 \leqslant y \leqslant 1-x$，再在投影区域 D_{xy} 内任取一点作平行于 z 轴的直线交 Ω 的下底面于 $z=0$，交 Ω 的上底面于 $z=1-x-y$，因此积分区域 Ω 可表示为 Ω：$0 \leqslant x \leqslant 1$，$0 \leqslant y \leqslant 1-x$，$0 \leqslant z \leqslant 1-x-y$.

【解】 $\iiint\limits_{\Omega} \dfrac{1}{(1+x+y+z)^3} dv$

$= \iint\limits_{D_{xy}} dx\,dy \int_0^{1-x-y} \dfrac{1}{(1+x+y+z)^3} dz$

$= \int_0^1 dx \int_0^{1-x} dy \int_0^{1-x-y} \dfrac{1}{(1+x+y+z)^3} dz$

$= \int_0^1 dx \int_0^{1-x} \left[-\dfrac{1}{2} \dfrac{1}{(1+x+y+z)^2} \right]_0^{1-x-y} dy$

$= \int_0^1 dx \int_0^{1-x} \left[-\dfrac{1}{8} + \dfrac{1}{2(1+x+y)^2} \right] dy$

$= \int_0^1 \left[-\dfrac{y}{8} - \dfrac{1}{2(1+x+y)} \right]_0^{1-x} dx$

$= \int_0^1 \left[-\dfrac{(1-x)}{8} - \dfrac{1}{4} + \dfrac{1}{2(1+x)} \right] dx = \dfrac{1}{2} \left(\ln2 - \dfrac{5}{8} \right).$

注：在利用投影方法计算三重积分时，首先要根据积分区域 Ω 的特点决定向哪个坐标面（xOy，yOz，zOx）投影比较方便，在这里如何得到投影区域是非常重要的，这一点在空间解析几何中已有介绍.

【例 17】 计算 $\iiint\limits_{\Omega} z^2 dv$，其中 Ω 为 $z \geqslant \sqrt{x^2+y^2}$ 与 $x^2+y^2+z^2 \leqslant 2R^2$ 所围成的空间闭区域（图 10-23）.

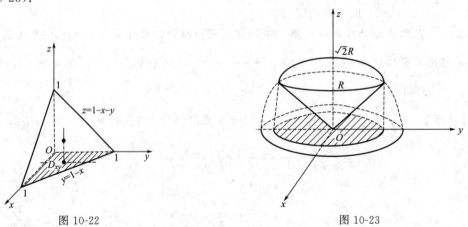

图 10-22　　　　　　　　　　　图 10-23

【解】 解法一 采用"截面法".

由于被积函数只依赖于 z，且积分区域 Ω 由上半锥面与球面所围成，因此当用 $z=$ 常数的平面截 Ω 时，其截痕为圆，因此非常适宜采用"截面法".

曲面 $z=\sqrt{x^2+y^2}$ 和 $x^2+y^2+z^2=2R^2$ 的交线为 $\begin{cases} x^2+y^2=R^2, \\ y=R, \end{cases}$ 它在 xOy 面上的投影

为圆 $x^2+y^2=R^2$，由于当 $z<R$ 与 $z>R$ 时，$z=$ 常数的平面截 Ω 的截痕的方程不同，因此应用平面 $z=R$ 将 Ω 分割为两部分：Ω_1 和 Ω_2，其中

$$\Omega_1=\{(x,y,z)\,|\,(x,y)\in D_{1z}:\sqrt{x^2+y^2}\leqslant z,0\leqslant z\leqslant R\},$$
$$\Omega_2=\{(x,y,z)\,|\,(x,y)\in D_{2z}:x^2+y^2\leqslant 2R^2-z^2,R\leqslant z\leqslant\sqrt{2}R\}.$$

故
$$\iiint\limits_{\Omega}z^2\mathrm{d}v=\int_0^R\mathrm{d}z\iint\limits_{D_{1z}}z^2\mathrm{d}x\,\mathrm{d}y+\int_R^{\sqrt{2}R}\mathrm{d}z\iint\limits_{D_{2z}}z^2\mathrm{d}x\,\mathrm{d}y$$
$$=\int_0^R z^2(\pi z^2)\mathrm{d}z+\int_R^{\sqrt{2}R}z^2[\pi(2R^2-z^2)]\mathrm{d}z=\frac{4}{15}(2\sqrt{2}-1)\pi R^5.$$

解法二 采用柱坐标系计算，首先将 Ω 的边界转化为柱坐标系下的表达式．锥面可以转化为 $z=\rho$，球面可以转化为 $\rho^2+z^2=2R^2$，因此 Ω 在柱坐标系下的表达式为 Ω：$0\leqslant\theta\leqslant 2\pi$，$0\leqslant\rho\leqslant R$，$\rho\leqslant z\leqslant\sqrt{2R^2-\rho^2}$，故有

$$\iiint\limits_{\Omega}z^2\mathrm{d}v=\int_0^{2\pi}\mathrm{d}\theta\int_0^R\mathrm{d}\rho\int_\rho^{\sqrt{2R^2-\rho^2}}z^2\rho\mathrm{d}z=\int_0^{2\pi}\mathrm{d}\theta\int_0^R\left(\frac{1}{3}\rho z^3\right)\Big|_\rho^{\sqrt{2R^2-\rho^2}}\mathrm{d}\rho$$
$$=\frac{1}{3}\int_0^{2\pi}\mathrm{d}\theta\int_0^R[\rho(2R^2-\rho^2)^{3/2}-\rho^4]\mathrm{d}\rho=\frac{4}{15}(2\sqrt{2}-1)\pi R^5.$$

解法三 采用球坐标系计算，在球坐标系下 Ω 的表达式为 Ω：$0\leqslant\varphi\leqslant\dfrac{\pi}{4}$，$0\leqslant\theta\leqslant 2\pi$，$0\leqslant r\leqslant\sqrt{2}R$，故有

$$\iiint\limits_{\Omega}z^2\mathrm{d}v=\int_0^{\frac{\pi}{4}}\mathrm{d}\varphi\int_0^{2\pi}\mathrm{d}\theta\int_0^{\sqrt{2}R}r^2\cos^2\varphi r^2\sin\varphi\mathrm{d}r$$
$$=2\pi\int_0^{\frac{\pi}{4}}\cos^2\varphi\sin\varphi\mathrm{d}\varphi\int_0^{\sqrt{2}R}r^4\mathrm{d}r=\frac{4}{15}(2\sqrt{2}-1)\pi R^5.$$

注：此例表明一个问题常可采用多种方法求解，应学会选择适宜的求解方法．

【**例 18**】 计算 $\displaystyle\iiint\limits_{\Omega}(x+y+z)^2\mathrm{d}x\mathrm{d}y\mathrm{d}z$，其中 Ω 为 $z\geqslant x^2+y^2$ 与 $x^2+y^2+z^2\leqslant 2$ 所围成的空间闭区域．

【**解**】 积分区域 Ω 如图 10-24 所示，Ω 关于 xOz 坐标面对称，也关于 yOz 坐标面对称，但是被积函数 $(x+y+z)^2$ 对于 y 及 x 都没有对称性，可考虑先将被积函数变形．

$$(x+y+z)^2=x^2+y^2+z^2+2xy+2yz+2zx,$$

由于 $2xy+2yz$ 为 y 的奇函数，因此 $\displaystyle\iiint\limits_{\Omega}(2xy+2yz)\mathrm{d}x\mathrm{d}y\mathrm{d}z=$

0，由于 $2zx$ 为 x 的奇函数，因此 $\displaystyle\iiint\limits_{\Omega}2zx\mathrm{d}x\mathrm{d}y\mathrm{d}z=0$，由此可得

$$\iiint\limits_{\Omega}(x+y+z)^2\mathrm{d}x\mathrm{d}y\mathrm{d}z=\iiint\limits_{\Omega}(x^2+y^2+z^2)\mathrm{d}x\mathrm{d}y\mathrm{d}z.$$

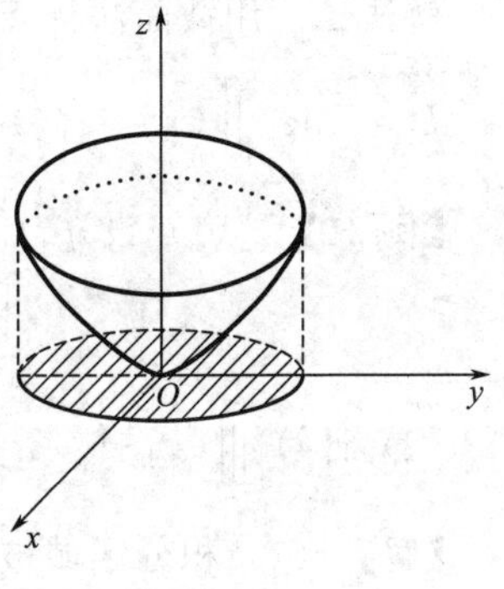

考虑到积分区域 Ω 与被积函数的特点，采用柱面坐标系计

图 10-24

213

算较好. Ω 由不等式 $0\leqslant\theta\leqslant2\pi$，$0\leqslant\rho\leqslant1$，$\rho^2\leqslant z\leqslant\sqrt{2-\rho^2}$ 给出.

故　原式 $=\displaystyle\int_0^{2\pi}\mathrm{d}\theta\int_0^1\mathrm{d}\rho\int_{\rho^2}^{\sqrt{2-\rho^2}}(\rho^2+z^2)\rho\mathrm{d}z=2\pi\int_0^1\left(\rho^3z+\frac13\rho z^3\right)\Big|_{\rho^2}^{\sqrt{2-\rho^2}}\mathrm{d}\rho$

$$=2\pi\int_0^1\left(\rho^3(\sqrt{2-\rho^2}-\rho^2)+\frac13\rho[(2-\rho^2)^{3/2}-\rho^6]\right)\mathrm{d}\rho=\frac{\pi}{60}(96\sqrt2-89).$$

【例19】 计算 $\displaystyle\iiint_\Omega(x^2+y^2+z^2)\mathrm{d}x\mathrm{d}y\mathrm{d}z$，其中 Ω 为椭球体 $\dfrac{x^2}{a^2}+\dfrac{y^2}{b^2}+\dfrac{z^2}{c^2}\leqslant1$.

【解】 显然直接计算比较困难，考虑到积分区域 Ω 与被积函数的对称性，有

$$\iiint_\Omega(x^2+y^2+z^2)\mathrm{d}x\mathrm{d}y\mathrm{d}z=\iiint_\Omega x^2\mathrm{d}x\mathrm{d}y\mathrm{d}z+\iiint_\Omega y^2\mathrm{d}x\mathrm{d}y\mathrm{d}z+\iiint_\Omega z^2\mathrm{d}x\mathrm{d}y\mathrm{d}z$$
$$=I_1+I_2+I_3.$$

下面利用"截面法"计算 I_3.

令 $D_z=\left\{(x,y)\left|\dfrac{x^2}{a^2}+\dfrac{y^2}{b^2}\leqslant1-\dfrac{z^2}{c^2},-c\leqslant z\leqslant c\right.\right\}$，则

$$I_3=\int_{-c}^c\mathrm{d}z\iint_{D_z}z^2\mathrm{d}x\mathrm{d}y=\int_{-c}^c z^2\iint_{D_z}\mathrm{d}x\mathrm{d}y=\int_{-c}^c z^2\pi ab\left(1-\frac{z^2}{c^2}\right)\mathrm{d}z=\frac{4}{15}\pi abc^3.$$

由对称性，可得 $I_1=\dfrac{4}{15}\pi a^3bc$，$I_2=\dfrac{4}{15}\pi ab^3c$，所以

$$\iiint_\Omega(x^2+y^2+z^2)\mathrm{d}x\mathrm{d}y\mathrm{d}z=\frac{4}{15}\pi abc(a^2+b^2+c^2).$$

【例20】 计算 $I=\displaystyle\iiint_\Omega(x^2+y^2)\mathrm{d}x\mathrm{d}y\mathrm{d}z$，其中 Ω 为平面曲线 $\begin{cases}y^2=2z\\x=0\end{cases}$ 绕 z 轴旋转一周形成的曲面与平面 $z=8$ 所围成的区域.

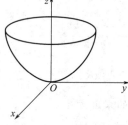

图 10-25

分析：平面曲线 $\begin{cases}y^2=2z\\x=0\end{cases}$ 绕 z 轴旋转一周形成的曲面方程为旋转抛物面 $x^2+y^2=2z$，因此 Ω 在 xOy 在的投影区域为圆域（图 10-25）：$x^2+y^2\leqslant16$. 因此可以利用柱面坐标计算，此时 Ω 可表示为 $0\leqslant\theta\leqslant2\pi$，$0\leqslant\rho\leqslant4$，$\dfrac{\rho^2}{2}\leqslant z\leqslant8$；也可以利用"截面法"计算，此时 Ω 可表示为 $0\leqslant z\leqslant8$，$x^2+y^2\leqslant2z$.

【解】 解法一 用柱面坐标计算.

$$I=\int_0^{2\pi}\mathrm{d}\theta\int_0^4\mathrm{d}\rho\int_{\frac{\rho^2}{2}}^8\rho^2\cdot\rho\mathrm{d}z=2\pi\int_0^4\rho^3\left(8-\frac{\rho^2}{2}\right)\mathrm{d}\rho=\frac{1024\pi}{3}.$$

解法二 用截面法计算.

$$I=\int_0^8\mathrm{d}z\iint_{x^2+y^2\leqslant2z}(x^2+y^2)\mathrm{d}x\mathrm{d}y=\int_0^8\mathrm{d}z\int_0^{2\pi}\mathrm{d}\theta\int_0^{\sqrt{2z}}r^2\cdot r\mathrm{d}r=2\pi\int_0^8\frac{(\sqrt{2z})^4}{4}\mathrm{d}z=\frac{1024\pi}{3}.$$

【例21】 (1) 设 $f(x)$ 在 $[0,1]$ 上可积，区域 Ω：$x^2+y^2+z^2\leqslant1$，证明

$$\iiint_\Omega f(z)\mathrm{d}x\mathrm{d}y\mathrm{d}z=\pi\int_{-1}^1 f(z)(1-z^2)\mathrm{d}z.$$

(2) 计算 $\displaystyle\iiint_\Omega(a_4z^4+a_3z^3+a_2z^2+a_1z+a_0)\mathrm{d}x\mathrm{d}y\mathrm{d}z$.

【解】 (1) 积分区域被平行于 xOy 的平面所截的截面为 D_z：$x^2+y^2\leqslant1-z^2$，截面面积为 $\pi(1-z^2)$，因此

$$\iiint\limits_{\Omega} f(z)\,\mathrm{d}x\,\mathrm{d}y\,\mathrm{d}z = \pi\int_{-1}^{1} f(z)\iint\limits_{D_z}\mathrm{d}x\,\mathrm{d}y = \pi\int_{-1}^{1} f(z)(1-z^2)\,\mathrm{d}z\,.$$

（2）由（1）得

$$\iiint\limits_{\Omega}(a_4 z^4 + a_3 z^3 + a_2 z^2 + a_1 z + a_0)\,\mathrm{d}x\,\mathrm{d}y\,\mathrm{d}z$$

$$=\pi\int_{-1}^{1}(a_4 z^4 + a_3 z^3 + a_2 z^2 + a_1 z + a_0)(1-z^2)\,\mathrm{d}z$$

$$=2\pi\int_{0}^{1}(a_4 z^4 + a_2 z^2 + a_0)(1-z^2)\,\mathrm{d}z = \frac{4\pi}{105}(3a_4 + 7a_2 + 35a_0)\,.$$

【例 22】 设 $f(x)$ 为连续函数，试证 $\int_0^t \mathrm{d}x\int_0^x \mathrm{d}y\int_0^y f(z)\,\mathrm{d}z = \dfrac{1}{2}\int_0^t (t-z)^2 f(z)\,\mathrm{d}z$．

分析：要证明三次积分为定积分，其基本方法是设法将三重积分交换其积分次序，进而计算其值．对三重积分交换积分次序可以采用二重积分交换积分次序的方法由里向外进行．

【证明】 因为 $\displaystyle\int_0^x \mathrm{d}y\int_0^y f(z)\,\mathrm{d}z = \int_0^x \mathrm{d}z\int_z^x f(z)\,\mathrm{d}y = \int_0^x (x-z)f(z)\,\mathrm{d}z$，

所以 $\displaystyle\int_0^t \mathrm{d}x\int_0^x \mathrm{d}y\int_0^y f(z)\,\mathrm{d}z = \int_0^t \mathrm{d}x\int_0^x (x-z)f(z)\,\mathrm{d}z = \int_0^t \mathrm{d}z\int_z^t (x-z)f(z)\,\mathrm{d}x$

$$=\int_0^t f(z)\,\frac{1}{2}(x-z)^2\,\Big|_z^t\,\mathrm{d}z = \frac{1}{2}\int_0^t (t-z)^2 f(z)\,\mathrm{d}z\,.$$

【例 23】 设 $f(x)$ 为连续函数且恒大于零，记

$$F(t)=\frac{\displaystyle\iiint\limits_{\Omega(t)} f(x^2+y^2+z^2)\,\mathrm{d}v}{\displaystyle\iint\limits_{D(t)} f(x^2+y^2)\,\mathrm{d}\sigma}\,,\qquad G(t)=\frac{\displaystyle\iint\limits_{D(t)} f(x^2+y^2)\,\mathrm{d}\sigma}{\displaystyle\int_{-t}^t f(x^2)\,\mathrm{d}x}\,,$$

其中 $\Omega(t):x^2+y^2+z^2\leqslant t^2$；$D(t):x^2+y^2\leqslant t^2$．

（1）讨论 $F(t)$ 在区间 $(0,+\infty)$ 内的单调性；

（2）证明当 $t>0$ 时，$F(t)>\dfrac{2}{\pi}G(t)$．

【解】 （1）因为 $F(t)=\dfrac{\displaystyle\int_0^{\pi}\mathrm{d}\varphi\int_0^{2\pi}\mathrm{d}\theta\int_0^t f(r^2)r^2\sin\varphi\,\mathrm{d}r}{\displaystyle\int_0^{2\pi}\mathrm{d}\theta\int_0^t f(r^2)r\,\mathrm{d}r}=\dfrac{2\displaystyle\int_0^t f(r^2)r^2\,\mathrm{d}r}{\displaystyle\int_0^t f(r^2)r\,\mathrm{d}r}\,,$

$$F'(t)=\frac{2\left[t^2 f(t^2)\displaystyle\int_0^t f(r^2)r\,\mathrm{d}r - t f(t^2)\displaystyle\int_0^t f(r^2)r^2\,\mathrm{d}r\right]}{\left[\displaystyle\int_0^t f(r^2)r\,\mathrm{d}r\right]^2}=\frac{2t f(t^2)\displaystyle\int_0^t f(r^2)r(t-r)\,\mathrm{d}r}{\left[\displaystyle\int_0^t f(r^2)r\,\mathrm{d}r\right]^2}\,,$$

所以在区间 $(0,+\infty)$ 上 $F'(t)>0$，故 $F(t)$ 在区间 $(0,+\infty)$ 内单调增加．

（2）因为 $G(t)=\dfrac{\displaystyle\int_0^{2\pi}\mathrm{d}\theta\int_0^t f(r^2)r\,\mathrm{d}r}{\displaystyle\int_{-t}^t f(x^2)\,\mathrm{d}x}=\dfrac{2\pi\displaystyle\int_0^t f(r^2)r\,\mathrm{d}r}{2\displaystyle\int_0^t f(r^2)\,\mathrm{d}r}=\dfrac{\pi\displaystyle\int_0^t f(r^2)r\,\mathrm{d}r}{\displaystyle\int_0^t f(r^2)\,\mathrm{d}r}\,,$

要证明当 $t>0$ 时 $F(t)>\dfrac{2}{\pi}G(t)$，只要证明 $t>0$ 时，$F(t)-\dfrac{2}{\pi}G(t)>0$ 即可，也即

$$\int_0^t f(r^2)r^2\,\mathrm{d}r\int_0^t f(r^2)\,\mathrm{d}r - \left[\int_0^t f(r^2)r\,\mathrm{d}r\right]^2 > 0\,.$$

令 $g(t)=\int_0^t f(r^2)r^2\mathrm{d}r\int_0^t f(r^2)\mathrm{d}r-\left[\int_0^t f(r^2)r\mathrm{d}r\right]^2$，则

$$g'(t)=t^2f(t^2)\int_0^t f(r^2)\mathrm{d}r+f(t^2)\int_0^t f(r^2)r^2\mathrm{d}r-2tf(t^2)\int_0^t f(r^2)r\mathrm{d}r$$

$$=f(t^2)\int_0^t f(r^2)(t-r)^2\mathrm{d}r>0.$$

故 $g(t)$ 在区间 $(0,+\infty)$ 内的单调增加．因为 $g(t)$ 在 $t=0$ 处连续，所以当 $t>0$ 时，有 $g(t)>g(0)$．又 $g(0)=0$，故当 $t>0$ 时，$g(t)>0$．

因此，当 $t>0$ 时，$F(t)>\dfrac{2}{\pi}G(t)$．

【例 24】 求函数 $f(t)$，使 $f(t)$ 在 $[0,+\infty)$ 上连续，且满足方程

$$f(t)=\mathrm{e}^{4\pi t^2}+\iint\limits_{x^2+y^2\leqslant 4t^2}f\left(\frac{1}{2}\sqrt{x^2+y^2}\right)\mathrm{d}x\,\mathrm{d}y.$$

分析： 已知等式可看成一个积分方程，不过这里是二重积分．根据被积函数或积分区域的特点，可以先用极坐标把二重积分化为变上限定积分，再求导得微分方程．

【解】 由于 $\iint\limits_{x^2+y^2\leqslant 4t^2}f\left(\frac{1}{2}\sqrt{x^2+y^2}\right)\mathrm{d}x\,\mathrm{d}y=\int_0^{2\pi}\mathrm{d}\theta\int_0^{2t}f\left(\frac{1}{2}\rho\right)\rho\,\mathrm{d}\rho=2\pi\int_0^{2t}\rho f\left(\frac{\rho}{2}\right)\mathrm{d}\rho$，

因此有

$$f(t)=\mathrm{e}^{4\pi t^2}+2\pi\int_0^{2t}\rho f\left(\frac{\rho}{2}\right)\mathrm{d}\rho,$$

求导得 $\qquad f'(t)=8\pi t\mathrm{e}^{4\pi t^2}+8\pi tf(t)$，即 $\quad f'(t)-8\pi tf(t)=8\pi t\mathrm{e}^{4\pi t^2}$．

这是关于 $f(t)$ 的一阶线性非齐次方程，通解为

$$f(t)=\mathrm{e}^{\int 8\pi t\mathrm{d}t}\left(\int 8\pi t\mathrm{e}^{4\pi t^2}\mathrm{e}^{-\int 8\pi t\mathrm{d}t}\,\mathrm{d}t+C\right)=(4\pi t^2+C)\mathrm{e}^{4\pi t^2}.$$

在原方程中，令 $t=0$，得 $f(0)=1$，代入通解中，定出 $C=1$，故所求函数为

$$f(t)=(4\pi t^2+1)\mathrm{e}^{4\pi t^2}.$$

三、重积分的应用

【例 25】 设半径为 R 的球面 Σ 的球心在定球面 $x^2+y^2+z^2=a^2(a>0)$ 上，当 R 取什么值时，球面 Σ 在定球面内部的那部分面积最大？

分析： ① 要求曲面面积，关键在于两点，一是确定该曲面的方程，二是曲面在坐标面上的投影区域，然后根据曲面面积公式计算曲面面积．

② 只要把球面 Σ 在定球面内部的那部分面积用 R 的函数 $S(R)$ 表示出来，再利用一元函数求极值的方法就能解决了．

③ 根据曲面面积计算公式需要知道曲面 Σ 的方程，由于球面的对称性，只要 R 确定，不论 Σ 的球心位于定球面何处，Σ 在定球面内部的那部分面积都是一样的，因此，不失一般性，可取 Σ 的最简单形式，即球心在 z 轴上的点 $(0,0,a)$ 处．

【解】 设球面 Σ 的方程为 $x^2+y^2+(z-a)^2=R^2$，两球面的交线在 xOy 面上的投影为

$$\begin{cases}x^2+y^2=\dfrac{R^2}{4a^2}(4a^2-R^2),\\ z=0,\end{cases}$$

它在 xOy 面上围成的平面区域为 $D:x^2+y^2\leqslant\dfrac{R^2}{4a^2}(4a^2-R^2)$，$\Sigma$ 在定球面内部的那部分曲面方程为

$$z = a - \sqrt{R^2 - x^2 - y^2},$$

因此 Σ 在定球面内部的那部分面积为

$$S(R) = \iint\limits_{D} \sqrt{1 + z_x^2 + z_y^2}\, dx\, dy = \iint\limits_{D} \frac{R}{\sqrt{R^2 - x^2 - y^2}}\, dx\, dy \quad \text{（利用极坐标）}$$

$$= \int_0^{2\pi} d\theta \int_0^{\frac{R}{2a}\sqrt{4a^2 - R^2}} \frac{R}{\sqrt{R^2 - \rho^2}} \rho\, d\rho = 2\pi R^2 - \frac{\pi R^3}{a}.$$

令 $S'(R) = 4\pi R - \dfrac{3\pi R^2}{a} = 0$，得驻点 $R_1 = \dfrac{4}{3}a$，$R_2 = 0$（舍去）.

又 $S''(R) = 4\pi - \dfrac{6\pi R}{a}$，$S''\left(\dfrac{4}{3}a\right) = -4\pi < 0$，因此 $S\left(\dfrac{4}{3}a\right)$ 为极大值，由唯一性知其为最

大值. 所以当 $R = \dfrac{4}{3}a$ 时，球面 Σ 在定球面内部的那部分面积最大.

【例 26】 证明：抛物面 $z = x^2 + y^2 + 1$ 上任意点处的切平面与抛物面 $z = x^2 + y^2$ 所围成的立体体积是一定值.

【证明】 在抛物面 $z = x^2 + y^2 + 1$ 上任取一点 $M(x_0, y_0, z_0)$，则过 M 之切平面方程为
$$2x_0(x - x_0) + 2y_0(y - y_0) = z - z_0,$$
与 $z = x^2 + y^2$ 联立，有

$$\begin{cases} 2x_0(x - x_0) + 2y_0(y - y_0) = z - z_0, \\ z = x^2 + y^2, \end{cases}$$

注意到 $z_0 = x_0^2 + y_0^2 + 1$，因此

$$2x_0(x - x_0) + 2y_0(y - y_0) = x^2 + y^2 - (x_0^2 + y_0^2 + 1), \quad \text{即} \quad (x - x_0)^2 + (y - y_0)^2 = 1.$$

这说明切平面与抛物面 $z = x^2 + y^2$ 交于上述圆柱面上，交线在 xOy 面上的投影区域为
$$D: (x - x_0)^2 + (y - y_0)^2 \leqslant 1.$$
因此切平面与抛物面 $z = x^2 + y^2$ 所围成的立体体积为

$$V = \iint\limits_{D} [x_0^2 + y_0^2 + 1 + 2x_0(x - x_0) + 2y_0(y - y_0)] - (x^2 + y^2)\, dx\, dy$$

$$= \iint\limits_{D} \{1 - [(x - x_0)^2 + (y - y_0)^2]\}\, dx\, dy.$$

作坐标变换 $x - x_0 = u$，$y - y_0 = v$，$J = \dfrac{\partial(x, y)}{\partial(u, v)} = 1$，则积分区域成为 $D': u^2 + v^2 \leqslant 1$，因此

$$V = \iint\limits_{D'} [1 - (u^2 + v^2)]\, dx\, dy = \pi - \int_0^{2\pi} d\theta \int_0^1 \rho^2 \cdot \rho\, d\rho = \frac{\pi}{2}.$$

【例 27】 设半径为 a 的圆盘，其各点密度与到圆心的距离成反比（设比例系数为 1），令内切于圆盘截去半径为 $\dfrac{a}{2}$ 的小圆，求余下圆盘的重心坐标.

【解】 以圆盘中心为坐标原点，x 轴通过两圆心，切去的小圆在 y 的左侧，建立坐标系，如图 10-26，则密度函数为 $\mu = \dfrac{1}{\sqrt{x^2 + y^2}}$. 由公式得

$$M = \iint\limits_{D} \frac{dx\, dy}{\sqrt{x^2 + y^2}} = \int_{-\frac{\pi}{2}}^{\frac{\pi}{2}} d\theta \int_0^a \frac{1}{\rho} \rho\, d\rho + \int_{\frac{\pi}{2}}^{\frac{3\pi}{2}} d\theta \int_{-a\cos\theta}^a \frac{1}{\rho} \rho\, d\rho$$

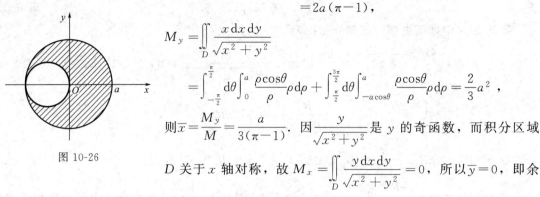

图 10-26

$$= 2a(\pi - 1),$$

$$M_y = \iint\limits_D \frac{x\,\mathrm{d}x\,\mathrm{d}y}{\sqrt{x^2 + y^2}}$$

$$= \int_{-\frac{\pi}{2}}^{\frac{\pi}{2}} \mathrm{d}\theta \int_0^a \frac{\rho\cos\theta}{\rho}\rho\,\mathrm{d}\rho + \int_{\frac{\pi}{2}}^{\frac{3\pi}{2}} \mathrm{d}\theta \int_{-a\cos\theta}^a \frac{\rho\cos\theta}{\rho}\rho\,\mathrm{d}\rho = \frac{2}{3}a^2,$$

则 $\overline{x} = \dfrac{M_y}{M} = \dfrac{a}{3(\pi - 1)}$. 因 $\dfrac{y}{\sqrt{x^2 + y^2}}$ 是 y 的奇函数，而积分区域

D 关于 x 轴对称，故 $M_x = \iint\limits_D \dfrac{y\,\mathrm{d}x\,\mathrm{d}y}{\sqrt{x^2 + y^2}} = 0$，所以 $\overline{y} = 0$，即余

下圆盘的重心坐标为 $\left(\dfrac{a}{3(\pi - 1)}, 0\right)$.

【例 28】 质量均匀分布的几何体 Ω 由半径为 R 的上半球体与半径为 R 的圆柱体（圆柱体的底面与半球体的底面相接）组成，欲使 Ω 的重心位于球心处，则圆柱体的高应为多少？

【解】 取球心为坐标原点，球体的底面在 xOy 面上，建立空间直角坐标系，则 Ω 的上半球体的方程为 $x^2 + y^2 + z^2 \leqslant R^2$，$z \geqslant 0$，$\Omega$ 的下部分圆柱体方程为 $x^2 + y^2 \leqslant R^2$，$-h \leqslant z \leqslant 0$ $(h > 0)$. 由对称性知，无论 h 为多少，均有 $\overline{x} = 0$，$\overline{y} = 0$，因此只要取适当的 h，使得 $\overline{z} = 0$ 即可，也即只需要 $\iiint\limits_\Omega z\,\mathrm{d}x\,\mathrm{d}y\,\mathrm{d}z = 0$. 而

$$\iiint\limits_\Omega z\,\mathrm{d}x\,\mathrm{d}y\,\mathrm{d}z = \iiint\limits_{\Omega_{\pm}} z\,\mathrm{d}x\,\mathrm{d}y\,\mathrm{d}z + \iiint\limits_{\Omega_{\mp}} z\,\mathrm{d}x\,\mathrm{d}y\,\mathrm{d}z$$

$$= \int_0^{2\pi} \mathrm{d}\theta \int_0^{\frac{\pi}{2}} \mathrm{d}\varphi \int_0^R r\cos\varphi \cdot r^2\sin\varphi\,\mathrm{d}r + \int_0^{2\pi} \mathrm{d}\theta \int_0^R \rho\,\mathrm{d}\rho \int_{-h}^0 z\rho\,\mathrm{d}z$$

$$= 2\pi \cdot \frac{1}{2} \cdot \frac{R^4}{4} + 2\pi \cdot \frac{R^2}{2} \cdot \left(-\frac{h^2}{2}\right) = \frac{\pi R^4}{4} - \frac{\pi R^2 h^2}{2},$$

所以欲使 $\iiint\limits_\Omega z\,\mathrm{d}x\,\mathrm{d}y\,\mathrm{d}z = 0$，只要 $\dfrac{\pi R^4}{4} - \dfrac{\pi R^2 h^2}{2} = 0$，即 $h = \dfrac{R}{\sqrt{2}}$，也即当圆柱体的高为 $h = \dfrac{R}{\sqrt{2}}$ 时，可使 Ω 的重心位于球心处.

【例 29】 求曲线 $y = f(x) \geqslant 0$ 的方程，使曲线 $y = f(x)$ 与两个坐标轴及过点 $(x, 0)$ $(x > 0)$ 的垂直于 x 轴的直线所围成的曲边梯形，绕 x 轴旋转所形成的旋转体的形心（即重心）的横坐标等于 $\dfrac{4}{5}x$.

【解】 旋转体的体积 $V = \pi \int_0^x f^2(x)\,\mathrm{d}x$，由已知，$\dfrac{1}{V}\iiint\limits_V x\,\mathrm{d}x\,\mathrm{d}y\,\mathrm{d}z = \dfrac{4}{5}x$，又

$$\iiint\limits_V x\,\mathrm{d}x\,\mathrm{d}y\,\mathrm{d}z = \int_0^x x\,\mathrm{d}x \iint\limits_{D_x} \mathrm{d}y\,\mathrm{d}z = \int_0^x x\pi f^2(x)\,\mathrm{d}x,$$

故有

$$\pi \int_0^x x f^2(x)\,\mathrm{d}x = \frac{4}{5}x\pi \int_0^x f^2(x)\,\mathrm{d}x,$$

两边对 x 求导得微分方程

$$\frac{\mathrm{d}f(x)}{f(x)} = \frac{3}{2x}\mathrm{d}x,$$

因此得

$$f(x) = Cx^{\frac{3}{2}} \quad (C \text{ 是任意常数}).$$

【例30】　求由曲线 $y^2 = x$ 与直线 $x = 1$ 所围成的平面均匀薄片（μ 为常数）对于通过坐标原点的任一直线的转动惯量，并讨论在何种情况下，取得最大值或最小值.

【解】　设过原点的任一直线为 $y = kx$，平面薄片上任一点（x, y）到该直线的距离为 $d = \dfrac{|y - kx|}{\sqrt{1 + k^2}}$，则由转动惯量的计算公式得

$$I_k = \mu \iint\limits_{D} \left(\frac{|y - kx|}{\sqrt{1 + k^2}} \right)^2 \mathrm{d}\sigma = \frac{\mu}{1 + k^2} \iint\limits_{D} (y^2 - 2kxy + k^2 x^2) \mathrm{d}\sigma,$$

其中积分区域 D：$-\sqrt{x} \leqslant y \leqslant \sqrt{x}$，$0 \leqslant x \leqslant 1$，如图 10-27 所示，它关于 x 轴对称，而被积函数 $y^2 - 2kxy + k^2 x^2$ 中，y^2，$k^2 x^2$ 是关于 y 的偶函数，$-2kxy$ 是关于 y 的奇函数，于是

$$I_k = \frac{\mu}{1 + k^2} \iint\limits_{D} (y^2 + k^2 x^2) \mathrm{d}\sigma = \frac{2\mu}{1 + k^2} \int_0^1 \mathrm{d}x \int_0^{\sqrt{x}} (y^2 + k^2 x^2) \mathrm{d}x$$

$$= \frac{2\mu}{1 + k^2} \int_0^1 \left(\frac{1}{3} x^{\frac{3}{2}} + k^2 x^{\frac{5}{2}} \right) \mathrm{d}x = \frac{4\mu}{1 + k^2} \left(\frac{1}{15} + \frac{1}{7} k^2 \right).$$

显然，当 $k = 0$ 时，平面薄片绕 x 轴的转动惯量最小，且 $I_{\min} = \dfrac{4}{15} \mu$；当 $k \to \infty$ 时，平面薄片绕 y 轴的转动惯量最大，且 $I_{\max} = \dfrac{4}{7} \mu$.

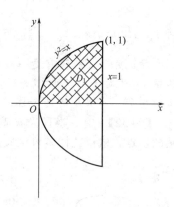

图 10-27

【例31】　已知球上任一点的密度与该点到球心的距离成正比，求此球关于切线的转动惯量.

分析：从一元函数定积分应用到多元函数重积分应用，许多公式都是通过"微元"法推导出来的，在积分的应用中，这种取"微元"的方法是非常必要和有用的，希望读者能从以下两例中认真体会取"微元"的基本思想.

【解】　设球面的方程为 $x^2 + y^2 + z^2 = a^2$，依题意，球上任一点 $M(x, y, z)$ 处的密度为 $\mu = k\sqrt{x^2 + y^2 + z^2}$（$k > 0$ 为常数）. 由于对称性，不失一般性，设切线方程为 L：$\begin{cases} x = a, \\ y = 0. \end{cases}$

在球体上任取一微元 $\mathrm{d}v = \mathrm{d}x\mathrm{d}y\mathrm{d}z$，质量为 $\mathrm{d}m = \mu\mathrm{d}v = k\sqrt{x^2 + y^2 + z^2}\,\mathrm{d}x\mathrm{d}y\mathrm{d}z$，设其集中在点 $M(x, y, z)$，而点 $M(x, y, z)$ 到直线 L 的距离为 $D = \sqrt{(x - a)^2 + y^2}$，所以"微转动惯量"为 $\mathrm{d}I_L = D^2\mathrm{d}m = k[(x - a)^2 + y^2]\sqrt{x^2 + y^2 + z^2}\,\mathrm{d}x\mathrm{d}y\mathrm{d}z$，因此有

$$I_L = \iiint\limits_{\Omega} k[(x - a)^2 + y^2]\sqrt{x^2 + y^2 + z^2}\,\mathrm{d}x\mathrm{d}y\mathrm{d}z$$

$$= \iiint\limits_{\Omega} k(x^2 - 2ax + a^2 + y^2)\sqrt{x^2 + y^2 + z^2}\,\mathrm{d}x\mathrm{d}y\mathrm{d}z.$$

考虑到积分区域的对称性，所以积分 $\iiint\limits_{\Omega} 2kax\sqrt{x^2 + y^2 + z^2}\,\mathrm{d}x\mathrm{d}y\mathrm{d}z = 0$，因此

$$I_L = \iiint\limits_{\Omega} k(x^2 + y^2 + a^2)\sqrt{x^2 + y^2 + z^2}\,\mathrm{d}x\mathrm{d}y\mathrm{d}z$$

$$= k \int_0^{2\pi} \mathrm{d}\theta \int_0^{\pi} \mathrm{d}\varphi \int_0^a (r^2 \sin^2\varphi + a^2) r \cdot r^2 \sin\varphi \mathrm{d}r$$

$$= 2\pi k \left(\int_0^\pi \sin\varphi \sin^2\varphi \, d\varphi \int_0^a r^5 \, dr + \int_0^\pi \sin\varphi \, d\varphi \cdot a^2 \int_0^a r^3 \, dr \right)$$

$$= 2\pi k \left(\frac{4}{9} a^6 + \frac{1}{2} a^6 \right) = \frac{13}{9} \pi k a^6 .$$

由于球的质量为

$$M = \iiint_\Omega k \sqrt{x^2 + y^2 + z^2} \, dx \, dy \, dz = k \int_0^{2\pi} d\theta \int_0^\pi d\varphi \int_0^a r \cdot r^2 \sin\varphi \, dr$$

$$= 2\pi k \left(\int_0^\pi \sin\varphi \, d\varphi \int_0^a r^3 \, dr \right) = \pi k a^4 ,$$

故 $I_L = \frac{13}{9} \pi k a^6 = \frac{13}{9} a^2 \cdot \pi k a^4 = \frac{13}{9} a^2 M.$

注：关于此题还有更一般的结论，空间几何体对于某轴 L 的转动惯量 $I_L = I_{L'} + MD^2$，其中 $I_{L'}$ 为对于平行于 L 并通过物体重心的轴 L' 的转动惯量，D 为两轴间的距离，M 为物体的质量．有兴趣的读者自证之．

【例 32】 有一半径为 R 高为 H 的均匀圆柱体，其中心轴上低于下底为 a 处有一质量为 m 的质点，试求此柱体对该质点的引力．

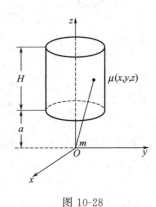

图 10-28

【解】 以质点为原点，圆柱体 Ω 的中心轴为 Oz 轴，建立直角坐标系如图 10-28 所示，由 Ω 的对称性知，圆柱体对质点的引力 $\boldsymbol{F}$ 在 Ox 轴及 Oy 轴上的投影均为零，即 $F_x = 0$，$F_y = 0$，由于 Ω 上任意一点到质点的距离为 $d = \sqrt{x^2 + y^2 + z^2}$，于是引力的"微元"为 $d|\boldsymbol{F}| = G \dfrac{m\mu \, dx \, dy \, dz}{x^2 + y^2 + z^2}$，其中 G 为比例系数，μ 为密度．它在 Oz 轴上的投影为

$$dF_z = G \frac{m\mu \, dx \, dy \, dz}{x^2 + y^2 + z^2} \frac{z}{\sqrt{x^2 + y^2 + z^2}}$$

$$= G \frac{m\mu z \, dx \, dy \, dz}{(x^2 + y^2 + z^2)^{3/2}} .$$

用柱面坐标计算，可得

$$F_z = \iiint_\Omega G \frac{m\mu z \, dx \, dy \, dz}{(x^2 + y^2 + z^2)^{3/2}} = m\mu G \iiint_\Omega \frac{z\rho}{(\rho^2 + z^2)^{3/2}} \, d\theta \, d\rho \, dz$$

$$= m\mu G \int_0^{2\pi} d\theta \int_0^R dr \int_a^{a+H} \frac{z\rho}{(\rho^2 + z^2)^{3/2}} \, dz$$

$$= 2\pi m\mu G \left[H - \sqrt{R^2 + (a+H)^2} + \sqrt{R^2 + a^2} \right]$$

故在所选的坐标系下，所求的引力 $\boldsymbol{F}$ 为

$$\boldsymbol{F} = \left(0, 0, 2\pi m\mu G \left[H - \sqrt{R^2 + (a+H)^2} + \sqrt{R^2 + a^2} \right] \right).$$

第五节　同步练习题

1. 交换下列积分次序：

(1) $\displaystyle\int_0^{2a} dx \int_{\sqrt{2ax - x^2}}^{\sqrt{2ax}} f(x,y) \, dy \, (a > 0)$；　(2) $\displaystyle\int_0^1 dx \int_0^{x^2} f(x,y) \, dy + \int_1^3 dx \int_0^{\frac{1}{2}(3-x)} f(x,y) \, dy$；

(3) $\displaystyle\int_0^1 dy \int_{\frac{1}{2}y^2}^{\sqrt{3-y^2}} f(x,y) \, dx$；　　　　(4) $\displaystyle\int_{-\frac{\pi}{4}}^{\frac{\pi}{4}} d\theta \int_0^{2a\cos\theta} f(r\cos\theta, r\sin\theta) r \, dr$．

2. 计算积分：$\int_{\frac{1}{4}}^{\frac{1}{2}} dy \int_{\frac{1}{2}}^{\sqrt{y}} e^{\frac{y}{x}} dx + \int_{\frac{1}{2}}^{1} dy \int_{y}^{\sqrt{y}} e^{\frac{y}{x}} dx$.

3. 计算积分：$\iint\limits_{D} \dfrac{x}{y+x} dxdy$ ，其中 D 是由 $y=x^2+1$，$y=2x$ 及 $x=0$ 所围成．

4. 计算积分：$\iint\limits_{D} |\cos(x+y)| dxdy$ ，其中 D 是由直线 $y=x$，$y=0$ 及 $x=\dfrac{\pi}{2}$ 所围成．

5. 证明：$\int_{a}^{b} dx \int_{a}^{x} (x-y)^{n-1} f(y) dy = \dfrac{1}{n} \int_{a}^{b} (b-y)^n f(y) dy$ ，其中 n 为大于 0 的正整数，a，b 为常数．

6. 设 $f(u)$ 是连续函数，证明：$\iint\limits_{D} f(x-y) dxdy = \int_{-a}^{a} f(u)(a-|u|) du$ ，其中 D 为 $|x| \leqslant \dfrac{a}{2}$，$|y| \leqslant \dfrac{a}{2}$，$a>0$ 为常数．

7. 设 $f(x)$ 在 $[a,b]$ 上连续，证明：$\left(\int_{a}^{b} f(x) dx\right)^2 \leqslant (b-a)\int_{a}^{b} f^2(x) dx$.

8. 化积分 $\int_{0}^{2R} dy \int_{0}^{\sqrt{2Ry-y^2}} (x^2+y^2) dx$ 为极坐标形式，并计算积分值．

9. 计算下列积分：

(1) $\iint\limits_{D} \arctan \dfrac{y}{x} dxdy$，$D$：$1 \leqslant x^2+y^2 \leqslant 4, 0 \leqslant y \leqslant x$ ；

(2) $\iint\limits_{D} \sqrt{\dfrac{1-x^2-y^2}{1+x^2+y^2}} dxdy$ ，D 由圆周 $x^2+y^2=1$ 及坐标轴所围的在第一象限内的闭区域；

(3) $\iint\limits_{D} \sqrt{a^2-x^2-y^2} dxdy$ ，D 由双纽线 $(x^2+y^2)^2=a^2(x^2-y^2)(a>0)$ 所围的 $x \geqslant 0$ 部分.

10. 选用适当的坐标变换，计算下列积分：

(1) $\iint\limits_{D} \left(\dfrac{x^2}{a^2}+\dfrac{y^2}{b^2}\right) dxdy$ ，其中 D 为区域 $\dfrac{x^2}{a^2}+\dfrac{y^2}{b^2} \leqslant 1$；

(2) $\iint\limits_{D} (x+y)^2(x-y)^2 dxdy$ ，其中 D 是由直线 $x+y=1$，$x+y=3$，$x-y=-1$ 及 $x-y=1$ 所围成．

11. 计算 $\iiint\limits_{\Omega} xy^2z^3 dv$ ，其中 Ω 是由曲面 $z=xy$ 和平面 $y=x$，$y=1$，$z=0$ 所围成的空间闭区域．

12. 计算 $\iiint\limits_{\Omega} y\sqrt{1-x^2} dv$ ，其中 Ω 由曲面 $y=\sqrt{1-x^2-z^2}$、$x^2+z^2=1$，$y=1$ 所围成．

13. 计算 $\iiint\limits_{\Omega} z^2 dxdydz$ ，其中 Ω 是 $x^2+y^2+z^2 \leqslant a^2$ 和 $x^2+y^2+(z-a)^2 \leqslant a^2$ 的公共部分．

14. 计算 $I=\iiint\limits_{\Omega} (x^2+y^2) dxdydz$ ，其中 Ω 是由平面曲线 $\begin{cases} y^2=2z, \\ x=0 \end{cases}$ 绕 z 轴旋转一周形成的曲面与平面 $z=2$，$z=8$ 所围成的区域．

15. 计算 $\int_{-1}^{1} dx \int_{0}^{\sqrt{1-x^2}} dy \int_{1}^{1+\sqrt{1-x^2-y^2}} \dfrac{dz}{\sqrt{x^2+y^2+z^2}}$.

16. 计算 $I = \iiint\limits_{\Omega} xyz\,dx\,dy\,dz$，其中 Ω 为曲面 $z = \sqrt{1-x^2-y^2}$ 和三坐标面在第一卦限内所围成的区域．

17. 计算 $I = \iiint\limits_{\Omega} z\,dx\,dy\,dz$，其中 Ω 为曲面 $z = \sqrt{1-x^2-y^2}$，$z = \sqrt{x^2+y^2}$ 和平面 $z = 2$ 所围成的区域．

18. 计算 $I = \iiint\limits_{\Omega} |z - \sqrt{x^2+y^2}|\,dx\,dy\,dz$，其中 Ω 为曲面 $x^2+y^2=2$ 和平面 $z=0$、$z=1$ 所围成的闭区域．

19. 求闭曲线 $(x^2+y^2)^3 = a^2(x^4+y^4)$ 所围成图形的面积．

20. 求曲面 $x^2+y^2=2ax\,(a>0)$ 和平面 $z=bx$，$z=cx$ $(b>c>0$，常数）所围成立体的体积.

21. 求曲面 $x^2+y^2=az\,(a>0)$ 被曲面 $z=2a-\sqrt{x^2+y^2}$ 所截下部分的面积．

22. 质量均匀分布平面薄片，在 xOy 面上占有区域 D 为由半径为 R 的上半圆和一边长为 $2R$ 的矩形组成，欲使 D 的重心位于圆心处，问矩形的另一边长为多少？

23. 设有一半径为 R 的球体，M 是此球面上的一个定点，球体上任一点的密度与该点到 M 的距离的平方成正比（比例系数 $k>0$），求球体重心位置．

24. 设一曲线 $y=\ln x$、x 轴及 $x=e$ 所围成的均匀薄板，面密度为 1，求此薄板绕直线 $x=t$ 旋转的转动惯量最小值．

25. 求高为 h，半顶角为 α，密度为 μ 的均匀圆锥体对于位于其顶点的一单位质量的质点的引力．

第六节　自我测试题

一、测试题 A

1. 填空题

(1) 交换积分次序：$\int_0^1 dy \int_{\sqrt{y}}^{\sqrt{2-y^2}} f(x,y)\,dx = $_____．

(2) $\iint\limits_{x^2+y^2\leqslant a^2} |xy|\,d\sigma = $_____．

(3) 化三重积分 $I = \iiint\limits_{\Omega} f(x,y,z)\,dv$ 为直角坐标系下的三次积分，其中 Ω 由曲面 $z=xy$ 与平面 $x+y=1$，$z=0$ 所围成，则 $I = $_____．

(4) $\iiint\limits_{x^2+y^2+z^2\leqslant 1}\left[\dfrac{z^3\ln(x^2+y^2+z^2+1)}{x^2+y^2+z^2+1}+1\right]dx\,dy\,dz = $_____．

2. 选择题

(1) 设 D 是矩形区域 $0\leqslant x\leqslant \pi$，$0\leqslant y\leqslant \pi$，则二重积分 $\iint\limits_{D}\sin x\sin y\cdot\max\{x,y\}\,d\sigma = $（　　）．

　　(A) π；　　　　(B) $\dfrac{5\pi}{2}$；　　　　(C) $\dfrac{5\pi}{3}$；　　　　(D) $\dfrac{5\pi}{4}$．

(2) 累次积分 $\int_0^{\frac{\pi}{2}}d\theta\int_0^{\cos\theta} f(\rho\cos\theta,\rho\sin\theta)\rho\,d\rho$ 可以写成（　　）．

(A) $\int_0^1 dy \int_0^{\sqrt{y-y^2}} f(x,y)dx$;　　　　　(B) $\int_0^1 dy \int_0^{\sqrt{1-y^2}} f(x,y)dx$;

(C) $\int_0^1 dx \int_0^1 f(x,y)dy$;　　　　　(D) $\int_0^1 dx \int_0^{\sqrt{x-x^2}} f(x,y)dy$.

(3) 设积分区域 Ω 为 $x^2+y^2+z^2 \leqslant 1$, Ω_1 为 Ω 的 $z \geqslant 0$ 部分, 以下不等式不成立的是 ( ).

(A) $\iiint\limits_{\Omega} x^2 y^2 z \, dv = 0$;　　　　　(B) $\iiint\limits_{\Omega} yz^2 \, dv = 0$;

(C) $\iiint\limits_{\Omega_1} x^2 y^2 z \, dv = 0$;　　　　　(D) $\iiint\limits_{\Omega_1} yz^2 \, dv = 0$.

3. 解答题

(1) 计算 $\int_1^3 dx \int_{x-1}^2 e^{y^2} dy$.

(2) 计算积分: $\iint\limits_{D} \dfrac{x^2}{y^2} dx dy$, 其中 D 由曲线 $y=2$ 、$y=x$ 及 $xy=1$ 所围成.

(3) 计算积分: $\iint\limits_{D} |x^2+y^2-2y| dx dy$, 其中 D : $x^2+y^2 \leqslant 4$.

(4) 计算积分: $\iint\limits_{D} r^2 \sin\theta \sqrt{1-r^2\cos2\theta} \, dr d\theta$, 其中 $D = \left\{ (r, \theta) \,\middle|\, 0 \leqslant r \leqslant \sec\theta, \, 0 \leqslant \theta \leqslant \dfrac{\pi}{4} \right\}$.

(5) 计算 $I = \iiint\limits_{\Omega} |\sqrt{x^2+y^2+z^2}-1| dx dy dz$, 其中 Ω 为曲面 $z=\sqrt{x^2+y^2}$ 与 $z=1$ 所围成的区域.

4. 综合题

(1) 求抛物面 $x=\sqrt{y-z^2}$, 柱面 $\dfrac{1}{2}\sqrt{y}=x$ 及平面 $y=1$ 所围成立体的立体体积.

(2) 求由曲面 $x^2+y^2=ax$ 及 $x^2+y^2=\dfrac{a^2}{h^2}z^2 (a>0)$ 所围立体的表面积.

(3) 设立体 Ω 由曲面 $z=2-x^2-y^2$ 和 $z=\sqrt{x^2+y^2}$ 所围成, 其密度为 1, 求 Ω 绕直线 $x=y=z$ 的转动惯量.

(4) 设函数 $f(x)$ 连续, $F(t) = \iiint\limits_{\Omega} [z^2 + f(x^2+y^2)] dx dy dz$, 其中 Ω 由不等式 $0 \leqslant z \leqslant h$, $x^2+y^2 \leqslant t^2$ 所确定, 试求: $\dfrac{dF(t)}{dt}$ 和 $\lim\limits_{t \to 0^+} \dfrac{F(t)}{t^2}$.

5. 证明题

设 $f(x,y,z), g(x,y,z)$ 在有界闭区域 Ω 上连续, $g(x,y,z)$ 不变号, 证明: 必有 $(\xi,\eta,\zeta) \in \Omega$, 使得 $\iiint\limits_{\Omega} f(x,y,z)g(x,y,z) dx dy dz = f(\xi,\eta,\zeta) \iiint\limits_{\Omega} g(x,y,z) dx dy dz$.

二、测试题 B

1. 填空题

(1) 交换积分次序: $\int_0^a dy \int_{-y}^{\sqrt{y}} f(x,y)dx = $ _____ .

(2) $\int_0^1 dx \int_0^1 \dfrac{x^2-y^2}{(x^2+y^2)^2} dy = $ _____ .

(3) 化三重积分 $I = \iiint\limits_{\Omega} f(\sqrt{x^2+y^2+z^2}) dv$ 为柱坐标系下的三次积分, 其中 Ω 由曲面

$z=\sqrt{3(x^2+y^2)}$、$y=x^2+y^2$ 与平面 $z=0$ 所围成，则 $I=$ _____ .

(4) 均匀半球体对称轴为 z 轴，原点取底面圆心，其半径为 R，则重心坐标为____ .

2. 选择题

(1) 设 D 由直线 $x=0$、$y=0$、$x+y=\dfrac{1}{2}$、$x+y=1$ 所围成，记 $I_1=\iint\limits_{D_1}[\ln(x+y)]^9\mathrm{d}\sigma$，

$I_2=\iint\limits_{D_1}(x+y)^9\mathrm{d}\sigma$，$I_3=\iint\limits_{D_1}[\sin(x+y)]^9\mathrm{d}\sigma$，则它们的关系是（ ）.

(A) $I_1<I_2<I_3$;　(B) $I_3<I_2<I_1$;　(C) $I_1<I_3<I_2$;　(D) $I_3<I_1<I_2$.

(2) 若区域 D 为 $(x-1)^2+y^2\leqslant1$，则二重积分 $\iint\limits_{D}f(x,y)\mathrm{d}x\mathrm{d}y$ 化成累次积分为（ ）.

(A) $\displaystyle\int_0^\pi\mathrm{d}\theta\int_0^{2\cos\theta}f(\rho\cos\theta,\rho\sin\theta)\rho\mathrm{d}\rho$;　(B) $\displaystyle\int_{-\pi}^\pi\mathrm{d}\theta\int_0^{2\cos\theta}f(\rho\cos\theta,\rho\sin\theta)\rho\mathrm{d}\rho$;

(C) $\displaystyle\int_{-\frac{\pi}{2}}^{\frac{\pi}{2}}\mathrm{d}\theta\int_0^{2\cos\theta}f(\rho\cos\theta,\rho\sin\theta)\rho\mathrm{d}\rho$;　(D) $2\displaystyle\int_0^{\frac{\pi}{2}}\mathrm{d}\theta\int_0^{2\cos\theta}f(\rho\cos\theta,\rho\sin\theta)\rho\mathrm{d}\rho$.

(3) 设有空间区域 Ω_1：$x^2+y^2+z^2\leqslant R^2$，$z\geqslant0$ 及 Ω_2：$x^2+y^2+z^2\leqslant R^2$，$x\geqslant0$，$y\geqslant0$，$z\geqslant0$ 则（ ）.

(A) $\iiint\limits_{\Omega_1}xyz\mathrm{d}v=4\iiint\limits_{\Omega_2}xyz\mathrm{d}v$;　(B) $\iiint\limits_{\Omega_1}x\mathrm{d}v=4\iiint\limits_{\Omega_2}x\mathrm{d}v$;

(C) $\iiint\limits_{\Omega_1}y\mathrm{d}v=4\iiint\limits_{\Omega_2}y\mathrm{d}v$;　(D) $\iiint\limits_{\Omega_1}z\mathrm{d}v=4\iiint\limits_{\Omega_2}z\mathrm{d}v$.

3. 解答题

(1) 计算 $\displaystyle\int_0^{\frac{\pi^2}{16}}\mathrm{d}y\int_y^{\sqrt{y}}\frac{\cos x}{1-x}\mathrm{d}x+\int_{\frac{\pi^2}{16}}^{\frac{\pi}{4}}\mathrm{d}y\int_y^{\frac{\pi}{4}}\frac{\cos x}{1-x}\mathrm{d}x$.

(2) 设 D：$x^2+y^2\leqslant1$，$x+y\geqslant1$，求 $\iint\limits_{D}\dfrac{x+y}{x^2+y^2}\mathrm{d}x\mathrm{d}y$.

(3) 计算 $\iint\limits_{D}\mathrm{e}^{\frac{y-x}{y+x}}\mathrm{d}x\mathrm{d}y$，其中 D 为直线 $x+y=2$、x 轴、y 轴所围成的区域.

(4) 计算 $I=\iiint\limits_{\Omega}y\sqrt{1-x^2}\mathrm{d}x\mathrm{d}y\mathrm{d}z$，其中 Ω 为曲面 $y=-\sqrt{1-x^2-z^2}$，$x^2+z^2=1$ 与 $y=1$ 所围成的区域.

(5) 计算 $I=\iiint\limits_{\Omega}(x^2+y^2+z)\mathrm{d}x\mathrm{d}y\mathrm{d}z$，其中 Ω 为平面曲线 $\begin{cases}y^2=2z,\\x=0\end{cases}$ 绕 z 轴旋转一周形成的曲面与平面 $z=4$ 所围成的区域.

4. 综合题

(1) 试求由球面 $x^2+y^2+z^2=2$ 及锥面 $z=\sqrt{x^2+y^2}$ 围成较小部分的物体的质量，已知物体在任一点的密度与该点到球心的距离平方成正比且在球面处为1.

(2) 求曲面 $y^2+z^2=2z$ 被锥面 $x^2=y^2+z^2$ 所截的（在圆锥外）的部分曲面面积.

(3) 在半径为 a 的均匀密度（$\mu=$ 常数）的球体内挖去两个相互外切的半径为 $\dfrac{a}{2}$ 的球体，试求剩余部分对于这三个球的公共直径的转动惯量.

(4) 设有密度为 μ 的均匀球锥体，球的半径为 R，锥角（即球锥体的轴截面的扇形的圆

心角）为 $\dfrac{\pi}{3}$，求该球锥体对位于其顶点处质量为 m 的质点的引力．

5. 证明题

（1）利用二重积分证明：xOy 平面上的曲线弧 $y=f(x)[f(x)\geqslant 0]$，$a\leqslant x\leqslant b$ 绕 x 轴旋转所得旋转曲面的面积 $S=2\pi\displaystyle\int_a^b f(x)\sqrt{1+[f'(x)]^2}\,\mathrm{d}x$，其中 $y=f(x)$ 连续可导．

（2）证明：

$$\iiint\limits_{x^2+y^2+z^2\leqslant R^2}\frac{\mathrm{d}x\mathrm{d}y\mathrm{d}z}{\sqrt{(x-a)^2+(y-b)^2+(z-c)^2}}=\frac{4\pi R^3}{3}\frac{1}{\sqrt{a^2+b^2+c^2}\pm\theta R}\quad(0<\theta<1),$$

其中 $a^2+b^2+c^2>R^2$．

第七节　同步练习题答案

1.（1）$\displaystyle\int_0^a\mathrm{d}y\int_{\frac{1}{2a}y^2}^{a-\sqrt{a^2-y^2}}f(x,y)\mathrm{d}x+\int_0^a\mathrm{d}y\int_{a+\sqrt{a^2-y^2}}^{2a}f(x,y)\mathrm{d}x+\int_a^{2a}\mathrm{d}y\int_{\frac{1}{2a}y^2}^{2a}f(x,y)\mathrm{d}x$；

（2）$\displaystyle\int_0^1\mathrm{d}y\int_{\sqrt{y}}^{3-2y}f(x,y)\mathrm{d}x$；

（3）$\displaystyle\int_0^{\frac{1}{2}}\mathrm{d}x\int_0^{\sqrt{2x}}f(x,y)\mathrm{d}y+\int_{\frac{1}{2}}^{\sqrt{2}}\mathrm{d}x\int_0^1 f(x,y)\mathrm{d}y+\int_{\sqrt{2}}^{\sqrt{3}}\mathrm{d}x\int_0^{\sqrt{3-x^2}}f(x,y)\mathrm{d}y$；

（4）$\displaystyle\int_0^{\sqrt{2}a}\mathrm{d}r\int_{-\frac{\pi}{4}}^{\arccos\frac{\rho}{2a}}f(\rho\cos\theta,\rho\sin\theta)\rho\mathrm{d}\theta+\int_{\sqrt{2}a}^{2a}\mathrm{d}r\int_{-\arccos\frac{\rho}{2a}}^{\arccos\frac{\rho}{2a}}f(\rho\cos\theta,\rho\sin\theta)\rho\mathrm{d}\theta$．

2. $\dfrac{3}{8}\mathrm{e}-\dfrac{1}{2}\sqrt{\mathrm{e}}$．　**3.** $\dfrac{9}{8}\ln 3-\ln 2-\dfrac{1}{2}$．　**4.** $\dfrac{\pi}{2}-1$．　**5.**（略）．**6.** 作变量代换 $x=x$，$y=x-u$．

7.（略）．　**8.** $\dfrac{3}{4}\pi R^4$．　**9.**（1）$\dfrac{3}{64}\pi^2$，（2）$\dfrac{\pi}{8}(\pi-2)$，（3）$\dfrac{\pi}{6}a^3-\dfrac{2}{9}a^3(4\sqrt{2}-5)$．

10.（1）令 $x=a\rho\cos\theta$，$y=b\rho\sin\theta$，$\dfrac{1}{2}\pi ab$；（2）令 $u=x+y$，$v=x-y$，$\dfrac{26}{9}$．

11. $\dfrac{1}{312}$．　**12.** $\dfrac{28}{45}$．　**13.** $\dfrac{59}{480}\pi a^5$．　**14.** 336π．　**15.** $\dfrac{\pi}{6}(7-4\sqrt{2})$．　**16.** $\dfrac{1}{48}$．　**17.** $\dfrac{31\pi}{8}$．

18. $\dfrac{1}{6}(8\sqrt{2}-5)\pi$．　**19.** $\dfrac{3}{4}\pi a^2$．　**20.** $(b-c)\pi a^3$．　**21.** $\dfrac{\pi}{6}(5\sqrt{5}-1)a^2$．　**22.** $\sqrt{\dfrac{2}{3}}R$．

23. $\left(0,0,\dfrac{5}{4}R\right)$．

24. $I(t)=t^2-\dfrac{1}{2}(\mathrm{e}^2+1)t+\dfrac{2}{9}\mathrm{e}^3+\dfrac{1}{9}$，$I_{\min}\left[\dfrac{1}{4}(\mathrm{e}^2+1)\right]=\dfrac{2}{9}\mathrm{e}^3-\dfrac{1}{16}(\mathrm{e}^2+1)+\dfrac{1}{9}$．

25. $\boldsymbol{F}=(0,0,2G\mu\pi h(1-\cos\alpha))$．

第八节　自我测试题答案

一、测试题 A 答案

1.（1）$\displaystyle\int_0^1\mathrm{d}x\int_0^{x^2}f(x,y)\mathrm{d}y+\int_1^{\sqrt{2}}\mathrm{d}x\int_0^{\sqrt{2-x^2}}f(x,y)\mathrm{d}y$；（2）$\dfrac{1}{2}a^4$；

(3) $\int_0^1 \mathrm{d}x \int_0^{1-x} \mathrm{d}y \int_0^{xy} f(x,y,z)\mathrm{d}z$; (4) $\dfrac{4}{3}\pi$.

2. (1) (B) ; (2) (D) ; (3) (C).

3. (1) $\dfrac{1}{2}(\mathrm{e}^4-1)$; (2) $\dfrac{27}{64}$; (3) 16π ; (4) $\dfrac{1}{3}-\dfrac{\pi}{16}$; (5) $\dfrac{\pi}{6}(\sqrt{2}-1)$.

4. (1) $\dfrac{1}{2}\left(\dfrac{\pi}{3}-\dfrac{\sqrt{3}}{4}\right)$; (2) $\dfrac{a}{2}(8h+\pi\sqrt{a^2+h^2})$; (3) $\dfrac{83}{90}\pi$;

(4) $\dfrac{\mathrm{d}F(t)}{\mathrm{d}t}=2\pi t\left[\dfrac{h^3}{3}+hf(t^2)\right]$, $\lim\limits_{t\to 0^+}\dfrac{F(t)}{t^2}=\pi\left[\dfrac{h^3}{3}+hf(0)\right]$.

5. (略).

二、测试题 B 答案

1. (1) $\int_{-a}^0 \mathrm{d}x \int_{-x}^a f(x,y)\mathrm{d}y + \int_0^{\sqrt{a}} \mathrm{d}x \int_{x^2}^a f(x,y)\mathrm{d}y$; (2) 0 ;

(3) $\int_0^\pi \mathrm{d}\theta \int_0^{\sin\theta} \rho\mathrm{d}\rho \int_0^{\sqrt{3}\rho} f(\sqrt{\rho^2+z^2})\mathrm{d}z$; (4) $\left(0,0,\dfrac{3}{8}R\right)$.

2. (1) (C) ; (2) (C) ; (3) (D).

3. (1) $\dfrac{\sqrt{2}(4+\pi)}{8}-1$; (2) $2-\dfrac{\pi}{2}$; (3) $\mathrm{e}-\mathrm{e}^{-1}$; (4) $\dfrac{28}{45}$; (5) $\dfrac{256}{3}\pi$.

4. (1) $\dfrac{4}{5}\pi(\sqrt{2}-1)$; (2) 16 ; (3) $\dfrac{1}{2}\pi a^5\rho$; (4) $\boldsymbol{F}=\left(0,0,\dfrac{1}{4}G\rho\pi mR\right)$.

5. (1) (略) ; (2) (略).

第十一章 曲线积分与曲面积分

第一节 基 本 要 求

① 理解两类曲线积分的概念，了解两类曲线积分的性质及两类曲线积分的关系.

② 掌握计算两类曲线积分的方法.

③ 掌握格林公式并会运用平面曲线积分与路径无关的条件，会求全微分的原函数，会求解全微分方程.

④ 了解两类曲面积分的概念、性质及两类曲面积分的关系，掌握计算两类曲面积分的方法，会用高斯公式、斯托克斯公式计算曲面、曲线积分.

⑤ 了解格林公式、高斯公式和斯托克斯公式之间的内在联系.

⑥ 了解散度与旋度的概念，并会计算.

⑦ 会用曲线积分及曲面积分求一些几何量与物理量（平面图形的面积、曲面面积、弧长、质量、重心、转动惯量、引力、功及通量和环流量等）.

第二节 内 容 提 要

1. 两类曲线积分

（1）第一类曲线积分定义和性质

① 定义 设 $f(x,y)$ 是定义在光滑曲线弧 $L=\overset{\frown}{AB}$ 上的有界函数，在 L 上任意插入一个点列 $A=M_0,M_1,\cdots,M_{n-1},M_n=B$，把 L 任意分成 n 个小弧段 $\Delta s_i=\overset{\frown}{M_{i-1}M_i}$，对应的长度仍记为 Δs_i，任取 $P_i(\xi_i,\eta_i)\in\Delta s_i(i=1,2,\cdots,n)$，令 $\lambda=\max\limits_{1\leqslant i\leqslant n}\{\Delta s_i\}$，若极限

$$\lim_{\lambda\to 0}\sum_{i=1}^{n}f(\xi_i,\eta_i)\Delta s_i$$

存在，则称此极限为函数 $f(x,y)$ 在曲线 L 上对弧长的曲线积分，亦称第一类曲线积分，记作 $\int_L f(x,y)\mathrm{d}s$，即

$$\int_L f(x,y)\mathrm{d}s=\lim_{\lambda\to 0}\sum_{i=1}^{n}f(\xi_i,\eta_i)\Delta s_i.$$

② 性质

a. 线性性质 $\forall a,b\in R$，$\int_L[af(x,y)+bg(x,y)]\mathrm{d}s=a\int_L f(x,y)\mathrm{d}s+b\int_L g(x,y)\mathrm{d}s$.

b. 对于积分弧的可加性质 设 L 由两段光滑曲线弧 L_1 及 L_2 连接而成，则

$$\int_L f(x,y)\mathrm{d}s=\int_{L_1} f(x,y)\mathrm{d}s+\int_{L_2} f(x,y)\mathrm{d}s.$$

c. $\int_L \mathrm{d}s=$ 弧段 L 的长.

（2）第一类曲线积分的计算 设平面光滑曲线弧 L 由参数方程 $\begin{cases}x=x(t),\\y=y(t)\end{cases}(\alpha\leqslant t\leqslant\beta)$ 给出，函数 $f(x,y)$ 在 L 上连续，则

$$\int_L f(x,y)\mathrm{d}s=\int_{\alpha}^{\beta} f[x(t),y(t)]\sqrt{x'^2(t)+y'^2(t)}\,\mathrm{d}t,$$

其中 $t=\alpha,\beta$ 分别对应于 L 的两端点，且 $\alpha<\beta$.

如果曲线段 L 的方程为 $y=y(x)(a\leqslant x\leqslant b)$，则视 x 为参数可得

$$\int_L f(x,y)\mathrm{d}s=\int_a^b f[x,y(x)]\sqrt{1+y'^2(x)}\,\mathrm{d}x.$$

如果曲线段 L 的方程是由极坐标给出 $\rho=\rho(\theta)(\alpha\leqslant\theta\leqslant\beta)$，由于 $x(\theta)=\rho(\theta)\cos\theta$，$y(\theta)=\rho(\theta)\sin\theta$，故有

$$\int_L f(x,y)\mathrm{d}s=\int_\alpha^\beta f[\rho(\theta)\cos\theta,\rho(\theta)\sin\theta]\sqrt{\rho^2(\theta)+\rho'^2(\theta)}\,\mathrm{d}\theta.$$

如果空间光滑曲线段 Γ 由参数方程 $x=x(t),y=y(t),z=z(t)(\alpha\leqslant t\leqslant\beta)$ 给出，函数 $f(x,y,z)$ 在 Γ 上连续，则

$$\int_\Gamma f(x,y,z)\mathrm{d}s=\int_\alpha^\beta f[x(t),y(t),z(t)]\sqrt{x'^2(t)+y'^2(t)+z'^2(t)}\,\mathrm{d}t.$$

注：$t=\alpha,\beta$ 对应于曲线 Γ 的端点，且 $\alpha<\beta$.

(3) 第二类曲线积分定义和性质

① 定义　设 L 是从空间点 A 到点 B 的一条光滑有向曲线段，$\boldsymbol{\tau}$ 为 L 上任一点 $K(x,y)$ 处的单位切向量，其指向与曲线 L 从 A 到 B 的方向一致，又设向量函数 $\boldsymbol{F}(x,y)=P(x,y)\boldsymbol{i}+Q(x,y)\boldsymbol{j}$ 在曲线 L 上有界，如果积分 $\int_L[\boldsymbol{F}(x,y)\cdot\boldsymbol{\tau}(x,y)]\mathrm{d}s$ 存在，则称此积分值为向量函数 $\boldsymbol{F}(x,y)$ 在有向曲线段 L 上的第二类曲线积分，记为 $\int_L \boldsymbol{F}(x,y)\cdot\mathrm{d}\boldsymbol{r}$，即

$$\int_L \boldsymbol{F}(x,y)\cdot\mathrm{d}\boldsymbol{r}=\int_L P(x,y)\mathrm{d}x+Q(x,y)\mathrm{d}y$$
$$=\int_L[P(x,y)\cos\alpha+Q(x,y)\cos\beta]\mathrm{d}s.$$

这里 $\mathrm{d}\boldsymbol{r}=\{\mathrm{d}x,\mathrm{d}y\}=\{\cos\alpha\mathrm{d}s,\cos\beta\mathrm{d}s\}=\boldsymbol{\tau}\mathrm{d}s.$

注：第二类曲线积分有两种形式，向量形式 $\int_L \boldsymbol{F}\cdot\mathrm{d}\boldsymbol{r}$ 和数量形式 $\int_L P(x,y)\mathrm{d}x+Q(x,y)\mathrm{d}y$，数量形式便于计算；但向量形式紧凑且物理意义明显. 两种形式都要了解并会相互转化.

② 性质

a. 线性性质.

b. 对于有向曲线弧的可加性　这些与第一类曲线积分类似略去.

c. 有向性　若记 $L^-=\overgroup{BA}$ 为与 $L=\overgroup{AB}$ 弧段相同而方向相反的有向弧段，则有

$$\int_{L^-}\boldsymbol{F}\cdot\mathrm{d}\boldsymbol{r}=-\int_L\boldsymbol{F}\cdot\mathrm{d}\boldsymbol{r}.$$

这是因为 L^- 的切向量与 L 的切向量方向正好相反.

(4) 第二类曲线积分的计算　设有向光滑曲线 L 的参数方程为 $x=x(t),y=y(t)$，且当 t 从 α 变到 β 时，曲线 L 上的点从起点 A 沿曲线 L 移到终点 B，则有

$$\int_L P(x,y)\mathrm{d}x+Q(x,y)\mathrm{d}y=\int_\alpha^\beta\{P[x(t),y(t)]x'(t)+Q[x(t),y(t)]y'(t)\}\mathrm{d}t,$$

其中定积分下限 α 对应 L 的起点，上限 β 对应 L 的终点.

设空间有向光滑曲线 Γ 的参数方程为 $x=x(t)$，$y=y(t)$，$z=x(t)$，且当 t 从 α 变到 β 时，曲线 Γ 上的点从起点 A 沿曲线 Γ 移到终点 B，则有

$$\int_\Gamma P(x,y,z)\mathrm{d}x+Q(x,y,z)\mathrm{d}y+R(x,y,z)\mathrm{d}z$$
$$=\int_\alpha^\beta\{P[x(t),y(t),z(t)]x'(t)+Q[x(t),y(t),z(t)]y'(t)+R[x(t),y(t),z(t)]z'(t)\}\mathrm{d}t,$$

其中定积分下限 α 对应 Γ 的起点，上限 β 对应 Γ 的终点.

（5）两类曲线积分的关系　由第二类曲线积分的定义易得两类曲线积分的关系如下.

若 L 为平面曲线，则

$$\int_L P(x,y)\mathrm{d}x + Q(x,y)\mathrm{d}y = \int_L [P(x,y)\cos\alpha + Q(x,y)\cos\beta]\mathrm{d}s,$$

其中 $\tau=\{\cos\alpha,\cos\beta\}$ 为 L 上任一点 (x,y) 处的单位切向量，其指向与曲线 L 的方向一致.

若 Γ 为空间曲线，则

$$\int_\Gamma P(x,y,z)\mathrm{d}x + Q(x,y,z)\mathrm{d}y + R(x,y,z)\mathrm{d}z$$

$$= \int_\Gamma [P(x,y,z)\cos\alpha + Q(x,y,z)\cos\beta + R(x,y,z)\cos\gamma]\mathrm{d}s,$$

其中 $\tau=\{\cos\alpha,\cos\beta,\cos\gamma\}$ 为 Γ 上任一点 (x,y,z) 处的单位切向量，其指向与曲线 Γ 的方向一致.

2. 两类曲面积分

（1）第一类曲面积分概念与计算

① 定义　设 Σ 是一片光滑曲面，函数 $f(x,y,z)$ 在 Σ 上有界，将 Σ 划分成 n 小块 $\Delta\Sigma_1,\Delta\Sigma_2,\cdots,\Delta\Sigma_n$，记第 i 小块 $\Delta\Sigma_i$ 的面积为 ΔS_i，在 $\Delta\Sigma_i$ 上任取一点 (ξ_i,η_i,ζ_i)，如果当各小块曲面的直径的最大值 $\lambda\to0$ 时，极限 $\lim\limits_{\lambda\to0}\sum\limits_{i=1}^{n}f(\xi_i,\eta_i,\zeta_i)\Delta S_i$ 存在，则称此极限为函数 $f(x,y,z)$ 在曲面 Σ 上对面积的曲面积分，亦称第一类曲面积分，记为 $\iint\limits_{\Sigma}f(x,y,z)\mathrm{d}S$，即

$$\iint\limits_{\Sigma}f(x,y,z)\mathrm{d}S = \lim\limits_{\lambda\to0}\sum\limits_{i=1}^{n}f(\xi_i,\eta_i,\zeta_i)\Delta S_i.$$

② 性质　与第一类曲线积分有类似的性质.

③ 计算　设光滑曲面 Σ 的方程为 $z=z(x,y)$，Σ 在 xOy 面上的投影区域为 D_{xy}，函数 $f(x,y,z)$ 在 Σ 上连续，则可用"一代入，二替换，三投影"的方法，把第一类曲面积分化为二重积分

$$\iint\limits_{\Sigma}f(x,y,z)\mathrm{d}S = \iint\limits_{D_{xy}}f[x,y,z(x,y)]\sqrt{1+z_x^2(x,y)+z_y^2(x,y)}\,\mathrm{d}x\mathrm{d}y.$$

如果积分曲面 Σ 由方程 $x=x(y,z)$ 或 $y=y(z,x)$ 给出，则可用类似方法将曲面积分化为相应的二重积分

$$\iint\limits_{\Sigma}f(x,y,z)\mathrm{d}S = \iint\limits_{D_{yz}}f[x(y,z),y,z]\sqrt{1+x_y^2(y,z)+x_z^2(y,z)}\,\mathrm{d}y\mathrm{d}z,$$

或 $\quad\iint\limits_{\Sigma}f(x,y,z)\mathrm{d}S = \iint\limits_{D_{zx}}f[x,y(z,x),z]\sqrt{1+y_x^2(z,x)+y_z^2(z,x)}\,\mathrm{d}z\mathrm{d}x.$

（2）第二类曲面积分概念与计算

① 定义　设 Σ 是一片光滑有向曲面，向量函数 $\boldsymbol{F}(x,y,z)=P(x,y,z)\boldsymbol{i}+Q(x,y,z)\boldsymbol{j}+R(x,y,z)\boldsymbol{k}$ 在 Σ 上有界，$\boldsymbol{e_n}(x,y,z)$ 是有向曲面 Σ 上点 (x,y,z) 处的单位法向量，如果积分 $\iint\limits_{\Sigma}\boldsymbol{F}(x,y,z)\cdot\boldsymbol{e_n}(x,y,z)\mathrm{d}S$ 存在，则称此积分为向量函数 $\boldsymbol{F}(x,y,z)$ 在有向曲面 Σ 上的第二类曲面积分，记作 $\iint\limits_{\Sigma}\boldsymbol{F}(x,y,z)\cdot\mathrm{d}\boldsymbol{S}$，即

$$\iint\limits_{\Sigma}\boldsymbol{F}(x,y,z)\cdot\mathrm{d}\boldsymbol{S} = \iint\limits_{\Sigma}[\boldsymbol{F}(x,y,z)\cdot\boldsymbol{e_n}(x,y,z)]\mathrm{d}S.$$

若记 $\boldsymbol{e_n}(x,y,z)=\cos\alpha\,\boldsymbol{i}+\cos\beta\,\boldsymbol{j}+\cos\gamma\,\boldsymbol{k}$ 及 $\mathrm{d}y\mathrm{d}z=\cos\alpha\mathrm{d}S$，$\mathrm{d}z\mathrm{d}x=\cos\beta\mathrm{d}S$，$\mathrm{d}x\mathrm{d}y=$

$\cos\gamma\,\mathrm{d}S$，则上式为

$$\iint\limits_{\Sigma}\boldsymbol{F}(x,y,z)\cdot\mathrm{d}\boldsymbol{S}=\iint\limits_{\Sigma}P(x,y,z)\mathrm{d}y\mathrm{d}z+\iint\limits_{\Sigma}Q(x,y,z)\mathrm{d}z\mathrm{d}x+\iint\limits_{\Sigma}R(x,y,z)\mathrm{d}x\mathrm{d}y$$

$$=\iint\limits_{\Sigma}P(x,y,z)\mathrm{d}y\mathrm{d}z+Q(x,y,z)\mathrm{d}z\mathrm{d}x+R(x,y,z)\mathrm{d}x\mathrm{d}y.$$

② 性质　与第二类的曲线积分有类似的性质，即线性性质、可加性和有向性.

③ 计算　设光滑曲面 Σ 用方程 $z=z(x,y)$ 来表示，其在 xOy 的投影区域为 D_{xy}，单位法向量为

$$\boldsymbol{e}_n=\pm\left\{\frac{-z_x}{\sqrt{1+z_x^2+z_y^2}},\frac{-z_y}{\sqrt{1+z_x^2+z_y^2}},\frac{1}{\sqrt{1+z_x^2+z_y^2}}\right\},$$

由第一类曲面积分的计算法，有

$$\iint\limits_{\Sigma}R(x,y,z)\mathrm{d}x\mathrm{d}y=\iint\limits_{\Sigma}R(x,y,z)\cos\gamma\,\mathrm{d}S=\pm\iint\limits_{D_{xy}}R[x,y,z(x,y)]\mathrm{d}\sigma.$$

上式右端的符号当 Σ 取上侧时取正号（因此时 $\cos\gamma>0$），取下侧时取负号（因此时 $\cos\gamma<0$）.

类似地，对积分 $\iint\limits_{\Sigma}P(x,y,z)\mathrm{d}y\mathrm{d}z$，将 Σ 用方程 $x=x(y,z)$ 表示，则可推得

$$\iint\limits_{\Sigma}P(x,y,z)\mathrm{d}y\mathrm{d}z=\pm\iint\limits_{D_{yz}}P[x(y,z),y,z]\mathrm{d}\sigma.$$

这里 D_{yz} 为 Σ 在 yOz 面上的投影区域，当 Σ 取前侧时，二重积分取正号，当 Σ 取后侧时，二重积分取负号.

对积分 $\iint\limits_{\Sigma}Q(x,y,z)\mathrm{d}z\mathrm{d}x$，将 Σ 用方程 $y=y(z,x)$ 表示，则可推得

$$\iint\limits_{\Sigma}Q(x,y,z)\mathrm{d}z\mathrm{d}x=\pm\iint\limits_{D_{zx}}Q[x,y(z,x),z]\mathrm{d}\sigma,$$

其中 D_{zx} 为 Σ 在 zOx 面上的投影区域，当 Σ 取右侧时，上式右端取正号，Σ 取左侧时，取负号.

特别指出，当 Σ 是垂直于 xOy 面的柱面时，由于其上任一点单位法向量 $\cos\gamma=0$，故

$$\iint\limits_{\Sigma}R(x,y,z)\mathrm{d}x\mathrm{d}y=\pm\iint\limits_{D_{xy}}R(x,y,z)\cos\gamma\,\mathrm{d}S=\iint\limits_{\Sigma}0\mathrm{d}S=0.$$

类似地，当 Σ 垂直于 yOz 面时，$\iint\limits_{\Sigma}P(x,y,z)\mathrm{d}y\mathrm{d}z=0$，当 Σ 垂直于 zOx 面时，

$$\iint\limits_{\Sigma}Q(x,y,z)\,\mathrm{d}z\mathrm{d}x=0.$$

（3）两类曲面积分之间的关系　由第二类曲面积分的定义易得两类曲面积分的关系如下：

$$\iint\limits_{\Sigma}P\mathrm{d}y\mathrm{d}z+Q\mathrm{d}z\mathrm{d}x+R\mathrm{d}x\mathrm{d}y=\iint\limits_{\Sigma}(P\cos\alpha+Q\cos\beta+R\cos\gamma)\mathrm{d}S,$$

其中 $\boldsymbol{e}_n(x,y,z)=\cos\alpha\,\boldsymbol{i}+\cos\beta\,\boldsymbol{j}+\cos\gamma\,\boldsymbol{k}$ 为有向曲面 Σ 上点 (x,y,z) 处的单位法向量.

3. 三个公式及其应用

（1）格林公式　设 D 是由分段光滑的闭曲线围成的平面闭区域，如果函数 $P(x,y),Q(x,y)$ 在 D 上具有一阶连续偏导数，则

$$\iint\limits_{D}\left(\frac{\partial Q}{\partial x}-\frac{\partial P}{\partial y}\right)\mathrm{d}x\mathrm{d}y=\oint_{L}P(x,y)\mathrm{d}x+Q(x,y)\mathrm{d}y,$$

其中 L 是区域 D 取正向的边界曲线（所谓 L 的正向是指，当观察者沿 L 的这个方向行走

时，D 内在他近处的那一部分总在他的左边）.

（2）高斯公式　设 Ω 是一空间有界闭区域，其边界曲面 Σ 由分片光滑的曲面所组成，如果函数 $P(x,y,z)$，$Q(x,y,z)$，$R(x,y,z)$ 在 Ω 上具有一阶连续偏导数，那么

$$\iiint\limits_{\Omega}\left(\frac{\partial P}{\partial x}+\frac{\partial Q}{\partial y}+\frac{\partial R}{\partial z}\right)\mathrm{d}v=\oiint\limits_{\Sigma}P\,\mathrm{d}y\mathrm{d}z+Q\,\mathrm{d}z\mathrm{d}x+R\,\mathrm{d}x\mathrm{d}y=\oiint\limits_{\Sigma}(P\cos\alpha+Q\cos\beta+R\cos\gamma)\mathrm{d}S,$$

其中积分曲面 Σ 取外侧，$\cos\alpha,\cos\beta,\cos\gamma$ 是曲面 Σ 上点 (x,y,z) 处的外法线方向的方向余弦.

（3）斯托克斯公式　设 Σ 为分片光滑的有向曲面，其边界 Γ 为空间的一条分段光滑的有向曲线，两者定向符合右手法则，函数 $P(x,y,z),Q(x,y,z),R(x,y,z)$ 在包含 Σ 的某空间区域内有一阶连续偏导数，则

$$\iint\limits_{\Sigma}\left(\frac{\partial R}{\partial y}-\frac{\partial Q}{\partial z}\right)\mathrm{d}y\mathrm{d}z+\left(\frac{\partial P}{\partial z}-\frac{\partial R}{\partial x}\right)\mathrm{d}z\mathrm{d}x+\left(\frac{\partial Q}{\partial x}-\frac{\partial P}{\partial y}\right)\mathrm{d}x\mathrm{d}y=\oint_{\Gamma}P\,\mathrm{d}x+Q\,\mathrm{d}y+R\,\mathrm{d}z.$$

（4）格林公式的应用　设 G 是平面上的单连通区域，函数 $P(x,y),Q(x,y)$ 在 G 上具有一阶连续偏导数，那么以下四个命题等价.

① 对 G 内的任意一条分段光滑的闭曲线 L，有 $\oint_{L}P(x,y)\mathrm{d}x+Q(x,y)\mathrm{d}y=0$.

② 曲线积分 $\int_{L}P(x,y)\mathrm{d}x+Q(x,y)\mathrm{d}y$ 在 G 内只与曲线 L 的起点和终点有关，而与积分路径 L 无关.

③ $P(x,y)\mathrm{d}x+Q(x,y)\mathrm{d}y$ 在 G 内是某个二元函数 $u(x,y)$ 的全微分，即

$$\mathrm{d}u(x,y)=P(x,y)\mathrm{d}x+Q(x,y)\mathrm{d}y.$$

④ 对 G 内的每一点均有：$\dfrac{\partial Q}{\partial x}=\dfrac{\partial P}{\partial y}$.

（5）全微分方程　一阶微分方程 $P(x,y)\mathrm{d}x+Q(x,y)\mathrm{d}y=0$，如果左端 $P(x,y)\mathrm{d}x+Q(x,y)\mathrm{d}y$ 是某个二元函数 $u(x,y)$ 的全微分，即

$$\mathrm{d}u(x,y)=P(x,y)\mathrm{d}x+Q(x,y)\mathrm{d}y$$

那么，称上述方程为全微分方程. 其解法关键在于首先将方程写成以下形式

$$P(x,y)\mathrm{d}x+Q(x,y)\mathrm{d}y=0$$

并验证 $P(x,y)$，$Q(x,y)$ 在单连通域 G 内具有一阶连续偏导数，且 $\dfrac{\partial P}{\partial y}=\dfrac{\partial Q}{\partial x}$，则可把上式写成 $\mathrm{d}u=P\mathrm{d}x+Q\mathrm{d}y=0$，其通解为 $u(x,y)=C$，求 $u(x,y)$ 有下列三种方法.

① 线积分法：$u(x,y)=\displaystyle\int_{x_0}^{x}P(x,y_0)\mathrm{d}x+\int_{y_0}^{y}Q(x,y)\mathrm{d}y=\int_{y_0}^{y}Q(x_0,y)\mathrm{d}y+\int_{x_0}^{x}p(x,y)\mathrm{d}x$.

② 偏积分法.

③ 分组观察凑全微分法.

②，③详细解法参见例 8.

（6）线面积分的应用　利用线面积分可求解质量、弧长、面积、变力做功、引力、重心和转动惯量等几何和物理的应用问题.

（7）散度与旋度

① 散度　设某向量场由 $\boldsymbol{F}(x,y,z)=P(x,y,z)\boldsymbol{i}+Q(x,y,z)\boldsymbol{j}+R(x,y,z)\boldsymbol{k}$ 给出，Σ 表示场内一块有向曲面，$\boldsymbol{e}_n$ 是 Σ 上点 $M(x,y,z)$ 处的单位法向量，P,Q,R 在 Σ 上具有一阶连续偏导数，则称

$$\iint\limits_{\Sigma}\boldsymbol{F}(x,y,z)\cdot\boldsymbol{e}_n\mathrm{d}S$$

为该向量场通过曲面 Σ 上指定侧的通量（或流量）.

$$\left.\left(\frac{\partial P}{\partial x}+\frac{\partial Q}{\partial y}+\frac{\partial R}{\partial z}\right)\right|_{M}$$ 称为向量场 $\mathbf{F}$ 在点 $M(x,y,z)$ 处的通量密度，也称为 $\mathbf{F}$ 在点 $M(x,y,z)$ 处的散度，记作 $\operatorname{div}\mathbf{F}$，即

$$\operatorname{div}\mathbf{F}=\frac{\partial P}{\partial x}+\frac{\partial Q}{\partial y}+\frac{\partial R}{\partial z}.$$

② 旋度　对于向量场 $\mathbf{F}(x,y,z)=P(x,y,z)\mathbf{i}+Q(x,y,z)\mathbf{j}+R(x,y,z)\mathbf{k}$，若 P,Q，R 具有一阶连续导数，称下述向量

$$\left(\frac{\partial R}{\partial y}-\frac{\partial Q}{\partial z}\right)\mathbf{i}+\left(\frac{\partial P}{\partial z}-\frac{\partial R}{\partial x}\right)\mathbf{j}+\left(\frac{\partial Q}{\partial x}-\frac{\partial P}{\partial y}\right)\mathbf{k}=\begin{vmatrix}\mathbf{i}&\mathbf{j}&\mathbf{k}\\\dfrac{\partial}{\partial x}&\dfrac{\partial}{\partial y}&\dfrac{\partial}{\partial z}\\P&Q&R\end{vmatrix}$$

为 $\mathbf{F}$ 的旋度，记为 $\operatorname{rot}\mathbf{F}$，即 $\operatorname{rot}\mathbf{F}=\begin{vmatrix}\mathbf{i}&\mathbf{j}&\mathbf{k}\\\dfrac{\partial}{\partial x}&\dfrac{\partial}{\partial y}&\dfrac{\partial}{\partial z}\\P&Q&R\end{vmatrix}.$

第三节　本章学习注意点

在本章的学习中应当注意以下几个问题.

（1）正确区别两类不同类型的线面积分　事实上第一类线面积分讨论的是数量函数 $f(M)$ 与数量微元 $\mathrm{d}m$ 的乘积 $f(M)\mathrm{d}m$ 在相应积分区域上的积分，积分区域没有方向性；而第二类线面积分讨论的是向量函数 $\mathbf{F}(M)$ 与向量微元 $\mathrm{d}\mathbf{m}$ 的数量积 $\mathbf{F}(M)\cdot\mathrm{d}\mathbf{m}$ 在相应积分区域上的积分，积分区域有方向性.

（2）曲线积分的定限　对弧长的曲线积分的积分元素 $\mathrm{d}s$ 是弧长元素，它总大于 0，因此把对弧长的曲线积分化为定积分时，积分上限必须大于下限，而对坐标的曲线积分的积分元素 $\mathrm{d}x$、$\mathrm{d}y$ 和 $\mathrm{d}z$ 是弧微分向量的投影，可正可负，所以对坐标的曲线积分值与积分弧段的方向有关. 因此，在把对坐标的曲线积分化为定积分时，积分下限必须对应于积分弧段的起点，而积分上限必须对应积分弧段的终点，积分下限不一定小于上限.

（3）曲面积分的计算　对面积的曲面积分化为二重积分计算时，其积分曲面原则上可向任何坐标面投影，不过当表示曲面的函数为多值函数时，应将曲面分块，以使每块曲面可用单值函数表示. 对坐标的曲面积分化为二重积分计算时，同样也要注意上述问题，除此之外，还要注意曲面的侧，正确给出二重积分前的符号. 第一类曲线积分与第一类曲面积分同重积分一样，都可以利用积分曲线（区域）关于坐标轴（面）的对称性或者关于积分变量的轮换对称性等特征来简化计算，但对第二类线面积分，关于积分区域的对称性在积分计算过程中一般不能使用，因为这类问题还与积分区域的方向有关.

（4）格林公式、高斯公式和斯托克斯公式的应用应注意公式成立的条件
① 积分区域的封闭性.
② 被积函数在积分区域所包围的空间区域内偏导数的连续性.
③ 积分区域的方向.

第四节　典型方法与例题分析

1. 两类曲线积分

（1）第一类曲线积分的计算　关于第一类曲线积分的基本计算方法是将积分曲线 L 表示成参数方程，并将 L 和弧微分 $\mathrm{d}s$ 代入被积表达式即可将其化为定积分计算，注意到积

分下限一定要小于上限. 但有时也可根据积分曲线的特点，利用几何或物理应用的方法进行求解.

【例 1】 计算 $I = \oint_L (2x^2 + 3y^2) \mathrm{d}s$，$L$ 为 $x^2 + y^2 = 2(x+y)$.

【解】 解法一　将 L 表为参数方程

$x = 1 + \sqrt{2}\cos t$，$y = 1 + \sqrt{2}\sin t\,(0 \leqslant t \leqslant 2\pi)$，而 $\mathrm{d}s = \sqrt{2}\,\mathrm{d}t$，于是

$$I = \int_0^{2\pi} \left[10 + 2\sqrt{2}(2\cos t + 3\sin t) - \cos 2t \right] \sqrt{2}\,\mathrm{d}t$$

$$= \int_0^{2\pi} 10\sqrt{2}\,\mathrm{d}t = 20\sqrt{2}\,\pi.$$

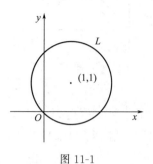

图 11-1

解法二　根据图 11-1，由对称性有

$$\oint_L x^2 \mathrm{d}s = \oint_L y^2 \mathrm{d}s = \frac{1}{2}\oint_L (x^2 + y^2)\mathrm{d}s,$$

$$\oint_L x\,\mathrm{d}s = \oint_L y\,\mathrm{d}s = \frac{1}{2}\oint_L (x+y)\mathrm{d}s.$$

设 L 上均匀分布质量，密度设为 1，而 L 的重心在圆心，故有 $\oint_L x\,\mathrm{d}s = \bar{x}\oint_L \mathrm{d}s = 1 \cdot 2\pi\sqrt{2} = 2\pi\sqrt{2}$，从而

$$I = \oint_L (2x^2 + 3y^2)\mathrm{d}s = 5\oint_L x^2 \mathrm{d}s = \frac{5}{2}\oint_L (x^2 + y^2)\mathrm{d}s = 5\oint_L (x+y)\mathrm{d}s$$

$$= 10\oint_L x\,\mathrm{d}s = 20\sqrt{2}\,\pi.$$

【例 2】 计算 $I = \oint_L |y|\,\mathrm{d}s$，其中 L：$(x^2 + y^2)^2 = a^2(x^2 - y^2)$，$a > 0$.

【解】 由 L 的表达式可知用极坐标较为简便，令 $x = \rho\cos\theta$，$y = \rho\sin\theta$，则 L 可化为

$$\rho^2 = a^2\cos 2\theta.$$

因为路径 L 和被积函数 $f(x,y) = |y|$ 均关于 x 轴、y 轴、原点对称，所以只要算出第一象限的曲线积分再 4 倍即可. 令 $\rho = 0$，有 $\theta = \dfrac{\pi}{4}$，故

$$I = 4\int_0^{\frac{\pi}{4}} \rho\sin\theta\,\frac{a}{\sqrt{\cos 2\theta}}\mathrm{d}\theta = 4\int_0^{\frac{\pi}{4}} a\sqrt{\cos 2\theta}\,\sin\theta\,\frac{a}{\sqrt{\cos 2\theta}}\mathrm{d}\theta$$

$$= 4a^2 \int_0^{\frac{\pi}{4}} \sin\theta\,\mathrm{d}\theta = 4a^2(-\cos\theta)\Big|_0^{\frac{\pi}{4}} = 4a^2\left(1 - \frac{\sqrt{2}}{2}\right).$$

注：曲线积分可以将曲线 L 的表达式直接代入被积表达式，对于曲面积分也可以作类似处理，这一点与重积分是完全不同的，请读者注意.

【例 3】 计算 $I = \oint_\Gamma \left[(x+2)^2 + (y-3)^2 \right]\mathrm{d}s$，$\Gamma$ 为 $\begin{cases} x^2 + y^2 + z^2 = a^2, \\ x + y + z = 0 \end{cases}$　$a > 0$.

【解】 由曲线的轮换对称性，有

$$\oint_\Gamma x^2 \mathrm{d}s = \oint_\Gamma y^2 \mathrm{d}s = \oint_\Gamma z^2 \mathrm{d}s = \frac{1}{3}\oint_\Gamma (x^2 + y^2 + z^2)\mathrm{d}s = \frac{a^2}{3}\oint_\Gamma \mathrm{d}s = \frac{2\pi a^3}{3},$$

$$\oint_\Gamma x\,\mathrm{d}s = \oint_\Gamma y\,\mathrm{d}s = \oint_\Gamma z\,\mathrm{d}s = \frac{1}{3}\oint_\Gamma (x + y + z)\mathrm{d}s = \frac{1}{3}\oint_\Gamma 0\,\mathrm{d}s = 0,$$

$$I = \oint_\Gamma (x^2 + y^2)\mathrm{d}s + \oint_\Gamma (4x - 6y)\mathrm{d}s + 13\oint_\Gamma \mathrm{d}s = \frac{4\pi a^3}{3} + 26\pi a.$$

注：对弧长曲线积分计算中，对称性的应用常常可简化计算，但要注意应用的条件.

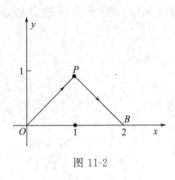

图 11-2

（2）第二类曲线积分的计算　对于平面曲线的第二类曲线积分，其计算方法通常有：①利用基本公式化为定积分；②利用格林公式；③利用与路径无关条件，选择适当路径.

【例4】　计算曲线积分 $I=\displaystyle\int_L (x^2+y^2)\mathrm{d}x+(x^2-y^2)\mathrm{d}y$，其中 L 为折线 $y=1-|1-x|$　$(0\leqslant x\leqslant 2)$，且设从原点经过点 $P(1,1)$ 到点 $B(2,0)$ 是积分所沿的方向（图 11-2）.

【解】　由于曲线 L 方程有绝对值符号，应设法去掉绝对值符号，将 L 分段有 OP：$y=1-|1-x|=x$，x 从 0 到 1；PB：$y=1-|1-x|=2-x$，x 从 1 到 2.

应用计算公式有

$$I=\int_{OP}(x^2+y^2)\mathrm{d}x+(x^2-y^2)\mathrm{d}y+\int_{PB}(x^2+y^2)\mathrm{d}x+(x^2-y^2)\mathrm{d}y$$

$$=\int_0^1 2x^2\mathrm{d}x+0\cdot\mathrm{d}y+\int_1^2[x^2+(2-x)^2]\mathrm{d}x+[x^2-(2-x)^2](-\mathrm{d}x)$$

$$=\frac{2}{3}+\frac{2}{3}=\frac{4}{3}.$$

【例5】　计算 $I=\displaystyle\int_L (x+y)^2\mathrm{d}x-(x^2+y^2\sin y)\mathrm{d}y$，$L$ 为抛物线 $y=x^2$ 上对应于 x 由 -1 增加到 1 的那一段.

分析：本题若直接化为定积分计算会遇到较困难的积分计算，而通过补入有向线段 $y=1$ 利用格林公式将会使计算变得简单.

【解】　补入有向线段 $y=1$（x 从 1 变到 -1）与 L 围成区域 D，则由格林公式得

$$I=\iint\limits_D (-4x-2y)\mathrm{d}x\mathrm{d}y-\int_1^{-1}(x+1)^2\mathrm{d}x$$

$$=-2\iint\limits_D y\mathrm{d}x\mathrm{d}y+\frac{8}{3}=\frac{16}{15}\quad（注意：\iint\limits_D x\mathrm{d}x\mathrm{d}y=0）.$$

【例6】　计算曲线积分 $I=\displaystyle\oint_L \frac{x\mathrm{d}y-y\mathrm{d}x}{9x^2+y^2}$，其中 L 是以 $(1,0)$ 为中心、R 为半径的圆周 $(R\neq 1)$，取逆时针方向.

分析：根据格林定理条件，本题求解要分原点在 L 的内部和在 L 外部讨论.

【解】　令 $P=\dfrac{-y}{9x^2+y^2}$，$Q=\dfrac{x}{9x^2+y^2}$，则

$$\frac{\partial P}{\partial y}=\frac{y^2-9x^2}{(9x^2+y^2)^2}=\frac{\partial Q}{\partial x}\quad[(x,y)\neq(0,0)].$$

（1）当 $R<1$ 时，设圆 $(x-1)^2+y^2=R^2$ 内区域为 D，此时 $(0,0)\notin D$，则由格林公式有

$$I=\oint_L \frac{x\mathrm{d}y-y\mathrm{d}x}{9x^2+y^2}=\iint\limits_D\left(\frac{\partial Q}{\partial x}-\frac{\partial P}{\partial y}\right)\mathrm{d}x\mathrm{d}y=0.$$

（2）当 $R>1$ 时，在圆 $(x-1)^2+y^2=R^2$ 内点 $(0,0)$ 处，$\dfrac{\partial P}{\partial y}$，$\dfrac{\partial Q}{\partial x}$ 无意义，作曲线 C：$\begin{cases}x=\gamma\cos\theta,\\ y=3\gamma\sin\theta,\end{cases}\gamma>0$ 且足够小，使 C 整个含在曲线 L 中，C 取顺时针方向. 在 L 与 C 所围的环形域内（图 11-3），由复连通区域的格林公式有

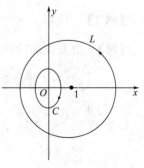

图 11-3

$$I = \oint_L \frac{x\,\mathrm{d}y - y\,\mathrm{d}x}{9x^2 + y^2} = \oint_{L+C} \frac{x\,\mathrm{d}y - y\,\mathrm{d}x}{qx^2 + y^2} - \oint_C \frac{x\,\mathrm{d}y - y\,\mathrm{d}x}{qx^2 + y^2}$$

$$= \iint_D \left(\frac{\partial Q}{\partial x} - \frac{\partial P}{\partial y} \right) \mathrm{d}x\,\mathrm{d}y - \int_{2\pi}^0 \frac{3\gamma^2 \cos^2\theta + 3\gamma^2 \sin^2\theta}{9\gamma^2} \mathrm{d}\theta$$

$$= 0 + \frac{2\pi}{3} = \frac{2\pi}{3}.$$

【例 7】 已知 L 是第一象限中从点 $(0,0)$ 沿圆周 $x^2 + y^2 = 2x$ 到点 $(2,0)$，再沿圆周 $x^2 + y^2 = 4$ 到点 $(0,2)$ 的曲线段，计算曲线积分 $I = \int_L 3x^2 y\,\mathrm{d}x + (x^3 + x - 2y)\,\mathrm{d}y$.

分析：在计算第二类曲线积分时，如果直接计算较为困难时，常常可以考虑用格林公式来简化计算，但使用格林公式一定注意公式成立的条件，特别是曲线必须是封闭的，因此，有时为了构成封闭曲线，常常需要添加辅助曲线，为了计算方便，添加的辅助曲线常常选择与坐标轴平行的直线或圆弧。

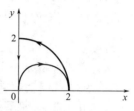

图 11-4

【解】 添加辅助直线段，如图 11-4 所示。

$$L': x = 0, \quad y: 2 \rightarrow 0$$

记由曲线 L 及 L' 所围的区域为 D，令 $P = 3x^2 y$，$Q = x^3 + x - 2y$，则由格林公式可得

$$I = \int_L 3x^2 y\,\mathrm{d}x + (x^3 + x - 2y)\,\mathrm{d}y$$

$$= \oint_{L+L'} 3x^2 y\,\mathrm{d}x + (x^3 + x - 2y)\,\mathrm{d}y - \int_{L'} 3x^2 y\,\mathrm{d}x + (x^3 + x - 2y)\,\mathrm{d}y$$

$$= \iint_D \left(\frac{\partial Q}{\partial x} - \frac{\partial P}{\partial y} \right) \mathrm{d}x\,\mathrm{d}y - \int_2^0 (-2y)\,\mathrm{d}y = \iint_D \left[(3x^2 + 1) - 3x^2 \right] \mathrm{d}x\,\mathrm{d}y + y^2 \big|_2^0$$

$$= \iint_D \mathrm{d}x\,\mathrm{d}y - 4 = \left(\frac{1}{4} \cdot \pi \cdot 2^2 - \frac{1}{2} \cdot \pi \cdot 1^2 \right) - 4 = \frac{\pi}{2} - 4.$$

【例 8】 求方程 $(3x^2 + 6xy^2)\,\mathrm{d}x + (6x^2 y + 4y^3)\,\mathrm{d}y = 0$ 的通解.

【解】 令 $P(x,y) = 3x^2 + 6xy^2$，$Q(x,y) = 6x^2 y + 4y^3$，则 $\frac{\partial P}{\partial y} = 12xy = \frac{\partial Q}{\partial x}$ 在全平面恒成立，所以该方程是全微分方程.

解法一　线积分法.

取 $(x_0, y_0) = (0,0)$，有

$$u(x,y) = \int_{(0,0)}^{(x,y)} (3x^2 + 6xy^2)\,\mathrm{d}x + (6x^2 y + 4y^3)\,\mathrm{d}y$$

$$= \int_0^x (3x^2 + 6x \cdot 0^2)\,\mathrm{d}x + \int_0^y (6x^2 y + 4y^3)\,\mathrm{d}y$$

$$= x^3 \big|_0^x + 6x^2 \cdot \frac{y^2}{2} \big|_0^y + 4 \cdot \frac{y^4}{4} \big|_0^y = x^3 + 3x^2 y^2 + y^4,$$

于是，原方程的通解为 $x^3 + 3x^2 y^2 + y^4 = C$.

解法二　偏积分法.

由于所给方程是全微分方程，知存在函数 $u(x,y)$ 使得

$$\mathrm{d}u(x,y) = P(x,y)\,\mathrm{d}x + Q(x,y)\,\mathrm{d}y,$$

又因为 $\mathrm{d}u = \frac{\partial u}{\partial x}\mathrm{d}x + \frac{\partial u}{\partial y}\mathrm{d}y$，所以

$$\frac{\partial u}{\partial x} = P(x,y), \qquad \frac{\partial u}{\partial y} = Q(x,y).$$

于是 $\frac{\partial u}{\partial x} = 3x^2 + 6xy^2$，两边对 x 积分，得

$$u(x,y)=\int(3x^2+6xy^2)dx=x^3+3x^2y^2+\varphi(y),\text{ 其中 } \varphi(y) \text{ 是待定函数.}$$

下面确定 $\varphi(y)$：将 $u(x,y)$ 对 y 求偏导，并注意到 $\dfrac{\partial u}{\partial y}=6x^2y+4y^3$，得到 $\dfrac{\partial u}{\partial y}=6x^2y+\varphi'(y)=6x^2y+4y^3$，所以 $\varphi'(y)=4y^3$，得 $\varphi(y)=y^4$，于是

$$u(x,y)=x^3+3x^2y^2+y^4.$$

所以原方程的通解是 $x^3+3x^2y^2+y^4=C$.

解法三 分组观察凑全微分法.

利用熟知的微分公式进行分项组合，由于

$$(3x^2+6xy^2)dx+(6x^2y+4y^3)dy=3x^2dx+4y^3dy+6(xy^2dx+x^2ydy)$$
$$=d(x^3+y^4+3x^2y^2)=0,$$

所以 $x^3+3x^2y^2+y^4=C$ 是所求方程的通解.

注：常用的微分公式.

(1) $d(x\pm y)=dx\pm dy$；

(2) $d(xy)=ydx+xdy$；

(3) $d\left(\dfrac{y}{x}\right)=\dfrac{xdy-ydx}{x^2}$；

(4) $d\left(\arctan\dfrac{y}{x}\right)=\dfrac{xdy-ydx}{x^2+y^2}$；

(5) $d\sqrt{x^2+y^2}=\dfrac{xdx+ydy}{\sqrt{x^2+y^2}}$；

(6) $d\left[\dfrac{1}{2}\ln(x^2+y^2)\right]=\dfrac{xdx+ydy}{x^2+y^2}$.

【例 9】 已知 $f(0)=\dfrac{1}{2}$，试确定 $f(x)$，使得 $[e^x+f(x)]ydx+f(x)dy=0$ 为全微分方程，并解此全微分方程.

【解】 令 $P=[e^x+f(x)]y$，$Q=f(x)$.由于所给方程是全微分方程，所以 $\dfrac{\partial P}{\partial y}=\dfrac{\partial Q}{\partial x}$，从而 $e^x+f(x)=f'(x)$，即 $f'(x)-f(x)=e^x$ 或 $y'-y=e^x$，这是一阶线性微分方程.

所以

$$y=f(x)=e^{-\int-dx}\left(\int e^x e^{-\int dx}dx+c\right)=e^x(x+c),$$

代入初始条件 $f(0)=\dfrac{1}{2}$，得 $c=\dfrac{1}{2}$，所以 $f(x)=e^x\left(x+\dfrac{1}{2}\right)$.于是得到全微分方程

$$\left[e^x+e^x\left(x+\dfrac{1}{2}\right)\right]ydx+e^x\left(x+\dfrac{1}{2}\right)dy=0.$$

用线积分法解此全微分方程得

$$u(x,y)=\int_0^y e^x\left(x+\dfrac{1}{2}\right)dy=ye^x\left(x+\dfrac{1}{2}\right)$$

所以，此全微分方程的通解为 $ye^x\left(x+\dfrac{1}{2}\right)=C$.

【例 10】 如图 11-5 所示，函数 $u(x,y)$ 在光滑闭曲线 L 所围的区域 D 上具有二阶连续偏导数，证明：

$$\iint\limits_D\left(\dfrac{\partial^2u}{\partial x^2}+\dfrac{\partial^2u}{\partial y^2}\right)dxdy=\oint_L\dfrac{\partial u}{\partial n}ds,$$

其中 $\dfrac{\partial u}{\partial n}$ 是 $u(x,y)$ 沿 L 的外法线方向 $\boldsymbol{n}$ 的方向导数.

分析：从证明等式看，要进行两类积分的转化，一般从低维积分入手向高维积分转化.在本题中格林公式就可实现这种转化，但首先要将对弧长的曲线积分转化为对坐标的曲线积分.

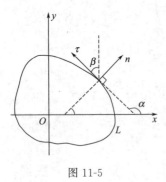

图 11-5

【解】 由方向导数的概念有 $\dfrac{\partial u}{\partial n}=\dfrac{\partial u}{\partial x}\cos(x,\boldsymbol{n})+\dfrac{\partial u}{\partial y}\sin(x,\boldsymbol{n})$.设 $\boldsymbol{\tau}=\{\cos\alpha,\cos\beta\}$ 为曲线切线方向（取曲线正向）的单

位向量，又 $\boldsymbol{n}$ 为外法线向量，故有 $\cos\beta=\cos(x,\boldsymbol{n})$，$\cos\alpha=\cos\left[\dfrac{\pi}{2}+(x,\boldsymbol{n})\right]=-\sin(x,\boldsymbol{n})$，

于是

$$\oint_L \frac{\partial u}{\partial n}\mathrm{d}s=\oint_L\left[\frac{\partial u}{\partial x}\cos(x,\boldsymbol{n})+\frac{\partial u}{\partial y}\sin(x,\boldsymbol{n})\right]\mathrm{d}s$$

$$=\oint_L\left[\frac{\partial u}{\partial x}\cos\beta-\frac{\partial u}{\partial y}\cos\alpha\right]\mathrm{d}s=\oint_L\frac{\partial u}{\partial x}\mathrm{d}y-\frac{\partial u}{\partial y}\mathrm{d}x\ ,$$

由格林公式得 $\displaystyle\iint\limits_D\left(\frac{\partial^2 u}{\partial x^2}+\frac{\partial^2 u}{\partial y^2}\right)\mathrm{d}x\mathrm{d}y=\oint_L\frac{\partial u}{\partial n}\mathrm{d}s$.

【例 11】 设曲线 L 是正向圆周 $(x-a)^2+(y-a)^2=1$，$\varphi(x)$ 是连续的正函数，证明：

$$\oint_L \frac{x}{\varphi(y)}\mathrm{d}y-y\varphi(x)\mathrm{d}x\geqslant 2\pi .$$

分析：曲线积分中的不等式证明，一般化为定积分或利用格林公式化为二重积分来讨论.

【证明】 设 L 所围成的区域为 D，则由格林公式有

$$\oint_L \frac{x}{\varphi(y)}\mathrm{d}y-y\varphi(x)\mathrm{d}x=\iint\limits_D\left[\frac{1}{\varphi(y)}+\varphi(x)\right]\mathrm{d}x\mathrm{d}y .$$

由于区域 D 关于直线 $y=x$ 对称，故有 $\displaystyle\iint\limits_D\varphi(x)\mathrm{d}x\mathrm{d}y=\iint\limits_D\varphi(y)\mathrm{d}x\mathrm{d}y$，于是

$$\oint_L \frac{x}{\varphi(y)}\mathrm{d}y-y\varphi(x)\mathrm{d}x=\iint\limits_D\left[\frac{1}{\varphi(y)}+\varphi(y)\right]\mathrm{d}x\mathrm{d}y\geqslant\iint\limits_D 2\sqrt{\frac{1}{\varphi(y)}\varphi(y)}\,\mathrm{d}x\mathrm{d}y=2\iint\limits_D\mathrm{d}x\mathrm{d}y=2\pi .$$

2. 两类曲面积分

（1）第一类曲面积分的计算　第一类曲面积分亦即对面积的曲面积分，其基本计算方法是转化为二重积分来计算.

【例 12】 计算：$I=\oiint\limits_\Sigma(x^2+y^2)\mathrm{d}S$，其中 Σ 是空间区域 $\sqrt{x^2+y^2}\leqslant z\leqslant 1$ 的边界曲面.

【解】 曲面 Σ 在锥面 $z=\sqrt{x^2+y^2}$ 与平面 $z=1$ 上的部分分别记为 Σ_1 与 Σ_2，即 $\Sigma=\Sigma_1+\Sigma_2$. 在 Σ_1 上，$z=\sqrt{x^2+y^2}$，所以 $\mathrm{d}S=\sqrt{1+z_x^2+z_y^2}\,\mathrm{d}x\mathrm{d}y=\sqrt{2}\,\mathrm{d}x\mathrm{d}y$；在 Σ_2 上，$z=1$，所以 $\mathrm{d}S=\sqrt{1+z_x^2+z_y^2}\,\mathrm{d}x\mathrm{d}y=\mathrm{d}x\mathrm{d}y$.

Σ_1 与 Σ_2 关于 z 都是单值的，把 Σ_1 与 Σ_2 向 xOy 坐标面投影，其投影区域均为 D_{xy}：$x^2+y^2\leqslant 1$，故

$$I=\oiint\limits_\Sigma(x^2+y^2)\mathrm{d}S=\iint\limits_{\Sigma_1}(x^2+y^2)\mathrm{d}S+\iint\limits_{\Sigma_2}(x^2+y^2)\mathrm{d}S$$

$$=(\sqrt{2}+1)\iint\limits_{D_{xy}}(x^2+y^2)\mathrm{d}x\mathrm{d}y=\frac{\pi}{2}(\sqrt{2}+1) .$$

注：第一类曲面积分转化为二重积分计算，在把积分曲面 Σ 向坐标面投影时，应注意曲面方程的单值性，若不单值，则应将曲面分片.

【例 13】 设 Σ 为椭球面 $\dfrac{x^2}{2}+\dfrac{y^2}{2}+z^2=1$ 的上半部分，点 $M(x,y,z)\in\Sigma$，Π 为 Σ 在 M 点处的切平面，$d(x,y,z)$ 为点 $O(0,0,0)$ 到平面 Π 的距离，求 $I=\displaystyle\iint\limits_\Sigma\frac{z}{d(x,y,z)}\mathrm{d}S$.

【解】 Σ 在 M 点处的切平面为 $\dfrac{xX}{2}+\dfrac{yY}{2}+zZ=1$，所以

$$d(x,y,z)=\left(\frac{x^2}{4}+\frac{y^2}{4}+z^2\right)^{-\frac{1}{2}} .$$

又 $\mathrm{d}S=\sqrt{1+z_x^2+z_y^2}\,\mathrm{d}x\mathrm{d}y=\dfrac{\sqrt{4-x^2-y^2}}{2\sqrt{1-\dfrac{x^2}{2}-\dfrac{y^2}{2}}}\mathrm{d}x\mathrm{d}y$，$\Sigma$ 在 xOy 坐标面投影为 D_{xy}：$\dfrac{x^2}{2}+\dfrac{y^2}{2}\leqslant 1$，

所以

$$I=\iint\limits_{D_{xy}}\sqrt{1-\frac{x^2}{2}-\frac{y^2}{2}}\sqrt{\frac{x^2}{4}+\frac{y^2}{4}+1-\frac{x^2}{2}-\frac{y^2}{2}}\,\frac{\sqrt{4-x^2-y^2}}{2\sqrt{1-\dfrac{x^2}{2}-\dfrac{y^2}{2}}}\mathrm{d}x\mathrm{d}y$$

$$=\frac{1}{2}\iint\limits_{D_{xy}}\sqrt{1-\frac{x^2}{4}-\frac{y^2}{4}}\sqrt{4-x^2-y^2}\,\mathrm{d}x\mathrm{d}y$$

$$=\frac{1}{4}\int_0^{2\pi}\mathrm{d}\theta\int_0^{\sqrt{2}}(4-\rho^2)\rho\,\mathrm{d}\rho=\frac{3}{2}\pi.$$

注：该题也可利用对称性，将积分表示成椭球面在第一卦限部分上积分的 4 倍来做.

（2）第二类曲面积分的计算　第二类曲面积分亦即对坐标的曲面积分，其计算方法有：①基本计算方法；②类型转化法；③投影转化法；④利用高斯公式.

【例 14】　计算 $\iint\limits_{\Sigma}\dfrac{\mathrm{e}^z}{\sqrt{x^2+y^2}}\mathrm{d}x\mathrm{d}y$，其中 Σ 是由圆锥面 $z=\sqrt{x^2+y^2}$、平面 $z=1$ 和 $z=2$ 所围成的圆台 Ω 的侧面的下侧.

【解】　Σ 在 xOy 面上的投影域为 D：$1\leqslant x^2+y^2\leqslant 4$.

$$\iint\limits_{\Sigma}\frac{\mathrm{e}^z}{\sqrt{x^2+y^2}}\mathrm{d}x\mathrm{d}y=-\iint\limits_{D}\frac{\mathrm{e}^{\sqrt{x^2+y^2}}}{\sqrt{x^2+y^2}}\mathrm{d}x\mathrm{d}y=-\int_0^{2\pi}\mathrm{d}\theta\int_1^2\mathrm{e}^{\rho}\mathrm{d}\rho=-2\pi(\mathrm{e}^2-\mathrm{e}).$$

注：对坐标的曲面积分的基本计算方法归纳起来就一句话“一代，二换，三定号”，计算时一定要注意曲面的侧及由此带来的化为二重积分时的符号.

【例 15】　计算 $I=\iint\limits_{\Sigma}x\mathrm{d}y\mathrm{d}z+y\mathrm{d}z\mathrm{d}x+z\mathrm{d}x\mathrm{d}y$，其中 Σ 是曲面 $z=x^2+y^2$ 在 $0\leqslant z\leqslant 1$ 范围内在第一卦限部分曲面的下侧.

【解】　解法一　曲面 Σ 在 yOz 平面和 xOy 平面上的投影区域分别为

$$D_{yz}:0\leqslant y\leqslant 1,\ y^2\leqslant z\leqslant 1;\ D_{xy}:x^2+y^2\leqslant 1,\ x\geqslant 0,\ y\geqslant 0.$$

由轮换对称性有

$$\iint\limits_{\Sigma}y\mathrm{d}z\mathrm{d}x=\iint\limits_{\Sigma}x\mathrm{d}y\mathrm{d}z=\iint\limits_{D_{yz}}\sqrt{z-y^2}\,\mathrm{d}y\mathrm{d}z=\int_0^1\mathrm{d}y\int_{y^2}^1\sqrt{z-y^2}\,\mathrm{d}z$$

$$=\frac{2}{3}\int_0^1(1-y^2)^{\frac{3}{2}}\mathrm{d}y=\frac{\pi}{8}.$$

而

$$\iint\limits_{\Sigma}z\mathrm{d}x\mathrm{d}y=-\iint\limits_{D_{xy}}(x^2+y^2)\mathrm{d}x\mathrm{d}y=-\int_0^{\frac{\pi}{2}}\mathrm{d}\theta\int_0^1\rho^3\mathrm{d}\rho=-\frac{\pi}{8}$$

故

$$I=\iint\limits_{\Sigma}x\mathrm{d}y\mathrm{d}z+y\mathrm{d}z\mathrm{d}x+z\mathrm{d}x\mathrm{d}y=2\cdot\frac{\pi}{8}-\frac{\pi}{8}=\frac{\pi}{8}.$$

解法二　用高斯公式计算.

补充曲面 Σ_1：$z=1$，$x^2+y^2\leqslant 1$，$x\geqslant 0$，$y\geqslant 0$，取上侧；Σ_2：$x=0$，$0\leqslant y\leqslant 1$，$y^2\leqslant z\leqslant 1$，取后侧；$\Sigma_3$：$y=0$，$0\leqslant x\leqslant 1$，$x^2\leqslant z\leqslant 1$，取左侧. 则 Σ 与 Σ_1、Σ_2、Σ_3 构成一封闭曲面的外侧，设所围区域为 Ω，显然在 Σ_2 和 Σ_3 的曲面积分为 0，则由高斯公式有

$$I=\oiint\limits_{\Sigma+\Sigma_1+\Sigma_2+\Sigma_3}x\mathrm{d}y\mathrm{d}z+y\mathrm{d}z\mathrm{d}x+z\mathrm{d}x\mathrm{d}y-\iint\limits_{\Sigma_1}x\mathrm{d}y\mathrm{d}z+y\mathrm{d}z\mathrm{d}x+z\mathrm{d}x\mathrm{d}y$$

$$=3\iiint\limits_{\Omega}\mathrm{d}v-\iint\limits_{\Sigma_1}z\mathrm{d}x\mathrm{d}y=3\int_0^1\frac{\pi z}{4}\mathrm{d}z-\frac{\pi}{4}=3\cdot\frac{\pi}{8}-\frac{\pi}{4}=\frac{\pi}{8}.$$

解法三 化为第一类曲面积分计算.

由于曲面 Σ 上任一点 (x,y,z) 处的单位法向量（注意到曲面取的是下侧）为

$$\boldsymbol{n}=\frac{1}{\sqrt{1+z_x^2+z_y^2}}(z_x,z_y,-1)=\frac{1}{\sqrt{1+4x^2+4y^2}}(2x,2y,-1),$$

故

$$I=\iint_{\Sigma}x\,\mathrm{d}y\mathrm{d}z+y\,\mathrm{d}z\mathrm{d}x+z\,\mathrm{d}x\mathrm{d}y=\iint_{\Sigma}\frac{2x^2+2y^2-z}{\sqrt{1+4x^2+4y^2}}\mathrm{d}S$$

$$=\iint_{D_{xy}}\frac{2x^2+2y^2-(x^2+y^2)}{\sqrt{1+4x^2+4y^2}}\sqrt{1+4x^2+4y^2}\,\mathrm{d}x\mathrm{d}y$$

$$=\iint_{D_{xy}}(x^2+y^2)\mathrm{d}x\mathrm{d}y=\int_0^{\frac{\pi}{2}}\mathrm{d}\theta\int_0^1\rho^3\mathrm{d}\rho=\frac{\pi}{8}.$$

注：本题也可将关于 $\mathrm{d}y\mathrm{d}z$，$\mathrm{d}z\mathrm{d}x$ 的坐标积分转化为关于 $\mathrm{d}x\mathrm{d}y$ 坐标的积分来计算，请读者自己完成. 这些方法是求解第二类曲面积分常用方法，具体应用时，应根据题目的特点选用简捷的方法.

【例16】 计算 $I=\iint_{\Sigma}[f(x,y,z)+x]\mathrm{d}y\mathrm{d}z+[2f(x,y,z)+y]\mathrm{d}z\mathrm{d}x+[f(x,y,z)+z]\mathrm{d}x\mathrm{d}y$，其中 $f(x,y,z)$ 为连续函数，Σ 为平面 $x-y+z=2$ 在第四卦限部分的上侧.

分析：因被积函数中出现抽象函数，直接计算显然是不可能. 由于曲面 Σ 为一平面，其法向量的方向余弦易求，故考虑利用两类曲面积分的转换来计算.

【解】 平面 Σ 的法向量 $\boldsymbol{n}=(1,-1,1)$，故 $\cos\alpha=\frac{1}{\sqrt{3}}$、$\cos\beta=-\frac{1}{\sqrt{3}}$、$\cos\gamma=\frac{1}{\sqrt{3}}$. 于是，由两类曲面积分的关系式有

$$I=\iint_{\Sigma}\left\{\frac{1}{\sqrt{3}}[f(x,y,z)+x]-\frac{1}{\sqrt{3}}[2f(x,y,z)+y]+\frac{1}{\sqrt{3}}[f(x,y,z)+z]\right\}\mathrm{d}S$$

$$=\frac{1}{\sqrt{3}}\iint_{\Sigma}(x-y+z)\mathrm{d}S=\frac{1}{\sqrt{3}}\iint_{\Sigma}2\mathrm{d}S=\frac{1}{\sqrt{3}}\iint_{D_{xy}}2\cdot\sqrt{3}\,\mathrm{d}x\mathrm{d}y=4.$$

（3）高斯公式与斯托克斯公式

【例17】 计算 $I=\iint_{\Sigma}(8y+1)x\,\mathrm{d}y\mathrm{d}z+2(1-y^2)\mathrm{d}z\mathrm{d}x-4yz\,\mathrm{d}x\mathrm{d}y$，其中 Σ 是曲线段 $\begin{cases}z=\sqrt{y-1},\\x=0\end{cases}$ $(1\leqslant y\leqslant3)$ 绕 Oy 轴旋转一周所形成的曲面，其法线向量与 Oy 轴正向的夹角恒大于 $\frac{\pi}{2}$.

【解】 旋转曲面 Σ 的方程为 $y=x^2+z^2+1$，由题意取的是左侧，补充曲面 Σ_1：$y=3$，$x^2+z^2\leqslant2$，取右侧，Σ_1 在 zOx 面上的投影为 D_{zx}：$x^2+z^2\leqslant2$. 这样 Σ 与 Σ_1 构成一封闭曲面的外侧，设所围区域为 Ω，则由高斯公式有

$$I=\oiint_{\Sigma+\Sigma_1}(8y+1)x\,\mathrm{d}y\mathrm{d}z+2(1-y^2)\mathrm{d}z\mathrm{d}x-4yz\,\mathrm{d}x\mathrm{d}y$$

$$-\iint_{\Sigma_1}(8y+1)x\,\mathrm{d}y\mathrm{d}z+2(1-y^2)\mathrm{d}z\mathrm{d}x-4yz\,\mathrm{d}x\mathrm{d}y$$

$$=\iiint_{\Omega}\mathrm{d}v+16\iint_{D_{zx}}\mathrm{d}z\mathrm{d}x=\iiint_{\Omega}\mathrm{d}v+32\pi.$$

$$\iiint\limits_{\Omega} \mathrm{d}v = \int_0^{2\pi} \mathrm{d}\theta \int_0^{\sqrt{2}} \rho\,\mathrm{d}\rho \int_{1+\rho^2}^3 \mathrm{d}y = 2\pi \int_0^{\sqrt{2}} (2\rho - \rho^3)\mathrm{d}\rho = 2\pi,$$

于是
$$I = 2\pi + 32\pi = 34\pi.$$

【例 18】 求曲线积分 $I = \oint_{\Gamma} (y^2 - z^2)\mathrm{d}x + (2z^2 - x^2)\mathrm{d}y + (3x^2 - y^2)\mathrm{d}z$，其中 Γ 是平面 $x+y+z=2$ 与柱面 $|x|+|y|=1$ 的交线，从 z 轴正向看去 Γ 为逆时针方向.

【解】 **解法一** 用斯托克斯公式求解.

设 Σ 为平面 $x+y+z=2$ 被曲线 Γ 所围部分的上侧，D 为 Σ 在 xOy 坐标面上的投影区域，则由斯托克斯公式有

$$I = \iint\limits_{\Sigma} (-2y-4z)\mathrm{d}y\mathrm{d}z + (-2z-6x)\mathrm{d}z\mathrm{d}x + (-2x-2y)\mathrm{d}x\mathrm{d}y$$

$$= -\frac{2}{\sqrt{3}} \iint\limits_{\Sigma} (4x+2y+3z)\mathrm{d}S = -2\iint\limits_{D} (x-y+6)\mathrm{d}x\mathrm{d}y = -12\iint\limits_{D}\mathrm{d}x\mathrm{d}y = -24.$$

解法二 降维法.

取 Σ 同解法一，并将其方程代入 I，设 L 为 Γ 在 xOy 坐标面上的投影曲线，取正向，则有

$$I = \oint_L [y^2 - (2-x-y)^2]\mathrm{d}x + [2(2-x-y)^2 - x^2]\mathrm{d}y + (3x^2-y^2)(-\mathrm{d}x - \mathrm{d}y)$$

$$= \oint_L [y^2 - 4x^2 - 2xy + 4x + 4y - 4]\mathrm{d}x + [3y^2 - 2x^2 + 4xy - 8x - 8y + 8]\mathrm{d}y.$$

由格林公式，有 $I = -2\iint\limits_{D}(x-y+6)\mathrm{d}x\mathrm{d}y = -24.$

解法三 参数法.

Γ 是平面 $x+y+z=2$ 与柱面 $|x|+|y|=1$ 的交线，分段讨论.

① 当 $x \geqslant 0$，$y \geqslant 0$ 时，Γ_1：$y=1-x$，$z=2-x-y=1$，x 从 1 到 0，于是

$$I_1 = \int_{\Gamma_1} (y^2-z^2)\mathrm{d}x + (2z^2-x^2)\mathrm{d}y + (3x^2-y^2)\mathrm{d}z$$

$$= \int_1^0 [(1-x)^2 - 1 - (2-x^2)]\mathrm{d}x = \frac{7}{3};$$

② 当 $x \leqslant 0$，$y \geqslant 0$ 时，Γ_2：$y=1+x$，$z=2-x-y=1-2x$，x 从 0 到 -1，于是

$$I_2 = \int_{\Gamma_2} (y^2-z^2)\mathrm{d}x + (2z^2-x^2)\mathrm{d}y + (3x^2-y^2)\mathrm{d}z = \int_0^{-1} (2x+4)\mathrm{d}x = -3;$$

③ 当 $x \leqslant 0$，$y \leqslant 0$ 时，Γ_3：$y=1-x$，$z=2-x-y=3$，x 从 -1 到 0，于是

$$I_3 = \int_{\Gamma_3} (y^2-z^2)\mathrm{d}x + (2z^2-x^2)\mathrm{d}y + (3x^2-y^2)\mathrm{d}z = \int_{-1}^0 (2x^2+2x-26)\mathrm{d}x = -\frac{79}{3};$$

④ 当 $x \geqslant 0$，$y \leqslant 0$ 时，Γ_4：$y=x-1$，$z=2-x-y=3$，x 从 0 到 1，于是

$$I_4 = \int_{\Gamma_4} (y^2-z^2)\mathrm{d}x + (2z^2-x^2)\mathrm{d}y + (3x^2-y^2)\mathrm{d}z = \int_0^1 (-18x+12)\mathrm{d}x = 3;$$

综上 $I = I_1 + I_2 + I_3 + I_4 = -24.$

注：空间曲线若由曲面的交线形式给出时，求其参数方程，一般是将其向 xOy 坐标面投影，先求出投影（平面曲线）的参数方程，再代入含 z 的曲面方程中解出 z 即可.

【例 19】 计算 $I = \oiint\limits_{\Sigma} \dfrac{\cos(\boldsymbol{r},\ \boldsymbol{n})}{r^2}\mathrm{d}S$，其中 Σ 为包含原点的任一光滑闭曲面，$\boldsymbol{n}$ 为 Σ 在点

$M(x,y,z)$ 处的外法线向量，$\boldsymbol{r}=\overrightarrow{OM}$，$r=|\boldsymbol{r}|$.

【解】 记 $\boldsymbol{e}_n$ 为曲面的单位外法线向量，则 $\cos(\boldsymbol{r},\boldsymbol{n})=\dfrac{\boldsymbol{r}\cdot\boldsymbol{e}_n}{r}$，从而

$$I=\oiint\limits_{\Sigma}\frac{\cos(\boldsymbol{r},\boldsymbol{n})}{r^2}\mathrm{d}S=\oiint\limits_{\Sigma}\frac{\boldsymbol{r}\cdot\boldsymbol{e}_n}{r^3}\mathrm{d}S=\oiint\limits_{\Sigma}\frac{\boldsymbol{r}}{r^3}\cdot\mathrm{d}\boldsymbol{S}.$$

记 $\boldsymbol{A}=\dfrac{\boldsymbol{r}}{r^3}=\left(\dfrac{x}{r^3},\dfrac{y}{r^3},\dfrac{z}{r^3}\right)$，则有

$$\mathrm{div}\boldsymbol{A}=\frac{\partial}{\partial x}(\frac{x}{r^3})+\frac{\partial}{\partial y}(\frac{y}{r^3})+\frac{\partial}{\partial z}(\frac{z}{r^3})=0.$$

但由于原点在曲面 Σ 所围区域内，高斯公式不能直接用. 为此以原点为中心，充分小的正数 ε 为半径作球面 Σ_1（取外侧），使其包含在封闭曲面 Σ 内，并记 Σ_1 与 Σ 之间的空间闭区域为 Ω，则由高斯公式得

$$\oiint\limits_{\Sigma+\Sigma_1^-}\frac{\boldsymbol{r}}{r^3}\cdot\mathrm{d}\boldsymbol{S}=\oiint\limits_{\Sigma+\Sigma_1^-}\boldsymbol{A}\cdot\mathrm{d}\boldsymbol{S}=\iiint\limits_{\Omega}\mathrm{div}\boldsymbol{A}\,\mathrm{d}v=0,$$

所以

$$I=\oiint\limits_{\Sigma}\frac{\cos(\boldsymbol{r},\boldsymbol{n})}{r^2}\mathrm{d}S=\oiint\limits_{\Sigma+\Sigma_1^-}\frac{\boldsymbol{r}}{r^3}\cdot\mathrm{d}\boldsymbol{S}-\oiint\limits_{\Sigma_1^-}\frac{\boldsymbol{r}}{r^3}\cdot\mathrm{d}\boldsymbol{S}=\oiint\limits_{\Sigma_1}\frac{\boldsymbol{r}}{r^3}\cdot\mathrm{d}\boldsymbol{S}=\oiint\limits_{\Sigma_1}\frac{\cos(\boldsymbol{r},\boldsymbol{n})}{r^2}\mathrm{d}S.$$

但在曲面 Σ_1 上，$r=\varepsilon$，且 $\boldsymbol{r}$ 与 $\boldsymbol{n}$ 的方向一致，从而 $\cos(\boldsymbol{r},\boldsymbol{n})=1$，于是

$$I=\oiint\limits_{\Sigma}\frac{\cos(\boldsymbol{r},\boldsymbol{n})}{r^2}\mathrm{d}S=\oiint\limits_{\Sigma_1}\frac{\cos(\boldsymbol{r},\boldsymbol{n})}{r^2}\mathrm{d}S=\frac{1}{\varepsilon^2}\oiint\limits_{\Sigma_1}\mathrm{d}S=\frac{1}{\varepsilon^2}4\pi\varepsilon^2=4\pi.$$

注：该题中用了向量形式的高斯公式，希望读者也能熟悉这种向量形式的高斯公式. 另外在应用高斯公式时一定要注意公式成立的条件.

3. 线面积分的应用

【例20】 一力场其力的大小与力的作用点到 xOy 平面的距离成反比，且方向指向原点. 试计算当质点沿直线 $x=at$，$y=bt$，$z=ct(c\neq0)$，从点 $A(a,b,c)$ 移动到点 $B(2a,2b,2c)$ 时该力场所做的功.

【解】 设比例常数为 k，则质点在 (x,y,z) 点受到的外力

$$\boldsymbol{F}=\left(-\frac{kx}{z\sqrt{x^2+y^2+z^2}},-\frac{ky}{z\sqrt{x^2+y^2+z^2}},-\frac{kz}{z\sqrt{x^2+y^2+z^2}}\right),$$

则力场所做的功

$$
\begin{aligned}
W&=\int_{L(AB)}\boldsymbol{F}\cdot\mathrm{d}\boldsymbol{s}\\
&=\int_{L(AB)}\frac{-k}{z\sqrt{x^2+y^2+z^2}}(x\mathrm{d}x+y\mathrm{d}y+z\mathrm{d}z)\\
&=\int_1^2\frac{-k}{ct^2\sqrt{a^2+b^2+c^2}}(a^2t+b^2t+c^2t)\mathrm{d}t\\
&=-k\frac{\sqrt{a^2+b^2+c^2}}{c}\ln2.
\end{aligned}
$$

【例21】 求由锥面 $z=\sqrt{x^2+y^2}$，圆柱面 $x^2+y^2=2x$ 及平面 $z=0$ 所围立体的表面积（图 11-6）.

【解】 立体的表面积由三块曲面组成，即①底圆 Σ_1；②锥面 $z=\sqrt{x^2+y^2}$ 在圆柱面

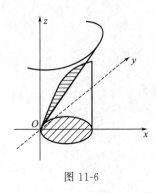

图 11-6

$x^2+y^2=2x$ 内的部分 Σ_2；③圆柱面 $x^2+y^2=2x$ 介于锥面与平面 $z=0$ 之间的部分 Σ_3.

① 底圆 Σ_1 的面积 $S_1=\pi$.

② 设 Σ_2 的面积为 S_2，则由对面积的曲面积分的几何意义有

$$S_2=\iint\limits_{\Sigma_2}\mathrm{d}S=\iint\limits_{D_{xy}}\sqrt{1+z_x^2+z_y^2}\,\mathrm{d}x\,\mathrm{d}y$$

$$=\iint\limits_{D_{xy}}\sqrt{1+(\frac{x}{\sqrt{x^2+y^2}})^2+(\frac{y}{\sqrt{x^2+y^2}})^2}\,\mathrm{d}x\,\mathrm{d}y$$

$$=\iint\limits_{D_{xy}}\sqrt{2}\,\mathrm{d}x\,\mathrm{d}y=\sqrt{2}\,\pi\,,$$

其中 D_{xy} 是曲面 Σ_2 在 xOy 坐标面上的投影区域.

③ 设 Σ_1 的边界曲线为 L，由对弧长的曲线积分的几何意义，Σ_3 的面积为 $S_3=\oint\limits_L\sqrt{x^2+y^2}\,\mathrm{d}s$，由 L 的极坐标方程 $\rho=2\cos\theta$，可得 L 的参数方程为 $x=1+\cos2\theta$，$y=\sin2\theta$，于是

$$\mathrm{d}s=\sqrt{x_\theta^2+y_\theta^2}\,\mathrm{d}\theta=\sqrt{(-2\sin2\theta)^2+(2\cos2\theta)^2}\,\mathrm{d}\theta=2\mathrm{d}\theta,$$

由对称性有 $$S_3=\oint\limits_L\sqrt{x^2+y^2}\,\mathrm{d}s=2\int_0^{\frac{\pi}{2}}\sqrt{4\cos^2\theta}\cdot2\mathrm{d}\theta=8\int_0^{\frac{\pi}{2}}\cos\theta\mathrm{d}\theta=8$$

综上，立体的表面积为 $S=S_1+S_2+S_3=\pi+\sqrt{2}\,\pi+8$.

【例 22】 求均匀锥面壳 $x^2+y^2=z^2(0\leqslant z\leqslant1)$ 对于直线 L：$\dfrac{x}{1}=\dfrac{y}{0}=\dfrac{z-1}{0}$ 的转动惯量.

【解】 设面密度为 μ，由于直接计算比较麻烦，我们先进行坐标平移，令 $X=x$，$Y=y$，$Z=z-1$，则锥面方程变为 $X^2+Y^2=(Z+1)^2$，而直线方程 $\dfrac{X}{1}=\dfrac{Y}{0}=\dfrac{Z}{0}$，即转化为 x 轴，于是本题转化为求锥面壳（为简便仍用小写字母来记）$x^2+y^2=(z+1)^2$ 关于 x 坐标轴的转动惯量，所以

$$I_L=\mu\iint\limits_{\Sigma}(y^2+z^2)\mathrm{d}S=\mu\iint\limits_{D_{xy}}\left[y^2+(\sqrt{x^2+y^2}-1)^2\right]\sqrt{2}\,\mathrm{d}x\,\mathrm{d}y$$

$$=\sqrt{2}\,\mu\int_0^{2\pi}\mathrm{d}\theta\int_0^1(\rho^2\sin^2\theta+\rho^2-2\rho+1)\rho\mathrm{d}\rho$$

$$=\sqrt{2}\,\mu\int_0^{2\pi}(\frac{1}{4}\sin^2\theta+\frac{1}{4}-\frac{2}{3}+\frac{1}{2})\mathrm{d}\theta=\frac{5}{12}\sqrt{2}\,\pi\mu\,.$$

注：从本例看出，通过坐标平移等变换有时可简化计算.

【例 23】 证明 $(1-\dfrac{y^2}{x^2}\cos\dfrac{y}{x})\mathrm{d}x+(\sin\dfrac{y}{x}+\dfrac{y}{x}\cos\dfrac{y}{x})\mathrm{d}y$ 是某个二元函数的全微分，并求一个这样的函数.

【证明】 设 $P=1-\dfrac{y^2}{x^2}\cos\dfrac{y}{x}$，$Q=\sin\dfrac{y}{x}+\dfrac{y}{x}\cos\dfrac{y}{x}$，由于 $\dfrac{\partial P}{\partial y}=-\dfrac{2y}{x^2}\cos\dfrac{y}{x}+\dfrac{y^2}{x^3}\sin\dfrac{y}{x}=\dfrac{\partial Q}{\partial x}$ 在不包括 y 轴的平面区域内恒成立，故原式是某函数的全微分. 取不过 y 轴的折线 $(1,\pi)\rightarrow(1,y)\rightarrow(x,y)$ 为积分路径，得一函数

$$u(x,y)=\int_1^x P(x,y)\mathrm{d}x+\int_\pi^y Q(1,y)\mathrm{d}y$$

$$= \int_1^x (1 - \frac{y^2}{x^2}\cos\frac{y}{x}) dx + \int_\pi^y \sin y - y\cos xy\, dy$$

$$= [x + y\sin\frac{y}{x}]_1^x + [y\sin y]_\pi^y = x + y\sin\frac{y}{x} - 1.$$

注：这样的函数 $u(x,y)$ 有很多，结果与路径的起点有关，但所有结果间仅相差一个常数.

【例 24】　设有流体密度为常数 μ 的空间流体，其流速函数 $\boldsymbol{v} = xz^2\boldsymbol{i} + yx^2\boldsymbol{j} + zy^2\boldsymbol{k}$. 求流体在单位时间内流过曲面 Σ：$x^2 + y^2 + z^2 = 2z$ 的流量（流向外侧）和沿曲线

L：$\begin{cases} x^2 + y^2 + z^2 = 2z, \\ z = 1 \end{cases}$ 的环流量（从 z 轴正向看去是逆时针方向）.

【解】　由对坐标曲面积分的意义，有流量

$$\Phi = \oiint\limits_{\Sigma} xy^2\, dy\, dz + yx^2\, dz\, dx + zy^2\, dx\, dy.$$

注意到曲面 Σ 的球坐标方程为 $r = 2\cos\varphi$，由高斯公式得

$$\Phi = \iiint\limits_{\Omega} (x^2 + y^2 + z^2) dx\, dy\, dz = \int_0^{2\pi} d\theta \int_0^{\frac{\pi}{2}} d\varphi \int_0^{2\cos\varphi} r^2 \cdot r^2\sin\varphi\, dr$$

$$= 2\pi \cdot \frac{32}{5} \int_0^{\frac{\pi}{2}} \sin\varphi\cos^5\varphi\, d\varphi = \frac{32}{15}\pi.$$

由对坐标曲线积分的意义，有环流量

$$K = \oint_\Gamma xz^2\, dx + yx^2\, dy + zy^2\, dz.$$

注意到曲线 Γ 为平面 $z = 1$ 上的圆周 $x^2 + y^2 = 1$，其所围平面 S 取上侧，由斯托克斯公式得

$$K = 2\iint\limits_S yz\, dy\, dz + zx\, dz\, dx + xy\, dx\, dy = 2\iint\limits_D xy\, dx\, dy = 0.$$

这里用到了区域 D（S 在面上的投影）的对称性和被积函数是奇函数.

【例 25】　（1）设 $u(x,y,z) = x^3 + y^3 + z^3 - 3xyz$，求 $\mathbf{grad}u$ 及 $\text{rot}(\mathbf{grad}u)$.

（2）求 $\text{div}[\mathbf{grad}f(r)]$，其中 $r = \sqrt{x^2 + y^2 + z^2}$，当 $f(r)$ 等于多少时，$\text{div}[\mathbf{grad}(f(r))]$ 为 0？

【解】　（1）$\mathbf{grad}u = \frac{\partial u}{\partial x}\boldsymbol{i} + \frac{\partial u}{\partial y}\boldsymbol{j} + \frac{\partial u}{\partial z}\boldsymbol{k} = (3x^2 - 3yz)\boldsymbol{i} + (3y^2 - 3xz)\boldsymbol{j} + (3z^2 - 3xy)\boldsymbol{k}$；

而

$$\text{rot}(\mathbf{grad}u) = \begin{vmatrix} \boldsymbol{i} & \boldsymbol{j} & \boldsymbol{k} \\ \dfrac{\partial}{\partial x} & \dfrac{\partial}{\partial y} & \dfrac{\partial}{\partial z} \\ 3x^2 - 3yz & 3y^2 - 3xz & 3z^2 - 3xy \end{vmatrix}$$

$$= 3(-x + x)\boldsymbol{i} + 3(-y + y)\boldsymbol{j} + 3(-z + z)\boldsymbol{k} = 0.$$

（2）因为 $\frac{\partial r}{\partial x} = \frac{x}{r}$，$\frac{\partial r}{\partial y} = \frac{y}{r}$，$\frac{\partial r}{\partial z} = \frac{z}{r}$，所以 $\mathbf{grad}r = \frac{\boldsymbol{r}}{r}$，于是

$$\mathbf{grad}f(r) = f'(r)\mathbf{grad}r = f'(r)\frac{\boldsymbol{r}}{r},$$

从而　$\text{div}[\mathbf{grad}(f(r))] = \frac{\partial}{\partial x}\left[f'(r)\frac{x}{r}\right] + \frac{\partial}{\partial y}\left[f'(r)\frac{y}{r}\right] + \frac{\partial}{\partial z}\left[f'(r)\frac{z}{r}\right] = f''(r) + \frac{2}{r}f'(r).$

当 $\text{div}[\mathbf{grad}(f(r))] = 0$ 时，$f''(r) + \frac{2}{r}f'(r) = 0$，即

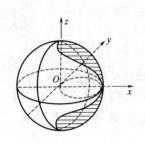

图 11-7

$$rf''(r)+2f'(r)=0.$$

积分得 $rf'(r)+f(r)=C_1$，再积分，得 $rf(r)=C_1r+C_2$，

故 $f(r)=C_1+\dfrac{C_2}{r}$ 时，$\text{div}[\mathbf{grad}f(r)]=0$.

【例 26】 球面 $x^2+y^2+z^2=a^2$ 上点 $M(x,y,z)$ 的密度等于点 M 到 xOy 面的距离，求球面被柱面 $x^2+y^2=ax$ 截下部分曲面（图 11-7）的重心.

【解】 由曲面的对称性知 $\bar{y}=\bar{z}=0$. 球面上半部分 Σ_1 的方程为

$$z=\sqrt{a^2-x^2-y^2},\ 而\ \mathrm{d}S=\sqrt{1+z_x^2+z_y^2}=\frac{a}{\sqrt{a^2-x^2-y^2}}\mathrm{d}x\,\mathrm{d}y\ 以及$$

密度 $\mu(x,y,z)=|z|$，于是由对称性有

$$M=\iint_{\Sigma}\mu(x,y,z)\mathrm{d}S=\iint_{\Sigma}|z|\,\mathrm{d}S=2\iint_{\Sigma_1}z\,\mathrm{d}S$$

$$=2\iint_{D}a\,\mathrm{d}x\,\mathrm{d}y=2a\cdot\frac{\pi}{4}a^2=\frac{\pi}{2}a^3,$$

其中 D 为 Σ_1 在 xOy 面上的投影区域：$x^2+y^2\leqslant ax$. 又

$$M_{yz}=\iint_{\Sigma}x\mu(x,y,z)\mathrm{d}S=2\iint_{\Sigma_1}xz\,\mathrm{d}S=2\iint_{D}ax\,\mathrm{d}x\,\mathrm{d}y=2a\int_{-\frac{\pi}{2}}^{\frac{\pi}{2}}\mathrm{d}\theta\int_{0}^{a\cos\theta}\rho\cos\theta\rho\,\mathrm{d}\rho=\frac{\pi}{4}a^4,$$

故 $\bar{x}=\dfrac{M_{yz}}{M}=\dfrac{a}{2}$，即曲面的重心为 $\left(\dfrac{a}{2},0,0\right)$.

【例 27】 设 Σ 是一光滑的闭曲面，V 是 Σ 所围的立体的体积，$\mathbf{r}$ 是点 (x,y,z) 的向径，$r=|\mathbf{r}|$，θ 是 Σ 的外法线向量与 $\mathbf{r}$ 的夹角. 试证明：$V=\dfrac{1}{3}\oiint_{\Sigma}r\cos\theta\,\mathrm{d}S$.

【证明】 设 Σ 的外法线向量的单位向量为 $\mathbf{n}^0=(\cos\alpha,\ \cos\beta,\ \cos\gamma)$，又 $\mathbf{r}=(x,y,z)$，于是 $\mathbf{r}^0=\left(\dfrac{x}{r},\dfrac{y}{r},\dfrac{z}{r}\right)$，从而 $\cos\theta=\mathbf{n}^0\cdot\mathbf{r}^0=\dfrac{x}{r}\cos\alpha+\dfrac{y}{r}\cos\beta+\dfrac{z}{r}\cos\gamma$，故

$$\frac{1}{3}\oiint_{\Sigma}r\cos\theta\,\mathrm{d}S=\frac{1}{3}\oiint_{\Sigma}(x\cos\alpha+y\cos\beta+z\cos\gamma)\mathrm{d}S=\iiint_{\Omega}\mathrm{d}v=V.$$

第五节　同步练习题

1. 计算 $I=\oint_{L}|y|\mathrm{d}x+|x|\mathrm{d}y$，$L$ 为以 A $(1,0)$，B $(0,1)$ 及 C $(-1,0)$ 为顶点的三角形的正向边界曲线.

2. 设 $g'(x)$ 连续，且 $g(1)=g(0)=0$，计算 $I=\int_{L}[2xg(y)-y]\mathrm{d}x+[x^2g'(y)-y]\mathrm{d}y$，其中 L 是过三点 $A(0,0)$，$B\left(\dfrac{1}{2},-\dfrac{1}{4}\right)$ 和 $C(1,1)$，其对称轴与 y 轴平行的抛物线.

3. 计算 $\oint_{\Gamma}\dfrac{x^2}{\sqrt{x^2+y^2+z^2}}\mathrm{d}s$，其中 Γ 为球面 $x^2+y^2+z^2=1$ 与平面 $x+y+z=0$ 相交的圆周.

4. 求平面 $x+y=1$ 在球面 $x^2+y^2+z^2=1$ 内的部分的面积.

5. 求质量均匀的摆线一拱 $x=a(t-\sin t)$，$y=a(1-\cos t)$ $(0\leqslant t\leqslant 2\pi)$ 的重心.

6. 计算 $\int_{L}(1+ye^x)\mathrm{d}x+(x+e^x)\mathrm{d}y$，$L$ 为沿 $y=1-x^2$ 由 $A(1,0)$ 到 $B(-1,0)$ 的曲线.

7. 计算 $I = \oint_L |y|\,\mathrm{d}s$ ，其中 L 为双纽线 $(x^2+y^2)^2 = a^2(x^2-y^2)$ $(a>0)$.

8. 计算 $\int_\Gamma y\,\mathrm{d}x + z\,\mathrm{d}y + x\,\mathrm{d}z$ ，其中 Γ 为螺线 $x=a\cos t$ ，$y=a\sin t$ ，$z=bt$ 从 $t=0$ 到 $t=2\pi$ 的弧段.

9. 计算 $\oint_L \arctan\dfrac{y}{x}\,\mathrm{d}y - \mathrm{d}x$ ，其中 L 是由抛物线 $y=x^2$ 与直线 $y=x$ 所围区域的正向边界.

10. 由 $\boldsymbol{F}=(6xy,\ x^6y^2)$ 确定一平面力场，质点沿曲线 $y=ax^\lambda$ $(a>0,\lambda>0)$ 从原点移动到点 $A(1,a)$，问 a 为何值时场力所做的功与 λ 无关.

11. 设 $f(x)$ 在 $(-\infty,+\infty)$ 有连续导数，求 $\displaystyle\int_L \dfrac{1+y^2f(xy)}{y}\,\mathrm{d}x + \dfrac{x}{y^2}[y^2f(xy)-1]\,\mathrm{d}y$ ，其中 L 为由点 $\left(3,\dfrac{2}{3}\right)$ 到点 $(1,2)$ 的线段.

12. 计算 $I = \displaystyle\int_L (2xy^3 - y^2\cos x)\,\mathrm{d}x + (x-2y\sin x + 3x^2y^2)\,\mathrm{d}y$ ，其中 L 为抛物线 $2x=\pi y^2$ 上由点 $\left(\dfrac{\pi}{2},-1\right)$ 到 $\left(\dfrac{\pi}{2},1\right)$ 的一段弧.

13. 设 $f(x)$ 二阶导数连续，且曲线积分 $\displaystyle\int_L [3f'(x) - 2f(x) + xe^{2x}]y\,\mathrm{d}x + f'(x)\,\mathrm{d}y$ 与路径无关，求 $f(x)$.

14. 由 $\boldsymbol{F}=(yz,\ -3xz,\ 2xy)$ 确定一力场，质点沿柱面 $y=\sqrt{a^2-x^2}$ $(a>0)$ 与平面 $y-z=0$ 的交线从点 $A(a,0,0)$ 移动到点 $B(-a,0,0)$，求场力所做的功.

15. 设 $u(x,y)=x^2-xy+y^2$，L 为抛物线 $y=x^2$ 自原点至点 $A(1,1)$ 的有向弧段，$\boldsymbol{n}$ 为 L 的切向量顺时针旋转 $\dfrac{\pi}{2}$ 所得的法向量，计算 $\displaystyle\int_L \dfrac{\partial u}{\partial \boldsymbol{n}}\,\mathrm{d}s$ ，其中 $\dfrac{\partial u}{\partial \boldsymbol{n}}$ 为函数 u 沿 $\boldsymbol{n}$ 方向的方向导数.

16. 设 p 表示从原点到椭球面 $\dfrac{x^2}{a^2}+\dfrac{y^2}{b^2}+\dfrac{z^2}{c^2}=1$ 上 $W(x,y,z)$ 点的切平面的垂直距离，求证 $\displaystyle\iint_\Sigma p\,\mathrm{d}S = 4\pi abc$ ，式中 Σ 为椭球面 $\dfrac{x^2}{a^2}+\dfrac{y^2}{b^2}+\dfrac{z^2}{c^2}=1$.

17. 设 D 是由直线 $x+y=1$、$x+y=2$ 和坐标轴所围成的闭区域，利用曲线积分证明
$$\iint_D \cos\dfrac{x-y}{x+y}\,\mathrm{d}x\,\mathrm{d}y = \dfrac{3}{2}\sin 1.$$

18. 计算 $\displaystyle\iint_\Sigma \dfrac{1}{x}\,\mathrm{d}y\,\mathrm{d}z + \dfrac{1}{y}\,\mathrm{d}z\,\mathrm{d}x + \dfrac{1}{z}\,\mathrm{d}x\,\mathrm{d}y$ ，其中 Σ 是球面 $x^2+y^2+z^2=R^2$ 的外侧，R 为正数.

19. 计算 $I = \displaystyle\iint_\Sigma 2(1-x^2)\,\mathrm{d}y\,\mathrm{d}z + 8xy\,\mathrm{d}z\,\mathrm{d}x - 4xz\,\mathrm{d}x\,\mathrm{d}y$ ，其中 Σ 是由 xOy 面上的弧段 $x=e^y$ $(0\leqslant y\leqslant a)$ 绕 x 轴旋转所成的旋转面的凸的一侧.

20. 至少用三种方法计算曲面积分 $I = \displaystyle\iint_\Sigma (y-z)\,\mathrm{d}y\,\mathrm{d}z + (z-x)\,\mathrm{d}z\,\mathrm{d}x + (x-y)\,\mathrm{d}x\,\mathrm{d}y$ ，其中 Σ 为 $z^2=x^2+y^2$ $(0\leqslant z\leqslant h)$ 的下侧.

21. 计算曲面积分 $I = \displaystyle\iint_\Sigma yz\,\mathrm{d}z\,\mathrm{d}x + 2\,\mathrm{d}x\,\mathrm{d}y$ ，其中 Σ 是球面 $x^2+y^2+z^2=4$ 外侧在 $z\geqslant0$ 的部分.

22. 设空间闭区域 Ω 由曲面 $z=a^2-x^2-y^2$ 平面 $z=0$ 所围成，Σ 为 Ω 的表面外侧，V 是

Ω 的体积，a 为正数. 试证明：$V = \oiint\limits_{\Sigma} x^2 yz^2 \mathrm{d}y\mathrm{d}z - xy^2z^2 \mathrm{d}z\mathrm{d}x + z(1+3xyz)\mathrm{d}x\mathrm{d}y$，并求出 V.

23. 已知函数 $f(x)$ 具有 2 阶连续导数，且对任意的光滑有向封闭曲面 Σ，都有

$$\oiint\limits_{\Sigma} e^x[f'(x)\mathrm{d}y\mathrm{d}z = 2yf(x)\mathrm{d}z\mathrm{d}y - ze^x\mathrm{d}x\mathrm{d}y] = 0$$

(1) 证明对任意的 x 有 $f''(x) + f'(x) - 2f(x) = e^x$；

(2) 当 $f(0) = 0$，$f'(0) = \dfrac{1}{3}$ 时，求函数 $f(x)$ 的表达式.

24. 计算 $I = \oiint\limits_{\Sigma} \dfrac{x\mathrm{d}y\mathrm{d}z + y\mathrm{d}z\mathrm{d}x + z\mathrm{d}x\mathrm{d}y}{(x^2+y^2+z^2)^{\frac{3}{2}}}$，其中 Σ 为一封闭曲面的外侧（Σ 不过原点）.

25. 设 Σ 是球面 $x^2 + y^2 + z^2 - 2ax - 2ay - 2az + a^2 = 0(a>0)$，证明：

$$I = \oiint\limits_{\Sigma} (x+y+z-\sqrt{3}a)\mathrm{d}S \leqslant 12\pi a^3.$$

26. 计算 $\oint_{\Gamma} y\mathrm{d}x + z\mathrm{d}y + x\mathrm{d}z$，其中 Γ 是圆周 $\begin{cases} x^2+y^2+z^2=a^2, \\ z=\dfrac{a}{5}, \end{cases}$ 其方向与 z 轴正向符合右手螺旋规则.

27. 计算曲线积分 $I = \oint_{\Gamma} (y^2-z^2)\mathrm{d}x + (z^2-x^2)\mathrm{d}y + (x^2-y^2)\mathrm{d}z$，其中曲线 Γ 是球面 $x^2+y^2+z^2=1$ 在第一卦限部分的边界曲线，Γ 的方向与球面外法向量构成右手螺旋规则.

28. 设 $r = \sqrt{x^2+y^2+z^2}$，求 $\mathrm{div}\,(\mathbf{grad}r)\,\big|_{(1,-2,2)}$.

29. 求向量场 $\mathbf{A} = (2z-3y,\ 3x-z,\ y-2x)$ 的旋度.

第六节　自我测试题

一、测试题 A

1. 填空题

(1) 设 L 为正方形 $|x|+|y|=a\ (a>0)$ 的边界，则曲线积分 $\oint_L xy\mathrm{d}s = $ _____.

(2) 设 L 是以点 $A(1,1)$，$B(2,2)$ 和 $C(1,3)$ 为顶点的三角形的正向边界曲线，则曲线积分 $I = \oint_L 2(x^2+y^2)\mathrm{d}x + (x+y)^2\mathrm{d}y = $ _____.

(3) 已知曲面 $\Sigma\ z=x^2+y^2(z\leqslant 1)$，则 $\iint\limits_{\Sigma} \sqrt{1+4z}\,\mathrm{d}S = $ _____.

(4) 若 Σ 为光滑封闭曲面，V 为其所围立体的体积，$\cos\alpha,\cos\beta,\cos\gamma$ 为 Σ 的外法线的方向余弦，则曲面积分 $\oiint\limits_{\Sigma}(x\cos\alpha + y\cos\beta + z\cos\gamma)\mathrm{d}S = $ _____.

2. 选择题

(1) 设 L 是平面上不通过原点的任一条简单闭曲线，且曲线积分 $\oint_L \dfrac{x\mathrm{d}x - ay\mathrm{d}y}{x^2+y^2} = 0$，则 $a = $ _____.

　　(A) -1；　(B) -4；　(C) 4；　(D) 不存在这样的 a.

(2) 设 $f(u)$ 具有连续的二阶导数，则 $\displaystyle\int_{(0,\,0)}^{(a,\,b)} f'(x+y)(\mathrm{d}x+\mathrm{d}y) = $（　）.

(A) $2f(a+b)-f(a)-f(b)$;　　　　　(B) $f(a)+f(b)-2f(0)$;

(C) $f(a+b)-f(0)$;　　　　　　　　(D) $f(a)+f(b)$.

（3）设 Σ 是分片光滑闭曲面的外侧，Σ 围成的空间区域的体积为 V，则下列各曲面积分的值不等于 V 的是（　）.

(A) $\dfrac{1}{3}\oiint\limits_{\Sigma}(x+1)\mathrm{d}y\mathrm{d}z+y\mathrm{d}z\mathrm{d}x+(z+2)\mathrm{d}x\mathrm{d}y$;　(B) $\oiint\limits_{\Sigma}x\mathrm{d}y\mathrm{d}z+z\mathrm{d}z\mathrm{d}x-y\mathrm{d}x\mathrm{d}y$;

(C) $\dfrac{1}{2}\oiint\limits_{\Sigma}(x+5)\mathrm{d}y\mathrm{d}z+(y-1)\mathrm{d}z\mathrm{d}x$;　(D) $\dfrac{1}{3}\oiint\limits_{\Sigma}(1-x)\mathrm{d}y\mathrm{d}z+y\mathrm{d}z\mathrm{d}x+(2z-1)\mathrm{d}x\mathrm{d}y$.

3. 解答题

（1）计算 $\displaystyle\int_{L}(x^2y+3x\mathrm{e}^x)\mathrm{d}x+(\dfrac{x^3}{3}-y\sin y)\mathrm{d}y$，其中 L 为曲线 $\begin{cases}x=t-\sin t,\\ y=1-\cos t\end{cases}$ 从 $(0,0)$ 到 $(\pi,2)$ 的弧.

（2）计算 $\displaystyle\iint\limits_{\Sigma}xy^2z\mathrm{d}x\mathrm{d}y$，其中 Σ 为柱面 $x^2+z^2=R^2$ 在 $x\geqslant 0$，$y\geqslant 0$ 两卦限内被平面 $y=0$ 及 $y=H$ 所截下部分曲面的外侧，R 及 H 均为正数.

（3）平面力场 $\boldsymbol{F}=(2\sqrt{y},\ x^2-y)$ 沿曲线 $L\ y=x^2$ 从点 $A(1,1)$ 到 $B(2,4)$ 所做的功.

4. 综合题

（1）计算 $\displaystyle\iint\limits_{\Sigma}x\mathrm{d}y\mathrm{d}z+y\mathrm{d}z\mathrm{d}x+(z^2-2z)\mathrm{d}x\mathrm{d}y$，其中 Σ 为介于 $z=0$、$z=1$ 之间锥面 $z=\sqrt{x^2+y^2}$ 部分的上侧.

（2）设 $H(x,y,z)=a_1x^4+a_2y^4+a_3z^4+3a_4x^2y^2+3a_5y^2z^2+3a_6x^2z^2$ 为 4 次齐次函数，利用齐次函数的性质 $x\dfrac{\partial H}{\partial x}+y\dfrac{\partial H}{\partial y}+z\dfrac{\partial H}{\partial z}=4H$，计算曲面积分 $\oiint\limits_{\Sigma}H(x,\ y,\ z)\mathrm{d}S$，$\Sigma$ 为单位球面 $x^2+y^2+z^2=1$.

（3）设函数 $f(x)$ 有连续的二阶导数，并使曲线积分 $\displaystyle\int_{L}\big[3f'(x)-2f(x)+x\mathrm{e}^{2x}\big]y\mathrm{d}x+f'(x)\mathrm{d}y$ 与路径无关，求 $f(x)$.

5. 证明题

（1）证明：若 Σ 是任意光滑闭曲面，$\boldsymbol{l}$ 为任一固定方向，则 $\oiint\limits_{\Sigma}\cos\alpha\mathrm{d}S=0$，其中 α 是 Σ 上任意一点处的外法线向量 $\boldsymbol{n}$ 和 $\boldsymbol{l}$ 的夹角.

（2）设 L 是位于平面 $x\cos\alpha+y\cos\beta+z\cos\gamma-D=0$（$\cos\alpha,\cos\beta,\cos\gamma$ 为平面的法向量的方向余弦）上，且包围面积为 A 的一条封闭曲线，证明：

$$\oint_{L}\begin{vmatrix}\mathrm{d}x & \mathrm{d}y & \mathrm{d}z\\ \cos\alpha & \cos\beta & \cos\gamma\\ x & y & z\end{vmatrix}=2A,$$

其中 L 取正方向.

二、测试题 B

1. 填空题

（1）设 Σ 是锥面 $z=\sqrt{x^2+y^2}$（$0\leqslant z\leqslant 1$）的下侧，则 $\displaystyle\iint\limits_{\Sigma}x\mathrm{d}y\mathrm{d}z+2y\mathrm{d}z\mathrm{d}x+3(z-$

1)$\mathrm{d}x\,\mathrm{d}y=$ _____.

（2）设 L 为沿抛物线 $y=x^2$ 上从点 $(1,1)$ 到点 $(2,4)$ 的一段曲线弧，则对坐标的曲线积分 $\int_L P(x,y)\mathrm{d}x+Q(x,y)\mathrm{d}y$ 可化成对弧长的曲线积分 _____，其中 $P(x,y)$ 和 $Q(x,y)$ 是在 L 上的连续函数.

（3）设 L 为取正方向的圆周 $x^2+y^2=9$，则曲线积分 $\oint_L (2xy-2y)\mathrm{d}x+(x^2-4x)\mathrm{d}y$ 的值是 _____.

2. 选择题

（1）设曲线 L 是取顺时针方向的圆周 $x^2+y^2=a^2$，则 $\oint_L y\,\mathrm{d}x-x\,\mathrm{d}y=$（　）.

$\quad$（A）$2\pi a^2$；$\qquad$（B）$-2\pi a^2$；$\qquad$（C）πa^2；$\qquad$（D）0.

（2）设 Σ 是柱面 $x^2+y^2=a^2(0\leqslant z\leqslant 3)$，其向外的单位法向量为 $\boldsymbol{n}=(\cos\alpha,\cos\beta,\cos\gamma)$，则 $I=\iint\limits_{\Sigma}(x\cos\alpha+y\cos\beta+z\cos\gamma)\mathrm{d}S=$（　）.

$\quad$（A）$\iint\limits_{\Sigma}z\cos\gamma\mathrm{d}S$；$\quad$（B）$8\pi a^2$；$\qquad$（C）$6\pi a^2$；$\qquad$（D）$0$.

（3）设 Σ 是下半球面 $z=-\sqrt{a^2-x^2-y^2}$ 的上侧，Ω 是 Σ 与 $z=0$ 所围成的空间闭区域，则 $\iint\limits_{\Sigma}z\,\mathrm{d}x\,\mathrm{d}y$ 不等于（　）.

$\quad$（A）$-\iiint\limits_{\Omega}\mathrm{d}v$；$\qquad\qquad\qquad$（B）$\int_0^{2\pi}\mathrm{d}\theta\int_0^a\sqrt{1-r^2}\,r\,\mathrm{d}r$；

$\quad$（C）$-\int_0^{2\pi}\mathrm{d}\theta\int_0^a\sqrt{1-r^2}\,r\,\mathrm{d}r$；$\quad$（D）$\iint\limits_{\Sigma}(x+y+z)\mathrm{d}x\,\mathrm{d}y$.

（4）设有盖圆锥面 $z=\sqrt{x^2+y^2}$，$(0\leqslant z\leqslant 1)$ 及 $z=1(x^2+y^2\leqslant 1)$ 上任意一点的密度大小为这点到 z 轴的距离的平方，则其质量 $M=$（　）.

$\quad$（A）$\dfrac{1+\sqrt{2}}{2}\pi$；$\quad$（B）$(1+\sqrt{2})\pi$；$\quad$（C）$2\sqrt{2}\pi$；$\quad$（D）$4\sqrt{2}\pi$.

3. 解答题

（1）计算曲面积分 $\iint\limits_{\Sigma}(xy+yz+zx)\mathrm{d}S$，其中 Σ 为圆锥面 $z=\sqrt{x^2+y^2}$ 被曲面 $x^2+y^2=2ax$ 所割下的部分.

（2）计算曲线积分 $\int_L (x^2+y^2)\mathrm{d}x+(x^2-y^2)\mathrm{d}y$，其中 L 为曲线 $y=1-|1-x|$ 对应于 x 从 0 到 2 的一段弧.

（3）求二元可微函数 $\varphi(x,y)$，满足 $\varphi(0,1)=1$，并使曲线积分 $I_1=\int_L (3xy^2+x^3)\mathrm{d}x+\varphi(x,y)\mathrm{d}y$ 及 $I_2=\int_L \varphi(x,y)\mathrm{d}x+(3xy^2+x^3)\mathrm{d}y$ 都与积分路径无关.

（4）设向量场 $\boldsymbol{A}=(x+x^2y-2xyz)\boldsymbol{i}+(y+y^2z-2xyz)\boldsymbol{j}+(z+z^2x-2xyz)\boldsymbol{k}$，闭曲面 Σ 是由双曲抛物面 $z=xy$，平面 $x+y=1$ 和 $z=0$ 围成立体的整个边界曲面，求 $\boldsymbol{A}$ 穿过 Σ 外侧的通量.

（5）求向量 $A = xy\boldsymbol{i} + zx\boldsymbol{j} + yz\boldsymbol{k}$ 沿曲线 $L:\begin{cases} x^2+y^2+z^2=R^2, \\ z=\dfrac{R}{2} \end{cases}$ 的环流量，L 的方向为从

z 轴的正向看去的逆时针方向．

4. 综合题

（1）设曲面 Σ 为曲线 $\begin{cases} z=\mathrm{e}^y, \\ x=0 \end{cases}$（$1\leqslant y\leqslant 2$）绕 z 轴旋转一周所成曲面的下侧，计算曲面积分

$$I = \iint_{\Sigma} 4zx\,\mathrm{d}y\,\mathrm{d}z - 2z\,\mathrm{d}z\,\mathrm{d}x + (1-z^2)\,\mathrm{d}x\,\mathrm{d}y.$$

（2）设函数 $u(x,y)$ 在 xOy 平面上具有一阶连续偏导数，曲线积分 $\int_L 2xy\,\mathrm{d}x + u(x,y)\,\mathrm{d}y$

与路径无关，且对任意 t 恒有 $\int_{(0,0)}^{(t,1)} 2xy\,\mathrm{d}x + u(x,y)\,\mathrm{d}y = \int_{(0,0)}^{(1,t)} 2xy\,\mathrm{d}x + u(x,y)\,\mathrm{d}y$，

求 $u(x,y)$．

（3）计算 $\oiint_{\Sigma} \dfrac{1}{y}f\left(\dfrac{x}{y}\right)\mathrm{d}y\,\mathrm{d}z + \dfrac{1}{x}f\left(\dfrac{x}{y}\right)\mathrm{d}z\,\mathrm{d}x + z\,\mathrm{d}x\,\mathrm{d}y$，其中 $f\left(\dfrac{x}{y}\right)$ 具有一阶连续偏导数，

Σ 为柱面 $x^2+y^2=R^2$，$y^2=\dfrac{z}{2}$，$z=0$ 所围成的立体的表面外侧．

5. 证明题

（1）设在上半平面 $D=\{(x,y)\,|\,y>0\}$ 内，函数 $f(x,y)$ 具有连续偏导数，且对任意的 $t>0$ 都有 $f(tx,ty)=t^{-2}f(x,y)$，证明：对 D 内的任意分段光滑的有向简单闭曲线 L，都有

$$\oint_L yf(x,y)\,\mathrm{d}x - xf(x,y)\,\mathrm{d}y = 0.$$

（2）设 $F(x,y,z)$ 满足 $F_{xx}+F_{yy}+F_{zz}=0$，求证 $\iiint_{\Omega}(F_x^2+F_y^2+F_z^2)\,\mathrm{d}v = \oiint_{\Sigma} F\dfrac{\partial F}{\partial \boldsymbol{n}}$，其

中 Ω 是闭曲面 Σ 所围的区域，$\boldsymbol{n}$ 是 Σ 的外法线向量．

第七节　同步练习题答案

1. -1.　**2.** $\left(-\dfrac{1}{2}\right)$.　**3.** $\dfrac{2\pi}{3}$.　**4.** $\dfrac{\pi}{2}$.　**5.** $\left(\pi a, \dfrac{4a}{3}\right)$.　**6.** $-\dfrac{2}{3}$.

7. $4a^2\left(1-\dfrac{\sqrt{2}}{2}\right)$.　**8.** $-\pi a^2$.　**9.** $\dfrac{\pi}{4}-1$.　**10.** 3.　**11.** -4.　**12.** $\dfrac{\pi^2}{2}+\dfrac{\pi}{3}$.

13. $y=C_1\mathrm{e}^x+C_2\mathrm{e}^{2x}+\left(\dfrac{x}{2}-1\right)x\mathrm{e}^{2x}$，其中 C_1，C_2 是任意常数．　**14.** $-2a^3$.　**15.** $\dfrac{2}{3}$.

16. 略.　**17.** 略.　**18.** $12\pi R$.　**19.** $2\pi a^2\,(\mathrm{e}^{2a}-1)$.　**20.** 0. **21.** 12π.　**22.** $\dfrac{\pi a^4}{2}$.　**23.**

（1）根据题设条件及高斯公式得证；（2）$\dfrac{1}{3}x\mathrm{e}^x$.　**24.** Σ 包含原点时 $I=0$，Σ 不包含

原点时 $I=4\pi$.

25. 提示：利用对称性 $\oiint_{\Sigma}(x+y+z)\mathrm{d}S = 3\oiint_{\Sigma}z\mathrm{d}S$，根据形心 $\bar{z}=a$ 推出 $\oiint_{\Sigma}z\mathrm{d}S=8\pi a^3$，

从而有 $I=24\pi a^3 - \sqrt{3}a\cdot 8\pi a^2 = 8(3-\sqrt{3})\pi a^3 \leqslant 12\pi a^3$.

26. $-\dfrac{24}{25}\pi a^2$.　　**27.** -4.　**28.** $\dfrac{2}{3}$,　**29.** $(2,4,6)$.

第八节　自我测试题答案

一、测试题 A 答案

1. (1) 0；(2) $-\dfrac{4}{3}$；(3) 3π；(4) $3V$.

2. (1) (A)；(2) (C)；(3) (D).

3. (1) $3\mathrm{e}^\pi(\pi-1)+3+\dfrac{2}{3}\pi^3+2\cos2-\sin2$；(2) $\dfrac{2}{9}R^3H^3$；(3) 3.

4. (1) $-\dfrac{3}{2}\pi$；(2) $\dfrac{4\pi}{5}(a_1+a_2+a_3+a_4+a_5+a_6)$；

　　(3) $f(x)=C_1\mathrm{e}^x+C_2\mathrm{e}^{2x}+x\left(\dfrac{x}{2}-1\right)\mathrm{e}^{2x}$.

5. (略).

二、测试题 B 答案

1. (1) 2π；(2) $\displaystyle\int_L \dfrac{P(x,\,y)+2xQ(x,\,y)}{\sqrt{1+4x^2}}\mathrm{d}s$；(3) -18π.

2. (1) (A)；(2) (C)；(3) (B)；(4) (A).

3. (1) $\dfrac{64}{15}\sqrt{2}\,a^4$；(2) $\dfrac{4}{3}$；(3) $\varphi(x,\,y)=3x^2y+y^3$；(4) $\Phi=\displaystyle\oiint\limits_{\Sigma}\boldsymbol{A}\cdot\mathrm{d}\boldsymbol{S}=\dfrac{1}{8}$；(5) $\dfrac{3\pi}{8}R^3$.

4. (1) $\dfrac{13}{2}\pi\mathrm{e}^4-\dfrac{3}{2}\pi\mathrm{e}^2-3\pi$；(2) x^2+2y-1；(3) $\dfrac{\pi}{2}R^4$.

5. (1) 提示：利用曲线积分与路径无关的条件证明；(2) (略).

第十二章   无 穷 级 数

第一节   基 本 要 求

① 理解常数项级数的收敛、发散以及收敛级数和的概念，掌握级数的基本性质及收敛的必要条件.

② 掌握几何级数与 p 级数收敛、发散的条件.

③ 掌握正项级数收敛性的比较判别法和比值判别法，会用根值判别法判别级数的敛散性.

④ 掌握交错级数的莱布尼茨判别法.

⑤ 了解任意项级数的绝对收敛与条件收敛的概念，以及绝对收敛与条件收敛的关系.

⑥ 了解函数项级数的收敛域及和函数的概念.

⑦ 理解幂级数收敛半径的概念，掌握幂级数的收敛半径、收敛区间及收敛域的求法.

⑧ 了解幂级数在其收敛区间内的一些基本性质（和函数的连续性、逐项微分、逐项积分等），会求一些幂级数在收敛区间内的和函数，并能由此求出某些数项级数的和.

⑨ 了解函数展开为泰勒级数的充要条件.

⑩ 掌握 e^x，$\sin x$，$\cos x$，$\ln(1+x)$，$(1+x)^\alpha$ 的麦克劳林展式，会利用它们将一些简单函数间接展开成幂级数.

⑪ 了解傅里叶级数的概念和狄里克雷定理，会将定义在 $[-l, l]$ 的函数展开为傅里叶级数，将定义在 $[0, l]$ 上的函数展开成正弦级数与余弦级数，会写出傅里叶级数和函数的表达式.

第二节   内 容 提 要

1. 常数项级数

（1）常数项级数的概念与性质

① 常数项级数定义　数列 $u_1, u_2, \cdots, u_n, \cdots$ 构成的和式 $u_1 + u_2 + \cdots + u_n + \cdots$ 称为常数项无穷级数，简称级数，记为 $\sum\limits_{n=1}^{\infty} u_n$，其中 u_n 称为一般项.

② 敛散性　设级数 $\sum\limits_{n=1}^{\infty} u_n$ 的前 n 项和为 $s_n = \sum\limits_{k=1}^{n} u_k$，当数列 $\{s_n\}$ 收敛（或发散）时，称级数 $\sum\limits_{n=1}^{\infty} u_n$ 收敛（或发散），当级数 $\sum\limits_{n=1}^{\infty} u_n$ 收敛时，称 $s = \lim\limits_{n \to \infty} s_n$ 叫该级数的和，即 $\sum\limits_{n=1}^{\infty} u_n = s$.

③ 基本性质

a. 若 $\sum\limits_{n=1}^{\infty} u_n$ 收敛于 s，则 $\sum\limits_{n=1}^{\infty} ku_n$ 收敛于 ks，即 $\sum\limits_{n=1}^{\infty} ku_n = k\sum\limits_{n=1}^{\infty} u_n$.

推论 $\sum\limits_{n=1}^{\infty} u_n$ 与 $\sum\limits_{n=1}^{\infty} ku_n (k \neq 0)$ 的收敛性相同，即用不等于零的常数 k 乘以一个级数的各项，不影响该级数的敛散性.

b. 设 $\sum\limits_{n=1}^{\infty} u_n = s$，$\sum\limits_{n=1}^{\infty} v_n = \sigma$，则 $\sum\limits_{n=1}^{\infty} (u_n \pm v_n) = \sum\limits_{n=1}^{\infty} u_n \pm \sum\limits_{n=1}^{\infty} v_n = s \pm \sigma$.

c. 在级数中去掉、加上或改变有限项，不改变级数的敛散性.

d. 若 $\sum\limits_{n=1}^{\infty} u_n$ 为收敛级数，则不改变其各项次序任意加括号后所得到的新级数仍收敛，且和不变.

推论　若 $\sum\limits_{n=1}^{\infty} u_n$ 加括号后发散，则 $\sum\limits_{n=1}^{\infty} u_n$ 必发散.

e. 收敛的必要条件：若级数 $\sum\limits_{n=1}^{\infty} u_n$ 收敛，则必有 $\lim\limits_{n\to\infty} u_n = 0$.

推论　若 $\lim\limits_{n\to\infty} u_n \neq 0$，则级数 $\sum\limits_{n=1}^{\infty} u_n$ 必发散.

注：$\lim\limits_{n\to\infty} u_n = 0$ 只是收敛的必要条件，即当 $\lim\limits_{n\to\infty} u_n = 0$ 时，$\sum\limits_{n=1}^{\infty} u_n$ 不一定收敛，如调和级数 $\sum\limits_{n=1}^{\infty} \dfrac{1}{n}$.

④ 几个常用级数

a. 等比级数（几何级数）$\sum\limits_{n=0}^{\infty} aq^n$：当 $|q| < 1$ 时收敛，且和为 $\dfrac{a}{1-q}$；当 $|q| \geqslant 1$ 时，级数发散.

b. p 级数 $\sum\limits_{n=1}^{\infty} \dfrac{1}{n^p}$，当 $p > 1$ 时收敛，当 $p \leqslant 1$ 时发散；$p = 1$ 时级数 $\sum\limits_{n=1}^{\infty} \dfrac{1}{n}$ 称为调和级数.

（2）正项级数判别法

定义　若级数 $\sum\limits_{n=1}^{\infty} u_n$ 的每一项 $u_n \geqslant 0$（$n = 1, 2, \cdots$），则称该级数为正项级数.

① 充要条件　正项级数 $\sum\limits_{n=1}^{\infty} u_n$ 收敛 $\Leftrightarrow$ 部分和数列 $\{s_n\}$ 有界.

② 比较判别法　设 $0 < u_n \leqslant v_n$（$n = 1, 2, \cdots$），a. 若 $\sum\limits_{n=1}^{\infty} v_n$ 收敛，则 $\sum\limits_{n=1}^{\infty} u_n$ 也收敛；b. 若 $\sum\limits_{n=1}^{\infty} u_n$ 发散，则 $\sum\limits_{n=1}^{\infty} v_n$ 也发散.

推论　$\sum\limits_{n=1}^{\infty} u_n$、$\sum\limits_{n=1}^{\infty} v_n$ 均为正项级数，且 $u_n \leqslant kb_n$（$n > N, N$ 为自然数，$k > 0$），

a. 若 $\sum\limits_{n=1}^{\infty} v_n$ 收敛，则 $\sum\limits_{n=1}^{\infty} u_n$ 收敛；b. 若 $\sum\limits_{n=1}^{\infty} u_n$ 发散，则 $\sum\limits_{n=1}^{\infty} v_n$ 发散.

③ 比较判别法的极限形式　若 $\sum\limits_{n=1}^{\infty} u_n$，$\sum\limits_{n=1}^{\infty} v_n$ 均为正项级数，且极限 $\lim\limits_{n\to\infty} \dfrac{u_n}{v_n} = l$，则

a. 当 $0 \leqslant l < +\infty$ 时，$\sum\limits_{n=1}^{\infty} v_n$ 收敛，则 $\sum\limits_{n=1}^{\infty} u_n$ 收敛；b. 当 $0 < l \leqslant +\infty$ 时，$\sum\limits_{n=1}^{\infty} v_n$ 发散，则 $\sum\limits_{n=1}^{\infty} u_n$ 发散.

④ 比值判别法或达朗贝尔判别法　若 $\sum\limits_{n=1}^{\infty} u_n$ 为正项级数，且 $\lim\limits_{n\to\infty} \dfrac{u_{n+1}}{u_n} = \rho$，则

a. 当 $\rho < 1$ 时，级数 $\sum\limits_{n=1}^{\infty} u_n$ 收敛；b. 当 $\rho > 1$ 时，级数 $\sum\limits_{n=1}^{\infty} u_n$ 发散；c. 当 $\rho = 1$ 时，无法判定.

⑤ 根值判别法或柯西判别法　若 $\sum\limits_{n=1}^{\infty} u_n$ 为正项级数，且 $\lim\limits_{n\to\infty}\sqrt[n]{u_n}=\rho$，则

a. 当 $\rho<1$ 时，级数 $\sum\limits_{n=1}^{\infty} u_n$ 收敛；b. 当 $\rho>1$ 时，级数 $\sum\limits_{n=1}^{\infty} u_n$ 发散；c. 当 $\rho=1$ 时，无法判定.

（3）交错级数的敛散性的判别法

定义　$u_n>0$（$n=1$，2，$\cdots$），称级数 $u_1-u_2+u_3-u_4+\cdots$ 或 $-u_1+u_2-u_3+u_4-\cdots$ 为交错级数，记为 $\sum\limits_{n=1}^{\infty}(-1)^{n-1}u_n$ 或 $\sum\limits_{n=1}^{\infty}(-1)^n u_n$.

交错级数审敛法（莱尼布茨判别法）　若交错级数 $\sum\limits_{n=1}^{\infty}(-1)^{n-1}u_n$ 满足：① $u_n\geqslant u_{n+1}$（$n=1,2,3,\cdots$）；② $\lim\limits_{n\to\infty}u_n=0$；则该级数收敛，且其和 $s\leqslant u_1$，余项 $|r_n|\leqslant u_{n+1}$.

（4）任意项级数　绝对收敛与条件收敛

定理　如果正项级数 $\sum\limits_{n=1}^{\infty}|u_n|$ 收敛，则级数 $\sum\limits_{n=1}^{\infty} u_n$ 必收敛，并称级数 $\sum\limits_{n=1}^{\infty} u_n$ 为绝对收敛.

注意：$\sum\limits_{n=1}^{\infty}|u_n|$ 发散时，$\sum\limits_{n=1}^{\infty} u_n$ 不一定发散，如 $\sum\limits_{n=1}^{\infty}\dfrac{(-1)^n}{n}$.

若 $\sum\limits_{n=1}^{\infty}|u_n|$ 发散，但 $\sum\limits_{n=1}^{\infty} u_n$ 收敛，则称级数 $\sum\limits_{n=1}^{\infty} u_n$ 为条件收敛.

定理　若任意项级数 $\sum\limits_{n=1}^{\infty} u_n$ 满足：$\lim\limits_{n\to\infty}\left|\dfrac{u_{n+1}}{u_n}\right|=\rho>1$ 或 $\lim\limits_{n\to\infty}\sqrt[n]{|u_n|}=\rho>1$，则 $\sum\limits_{n=1}^{\infty} u_n$ 发散. 即若由比值法或根值法判定得 $\sum\limits_{n=1}^{\infty}|u_n|$ 发散，则 $\sum\limits_{n=1}^{\infty} u_n$ 必发散.

2. 幂级数

（1）函数项级数　若函数列 $\{u_n(x)\}$ 在区间 I 上有定义，称 $\sum\limits_{n=1}^{\infty} u_n(x)$ 为定义在 I 上的一个函数项级数，使得级数 $\sum\limits_{n=1}^{\infty} u_n(x)$ 收敛的 x 值的集合 J 称为该级数的收敛域.

若 $\lim\limits_{n\to\infty}s_n(x)=\lim\limits_{n\to\infty}\sum\limits_{k=1}^{n}u_k(x)=s(x)(x\in J)$，则称 $s(x)$ 为 $\sum\limits_{n=1}^{\infty} u_n(x)$ 的和函数，记为

$$s(x)=\sum\limits_{n=1}^{\infty} u_n(x)\ (x\in J).$$

（2）幂级数　形如 $\sum\limits_{n=0}^{\infty} a_n(x-x_0)^n$ 的函数项级数称为幂级数，当 $x_0=0$ 时，幂级数为 $\sum\limits_{n=0}^{\infty} a_n x^n$.

（3）幂级数 $\sum\limits_{n=0}^{\infty} a_n x^n$ 的收敛域

① Abel 定理　a. 如 $\sum\limits_{n=0}^{\infty} a_n x^n$ 在 $x=x_0(x_0\neq 0)$ 收敛，则对于满足 $|x|<|x_0|$ 的一切 x 级数 $\sum\limits_{n=0}^{\infty} a_n x^n$ 都绝对收敛；b. 如 $\sum\limits_{n=0}^{\infty} a_n x^n$ 在 $x=x_1$ 发散，则对于满足 $|x|>|x_1|$ 的一切 x

级数 $\sum\limits_{n=0}^{\infty} a_n x^n$ 都发散.

② 幂级数的收敛半径求法

定理 如幂级数 $\sum\limits_{n=0}^{\infty} a_n x^n$ 的系数满足 $\lim\limits_{n\to\infty}\left|\dfrac{a_{n+1}}{a_n}\right|=\rho$（或 $\lim\limits_{n\to\infty}\sqrt[n]{a_n}=\rho$），则收敛半径

$$R=\begin{cases}\dfrac{1}{\rho}, & \rho\neq 0,\\ +\infty, & \rho=0,\\ 0, & \rho=+\infty.\end{cases}$$

注意：当 $x=\pm R$ 时，$\sum\limits_{n=0}^{\infty} a_n x^n$ 的敛散性由数项级数 $\sum\limits_{n=0}^{\infty} a_n(\pm R)^n$ 的敛散性确定.

收敛域的求法 先求收敛半径 R，再讨论 $x=\pm R$ 时，数项级数 $\sum\limits_{n=0}^{\infty} a_n(\pm R)^n$ 的敛散性.

（4）幂级数的运算性质

① 设幂级数 $\sum\limits_{n=0}^{\infty} a_n x^n$，$\sum\limits_{n=0}^{\infty} b_n x^n$ 的收敛半径分别为 R_1，R_2，记 $R=\min(R_1,R_2)$，则有

a. $\sum\limits_{n=0}^{\infty} a_n x^n \pm \sum\limits_{n=0}^{\infty} b_n x^n = \sum\limits_{n=0}^{\infty}(a_n\pm b_n)x^n$，$-R<x<R$；

b. $\left(\sum\limits_{n=0}^{\infty} a_n x^n\right)\left(\sum\limits_{n=0}^{\infty} b_n x^n\right)=\sum\limits_{k=0}^{\infty} c_k x^k$，$-R<x<R$，

其中 $c_k=a_0 b_k+a_1 b_{k-1}+\cdots+a_{k-1}b_1+a_k b_0$（$k=0,1,2,\cdots$）.

② 设幂级数 $\sum\limits_{n=0}^{\infty} a_n x^n$ 的收敛半径为 $R(R>0)$，则其和函数 $s(x)$ 在区间 $(-R,R)$ 内连续、可导、可积且

$$s'(x)=\sum_{n=1}^{\infty} na_n x^{n-1},\ |x|<R;\qquad \int_0^x s(t)\mathrm{d}t=\sum_{n=0}^{\infty}\frac{a_n}{n+1}x^{n+1},\ |x|<R.$$

（5）求幂级数和函数的步骤

① 计算幂级数的收敛半径 R 和收敛域 J.

② 通过对级数的通项做初等变形或逐项微分、逐项积分得到的新级数且其和函数已知，再做逆运算变回即可.

（6）将函数展开成幂函数

① 泰勒级数与麦克劳林级数 设函数 $f(x)$ 在 x_0 的某邻域内具有任意阶导数，则级数

$$\sum_{n=0}^{\infty}\frac{f^{(n)}(x_0)}{n!}(x-x_0)^n=f(x_0)+\frac{f'(x_0)}{1!}(x-x_0)+\frac{f''(x_0)}{2!}(x-x_0)^2+\cdots+\frac{f^{(n)}(x_0)}{n!}(x-$$

$x_0)^n+\cdots$ 称为 $f(x)$ 在 $x=x_0$ 处的泰勒级数，称 $f(x)$ 在 $x_0=0$ 的泰勒级数 $\sum\limits_{n=0}^{\infty}\dfrac{f^{(n)}(0)}{n!}x^n$ 为 $f(x)$ 的麦克劳林级数.

② 函数 $f(x)$ 展开成泰勒级数的充要条件 设函数 $f(x)$ 在 x_0 的邻域内具有任意阶导数，则 $f(x)$ 在该邻域内能展成泰勒级数的充要条件是 $\lim\limits_{n\to\infty} R_n(x)=0$，其中 $R_n(x)=\dfrac{f^{(n+1)}(\xi)}{(n+1)!}(x-x_0)^{n+1}$，$\xi$ 在 x_0 与 x 之间.

③ 幂级数展开式的求法

直接法　计算 $a_n = \dfrac{f^{(n)}(x_0)}{n!}$，并证明 $\lim\limits_{n \to \infty} R_n(x) = 0$.

间接法　利用已知的幂级数展开式，通过变量代换、四则运算、逐项求导、逐项积分、待定系数等方法得到函数的展开式.

几个重要的函数的麦克劳林级数

$$\mathrm{e}^x = \sum_{n=0}^{\infty} \frac{x^n}{n!} = 1 + x + \frac{x^2}{2!} + \cdots + \frac{x^n}{n!} + \cdots \qquad (-\infty < x < +\infty),$$

$$\sin x = \sum_{n=0}^{\infty} (-1)^n \frac{x^{2n+1}}{(2n+1)!}$$

$$= x - \frac{x^3}{3!} + \frac{x^5}{5!} - \cdots + (-1)^n \frac{x^{2n+1}}{(2n+1)!} + \cdots \qquad (-\infty < x < \infty),$$

$$\cos x = \sum_{n=0}^{\infty} (-1)^n \frac{x^{2n}}{(2n)!}$$

$$= 1 - \frac{x^2}{2!} + \frac{x^4}{4!} - \cdots + (-1)^n \frac{x^{2n}}{(2n)!} + \cdots \qquad (-\infty < x < \infty),$$

$$\ln(1+x) = \sum_{n=1}^{\infty} (-1)^{n-1} \frac{x^n}{n!}$$

$$= x - \frac{x^2}{2} + \frac{x^3}{3} - \cdots + (-1)^{n-1} \frac{x^n}{n} + \cdots \qquad (-1 < x \leqslant 1),$$

$$(1+x)^\alpha = 1 + \alpha x + \frac{\alpha(\alpha-1)}{2!} x^2 + \cdots + \frac{\alpha(\alpha-1)\cdots(\alpha-n+1)}{n!} x^n + \cdots \qquad (-1 < x < 1).$$

注：端点的收敛情况与 α 有关。

3. 傅里叶级数

（1）傅里叶级数定义　设函数 $f(x)$ 是以 2π 为周期的周期函数，形如

$$\frac{a_0}{2} + \sum_{n=1}^{\infty} (a_n \cos nx + b_n \sin nx)$$

的函数项级数称为 $f(x)$ 的傅里叶级数. 其中 $a_n = \dfrac{1}{\pi} \displaystyle\int_{-\pi}^{\pi} f(x) \cos nx \, \mathrm{d}x$ $(n=0,1,2,\cdots)$，$b_n = \dfrac{1}{\pi} \displaystyle\int_{-\pi}^{\pi} f(x) \sin nx \, \mathrm{d}x$ $(n=1,2,\cdots)$ 称为 $f(x)$ 的傅里叶系数.

（2）收敛定理（狄里克雷充分条件）　设 $f(x)$ 是以 2π 为周期的函数，若 $f(x)$ 在 $[-\pi, \pi]$ 上连续或只有有限个第一类间断点，且只有有限个极值点，则 $f(x)$ 的傅里叶级数收敛，且

① 当 x 为 $f(x)$ 的连续点时，级数收敛到 $f(x)$；

② 当 x 为 $f(x)$ 的间断点时，级数收敛到 $\dfrac{f(x+0) + f(x-0)}{2}$.

（3）奇、偶函数展开成正弦级数和余弦级数

① 当 $f(x)$ 在 $[-\pi, \pi]$ 上为奇函数时，它的傅里叶系数为 $a_n = 0$ $(n=0,1,2,\cdots)$；$b_n = \dfrac{2}{\pi} \displaystyle\int_0^{\pi} f(x) \sin x \, \mathrm{d}x$ $(n=1,2,3,\cdots)$，称 $\displaystyle\sum_{n=1}^{\infty} b_n \sin nx$ 为 $f(x)$ 的正弦级数；

② 当 $f(x)$ 在 $[-\pi, \pi]$ 上为偶函数时，它的傅里叶系数为 $a_n = \dfrac{2}{\pi} \displaystyle\int_0^{\pi} f(x) \cos nx \, \mathrm{d}x$ $(n=0,1,2,\cdots)$，$b_n = 0$ $(n=1,2,3,\cdots)$，称 $\dfrac{a_0}{2} + \displaystyle\sum_{n=1}^{\infty} a_n \cos nx$ 为 $f(x)$ 的余弦级数.

(4) 以 $2l$ 为周期的函数的傅里叶级数展开式　设 $f(x)$ 以 $2l$ 为周期，且在 $[-l,l]$ 上满足狄里克雷条件，则它的傅里叶展开式为

$$f(x) = \frac{a_0}{2} + \sum_{n=1}^{\infty}\left(a_n \cos\frac{n\pi}{l}x + b_n \sin\frac{n\pi}{l}x\right),$$

其中 $a_n = \dfrac{1}{l}\displaystyle\int_{-l}^{l} f(x)\cos\dfrac{n\pi}{l}x\,\mathrm{d}x\ (n=0,1,2,\cdots), b_n = \dfrac{1}{l}\displaystyle\int_{-l}^{l} f(x)\sin\dfrac{n\pi}{l}x\,\mathrm{d}x\ (n=1,2,\cdots).$

　　注：① 做周期延拓可将定义在 $[-\pi,\pi]$（或 $[-l,l]$）上的函数展开成傅里叶级数；做奇（或偶）周期延拓可将定义在 $[0,\pi]$（或 $[0,l]$）上的函数展开成正弦级数或余弦级数.

　　② 做对称变换再做周期延拓或奇、偶延拓可将定义在任意有限区间 $[a,b]$ 上的函数在此区间上展开成傅里叶级数或正弦级数、余弦级数.

第三节　本章学习注意点

在本章的学习中应当注意以下几个问题.

　　① 级数的和是研究无穷多项相加的问题，其研究方法是从有限项和出发，通过极限过程转化为无穷项和. 因此级数与有限项和有些共同性质，又有许多本质区别. 如一般加法的交换律、结合律，对于级数不一定成立. 在学习级数性质时，注意不能将没有证明的有限项和的运算性质运用到无穷项求和上来.

　　② 比较判别法、比值判别法与根值判别法等方法都只能判别正项级数的敛散性，而且是充分条件而非必要条件. 即如果一个级数满足判别法中的条件，则一定有相应的结论成立，而不满足判别法中的条件时，判别法的结论也可能成立. 由于比值判别法仅依赖于级数本身，使用时比较方便，故一般在解题时可先用比值判别法，仅当此法失效时再改用其他方法.

　　③ 莱布尼茨判别法是判别交错级数收敛的充分条件，其中第二个条件 u_n 的单调递减性并非级数收敛的必要条件，当该条件不满足时，需用其他条件判别，不能贸然下结论.

　　④ 求幂级数的收敛半径时，要考虑是否缺项. 若不缺项，可以直接按公式去求，若是缺项幂级数，需理解为一般的含待定常数的数项级数求其收敛半径.

　　⑤ 求函数的幂级数展开式，若用直接展开法，步骤繁杂，计算量大，因此，通常是选用间接展开法.

　　⑥ 周期函数展开为傅里叶级数的方法是，首先要正确判定是否满足收敛定理，一般利用函数的图形较易判定；其次注意利用被积函数的奇偶性简化计算.

第四节　典型方法与例题分析

一、常数项级数

【例 1】　利用级数收敛的定义判别下列级数的敛散性，若收敛求其和.

(1) $\displaystyle\sum_{n=1}^{\infty}\frac{1}{(3n-2)(3n+1)}$；　　　　　　　　(2) $\displaystyle\sum_{n=1}^{\infty}\ln\left(1+\frac{1}{n}\right)$.

【解】　(1) 由于 $u_n = \dfrac{1}{(3n-2)(3n+1)} = \dfrac{1}{3}\left(\dfrac{1}{3n-2} - \dfrac{1}{3n+1}\right)$，因此前 n 项部分和

$$s_n = \frac{1}{1\times 4} + \frac{1}{4\times 7} + \cdots + \frac{1}{(3n-2)(3n+1)}$$

$$= \frac{1}{3}\left[\left(1-\frac{1}{4}\right) + \left(\frac{1}{4}-\frac{1}{7}\right) + \cdots + \left(\frac{1}{3n-2}-\frac{1}{3n+1}\right)\right] = \frac{1}{3}\left(1-\frac{1}{3n+1}\right).$$

而 $\lim\limits_{n\to\infty}s_n=\lim\limits_{n\to\infty}\dfrac{1}{3}\left(1-\dfrac{1}{3n+1}\right)=\dfrac{1}{3}$，所以级数收敛且和为 $\dfrac{1}{3}$.

（2）前 n 项部分和

$$s_n=\ln(1+1)+\ln\left(1+\frac{1}{2}\right)+\cdots+\ln\left(1+\frac{1}{n}\right)=\ln\left(2\cdot\frac{3}{2}\cdot\frac{4}{3}\cdots\cdot\frac{n+1}{n}\right)=\ln(n+1).$$

因为 $\lim\limits_{n\to\infty}s_n=\lim\limits_{n\to\infty}\ln(n+1)=+\infty$，故级数发散.

【例2】 判别级数 $\sum\limits_{n=1}^{\infty}\dfrac{3^n}{n-3^n}$ 的敛散性.

【解】 通项的极限 $\lim\limits_{n\to\infty}\dfrac{3^n}{n-3^n}=\lim\limits_{n\to\infty}\dfrac{1}{\frac{n}{3^n}-1}=-1\neq0$，根据级数收敛的必要条件知原级数发散.

【例3】 设有下列命题

（1）若 $\sum\limits_{n=1}^{\infty}(u_{2n-1}+u_{2n})$ 收敛，则 $\sum\limits_{n=1}^{\infty}u_n$ 收敛；（2）若 $\sum\limits_{n=1}^{\infty}u_n$ 收敛，则 $\sum\limits_{n=1}^{\infty}u_{n+1000}$ 收敛；

（3）若 $\lim\limits_{n\to\infty}\dfrac{u_{n+1}}{u_n}>1$，则 $\sum\limits_{n=1}^{\infty}u_n$ 发散；（4）若 $\sum\limits_{n=1}^{\infty}(u_n+v_n)$ 收敛，则 $\sum\limits_{n=1}^{\infty}u_n$，$\sum\limits_{n=1}^{\infty}v_n$ 都收敛.

则以上命题中正确的是

(A)(1)(2)；　　　(B)(2)(3)；　　　(C)(3)(4)；　　　(D)(1)(4).

分析：可以通过级数的性质及举反例来说明 4 个命题的正确性.

【解】 （1）错误. 由级数性质 4，收敛级数加括号后仍收敛，但反之不成立，即加括号后收敛不能得到原级数收敛. 如令 $u_n=(-1)^n$，显然，$\sum\limits_{n=1}^{\infty}u_n$ 发散，而 $\sum\limits_{n=1}^{\infty}(u_{2n-1}+u_{2n})$ 收敛.

（2）正确. 根据性质 3，改变、增加或减少级数的有限项，不改变级数的收敛性.

（3）正确. 因为由 $\lim\limits_{n\to\infty}\dfrac{u_{n+1}}{u_n}>1$ 可得到 u_n 不趋向于零（$n\to\infty$），根据收敛的必要条件，所以 $\sum\limits_{n=1}^{\infty}u_n$ 发散.

（4）错误. 根据性质 2，收敛级数对应项加减后仍收敛，但反之不成立. 如令 $u_n=\dfrac{1}{n}$，$v_n=-\dfrac{1}{n}$，显然，$\sum\limits_{n=1}^{\infty}u_n$、$\sum\limits_{n=1}^{\infty}v_n$ 都发散，而 $\sum\limits_{n=1}^{\infty}(u_n+v_n)$ 收敛.

故选（B）.

注：本题主要考查级数的性质与收敛性的判别法，属于基本题型.

【例4】 设数列 (na_n) 收敛，级数 $\sum\limits_{n=1}^{\infty}n(a_n-a_{n-1})$ 也收敛，证明：级数 $\sum\limits_{n=1}^{\infty}a_n$ 收敛，并求其和.

【证明】 (na_n) 收敛，设 $\lim\limits_{n\to\infty}na_n=A$，又 $\sum\limits_{n=1}^{\infty}n(a_n-a_{n-1})$ 收敛，因为

$$\lim\limits_{m\to\infty}\sum\limits_{n=1}^{m}n(a_n-a_{n-1})=\lim\limits_{m\to\infty}[a_1+2(a_2-a_1)+\cdots+m(a_m-a_{m-1})]$$

$$= \lim_{m \to \infty}(-a_1 - a_2 - \cdots - a_{m-1} + m a_m) = -\lim_{m \to \infty}\sum_{n=1}^{m-1} a_n + \lim_{m \to \infty} m a_m = s,$$

所以
$$\lim_{m \to \infty}\sum_{n=1}^{m-1} a_n = \lim_{m \to \infty} m a_m - s = A - s.$$

故级数 $\displaystyle\sum_{n=1}^{\infty} a_n$ 收敛，且和为 $A - s$.

【例 5】 判别下列级数的敛散性：

(1) $\displaystyle\sum_{n=1}^{\infty}\frac{2^n n!}{n^n}$;　　(2) $\displaystyle\sum_{n=1}^{\infty}\left(\frac{n}{2n+1}\right)^n$;　　(3) $\displaystyle\sum_{n=1}^{\infty}\frac{x^n}{(1+x)(1+x^2)\cdots(1+x^n)}\ (x>0)$;

(4) $\displaystyle\sum_{n=1}^{\infty}\frac{1}{1+a^n}(a>0)$;　　(5) $\displaystyle\sum_{n=1}^{\infty}\frac{n}{[4+(-1)^n]^n}$;　　(6) $\displaystyle\sum_{n=1}^{\infty}\frac{n\cos^2\frac{n\pi}{3}}{4^n}$.

分析：正项级数判别其敛散性的步骤．

首先考察通项的极限 $\displaystyle\lim_{n \to \infty} u_n \begin{cases} \neq 0, & \text{发散}, \\ = 0, & \text{做进一步判别}. \end{cases}$

① 如通项 u_n 中含 $n!$ 或 n 的连乘积通常选用比值法．
② 如通项 u_n 是以 n 为指数幂的因子，通常用根值法，也可用比值法．
③ 如通项 u_n 含形如 n^α（α 可以不是整数）因子，通常用比较法．
④ 利用级数性质判别其敛散性．

【解】 (1) 通项 u_n 中含有 $n!$，因此选用比值法：

因为 $\displaystyle\lim_{n \to \infty}\frac{u_{n+1}}{u_n} = \lim_{n \to \infty}\frac{2n^n}{(n+1)^n} = \lim_{n \to \infty}\frac{2}{\left(1+\frac{1}{n}\right)^n} = \frac{2}{e} < 1$，所以原级数收敛．

(2) 通项 u_n 中含有以 n 为指数幂的因子，因此选用根值法：

因为 $\displaystyle\lim_{n \to \infty}\sqrt[n]{u_n} = \lim_{n \to \infty}\frac{n}{2n+1} = \frac{1}{2}$，所以原级数收敛．

(3) 通项 u_n 中含连乘积，因此选用比值法：

$\displaystyle\lim_{n \to \infty}\frac{u_{n+1}}{u_n} = \lim_{n \to \infty}\frac{x}{1+x^{n+1}} = \begin{cases} x, & 0<x<1, \\[4pt] \dfrac{1}{2}, & x=1, \\[4pt] 0, & x>1, \end{cases}$　所以原级数收敛．

(4) 级数通项中含有参数时，一般对其范围进行讨论，通常敛散性与参数有关：

当 $a=1$ 时，$\displaystyle\lim_{n \to \infty} u_n = \lim_{n \to \infty}\frac{1}{2} = \frac{1}{2} \neq 0$，原级数发散；

当 $0<a<1$ 时，$\displaystyle\lim_{n \to 0} u_n = \lim_{n \to \infty}\frac{1}{1+a^n} = 1 \neq 0$，原级数发散；

当 $a>1$ 时，因为 $\dfrac{1}{1+a^n} < \dfrac{1}{a^n}$，又 $\displaystyle\sum_{n=1}^{\infty}\frac{1}{a^n}$ 为公比 $\dfrac{1}{a} < 1$ 的等比级数，所以原级数收敛．

(5) 因为 $u_n = \dfrac{n}{[4+(-1)^n]^n} = \begin{cases} \dfrac{n}{3^n}, & n \text{ 为奇数}, \\[6pt] \dfrac{n}{5^n}, & n \text{ 为偶数}, \end{cases}$　所以 $u_n \leqslant \dfrac{n}{3^n}$.

至于 $\displaystyle\sum_{n=1}^{\infty}\frac{n}{3^n}$，因为 $\displaystyle\lim_{n \to \infty}\frac{u_{n+1}}{u_n} = \lim_{n \to \infty}\frac{n+1}{3^{n+1}}\frac{3^n}{n} = \frac{1}{3} < 1$，所以 $\displaystyle\sum_{n=1}^{\infty}\frac{n}{3^n}$ 收敛，再由比较判别法

知原级数收敛.

（6）$u_n = \dfrac{n\cos^2\frac{n\pi}{3}}{4} \leqslant \dfrac{n}{4^n}$，由比值法知 $\displaystyle\sum_{n=1}^{\infty}\dfrac{n}{4^n}$ 收敛，所以原级数收敛.

【例 6】　判别下列级数的敛散性：

（1）$\displaystyle\sum_{n=1}^{\infty}\int_0^{\frac{1}{n}}\dfrac{\sqrt[3]{x}}{1+x^4}\mathrm{d}x$；　　　　　　（2）$\displaystyle\sum_{n=1}^{\infty}\int_n^{n+1}\mathrm{e}^{-\sqrt{x}}\mathrm{d}x$.

分析：级数的通项是由积分表示的，一般积不出来，通常可利用积分的性质进行放大或者缩小，再用比较判别法判别.

【解】　（1）因为 $0\leqslant a_n \leqslant \displaystyle\int_0^{\frac{1}{n}}x^{\frac{1}{3}}\mathrm{d}x = \dfrac{3}{4}x^{\frac{4}{3}}\big|_0^{1/n} = \dfrac{3}{4}\cdot\dfrac{1}{n^{4/3}}$，又 p 级数 $\displaystyle\sum_{n=1}^{\infty}\dfrac{1}{n^{4/3}}$ 收敛，所以由比较判别法知原级数收敛.

（2）因为 $0 < a_n = \displaystyle\int_n^{n+1}\mathrm{e}^{-\sqrt{x}}\mathrm{d}x \leqslant \int_n^{n+1}\mathrm{e}^{-\sqrt{n}}\mathrm{d}x = \mathrm{e}^{-\sqrt{n}} = b_n$，

对 $\displaystyle\sum_{n=1}^{\infty}b_n$，由于 $\displaystyle\lim_{n\to\infty}\dfrac{\mathrm{e}^{-\sqrt{n}}}{\frac{1}{n^2}} = \lim_{n\to\infty}\dfrac{n^2}{\mathrm{e}^{\sqrt{n}}} = 0$，而 $\displaystyle\sum_{n=1}^{\infty}\dfrac{1}{n^2}$ 收敛，因此 $\displaystyle\sum_{n=1}^{\infty}b_n$ 收敛，所以由比较判别法知原级数收敛.

【例 7】　设 $\displaystyle\sum_{n=1}^{\infty}u_n$ 为正项级数，下列结论中正确的是

（A）若 $\displaystyle\lim_{n\to\infty}nu_n = 0$，则级数 $\displaystyle\sum_{n=1}^{\infty}u_n$ 收敛；

（B）若存在非零常数 λ，使得 $\displaystyle\lim_{n\to\infty}nu_n = \lambda$，则级数 $\displaystyle\sum_{n=1}^{\infty}u_n$ 发散；

（C）若级数 $\displaystyle\sum_{n=1}^{\infty}u_n$ 收敛，则 $\displaystyle\lim_{n\to\infty}n^2u_n = 0$；

（D）若级数 $\displaystyle\sum_{n=1}^{\infty}u_n$ 发散，则存在非零常数 λ，使得 $\displaystyle\lim_{n\to\infty}nu_n = \lambda$.

【解】　解法一　用比较判别法的极限形式.

$\displaystyle\lim_{n\to\infty}nu_n = \lim_{n\to\infty}\dfrac{u_n}{\frac{1}{n}} = \lambda \neq 0$，而级数 $\displaystyle\sum_{n=1}^{\infty}\dfrac{1}{n}$ 发散，因此级数 $\displaystyle\sum_{n=1}^{\infty}u_n$ 也发散，故应选（B）.

解法二　用排除法，取 $u_n = \dfrac{1}{n\ln n}$，则 $\displaystyle\lim_{n\to\infty}nu_n = 0$，但 $\displaystyle\sum_{n=1}^{\infty}u_n = \sum_{n=1}^{\infty}\dfrac{1}{n\ln n}$ 发散，排除

（A）、（D）；又取 $u_n = \dfrac{1}{n\sqrt{n}}$，则级数 $\displaystyle\sum_{n=1}^{\infty}u_n$ 收敛，但 $\displaystyle\lim_{n\to\infty}n^2u_n = \infty$，排除（C），故应选（B）.

注：对于敛散性的判定问题，若不便直接推证，往往可用反例通过排除法找到正确选项.

【例 8】　证明：$\displaystyle\lim_{n\to\infty}\dfrac{2^n n!}{n^n}\cos^2\dfrac{n\pi}{5} = 0$.

【证明】　设 $u_n = \dfrac{2^n n!}{n^n}\cos^2\dfrac{n\pi}{5}$，因此只需证明正项级数 $\displaystyle\sum_{n=1}^{\infty}u_n$ 收敛.

因为 $u_n = \dfrac{2^n n!}{n^n}\cos^2\dfrac{n\pi}{5} \leqslant \dfrac{2^n n!}{n^n} = v_n$，又

$$\lim_{n\to\infty}\frac{v_{n+1}}{v_n}=\lim_{n\to\infty}\frac{2^{n+1}(n+1)!}{(n+1)^{(n+1)}}\frac{n^n}{2^n n!}=\frac{2}{e}<1,$$

所以由比值法知 $\sum\limits_{n=1}^{\infty}v_n$ 收敛，故 $\sum\limits_{n=1}^{\infty}u_n$ 收敛，由级数收敛的必要条件可知 $\lim\limits_{n\to\infty}\dfrac{2^n n!}{n^n}\cos^2\dfrac{n\pi}{5}=0$.

【例9】 设有方程 $x^n+nx-1=0$，其中 n 为正整数. 证明此方程存在唯一正实根 x_n，并证明当 $\alpha>1$ 时，级数 $\sum\limits_{n=1}^{\infty}x_n^\alpha$ 收敛.

分析：利用零点定理证明存在性，利用单调性证明唯一性，而正项级数的敛散性可用比较法判定.

【证明】 (1) 记 $f_n(x)=x^n+nx-1$，则 $f_n(x)$ 在 $[0,1]$ 上连续，由 $f_n(0)=-1<0$，$f_n(1)=n>0$，及连续函数的零点定理知，方程 $x^n+nx-1=0$ 存在正实数根 $x_n\in(0,1)$.

(2) 当 $x>0$ 时，$f'_n(x)=nx^{n-1}+n>0$，可见 $f_n(x)$ 在 $[0,+\infty)$ 上单调增加，故方程 $x^n+nx-1=0$ 存在唯一正实数根 x_n.

(3) 由 $x^n+nx-1=0$ 与 $x_n>0$ 知，$0<x_n=\dfrac{1-x_n^n}{n}<\dfrac{1}{n}$，故当 $\alpha>1$ 时，$0<x_n^\alpha<(\dfrac{1}{n})^\alpha$.

而正项级数 $\sum\limits_{n=1}^{\infty}\dfrac{1}{n^\alpha}$ 收敛，所以当 $\alpha>1$ 时，级数 $\sum\limits_{n=1}^{\infty}x_n^\alpha$ 收敛.

注：本题综合了零点定理和无穷级数的敛散性，题型设计比较新颖，但难度并不大，只要基本概念清楚，应该可以轻松求证.

【例10】 判断下列级数的敛散性：

(1) $\sum\limits_{n=1}^{\infty}(-1)^n(\sqrt{n+1}-\sqrt{n})$; 　　　　(2) $\sum\limits_{n=1}^{\infty}(-1)^n(n^{\frac{1}{n}}-1)$.

分析：这些都是交错级数，可采用莱布尼茨判别法来判别.

【解】 (1) 令 $u_n=\sqrt{n+1}-\sqrt{n}$，则 u_n 满足：

① $\lim\limits_{n\to\infty}u_n=\lim\limits_{n\to\infty}(\sqrt{n+1}-\sqrt{n})=\lim\limits_{n\to\infty}\dfrac{1}{\sqrt{n+1}+\sqrt{n}}=0$;

② $u_n=\sqrt{n+1}-\sqrt{n}=\dfrac{1}{\sqrt{n+1}+\sqrt{n}}>\dfrac{1}{\sqrt{n+2}+\sqrt{n+1}}=\sqrt{n+2}-\sqrt{n+1}=u_{n+1}$,

所以根据莱布尼茨判别法知原级数收敛.

(2) 令 $u_n=n^{\frac{1}{n}}-1$，则 $u_n=e^{\frac{1}{n}\ln n}-1$ 满足：

① $\lim\limits_{n\to\infty}u_n=\lim\limits_{n\to\infty}(e^{\frac{1}{n}\ln n}-1)=0$;

② 令 $f(x)=\dfrac{\ln x}{x}$，$f'(x)=\dfrac{1-\ln x}{x^2}<0(x>3)$，故 $f(x)$ 单调递减，所以当 $n>3$ 时，u_n 单调递减，所以根据莱布尼茨判别法知原级数收敛.

【例11】 判断级数的敛散性，如收敛，指出绝对收敛还是条件收敛.

(1) $\sum\limits_{n=1}^{\infty}(-1)^{\frac{n(n-1)}{2}}\dfrac{n^{10}}{2^n}$; 　　　　(2) $\sum\limits_{n=1}^{\infty}\dfrac{\beta^n}{n^\alpha}$，$\alpha>0$.

分析：这些都是任意项级数，判别其敛散性的步骤如下.

① 首先讨论绝对值级数 $\sum\limits_{n=1}^{\infty}|u_n|$，若 $\sum\limits_{n=1}^{\infty}|u_n|$ 收敛，则原级数 $\sum\limits_{n=1}^{\infty}u_n$ 收敛且是绝对收敛；若 $\sum\limits_{n=1}^{\infty}|u_n|$ 发散，且是根据比值法或根值法判定得 $\sum\limits_{n=1}^{\infty}|u_n|$ 发散，则原级数 $\sum\limits_{n=1}^{\infty}u_n$ 必

发散.

②若不是用比值法或根值法判定得 $\sum\limits_{n=1}^{\infty}|u_n|$ 发散，不能得到原级数发散. 此时用其他方法如交错级数的莱布尼茨判别法、级数敛散性的性质或定义来判别.

【解】　(1) 因为 $\lim\limits_{n\to\infty}\left|\dfrac{u_{n+1}}{u_n}\right|=\lim\limits_{n\to\infty}\dfrac{(n+1)^{10}}{2^{n+1}}\dfrac{2^n}{n^{10}}=\dfrac{1}{2}\lim\limits_{n\to\infty}\left(1+\dfrac{1}{n}\right)^{10}=\dfrac{1}{2}<1$，所以原级数收敛，且绝对收敛.

(2) 因为 $\lim\limits_{n\to\infty}\left|\dfrac{u_{n+1}}{u_n}\right|=\lim\limits_{n\to\infty}\left|\dfrac{\beta^{n+1}/(n+1)^{\alpha}}{\beta^n/n^{\alpha}}\right|=|\beta|\lim\limits_{n\to\infty}\dfrac{n^{\alpha}}{(n+1)^{\alpha}}=|\beta|.$

所以，当 $|\beta|<1$，原级数绝对收敛；

当 $|\beta|>1$，原级数发散；

当 $\beta=1$ 时，原级数为正项级数 $\sum\limits_{n=1}^{\infty}\dfrac{1}{n^{\alpha}}$，易知当 $0<\alpha\le1$ 时级数是发散的，当 $\alpha>1$ 级数是收敛的；

当 $\beta=-1$ 时，原级数为交错级数 $\sum\limits_{n=1}^{\infty}\dfrac{(-1)^n}{n^{\alpha}}$，易知当 $0<\alpha\le1$ 时级数是条件收敛的，当 $\alpha>1$ 级数是绝对收敛的.

二、幂级数

1. 幂级数的收敛半径和收敛域

【例 12】　求下列幂级数的收敛域：

(1) $\sum\limits_{n=1}^{\infty}(-1)^{n-1}\dfrac{3^n x^n}{\sqrt{n}}$；　　　(2) $\sum\limits_{n=0}^{\infty}\dfrac{nx^{2n+1}}{(-3)^n+2^n}$；　　　(3) $\sum\limits_{n=2}^{\infty}\left(\dfrac{\ln n}{n^3}+\dfrac{1}{n\ln n}\right)x^n$.

【解】　(1) 这是不缺项幂级数，先求 $\rho=\lim\limits_{n\to\infty}\left|\dfrac{a_{n+1}}{a_n}\right|=\lim\limits_{n\to\infty}\dfrac{3^{n+1}}{\sqrt{n+1}}\dfrac{\sqrt{n}}{3^n}=3$，故收敛半径 $R=\dfrac{1}{3}$；当 $x=-\dfrac{1}{3}$ 时，原级数为 $-\sum\limits_{n=0}^{\infty}\dfrac{1}{\sqrt{n}}$，发散；当 $x=\dfrac{1}{3}$ 时，原级数为 $\sum\limits_{n=1}^{\infty}(-1)^{n-1}\dfrac{1}{\sqrt{n}}$，它是交错级数，而且 $\dfrac{1}{\sqrt{n}}$ 满足单调递减趋于零，原级数收敛，所以收敛域为 $\left(-\dfrac{1}{3},\dfrac{1}{3}\right]$.

(2) 这是缺项幂级数，看成一般数项级数

$$\lim\limits_{n\to\infty}\left|\dfrac{u_{n+1}(x)}{u_n(x)}\right|=|x|^2\lim\limits_{n\to\infty}\left|\dfrac{(n+1)}{(-3)^{n+1}+2^{n+1}}\dfrac{(-3)^n+2^n}{n}\right|$$

$$=|x|^2\lim\limits_{n\to\infty}\left|\dfrac{n+1}{n}\dfrac{(-3)^n+2^n}{-3(-3)^n+2\times2^n}\right|$$

$$=|x|^2\lim\limits_{n\to\infty}\left|\dfrac{1+(-\frac{2}{3})^n}{-3+2(-\frac{2}{3})^n}\right|=\dfrac{1}{3}|x|^2,$$

当 $\dfrac{1}{3}|x|^2<1$，即 $|x|<\sqrt{3}$ 时，原级数绝对值收敛；

当 $\dfrac{1}{3}|x|^2>1$，即 $|x|>\sqrt{3}$ 时，原级数发散，所以收敛半径 $R=\sqrt{3}$；

当 $x=\sqrt{3}$ 时，原级数为 $\sum\limits_{n=1}^{\infty} \dfrac{n \cdot 3^n}{(-3)^n+2^n}\sqrt{3}$，其通项的极限

$$\lim_{n\to\infty} u_n=\sqrt{3}\lim_{n\to\infty}\dfrac{n \cdot 3^n}{(-3)^n+2^n}=\sqrt{3}\lim_{n\to\infty}\dfrac{n}{(-1)^n+\left(\dfrac{2}{3}\right)^n}\neq 0，所以级数发散.$$

同理 $x=-\sqrt{3}$ 时级数也发散，所以收敛域为 $(-\sqrt{3}, \sqrt{3})$.

（3）该幂级数系数 $a_n=\dfrac{\ln n}{n^3}+\dfrac{1}{n\ln n}$ 是两项之和的形式，故将系数拆开，分成两个级数讨论. 令 $b_n=\dfrac{\ln n}{n^3}$，$c_n=\dfrac{1}{n\ln n}$，则 $a_n=b_n+c_n$.

① 先求 $\sum\limits_{n=2}^{\infty} b_n x^n=\sum\limits_{n=2}^{\infty}\dfrac{\ln n}{n^3}x^n$ 的收敛域：因为 $\rho=\lim\left|\dfrac{b_{n+1}}{b_n}\right|=1$，所以收敛半径 $R_1=1$. 又当 $x=\pm 1$ 时，原级数为 $\sum\limits_{n=2}^{\infty}(\pm 1)^n\dfrac{\ln n}{n^3}$，考察其绝对值构成的级数 $\sum\limits_{n=2}^{\infty}\left|(\pm 1)^n\dfrac{\ln n}{n^3}\right|=\sum\limits_{n=2}^{\infty}\dfrac{\ln n}{n^3}$，因 $\dfrac{\ln n}{n^3}=\dfrac{1}{n^2} \cdot \dfrac{\ln n}{n}<\dfrac{1}{n^2}$，所以 $\sum\limits_{n=2}^{\infty}\dfrac{\ln n}{n^3}$ 收敛，即 $x=\pm 1$ 时，级数 $\sum\limits_{n=2}^{\infty}(\pm 1)^n\dfrac{\ln n}{n^3}$ 绝对收敛，故 $\sum\limits_{n=2}^{\infty} b_n x^n$ 的收敛域为 $[-1, 1]$；

② 再求 $\sum\limits_{n=2}^{\infty} c_n x^n=\sum\limits_{n=2}^{\infty}\dfrac{1}{n\ln n}x^n$ 的收敛域：因为 $\rho=\lim\left|\dfrac{c_{n+1}}{c_n}\right|=1$，所以收敛半径 $R_2=1$. 当 $x=1$ 时，原级数为 $\sum\limits_{n=2}^{\infty}\dfrac{1}{n\ln n}$ 发散；当 $x=-1$ 时，原级数为 $\sum\limits_{n=2}^{\infty}(-1)^n\dfrac{1}{n\ln n}$，收敛，故 $\sum\limits_{n=2}^{\infty} c_n x^n$ 的收敛域为 $[-1,1)$.

由①、②得原级数的收敛域为 $[-1,1)$.

【例 13】 设幂级数 $\sum\limits_{n=0}^{\infty} a_n x^n$ 的收敛半径为 3，求幂级数 $\sum\limits_{n=0}^{\infty} na_n(x-1)^{n+1}$ 的收敛区间（不含端点）.

【解】 因为幂级数 $\sum\limits_{n=0}^{\infty} a_n x^n$ 的收敛半径为 3，所以在区间 $(-3,3)$ 内，幂级数 $\sum\limits_{n=0}^{\infty} a_n x^n$ 可逐项求导，且逐项求导后的幂级数 $\sum\limits_{n=1}^{\infty} na_n x^{n-1}$ 的收敛半径 R 不变仍为 3. 所以幂级数 $\sum\limits_{n=0}^{\infty} na_n(x-1)^{n+1}$ 的收敛区间为：$-3<x-1<3$，即 $(-2,4)$.

【例 14】 若 $\sum\limits_{n=1}^{\infty} a_n(x-1)^n$ 在 $x=-1$ 处收敛，则此级数在 $x=2$ 处（ ）.

（A）条件收敛；　　（B）绝对收敛；　　（C）发散；　　（D）收敛性不能确定

【解】 令 $y=x-1$，级数 $\sum\limits_{n=1}^{\infty} a_n y^n$ 的收敛半径为 R，因为 $x=-1$ 即 $y=-2$ 时，级数 $\sum\limits_{n=1}^{\infty} a_n y^n$ 收敛，所以由阿贝尔定理知，收敛半径 $R\geqslant|-2|=2$. 因此 $y=1<R$，即 $x=2$ 时

级数 $\sum\limits_{n=1}^{\infty} a_n y^n = \sum\limits_{n=1}^{\infty} a_n (x-1)^n$ 绝对收敛，故应选（B）.

2. 求幂级数和函数

【例 15】　求幂级数 $\sum\limits_{n=1}^{\infty} \dfrac{n^2}{n!} x^n$ 的和函数.

分析：求幂级数的和函数，一般方法是利用幂级数的四则运算、逐项求导、逐项积分等性质，将所给的幂级数化为 e^x，$\sin x$，$\cos x$，$\ln(1+x)$，$(1+x)^\alpha$，$\dfrac{1}{1\pm x}$ 等 6 类函数展开式的形式，从而得到新级数的和函数，最后再对得到的和函数做相反的运算，便得原幂级数的和函数与收敛域.

【解】　此级数与 e^x 展开式相似，通过恒等变形，可化为 e^x 展开式的函数，从而求出和函数.

$$原式 = \sum_{n=1}^{\infty} \frac{n}{(n-1)!} x^n = \sum_{n=1}^{\infty} \frac{(n-1)+1}{(n-1)!} x^n = \sum_{n=1}^{\infty} \frac{n-1}{(n-1)!} x^n +$$

$$\sum_{n=1}^{\infty} \frac{1}{(n-1)!} x^n$$

$$= \sum_{n=2}^{\infty} \frac{1}{(n-2)!} x^n + \sum_{n=0}^{\infty} \frac{1}{n!} x^{n+1} = \sum_{n=0}^{\infty} \frac{1}{n!} x^{n+2} + \sum_{n=0}^{\infty} \frac{1}{n!} x^{n+1}$$

$$= x^2 e^x + x e^x = x(1+x)e^x \quad (x \in R).$$

【例 16】　求幂级数 $2x - \dfrac{4}{3!} x^3 + \dfrac{6}{5!} x^5 - \dfrac{8}{7!} x^7 + \cdots$ 的和函数.

【解】　此级数与 $\sin x$ 展开式相似，就是每项系数中分子多了一项，因此先利用逐项积分化去系数中的分子. 令 $s(x) = 2x - \dfrac{4}{3!} x^3 + \dfrac{6}{5!} x^5 - \dfrac{8}{7!} x^7 + \cdots$，则

$$\int_0^x s(x)\,dx = x^2 - \frac{1}{3!} x^4 + \frac{1}{5!} x^6 - \cdots + \frac{(-1)^{n-1}}{(2n-1)!} x^{2n} - \cdots$$

$$= x\left[\sum_{n=1}^{\infty} (-1)^{n-1} \frac{x^{2n-1}}{(2n-1)!}\right] = x \sin x \quad (x \in R),$$

两边再求导得　$s(x) = (x\sin x)' = \sin x + x\cos x$，$x \in (-\infty, +\infty)$.

【例 17】　求幂级数 $\sum\limits_{n=1}^{\infty} (-1)^{n-1} \left[1 + \dfrac{1}{n(2n-1)}\right] x^{2n}$ 的收敛区间与它的和函数 $f(x)$.

【解】　这是缺项幂级数，看成一般数项级数，因为

$$\lim_{n\to\infty} \left|\frac{u_{n+1}(x)}{u_n(x)}\right| = |x|^2 \lim_{n\to\infty}\left|\frac{(n+1)(2n+1)+1}{(n+1)(2n+1)} \cdot \frac{n(2n-1)}{n(2n-1)+1}\right| = |x|^2,$$

所以当 $|x|^2 < 1$，即 $|x| < 1$ 时，原级数绝对值收敛；当 $|x|^2 > 1$，即 $|x| > 1$ 时，原级数发散，所以收敛半径为 1，收敛区间为 $(-1,1)$.

设 $\sum\limits_{n=1}^{\infty} (-1)^{n-1} \dfrac{x^{2n}}{2n(2n-1)} = s(x)$，$x \in (-1,1)$，利用两次逐项求导，化去系数中的分母，即可变为几何级数求和函数. 对幂级数逐项求导得

$$s'(x) = \sum_{n=1}^{\infty} (-1)^{n-1} \frac{x^{2n-1}}{2n-1}, \quad x \in (-1,1),$$

逐项再求导得　$s''(x) = \sum\limits_{n=1}^{\infty} (-1)^{n-1} x^{2n-2} = \dfrac{1}{1+x^2}$，$x \in (-1,1)$，

由于 $s(0)=0$，$s'(0)=0$，所以积分一次，可得

$$s'(x)=\int_0^x s''(t)\mathrm{d}t+s'(0)=\int_0^x \frac{1}{1+t^2}\mathrm{d}t=\arctan x,$$

再积分一次，即得

$$s(x)=\int_0^x s(t)\mathrm{d}t+s(0)=\int_0^x \arctan t\,\mathrm{d}t=x\arctan x-\frac{1}{2}\ln(1+x^2),$$

又 $\displaystyle\sum_{n=1}^{\infty}(-1)^{n-1}x^{2n}=\frac{x^2}{1+x^2}$，$x\in(-1,1)$，所以

$$f(x)=2s(x)+\frac{x^2}{1+x^2}=2\arctan x-\ln(1+x^2)+\frac{x^2}{1+x^2},\quad x\in(-1,1).$$

注：在采用先逐项微分再两边积分时，在积分过程中不要忽略 $s(0)$〔或 $s(a)$〕的值，否则当 $s(0)\neq0$〔或 $s(a)\neq0$〕时，会出现错误．

【例18】 求下列数项级数的和：

(1) $\dfrac{1}{1\times3}+\dfrac{1}{2\times3^2}+\dfrac{1}{3\times3^3}+\cdots$；　　(2) $\displaystyle\sum_{n=0}^{\infty}(-1)^n\frac{n^2-n+1}{2^n}$．

分析：这是常数项级数求和问题，除了用数项级数术和的有关方法外，更一般的方法是考虑找一个适当的幂级数，使它在收敛域的某一点对应的级数恰好为求和的常数项级数，从而转化为求幂级数的和函数问题．

【解】 容易看出：(1) 所求级数之和正好是幂级数 $\displaystyle\sum_1^{\infty}\frac{x^n}{n}$ 在 $x=\dfrac{1}{3}$ 处的函数值，因此

$$s=\left(\sum_{n=1}^{\infty}\frac{x^n}{n}\right)\Big|_{x=\frac{1}{3}}=\left[-\ln(1-x)\right]\Big|_{x=\frac{1}{3}}=\ln\frac{3}{2}=\ln3-\ln2.$$

(2) $\displaystyle s=\sum_{n=0}^{\infty}(-1)^n\frac{n^2-n+1}{2^n}=\sum_{n=0}^{\infty}n(n-1)\left(-\frac{1}{2}\right)^n+\sum_{n=0}^{\infty}\left(-\frac{1}{2}\right)^n=s_1+\frac{2}{3}$，

记 $\displaystyle s_1(x)=\sum_{n=0}^{\infty}n(n-1)x^n=x^2\sum_{n=2}^{\infty}n(n-1)x^{n-2}$，$x\in(-1,1)$，则

$$s_1(x)=\sum_{n=0}^{\infty}n(n-1)x^n=x^2\sum_{n=2}^{\infty}n(n-1)x^{n-2}=x^2\left(\sum_{n=2}^{\infty}x^n\right)''=x^2\left(\frac{x^2}{1-x}\right)''=\frac{2x^2}{(1-x)^3},$$

所以 $\displaystyle s_1=\sum_{n=0}^{\infty}n(n-1)\left(-\frac{1}{2}\right)^n=s_1(x)\Big|_{x=-\frac{1}{2}}=\frac{4}{27}$，从而

$$\sum_{n=0}^{\infty}(-1)^n\frac{n^2-n+1}{2^n}=\frac{4}{27}+\frac{2}{3}=\frac{22}{27}.$$

【例19】 设 $a_0,a_1,\cdots,a_n,\cdots$ 为等差数列（$a_0\neq0$），

(1) 求幂级数 $\displaystyle\sum_{n=0}^{\infty}a_n x^n$ 的收敛半径；　　(2) 求级数 $\displaystyle\sum_{n=0}^{\infty}\frac{a_n}{2^n}$ 的和．

【解】 (1) 令 $a_1=a_0+d$，$a_n=a_0+nd$，则 $\displaystyle\lim_{n\to\infty}\frac{a_{n+1}}{a_n}=\lim_{n\to\infty}\frac{a_0+(n+1)d}{a_0+nd}=1$，所以收敛半径 $R=1$．

(2) $\displaystyle\sum_{n=0}^{\infty}\frac{a_n}{2^n}=\sum_{n=0}^{\infty}\frac{a_0+nd}{2^n}=\sum_{n=0}^{\infty}\frac{a_0}{2^n}+\sum_{n=0}^{\infty}\frac{nd}{2^n}=a_0\frac{1}{1-\frac{1}{2}}+d\sum_{n=0}^{\infty}\frac{n}{2^n}=2a_0+d\sum_{n=0}^{\infty}\frac{n}{2^n}$，

令 $\displaystyle f(x)=\sum_{n=1}^{\infty}\frac{nx^{n-1}}{2^n}$，则 $\displaystyle\int_0^x f(x)\mathrm{d}x=\sum_{n=1}^{\infty}\frac{x^n}{2^n}=\frac{\frac{x}{2}}{1-\frac{x}{2}}=\frac{x}{2-x}$，$f(x)=\frac{2}{(2-x)^2}$，$f(1)=2$

所以 $\sum\limits_{n=0}^{\infty}\dfrac{n}{2^n}=2$，从而

$$\sum_{n=0}^{\infty}\frac{a_n}{2^n}=2(a_0+d).$$

【例 20】 设 $y(x)=\sum\limits_{n=0}^{\infty}\dfrac{(2n)!!}{(2n+1)!!}x^{2n+1}$，(1) 证明：$y(x)$ 满足方程 $(1-x^2)y'-xy=1$

$(|x|<1)$；(2) 证明：$\dfrac{\arcsin x}{\sqrt{1-x^2}}=\sum\limits_{n=0}^{\infty}\dfrac{(2n)!!}{(2n+1)!!}x^{2n+1}$ $(|x|<1)$；(3) 求 $y^{(n)}(0)$.

【解】 (1) 首先求幂级数的收敛半径

$$\lim_{n\to+\infty}\frac{\left[\dfrac{2(n+1)!!}{(2n+3)!!}|x|^{2n+3}\right]}{\left[\dfrac{(2n)!!}{(2n+1)!!}|x|^{2n+1}\right]}=\lim_{n\to+\infty}\frac{2n+2}{2n+3}|x|^2=|x|^2,$$

故收敛半径 $R=1$.

其次对幂级数逐项求导求得 $y'=1+\sum\limits_{n=1}^{\infty}\dfrac{(2n)!!}{(2n-1)!!}x^{2n}$ $(|x|<1)$，最后按所要证明的

等式的提示，将此级数分解成

$$y'=1+\sum_{n=1}^{\infty}\frac{(2n)!!}{(2n-1)!!}x^{2(n-1)+1}=1+x\sum_{n=0}^{\infty}\frac{(2n+1+1)!!}{(2n+1)!!}x^{2n+1}$$

$$=1+x\sum_{n=0}^{\infty}\frac{[(2n+1)+1](2n)!!}{(2n+1)!!}x^{2n+1}$$

$$=1+x^2\left[1+\sum_{n=1}^{\infty}\frac{(2n)!!}{(2n-1)!!}x^{2n}\right]+x\sum_{n=0}^{\infty}\frac{(2n)!!}{(2n+1)!!}x^{2n+1}$$

$$=1+x^2y'+xy,$$

因此有 $(1-x^2)y'-xy=1$ $(|x|<1)$.

(2) 即求和函数 $y(x)$，已知 $y(0)=0$，由题 (1)，求 $y(x)$ 即求微分方程的初值问题

$$\begin{cases}(1-x^2)y'-xy=1,\\ y(0)=0,\end{cases}$$

标准化后 $y'-\dfrac{x}{1-x^2}y=\dfrac{1}{1-x^2}$，此为标准的一阶线性非齐次微分方程，其通解为

$$y(x)=e^{\int\frac{x}{1-x^2}dx}\left[\int\frac{1}{1-x^2}\cdot e^{-\int\frac{x}{1-x^2}dx}dx+C\right]=\frac{1}{\sqrt{1-x^2}}(\arcsin x+C).$$

将 $y(0)=0$ 代入上式，得 $C=0$，于是

$$y=\frac{\arcsin x}{\sqrt{1-x^2}}\quad(|x|<1).$$

(3) 令 $y(x)=\sum\limits_{n=0}^{\infty}a_nx^n$，则

$$a_n=\frac{y^{(n)}(0)}{n!}\Rightarrow y^{(n)}(0)=n!a_n.$$

由 $a_{2n}=0\Rightarrow y^{(2n)}(0)=0$ $(n=1,2,3,\cdots)$；由 $a_{(2n+1)}=\dfrac{(2n)!!}{(2n+1)!!}$ $(n=0,1,2,\cdots)$，因此

$$y^{(2n+1)}(0)=\frac{(2n)!!}{(2n+1)!!}(2n+1)!=[(2n)!!]^2\quad(n=0,1,2,\cdots).$$

3. 将函数展开成幂函数

【例21】 把下列函数展开成 x 的幂级数：

(1) $f(x)=3^x$；　　　　(2) $f(x)=\sin^2 x$；　　　　(3) $\dfrac{x}{9+x^2}$.

分析：将函数 $f(x)$ 展开成幂函数与前面求和函数正好是相反的问题，通常方法是利用间接展开法，即根据已知的六种函数 e^x，$\sin x$，$\cos x$，$\ln(1+x)$，$(1+x)^a$，$\dfrac{1}{1\pm x}$ 的标准展开式，通过适当的变量代换、四则运算、逐项求导、逐项积分等方法，将 $f(x)$ 进行变换，使之化为以上六种函数的某一类函数，再利用标准展开式展开.

【解】 (1) $f(x)=3^x$ 与指数函数 e^x 属于同一类函数，将其化为 e^x 的形式，再利用 e^x 展开式得 $f(x)=3^x$ 展开式. 因为 $3^x=e^{x\ln 3}$，令 $u=x\ln 3$，又 $e^u=\sum\limits_{n=0}^{\infty}\dfrac{u^n}{n!}$，$u\in(-\infty,+\infty)$，把 $u=x\ln 3$，代入上式得

$$3^x=\sum_{n=0}^{\infty}\frac{\ln^n 3}{n!}x^n,\quad x\in(-\infty,+\infty).$$

(2) 因为 $\sin^2 x$ 可以用 $\sin x$ 的展开式进行幂级数乘法运算得到展开式，但幂级数乘法比较麻烦，应尽量避免. 对 $\sin^2 x$ 用三角公式变形 $\sin^2 x=\dfrac{1}{2}(1-\cos 2x)=\dfrac{1}{2}-\dfrac{1}{2}\cos 2x$，而 $\cos x=\sum\limits_{n=0}^{\infty}(-1)^n\cdot\dfrac{x^{2n}}{(2n)!}$，$x\in R$，故

$$\sin^2 x=\frac{1}{2}-\frac{1}{2}\sum_{n=0}^{\infty}(-1)^n\cdot\frac{(2x)^{2n}}{(2n)!}=\sum_{n=1}^{\infty}(-1)^{n-1}\cdot\frac{2^{2n-1}x^{2n}}{(2n)!},\ x\in R.$$

(3) $f(x)=\dfrac{x}{9+x^2}$ 与标准展开式中的 $\dfrac{1}{1\pm x}$ 属于同一类函数，将 $f(x)$ 化为 $\dfrac{1}{1\pm x}$ 的形式，

$$f(x)=\frac{x}{9+x^2}=\frac{x}{9}\frac{1}{1+(\frac{x}{3})^2}=\frac{x}{9}\sum_{n=0}^{\infty}(-1)^n\cdot(\frac{x}{3})^{2n}$$

$$=\sum_{n=0}^{\infty}(-1)^n\cdot\frac{x^{2n+1}}{3^{2n+2}},\quad x\in(-3,3).$$

注：将有理分式函数展开成幂级数，应先将它分解成部分分式，然后利用 $\dfrac{1}{1\pm x}$ 的幂级数展开式展开.

【例22】 设 $f(x)=\begin{cases}\dfrac{1+x^2}{x}\arctan x,&x\neq 0\\1,&x=0\end{cases}$，试将 $f(x)$ 展开成 x 幂级数，并求级数 $\sum\limits_{n=1}^{\infty}\dfrac{(-1)^n}{1-4n^2}$ 的和.

分析：根据 $f(x)$ 的表达式看到，只要求出 $\arctan x$ 的幂级数展开式，然后再与 $\dfrac{1+x^2}{x}=\dfrac{1}{x}+x$ 相乘即得 $f(x)$ 的展开式.

【解】 设 $\varphi(x)=\arctan x$，求导得 $\varphi'(x)=\dfrac{1}{1+x^2}=\sum\limits_{n=0}^{\infty}(-1)^n x^{2n}$，$x\in(-1,1)$，

再积分得 $\arctan x = \sum\limits_{n=0}^{\infty} \dfrac{(-1)^n}{2n+1} x^{2n+1}$，$x \in [-1, 1]$，于是

$$f(x) = 1 + \sum_{n=1}^{\infty} \frac{(-1)^n}{2n+1} x^{2n} + \sum_{n=0}^{\infty} \frac{(-1)^n}{2n+1} x^{2n+2}$$

$$= 1 + \sum_{n=1}^{\infty} \frac{(-1)^n}{2n+1} x^{2n} + \sum_{n=1}^{\infty} \frac{(-1)^{n-1}}{2n-1} x^{2n}$$

$$= 1 + \sum_{n=1}^{\infty} \frac{(-1)^n 2}{1-4n^2} x^{2n}, \quad x \in [-1,1],$$

因此
$$\sum_{n=1}^{\infty} \frac{(-1)^n}{1-4n^2} = \frac{1}{2}\big[f(1)-1\big] = \frac{\pi}{4} - \frac{1}{2}.$$

【例 23】 将下列函数展开成 $(x-x_0)$ 的幂函数：

(1) $f(x) = \ln(3x)$，$x_0 = 2$；　　　　(2) $f(x) = \dfrac{1}{x^2+3x+2}$，$x_0 = 1$.

【解】 (1) $f(x) = \ln(3x) = \ln(3x-6+6) = \ln\left[6\left(1+\dfrac{x-2}{2}\right)\right] = \ln6 + \ln\left(1+\dfrac{x-2}{2}\right)$

$$= \ln6 + \sum_{n=1}^{\infty} (-1)^{n-1} \frac{\left(\dfrac{x-2}{2}\right)^n}{n}$$

$$= \ln6 + \sum_{n=1}^{\infty} (-1)^n \frac{1}{2^n n} (x-2)^n, \quad 0 < x \leqslant 4.$$

(2) 先将它分解成部分分式
$$f(x) = \frac{1}{(x+1)(x+2)} = \frac{1}{x+1} - \frac{1}{x+2},$$

又
$$\frac{1}{x+1} = \frac{1}{2+(x-1)} = \frac{1}{2\left(1+\dfrac{x-1}{2}\right)}$$

$$= \frac{1}{2} \sum_{n=0}^{\infty} (-1)^n \left(\frac{x-1}{2}\right)^n, \quad -1 < \frac{x-1}{2} < 1 \text{ 即 } -1 < x < 3,$$

$$\frac{1}{x+2} = \frac{1}{3+(x-1)} = \frac{1}{3} \cdot \frac{1}{\left(1+\dfrac{x-1}{3}\right)} = \frac{1}{3} \sum_{n=0}^{\infty} (-1)^n \left(\frac{x-1}{3}\right)^n, \quad -2 < x < 4,$$

所以　$f(x) = \dfrac{1}{x+1} - \dfrac{1}{x+2} = \sum\limits_{n=0}^{\infty} (-1)^n \left(\dfrac{1}{2^{n+1}} - \dfrac{1}{3^{n+1}}\right) (x-1)^n$，$-1 < x < 3$.

三、傅里叶级数

【例 24】 设函数 $f(x) = \pi x + x^2 (-\pi < x < \pi)$ 的傅里叶级数展开式为 $\dfrac{a_0}{2} + \sum\limits_{n=1}^{\infty} (a_n \cos nx + b_n \sin nx)$，则其中系数 b_3 的值为 _____.

【解】 利用傅里叶系数公式直接计算

$$b_3 = \frac{1}{\pi} \int_{-\pi}^{\pi} f(x) \sin 3x\, \mathrm{d}x = \frac{1}{\pi} \int_{-\pi}^{\pi} (\pi x + x^2) \sin 3x\, \mathrm{d}x$$

$$= \frac{1}{\pi} \int_{-\pi}^{\pi} \pi x \sin 3x\, \mathrm{d}x + \frac{1}{\pi} \int_{-\pi}^{\pi} x^2 \sin 3x\, \mathrm{d}x = 2 \int_{0}^{\pi} x \sin 3x\, \mathrm{d}x$$

$$= 2\left[-\frac{1}{3} x \cos 3x + \frac{1}{9} \sin 3x\right]_{0}^{\pi} = \frac{2}{3}\pi.$$

【例 25】 将 $\cos x$ 在 $0 < x < \pi$ 展开成以 2π 为周期的正弦级数，并在 $-2\pi \leqslant x \leqslant 2\pi$ 上写出该级数的和函数 $s(x)$.

【解】 对 $f(x) = \cos x$ 在 $(-\pi, \pi)$ 上进行奇延拓，根据傅里叶系数公式有

$$a_n = 0 \ (n = 0, 1, 2, \cdots),$$

当 $n \neq 1$ 时，$b_n = \dfrac{2}{\pi} \int_0^\pi \cos x \sin nx \, \mathrm{d}x = \dfrac{1}{\pi} \int_0^\pi [\sin(n+1)x + \sin(n-1)x] \mathrm{d}x$

$$= \frac{1}{\pi} \left[\frac{1-(-1)^{n+1}}{n+1} + \frac{1-(-1)^{n-1}}{n-1} \right] = \begin{cases} 0, & n = 2m-1, \\ \dfrac{4n}{\pi(n^2-1)}, & n = 2m, \end{cases}$$

$$b_1 = \frac{1}{\pi} \int_0^\pi \sin 2x \, \mathrm{d}x = 0,$$

所以

$$\cos x = \sum_{m=1}^\infty \frac{8m}{\pi(4m^2-1)} \sin 2mx \quad (0 < x < \pi).$$

根据狄里克雷收敛定理，求出在 $-2\pi \leqslant x \leqslant 2\pi$ 上级数的和函数为

$$s(x) = \begin{cases} \cos x, & x \in (0, \pi) \bigcup (-2\pi, -\pi), \\ 0, & x = 0, \pm\pi, \pm 2\pi, \\ -\cos x, & x \in (-\pi, 0) \bigcup (\pi, 2\pi), \end{cases}$$

函数的图形如图 12-1 所示。

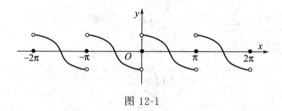

图 12-1

【例 26】 将函数 $f(x) = 2 + |x|$ （$-1 \leqslant x \leqslant 1$）展开成以 2 为周期的傅里叶级数，并由此求级数 $\sum\limits_{n=1}^\infty \dfrac{1}{n^2}$ 的和.

【解】 因为 $f(x) = 2 + |x|$ （$-1 \leqslant x \leqslant 1$）满足收敛定理的条件，且是偶函数，所以

$$a_0 = \frac{2}{1} \int_0^1 (2+x) \mathrm{d}x = 5,$$

$$a_n = \frac{2}{1} \int_0^1 (2+x) \cos \frac{n\pi x}{1} \mathrm{d}x = 2 \int_0^1 x \cos n\pi x \, \mathrm{d}x$$

$$= \frac{2}{n\pi} \int_0^1 x \, \mathrm{d}\sin n\pi x = \frac{2}{n^2\pi^2} [(-1)^n - 1] = \begin{cases} 0, & n = 2k, \\ -\dfrac{4}{n^2\pi^2}, & n = 2k-1, \end{cases}$$

$$b_n = 0, \ n = 1, 2, 3, \cdots.$$

又 $f(x)$ 在 $[-1, 1]$ 上每点连续，故

$$2 + |x| = \frac{5}{2} + \sum_{k=1}^\infty -\frac{4}{\pi^2(2k-1)^2} \cos(2k-1)\pi x$$

$$= \frac{5}{2} - \frac{4}{\pi^2} \sum_{k=1}^\infty \frac{\cos(2k-1)\pi x}{(2k-1)^2}, \quad -1 \leqslant x \leqslant 1.$$

取 $x = 0$，由上式得

$$2 = \frac{5}{2} - \frac{4}{\pi^2} \sum_{k=1}^\infty \frac{1}{(2k-1)^2}, 故 \quad \sum_{k=1}^\infty \frac{1}{(2k-1)^2} = \frac{\pi^2}{8},$$

而
$$\sum_{n=1}^{\infty}\frac{1}{n^2}=\sum_{k=1}^{\infty}\frac{1}{(2k-1)^2}+\sum_{k=1}^{\infty}\frac{1}{(2k)^2}=\sum_{k=1}^{\infty}\frac{1}{(2k-1)^2}+\frac{1}{4}\sum_{k=1}^{\infty}\frac{1}{k^2},$$

所以
$$\sum_{n=1}^{\infty}\frac{1}{n^2}=\frac{\pi^2}{8}\cdot\frac{4}{3}=\frac{\pi^2}{6}.$$

【例 27】 证明：当 $|x|\leqslant\pi$ 时，$\dfrac{\pi^2}{3}+\sum_{n=1}^{\infty}\dfrac{4}{n^2}\cos nx=(\pi-|x|)^2$.

分析：等式左边是余弦级数，即将右边函数 $f(x)=(\pi-|x|)^2$ 展开成余弦级数.

【证明】 设 $f(x)=(\pi-|x|)^2$，$|x|\leqslant\pi$，由于 $f(x)$ 是偶函数，所以 $b_n=0$，而
$$a_0=\frac{2}{\pi}\int_0^{\pi}(\pi-|x|)^2\mathrm{d}x=\frac{2}{\pi}\int_0^{\pi}(\pi-x)^2\mathrm{d}x=\frac{2\pi^2}{3},$$
$$a_n=\frac{2}{\pi}\int_0^{\pi}(\pi-x)^2\cos nx\,\mathrm{d}x=\frac{4}{n^2},\ n=1,2,\cdots.$$

又 $f(x)$ 在 $(-\pi,\pi)$ 内连续，将 $f(x)$ 在整个数轴上以 2π 为周期进行延拓可知，其延拓后的函数在 $x=\pm\pi$ 也连续，故在 $|x|\leqslant\pi$ 时恒有
$$(\pi-|x|)^2=\frac{\pi^2}{3}+\sum_{n=1}^{\infty}\frac{4}{n^2}\cos nx.$$

第五节　同步练习题

1. 填空题

(1) 幂级数 $\sum_{n=1}^{\infty}\dfrac{n}{2^n+(-3)^n}x^{2n-1}$ 的收敛半径 $R=$ _____.

(2) 设 $x^2=\sum_{n=0}^{\infty}a_n\cos nx$（$-\pi\leqslant x\leqslant\pi$），则 $a_2=$ _____.

2. 选择题

(1) 下列级数中，收敛的是（　）.

(A) $\sum_{n=1}^{\infty}\dfrac{1}{n}$；　　(B) $\sum_{n=1}^{\infty}\dfrac{1}{n\sqrt{n}}$；　　(C) $\sum_{n=1}^{\infty}\dfrac{1}{\sqrt[3]{n^2}}$；　　(D) $\sum_{n=1}^{\infty}(-1)^n$.

(2) 设级数 $\sum_{n=1}^{\infty}u_n$ 收敛，则必收敛的级数为（　）.

(A) $\sum_{n=1}^{\infty}(-1)^n\dfrac{u_n}{n}$；　　　　　　(B) $\sum_{n=1}^{\infty}u_n^2$；

(C) $\sum_{n=1}^{\infty}(u_{2n-1}-u_{2n})$；　　　　(D) $\sum_{n=1}^{\infty}(u_n+u_{n+1})$.

(3) 设常数 $\lambda>0$，且级数 $\sum_{n=1}^{\infty}a_n^2$ 收敛，则级数 $\sum_{n=1}^{\infty}(-1)^n\dfrac{|a_n|}{\sqrt{n^2+\lambda}}$（　）.

(A) 发散；　　(B) 条件收敛；　　(C) 绝对收敛；　　(D) 收敛性与 λ 有关.

(4) 设 $0\leqslant a_n<\dfrac{1}{n}$，则下列级数中肯定收敛的是（　）.

(A) $\sum_{n=1}^{\infty}a_n$；　　(B) $\sum_{n=1}^{\infty}(-1)^na_n$；　　(C) $\sum_{n=1}^{\infty}\sqrt{a_n}$；　　(D) $\sum_{n=1}^{\infty}(-1)^na_n^2$.

(5) 设 $f(x)=\begin{cases}x, & 0\leqslant x\leqslant\dfrac{1}{2},\\ 2-2x, & \dfrac{1}{2}<x<1,\end{cases}$ $s(x)=\dfrac{a_0}{2}+\sum_{n=1}^{\infty}a_n\cos n\pi x$，$-\infty<x<+\infty$，其

中 $a_n = 2\int_0^1 f(x)\cos n\pi x\,\mathrm{d}x$ $(n=0,1,2,\cdots)$，则 $s\left(-\dfrac{5}{2}\right)$ 等于（　）.

(A) $\dfrac{1}{2}$；　　　　(B) $-\dfrac{1}{2}$；　　　　(C) $\dfrac{3}{4}$；　　　　(D) $-\dfrac{3}{4}$.

3. 判别下列级数的敛散性.

(1) $\displaystyle\sum_{n=1}^{\infty}\frac{a^n n!}{n^n}$ $(a>0)$；　　(2) $\displaystyle\sum_{n=1}^{\infty}\frac{3^n}{2^n\arctan^n n}$；　　(3) $\displaystyle\sum_{n=1}^{\infty}\left(\frac{1}{\sqrt{n}}-\sqrt{\ln\frac{n+1}{n}}\right)$.

4. （积分判别法）试证：若有一单调下降的非负函数 $f(x)$ $(1\leqslant x<+\infty)$ 适合：$f(n)=a_n$，则

(1) 当 $\displaystyle\int_1^{+\infty}f(x)\mathrm{d}x$ 收敛时，$\displaystyle\sum_{n=1}^{\infty}a_n$ 收敛；　　(2) 当 $\displaystyle\int_1^{+\infty}f(x)\mathrm{d}x$ 发散时，$\displaystyle\sum_{n=1}^{\infty}a_n$ 发散.

5. 利用第 4 题的积分判别法，判别下列级数的敛散性.

(1) $\displaystyle\sum_{n=2}^{\infty}\frac{1}{n\ln n(\ln\ln n)}$；　　(2) $\displaystyle\sum_{n=2}^{\infty}\frac{1}{n(\ln n)^p}$.

6. 判别级数 $1+\dfrac{1}{2}-\dfrac{1}{3}+\dfrac{1}{4}+\dfrac{1}{5}-\dfrac{1}{6}+\cdots$ 的敛散性.

7. $\dfrac{a_{n+1}}{a_n}\leqslant\dfrac{b_{n+1}}{b_n}$，$a_n,b_n>0,n=1,2,3\cdots$. 证明：

(1) 若 $\displaystyle\sum_{n=1}^{\infty}b_n$ 收敛则 $\displaystyle\sum_{n=1}^{\infty}a_n$ 收敛；　　(2) 若 $\displaystyle\sum_{n=1}^{\infty}a_n$ 发散则 $\displaystyle\sum_{n=1}^{\infty}b_n$ 发散.

8. 若 $\displaystyle\sum_{n=1}^{\infty}a_n$、$\displaystyle\sum_{n=1}^{\infty}c_n$ 收敛，且 $a_n\leqslant b_n\leqslant c_n$ $(n=1,2,3\cdots)$，证明：$\displaystyle\sum_{n=1}^{\infty}b_n$ 收敛.

9. 设正项级数 $\displaystyle\sum_{n=1}^{\infty}u_n$ 和 $\displaystyle\sum_{n=1}^{\infty}v_n$ 都收敛，证明级数 $\displaystyle\sum_{n=1}^{\infty}(u_n+v_n)^2$ 也收敛.

10. 设 $a_n=\displaystyle\int_0^{\frac{\pi}{4}}\tan^n x\,\mathrm{d}x$，(1) 求 $\displaystyle\sum_{n=1}^{\infty}\frac{1}{n}(a_n+a_{n+2})$；(2) 试证：对任意的常数 $\lambda>0$，级数 $\displaystyle\sum_{n=1}^{\infty}\frac{a_n}{n^\lambda}$ 收敛.

11. 判定下列级数的敛散性，并指出绝对收敛还是条件收敛.

(1) $\displaystyle\sum_{n=1}^{\infty}(-1)^n\frac{1}{3^n}$；　　(2) $\displaystyle\sum_{n=1}^{\infty}(-1)^n\frac{1}{n-\ln n}$；　　(3) $\displaystyle\sum_{n=1}^{\infty}(-1)^n\left(\sqrt{1+\frac{1}{n^\alpha}}-1\right)$.

12. 设 $\displaystyle\sum_{n=1}^{\infty}a_n$ 条件收敛且 $p_n=\displaystyle\sum_{i=1}^{n}\frac{|a_i|+a_i}{2}$，$q_n=\displaystyle\sum_{i=1}^{n}\frac{|a_i|-a_i}{2}$，求 $\displaystyle\lim_{n\to\infty}\frac{q_n}{p_n}$.

13. 求下列级数的收敛域：

(1) $\displaystyle\sum_{n=1}^{\infty}\left(1+\frac{1}{2}+\cdots+\frac{1}{n}\right)x^n$；(2) $\displaystyle\sum_{n=1}^{\infty}\frac{3^n+5^n}{n}x^n$；(3) $\displaystyle\sum_{n=0}^{\infty}\frac{(-1)^{n-1}(x+1)^{2n+1}}{n\cdot 4^n}$.

14. 将下列函数展开成 x 的幂级数：

(1) $\dfrac{1}{(2-x)^2}$；(2) $f(x)=\arctan\dfrac{2-2x}{1+4x}$；(3) $f(x)=\dfrac{1}{4}\ln\dfrac{1+x}{1-x}+\dfrac{1}{2}\arctan x-x$.

15. 将下列函数展开成 $(x-x_0)$ 的幂函数：

(1) $f(x)=\ln x$，$x_0=2$；　　(2) $f(x)=\dfrac{1}{x^2+5x+6}$，$x_0=4$.

16. 求下列函数项级数的和:

(1) $\displaystyle\sum_{n=0}^{\infty} x\,\mathrm{e}^{-nx}$;　　　(2) $\displaystyle\sum_{n=1}^{\infty} \frac{1}{n\,2^n} x^{n-1}$;　　　(3) $\displaystyle\sum_{n=1}^{\infty} (2n+1) x^n$.

17. 求下列数项级数的和:

(1) $\displaystyle\sum_{n=2}^{\infty} \frac{n+1}{n!}$;　　　　　　(2) $\displaystyle\sum_{n=2}^{\infty} \frac{1}{(n^2-1)2^n}$.

18. 求极限: (1) $\displaystyle\lim_{n\to\infty} \frac{n+2}{2^n}$;　　　　　(2) $\displaystyle\lim_{n\to\infty} \frac{n!}{2\cdot 5\cdot 8\cdots(3n-1)}$.

19. 求极限: (1) $\displaystyle\lim_{n\to\infty} \sum_{k=1}^{n} \frac{k+2}{k!+(k+1)!+(k+2)!}$;　(2) $\displaystyle\lim_{x\to 0} \frac{(\cos x\sin x)^2 - x^2\mathrm{e}^{-\frac{4}{3}x^2}}{x^6}$.

20. 设 $x_n = 1 + \dfrac{1}{2} + \dfrac{1}{3} + \cdots + \dfrac{1}{n} - \ln n$, 证明: $\{x_n\}$ 收敛.

21. 设 $f(x) = (1+x^2)\mathrm{e}^{x^2}$, 求 $f^{(101)}(0)$.

22. 将 $f(x) = |\sin x|\ (-\pi \leqslant x \leqslant \pi)$ 展开成傅里叶级数.

23. 将函数 $f(x) = x - 1\,(0 \leqslant x \leqslant 2)$ 展开成周期为 4 的余弦级数.

第六节　自我测试题

一、测试题 A

1. 填空题

(1) 部分和数列 $\{S_n\}$ 有界是正项级数 $\displaystyle\sum_{n=1}^{\infty} u_n$ 收敛的_____条件.

(2) 幂级数 $\displaystyle\sum_{n=0}^{\infty} \frac{x^n}{\sqrt{n+1}}$ 的收敛域是_____.

(3) $\displaystyle\sum_{n=1}^{\infty} n\left(\frac{1}{2}\right)^{n-1} = $_____.

(4) 设 $f(x) = \begin{cases} -1, & -\pi < x \leqslant 0, \\ 1+x^2, & 0 < x \leqslant \pi, \end{cases}$ 则以 2π 为周期的傅里叶级数在 $x = \pi$ 处收敛于_____.

2. 选择题

(1) 设 $a_n = \dfrac{1}{n^{1+\frac{1}{n}}}$, 则级数 $\displaystyle\sum_{n=1}^{\infty} a_n$ (　　).

　　(A) 因为 $1 + \dfrac{1}{n} > 1$, 所以级数收敛;　(B) 因 $\displaystyle\lim_{n\to\infty} \frac{1}{n^{1+\frac{1}{n}}} = 0$, 所以级数收敛;

　　(C) 因 $\dfrac{1}{n^{1+\frac{1}{n}}} < \dfrac{1}{n}$, 所以级数发散;　(D) 以上都不对.

(2) 设 α 为常数, 则级数 $\displaystyle\sum_{n=1}^{\infty} \left[\frac{\sin(n\alpha)}{n^2} - \frac{1}{\sqrt{n}}\right]$ (　　)

　　(A) 绝对收敛;　　　　　　　　(B) 条件收敛;

　　(C) 发散;　　　　　　　　　　(D) 收敛性与 α 的取值有关.

(3) 设 $u_n = (-1)^n \ln (1 + \frac{1}{\sqrt{n}})$，则级数（　　）

(A) $\sum\limits_{n=1}^{\infty} u_n$ 与 $\sum\limits_{n=1}^{\infty} u_n^2$ 都收敛；　　(B) $\sum\limits_{n=1}^{\infty} u_n$ 与 $\sum\limits_{n=1}^{\infty} u_n^2$ 都发散；

(C) $\sum\limits_{n=1}^{\infty} u_n$ 收敛而 $\sum\limits_{n=1}^{\infty} u_n^2$ 发散；　　(D) $\sum\limits_{n=1}^{\infty} u_n$ 发散而 $\sum\limits_{n=1}^{\infty} u_n^2$ 收敛.

(4) 若幂级数 $\sum\limits_{n=0}^{\infty} a_n x^n$ 的收敛半径为 R_1：$0 < R_1 < +\infty$；$\sum\limits_{n=0}^{\infty} b_n x^n$ 的收敛半径为 R_2：$0 <$

$R_2 < +\infty$，则幂级数 $\sum\limits_{n=0}^{\infty} (a_n + b_n) x^n$ 的收敛半径至少为（　　）.

(A) $R_1 + R_2$；　　(B) $R_1 R_2$；

(C) $\max(R_1, R_2)$；　　(D) $\min(R_1, R_2)$.

3. 解答题

(1) 判定级数 $\sum\limits_{n=1}^{\infty} \arctan \frac{1}{n^2 + 1}$ 的收敛性.

(2) 计算极限 $\lim\limits_{n \to \infty} \frac{11 \cdot 12 \cdots (n+10)}{2 \cdot 5 \cdots (3n-1)}$.

(3) 设 $\sum\limits_{n=0}^{\infty} a_n x^n$ 的收敛域为 $(-4, 4]$，求 $\sum\limits_{n=0}^{\infty} a_n x^{2n+1}$ 的收敛域.

(4) 求数项级数 $\sum\limits_{n=1}^{\infty} \frac{n^2}{n!}$ 的和.

(5) 求幂级数 $\sum\limits_{n=1}^{\infty} \frac{(x-3)^n}{n 3^n}$ 的收敛域.

(6) 将函数 $f(x) = \begin{cases} 1, & 0 \leq x \leq h, \\ 0, & h < x \leq \pi \end{cases}$ 展开成正弦级数.

4. 综合题

(1) 级数 $\sum\limits_{n=1}^{\infty} \frac{a^n}{n^3}$（$a$ 为常数），判定该级数是否收敛？若收敛，是绝对收敛，还是条件收敛？

(2) 设正项级数 $\sum\limits_{n=1}^{\infty} u_n$ 收敛，证明 $\sum\limits_{n=1}^{\infty} u_n^2$ 收敛；反之如何？

(3) 求 $\sum\limits_{n=1}^{\infty} \frac{x^n}{3^n n}$ 的和函数，并求 $\sum\limits_{n=1}^{\infty} \frac{(-1)^{n+1}}{3^n n}$ 的和.

(4) 将函数 $f(x) = \frac{1+x}{(1-x)^2}$ 展开成 x 的幂函数.

5. 证明题

(1) 设级数 $\sum\limits_{n=1}^{\infty} (a_n - a_{n-1})$ 收敛，$\sum\limits_{n=1}^{\infty} b_n$ 是收敛的正项级数，证明级数 $\sum\limits_{n=1}^{\infty} a_n b_n$ 绝对收敛.

(2) 证明：当 $0 \leq x \leq \pi$ 时，$\sum\limits_{n=1}^{\infty} \frac{\cos nx}{n^2} = \frac{x^2}{4} - \frac{\pi x}{2} + \frac{\pi^2}{6}$.

二、测试题 B

1. 填空题

(1) 已知级数 $\sum\limits_{n=1}^{\infty}(-1)^{n-1}a_n=2$，$\sum\limits_{n=1}^{\infty}a_{2n-1}=5$，则级数 $\sum\limits_{n=1}^{\infty}a_n$ 等于_____.

(2) 设 a 为非零常数，则 r 满足条件_____时，级数 $\sum\limits_{n=1}^{\infty}\dfrac{a}{r^n}$ 收敛.

(3) 幂级数 $\sum\limits_{n=1}^{\infty}(-1)^{n-1}\dfrac{(x-1)^n}{n}$ 的收敛区间是_____.

(4) 设 $f(x)$ 是周期为 2 的周期函数，它在 $[-1,1]$ 上定义为 $f(x)=\begin{cases}2, & -1\leqslant x\leqslant 0,\\ x^3, & 0<x\leqslant 1,\end{cases}$ 则 $f(x)$ 的傅里叶级数在 $x=1$ 处收敛于_____.

2. 选择题

(1) 下列级数中，收敛的是（ ）.

(A) $\sum\limits_{n=1}^{\infty}\dfrac{(n!)^2}{2n^2}$；   (B) $\sum\limits_{n=1}^{\infty}\dfrac{3^n n!}{n^n}$；   (C) $\sum\limits_{n=2}^{\infty}\dfrac{1}{n}\sin\dfrac{\pi}{n}$；   (D) $\sum\limits_{n=1}^{\infty}\dfrac{n+1}{n(n+2)}$.

(2) 级数 $\sum\limits_{n=1}^{\infty}(-1)^n(1-\cos\dfrac{\alpha}{n})$（常数 $\alpha>0$）（ ）.

(A) 发散；   (B) 条件收敛；   (C) 绝对收敛；   (D) 收敛性与 α 有关.

(3) 若 $\sum\limits_{n=1}^{\infty}a_n(x-1)^n$ 在 $x=-1$ 处收敛，则此级数在 $x=2$ 处（ ）

(A) 条件收敛；   (B) 绝对收敛；   (C) 发散；   (D) 收敛性不能确定.

(4) 设函数 $f(x)=x^2$，$0\leqslant x\leqslant 1$，而 $s(x)=\sum\limits_{n=1}^{\infty}b_n\sin n\pi x$，$-\infty<x<+\infty$，其中 $b_n=2\int_0^1 f(x)\sin n\pi x\,\mathrm{d}x$，$n=1,2,3,\cdots$，则 $s(-\dfrac{1}{2})$ 为（ ）

(A) $-\dfrac{1}{2}$；   (B) $-\dfrac{1}{4}$；   (C) $\dfrac{1}{4}$；   (D) $\dfrac{1}{2}$.

3. 解答题

(1) 求极限 $\lim\limits_{n\to\infty}\dfrac{2^n n!}{n^n}$.

(2) $\sum\limits_{n=0}^{\infty}a_n(x-b)^n$（$b\neq 0$）在 $x=0$ 时为 C，在 $x=2b$ 时为 D，求级数收敛半径 R.

(3) 判别级数 $\sum\limits_{n=1}^{\infty}(-1)^n\ln\dfrac{n+1}{n}$ 的敛散性，若收敛，是绝对收敛，还是条件收敛？

(4) 设正项数列 $\{a_n\}$ 单调减小，且 $\sum\limits_{n=1}^{\infty}(-1)^n a_n$ 发散，试问级数 $\sum\limits_{n=1}^{\infty}\left(\dfrac{1}{a_n+1}\right)^n$ 是否收敛？并说明理由.

(5) 求幂级数 $1+\sum\limits_{n=1}^{\infty}(-1)^n\dfrac{x^{2n}}{2n}$（$|x|<1$）的和函数 $f(x)$.

(6) 将函数 $f(x)\begin{cases}1, & 0\leqslant x\leqslant h,\\ 0, & h<x\leqslant\pi,\end{cases}$ 展开成余弦级数.

4. 综合题

(1) 已知级数 $\sum\limits_{n=1}^{\infty} u_n$ 的部分和 $s_n = \arctan n$，试写出该级数，并求和.

(2) 设正项级数 $\sum\limits_{n=1}^{\infty} u_n$ 收敛，则① $\sum\limits_{n=1}^{\infty} \dfrac{u_n}{n}$ 收敛；② $\sum\limits_{n=1}^{\infty} \sqrt{u_n}$ 是否收敛.

(3) 求幂级数 $\sum\limits_{n=1}^{\infty} \dfrac{1}{3^n + (-2)^n} \dfrac{x^n}{n}$ 的收敛区间，并讨论该区间端点处的收敛性.

(4) 将函数 $f(x) = \arctan \dfrac{1-2x}{1+2x}$ 展开成 x 的幂级数，并求级数 $\sum\limits_{n=0}^{\infty} \dfrac{(-1)^n}{2n+1}$ 的和.

5. 证明题

(1) 若 $\{u_n\}$ 是正的单调递增有界数列，则级数 $\sum\limits_{n=1}^{\infty} \left(1 - \dfrac{u_n}{u_{n+1}}\right)$ 收敛.

(2) 已知 $\sum\limits_{n=1}^{\infty} \dfrac{1}{n^2} = \dfrac{\pi^2}{6}$，$f(x) = \sum\limits_{n=1}^{\infty} \dfrac{x^n}{n^2}$，证明：$f(x) + f(1-x) + \ln x \ln(1-x) = \dfrac{\pi^2}{6}$.

第七节　同步练习题答案

1. (1) $\sqrt{3}$；(2) 1.　　**2.** (1)(B)；(2)(D)；(3)(C)；(4)(D)；(5)(C).

3. (1) $a < e$，收敛 $a \geqslant e$ 发散；(2) 收敛；

(3) 提示：$0 < \sqrt{\dfrac{1}{n}} - \sqrt{\ln\left(1 + \dfrac{1}{n}\right)} < \dfrac{1}{\sqrt{n}} - \dfrac{1}{\sqrt{n+1}} \leqslant \dfrac{1}{n^{3/2}}$，收敛.

4. (略).　　**5.** (1) 发散；(2) $p \leqslant 1$，发散，$p > 1$，收敛.

6. 提示：考虑加括号级数，$\sum\limits_{n=1}^{\infty} \left(\dfrac{1}{3n-2} + \dfrac{1}{3n-1} - \dfrac{1}{3n}\right)$，其通项 $u_n > \dfrac{1}{3n-2}$，$\sum\limits_{n=1}^{\infty} \dfrac{1}{3n-2}$ 发散 $\Rightarrow \sum\limits_{1}^{\infty} u_n$ 发散 $\Rightarrow$ 发散.　　**7.** (略).　　**8.** (略).

9. $0 \leqslant (u_n + v_n)^2 \leqslant u_n + v_n \Rightarrow \sum\limits_{n=0}^{\infty} (u_n + v_n)^2$ 收敛.　　**10.** (1) 1；(2) (略)；　**11.** (1) 绝对收敛；(2) 条件收敛；(3) $\alpha > 1$，绝对收敛；$0 < \alpha \leqslant 1$ 条件收敛；$\alpha \leqslant 0$ 发散.

12. 1.　　　**13.** (1) $(-1, 1)$；(2) $\left[-\dfrac{1}{5}, \dfrac{1}{5}\right)$；(3) $[-3, 1]$.

14. (1) 原式 $= \left(\dfrac{1}{2-x}\right)' = \sum\limits_{n=1}^{\infty} \dfrac{n x^{n-1}}{2^{n+1}}$，$-2 < x < 2$；　(2) $\arctan 2 + \sum\limits_{n=0}^{\infty} (-1)^{n+1} \dfrac{2^{2n+1}}{2n+1} x^{2n+1}$，$|x| \leqslant \dfrac{1}{2}$；　(3) $\sum\limits_{n=1}^{\infty} \dfrac{x^{4n+1}}{4n+1}$，$-1 < x < 1$.　　**15.** (1) $\ln 2 + \sum\limits_{n=1}^{\infty} (-1)^{n-1} \dfrac{1}{2^n n}(x-2)^n$，$0 < x \leqslant 4$；(2) $f(x) = \sum\limits_{n=0}^{\infty} (-1)^n \left(\dfrac{1}{6^{n+1}} - \dfrac{1}{7^{n+1}}\right)(x-4)^n$，$-2 < x < 10$.

16. (1) $s(x) = \dfrac{x}{1 - e^{-x}}$（$x \geqslant 0$）；(2) $s(x) = -\dfrac{1}{x} \ln\left(1 - \dfrac{x}{2}\right)$（$-2 \leqslant x < 0$，$0 < x < 2$），$s(0) = \dfrac{1}{2}$；(3) $s(x) = \dfrac{1+x}{(1-x)^2}$（$-1 < x < 1$）.

17. (1) $2e-3$. (2) $\dfrac{5}{8}-\dfrac{3}{4}\ln 2$. **18.** (1) 0；(2) 0. **19.** (1) $\dfrac{1}{2}$；(2) $-\dfrac{8}{45}$.

20. (略). **21.** 0. **22.** $|\sin x|=\dfrac{2}{\pi}-\sum\limits_{k=1}^{\infty}-\dfrac{4}{\pi(4k^2-1)}\cos 2kx\ (-\pi\leqslant x\leqslant \pi)$.

23. $f(x)=-\dfrac{8}{\pi^2}\sum\limits_{k=1}^{\infty}\dfrac{1}{(2k-1)^2}\cos\dfrac{(2k-1)}{2}\pi x$.

第八节 自我测试题答案

一、测试题 A 答案

1. (1) 充要；(2) $[-1,1)$；(3) 4；(4) $\dfrac{\pi^2}{2}$.

2. (1) (D)；(2) (C)；(3) (C)；(4) (D).

3. (1) 收敛；(2) 0；(3) $[-2,2]$；(4) $2e$；(5) $[0,6)$；(6) $f(x)=\dfrac{2}{\pi}\sum\limits_{n=1}^{\infty}\dfrac{1-\cos nh}{n}\sin x$，
$x\in(0,h)\bigcup(h,\pi)$.

4. (1) 当 $|a|<1$ 时，绝对收敛；当 $|a|>1$ 时，发散；当 $a=1$ 时，绝对收敛；当 $a=-1$ 时，条件收敛. (2) 反之不对. (3) $s(x)=\ln\dfrac{3}{3-x}$，$x\in[-3,3)$；$\sum\limits_{n=1}^{\infty}\dfrac{(-1)^{n+1}}{3^n n}=-s(-1)=\ln\dfrac{4}{3}$. (4) $f(x)=\sum\limits_{n=0}^{\infty}(2n+1)x^n$，$-1<x<1$.

5. (1) 提示：先证明 $\sum\limits_{n=1}^{\infty}a_n$ 收敛，因而有 $|a_n|\leqslant M$，再证明 $\sum\limits_{n=1}^{\infty}a_n b_n$ 绝对收敛.

(2) 提示：等式左边是余弦级数，即将右边函数展开成余弦级数.

二、测试题 B 答案

1. (1) 8；(2) $|r|>1$；(3) $(0,2]$；(4) $3/2$.

2. (1) (C)；(2) (C)；(3) (B)；(4) (B).

3. (1) 0；(2) $|b|$；(3) 条件收敛；(4) 收敛；(5) $f(x)=1-\dfrac{1}{2}\ln(1+x^2)$，
$|x|<1$；(6) $f(x)=\dfrac{h}{\pi}+\dfrac{2}{\pi}\sum\limits_{n=1}^{\infty}\dfrac{\sin nh}{n}\cos nx$，$x\in[0,h)\bigcup(h,\pi)$.

4. (1) $\sum\limits_{n=1}^{\infty}u_n=\sum\limits_{n=1}^{\infty}\arctan\dfrac{1}{n(n-1)+1}$，$s=\dfrac{\pi}{2}$；(2) 提示：$\left|\dfrac{u_n}{n}\right|\leqslant\dfrac{1}{2}\left(u_n^2+\dfrac{1}{n^2}\right)\sqrt{u_n}$
不一定；(3) $[-3,3)$；(4) $f(x)=\dfrac{\pi}{4}-2\sum\limits_{n=0}^{\infty}(-1)^n\dfrac{4^n}{2n+1}x^{2n+1}\left(|x|<\dfrac{1}{2}\right)$，$\dfrac{\pi}{4}$.

5. (1) 提示：$s_n=\sum\limits_{i=1}^{n}\left(1-\dfrac{u_i}{u_{i+1}}\right)=\sum\limits_{i=1}^{n}\dfrac{u_{i+1}-u_i}{u_{i+1}}\leqslant\dfrac{1}{u_1}\sum\limits_{i=1}^{n}(u_{i+1}-u_i)=\dfrac{u_{n+1}-u_1}{u_1}\leqslant$
$\dfrac{M-u_1}{u_1}=M'$. (2) 提示：设 $F(x)=f(x)+f(1-x)+\ln x\ln(1-x)$，先证明 $F'(x)=0$，
再证明 $F(x)=\dfrac{\pi^2}{6}$.

前　言

　　能源是人类赖以生存的基础。能源工程是人类为了高效利用能源所实施的工程项目的总称。随着全球人口的增长和经济技术的发展，能源的清洁利用和高效转化是世界能源工程发展的总体趋势，对能源的清洁利用和高效转化离不开能源工程技术的发展以及能源工程经济管理水平的提高。为此，高等院校本科教育增设了能源动力类专业，并开设了"能源工程管理""能量转换与利用""能源系统优化基础"等课程。

　　新工科建设过程中学科的交叉和融合是大势所趋。"能源工程管理"课程将管理科学与工程专业的部分内容融入理工科教学中，让能源动力类专业的本科生树立能源工程技术经济分析的理念。此外，在能源类大学的管理科学与工程专业的教学中，也应讲解一些能源工程技术方面的内容，目的是将学生培养成为既具有能源方面的专业知识又具有现代经济管理知识的复合型人才。

　　本书第一部分为能源工程管理基础部分，包括第一章和第二章。第一章介绍了能源工程管理的研究内容和发展趋势，第二章对能源资源尤其是新能源进行了简要介绍。第二部分为能源工程技术管理部分，主要从工程技术角度介绍了能源工程管理所用到的技术方法，包括第三章节能管理、第四章合同能源管理、第五章储能管理以及第六章智慧能源管理等内容。第三部分为能源工程经济管理，主要从经济管理的角度介绍了能源工程管理的内容，包括第七章能源工程规划、第八章能源工程技术经济分析、第九章能源工程风险管理、第十章能源工程绩效管理。此外，教材的另外一个特点是在部分章节中增加了能源工程管理实例分析。

　　本书由西安石油大学王治国担任主编，苏晓辉担任副主编。具体分工如下：王治国编写了第四章、第五章、第六章、第九章以及第十章；苏晓辉（西安石油大学）编写了第一章至第三章；徐东海（西安交通大学）编写了第七章；王小鹏（西安石油大学）编写了第八章。本书编写过程中，陈丁（西安石油大学）对书稿提出了宝贵的意见。此外，在本书的成稿过程中，西安石油大学的研究生郭姜汝、宋金朋、刘昭辉以及陈志畅负责了资料收集和文字核对工作。

　　本书的出版得到了西安石油大学教材出版基金的资助，在此表示衷心感谢。由于能源工程管理理论及实务涉及面非常广，内容在不断丰富和更新，又限于编者水平有限，书中难免存在不妥之处，欢迎广大读者批评指正。

编者

2021 年 2 月